Springer-Lehrbuch

Springer

Berlin
Heidelberg
New York
Barcelona
Budapest
Hongkong
London
Mailand
Paris
Santa Clara
Tokyo

Horst Wupper · Ulf Niemeyer

Elektronische Schaltungen 2

Operationsverstärker, Digitalschaltungen, Verbindungsleitungen

Mit 385 Abbildungen

Springer

Prof. Dr.-Ing. Horst Wupper
Düsterstr. 2
44797 Bochum

Dipl.-Ing. Ulf Niemeyer
Auf dem alten Kamp 33
44803 Bochum

ISBN 3-540-60745-5 Springer-Verlag Berlin Heidelberg New York

Die Deutsche Bibliothek - CIP-Einheitsaufnahme
Elektronische Schaltungen / Horst Wupper; Ulf Niemeyer.- Berlin; Heidelberg; New York; Barcelona; Budapest; Hong Kong; London; Mailand; Paris; Tokyo: Springer.
(Springer-Lehrbuch)
NE: Wupper, Horst; Ulf Niemeyer
1. Operationsverstärker, Digitalschaltungen, Verbindungsleitungen. -1996
ISBN 3-540-60745-5

Satz: Reproduktionsfertige Vorlage des Autors
SPIN: 10525060 62/3020 - 5 4 3 2 1 0 - Gedruckt auf säurefreiem Papier

Vorwort

Im ersten Band sind die Grundlagen für den Aufbau und die Analyse elektronischer Schaltungen zusammengestellt worden. Daran anknüpfend werden in den beiden ersten Kapiteln des zweiten Bandes Aufbau und Einsatz von Operationsverstärkern behandelt.

Das neunte Kapitel ist der Realisierung logischer Grundbausteine in verschiedenen Technologien gewidmet, im zehnten werden die gebräuchlichen Flipflop–Typen und ihre Einsatzmöglichkeiten beschrieben. Die Kapitel elf und zwölf behandeln verschiedene Aspekte der Schaltungssynthese, insbesondere Minimierungsverfahren sowie systematische Methoden zur Entwicklung kombinatorischer und sequentieller Schaltungen.

Hohe Taktraten bei Digitalschaltungen, aber auch etwa der Einsatz von Operationsverstärkern bei höheren Frequenzen (Video–Anwendungen, Leitungstreiber usw.) erfordern Kenntnisse über das Verhalten von Verbindungsleitungen in Schaltungen bzw. zwischen Schaltungsgruppen; diesem Themenkreis ist das letzte Kapitel des Buches gewidmet.

Bochum, im Frühjahr 1996

Horst Wupper
Ulf Niemeyer

Inhaltsverzeichnis

Häufiger verwendete Symbole

f	Frequenz
ω	Kreisfrequenz
φ	Phasenwinkel
t	Zeit
T	Periodendauer
T_r	Anstiegszeit
T_f	Abfallzeit
T_S	Einschwingzeit
$u(t)$	Spannung, zeitlicher Verlauf
$\dot{u}(t)$	du/dt
$\|u(t)\|$	Betrag von $u(t)$
$\overline{u(t)}$	zeitlicher Mittelwert von $u(t)$
U	Gleichspannung; Spannung, komplexe Amplitude
U^*	konj. Kompl. zu U
V_{CC}, V_{DD}	positive Versorgungsspannung
V_{EE}, V_{SS}	negative Versorgungsspannung
$e(t)$	Quellenpannung, zeitlicher Verlauf
E	Quellen–Gleichspannung; Quellenspannung, komplexe Amplitude
$i(t)$	Strom, zeitlicher Verlauf
I	Gleichstrom; Strom, komplexe Amplitude
$q(t)$	elektrische Ladung, zeitlicher Verlauf
R	Widerstand
G	Leitwert
Z	Impedanz
Y	Admittanz
C	Kapazität
L	Induktivität

A	Leerlaufverstärkung eines Operationsverstärkers
A_0	Gleichspannungs–Leerlaufverstärkung
A	Dämpfung $[dB]$
V	Verstärkungsfaktor
AF	Schleifenverstärkung
$H(s)$, $H(j\omega)$	Übertragungsfunktion
$a(t)$	Sprungantwort
$h(t)$	Impulsantwort
s	komplexe Frequenz, Laplace–Variable
$X(s)$, $\mathcal{L}\{x(t)\}$	Laplace–Transformierte von $x(t)$
$X(j\omega)$, $\mathcal{F}\{x(t)\}$	Fourier–Transformierte von $x(t)$
•—○ ○—•	Symbole für die Fourier– bzw. Laplace–Transformation
$*$	Faltungssymbol
$E\{\,.\,\}$	Erwartungswert
S	Rauschleistungsdichte
j	$\sqrt{-1}$
τ	Zeitabschnitt, Zeitkonstante
Δ	(kleine) Differenz
$\boldsymbol{A}$	Matrix A
$\mathbf{1}$	Einheitsmatrix
$\boldsymbol{x}$	Vektor x
$+$	Addition; *ODER*–Verknüpfung
	Multiplikation; *UND*–Verknüpfung
$\oplus$	Exklusive *ODER*–Verknüpfung
$>$	größer als
$\geq$	größer oder gleich
$\gg$	groß gegen
$<$	kleiner als

$\leq$	kleiner oder gleich
$\ll$	klein gegen
$\forall$	für alle
$\in$	Element aus
$\mathbb{C}$	Menge der komplexen Zahlen
$\mathbb{R}$	Menge der reellen Zahlen
$\mathbb{Z}$	Menge der ganzen Zahlen
$\mathbb{N}$	Menge der natürlichen Zahlen

7 Operationsverstärker

7.1 Allgemeines

In Kapitel 5 wurde gezeigt, daß bei negativer Rückkopplung wesentliche Verstärkereigenschaften verhältnismäßig unabhängig von den Daten des nicht rückgekoppelten Verstärkers sind; insbesonders dann, wenn der Betrag der Leerlaufverstärkung (des nichtrückgekoppelten Verstärkers) gegen Unendlich geht; in diesem Fall bestimmt nahezu ausschließlich das Rückkopplungsnetzwerk das Übertragungsverhalten des rückgekoppelten Verstärkers. Dies hat neben den schon früher erwähnten Vorteilen auch noch ganz besonders den folgenden: Unter der Voraussetzung, daß Verstärker mit sehr hoher Verstärkung zur Verfügung stehen, lassen sich unterschiedliche Übertragungscharakteristiken durch Zuschalten verhältnismäßig weniger äußerer Elemente (im Rückkopplungsnetzwerk) erzielen. Dies bedeutet unter anderem für die Schaltungsentwicklung einen stark verringerten Aufwand sowie eine Erhöhung der Zuverlässigkeit der gefertigten Schaltungen.

Es ist also verständlich, daß der Wunsch besteht, derartige (Universal-) Verstärker verfügbar zu haben; dabei sollten diese Verstärker preiswert, klein und leistungsfähig sein. Diese Forderungen werden in großem Umfang von Operationsverstärkern erfüllt.

Operationsverstärker gab es schon, als die Elektronenröhre noch das einzige verfügbare Verstärkerelement war. Zu dieser Zeit wurden sie insbesondere in Analogrechnern und regelungstechnischen Schaltungen eingesetzt. Größere Verbreitung fand der Operationsverstärker aber erst mit dem Eingang der Transistoren in die Schaltungstechnik. Durch die Möglichkeit der integrierten Herstellung ist der Operationsverstärker bezüglich der praktischen Handhabung — wie viele andere Schaltungen — zu einem Bauelement geworden und zwar mit einer großen Typenvielfalt in unterschiedlichen Herstellungstechnologien. Dadurch ist es nahezu immer möglich, Operationsverstärker zu finden, die den jeweiligen Erfordernissen des Einzelfalls besonders gut angepaßt sind. Eine besonders auf die Belange der Praxis ausgerichtete Behandlung von Operationsverstärkern und Operationsverstärker–Schaltungen findet man in [1].

7.2 Der ideale Operationsverstärker

Bei der Behandlung der Rückkopplung, etwa in Abb. 5.2a, haben wir häufig offengelassen, ob die zu verstärkenden bzw. verstärkten Signale Spannungen oder Ströme sind. Wenngleich entsprechend den vier Arten gesteuerter Zweitor–Quellen auch vier Typen von Operationsverstärkern denkbar sind, so ist doch der Spannungsverstärker der mit Abstand am weitesten verbreitete Typ, weshalb wir uns hier ausschließlich mit ihm beschäftigen werden.

Für die Behandlung der grundsätzlichen Zusammenhänge ist es zweckmäßig, den idealen Operationsverstärker einzuführen. Er ist durch eine unendlich hohe (und damit auch frequenzunabhängige) Spannungsverstärkung sowie durch verschwindende Eingangsadmittanz und Ausgangsimpedanz gekennzeichnet. Aus Gründen, die im Verlauf der weiteren Beschäftigung mit Operationsverstärkern noch deutlich werden, sind gewöhnlich zwei Eingänge vorhanden; zusammen mit dem in Abb. 7.1 angegebenen Symbol und Modell ist

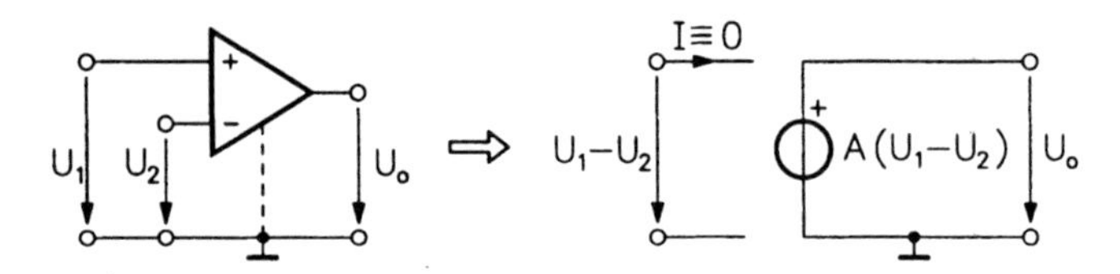

Abb. 7.1 Symbol und Modell des idealen Operationsverstärkers

der ideale Operationsverstärker durch die Beziehung

$$U_o = \lim_{A \to \infty} A(U_1 - U_2) \tag{7.1}$$

festgelegt. Der durch ein Pluszeichen gekennzeichnete Eingang wird als nichtinvertierender, der mit einem Minuszeichen versehene als invertierender Eingang bezeichnet. Die gestrichelt eingezeichnete Masseverbindung wird gewöhnlich in der Darstellung fortgelassen. Natürlich besitzt ein Operationsverstärker auch Anschlüsse für die Versorgungsspannung(en), die aber aus Gründen der Übersichtlichkeit im allgemeinen auch nicht eingezeichnet werden. Es sei noch darauf hingewiesen, daß Operationsverstärker als Gleichspannungsverstärker aufgebaut sind; diese Bezeichnung besagt, daß die untere Frequenzgrenze $|\omega| = 0$ ist.

Viele Operationsverstärker sind grundsätzlich etwa nach dem in Abb. 7.2 angegebenen Schema konzipiert. Darin ist die Aufteilung der Funktionen auf drei Blöcke so zu verstehen, daß die jedem Block zugeordnete Aufgabe die primäre Funktion darstellt. Eine für reale Operationsverstärker wichtige

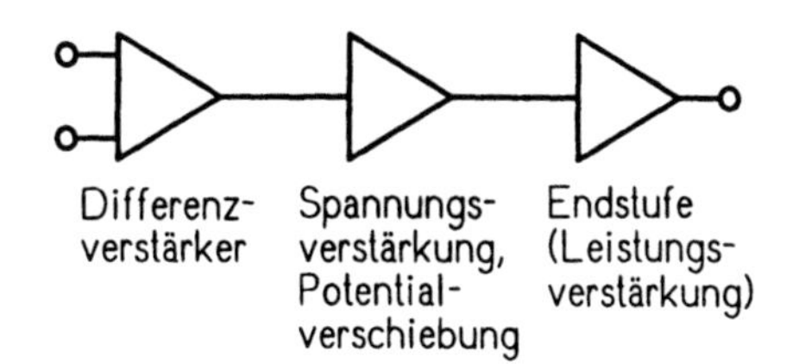

Abb. 7.2 Blockdiagramm zum grundsätzlichen Aufbau eines Operationsverstärkers

Funktion — die sogenannte Frequenz–Kompensation — ist hier noch nicht aufgenommen; sie wird aber zu einem späteren Zeitpunkt ausführlich behandelt.

7.3 Verstärker mit Bipolar–Transistoren

7.3.1 Die Eingangsstufe

Das Kernstück der Eingangsstufe eines Operationsverstärkers wird im allgemeinen durch einen Differenzverstärker gebildet, wie wir ihn etwa im Abschnitt 4.5 behandelt haben. Damit einerseits eine hohe Gleichtaktunter-

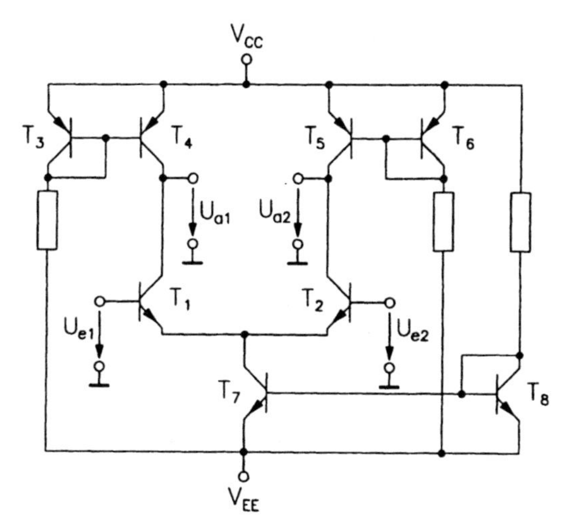

Abb. 7.3 Aufbau eines Differenzverstärkers unter Verwendung von Stromspiegeln

drückung [vgl. Gleichung (4.74) bzw. (4.93)] erzielt wird und zum anderen eine hohe Differenzverstärkung [s. Gleichung (4.72) bzw. (4.92)], ist es sinnvoll, sowohl die Emitter (Sources) aus einer Stromquelle zu speisen, als auch die Lastwiderstände durch Stromquellen (Stromspiegel) zu realisieren. Werden diese Gesichtspunkte berücksichtigt, so kann ein Differenzverstärker mit Bipolar–Transistoren gemäß Abb. 7.3 aufgebaut werden. Bei dieser Schaltung muß allerdings noch durch geeignete Maßnahmen dafür gesorgt werden, daß die (Gleich–) Potentiale an den Kollektoren der Transistoren T_1, T_4 sowie T_2, T_5 definierte Werte erhalten. Aufgrund schwankender Transistordaten können nämlich die Potentiale an den Verbindungspunkten ziemlich willkürliche Werte annehmen. Dieser Gesichtspunkt braucht uns aber hier nicht näher zu beschäftigen, da wir Abb. 7.3 mehr als ein Prinzip und weniger als einen direkt realisierbaren Schaltungsvorschlag ansehen wollen.

Der Operationsverstärker ist (im allgemeinen) ein Element mit zwei Eingängen und einem Ausgang; an einer geeigneten Stelle innerhalb des Verstärkers muß also ein Übergang vom symmetrischen zum unsymmetrischen Betrieb stattfinden. Dies kann schon in der Differenzverstärker–Stufe geschehen, wie in Abb. 7.4 angedeutet. Dann ist es möglich, den Kollektor des Transistors T_1

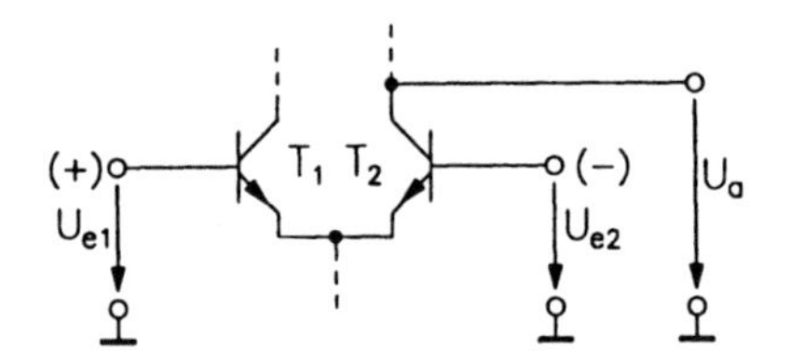

Abb. 7.4 Differenzverstärker mit unsymmetrischem Ausgang

direkt mit der Versorgungsquelle zu verbinden. Die auf diese Weise entstehende Anordnung läßt sich folgendermaßen interpretieren. Bezüglich des nichtinvertierenden Eingangs arbeitet der Differenzverstärker jetzt im wesentlichen als eine Hintereinanderschaltung aus einer Kollektorstufe und einer Basisstufe; vom invertierenden Eingang aus gesehen liegt eine Emitterstufe mit einem sehr kleinen Widerstand in der Emitterleitung vor, gebildet durch den Eingangswiderstand am Emitter des Transistors T_1. Da die durch den Transistor T_2 gebildete Emitterstufe nach Voraussetzung eine sehr hohe Spannungsverstärkung besitzen soll, wird der Miller–Effekt (s. Abschnitt 4.4) in hohem Maße wirksam. Mindestens aus diesem Grunde befriedigt also die Schaltung gemäß Abb. 7.4 nicht.

Wie im Abschnitt 4.4 ausgeführt, ließe sich der Einfluß des Miller–Effekts durch den Einsatz einer Kaskode–Schaltung verringern. Eine andere Möglichkeit, einen Differenzverstärker ohne die schädliche Wirkung des Miller–Effekts aufzubauen besteht darin, für den Differenzverstärker zwei basisgekoppelte Basis–Schaltungen anstelle der emittergekoppelten Emitterschaltungen zu verwenden. Da die Eingangsimpedanzen dieser beiden Basis–Schaltungen aber sehr niedrig sind, muß jeweils eine Kollektorstufe vorgeschaltet werden; Abb. 7.5 zeigt diese Anordnung. Die Transistoren T_3 und T_4 werden in Basis–Schaltung betrieben, und die durch die Transistoren T_1 und T_2 gebildeten Kollektorstufen bewirken die Erhöhung der Eingangsimpedanz. Der Kollektor–Lastwiderstand des Transistors T_4 wird zur Erzielung einer hohen Spannungsverstärkung durch eine Stromquelle, bestehend aus den Transistoren T_5 und T_6, gebildet. Die aus den Transistoren T_7 und T_8 aufgebaute Stromquelle schließlich liefert die Basisströme für die Transistoren T_3 und T_4.

Eine umfassende Analyse der Schaltung gemäß Abb. 7.5, die auch insbesondere Kapazitäten und Unsymmetrien berücksichigt, kann sinnvoll nur im

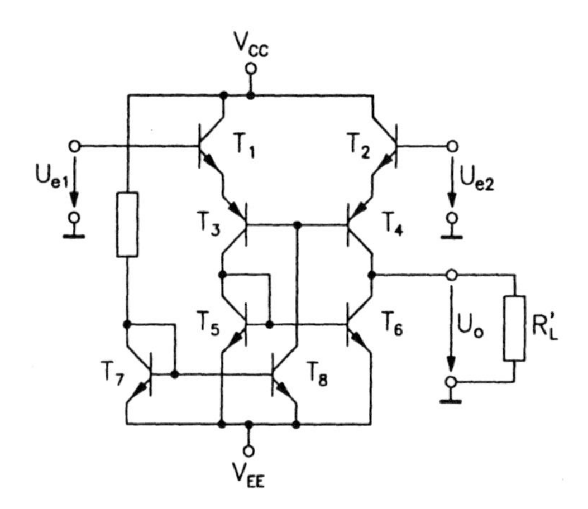

Abb. 7.5 Differenzverstärker unter Verwendung von Basis–Stufen

Einzelfall mit Hilfe einer Rechnersimulation durchgeführt werden. Hier beschränken wir uns auf mehr prinzipielle Betrachtungen und untersuchen das Kleinsignalverhalten unter Zugrundelegung einer Reihe von vereinfachenden Annahmen. Wir verwenden für alle Transistoren das Modell gemäß Abb. 1.30 und nehmen gleiche Stromverstärkungsfaktoren α für alle Transistoren an. Damit erhalten wir für die Analyse die in Abb. 7.6a gezeigte Schaltung

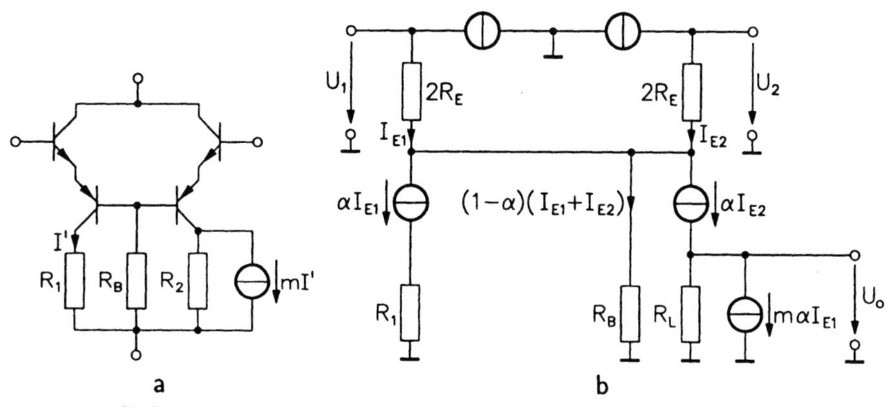

Abb. 7.6 Vereinfachter Differenzverstärker mit Basis–Stufen a. Schaltung b. Modell für die Analyse

bzw. das zugehörige Modell. Aus Abb. 7.6b lesen wir folgende Gleichungen ab ($R_L = R'_L || R_2$):

$$U_1 = 2R_E I_{E1} + R_B(1-\alpha)(I_{E1} + I_{E2}) \quad (7.2)$$

$$U_2 = 2R_E I_{E2} + R_B(1-\alpha)(I_{E1} + I_{E2}) \quad (7.3)$$

$$U_o = \alpha R_L(I_{E2} - mI_{E1}) \qquad m \approx 1 \, . \quad (7.4)$$

Analog zu (4.55, 4.60, 4.68, 4.69) definieren wir

$$U_{ed} = U_1 - U_2 \qquad U_{ec} = \frac{U_1 + U_2}{2} \tag{7.5}$$

$$U_o = U_{oc} - \frac{U_{od}}{2} \; . \tag{7.6}$$

Unter Verwendung der Beziehungen

$$V_d = \frac{U_{od}}{U_{ed}} \qquad V_c = \frac{U_{oc}}{U_{ec}} \tag{7.7}$$

für die Differenz– bzw. Gleichtaktverstärkung kann (7.6) dann in der Form

$$U_o = V_c U_{ec} - \frac{V_d U_{ed}}{2} \tag{7.8}$$

geschrieben werden. Einsetzen von (7.2, 7.3) in 7.5 liefert

$$\begin{aligned} U_{ed} &= 2R_E(I_{E1} - I_{E2}) \\ U_{ec} &= [R_E + (1-\alpha)R_B]\,(I_{E1} + I_{E2}) \; , \end{aligned}$$

so daß sich unter Verwendung von (7.4) die Beziehung

$$U_o = \frac{\alpha R_L(1-m)U_{ec}}{2\,[R_E + (1-\alpha)R_B]} - \frac{\alpha R_L(1+m)U_{ed}}{4R_E}$$

ergibt. Aus dem Vergleich mit (7.8) erhalten wir schließlich

$$V_c = \frac{\alpha R_L(1-m)}{2\,[R_E + (1-\alpha)R_B]} \tag{7.9}$$

$$V_d = \frac{(m+1)\alpha}{2} \cdot \frac{R_L}{R_E} . \tag{7.10}$$

Für die Gleichtaktunterdrückung [vgl. (4.74)] finden wir

$$CMRR = \left|\frac{V_d}{V_c}\right| = \frac{1+m}{1-m}\left[1 + (1-\alpha)\cdot\frac{R_B}{R_E}\right] \; . \tag{7.11}$$

Für eine hohe Gleichtaktunterdrückung sollte (neben $m \to 1$) auch noch der Widerstand R_B einen möglichst hohen Wert haben; in Abb. 7.5 wurde daher für diesen Widerstand ebenfalls ein Stromspiegel verwendet. Der Ausgang des Differenzverstärkers ist sehr hochohmig. Daher kann die Eingangsstufe am besten als spannungsgesteuerte Stromquelle modelliert werden.

7.3.2 Spannungsverstärkung und Potentialverschiebung

Wir betrachten zunächst den in Abb. 7.5 dargestellten Differenzverstärker. Am Ausgang des Operationsverstärkers soll das Ruhepotential $0\,V$ herrschen; dies setzt die Verwendung von zwei Versorgungsquellen V_{CC}, V_{EE} voraus. Das Potential des Differenzverstärker–Ausgangs weist jedoch Werte auf, die z. B. in der Nähe der negativen Versorgungsspannung liegen können; folglich ist eine Stufe nötig, die die Potentialdifferenz zwischen den beiden genannten Punkten ausgleicht. Da gewöhnlich die durch den Differenzverstärker erzielbare Spannungsverstärkung als Gesamtverstärkung des Operationsverstärkers nicht ausreichend ist, wird die Potentialverschiebungsstufe zweckmäßigerweise gleichzeitig auch zur Spannungsverstärkung herangezogen.

Eine Stufe, die für diese Aufgaben geeignet ist, kann mit Hilfe der in Abb. 7.7a wiedergegebenen Emitterschaltung aufgebaut werden. Zur Erzielung ei-

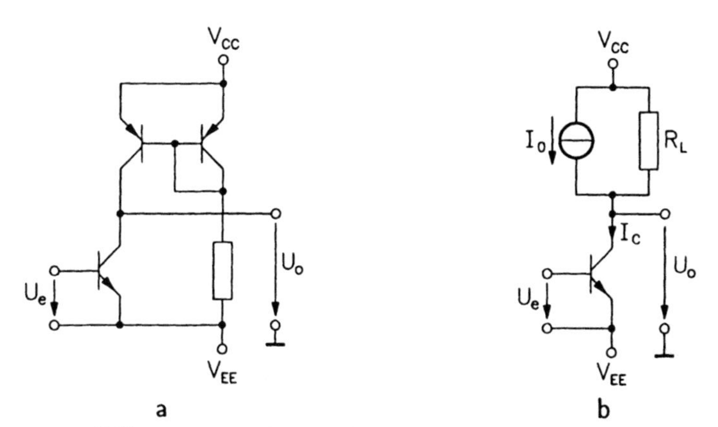

Abb. 7.7 Emitterstufe mit Stromspiegel im Kollektorzweig
a. Schaltung b. Modell

ner möglichst hohen Spannungsverstärkung wird der Kollektor des Transistors aus einer Stromquelle gespeist. Wegen des hohen Innenwiderstandes des Stromspiegels wird der Lastwiderstand des Transistors T_1 dann ganz wesentlich durch den Eingangswiderstand der nachfolgenden Stufe — also den Eingangswiderstand des Endverstärkers — beeinflußt.

Da die Potentialverschiebungsstufe bei Vollaussteuerung eine Ausgangsspannung zwischen der positiven und negativen Versorgungsspannung liefern muß, ist für die Analyse der Schaltung die Berücksichtigung des Großsignal–Verhaltens erforderlich. Näherungsweise läßt sich dieses Verhaltens mit Hilfe von Abb. 7.7b berechnen. Unter Verwendung von (1.47) gilt

$$I_C = \alpha I_{ES}\, \mathrm{e}^{U_e/U_T} \quad .$$

Aus der Schaltung lesen wir

$$U_o = V_{CC} + R_L(I_0 - I_C)$$

ab, so daß sich

$$U_o = V_{cc} + R_L(I_0 - \alpha I_{ES}\, e^{U_e/U_T}) \tag{7.12}$$

ergibt. (Aus dieser Gleichung läßt sich auch ersehen, daß die Funktion "Potentialverschiebung" erfüllt werden kann.) Für die Kleinsignalverstärkung erhalten wir

$$V = \frac{dU_o}{dU_e} = -\frac{\alpha R_L I_{ES}\, e^{U_e/U_T}}{U_T} \; . \tag{7.13}$$

Bei einem Emitter–Ruhestrom $I_{E0} = 100\,\mu A$ ergibt sich beispielsweise für $R_L = 1\,M\Omega$ und $\alpha = 0.99$ bei Raumtemperatur

$$V = -\frac{0.99 \cdot 100}{26 \cdot 10^{-3}} \approx -3800 \; .$$

Auf das Frequenzverhalten dieser Stufe gehen wir nicht ein. Einerseits gelten die in Unterabschnitt 7.4.2 erläuterten Zusammenhänge entsprechend, andererseits werden einige wesentliche Aspekte im Abschnitt 7.5 behandelt.

7.3.3 Gesamtschaltung

Wird ein Endverstärker gemäß Unterabschnitt 4.6.1 eingesetzt, so läßt sich das prinzipielle Gesamtschaltbild in Abb. 7.8 für einen Operationsverstärker mit Bipolar–Transistoren angeben. Nach diesem grundsätzlichen Muster ist etwa der "klassische" Operationsverstärker vom Typ 741 aufgebaut.

Die Schaltung in Abb. 7.8 enthält zwei mit "A" und "B" bezeichnete Klemmen. Sie dienen dem Anschluß der sogenannten Kompensationskapazität; ihre Funktion wird im Abschnitt 7.5 näher beschrieben.

7.4 Verstärker mit MOS–Transistoren

Beim Aufbau von Operationsverstärkern versucht man natürlich, dem idealen Operationsverstärker möglichst nahe zu kommen. Dabei lassen sich einige Eigenschaften einfacher mit MOS–Transistoren realisieren als mit den bislang in diesem Zusammenhang betrachteten Bipolar–Transistoren. Dies ist besonders offensichtlich im Hinblick auf eine möglichst hohe Eingangsimpedanz. Die Forderung geringer Verlustleistung läßt sich mit MOS–Transistoren ebenfalls leichter erfüllen. Da die Möglichkeit besteht, Bipolar– und MOS–Transistoren auf einem Chip herzustellen, können sogar die jeweiligen Vorteile dieser beiden Transistorarten ausgenutzt werden.

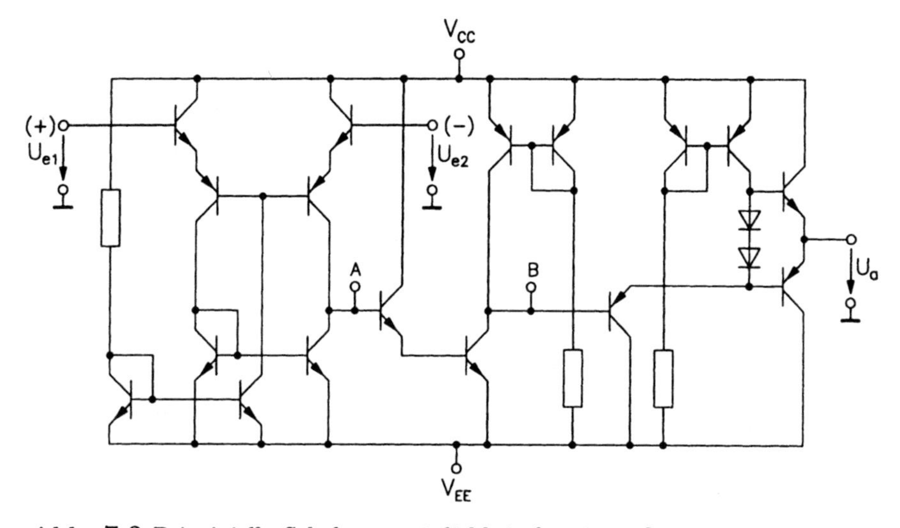

Abb. 7.8 Prinzipielle Schaltungsmöglichkeit für einen Operationsverstärker mit Bipolar–Transistoren

7.4.1 Die Eingangsstufe

Abb. 7.9 zeigt eine Differenzverstärker–Eingangsstufe, die mit PMOS– und Bipolar–Transistoren aufgebaut ist. Die Stromquelle im Source–Zweig der

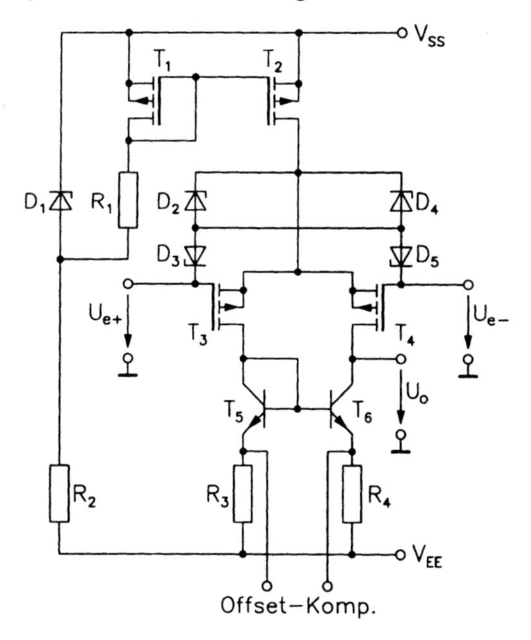

Abb. 7.9 Eingangsstufe eines Operationsverstärkers mit PMOS– und Bipolar–Transistoren

Transistoren T_3 und T_4 wird durch einen MOS–Stromspiegel gebildet (vgl. Abb. 4.13); der Referenzstrom wird über den Widerstand R_1 aus der (Zener–) Spannung der Zener–Diode D_1 abgeleitet.

Der Lastwiderstand des Transistors T_4 besteht aus dem Stromspiegel–Transistor T_6. Die beiden Transistoren T_5, T_6 (vgl. Abb. 4.12) enthalten in ihren Emitterzweigen die Widerstände R_3, R_4, um eine Möglichkeit zur Offset–Kompensation — auf Einzelheiten gehen wir später ein — bereitzustellen. Wegen des sehr hohen Eingangswiderstandes des Differenzverstärkers sind die Schutzdioden $D_2 \ldots D_5$ eingefügt, um Durchschläge im Gate–Oxid, etwa infolge statischer Aufladung, zu verhindern.

7.4.2 Spannungsverstärkung und Potentialverschiebung

Für die Potentialverschiebung bei gleichzeitiger Spannungsverstärkung läßt sich eine normale Source–Stufe mit Stromspiegel als Lastwiderstand einsetzen. Dabei ist allerdings zu berücksichtigen, daß sich mit Feldeffekt–Transistoren aufgrund ihrer geringeren Steilheit nicht so hohe Verstärkungen erzielen lassen wie mit Bipolar–Transistoren (vgl. Tab. 1.5 und Tab. 1.6).

Neben der Höhe der Verstärkung ist jedoch eine weitere Größe meistens von Bedeutung: das Verstärkungs–Bandbreite–Produkt. Wir betrachten dazu die Source–Stufe in Abb. 7.10a. In dem Widerstand R_L bzw. der Kapazität C_L

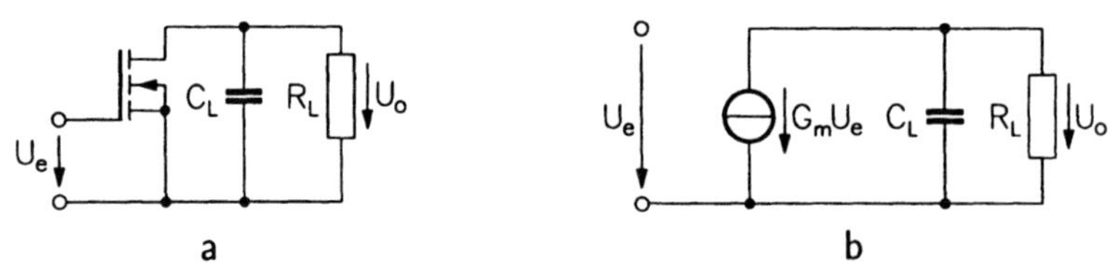

Abb. 7.10 Source–Schaltung mit komplexer Belastung a. Schaltung b. Kleinsignal–Modell

sind der Lastwiderstand und die Belastungen durch die nachfolgende Stufe zusammengefaßt. Aus Abb. 7.10b liest man

$$\frac{U_o}{U_e} = -\frac{R_L G_m}{1 + j\omega C_L R_L} \tag{7.14}$$

ab. Bei der Frequenz

$$\omega_g = \frac{1}{C_L R_L} \tag{7.15}$$

ist der Betrag der Verstärkung $|V| = |U_o/U_e|$ auf den $1/\sqrt{2}$–fachen Wert gegenüber der Verstärkung $|V_0|$ bei der Frequenz $\omega = 0$ abgefallen; ω_g wird als Bandbreite der Verstärkerstufe bezeichnet. Bilden wir nun das Verstärkungs–Bandbreite–Produkt $|V_0|\omega_g$, so ergibt sich mit (7.14, 7.15)

$$|V_0|\omega_g = \frac{G_m}{C_L} . \tag{7.16}$$

Da bei einem Operationsverstärker gleichzeitig eine hohe Verstärkung $|V_0|$ und eine große Bandbreite ω_g realisiert werden müssen, ist das Produkt $|V_0|\omega_g$ ein wichtiger Wert, auch für die einzelnen Stufen.

Der Steilheit G_m entspricht bei Bipolar–Transistoren der reziproke Wert des dynamischen Emitterwiderstandes $R_E = U_T/|I_{E0}|$. Durch einen entsprechend hohen Emitter–Ruhestrom I_{E0} kann $1/R_E$ sehr viel größer als G_m werden, so daß sich – bei gleicher Lastkapazität C_L – mit Bipolar–Transistoren ein höheres $|V_0|\omega_g$ erzielen läßt.

Als Endverstärker mit MOS–Transistoren kommen z. B. die Schaltungen in Abb. 4.34 oder Abb. 4.37 in Frage. Beim Einsatz des CMOS–Inverters (Abb. 4.37) sind jedoch insbesondere zwei Aspekte zu berücksichtigen. Zum einen ist es die von dieser Schaltung hervorgerufene Phasendrehung von 180°. Der andere Aspekt ist ernsterer Natur. Bei dieser Endstufe sind sowohl die Verstärkung als auch der Innenwiderstand abhängig vom Wert des Lastwiderstandes R_L (Abb. 4.37); insbesondere ist der Innenwiderstand stark von Null verschieden, so daß sich eine beträchtliche Abweichung zum idealen Operationsverstärker ergibt. Aus der letztgenannten Eigenschaft folgt auch, daß eine reaktive Last der Endstufe — z. B. eine Kapazität — die Phasendrehung stark beeinflussen kann, was im Hinblick auf die Stabilität beachtet werden muß (s. Unterabschnitt 7.6.6).

7.5 Frequenz–Kompensation

7.5.1 Ursachen für Stabilitätsprobleme

Operationsverstärker für lineare Anwendungen werden — von Ausnahmen abgesehen — in rückgekoppelten Schaltungen eingesetzt. Daher muß dem Problem möglicher Instabilität ganz besondere Aufmerksamkeit geschenkt werden. Infolge parasitärer Kapazitäten (dies ist die Hauptursache) ist nämlich die Leerlaufverstärkung eines Operationsverstärkers frequenzabhängig. Solange wir von linearen Transistormodellen aus konzentrierten Elementen ausgehen, läßt sich die Verstärkung $A = A(s)$ eines Operationsverstärkers immer gemäß (3.155) in der allgemeinen einfachen Form

$$A(s) = K\frac{\prod_{\mu=1}^{m}(s - s_{0\mu})}{\prod_{\nu=1}^{n}(s - s_{\infty\nu})} \qquad K \in \mathbb{R},\ m \leq n \tag{7.17}$$

schreiben. Im folgenden werden wir Operationsverstärker betrachten, die sich nur insofern von idealen unterscheiden sollen, als ihre Verstärkung nicht unendlich ist, sondern die Form (7.17) hat. Ein derartiger Operationsverstärker sei Teil einer rückgekoppelten Schaltung, wie sie in Abb. 7.11 dargestellt ist (dies ist der invertierende Verstärker, eine Grundschaltung, auf die später noch näher eingegangen wird). Die Quelle liefere eine Spannung mit der

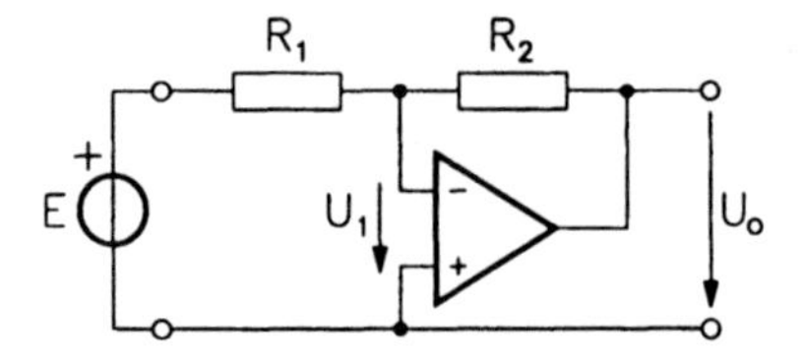

Abb. 7.11 Operationsverstärker in einer Rückkopplungsschaltung

komplexen Amplitude E; für die Spannung U_1 am Eingang der Operationsverstärkers gilt dann

$$U_1 = -\frac{U_o}{A(s)} , \tag{7.18}$$

wobei hier $A(0) > 0$ vorausgesetzt ist.

Da wir eine verschwindende Eingangsadmittanz für den Operationsverstärker annehmen, gilt mit $G_1 = 1/R_1$ und $G_2 = 1/R_2$ aufgrund der Kirchhoffschen Knotenregel, angewandt auf den Eingang des Operationsverstärkers,

$$G_1(E - U_1) + G_2(U_o - U_1) = 0 . \tag{7.19}$$

Unter Verwendung von (7.18) folgt daraus für die Übertragungsfunktion $H(s)$ der rückgekoppelten Schaltung

$$H(s) = \frac{U_o}{E} = -\frac{A(s)}{1 + R_1G_2[1 + A(s)]}$$

oder

$$H(s) = -\frac{1}{1 + R_1G_2} \cdot \frac{A(s)}{1 + \dfrac{1}{1 + R_2G_1} \cdot A(s)} . \tag{7.20}$$

Die letzte Gleichung hat — bis auf den Faktor $-1/(1 + R_1G_2)$ — die Form der allgemeinen Gleichung (5.4), und es gilt hier

$$F = \frac{1}{1 + R_2G_1} . \tag{7.21}$$

Die in Kapitel 5 behandelten Beziehungen gelten also entsprechend. Setzen wir zur Vereinfachung noch

$$G(s) = (1 + R_1G_2)H(s) , \tag{7.22}$$

so geht (7.20) über in

$$G(s) = -\frac{A(s)}{1 + \dfrac{1}{1 + R_2G_1} \cdot A(s)} . \tag{7.23}$$

Da sich $G(s)$ und $H(s)$ nur um einen (bei vorgegebenen Widerständen R_1 und R_2) konstanten Faktor unterscheiden, gelten insbesondere bezüglich der Stabilität alle für $G(s)$ relevanten Aussagen auch für $H(s)$.

Wir betrachten als Beispiel einen Operationsverstärker, dessen Verstärkung $A(s)$ analog zu (5.34) durch

$$A(s) = -\frac{A_0 \sigma_1 \sigma_2 \sigma_3}{(\sigma - \sigma_1)(\sigma - \sigma_2)(\sigma - \sigma_3)}$$

gegeben ist (wegen Abb. 7.11 müssen wir in dieser Gleichung $-A_0$ einsetzen). Dann haben insbesondere die Diagramme gemäß den Abbildungen 5.15, 5.16, 5.18 und 5.21 auch Gültigkeit für die Schaltung in Abb. 7.11.

Nun wenden wir uns noch einmal den drei Fällen zu, die durch ihre unterschiedlichen Schleifenverstärkungen bei der Frequenz Null gekennzeichnet sind (vgl. Abb. 5.16). Lediglich für den Fall $A_0 F = 10$ ist eine ausreichende Stabilitätsreserve vorhanden; für $A_0 F = 100$ ist die Reserve verschwindend gering, und im Fall $A_0 F = 1000$ liegt Instabilität der rückgekoppelten Schaltung vor. Aus dem behandelten Beispiel können wir folgenden Schluß ziehen:

Da die Verstärkung A_0 eine Konstante ist, wächst die Neigung des rückgekoppelten Verstärkers zur Instabilität mit wachsenden Werten von F, und von einem bestimmten Wert F_{krit} an ist der Verstärker nicht mehr stabil.

Bezogen auf das Schaltungsbeispiel gemäß Abb. 7.11 hat dies folgende Bedeutung. Aufgrund von (7.21) gilt

$$\frac{R_2}{R_1} = \frac{1}{F} - 1 \,. \tag{7.24}$$

Damit die Schaltung also überhaupt stabil arbeitet, können nur Widerstandsverhältnisse

$$\frac{R_2}{R_1} > \frac{1}{F_{krit}} - 1 \tag{7.25}$$

zugelassen werden; je höher die Stabilitätsreserve sein soll, desto größer muß natürlich dieses Verhältnis gewählt werden.

Besteht nun aber der Wunsch oder die Notwendigkeit, ein kleineres als das durch (7.25) begrenzte Widerstandsverhältnis einzusetzen, dann kann der Operationsverstäker mit der hier angenommenen (durchaus typischen) Verstärkung gemäß (5.34) nicht ohne zusätzliche Maßnahmen verwendet werden. Derartige Maßnahmen werden als Frequenz–Kompensation bezeichnet.

Das kleinste (mit positiven Elementen) realisierbare Widerstandsverhältnis ist

$$\frac{R_2}{R_1} = 0 \,, \tag{7.26}$$

dem

$$F = 1 \tag{7.27}$$

entspricht[1]; für diesen Fall müßten offenbar die stärksten Kompensationsmaßnahmen getroffen werden.

7.5.2 Universalkompensation (Dominant–Pol–Kompensation)

Es gibt eine Reihe unterschiedlicher Kompensationsverfahren. Bei einigen richtet sich die Kompensation nach dem gewählten Widerstandsverhältnis, das heißt, daß für eine gegebene Kompensation das Widerstandsverhältnis einen von der Größe der Stabilitätsreserve abhängigen Wert nicht unterschreiten darf. Wir werden hier insbesondere die sogenannte universelle Kompensation betrachten, bei der die Schaltung in Abb. 7.11 für jedes Widerstandsverhältnis stabil bleibt. Diese Kompensation ist auch insofern von Bedeutung, als sie gleich bei der Herstellung der integrierten Schaltung durchgeführt werden kann, so daß der Anwender keine zusätzlichen Bauelemente hinzufügen muß.

Bevor wir die universelle Kompensationsmethode besprechen, wollen wir eine Übertragungsfunktion mit einer besonderen Eigenart der Pol–Nullstellen–Verteilung betrachten. Dazu gehen wir von (7.17) aus und schreiben

$$A(s) = K' \cdot \frac{\prod\limits_{\mu=1}^{m}(1 - s/s_{0\mu})}{\prod\limits_{\nu=1}^{n}(1 - s/s_{\infty\nu})} \qquad K' = K \cdot (-1)^{m-n} \cdot \frac{\prod\limits_{\mu=1}^{m} s_{0\mu}}{\prod\limits_{\nu=1}^{n} s_{\infty\nu}} . \tag{7.28}$$

Wir setzen voraus, daß alle Pole und Nullstellen reell und einfach sind[2]. Dann läßt sich $A(s)$ für $s = j\omega$ folgendermaßen umformen:

$$A(j\omega) = K' \, \mathrm{e}^{j(\Sigma\psi_\mu - \Sigma\varphi_\nu)} \frac{\prod\limits_{\mu=1}^{m} \sqrt{1 + (\omega/s_{0\mu})^2}}{\prod\limits_{\nu=1}^{n} \sqrt{1 + (\omega/s_{\infty\nu})^2}} ; \tag{7.29}$$

darin gilt für die Phasenwinkel

$$\begin{aligned} \tan\psi_\mu &= -\omega/s_{0\mu} & \mu &= 1, 2, \ldots, m \\ \tan\varphi_\nu &= -\omega/s_{\infty\nu} & \nu &= 1, 2, \ldots, n \, . \end{aligned}$$

[1] Das ist natürlich kein sinnvoller Betriebszustand, da dann $H(s) = 0$ gilt.

[2] Diese Annahme ist realistisch.

Die besondere Eigenschaft der hier betrachteten Übertragungsfunktion $A(s)$ besteht nun darin, daß bis auf einen Pol, etwa den bei $s = s_{\infty 1}$, alle Pole und Nullstellen weitab von der $j\omega$–Achse liegen. Beschränken wir uns auf die Betrachtung solcher Frequenzen, für die die Bedingungen

$$\left|\frac{\omega}{s_{0\mu}}\right| \ll 1 \quad \mu = 1,2,\ldots,m \qquad\qquad \left|\frac{\omega}{s_{\infty\nu}}\right| \ll 1 \quad \nu = 2,3,\ldots,n$$

erfüllt sind, so können wir anstelle von (7.29) näherungsweise

$$A(j\omega) = \frac{K' \, \mathrm{e}^{-j\varphi_1}}{\sqrt{1 + (\omega/s_{\infty 1})^2}} \tag{7.30}$$

beziehungsweise

$$A(s) = \frac{K'}{1 - s/s_{\infty 1}} \tag{7.31}$$

schreiben. Der Pol bei $s = s_{\infty 1}$ wird dominanter Pol genannt. Wenn wir uns die Verhältnisse etwa mit Hilfe der Abbildungen in Beispiel 3.24 vorstellen, wird auch anschaulich deutlich, warum dieser Pol die beherrschende Rolle einnimmt.

Die Kompensationsmethode, die wir hier betrachten, besteht nun darin, in die Übertragungsfunktion $A(s)$ eines Operationsverstärkers einen dominanten Pol derart einzufügen, daß sie im wesentlichen durch

$$A(s) = \frac{A_0}{1 - s/s_{\infty 1}} \qquad A_0 > 0\,, \tag{7.32}$$

beschrieben werden kann.

Wir wenden uns nun der Aufgabe zu, die Schaltung eines Operationsverstärkers derart zu modifizieren, daß ein dominanter Pol entsteht; dies soll unter anderem auch mit möglichst geringem Aufwand geschehen. Damit ein neuer Pol in der Übertragungsfunktion auftritt, muß eine zusätzliche Kapazität in die Schaltung eingefügt werden. Um den Wert dieser Kapazität möglichst niedrig zu halten — eine unbedingte Notwendigkeit bei monolithisch integrierten Schaltungen —, ist es sinnvoll, den Miller–Effekt auszunutzen. Es muß also in einer Emitterstufe eine Kapazität zwischen Kollektor und Basis zugeschaltet werden; bei Feldeffekt–Transistoren ist eine zusätzliche Kapazität zwischen Gate und Drain erforderlich. In der Operationsverstärker–Schaltung gemäß Abb. 7.8 sind die Klemmen A und B zum Anschluß dieser Kapazität vorgesehen. Ausgehend von Abb. 7.12, die den bezüglich des Wechselstromverhaltens relevanten Teil einer Emitterstufe zeigt, untersuchen wir nun die Wirkung der Kapazität C bei geringer Aussteuerung. Aus Abb. 7.12b erhält man das Gleichungssystem

$$\begin{pmatrix} G_i + (1-\alpha)G_E + sC & -sC \\ \alpha G_E - sC & G_L + sC \end{pmatrix} \begin{pmatrix} U_1 \\ U_o \end{pmatrix} = \begin{pmatrix} G_i U_e \\ 0 \end{pmatrix} .$$

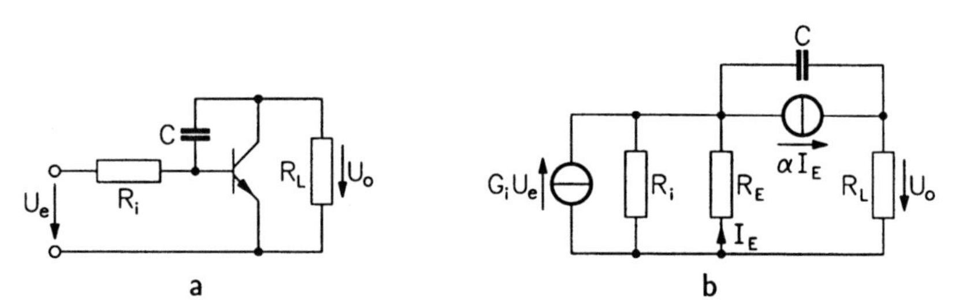

Abb. 7.12 Zur Untersuchung des Einflusses der Kompensationskapazität C a. Schaltung b. Modell

Daraus ergibt sich

$$\frac{U_o}{U_e} = -\frac{R_L(\alpha - sCR_E)}{R_E + (1-\alpha)R_i + sC\left[R_E R_i + R_L(R_E + R_i)\right]}$$

und insbesondere auch

$$V_0 = \left.\frac{U_o}{U_e}\right|_{s=0, R_i=0} = -\alpha\,\frac{R_L}{R_E}\ .$$

Aus dem Nullsetzen des Nenners von U_o/U_e erhalten wir den dominanten Pol

$$s_{\infty 1} \approx -\frac{1 + (1-\alpha)R_i/R_E}{(1 + |V_0| + R_L/R_i)CR_i} \qquad \alpha \approx 1\ . \tag{7.33}$$

Wegen $|V_0| \gg 1$ kommt man zur Erzielung einer niedrigen Polfrequenz mit kleinen Kapazitätswerten aus. Für den Typ 741 werden etwa $30\,pF$ benötigt, um einen Pol bei rund $5\,Hz$ zu erzeugen.

Neben der Basis–Kollektor–Kapazität sind bei einer Emitterstufe weitere Kapazitäten zu berücksichtigen, nämlich je eine am Eingang und am Ausgang. Ihr Einfluß — insbesondere in bezug auf die Kompensation — soll im folgenden untersucht werden. Der entsprechende zu untersuchende Schaltungsausschnitt aus einem Operationsverstärker (Beispiel) ist in Abb. 7.13 wiedergegeben. Der Widerstand R_i repräsentiert den Innnenwiderstand der

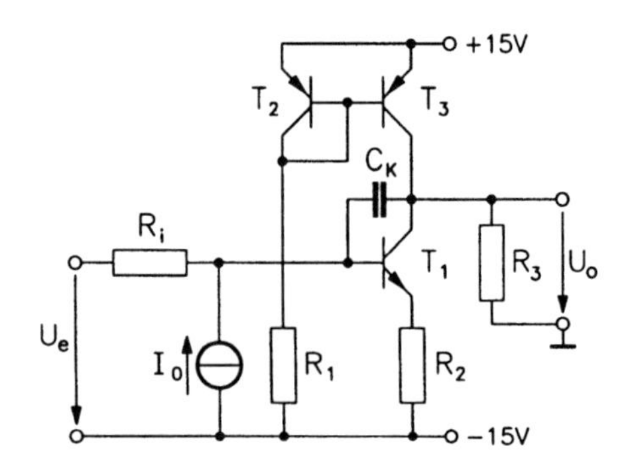

Abb. 7.13 Emitterstufe mit Kompensationskapazität

speisenden Stufe, der Widerstand R_3 die Belastung durch die folgende Stufe; durch den Strom I_0 kann der Arbeitspunkt der (aus der Gesamtschaltung herausgenommenen) Emitterstufe eingestellt werden. Für die Analyse wird $R_2 = 0$ angenommen und der Transistor wird durch ein Modell in Anlehnung an Abb. 1.36 ersetzt. Auf diese Weise ergibt sich Abb. 7.14; die

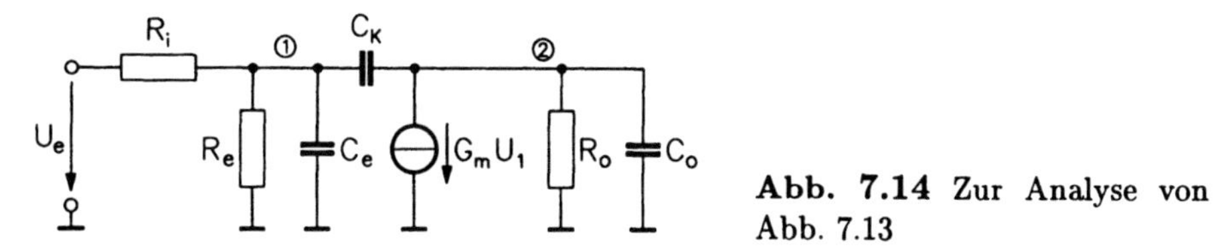

Abb. 7.14 Zur Analyse von Abb. 7.13

Basis–Kollektor–Kapazität ist in C_K enthalten; durch R_0 und C_o werden der Early–Effekt bzw. parasitäre Ausgangs– und Eingangskapazitäten sowie R_3 mitberücksichtigt. Eine einfache Analyse liefert zunächst

$$\begin{aligned} \frac{U_2}{U_e} &= \frac{N(s)}{D(s)} \\ N(s) &= (sC_K - G_m)G_i \\ D(s) &= s^2[C_o(C_e + C_K) + C_eC_K] + s[C_K(G_e + G_i + G_m + G_o) + \\ &\quad C_o(G_e + G_i) + C_eG_o] + G_o(G_e + G_i) \; . \end{aligned} \tag{7.34}$$

Aus dieser Gleichung lassen sich nur schwer direkte Aussagen über das Frequenzverhalten gewinnen; um die Beziehungen etwas übersichtlicher zu gestalten, betrachten wir daher zuerst die drei folgenden Fälle.

$\underline{C_e \neq 0,\; C_o = C_K = 0:}$

$$\frac{U_2}{U_e} = -\frac{G_iG_m}{C_eG_o\Bigl(s + \underbrace{\frac{G_e + G_i}{C_e}}_{-s_1}\Bigr)} \; .$$

$\underline{C_o \neq 0,\; C_e = C_K = 0:}$

$$\frac{U_2}{U_e} = -\frac{G_iG_m}{C_o(G_e + G_i)\Bigl(s + \underbrace{\frac{G_o}{C_o}}_{-s_2}\Bigr)} \; .$$

$C_K \neq 0,\ C_e = C_o = 0:$

$$\frac{U_2}{U_e} = \frac{G_i(s - \overbrace{G_m/C_K}^{-s_4})}{(G_e + G_i + G_m + G_o)\left[s + \underbrace{\frac{G_o(G_e + G_i)}{C_K(G_e + G_i + G_m + G_o)}}_{-s_3}\right]} \ .$$

Jede der drei Kapazitäten würde also, für sich allein betrachtet, einen reellen Pol zur Folge haben, C_K außerdem noch die Nullstelle s_4.

Aus (7.34) folgt für die Gleichspannungsverstärkung der Transistorstufe, falls $R_i = 0$ ist,

$$V_0 = \left.\frac{U_2}{U_e}\right|_{s=0, R_i=0} = -G_m R_o \ .$$

Unter Verwendung dieser Beziehung ergibt sich für den Pol bei $s = s_3$

$$s_3 = -\frac{G_o(G_e + G_i)}{C_K(G_e + G_i + G_m + G_o)} = -\frac{1}{C_K\left(R_o + \frac{|V_0| + 1}{G_e + G_i}\right)} \ .$$

Wegen $|V_0| \gg 1,\ C_K > C_e,\ C_K > C_o$ gilt also

$$|s_3| \ll |s_1| \qquad |s_3| \ll |s_2|$$

und außerdem auch

$$\frac{1}{|s_3|} \gg \frac{1}{|s_1|} + \frac{1}{|s_2|} \ . \tag{7.35}$$

Der Pol bei $s = s_3$ ist folglich der dominante, während $-s_1$ und $-s_2$ parasitäre Pole bei höheren Frequenzen kennzeichnen. Unter Verwendung der obigen Definitionen für die Pole bzw. die Nullstelle kann (7.34) kompakter geschrieben werden:

$$\frac{U_2}{U_e} = m \cdot \frac{s - s_4}{s^2 - \left(\frac{1}{s_1} + \frac{1}{s_2} + \frac{1}{s_3}\right)\omega_0^2 s + \omega_0^2} \tag{7.36}$$

mit

$$\omega_0^2 = \frac{G_o(G_e + G_i)}{C_o(C_e + C_K) + C_e C_K} \qquad m = \frac{G_i C_K}{C_o(C_e + C_K) + C_e C_K} \ .$$

Es mag auf den ersten Blick verwundern, daß eine Schaltung mit drei Kapazitäten durch eine Übertragungsfunktion zweiter Ordnung beschrieben wird.

Dies hängt damit zusammen — auf Einzelheiten soll hier nicht eingegangen werden —, daß die Kapazitäten zu einem Dreieck zusammengeschaltet sind. Infolgedessen sind die drei Spannungen über den Kapazitäten nicht voneinander unabhängig, sondern über die Kirchhoffsche Maschengleichung miteinander verknüpft.

Unter Berücksichtigung der Definitionen von s_1, s_2 ergibt sich für die Konstante ω_0

$$\omega_0^2 = \frac{s_1 s_2}{1 + C_K \left(\frac{1}{C_e} + \frac{1}{C_o} \right)} .$$

Wegen (7.35) folgt daraus $\omega_0^2 \gg s_3^2$. Unter Berücksichtigung von (7.35) ergibt sich ferner für die Pole von U_2/U_e in guter Näherung

$$s^2 - \frac{\omega_0^2}{s_3} \cdot s + \omega_0^2 = 0 ,$$

woraus wegen $\omega_0^2 \gg s_3^2$ näherungsweise

$$s_{\infty 1} = s_3 \qquad (7.37) \qquad\qquad s_{\infty 2} = \frac{\omega_0^2}{s_3} \qquad (7.38)$$

folgt. Wir können damit folgendes Ergebnis festhalten:

1. Die Kapazitäten C_e und C_o beeinflussen die Lage des dominanten Pols kaum.

2. Durch das Einfügen der Kompensations–Kapazität C_K findet eine Verschiebung des anderen Pols der Emitterstufe zu höheren Frequenzen statt.

Ein wesentlicher Nachteil der soeben behandelten Emitterstufe ist ihr relativ geringer Eingangswiderstand. Er kann durch Vorschalten einer Kollektorstufe erhöht werden, die dann zweckmäßigerweise in den Kompensationskreis einbezogen wird. Diese erweiterte Schaltung werden wir im folgenden Beispiel untersuchen.

Beispiel 7.1 ______________________________

Wir betrachten die folgende Schaltung.

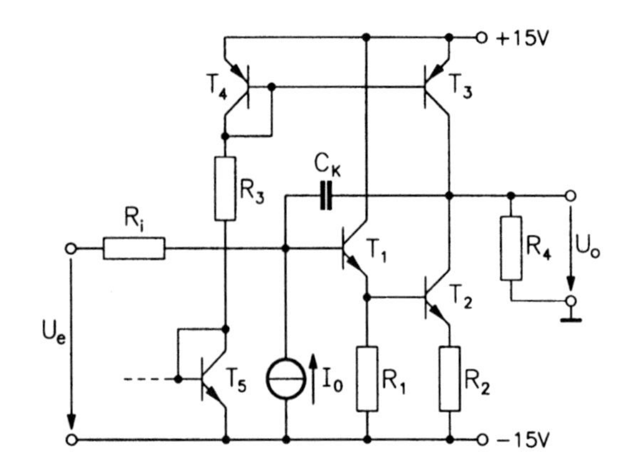

Sie unterscheidet sich von derjenigen in Abb. 7.13 im wesentlichen dadurch, daß eine Kollektorstufe zur Erhöhung der Eingangsimpedanz hinzugefügt wurde. Für die Widerstände R_i, R_1, R_2 sollen die folgenden Zahlenwerte gelten:

$$R_i = 1\,M\Omega \quad R_1 = 50\,k\Omega \quad R_2 = 100\,\Omega\ .$$

In den für diese Schaltung angenommenen Arbeitspunkten sollen die Stromverstärkungsfaktoren und die dynamischen Emitterwiderstände der beiden Transistoren die Werte

$$\begin{array}{ll} \text{Transistor } T_1: & \beta_1 = 120,\ R_{E1} = 1.5\,k\Omega \\ \text{Transistor } T_2: & \beta_2 = 170,\ R_{E2} = 35\,\Omega \end{array}$$

haben. Die Kapazitätswerte werden später angegeben. Zunächst entwickeln wir ein Modell für die Kaskadenschaltung von Kollektor- und Emitterstufe.

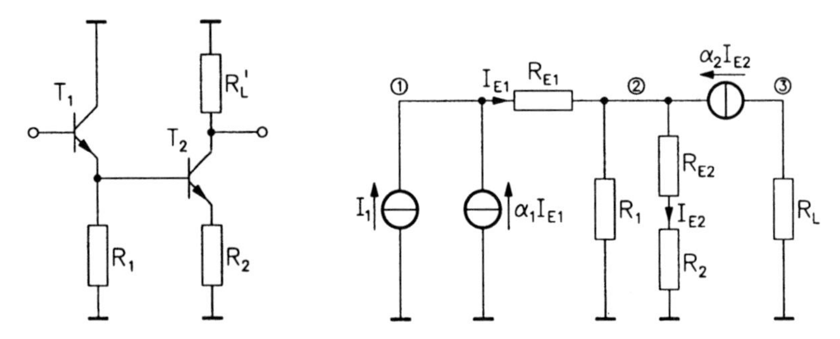

Die linke Abbildung zeigt die zu untersuchende Anordnung; R'_L bezeichnet den Innenwiderstand des Stromspiegels. Daneben ist das für die Analyse zugrunde gelegte Modell angegeben. Der Widerstand R_L besteht aus der Parallelschaltung von R'_L und dem Widerstand, der den Early–Effekt repräsentiert. Eigentlich müßte letzterer zwischen Kollektor und Emitter angeordnet werden, was jedoch die Analyse etwas unübersichtlicher machen würde. Da R_2 aber nur den Wert $100\,\Omega$ hat, ist der durch die gewählte Anordnung hervorgerufene Fehler vernachlässigbar gering.

Mit den Abkürzungen

$$R' = R_1 || R'' \qquad R'' = R_{E2} + R_2$$

ergibt sich folgendes Gleichungssystem

$$\begin{pmatrix} (1-\alpha_1)G_{E1} & -(1-\alpha_1)G_{E1} & 0 \\ -G_{E1} & G' + G_{E1} - \alpha_2 G'' & 0 \\ 0 & \alpha_2 G'' & G_L \end{pmatrix} \begin{pmatrix} U_1 \\ U_2 \\ U_3 \end{pmatrix} = \begin{pmatrix} I_1 \\ 0 \\ 0 \end{pmatrix} .$$

Wegen

$$\beta_1 \approx \frac{1}{1-\alpha_1} \qquad \beta_2 \approx \frac{1}{1-\alpha_2}$$

folgt daraus nach kurzer Rechnung in guter Näherung für den Eingangswiderstand

$$R_e = \frac{U_1}{I_1} = \beta_1 \cdot \left[R_{E1} + \frac{R_1 \beta_2 (R_{E2} + R_2)}{R_1 + \beta_2 (R_{E2} + R_2)} \right] .$$

Unter Berücksichtigung derselben Bedingungen für die Stromverstärkungsfaktoren β_1 und β_2 ergibt sich dann näherungsweise für den Ausgangs–Kurzschlußstrom

$$\alpha_2 I_{E2} = \frac{\beta_2 U_1}{R_{E1} + \beta_2 (1 + R_{E1}/R_1)(R_{E2} + R_2)} .$$

Daher kann für die Analyse der Emitterstufe mit vorgeschalteter Kollektorstufe das in der nächsten Abbildung wiedergegebene Modell mit hinreichender Genauigkeit eingesetzt werden.

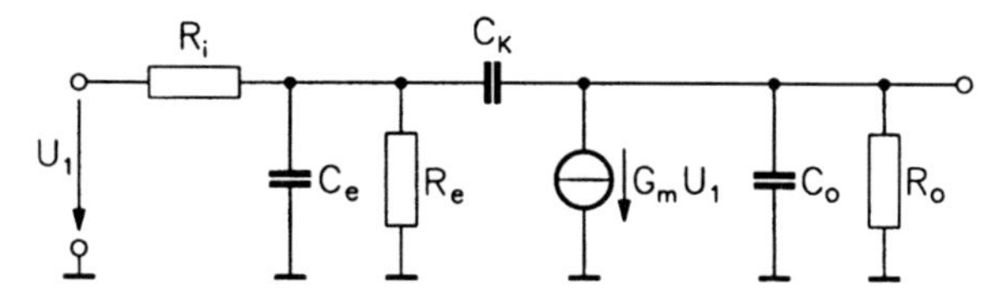

Darin gilt für die Element– bzw. Parameterwerte

$$R_i = 1\,M\Omega \quad R_e = 2.07\,M\Omega \quad R_o = 300\,k\Omega \quad G_m = 6.76\,mA/V$$
$$C_e = 1.5\,pF \quad C_K = 30\,pF \quad C_o = 5\,pF .$$

In den Widerstand R_o ist auch der Widerstand der nachfolgenden Stufe einbezogen. Für die kritischen (Einzel–) Frequenzen ergeben sich die folgenden Werte:

$$\begin{aligned}
s_1 &= -\frac{G_e + G_i}{C_e} = -9.89 \cdot 10^5 \frac{1}{s} \\
s_2 &= -\frac{G_o}{C_o} = -6.67 \cdot 10^5 \frac{1}{s} \\
s_3 &= -\frac{G_o(G_e + G_i)}{C_K(G_e + G_i + G_o + G_m)} = -24.36 \frac{1}{s} \\
s_4 &= -\frac{G_m}{C_K} = -2.25 \cdot 10^8 \frac{1}{s} \\
\omega_0^2 &= \frac{G_o(G_e + G_i)}{C_o(C_e + C_K) + C_e C_K} = 2.44 \cdot 10^{10} \frac{1}{s^2} \, .
\end{aligned}$$

Die Bedingungen

$$|s_3| \ll |s_1| \qquad |s_3| \ll |s_2| \qquad \frac{1}{|s_3|} \gg \frac{1}{|s_1|} + \frac{1}{|s_2|} \qquad \omega_0^2 \gg s_3^2$$

sind offensichtlich erfüllt. Für die Pole der Transistor–Zusammenschaltung finden wir schließlich

$$s_{\infty 1} = s_3 = -24.36 \frac{1}{s} \qquad s_{\infty 2} = \frac{\omega_0^2}{s_3} = -10^9 \frac{1}{s} \, .$$

Wir fassen nun die wesentlichen Ergebnisse, die aus der Verwendung der Kompensationskapazität im Rückkopplungszweig resultieren, noch einmal zusammen.

Die Kapazität erscheint um (rund) den Betrag der Spannungsverstärkung der Verstärkerstufe vergrößert ("Miller–Effekt"), so daß ein kleiner Kapazitätswert zur Erzielung einer niedrigen Polfrequenz ausreicht. Durch die Rückkopplung wird ferner bewirkt, daß Pole der Verstärkerstufe, die durch Transistor– bzw. Schaltkapazitäten zusammen mit ohmschen Widerständen entstehen, zu derart hohen Frequenzen verschoben werden, daß ihr Einfluß auf den normalen Arbeitsbereich des Operationsverstärkers gering ist. Daraus läßt sich unter anderem auch die Schlußfolgerung ziehen, daß in diesem Fall die Verwendung statischer Transistormodelle für die Beschreibung des Verhaltens des (kompensierten!) Verstärkers gute Ergebnisse bis zu relativ hohen Frequenzen liefert. Aus demselben Grund kann das dynamische Verhalten eines auf diese Weise (frequenz–) kompensierten Verstärkers durch das Ein–Pol–Modell, für die Leerlaufverstärkung

$$A(s) = \frac{A_0}{1 + s/\omega_g} \tag{7.39}$$

gekennzeichnet werden. Neben der Gleichspannungsverstärkung A_0 und der Frequenz ω_g des dominanten Pols (anstelle der korrekteren Bezeichnung σ_g wählen wir hier die allgemein gebräuchliche) ist eine weitere charakteristische

Größe interessant; es ist diejenige (Kreis–) Frequenz ω_1, für die $|A(j\omega)| = 1$ wird. Aus

$$\frac{A_0}{\sqrt{1 + (\omega_1/\omega_g)^2}} = 1$$

folgt wegen $A_0^2 \gg 1$ in guter Näherung

$$\omega_1 = A_0 \omega_g \ . \tag{7.40}$$

Die Größe $A_0 \omega_g$ heißt Verstärkungs–Bandbreite–Produkt.

Nachdem wir uns sehr eingehend mit derjenigen Stufe eines Operationsverstärkers beschäftigt haben, in der die Frequenz–Kompensation vorgenommen wird, wollen wir uns nun wieder mit dem Frequenzverhalten des gesamten (frequenzkompensierten) Verstärkers befassen. Natürlich liefert jede Stufe einen Beitrag zur Gesamtzahl der Pole der Übertragungsfunktion. Dabei müssen gewöhnlich diejenigen Stufen besonders in Betracht gezogen werden, die eine größere Spannungsverstärkung aufweisen, da in ihnen aufgrund der größeren Widerstände niedrigere Polfrequenzen erzeugt werden. Dieser Gesichtspunkt gilt beispielsweise für die Differenzverstärker–Stufe. Da diese Stufen nicht in die mit Hilfe der Kompensationskapazität gebildete Rückkopplungsschleife einbezogen sind, gehen die entsprechenden Pole unverändert in die Übertragungsfunktion ein.

Als Beispiel betrachten wir die Verstärkung $A = A(j\omega)$ des Operationsverstärkers vom Typ 741; ihr Betrag und ihre Phase sind in Abb. 7.15 wiedergegeben. Der dominante Pol liegt bei etwa $5\,Hz$ und ein weiterer Pol,

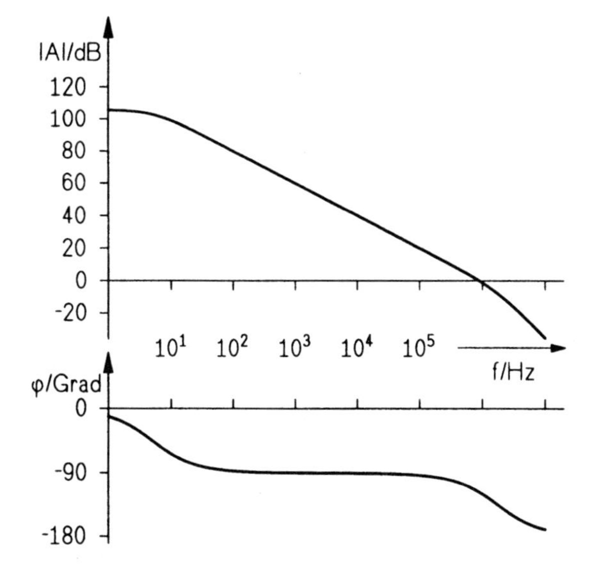

Abb. 7.15 Betrag (logarithmisch aufgetragen) und Phase der Verstärkung des Operationsverstärkers vom Typ 741

im wesentlichen durch die Differenzverstärker–Stufe bewirkt, bei $1.7\,MHz$. Die Gleichspannungsverstärkung hat den Wert $A_0 = 2 \cdot 10^5$ ($\widehat{=} 106dB$); die

Verstärkung $|A| = 1$ wird bei der Frequenz $f_1 = 887\,kHz$ erreicht, die Phasendrehung beträgt bei dieser Frequenz -117°, so daß auch im ungünstigsten Fall noch eine Phasenreserve von 63° vorhanden ist.

Unter Verwendung des Ein–Pol–Modells hätte sich aufgrund von (7.40) die Frequenz $f_1 = 1\,MHz$ für $|A| = 1$ ergeben. Der Pol bei $1.7\,MHz$ hat jedoch zur Folge, daß das Ein–Pol–Modell mit zunehmender Frequenz immer ungenauer wird, sobald die Nähe dieser Frequenz erreicht wird. Dieses Verhalten wird durch Abb. 7.16 illustriert. Aus der Abbildung für die Phase geht deutlich

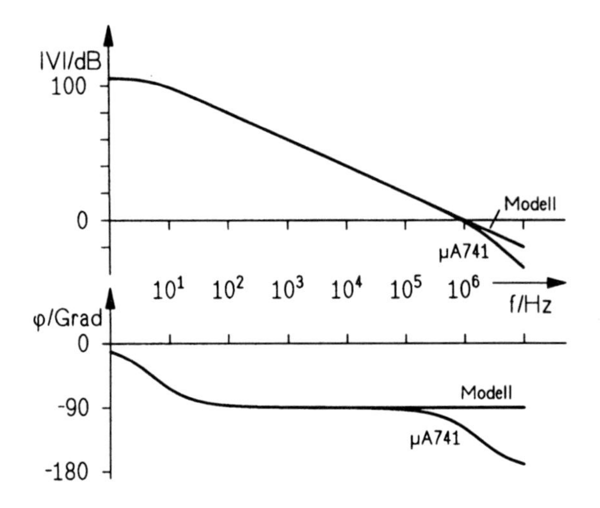

Abb. 7.16 Abweichung der Verstärkung (Betrag und Phase) des Operationsverstärkers vom Typ 741 gegenüber dem Ein–Pol–Modell

hervor, daß — je nach Anwendung — das Ein–Pol–Modell schon bei relativ niedrigen Frequenzen zu merklichen Fehlern führen kann.

Die bisher sehr ausführlich behandelte Methode zur Frequenz–Kompensation stellt das praktisch wichtigste Verfahren dar; daneben bestehen andere Kompensationsmethoden, die zwar weniger häufig angewendet werden, im Einzelfall jedoch zu besseren Ergebnissen führen. Das Verfahren, die Frequenz–Kompensation mit Hilfe eines dominanten Pols durchzuführen, ist natürlich deshalb so wichtig, da durch Wahl einer hinreichend tiefen Polfrequenz ein Operationsverstärker in einer Schaltung gemäß Abb. 7.11 für jedes Widerstandsverhältnis R_2/R_1 stabil arbeitet. Eine derartige universelle Kompensation kann direkt bei der Herstellung eingebaut werden, so daß für die Kompensation keine zusätzlichen Bauelemente benötigt werden. Dieser Vorteil der einfachen Handhabbarkeit wird erkauft mit dem Nachteil einer im Einzelfall unnötigen Bandbreitenverringerung. Daher werden Operationsverstärker, die nach dem beschriebenen Verfahren frequenzkompensiert werden, oft auch in einer Version ohne interne Kompensationskapazität hergestellt; dadurch kann bei vorgegebenem Rückkopplungsgrad die Bandbreite größer als bei der Universalkompensation gemacht werden.

Im folgenden werden wir uns mit einigen Verfahren zur "externen" Frequenzkompensation beschäftigen, das heißt, mit Kompensationsmaßnahmen, die von den Anwendern selbst durchgeführt werden müssen.

7.5.3 Kompensations–Kapazität im Rückkopplungs-Netzwerk

Eine praktisch einfach zu realisierende Möglichkeit der externen Frequenzkompensation besteht darin, bei einem invertierenden oder nichtinvertierenden Verstärker eine Kapazität parallel zum Rückkopplungswiderstand zu schalten. Abb. 7.17a zeigt diese Anordnung für einen nichtinvertierenden Verstärker. Die im folgenden hergeleiteten Ergebnisse lassen sich entsprechend

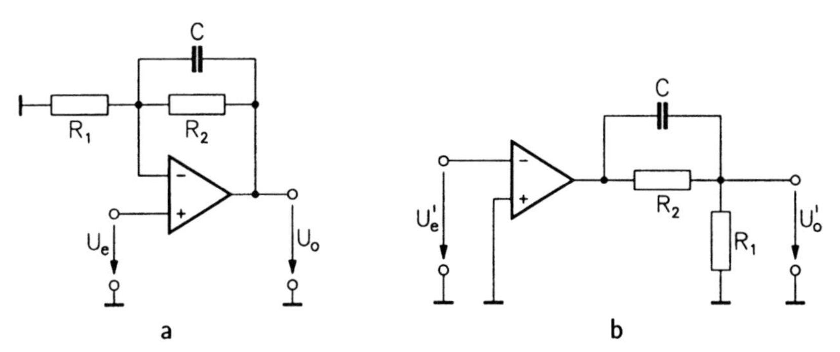

Abb. 7.17 a. Nichtinvertierender Verstärker mit Kompensationskapazität im Rückkopplungszweig b. Zur Berechnung der Schleifenverstärkung

auf den invertierenden Verstärker übertragen.

Zur Erläuterung des Wirkungsmechanismus dieser Kompensationsmethode berechnen wir die Schleifenverstärkung. Eine einfache Analyse der Schaltung in Abb. 7.17b liefert zunächst

$$\frac{U_o'}{U_e'} = A(s) \cdot \frac{s + \dfrac{1}{CR_2}}{s + \dfrac{1 + R_1 G_2}{CR_1}} .$$

Mit den Abkürzungen

$$\sigma_0 = \frac{1}{CR_2} \qquad \sigma_\infty = (m+1)\sigma_0 \qquad m = \frac{R_2}{R_1}$$

folgt aus dieser Gleichung für die Schleifenverstärkung

$$A(s)F(s) = \frac{s + \sigma_0}{s + \sigma_\infty} \cdot A(s)$$

beziehungsweise

$$A(s)F(s) = \frac{1}{m+1} \cdot \frac{(1 + s/\sigma_0)A(s)}{1 + s/\sigma_\infty} . \qquad (7.41)$$

Ohne die Kapazität C würde sich

$$A(s)F(s) = \frac{1}{m+1} \cdot A(s)$$

ergeben. Vergleichen wir diese Beziehung mit (7.41), so ergibt sich folgende Interpretationsmöglichkeit. Das Einfügen der Kapazität C in den Rückkopplungszweig hat die Wirkung, als ob die Leerlaufverstärkung $A(s)$ des Operationsverstärkers in folgender Weise verändert würde:

$$A(s) \longrightarrow \frac{1+s/\sigma_0}{1+s/\sigma_\infty} \cdot A(s) \; .$$

Durch eine entsprechende Wahl der Nullstellenfrequenz σ_0 kann — wegen der positiven Phasendrehung der Nullstelle — die Phasenreserve im kritischen Frequenzbereich folglich erhöht werden. Oberhalb dieser Frequenz wird dann der zusätzlich erzeugte Pol bei σ_∞ wirksam. Der Abstand zwischen Pol und Nullstelle ist durch das Widerstandsverhältnis R_2/R_1 vorgegeben. Da s_0 und s_∞ hinreichend weit voneinander entfernt sein müssen, um die gewünschte Wirkung zu erzielen, ist diese Methode etwa ab $R_2/R_1 \geq 10$ anwendbar.

Beispiel 7.2

Als Beispiel untersuchen wir den Einsatz des Operationsverstärkers $\mu A748$ in einer Schaltung gemäß Abb. 7.17. Das Simulationsmodell des unkompensierten $\mu A748$ weist Pole bei $15\,kHz$ und $1.7\,MHz$ auf. Die Widerstände sollen die Werte $R_1 = 1\,k\Omega$, $R_2 = 100\,k\Omega$ haben.

Bei der Bestimmung von σ_0 lassen wir uns von folgender Überlegung leiten. Wäre der Operationsverstärker–Pol bei $1.7\,MHz$ nicht vorhanden, ergäbe sich eine maximale Phasendrehung der Schleifenverstärkung von -90° und es gäbe kein Stabilitätsproblem. Damit liegt der Gedanke nahe, den Pol bei $1.7\,MHz$ durch die Nullstelle $-\sigma_0$ "wegzukompensieren". Dies geschieht durch die Dimensionierung

$$C = \frac{1}{\sigma_0 R_2} = \frac{1}{2\pi 1.7\,MHz 100\,k\Omega} \; ,$$

woraus sich $C = 0.9\,pF$ ergibt; für die folgenden Untersuchungen wird $C = 1\,pF$ gewählt. Der durch die Kompensationskapazität erzeugte zusätzliche Pol liegt bei $170\,MHz$ und wird sich kaum störend auswirken. Wir betrachten nun die Bestimmung der Schleifenverstärkung gemäß Abb. 7.17b unter Verwendung des $\mu A748$ für die drei folgenden Fälle:

1. Ohne Kompensation.
2. Mit Dominant–Pol–Kompensation.
3. Parallelschaltung von $C = 1\,pF$ und $R_2 = 100\,k\Omega$.

Unter diesen Bedingungen ergeben sich nacheinander die drei folgenden Abbildungen a, b, c.

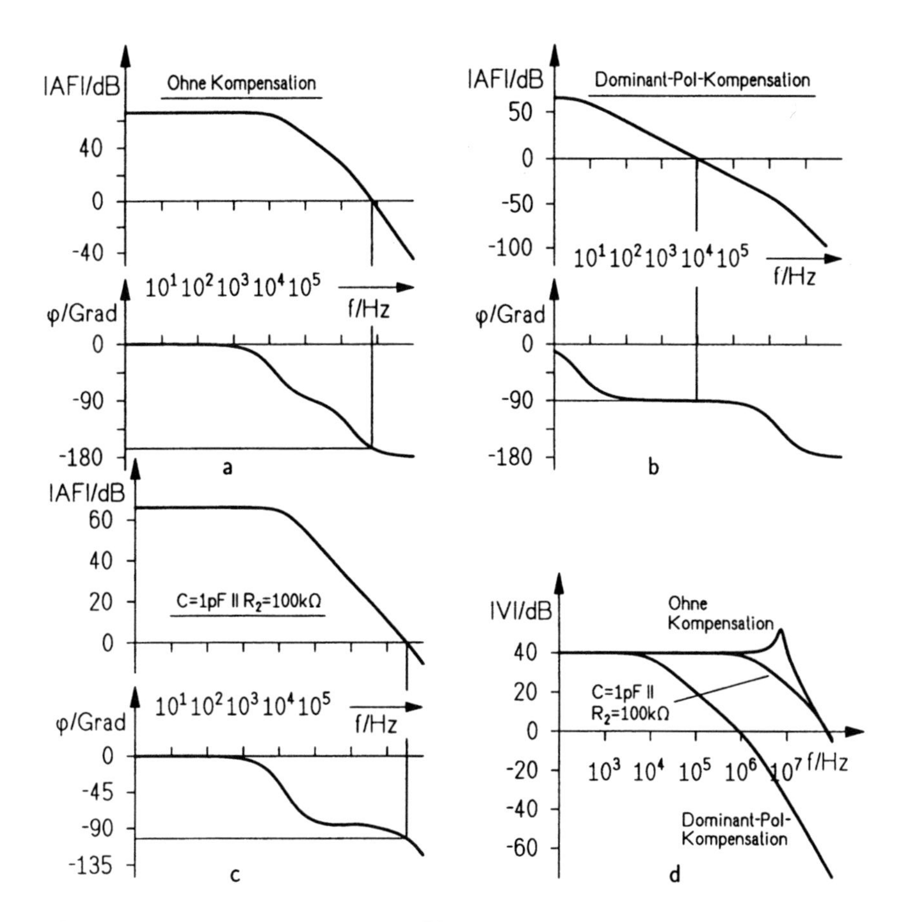

Ohne Kompensation ist nur eine Phasenreserve von wenigen Grad vorhanden. Die Dominant–Pol–Kompensation liefert erwartungsgemäß die Phasenreserve $\varphi_R = 90^O$ und die Kompensation mit Hilfe der Kapazität im Rückkopplungszweig hat in diesem Fall nur eine geringfügig kleinere Phasenreserve zur Folge, liefert aber eine erheblich höhere Bandbreite.

Wie sich die drei Fälle auf die Frequenzabhängigkeit der Verstärkung der Schaltung gemäß Abb. 7.17a auswirken, zeigen die Kurven in Abb. d.

Zwei Eigenschaften fallen besonders ins Auge:

1. Die geringe Phasenreserve des unkompensierten Operationsverstärkers hat eine starke Überhöhung der Verstärkung bei 10 *MHz* zur Folge.

2. Mit der Kompensationskapazität im Rückkopplungszweig läßt sich für dieses Beispiel eine um den Faktor 100 größere Bandbreite gegenüber dem Verstärker mit Dominant–Pol–Kompensation erzielen.

7.5.4 Vorwärts–Kompensation

Das Frequenzverhalten vieler Operationsverstärker wird maßgeblich durch die Wirkung von zwei Polen beeinflußt, wobei ein Pol bei einer relativ niedrigen, der andere bei einer relativ hohen Frequenz liegt. Diese beiden Pole steuern jeweils eine Phasendrehung von -90^0 bei. Sie können zwei verschiedenen Stufen des Operationsverstärkers zugeordnet werden, nämlich dem Eingangs–Differenzverstärker und der nachfolgenden hochverstärkenden Stufe. Könnte man durch eine geeignete Maßnahme die Eingangsstufe bei höheren Frequenzen umgehen, dann könnte im kritischen Frequenzbereich die Phasendrehung dieser Stufe weitgehend eliminiert werden. Diese Überlegungen bilden die Basis für die sogenannte Vorwärts–Kompensation, bei der im wesentlichen die Eingangsstufe eines Operationsverstärkers mittels eines parallelen kapazitiven Signalpfades bei höheren Frequenzen umgangen wird. Zur Erläuterung des Verfahrens gehen wir von Abb. 7.18 aus, das eine Schaltungsmöglichkeit

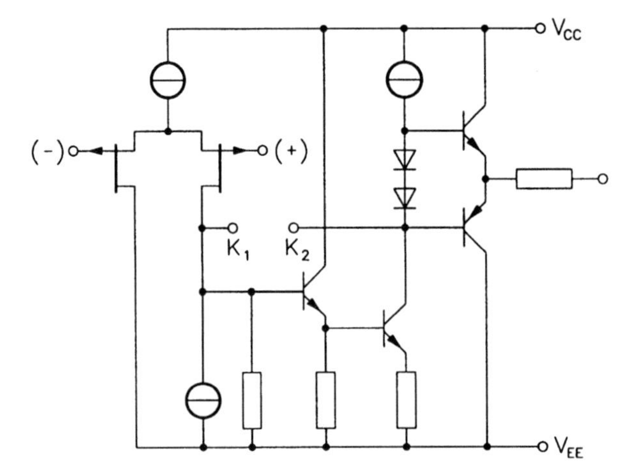

Abb. 7.18 Prinzipielle Möglichkeit zum Aufbau eines Operationsverstärkers

für einen Operationsverstärker mit Sperrschicht–FETs in der Eingangssstufe zeigt.

Die Klemmen K_1 und K_2 sind für Kompensationsmaßnahmen vorgesehen; werden sie über eine (kleine) Kapazität miteinander verbunden, so liegt eine Dominant–Pol–Kompensation (mit Miller–Effekt) vor. Um einen invertierenden Verstärker mit Vorwärts–Kompensation aufzubauen, wird die Klemme K_1 über eine relativ große Kapazität mit dem invertierenden Eingang verbunden. Zur Untersuchung dieses Falles gehen wir von Abb. 7.19 aus. A_1 repräsentiert im wesentlichen den Differenzverstärker. In R_0 sind die Wirkungen des Innenwiderstandes des Differenzverstärkers und des Eingangswiderstandes der nachfolgenden Verstärkerstufe zusammengefaßt; die infolge

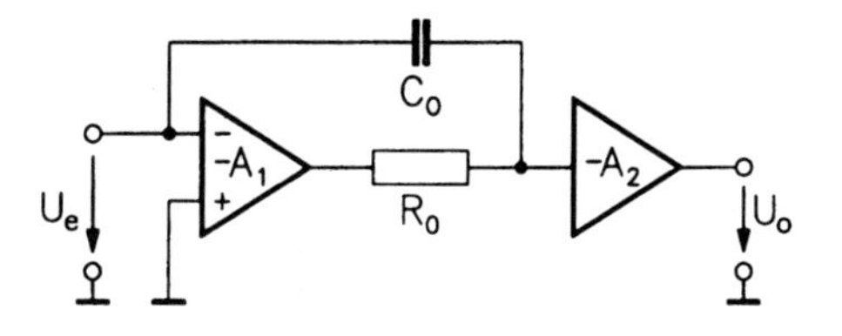

Abb. 7.19 Zum Prinzip der Vorwärts–Kompensation

der beiden Widerstände auftretende Spannungsteilung kann bei der Höhe der Verstärkung von A_1 berücksichtigt werden. In A_2 sind die Stufe für hohe Spannungsverstärkung und die Endstufe enthalten. C_0 ist die Kompensationskapazität.

Die gesamte Leerlauf–Verstärkung des Operationsverstärkers ist

$$A(s) = -\frac{U_o}{U_e} .$$

Aus Abb. 7.19 folgt

$$\left(A_1 U_e + \frac{U_o}{A_2}\right) G_0 + \left(U_e + \frac{U_o}{A_2}\right) sC_0 = 0 .$$

Unter Verwendung dieser beiden Gleichungen ergibt sich dann

$$A(s) = -A_2(s) \cdot \frac{A_1(s) + sC_0R_0}{1 + sC_0R_0} . \tag{7.42}$$

Für sehr niedrige Frequenzen, also für $\omega \ll 1/(C_0R_0)$, lautet die Leerlauf–Verstärkung

$$A(j\omega) \approx -A_1(j\omega)A_2(j\omega) . \tag{7.43}$$

Geht man davon aus, daß die Pole von $A_1(s)$ und $A_2(s)$ höher liegen als $1/(C_0R_0)$, so gilt

$$A(j\omega) \rightarrow -A_2(j\omega) \quad \text{für} \quad \omega > \frac{1}{C_0R_0} . \tag{7.44}$$

$A_1(s)$ und $A_2(s)$ sind gebrochen rationale Funktionen in s. Um noch etwas genaueren Einblick in die Wirkungsweise der Vorwärts–Kompensation zu erhalten gehen wir von den vereinfachenden Annahmen

$$A_1(s) = \frac{A_{10}s_1}{s + s_1} \qquad A_2(s) = \frac{A_{20}s_2}{s + s_2} \tag{7.45}$$

aus. Damit ergibt sich dann aus (7.42)

$$A(s) = -\frac{A_{20}s_2}{s + s_2} \cdot \frac{s^2 + s_1 s + \dfrac{A_{10}s_1}{C_0R_0}}{(s + s_1)\left(s + \dfrac{1}{C_0R_0}\right)} . \tag{7.46}$$

Für die Nullstellen von $A(s)$ folgt daraus

$$s_{01,2} = -\frac{s_1}{2} \pm \sqrt{\frac{s_1^2}{4} - \frac{A_{10} s_1}{C_0 R_0}}$$

Über den Wert von C_0 kann die positive Wirkung der Nullstellen optimiert werden.

Für die Anwendung der Vorwärts–Kompensation muß der Operationsverstärker entsprechend vorbereitet sein. Es ist außerdem darauf hinzuweisen, daß die Vorwärts–Methode häufig mit einer anderen kombiniert wird; die Halbleiter–Hersteller geben in ihren Datenblättern dazu entsprechende Empfehlungen.

Zur Veranschaulichung der Wirkung der Vorwärts–Kompensation dient das nachfolgende Beispiel.

Beispiel 7.3

Mit Hilfe eines Operationsverstärkers, der gemäß Abb. 7.19 modelliert werden kann, wird ein invertierender Verstärker mit der Verstärkung −100 aufgebaut.

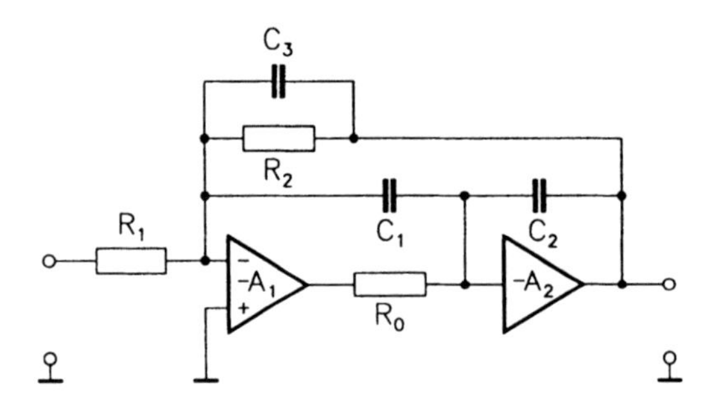

Neben der für die Vorwärts-Kompensation erforderlichen Kapazität C_1 sind noch zwei weitere Kapazitäten eingezeichnet. Sie dienen dazu, verschiedene Kompensationsmöglichkeiten zu untersuchen. für das Operationsverstärker–Modell sollen folgende Werte gelten:

$$A_{10} = 20 \quad s_1 = 2\pi 2\,MHz \quad A_{20} = 5000 \quad s_1 = 2\pi 20\,kHz \quad R_0 = 65\,k\Omega \ .$$

Untersucht wird die Schleifenverstärkung auf der Basis der folgenden Schaltung:

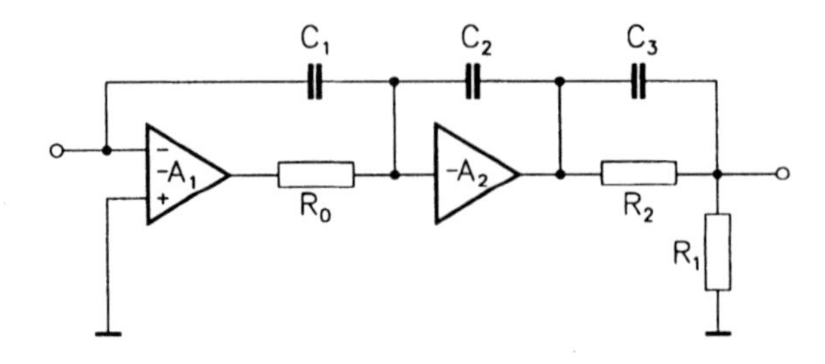

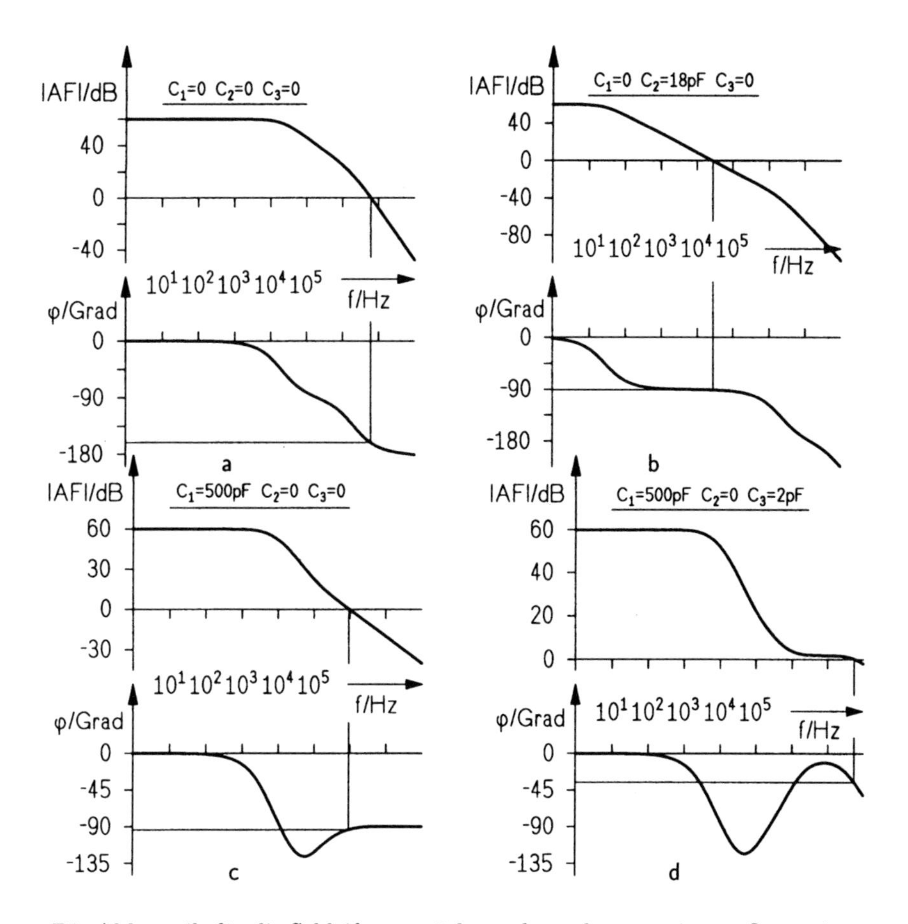

Die Abb. a gilt für die Schleifenverstärkung des unkompensierten Operationsverstärkers, also für $C_1 = C_2 = C_3 = 0$. Die Phasenreserve beträgt in diesem Fall nur 19°. Es folgt (Abb. b) die Untersuchung für den Fall einer Dominant–Pol–Kompensation ($C_1 = 0$, $C_2 = 18\,pF$, $C_3 = 0$). Hier ist, wie erwartet, $\varphi_R = 89^{\circ}$.

Für die Vorwärts–Kompensation ($C_1 = 500\,pF$, $C_2 = 0$, $C_3 = 0$) ergibt sich eine Phasenreserve von 87° (Abb. c).

Wird die Vorwärts–Kompensation mit der im vorhergehenden Unterabschnitt behandelten Kompensationsmethode kombiniert ($C_1 = 500\,pF$, $C_2 = 0$, $C_3 = 2\,pF$), dann hat die Schleifenverstärkung das Aussehen gemäß Abb. d ($\varphi_R = 143^{\circ}$).

Die nächste Abbildung zeigt den Betrag der Verstärkung des rückgekoppelten Verstärkers über der Frequenz für drei verschiedene Fälle, nämlich für einen Operationsverstärker

- ohne Kompensation
- mit Dominant–Pol–Kompensation
- mit Vorwärts–Kompensation und Zusatz–Kapazität.

Die letztgenannte Kompensationsmethode liefert eine erheblich höhere Band-

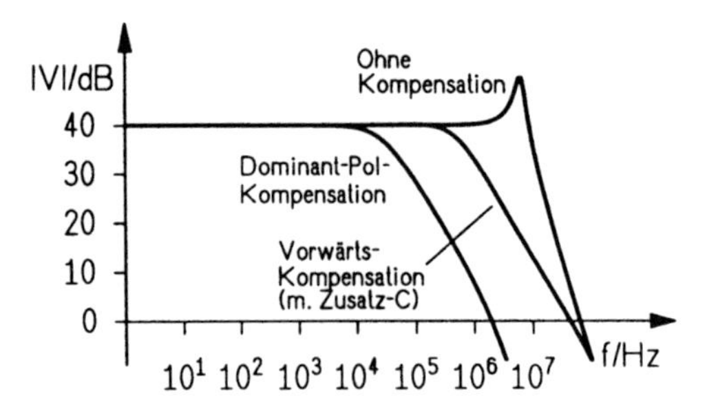

breite als die Dominant–Pol–Kompensation.

7.6 Schaltungsverhalten bei Dominant–Pol-Kompensation

Durch die Frequenzkompensation ändert sich das dynamische Verhalten einer Schaltung mit realen Operationsverstärkern im Vergleich zum Verhalten mit idealen Verstärkern natürlich erheblich. Dies muß bei der Schaltungsentwicklung berücksichtigt werden. Wir untersuchen im folgenden, wie sich die (in der Praxis besonders häufig verwendete) Dominant–Pol–Kompensation auf wichtige Kenngrößen des Operationsverstärkers auswirkt.

7.6.1 Invertierender Verstärker

Zuerst betrachten wir den invertierenden Verstärker gemäß Abb. 7.20. Aus

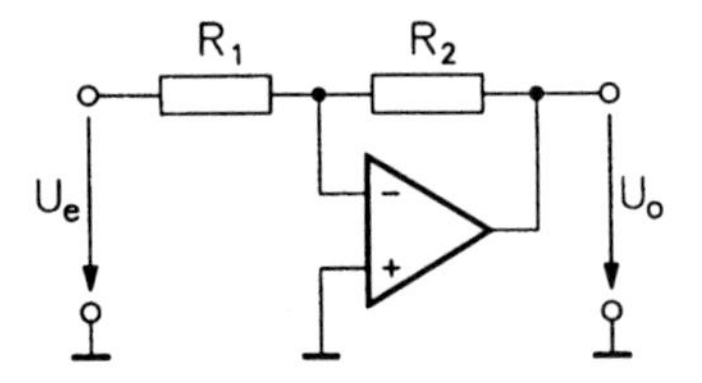

Abb. 7.20 Invertierender Verstärker

der direkt ablesbaren Gleichung

$$\left(U_e + \frac{U_o}{A}\right) G_1 + \left(U_o + \frac{U_o}{A}\right) G_2 = 0$$

läßt sich die Beziehung

$$\frac{U_o}{U_e} = -\frac{m}{1 + \dfrac{m+1}{A}} \qquad m = R_2/R_1 \tag{7.47}$$

gewinnen, woraus dann unter Verwendung des Ein–Pol–Modells gemäß (7.39) die Beziehung

$$\frac{U_o}{U_e} = -\frac{m}{1 + \frac{m+1}{A_0} + j\omega \cdot \frac{m+1}{A_0 \omega_g}}$$

folgt. Für einen sinnvollen Betrieb kann man $A_0 \gg m + 1$ voraussetzen, so daß wir in guter Näherung

$$\frac{U_o}{U_e} = -\frac{m}{1 + j\omega \cdot \frac{m+1}{A_0 \omega_g}} \tag{7.48}$$

erhalten. Für überschlägige Rechnungen ist es manchmal nützlich, die Verstärkungswerte für einige charakteristische Frequenzen zur Verfügung zu haben. Sie sind für die Leerlaufverstärkung des Operationsverstärkers und die Verstärkung des invertierenden Verstärkers in Tabelle 7.1 zusammengestellt.

Leerlaufverstärkung Operationsverstärker		**Spannungsverstärkung Invertierender Verstärker**	
ω	$\|A\|$	ω	$\|U_o/U_e\|$
0	A_0	0	m
ω_g	$A_0/\sqrt{2}$	$\frac{A_0 \omega_g}{m+1}$	$m/\sqrt{2}$
$A_0 \omega_g$	$1\ (A_0 \gg 1)$	$\sqrt{\frac{m-1}{m+1}}\, A_0 \omega_g$	$1\ (m > 1)$

Tabelle 7.1 Leerlaufverstärkung eines Operationsverstärkers und Verstärkung eines invertierenden Verstärkers bei einigen charakteristischen Frequenzen

Bei gegebenem Bode–Diagramm für die Leerlaufverstärkung des Operations-

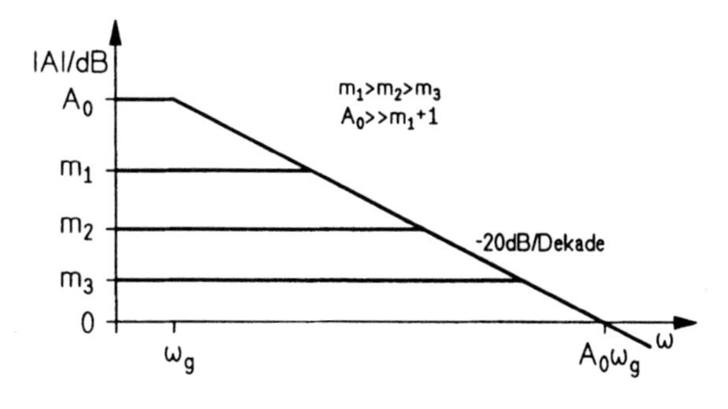

Abb. 7.21 Bode–Diagramm der Verstärkung eines invertierenden Verstärkers bei Verwendung des Ein–Pol–Modells für den Operationsverstärker

verstärkers läßt sich die 3–dB–Bandbreite eines invertierenden Verstärkers in Abhängigkeit von der eingestellten Spannungsverstärkung leicht ermitteln, wie Abb. 7.21 zeigt. Der Einfluß des Verstärkungs–Bandbreite–Produktes $A_0\omega_g$ auf die Bandbreite des rückgekoppelten Verstärkers geht aus dieser Abbildung ebenfalls deutlich hervor.

Neben der Verstärkung sind Eingangs– und Ausgangsimpedanz wichtige Kenngrößen eines invertierenden Verstärkers, deren Frequenzabhängigkeit von der des Operationsverstärkers abhängt. Wir beginnen mit der Untersuchung der Eingangsimpedanz und betrachten dazu Abb. 7.22; die von Null

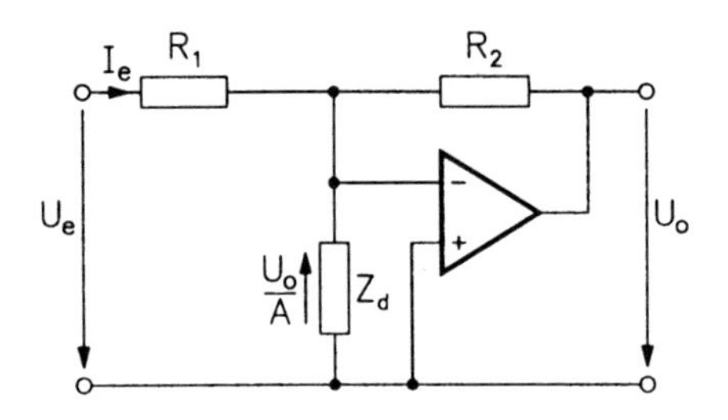

Abb. 7.22 Zur Berechnung der Eingangsimpedanz eines invertierenden Verstärkers

verschiedene Ausgangsimpedanz des Operationsverstärkers vernachlässigen wir hier. Die Impedanz Z_d repräsentiert die Parallelschaltung $R_d||C_d$ und es soll

$$Y_d = \frac{1}{Z_d} = G_d + j\omega C_d \qquad G_d = \frac{1}{R_d}$$

gelten. Aus der Schaltung lassen sich die beiden Gleichungen

$$\begin{aligned} I_e + \frac{U_o}{AZ_d} + \frac{U_o + U_o/A}{R_2} &= 0 \\ U_e + \frac{U_o}{A} - R_1 I_e &= 0 \end{aligned}$$

ablesen, aus denen dann

$$Z_e = \frac{U_e}{I_e} = R_1 + \frac{R_2 Z_d}{R_2 + (A+1)Z_d}$$

und nach Einsetzen von Z_d

$$Z_e = R_1 + \frac{R_2}{A + 1 + R_2(G_d + j\omega C_d)} \tag{7.49}$$

folgt. Darin ist A durch

$$A = \frac{A_0}{1 + j\omega/\omega_g} \qquad A_0 \gg 1$$

gegeben. Für sehr niedrige und sehr hohe Frequenzen ist die Eingangsimpedanz durch die Beziehungen

$$Z_e = \begin{cases} R_1 + \dfrac{R_2}{A_0 + R_2 G_d} & \omega = 0 \\ R_1 & \omega \to \infty \end{cases} \tag{7.50}$$

gekennzeichnet.

Für die Bestimmung der Innenimpedanz (Ausgangsimpedanz) des rückgekoppelten Verstärkers gehen wir von der Schaltung in Abb. 7.23 aus, in der

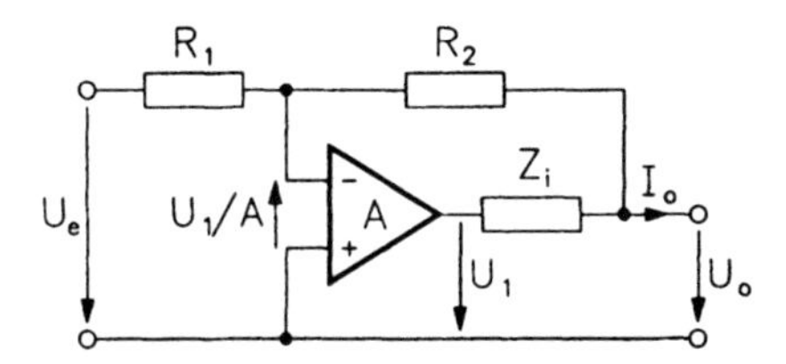

Abb. 7.23 Zur Berechnung der Innenimpedanz eines rückgekoppelten Verstärkers (invertierend)

wir jetzt die Eingangsimpedanz des Operationsverstärkers als unendlich annehmen; die Schaltung sei am Ausgang unbelastet. Mit den Abkürzungen $m = R_2/R_1$ und $\alpha = Z_i/R_2$, wobei Z_i die Ausgangsimpedanz des Operationsverstärkers ist, ergibt sich das Gleichungssystem

$$\begin{pmatrix} \dfrac{m+1}{A} & 1 \\ \dfrac{\alpha}{A} - 1 & 1+\alpha \end{pmatrix} \begin{pmatrix} U_1 \\ U_o \end{pmatrix} = \begin{pmatrix} -mU_e \\ 0 \end{pmatrix} . \tag{7.51}$$

Die Innenimpedanz Z_o des rückgekoppelten Verstärkers berechnen wir mit Hilfe der Leerlaufspannung U_{ol} und des Kurzschlußstroms I_{ok} über die Beziehung $Z_o = U_{ol}/I_{ok}$. Für die Leerlaufspannung ergibt sich

$$U_{ol} = -\frac{(1-\alpha/A)mU_e}{1 + \dfrac{1+(1+\alpha)m}{A}} .$$

Im Kurzschlußfall ($U_o = 0$) erhält man

$$I_{ok} = \frac{U_1}{Z_i} - \frac{U_1/A}{R_2} = \frac{U_1}{Z_i}\left(1 - \frac{\alpha}{A}\right) .$$

Die Spannung U_1 kann aus dem Gleichungssystem (7.51) berechnet werden:

$$U_1 = -\frac{mAU_e}{m+1} .$$

Damit lautet dann der Kurzschlußstrom

$$I_{ok} = -\frac{mA}{m+1}\left(1 - \frac{\alpha}{A}\right)\frac{U_e}{Z_i} ,$$

und es ergibt sich schließlich

$$Z_o = \frac{(m+1)Z_i}{A+1+(1+\alpha)m} \; .$$

Für eine etwas anschaulichere Interpretation dieses Ergebnisses bilden wir

$$Y_o = \frac{1}{Z_o} = \frac{1}{R_1+R_2} + \frac{1}{Z_i}\left(1+\frac{A}{m+1}\right)$$

und nehmen einen reellen Innenwiderstand $Z_i = R_i$ des Operationsverstärkers an. Ferner berücksichtigen wir $A = A_0/(1+j\omega/\omega_g)$ unter der Annahme $A_0 \gg m+1$. Führen wir außerdem zur Abkürzung $A_0' = A_0/(m+1)$ ein, so erhalten wir nach einiger Rechnung

$$Y_o = \frac{1}{R_1+R_2} + \frac{A_0'}{R_i} \cdot \frac{1+j\omega/A_0'\omega_g}{1+j\omega/\omega_g} \; . \tag{7.52}$$

7.6.2 Nichtinvertierender Verstärker

Wir wenden uns nun der nichtinvertierenden Verstärkerschaltung gemäß Abb. 7.24 zu. Aus der direkt ablesbaren Gleichung

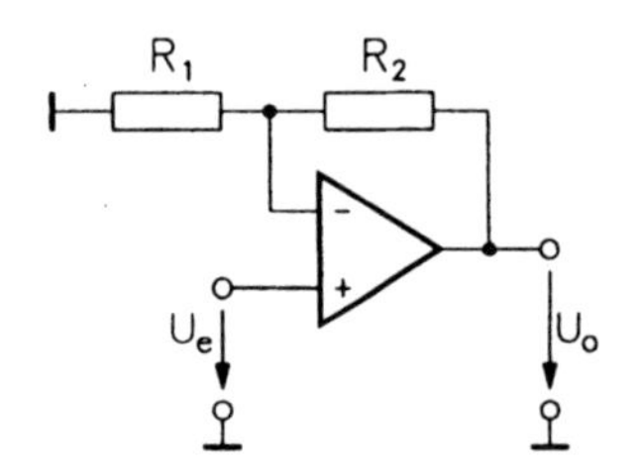

Abb. 7.24 Nichtinvertierender Verstärker

$$\left(U_e - \frac{U_o}{A}\right)G_1 + \left(U_e - U_o - \frac{U_o}{A}\right)G_2 = 0$$

ergibt sich nach geringfügiger Umformung

$$\frac{U_o}{U_e} = \frac{m+1}{1+\dfrac{m+1}{A}} \qquad m = R_2/R_1 \; ,$$

woraus unter Berücksichtigung des Ein–Pol–Modells und $A_0 \gg m+1$

$$\frac{U_o}{U_e} = \frac{m+1}{1+j\omega\dfrac{m+1}{A_0\omega_g}} \tag{7.53}$$

folgt. Diese Beziehung unterscheidet sich nur durch die Konstante im Zähler von (7.47), infolgedessen ist die Frequenzabhängigkeit der Verstärkung dieselbe wie bei einem invertierenden Verstärker.

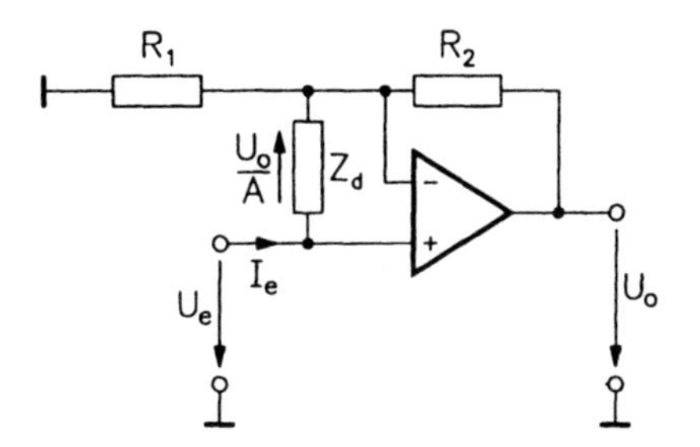

Abb. 7.25 Zur Berechnung der Eingangsimpedanz des nichtinvertierenden Verstärkers

Für die Berechnung der Eingangsimpedanz $Z_e = U_e/I_e$ gehen wir von der Schaltung in Abb. 7.25 aus. Die Ausgangsimpedanz des Operationsverstärkers wird wieder vernachlässigt. Die beiden Gleichungen

$$\begin{aligned} \frac{U_e - U_o/A}{R_1} + \frac{U_e - U_o - U_o/A}{R_2} - I_e &= 0 \\ I_e &= \frac{U_o}{AZ_d} \end{aligned}$$

lassen sich direkt aus der Schaltung ablesen. Daraus folgt nach einfacher Umformung

$$Z_e = \frac{U_e}{I_e} = \frac{R_2}{m+1} + \left(1 + \frac{A}{m+1}\right) Z_d \,. \tag{7.54}$$

Unter Berücksichtigung des Ein–Pol–Modells und mit

$$Z_d = \frac{1}{G_d + j\omega C_d} \qquad G_d = \frac{1}{R_d}$$

erhalten wir aus (7.54)

$$Z_e = \frac{R_2}{m+1} + \frac{R_d}{1 + j\omega C_d R_d}\left(1 + \frac{A_0}{(m+1)(1 + j\omega/\omega_g)}\right) \,. \tag{7.55}$$

Bei tiefen bzw. hohen Frequenzen geht die Eingangsimpedanz gegen folgende Werte:

$$Z_e = \begin{cases} R_d + \dfrac{R_2 + A_0 R_d}{m+1} & \omega = 0 \\ \dfrac{R_1 R_2}{R_1 + R_2} & \omega \to \infty \,. \end{cases}$$

Zur Berechnung der Eingangsimpedanz des nichtinvertierenden Verstärkers soll noch eine Bemerkung angefügt werden. Ein Operationsverstärker weist neben der Differenz–Impedanz Z_d auch noch endliche Impedanzen zwischen dem nichtinvertierenden bzw. invertierenden Eingang und Masse auf. Diese Impedanzen können in vielen Fällen vernachlässigt werden, insbesondere ihr kapazitiver Anteil kann aber bei höheren Frequenzen durchaus ins Gewicht fallen; ihre Berücksichtigung bietet jedoch keine prinzipiellen Schwierigkeiten.

Für die Berechnung der Innenimpedanz (Ausgangsimpedanz) gehen wir von Abb. 7.26 aus. Die Eingangsimpedanz des Operationsverstärkers wird dabei als unendlich angenommen; der Ausgang sei wieder unbelastet. Aus

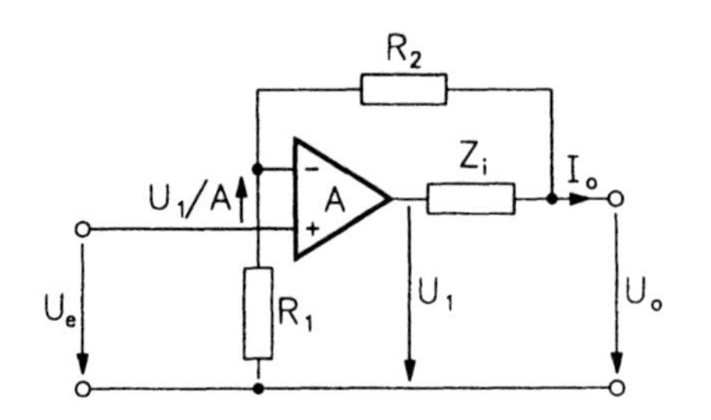

Abb. 7.26 Zur Berechnung der Innenimpedanz des nichtinvertierenden Verstärkers

dem Gleichungssystem

$$\begin{pmatrix} \frac{m+1}{A} & 1 \\ \frac{\alpha}{A} - 1 & 1+\alpha \end{pmatrix} \begin{pmatrix} U_1 \\ U_o \end{pmatrix} = \begin{pmatrix} m+1 \\ \alpha \end{pmatrix} U_e \qquad \begin{array}{l} m = R_2/R_1 \\ \alpha = Z_i/R_2 \end{array} \tag{7.56}$$

kann die Leerlaufspannung

$$U_{ol} = \frac{(m+1)U_e}{1 + \frac{1+m(1+\alpha)}{A}}$$

berechnet werden. Für ausgangsseitigen Kurzschluß ($U_o = 0$) ergibt sich $U_1 = AU_e$, und aus der Schaltung läßt sich $I_{ok} = U_1/Z_i$ ablesen. Damit erhalten wir dann

$$Z_o = \frac{U_{ol}}{I_{ok}} = \frac{(m+1)Z_i}{A+1+m(1+\alpha)} \,. \tag{7.57}$$

Dieses Ergebnis ist identisch mit demjenigen für den invertierenden Verstärker; die dort angegebenen weiteren Überlegungen gelten also auch hier.

7.6.3 Kaskadenschaltung von zwei gleichen Verstärkern

Das Verstärkungs–Bandbreite–Produkt $A_0\omega_g$ ist eine wichtige Kenngröße eines Operationsverstärkers mit Dominant–Pol–Kompensation, darauf wurde bereits hingewiesen; erhöht man die Verstärkung, sinkt die Bandbreite und umgekehrt. Für einen invertierenden Verstärker mit der Verstärkung (Betrag) m beträgt gemäß Tabelle 7.1 die 3-dB-Bandbreite $A_0\omega_g/(m+1)$. Will man eine größere Verstärkung bei gleicher Bandbreite erreichen, so liegt der Gedanke nahe, zwei gleiche Verstärker hintereinander zu schalten. Diese Möglichkeit soll im folgenden behandelt werden; Abb. 7.27 zeigt die zu untersuchende Anordnung. Mit $m = R_2/R_1$ und

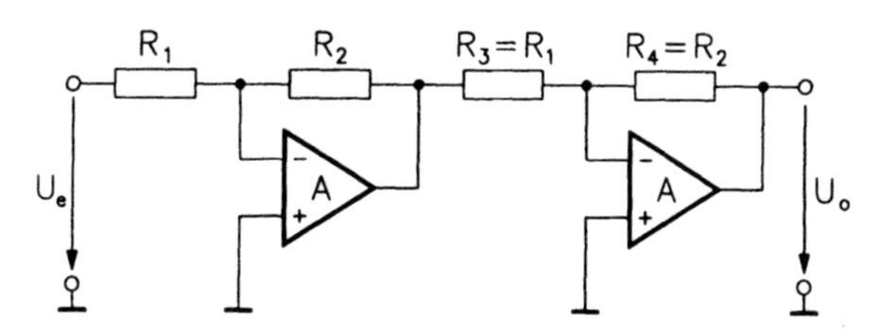

Abb. 7.27 Kaskadenschaltung von zwei gleichen invertierenden Verstärkern

$$A = \frac{A_0}{1 + j\omega/\omega_g} \qquad\qquad A_0 \gg m + 1$$

ergibt sich unter Verwendung von (7.48)

$$\frac{U_o}{U_e} = \frac{m^2}{\left(1 + j\omega \cdot \dfrac{m+1}{A_0\omega_g}\right)^2} . \tag{7.58}$$

Aus

$$\left|\frac{U_o}{U_e}\right| = \frac{m^2}{1 + \left(\omega \cdot \dfrac{m+1}{A_0\omega_g}\right)^2}$$

folgt für die 3-dB-Grenzfrequenz ω_{3dB}

$$1 + \omega_{3dB}^2 \left(\frac{m+1}{A_0\omega_g}\right)^2 = \sqrt{2} ,$$

woraus sich dann

$$\omega_{3dB} = 0.64 \cdot \frac{A_0\omega_g}{m+1}$$

ergibt. Bei einem Einzelverstärker ist der Betrag der Gleichspannungsverstärkung durch $|V_0| = m$ gegeben und die 3-dB-Grenzfrequenz lautet gemäß Tabelle 7.1

$$\omega_{3dB,E} = \frac{A_0\omega_g}{|V_0| + 1} .$$

Bei der Kaskadenschaltung gilt $|V_0| = m^2$ und

$$\omega_{3dB,K} = 0.64 \cdot \frac{A_0\omega_g}{\sqrt{|V_0|} + 1} .$$

Damit ergibt sich für das Verhältnis der Grenzfrequenzen von Kaskaden- zu Einzelverstärkern

$$\frac{\omega_{3dB,K}}{\omega_{3dB,E}} = 0.64 \cdot \frac{|V_0| + 1}{\sqrt{|V_0|} + 1}$$

und insbesondere für $|V_0| \gg 1$

$$\frac{\omega_{3dB,K}}{\omega_{3dB,E}} \approx 0.64 \cdot \sqrt{|V_0|} \; . \tag{7.59}$$

7.6.4 Kenngrößen im Zeitbereich

Nachdem wir uns ausführlich mit dem Frequenzverhalten von Operationsverstärkern beschäftigt haben, deren Frequenzkompensation durch einen dominanten Pol bewirkt wird, werden wir uns nun dem Verhalten derart kompensierter Operationsverstärker im Zeitbereich zuwenden. Natürlich können über die Fourier- bzw. Laplace-Transformation Frequenz- und Zeitverhalten ineinander überführt werden. Trotzdem ist es sinnvoll, einige spezielle Kenngrößen für das zeitliche Verhalten näher zu untersuchen.

Die Sprungantwort

Ein Operationsverstärker, der durch ein Ein-Pol-Modell beschrieben wird, weist prinzipiell dasselbe dynamische Verhalten auf wie der RC-Tiefpaß gemäß Abb. 7.28, so daß wir aus Gründen der Einfachheit und Übersicht-

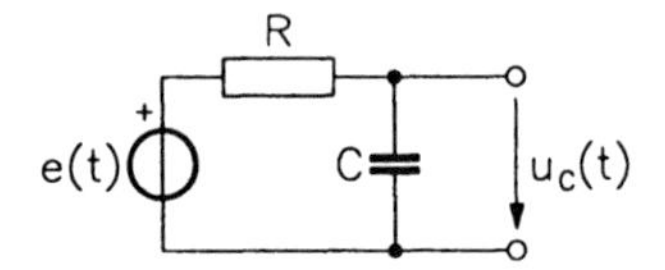

Abb. 7.28 RC-Tiefpaß 1. Ordnung

lichkeit von letzterem ausgehen können.

Die Quellenspannung $e(t)$ springt zum Zeitpunkt $t = t_0$ von Null auf den konstanten Wert E_0:

$$e(t) = \begin{cases} 0 & t < t_0 \\ E_0 & t \geq t_0 \; . \end{cases} \tag{7.60}$$

Bei einem Anfangswert $u_C(t_0) = 0$ lautet dann die Spannung über der Kapazität

$$u_C(t) = E_0 \left(1 - \mathrm{e}^{-(t-t_0)/(RC)}\right) \; .$$

Für $t_0 = 0$ und $E_0 = 1V$ ("Einheitssprung") wird die Ausgangsgröße als Sprungantwort

$$a(t) = 1 - \mathrm{e}^{-t/(RC)} \tag{7.61}$$

bezeichnet. Gemäß (3.125) kann daraus die Impulsantwort berechnet werden:

$$h(t) = \frac{da(t)}{dt} = \frac{\mathrm{e}^{-t/(RC)}}{RC} \; . \tag{7.62}$$

Die Fourier–Transformierte $H(j\omega) = \mathcal{F}\{h(t)\}$ bzw. die Laplace–Transformierte $H(s) = \mathcal{L}\{h(t)\}$ lauten

$$H(j\omega) = \frac{1}{1 + j\omega CR} \tag{7.63}$$

$$H(s) = \frac{1}{1 + sCR} \; . \tag{7.64}$$

Für praktische Messungen ist die Sprungantwort allein nicht ausreichend; der Endwert wird erst nach unendlich langer Zeit erreicht, ferner machen "Unsauberkeiten" die exakte Bestimmung des Beginns und des Endes des Sprungantwort–Anstiegs (bzw. –Abfalls) unmöglich. Man definiert daher weitere mit der Sprungantwort zusammenhängende Größen.

Anstiegs– und Abfallzeit

Als Anstiegszeit der Reaktion auf ein Sprungsignal definiert man diejenige Zeit, die ein Signal benötigt, um von 10% auf 90% des Sprunges anzusteigen. Entsprechend definiert man eine Abfallzeit. Wir berechnen die Anstiegszeit T_r für die RC–Schaltung in Abb. 7.28. Aus

$$0.1E_0 = E_0\left(1 - \mathrm{e}^{-(t_{10\%}-t_0)/(RC)}\right) \quad \Longrightarrow \quad t_{10\%} - t_0 = -RC\ln 0.9$$

$$0.9E_0 = E_0\left(1 - \mathrm{e}^{-(t_{90\%}-t_0)/(RC)}\right) \quad \Longrightarrow \quad t_{90\%} - t_0 = -RC\ln 0.1$$

folgt

$$T_r = t_{90\%} - t_{10\%} = RC\ln 9 \; .$$

Die Anstiegszeit der RC–Schaltung beträgt also

$$T_r = 2.2RC \; . \tag{7.65}$$

Die 3–dB–Grenzfrequenz der RC–Schaltung hat den Wert

$$\omega_{3dB} = \frac{1}{RC} \; ,$$

so daß der Zusammenhang zwischen Anstiegszeit T_r und Grenzfrequenz ω_{3dB}

$$T_r = \frac{2.2}{\omega_{3dB}} = \frac{0.35}{f_{3dB}} \tag{7.66}$$

lautet. Wir wenden uns nun der Anstiegszeit von Operationsverstärker–Schaltungen zu. Der nicht–invertierende Verstärker gemäß Abb. 7.24 mit $R_2 = 0$ (Spannungsfolger) wirft hinsichtlich der Frequenzkompensation die größten Probleme auf; daher betrachtet man diese Schaltung häufig als Standard; sie ist in Abb. 7.29 dargestellt.

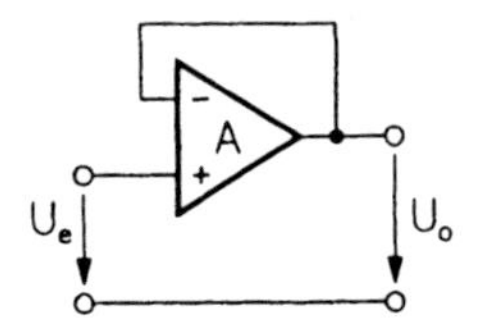

Abb. 7.29 Nichtinvertierender Verstärker mit der Verstärkung eins (Spannungsfolger)

Aus Gl. (7.53) folgt für $m = 0$:

$$\frac{U_o}{U_e} = \frac{1}{1 + j\omega/(A_0\omega_g)} \ . \tag{7.67}$$

Die Ergebnisse des RC–Gliedes können übernommen werden, wenn ω_{3dB} durch $A_0\omega_g$ ersetzt wird:

$$T_r = \frac{2.2}{A_0\omega_g} = \frac{0.35}{A_0 f_g} \ . \tag{7.68}$$

Beispiel 7.4

Wir untersuchen das Sprung–Verhalten eines Spannungsfolgers gemäß Abb. 7.29 für verschiedene Kompensationskapazitäten und damit auch verschiedene Grenzfrequenzen. Auf den Spannungsfolger wird zum Zeitpunkt $t = 0$ ein Spannungssprung von $20\,mV$ gegeben. Die nachfolgenden Abbildungen zeigen die Sprungantworten für drei verschiedene Grenzfrequenzen des (kompensierten) Operationsverstärkers. Daneben sind zusätzlich jeweils die entsprechenden Kurven für $20\log|U_o/U_e|$ wiedergegeben. Die Verstärkung $|A_0|$ beträgt in allen drei Fällen 10^5.

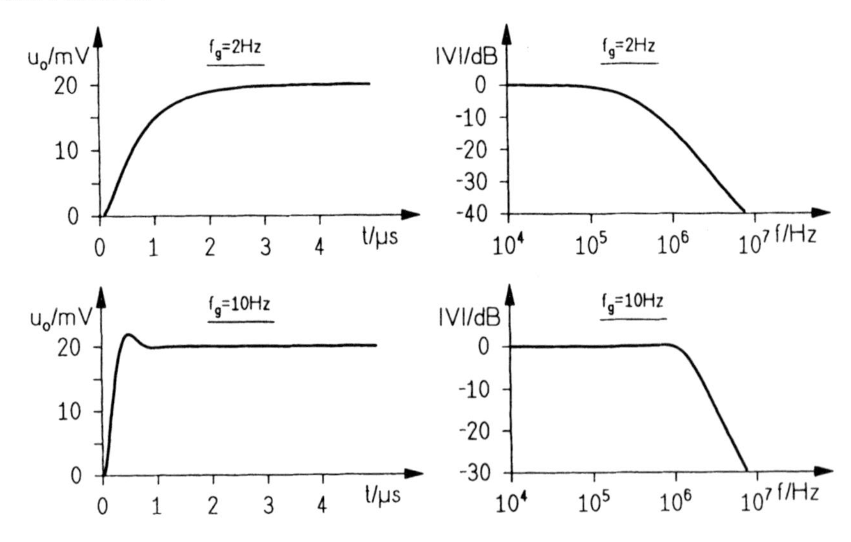

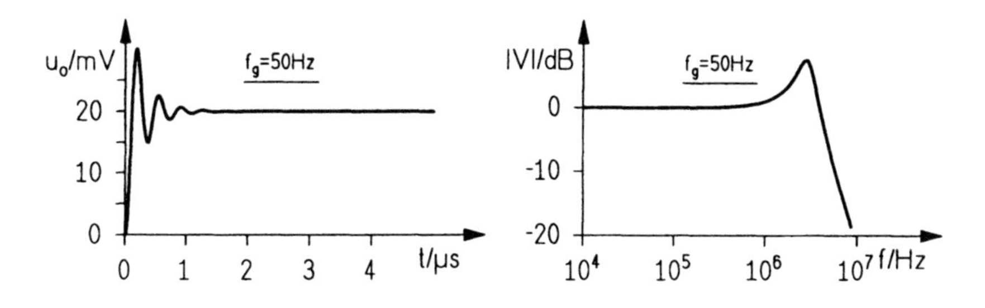

Im ersten Fall ($f_g = 2\,Hz$) würde die Anstiegszeit gemäß (7.68)

$$T_r = \frac{0.35}{10^5 \cdot 2\,Hz} = 1.75\,\mu s$$

betragen; die Schaltungssimulation liefert den Wert $T_r = 1.8\,\mu s$. Hier ist das Ein–Pol–Modell offensichtlich relativ gut zur Abbildung des realen Operationsverstärker–Verhaltens geeignet. Mit steigender Grenzfrequenz enthält die Sprungantwort Überschwinger, die im Falle $f_g = 50\,Hz$ große Maximal–Amplituden erreichen und erst nach ziemlich langer Zeit abklingen. Der Grund dafür besteht darin, daß die höherfrequenten Pole des Operationsverstärkers wirksamer werden und dadurch die Stabilitätsreserve immer mehr abnimmt.

Daß die Pole der Übertragungsfunktion des Spannungsfolgers mit zunehmender Grenzfrequenz f_g der Leerlaufverstärkung immer näher an die $j\omega$–Achse heranrücken, drückt sich im Frequenzverhalten dadurch aus, daß sich eine immer stärkere Resonanzüberhöhung ausprägt. Dadurch wird auch die Grenzfrequenz des rückgekoppelten Verstärkers zu immer höheren Frequenzen verschoben und oberhalb der Grenzfrequenz erfolgt dann der Abfall mit weit mehr als $20\,dB/Dekade$.

Einschwingzeit

Für eine Sprungantwort, wie sie etwa im letzten Beispiel für $f_g = 50\,Hz$ auftritt, ist die Anstiegszeit ganz offensichtlich noch keine ausreichende Kenngröße. Vielmehr ist hier auch noch die Zeit wichtig, die für ein hinreichendes

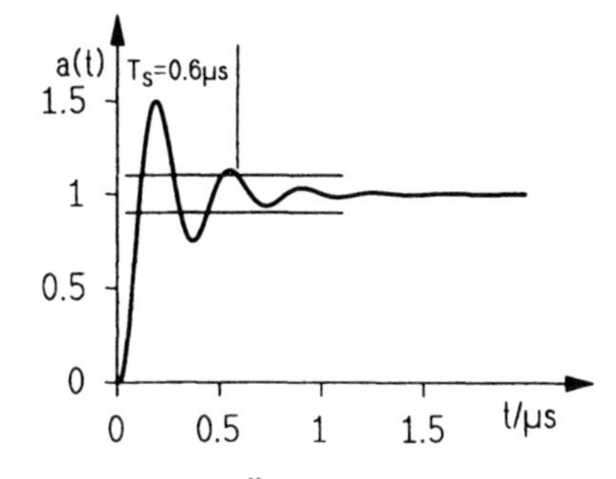

Abb. 7.30 Zur Definition der Einschwingzeit

Abklingen der Über– bzw. Unterschwinger notwendig ist. Man definiert als

Einschwingzeit (settling time) T_S diejenige Zeitspanne, von der ab die Sprungantwort innerhalb eines bestimmten Toleranzbandes (z. B. ±10% vom Endwert der Sprungantwort) bleibt; dies wird durch Abb. 7.30 illustriert.

7.6.5 Nichtlineare Begrenzung der Anstiegs– und Abfallzeit ("Slew Rate")

Die von Null verschiedene Anstiegszeit (Abfallzeit) resultiert aus dem Umladen der Kapazitäten innerhalb des Verstärkers. Solange kleine Amplituden zu verarbeiten sind, handelt es sich dabei um lineare Effekte; bei größer werdenden Amplituden treten jedoch auch immer stärker nichtlineare Erscheinungen auf. Abb. 7.31 verdeutlicht diese Vorgänge. Es handelt sich dabei um

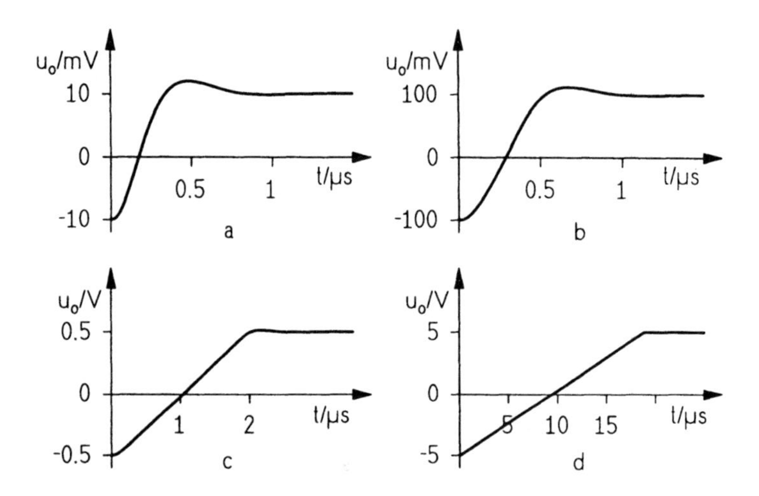

Abb. 7.31 Antworten eines Spannungsfolgers auf Eingangssprünge unterschiedlicher Höhe a. 20 mV b. 200 mV c. 1 V d. 10 V

die Antworten eines Spannungsfolgers gemäß Abb. 7.29 für vier verschiedene Eingangssprünge. Diese Kurven zeigen folgendes. Bei Abb. 7.31a handelt es sich um die Überlagerung von Exponentialschwingungen, die die Lösung einer linearen Differentialgleichung darstellen. In Abb. 7.31b ist der Verlauf zwar noch ähnlich, es ist jedoch eine deutliche Verringerung der Flankensteilheit festzustellen; da beim Übergang von Abb. 7.31a nach Abb. 7.31b lediglich die Höhe des Eingangssprungs verändert wurde, ist die geringere Flankensteilheit die Folge eines nichtlinearen Effekts. In Abb. 7.31d ist von den ursprünglichen Exponentialschwingungen nichts mehr zu erkennen, die Antwort auf den Eingangssprung besteht jetzt nur noch aus zwei Geradenstücken.

Wir beschreiben zuerst qualitativ die wesentlichen Ursachen für das beobachtete Verhalten. Zu diesem Zweck betrachten wir noch einmal Abb. 7.18, in dem eine prinzipielle Operationsverstärker–Schaltung wiedergegeben ist, mit deren Hilfe auch die hier behandelten Phänomene erläutert werden können; diese Schaltung ist in vereinfachter Form in Abb. 7.32 angegeben. Das Block-

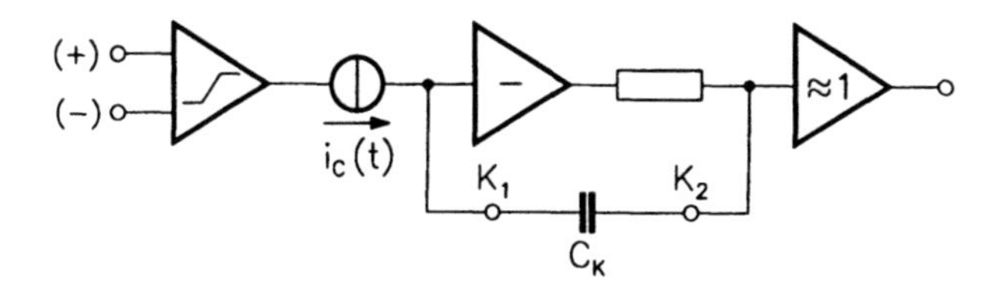

Abb. 7.32 Blockdiagramm eines Operationsverstärkers zur Erläuterung der Slew Rate

diagramm besteht aus drei Stufen: Differenzverstärker mit Stromquellenausgang, hochverstärkender Spannungsverstärker mit Kompensations–Kapazität, Endstufe mit der Spannungsverstärkung ≈ 1. Der Differenzverstärker am Eingang des Operationsverstärkers weist eine ausgeprägte Sättigungscharakteristik auf (vgl. Abb. 4.19). In der Sättigung stellt der Ausgang des Differenzverstärkers in guter Näherung eine Konstantstromquelle dar, deren Maximalstrom durch die Stromquelle im Emitterzweig bestimmt wird. Befindet sich der Ausgang des Differenzverstärkers in der Sättigung, wird die Kompensationskapazität C_K mit jeweils konstanten Strömen umgeladen. Dadurch ergibt sich wegen

$$u_C(t) = u_C(t_0) + \frac{1}{C_K} \int_{t_0}^{t} i(\tau) d\tau \tag{7.69}$$

und

$$|i(\tau)| = I_0 = const. \tag{7.70}$$

ein nahezu linearer Spannungsanstieg bzw. –abfall an der Kapazität C_K, der dann im wesentlichen auch die Ausgangsspannung darstellt. Die Anstiegszeit der Ausgangsspannung wird durch den Konstantstrom und den Wert der Kapazität C_K bestimmt. Abb. 7.33 gibt diesen Sachverhalt wieder; die Kurven stammen aus der Simulation eines als Spannungsfolger geschalteten Operationsverstärkers. Eingangsspannung u_e und Ausgangsspannung u_o haben zunächst denselben Wert, nämlich $-5\,V$. Nach $10\,\mu s$ springt die Eingangsspannung auf $+5\,V$. Die Kompensationskapazität $C_K = 27.5\,pF$ wird dann mit einem konstanten Strom $i_C = 14.6\,\mu A$ umgeladen, so daß die Anstiegszeit (von $-5\,V$ auf $+5\,V$)

$$T_r = \frac{27.5\,pF \cdot 10\,V}{14.6\,\mu A} = 18.8\,\mu s$$

beträgt. Nachdem die Kompensationskapazität umgeladen ist, fließt durch sie kein Strom mehr (also ist $i_C = 0$) bis das Eingangssignal wieder auf $-5\,V$ fällt.

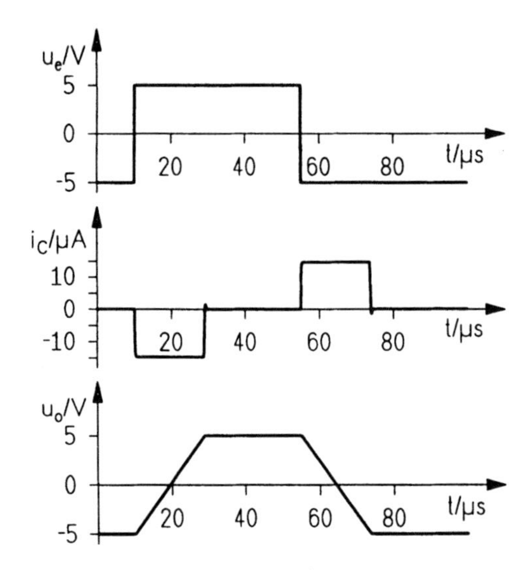

Abb. 7.33 Spannungs– bzw. Stromverläufe in einem Spannungsfolger

Die Ausgangsspannung ist im wesentlichen das Integral über den Strom durch die Kapazität; dies zeigt auch die unterste Kurve in Abb. 7.33. Zur Verdeutlichung sind die Eingangs– und Ausgangsspannung noch einmal zusammen in Abb. 7.34 dargestellt; in diesem Fall wurden auch noch sekundäre Ef-

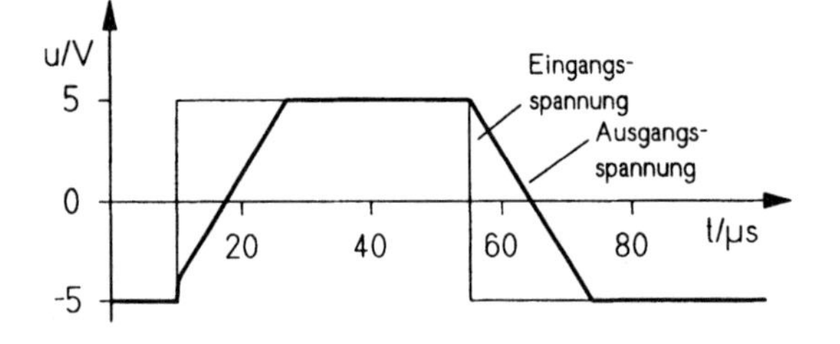

Abb. 7.34 Zur Slew Rate eines Spannungsfolgers

fekte, wie Streukapazitäten und Unsymmetrien, in die Simulation einbezogen. Die maximal mögliche Spannungsanstiegs–Geschwindigkeit wird gewöhnlich als "Slew Rate (SR)" bezeichnet. Aus Abb. 7.34 liest man $SR \approx 0.5\, V/\mu s$ ab, einen Wert, den auch der Operationsverstärker vom Typ 741 aufweist.

Nach diesen qualitativen Überlegungen sollen noch einige quantitative Abschätzungen gemacht werden. Wir nehmen dazu ein sinusförmiges Ausgangssignal $u_o(t) = \widehat{u}_o \sin \omega t$ an. Für die Slew Rate gilt zunächst allgemein

$$SR = \left. \frac{du_o(t)}{dt} \right|_{max} . \tag{7.71}$$

Wegen des sinusförmigen Signals erhalten wir im vorliegenden Fall

$$SR = \widehat{u}_o \omega \cos \omega t|_{max} = \widehat{u}_o \omega_{max} . \tag{7.72}$$

Eine bestimmte Amplitude $\widehat{u}_o$ läßt sich also nur bis zu einer Frequenz

$$\omega_{max} = \frac{SR}{\widehat{u}_o} \tag{7.73}$$

verzerrungsfrei erreichen. Das folgende Beispiel veranschaulicht diese Zusammenhänge.

Beispiel 7.5

Wir betrachten den Spannungsfolger, für den die Kurven in Abb. 7.33 gültig sind. Hier beträgt die Slew Rate $SR = 10\,V/(18.8\,\mu s)$. Aufgrund von (7.73) würde sich bei $\widehat{u}_o = 5\,V$ ein $f_{max} \approx 17\,kHz$ ergeben.

Die nachfolgenden Kurven zeigen Simulationsergebnisse für $f = 10\,kHz, f = 20\,kHz, f = 25\,kHz$.

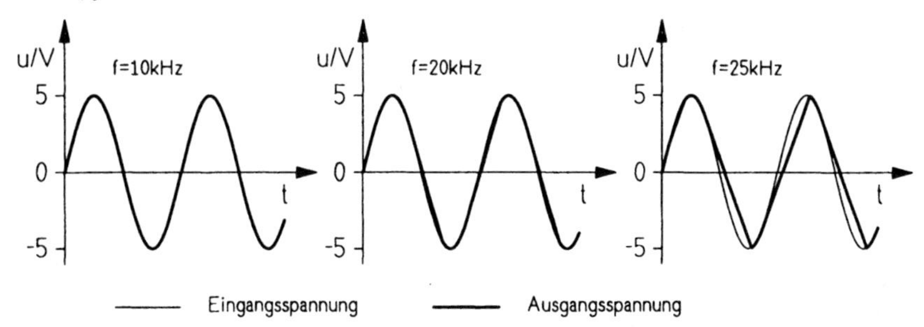

Während bei $f = 10\,kHz$ Eingangs- und Ausgangsspannungen noch übereinstimmen, treten bei $f = 20\,kHz$ bereits deutlich sichtbare Verzerrungen auf, und bei $f = 25\,kHz$ ist die Ausgangsspannung fast schon dreiecksförmig.

Für eine quantitative Aussage sind in der folgenden Tabelle die Klirrfaktoren der Ausgangsspannung für verschiedene Frequenzen in der Nähe der "kritischen" Frequenz $f = 17\,kHz$ aufgelistet.

Eingangsspannung: $u_e = 5\,V \sin 2\pi f t$									
f/kHz	15	16	17	18	19	20	21	22	23
k/%	0.02	0.03	0.09	0.9	2.5	4.2	5.9	7.2	8.4

7.6.6 Instabiles Verhalten durch kapazitive Belastung

Wird ein rückgekoppelter Operationsverstärker an seinem Ausgang kapazitiv belastet, so kann dies zu instabilem Verhalten führen. Dieses Problem untersuchen wir nun und betrachten dazu Abb. 7.35; darin ist R_i der Innenwiderstand (Ausgangswiderstand) des Operationsverstärkers. Diese Schaltung ist eine Erweiterung derjenigen in Abb. 7.23, so daß wir für die Analyse auf das dort angegebene Gleichungssystem zurückgreifen können und lediglich C_L zusätzlich berücksichtigen müssen. Für die hier untersuchte Schaltung gilt dann

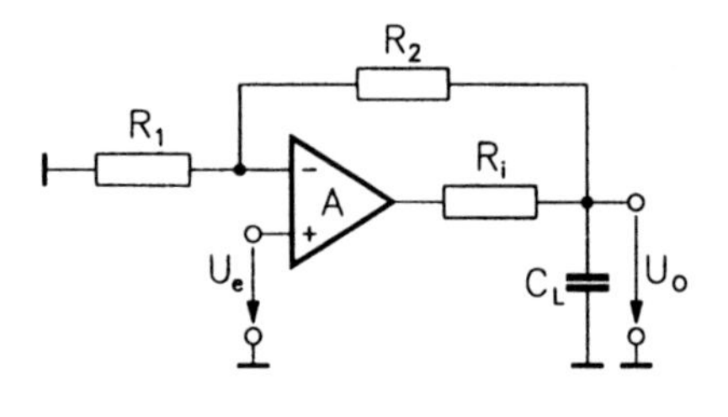

Abb. 7.35 Invertierender Verstärker mit kapazitiver Belastung

$$\begin{pmatrix} \frac{m+1}{A} & 1 \\ \frac{\alpha}{A} - 1 & 1 + \alpha + sC_L R_i \end{pmatrix} \begin{pmatrix} U_1 \\ U_o \end{pmatrix} = \begin{pmatrix} -mU_e \\ 0 \end{pmatrix} \tag{7.74}$$

mit $m = R_2/R_1$ und $\alpha = R_i/R_2$. Daraus ergibt sich zunächst

$$\frac{U_o}{U_e} = -\frac{(1-\alpha/A)m}{1 + \frac{(1+\alpha)m + 1 + s(m+1)C_L R_i}{A}} .$$

Führen wir zur Abkürzung

$$\omega_3 = \frac{m(1+\alpha)+1}{(m+1)C_L R_i} = \frac{m+1+R_i/R_1}{(m+1)C_L R_i} \tag{7.75}$$

ein, so erhalten wir

$$\frac{U_o}{U_e} = -\frac{(1-\alpha/A)m}{1 + \frac{m+1+R_i/R_1}{A}\left(1 + \frac{s}{\omega_3}\right)} . \tag{7.76}$$

Würde das Ein–Pol–Modell mit der Beziehung $A = A_0/(1 + s/\omega_1)$ exakt gelten, dann ergäbe sich

$$\frac{U_o}{U_e} = -\frac{[A_0 - \alpha(1 + s/\omega_1)]m}{A_0 + (m+1+R_i/R_1)(1 + s/\omega_1)(1 + s/\omega_3)} .$$

Das Nennerpolynom wäre in diesem Fall zweiter Ordnung und es gäbe kein Stabilitätsproblem, da alle Koeffizienten des Nennerpolynoms vorhanden sind und gleiches Vorzeichen haben (notwendiges und hinreichendes Stabilitätskriterium im Falle zweiter Ordnung).

In der Realität weicht das Operationsverstärker–Verhalten bei höheren Frequenzen (z. B. ab $\omega \approx A_0\omega_1$) teilweise beträchtlich von dem Ein–Pol–Modell ab. Fügt man einen weiteren Pol hinzu, so wird die Realität schon genauer modelliert. Daher setzen wir für die Leerlaufverstärkung des Operationsverstärkers

$$A = \frac{A_0}{(1 + s/\omega_1)(1 + s/\omega_2)} \qquad \omega_2 \gg \omega_1 \tag{7.77}$$

an und erhalten damit aus (7.76)

$$\frac{U_o}{U_e} = -\frac{\left[A_0 - \alpha\left(1+\frac{s}{\omega_1}\right)\left(1+\frac{s}{\omega_2}\right)\right] m}{A_0 + \left(m+1+\frac{R_i}{R_1}\right)\left(1+\frac{s}{\omega_1}\right)\left(1+\frac{s}{\omega_2}\right)\left(1+\frac{s}{\omega_3}\right)} \; . \tag{7.78}$$

Da nun das Nennerpolynom dritter Ordnung ist, ist dasselbe Vorzeichen aller Koeffizienten kein hinreichendes Stabilitätskriterium mehr, das heißt, es muß eventuell mit Instabilitäten gerechnet werden.

Beispiel 7.6

Zur Illustration des Einflusses einer Lastkapazität am Ausgang eines Operationsverstärkers untersuchen wir zuerst seine Leerlaufverstärkung (Betrag und Phase). Für dieses Beispiel wird der Typ TL064 gewählt, für den sich die in der nächsten Abbildung dargestellten Kurven ergeben.

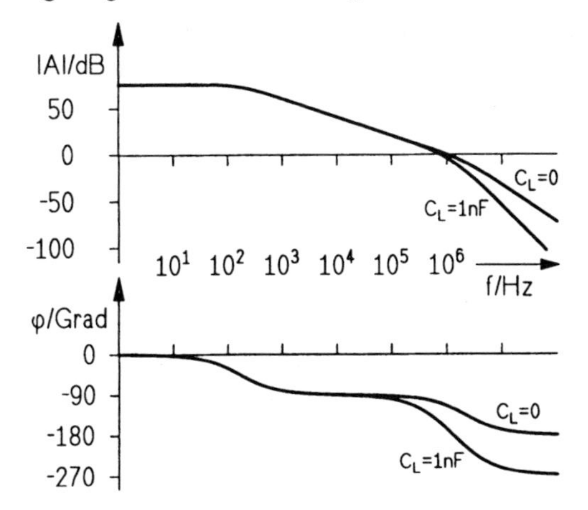

Mit diesem Operationsverstärker wird der Spannungsfolger aufgebaut, der in der folgenden Abbildung dargestellt ist.

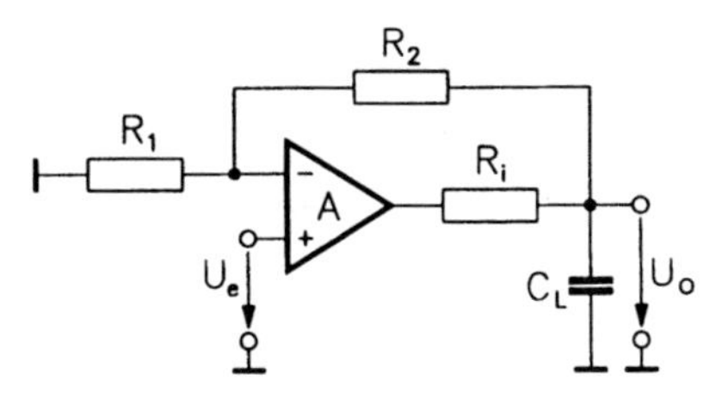

Für diese Schaltung lassen sich aus den vorher ermittelten Betrags– und Phasenverläufen die nachstehenden Zahlenwerte für die Phasenreserve φ_R ablesen.

$$C_L = 0 \quad \longrightarrow \quad \varphi_R = 66^0$$

$$C_L = 1\,nF \quad \longrightarrow \quad \varphi_R = 27^0 \; .$$

Die kapazitive Belastung hat also eine deutliche Verringerung der Stabilitätsreserve zur Folge, jedoch ist der Spannungsfolger noch stabil. Aber auch wenn der Verstärker noch stabil arbeitet, kann die Schaltung für den praktischen Einsatz unbrauchbar sein, da die Abnahme der Stabilitätsreserve bereits mit einer beträchtlichen Veränderung der Sprungantwort verbunden ist, wie die folgende Abbildung zeigt. Hier wurde ein Spannungssprung von $-10\,mV$ auf $+10\,mV$ zum Zeitpunkt $t = 1\,\mu s$ an den Eingang gelegt.

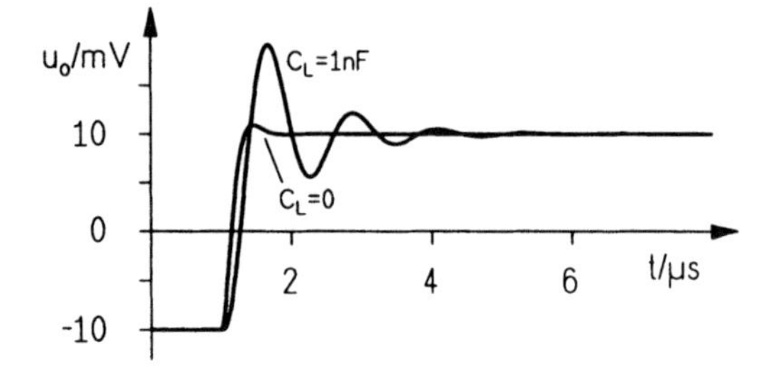

Wie die Kurven zeigen, führt die kapazitive Belastung also zu ganz erheblichen Überschwingern der Sprungantwort. Hier wird auch deutlich, daß die Phasenreserve 60° einen guten Kompromiß zwischen Anstiegszeit und Überschwingern bedeutet.

7.7 Offset–Erscheinungen

Der ideale Operationsverstärker ist unter anderem dadurch gekennzeichnet, daß seine Ausgangsspannung null ist, wenn zwischen invertierendem und nichtinvertierendem Eingang keine Spannung anliegt. Bei einem realen Operationsverstärker wird unter denselben Eingangsbedingungen jedoch eine Ausgangsspannung vorhanden sein. Den für dieses Verhalten verantwortlichen Ursachen werden wir uns in diesem Abschnitt zuwenden und auch entsprechende Gegenmaßnahmen behandeln.

7.7.1 Offset–Spannung

Schließt man die beiden Eingangsklemmen eines (aus symmetrischen Versorgungsquellen gespeisten) Operationsverstärkers gegeneinander kurz, dann sollte seine Ausgangsspannung (gegen Masse) im Idealfall null sein. Praktisch läßt sich dieser Idealfall jedoch nicht erreichen. Man wird vielmehr eine Spannung messen, die zwar sehr klein sein kann, aber eben doch nicht null ist. Für die modellmäßige Erfassung dieses Effektes kann man sich einen idealen Operationsverstärker vorstellen, bei dem in Reihe zu einer der beiden Eingangsklemmen eine Gleichspannungsquelle liegt, die die von Null verschiedene Ausgangsspannung bewirkt. Diese Gleichspannung wird als Offset–Spannung bezeichnet; sie ist leider keine Konstante, sondern insbesondere von der Temperatur, der Höhe der Versorgungsspannung(en) und der Alterung abhängig.

Die folgende Abbildung zeigt das Modell, mit dessen Hilfe der Einfluß der

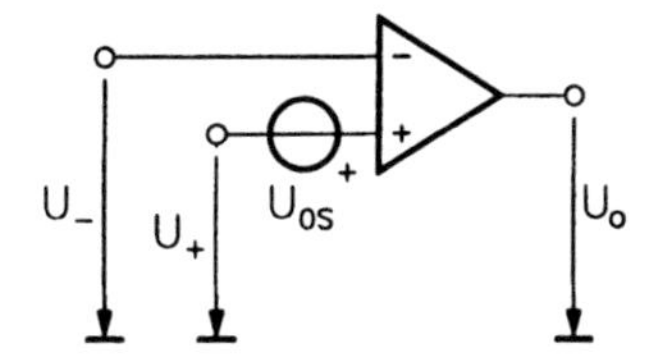

Abb. 7.36 Zur Definition der Offset–Spannung

Offset–Spannung berechnet werden kann; der darin enthaltene Operationsverstärker ist offsetfrei. Die Offset–Spannung U_{os} kann positives oder negatives Vorzeichen haben.

Ist A_0 die Leerlaufverstärkung des Operationsverstärkers, so lautet die Ausgangsspannung

$$U_o = A_0(U_+ + U_{os} - U_-) \ .$$

Die Wirkung der Offset–Spannung auf eine Schaltung untersuchen wir exemplarisch mit Hilfe von Abb. 7.37. Unter Verwendung von (7.53) für $A \to \infty$

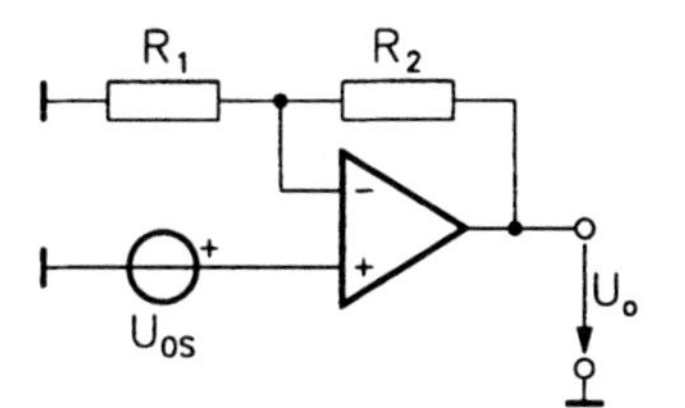

Abb. 7.37 Zur Untersuchung des Einflusses der Offset–Spannung U_{os} auf einen invertierenden oder nichtinvertierenden Verstärker

erhalten wir

$$U_o = \left(1 + \frac{R_2}{R_1}\right) U_{os} \ . \tag{7.79}$$

Für dieses Ergebnis haben wir verschwindende Eingangsströme des Operationsverstärkers unterstellt. Implizit haben wir ferner angenommen, daß die Gleichtaktunterdrückung (vgl. Abschnitt 4.5) unendlich hoch ist. Endliche Gleichtaktunterdrückung hat ebenfalls $U_o \neq 0$ für $U_+ = U_-$ zur Folge. Beide Erscheinungen lassen sich jedoch trennen. Die Offset–Spannung ist eine Gleichspannung. Dagegen ist eine eventuell auftretende Gleichtakt–Ausgangsspannung (prinzipiell) frequenzunabhängig. Damit lassen sich unter anderem auch getrennte Maßnahmen für die Offset–Kompensation und die CMRR–Maximierung vorsehen.

In diesem Zusammenhang sollte auch noch auf folgendes hingewiesen werden. Eine von Null verschiedene Gleichtakt–Ausgangsspannung setzt voraus, daß sich die Spannungen an beiden Eingängen des Operationsverstärkers ändern. Im Falle des invertierenden Verstärkers gemäß Abb. 7.20 liegt aber der invertierende Eingang auf (festem) Massepotential, so daß sich die endliche Gleichtaktunterdrückung nicht auswirken kann. Dieser Gesichtspunkt gilt auch bei anderen Schaltungen, wenn entsprechende Bedingungen für die Eingangsspannungen vorliegen.

7.7.2 Offset–Strom

Wir betrachten den Eingang eines mit Bipolar–Transistoren aufgebauten Differenzverstärkers gemäß Abb. 7.38; der invertierende Eingang ist durch (−),

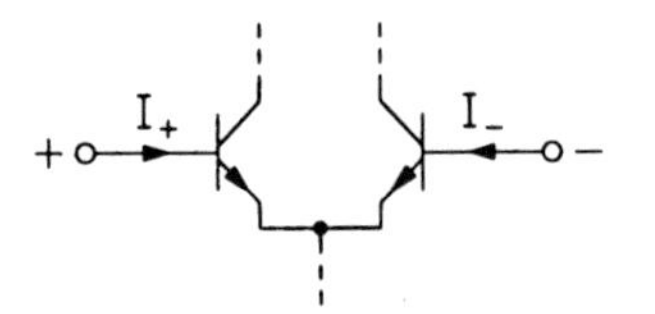

Abb. 7.38 Schematische Darstellung eines Differenzverstärker–Eingangs

der nichtinvertierende durch (+) gekennzeichnet. Bei einem realen Differenzverstärker (mit Bipolar– oder Feldeffekt–Transistoren) können die Eingangsströme I_+ und I_- zwar sehr klein gemacht, jedoch nicht zum vollständigen Verschwinden gebracht werden. Werden beide Eingangsklemmen auf dasselbe Potential (z. B. Null) gelegt, so sollten im Idealfall gleiche Ströme in die beiden Basen (bzw. Gates) fließen. Aufgrund von Transistor–Unsymmetrien, insbesondere bezüglich ihrer Stromverstärkungsfaktoren, sind die beiden Ströme jedoch nicht gleich. Die Differenz wird als Offset–Strom I_{os} bezeichnet:

$$I_{os} = I_+ - I_- \ . \tag{7.80}$$

Je nach Beschaltung des Operationsverstärkers wirkt sich der Offset–Strom I_{os} unterschiedlich aus. Wir untersuchen hier den Einfluß auf das Verhalten eines invertierenden bzw. nichtinvertierenden Verstärkers, wobei wir von Abb. 7.20 bzw. Abb. 7.24 ausgehen. Die Bedeutung des auf den ersten Blick

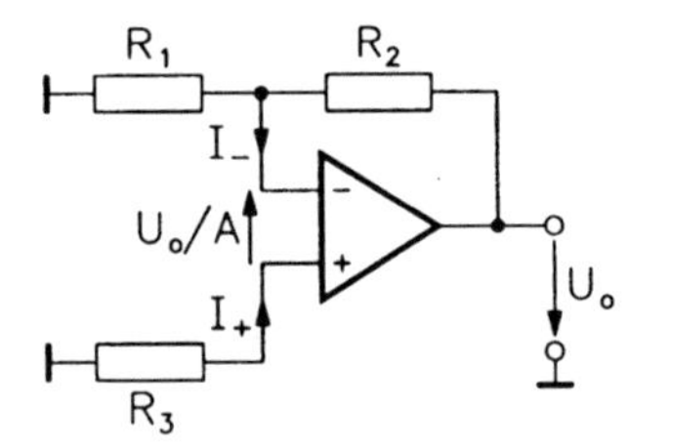

Abb. 7.39 Zur Untersuchung des Offset–Strom–Einflusses auf die Ausgangsspannung eines invertierenden oder nichtinvertierenden Verstärkers

vielleicht überflüssig erscheinenden Widerstandes R_3 wird im Zuge der Untersuchung deutlich werden. Aus Abb. 7.39 lesen wir zunächst die Gleichung

$$I_- - \frac{R_3 I_+ + \dfrac{U_o}{A}}{R_1} - \frac{R_3 I_+ + \dfrac{U_o}{A} + U_o}{R_2} = 0$$

ab. Für $A \to \infty$ folgt daraus

$$U_o = \left(1 + \frac{R_2}{R_1}\right)\left(\frac{R_1 R_2}{R_1 + R_2} I_- - R_3 I_+\right) \ . \tag{7.81}$$

Da im vorliegenden Fall keine Spannungen an den Eingängen liegen, sollte $U_o = 0$ sein. Dies kann man über den Wert von R_3 erreichen; die Widerstände

R_1 und R_2 dienen der Einstellung der Verstärkung und können daher nicht zu diesem Zweck herangezogen werden. Für R_3 muß die Bedingung

$$R_3 = \frac{R_1 R_2}{R_1 + R_2} \cdot \frac{I_-}{I_+} \tag{7.82}$$

erfüllt werden, damit am Ausgang keine Spannung liegt. Aus dieser Beziehung ist auch ersichtlich, daß für $U_o = 0$ selbst bei gleichen Eingangströmen der Widerstand R_3 gleich der Parallelschaltung aus R_1 und R_2 sein muß. Aber auch für $I_+ \neq I_-$ ist die Dimensionierung

$$R_3 = \frac{R_1 R_2}{R_1 + R_2} \tag{7.83}$$

mit einer Verbesserung gegenüber $R_3 = 0$ verbunden; aus (7.81) ergibt sich für diesen Fall unter Verwendung von (7.80)

$$U_o = -R_2 I_{os} \; . \tag{7.84}$$

Da $|I_{os}|$ im allgemeinen kleiner als $|I_-|$ bzw. $|I_+|$ ist, bringt (7.83) eine Verringerung von $|U_o|$ mit sich. Ferner zeigt (7.84), daß R_2 klein gewählt werden sollte, was zur Erzielung einer vorgegebenen Verstärkung natürlich auch eine Verkleinerung von R_1 nach sich zieht.

Neben diesen Schaltungsmaßnahmen ist natürlich die Wahl des Operationsverstärkertyps in bezug auf den Offset–Strom von entscheidender Bedeutung. Durch den Einsatz von sogenannten Super–Beta–Transistoren oder die Verwendung von MOS–Transistoren für den Eingangs–Differenzverstärker lassen sich sehr niedrige Eingangsströme und damit auch geringe Offset–Ströme erreichen; allerdings muß auch die Temperaturabhängigkeit bei Offset–Vergleichen beachtet werden. Eine interne (teilweise) Kompensation der Eingangsströme durch Stromspiegel findet in der Praxis ebenfalls Anwendung.

Zur modellmäßigen Beschreibung der Wirkung des Offset–Stroms führen wir noch den Eingangs–Ruhestrom

$$I_{e0} = \frac{I_+ + I_-}{2} \tag{7.85}$$

ein. Dann gilt mit (7.80)

$$I_+ = I_{e0} + \frac{I_{os}}{2} \qquad I_- = I_{e0} - \frac{I_{os}}{2} \; ,$$

und es kann das Modell in Abb. 7.40 angegeben werden, in dem der Operationsverstärker keine Eingangsströme und damit auch keinen Offset–Strom besitzt.

7.7.3 Offset–Kompensation

Wenn niedrige Offset–Spannungen und –Ströme gefordert sind — dies ist besonders bei Gleichspannungs–Anwendungen der Fall —, wird man natürlich

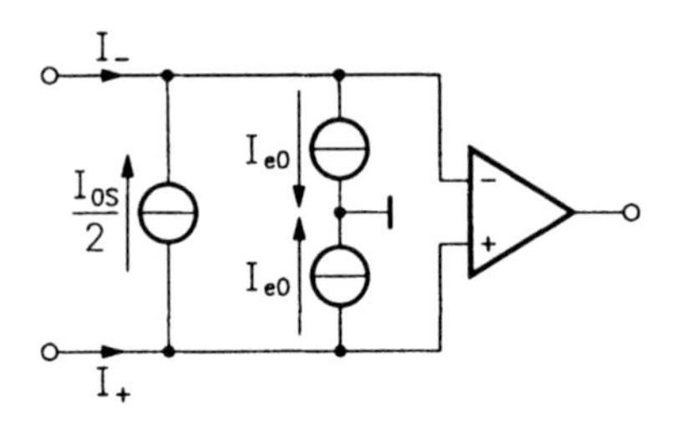

Abb. 7.40 Modellmäßige Darstellung des Eingangsstrom–Verhaltens eines Operationsverstärkers

aus dem breiten Operationsverstärker–Angebot diejenigen Typen auswählen, die unter diesem Aspekt besonders günstig sind. Eine gewisse Kompensation der Offset–Erscheinungen läßt sich jedoch auch vom Schaltungsentwickler vornehmen. Dabei wird man global kompensieren, das heißt, man wird nicht auf die Einzelursachen eingehen.

Fassen wir die Wirkungen von Offset–Spannung und –Strom zusammen, so gilt unter Berücksichtigung von (7.83) aufgrund von (7.79) und (7.84) für die Ausgangsspannung

$$U_o = \left(1 + \frac{R_2}{R_1}\right) U_{os} - R_2 I_{os} \; . \qquad (7.86)$$

Da U_{OS} und I_{OS} jeweils positives oder negatives Vorzeichen haben können, gilt insbesondere

$$|U_o|_{max} = \left(1 + \frac{R_2}{R_1}\right) |U_{os}| + R_2 |I_{os}| \; .$$

Die Maßnahmen zur internen oder externen Kompensation beruhen im Prinzip darauf, die vorhandenen Unsymmetrien durch den gezielten Einsatz einer entgegengesetzt wirkenden Unsymmetrie unschädlich zu machen. Bei manchen Operationsverstärkern sind interne Schaltungsmaßnahmen getroffen, so daß nur noch ein Trimmpotentiometer außen angeschlossen werden muß. Eine Möglichkeit zur externen Offset–Kompensation zeigt das folgende Beispiel.

Beispiel 7.7

Als Beispiel für eine externe Offset–Kompensation soll ein invertierender Verstärker betrachtet werden. Man wird in diesem Fall die Kompensationsspannung zweckmäßigerweise über den nichtinvertierenden Eingang einspeisen; eine Möglichkeit zeigt die folgende Abbildung.

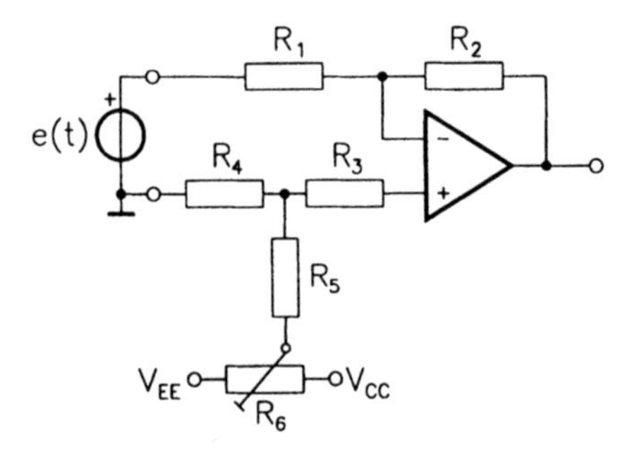

Da sowohl positive wie negative Ausgangsspannungen infolge des Offsets auftreten können, liegt der als Potentiometer ausgeführte Widerstand R_6 zwischen der positiven und negativen Versorgungsspannung. Um einen "feinfühligen" Kompensationsabgleich durchführen zu können, sollte $R_4 \ll R_3$ und $R_5 \gg R_4$ sein; Gleichung (7.83) ist dann immer noch näherungsweise erfüllt, so daß der Offset nicht unnötig vergrößert wird.

7.7.4 Chopper–stabilisierte Operationsverstärker

Ein Problem bei der Offset–Kompensation liegt darin, daß die Offset–Parameter nicht konstant sind; insbesondere ihre Temperaturabhängigkeit ist schlecht zu beherrschen. Daher liegt der Gedanke nahe, nach Möglichkeiten für einen automatischen Offset–Abgleich zu suchen, der sich den jeweils vorhandenen Bedingungen anpaßt. Dieser Gedanke wird bei den sogenannten chopper–stabilisierten Operationsverstärkern verwirklicht. Ein von mehreren Halbleiterherstellern verwendetes Prinzip zum Aufbau derartiger Operationsverstärker läßt sich folgendermaßen beschreiben.

Mit Hilfe von periodisch arbeitenden elektronischen Schaltern werden innerhalb eines Operationsverstärkers zwei verschiedene Taktphasen festgelegt. In der ersten wird die Höhe der Offset–Spannung abgefragt und gespeichert. Unter Verwendung dieses gespeicherten Wertes wird dann in der zweiten Phase die Wirkung des Offsets kompensiert und der Zustand wird dann während der nächsten Abfragephase wieder gehalten. Dieses einfach klingende Prinzip ist jedoch nicht einfach in eine hochwertige Schaltung umsetzbar. Ein besonderes Problem sind die am Ausgang erzeugten Störspannungen, die aus dem Einsatz der periodisch arbeitenden Schalter resultieren; in dieser Hinsicht sind in den letzten Jahren beträchtlich verbesserte Produkte entstanden.

Chopper–stabilisierte Operationsverstärker lassen sich wie "normale" einsetzen, nur die Speicherkapazitäten sind zusätzlich vorzusehen; teilweise wird auch die Möglichkeit angeboten, die Taktfrequenz von außen zu variieren.

7.8 Rauschen in Operationsverstärker–Schaltungen

7.8.1 Rauschen in Operationsverstärkern

Operationsverstärker enthalten Halbleiterbauelemente und ohmsche Widerstände. In ihnen tritt daher primär thermisches Rauschen, Schrotrauschen und $1/f$–Rauschen auf. Für die Modellierung des Rauschens gehen wir von Abb. 6.9 aus. Im allgemeinen sind die Rauschspannungs– und Rauschstromquelle am Eingang eines Zweitors korreliert, was etwa durch (6.35) zum Ausdruck kommt. Für einen Operationsverstärker gilt aber $K_{11} = 1/A$, so daß in diesem Fall die Korrelation zwischen den beiden Rauschquellen — zumindest bei niedrigen Frequenzen — gering ist. Abb. 7.41 zeigt das Rauschmodell ei-

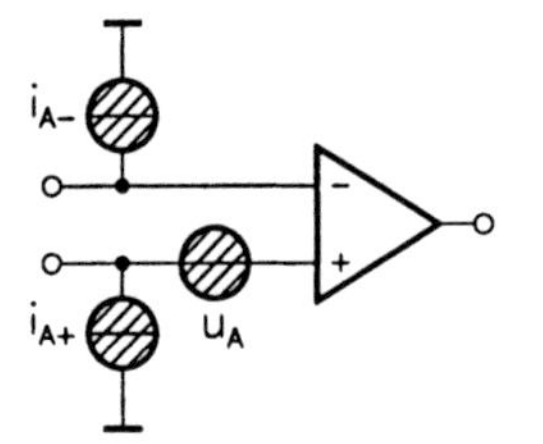

Abb. 7.41 Modellierung des Operationsverstärker-Rauschens

nes Operationsverstärkers; der darin enthaltene Verstärker ist rauschfrei (die Ähnlichkeit mit der Offset-Modellierung ist nicht zufällig). Die beiden Stromquellen haben gleiche Intensität, die Rauschströme sind jedoch unkorreliert.

Für die Rauschquellen gemäß Abb. 7.41 wird in den Datenblättern der

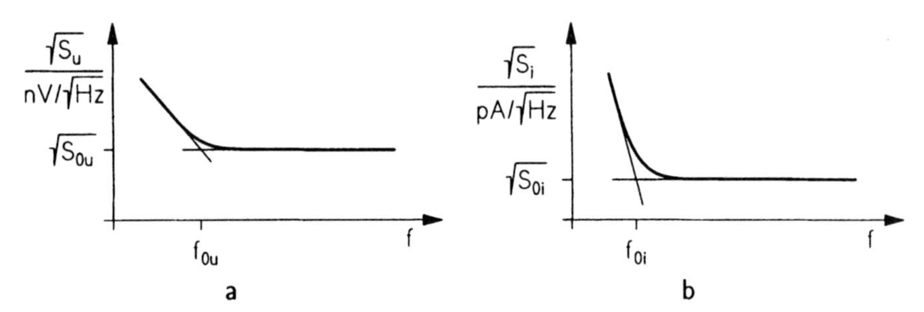

Abb. 7.42 Parameter zur Bestimmung von a. Rauschspannung b. Rauschstrom

Halbleiterhersteller als kennzeichnende Größe die Wurzel aus den Rauschleistungsdichten, also $\sqrt{S_u(f)}$ bzw. $\sqrt{S_i(f)}$, angegeben. Die Abb. 7.42 zeigt zwei typische Kurven, wobei — wie üblich — eine doppelt-logarithmische Darstellung angenommen wurde. Bei niedrigen Frequenzen ist also das $1/f$-Rauschen dominant, während das Rauschen bei höheren Frequenzen durch Weißes Rauschen bestimmt wird.

7.8.2 Berechnung des Ausgangsrauschens

Wir betrachten als Beispiel einen invertierenden Verstärker; andere Schaltungen können in entsprechender Weise behandelt werden. Den Operationsverstärker modellieren wir gemäß Abb. 7.41, für die Beschaltung durch ohmsche Widerstände kommt ein Modell gemäß Abb. 6.1 in Frage; hier soll die Modellierung mit Hilfe von Rauschstromquellen gewählt werden. Abb. 7.43 zeigt die zu untersuchende Anordnung. Der Widerstand R_3 dient der Verringerung des Offsets; er stellt natürlich eine zusätzliche Rauschquelle dar. Die Eingangswiderstände des Operationsverstärkers werden als unendlich hoch, der Ausgangswiderstand wird als null angenommen.

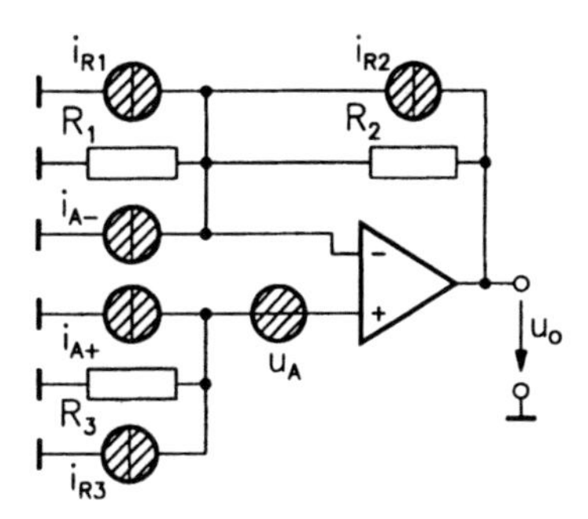

Abb. 7.43 Rausch-Modell eines invertierenden Verstärkers

Für die Analyse der Schaltung ersetzen wir zunächst die Rauschquellen durch entsprechende Quellen mit komplexen Amplituden (vgl. Abschnitt 6.3); auf diese Weise entsteht Abb. 7.44. Die komplexe Ausgangsamplitude U_o er-

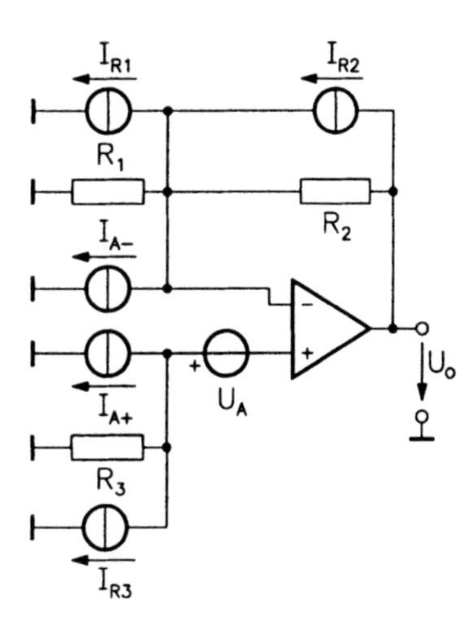

Abb. 7.44 Ersatz der Rauschquellen in Abb. 7.43 durch Quellen mit komplexen Amplituden

gibt sich durch die Überlagerung der Wirkungen aller Quellen. Wir berechnen daher zuerst den Beitrag jeder einzelnen Quelle zum Ausgangssignal, wobei die jeweils anderen null gesetzt werden:

$$\underline{I_{R1} \neq 0:} \qquad U_o = \alpha(s) R_2 I_{R1}$$

$$\underline{I_{R2} \neq 0:} \qquad U_o = -\alpha(s) R_2 I_{R2}$$

$$\underline{I_{R3} \neq 0:} \qquad U_o = -\alpha(s)(m+1) R_3 I_{R3}$$

$$\underline{I_{A-} \neq 0:} \qquad U_o = \alpha(s) R_2 I_{A-}$$

$$\underline{I_{A+} \neq 0:} \qquad U_o = -\alpha(s)(m+1) R_3 I_{A+}$$

$$\underline{U_A \neq 0:} \qquad U_o = -\alpha(s)(m+1) U_A \ .$$

Zur Abkürzung wurde in diesen Beziehungen

$$\alpha(s) = \frac{1}{1 + \dfrac{m+1}{A(s)}} \qquad m = \frac{R_2}{R_1} \tag{7.87}$$

gesetzt. Wir berechnen nun unter Verwendung von Abb. 7.43 das mittlere Rauschspannungs–Quadrat am Ausgang des Verstärkers unter Verwendung des Übertragungsverhaltens der einzelnen Quellen zum Ausgang, das wir bei Verwendung komplexer Amplituden erhalten haben. Ferner berücksichtigen wir, daß das thermische Rauschen der Widerstände R_1, R_2, R_3 ein frequenzunabhängiges Leistungsspektrum aufweist, das gemäß (6.10)

$$S_{iR\mu} = 4kT/R_\mu \qquad \mu = 1, 2, 3 \tag{7.88}$$

gegeben ist. Das Operationsverstärker–Rauschen ist für tiefe Frequenzen insbesondere durch $1/f$–Rauschen und für höhere Frequenzen durch Weißes Rauschen charakterisiert (vgl. Abb. 7.42). Daher machen wir für die Leistungsspektren der Quellen am Operationsverstärker–Eingang die Ansätze

$$S_{uA}(f) = S_{0u}\left(1 + \frac{f_{0u}}{f}\right) \quad (7.89) \qquad S_{iA}(f) = S_{0i}\left(1 + \frac{f_{0i}}{f}\right) . \quad (7.90)$$

Darin sind f_{0u}, f_{0i} die Übergangs–Frequenzen, bei denen der $1/f$–Anteil denselben Wert hat wie das Weiße Rauschen S_{0u} bzw. S_{0i} bei hohen Frequenzen. Die Effektivwerte der Rauschgrößen ergeben sich über die entsprechende Anwendung der Beziehungen [vgl. (6.14, 6.16, 6.18)]

$$I_{eff}^2 = \overline{i^2(t)} = \int_{f_1}^{f_1+\Delta f} S_i(f)df \tag{7.91}$$

$$U_{eff}^2 = \overline{u^2(t)} = \int_{f_1}^{f_1+\Delta f} S_u(f)df . \tag{7.92}$$

Zunächst erhalten wir den folgenden Ausdruck für das Quadrat des Effektivwertes der Ausgangs–Rauschspannung:

$$U_{o,eff}^2 = \overline{u_o^2(t)} = \int_{f_1}^{f_1+\Delta f} |\alpha(f)|^2 \Bigg\{ R_2^2 \left[4kTG_1 + 4kTG_2 + S_{0i}\left(1 + \frac{f_{0i}}{f}\right)\right] + (m+1)^2 \left[R_3^2 \left(4kTG_3 + S_{0i}\left(1 + \frac{f_{0i}}{f}\right)\right) + S_{0u}\left(1 + \frac{f_{0u}}{f}\right)\right] \Bigg\} df . \tag{7.93}$$

Für den Faktor $\alpha(f)$ gilt aufgrund von (7.87) für $s = j2\pi f$

$$\alpha(f) = \frac{1}{1 + \dfrac{m+1}{A(f)}} \ .$$

Gehen wir von einem Ein–Pol–Modell für den Operationsverstärker aus mit $A_0 \gg m + 1$, so können wir in guter Näherung

$$\alpha(f) = \frac{1}{1 + jf/f_{1m}} \tag{7.94}$$

schreiben mit der Abkürzung

$$f_{1m} = \frac{A_0 f_g}{m+1} \qquad m = \frac{R_2}{R_1} \ . \tag{7.95}$$

Damit ergibt sich dann nach geringer Umformung aus (7.93) für $f_1 + \Delta f = f_2$ die Gleichung

$$\begin{aligned} U_{o,eff}^2 \ = \ & (m+1)^2 \int\limits_{f1}^{f_2} \frac{1}{1 + (f/f_{1m})^2} \left\{ 4kT \left(R_3 + \frac{R_2}{m+1} \right) + \right. \\ & \left. S_{0i} \left(1 + \frac{f_{0i}}{f} \right) \left[R_3^2 + \frac{R_2^2}{(m+1)^2} \right] + S_{0u} \left(1 + \frac{f_{0u}}{f} \right) \right\} df \ . \end{aligned} \tag{7.96}$$

Nach Ausführung der Integration ergibt sich daraus

$$\begin{aligned} U_{o,eff}^2 \ = \ & (m+1)^2 \times \\ & \left\{ \frac{1}{2} \left[f_{0u} S_{0u} + f_{0i} S_{0i} \left(R_3^2 + \frac{R_2^2}{(m+1)^2} \right) \right] \ln \frac{1 + (f_{1m}/f_1)^2}{1 + (f_{1m}/f_2)^2} + \right. \\ & \left[4kT \left(R_3 + \frac{R_2}{m+1} \right) + S_{0u} + S_{0i} \left(R_3^2 + \frac{R_2^2}{(m+1)^2} \right) \right] \times \\ & \left. f_{1m} \left[\arctan \left(\frac{f_2}{f_{1m}} \right) - \arctan \left(\frac{f_1}{f_{1m}} \right) \right] \right\} \ . \end{aligned} \tag{7.97}$$

Für $f_2 \to \infty$ und $(f_1/f_{1m}) \ll 1$ erhält man als Näherung

$$U_{o,eff}^2 = (m+1)^2 \left\{ \left[f_{0u} S_{0u} + f_{0i} S_{0i} \left(R_3^2 + \frac{R_2^2}{(m+1)^2} \right) \right] \ln \frac{f_{1m}}{f_1} + \right.$$
$$\left[4kT \left(R_3 + \frac{R_2}{m+1} \right) + S_{0u} + S_{0i} \left(R_3^2 + \frac{R_2^2}{(m+1)^2} \right) \right] \times$$
$$\left. \left(\frac{\pi f_{1m}}{2} - f_1 \right) \right\} . \tag{7.98}$$

Aus diesen Gleichungen lassen sich folgende Schlußfolgerungen für den Aufbau rauscharmer Verstärker ziehen:

- Die Operationsverstärker sollten niedrige Werte für S_{0u}, S_{0i} sowie f_{0u}, f_{0i} aufweisen.
- Die Werte für R_3 sowie $R_1 \parallel R_2$ sollten möglichst niedrig sein; $R_3 = 0$ ist anzustreben, was allerdings im Gegensatz zur Offset–Verringerung stehen kann.
- Die Bandbreite sollte nicht größer als notwendig sein.

Beispiel 7.8

Der in der folgenden Abbildung dargestellte invertierende Verstärker mit einer

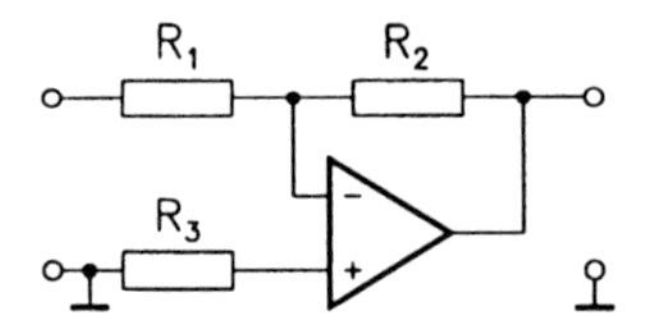

Spannungsverstärkung -100 soll hinsichtlich seines Ausgangsrauschens untersucht werden. Für den Operationsverstärker gelten die Daten

$$A_0 f_g = 1\,MHz \quad S_{0u} = 4 \cdot 10^{-16} V^2/Hz \quad S_{0i} = 2.5 \cdot 10^{-25} A^2/Hz$$
$$f_{0u} = 200\,Hz \quad f_{0i} = 2\,kHz\ .$$

Für diesen Verstärker soll das Quadrat des Effektivwertes der Ausgangsrauschspannung (bei $T = 300\,K$) oberhalb $0.1\,Hz$ berechnet werden, und zwar für zwei verschiedene Fälle:

1. $R_1 = 10\,k\Omega \quad R_2 = 1\,M\Omega \quad R_3 = 9.9\,k\Omega$
2. $R_1 = 1\,k\Omega \quad R_2 = 0.1\,M\Omega \quad R_3 = 0.99\,k\Omega$.

Für die Berechnung des Ausgangsrauschens verwenden wir die Näherung gemäß (7.98)

Fall 1:

$$\begin{aligned} U_{o,eff}^2 &= 101^2 \left[\left(8 \cdot 10^{-14} + 9.8 \cdot 10^{-14}\right) \cdot 11.5 + \right. \\ &\quad \left. \left(3.3 \cdot 10^{-16} + 4 \cdot 10^{-16} + 4.9 \cdot 10^{-17}\right) \cdot 1.6 \cdot 10^4 \right] V^2 \\ &= 1.5 \cdot 10^{-7}\, V^2 \,. \end{aligned}$$

Fall 2:

$$\begin{aligned} U_{o,eff}^2 &= 101^2 \left[\left(8 \cdot 10^{-14} + 9.8 \cdot 10^{-16}\right) \cdot 11.5 + \right. \\ &\quad \left. \left(3.3 \cdot 10^{-17} + 4 \cdot 10^{-16} + 4.9 \cdot 10^{-19}\right) \cdot 1.6 \cdot 10^4 \right] V^2 \\ &= 8 \cdot 10^{-8}\, V^2 \,. \end{aligned}$$

Durch weitere Verkleinerung der Widerstände läßt sich kein nennenswerter Gewinn erzielen, da der durch S_{0u} bewirkte Anteil $101^2 \cdot 4 \cdot 10^{-16} \cdot 1.6 \cdot 10^4\, V^2 = 6.5 \cdot 10^{-8}\, V^2$ beträgt.

Besonders wichtig für eine Verstärkerschaltung ist meistens nicht der Absolutwert, sondern das Signal–Rausch–Verhältnis [vgl. (6.43)]

$$SNR = 10 \log \frac{P_{Nutz}}{P_{Rausch}} \qquad [dB] \,.$$

Wir nehmen ein Eingangssignal an, dessen Frequenzspektrum im Bereich $0 \leq f < f_{1m}$ liegt und dessen quadratischer Mittelwert $\overline{u_e^2(t)}$ sein möge. Im Falle eines invertierenden Verstärkers ergäbe sich ein entsprechendes Ausgangssignal $m^2\overline{u_e^2(t)}$, so daß das Signal–Rausch–Verhältnis

$$SNR = 10 \log \frac{m^2 \overline{u_e^2(t)}}{\overline{u_o^2(t)}}$$

lauten würde, da Rausch- und Signalleistung an demselben Lastwiderstand auftreten. Für ein vorgegebenes *SNR* — man spricht auch von Rauschabstand — ergibt sich als minimale Eingangsspannung

$$\overline{u_e^2(t)} = \frac{\overline{u_o^2(t)}}{m^2}\, 10^{SNR/10} \,.$$

Wird ein Rauschabstand von 60 dB gefordert, so ergeben sich folgende minimale mittlere Signal–Eingangsspannungen

Fall 1: $$U_{e,eff} = \sqrt{\overline{u_e^2(t)}} = \frac{\sqrt{1.5 \cdot 10^{-7}} \cdot 10^3\, V}{101} = 3.8\, mV \,.$$

Fall 2: $$U_{e,eff} = \sqrt{\overline{u_e^2(t)}} = \frac{\sqrt{8 \cdot 10^{-8}} \cdot 10^3\, V}{101} = 2.8\, mV \,.$$

7.8.3 Äquivalente Rauschbandbreite

Eine der Empfehlungen zum Aufbau rauscharmer Verstärker besteht darin, die Bandbreite eines Verstärkers nicht größer als nötig zu machen. Als Verstärker–Bandbreite wird gewöhnlich der Frequenzbereich von Null bis zu derjenigen Frequenz bezeichnet, bei der die Ausgangssignalleistung auf die Hälfte abgefallen ist (3–dB–Bandbreite). Es stellt sich die Frage, wie diese Bandbreite mit der für die Rauschübertragung wirksamen Bandbreite zusammenhängt.

Für das Frequenzverhalten von Operationsverstärkern spielt die Form der Leerlaufverstärkung

$$A(j\omega) = \frac{A_0}{1 + j\omega/\omega_g}$$

eine besondere Rolle. Dieselbe grundsätzliche Form der Frequenzabhängigkeit ergibt sich bei einer RC–Schaltung, so daß wir sie der Einfachheit halber betrachten (Abb. 7.45). Die Signalspannung $e(t)$ sei sinusförmig mit der kom-

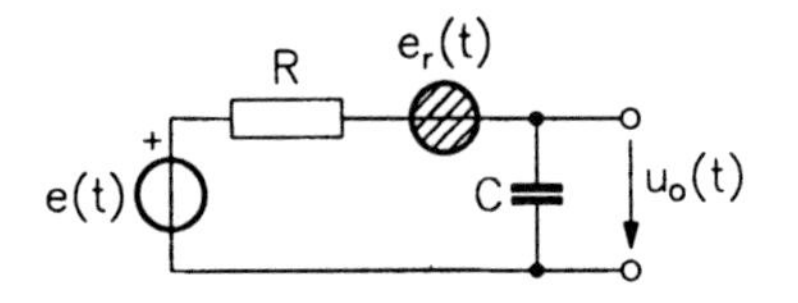

Abb. 7.45 RC–Schaltung mit rauschendem Widerstand

plexen Amplitude E; dann ergibt sich für das Verhältnis von Ausgangs– zu Eingangsamplitude

$$\frac{U_o}{E} = \frac{1}{1 + jf/f_g} \qquad f_g = \frac{1}{2\pi RC} \tag{7.99}$$

und für den Betrag

$$\left|\frac{U_o}{E}\right|^2 = \frac{1}{1 + (f/f_g)^2} \; . \tag{7.100}$$

Die Rauschleistungsdichte der Rauschquelle e_r ist durch [vgl. Abb. 6.1 und Gl. (6.17)] $S_u(f) = 4kTR$ gegeben. Unter entsprechender Verwendung von (6.15) und (7.100) erhält man für das mittlere Quadrat der Ausgangs–Rauschspannung

$$\begin{aligned} \overline{u_{ro}^2(t)} &= \int_0^\infty \frac{4kTR}{1 + (f/fg)^2} df \\ &= 4kTRf_g \arctan \frac{f}{f_g}\bigg|_0^\infty \\ &= 4kTR\left(\frac{\pi}{2} \cdot f_g\right) \; . \end{aligned} \tag{7.101}$$

Setzt man in Analogie zu (6.18)

$$\overline{u_{ro}^2(t)} = 4kTR\Delta f_{äq} \,, \tag{7.102}$$

so ergibt sich für die RC–Schaltung in Abb. 7.45 eine Rauschbandbreite von

$$\Delta f_{äq} = \frac{\pi}{2} \cdot f_g \,. \tag{7.103}$$

Dies bedeutet folgendes. Die Bandbreite für das Rauschen ist rund 57% höher als diejenige für das Nutzsignal. Günstiger wäre es selbstverständlich, wenn die Signalbandbreite nicht größer als Rauschbandbreite wäre. Diesem Ziel kommt man näher, wenn man anstelle einer Übertragungsfunktion erster Ordnung gemäß (7.99) eine Funktion höherer Ordnung zur Begrenzung der Verstärker–Bandbreite verwendet. Als Beispiel betrachten wir die Frequenzabhängigkeit[3]

$$\frac{U_o}{E} = \frac{1}{1 - \left(\frac{f}{f_g}\right)^2 + j\sqrt{2}\frac{f}{f_g}} \,, \tag{7.104}$$

woraus

$$\left|\frac{U_o}{E}\right|^2 = \frac{1}{1 + (f/f_g)^4} \tag{7.105}$$

folgt. Dann ergibt sich für das mittlere Rauschspannungsquadrat am Ausgang

$$\begin{aligned} \overline{u_{or}^2(t)} &= 2\int_0^\infty \frac{2kTR}{1 + (f/f_g)^4} df \\ &= 4kTR \cdot \frac{f_g}{2\sqrt{2}} \left[\frac{1}{2} \ln \frac{f^2 + \sqrt{2}f_g f + f_g^2}{f^2 - \sqrt{2}f_g f + f_g^2} + \right. \\ &\quad \left. \arctan\left(\sqrt{2}\frac{f}{f_g} + 1\right) + \arctan\left(\sqrt{2}\frac{f}{f_g} - 1\right)\right]_0^\infty \\ &= 4kTR \cdot 1.11 f_g \,. \end{aligned} \tag{7.106}$$

In diesem Fall differieren Signal– und äquivalente Rauschbandbreite nur noch um 11 %; Abb. 7.46 illustriert diese Zusammenhänge.

---

[3]Sie entspricht derjenigen eines Butterworth–Tiefpasses 2. Ordnung (vgl. Abschnitt 8.3.3)

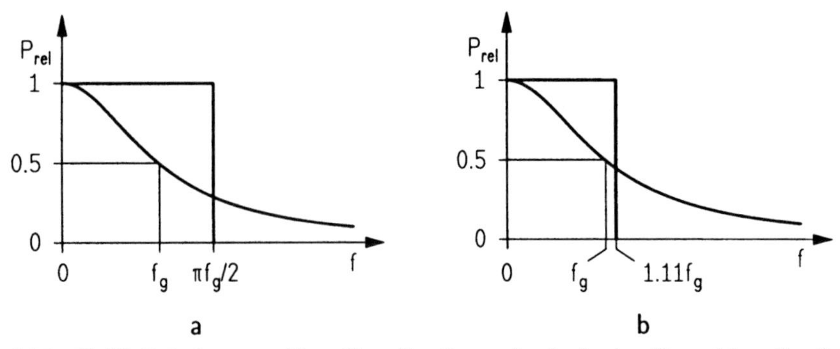

Abb. 7.46 Relation von Signalbandbreite zu äquivalenter Rauschbandbreite bei einem System a. 1. Ordnung b. 2. Ordnung

7.9 Zusammenfassung

Operationsverstärker sind besonders universell einsetzbare und in vielen Fällen auch relativ einfach verwendbare Bausteine der analogen Schaltungstechnik. In diesem Kapitel haben wir zuerst den grundsätzlichen Aufbau von Operationsverstärkern behandelt. Da diese Verstärker in rückgekoppelten Schaltungen eingesetzt werden, kommt dem Problem der Vermeidung unerwünschter Schwingungen eine besondere Bedeutung zu. Daher wird die Frequenz–Kompensation als Maßnahme zur Vermeidung instabilen Verhaltens ausführlich beschrieben; ausgehend von der Begründung der Notwendigkeit werden verschiedene Verfahren erläutert und wesentliche Auswirkungen diskutiert. Besonderen Raum nimmt das Operationsverstärker–Verhalten bei Dominant–Pol–Kompensation ein. Die Entstehung der endlichen Slew Rate als Parameter zur Kennzeichnung des Großsignal–Verhaltens wird behandelt und die Möglichkeit zur quantitativen Abschätzung wird beschrieben. Die Behandlung von Offset–Problemen schließt sich an. Den Abschluß des Kapitels bilden Rauschberechnungen in Operationsverstärker–Schaltungen.

7.10 Aufgaben

Aufgabe 7.1 Gegeben ist ein Operationsverstärker, der sich modellmäßig als Kaskadenschaltung von zwei Verstärkern A_1 und A_2 darstellen läßt. Bis auf die frequenzabhängigen Verstärkungen

$$A_1(s) = \frac{A_{10} s_1}{s + s_1} \qquad A_{10} = 40 \qquad s_1 = 2\pi 2\, MHz$$

$$A_2(s) = -\frac{A_{20} s_2}{s + s_2} \qquad A_{20} = 2500 \quad s_2 = 2\pi 10\, kHz$$

seien die beiden Verstärker als ideal anzusehen. Dieser Operationsverstärker soll im folgenden mit Hilfe von drei verschiedenen Maßnahmen frequenzkompensiert werden.

a.

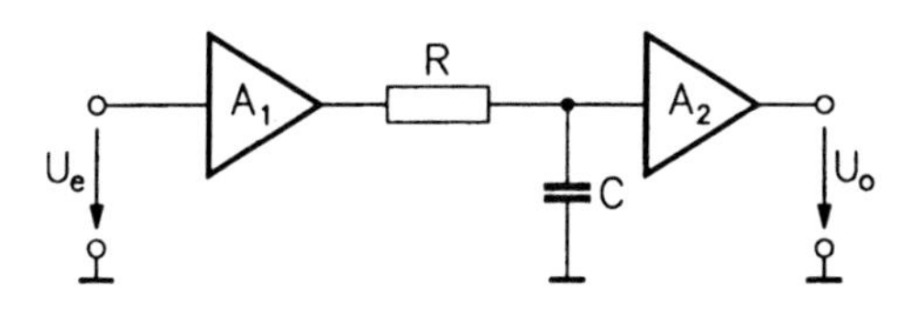

1. Wie lautet die (frequenzabhängige) Verstärkung des Operationsverstärkers?

2. Wie groß muß C gewählt werden, damit sich für $R = 500\,k\Omega$ ein dominanter Pol bei $f_0 = 10Hz$ ergibt?

b.

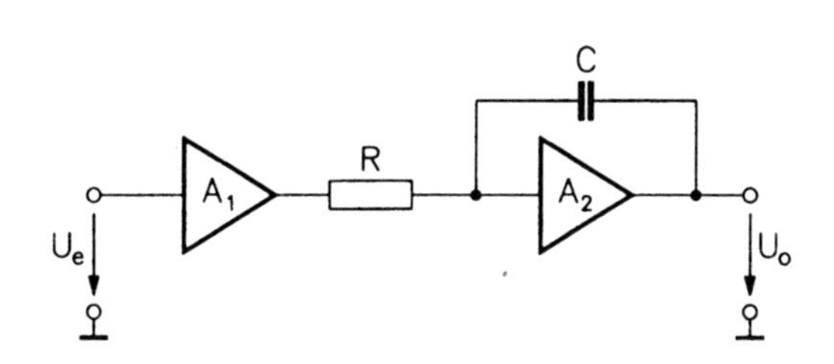

1. Berechnen Sie die Verstärkung des frequenzkompensierten Operationsverstärkers; berücksichtigen Sie dabei $A_{20} \gg 1$.

2. Berechnen Sie die Pole von $A(s)$. Berücksichtigen Sie dabei, daß ein dominanter Pol bei $f_0 = 10Hz$ entstehen soll.

3. Wie groß muß C gewählt werden, damit ein Pol bei $f_0 = 10Hz$ entsteht ($R = 500\,k\Omega$)?

c.

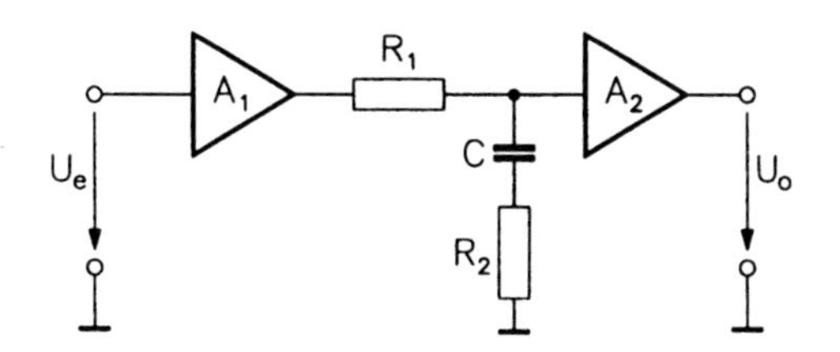

1. Berechnen Sie die Verstärkung des kompensierten Operationsverstärkers.

2. Berechnen Sie unter der Bedingung $R_1 = 500\,k\Omega$ die Elemente C und R_2 derart, daß ein dominanter Pol bei $f_0 = 10Hz$ entsteht und eine sinnvolle Pol–Nullstellen–Kompensation bewirkt wird.

Aufgabe 7.2 Zeichnen Sie die Bode–Diagramme des Betrages der Verstärkung $|A|$ für den unter 7.1 behandelten Operationsverstärker.

a. Unkompensiert.

b. Gemäß 7.1 a.

c. Gemäß 7.1 b.

d. Gemäß 7.1 c.

Aufgabe 7.3 Gegeben ist die folgende Schaltung.

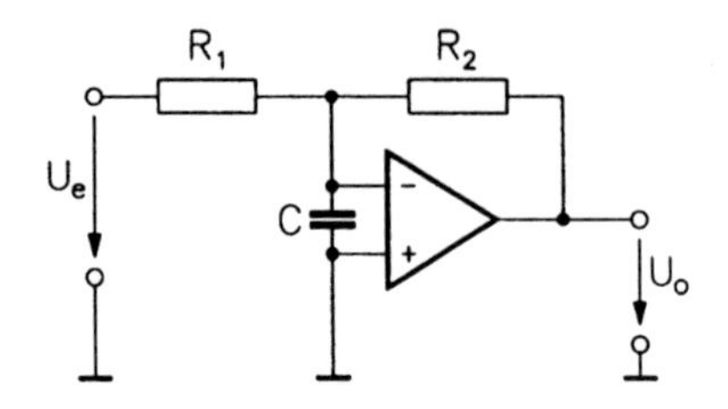

Der Operationsverstärker ist durch die Leerlaufverstärkung

$$A(s) = \frac{A_0 s_1}{s + s_1} \qquad A_0 = 10^5 \quad s_1 = 2\pi 10 \frac{1}{s}$$

gekennzeichnet, ansonsten sei er ideal. Für die Widerstände gilt $R_2 = R_1 = R = 1\,M\Omega$.

a. Berechnen Sie die Verstärkung der Schaltung. Machen Sie dabei eine sinnvolle Näherung.

b. Berechnen Sie die Pole von U_o/U_e. Machen Sie auch hier sinnvolle Näherungen.

c. Berechnen Sie Real- und Imaginärteile der Pole für

$$\begin{array}{llll} 1. & C = 0.15\,pF & 3. & C = \frac{1}{\pi}\,pF \\ 2. & C = \frac{1}{2\pi}\,pF & 4. & C = 1.5\,pF\,. \end{array}$$

Für welchen Kapazitätswert ergibt sich ein doppelter reeller Pol, für welchen Kapazitätswert ergeben sich Extrema der Imaginärteile der Pole?

d. Skizzieren Sie die Pol–Ortskurve [d. h. Im $s_\infty = f(\text{Re } s_\infty)$] mit den Kapazitätswerten als Parameter.

Aufgabe 7.4 In der folgenden Schaltung

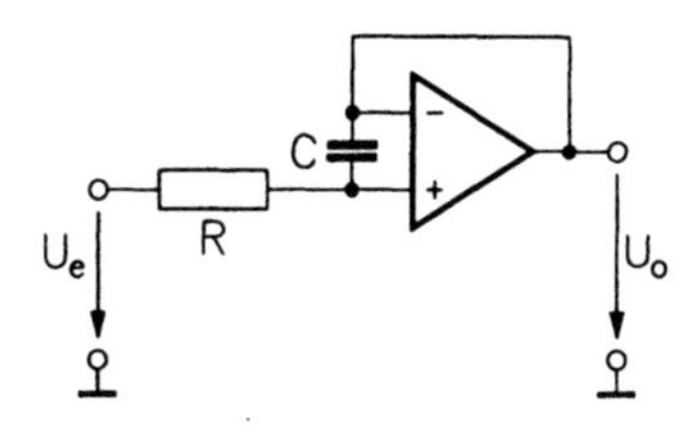

ist die Leerlaufverstärkung des Operationsverstärkers durch

$$A(s) = \frac{A_0 s_2}{s + s_2} \qquad A_0 = 10^5 \quad s_2 = 2\pi 10 \frac{1}{s}$$

gegeben, ansonsten ist der Operationsverstärker ideal; für den Widerstand gilt $R = 1\,M\Omega$.

a. Zeichnen Sie das Bode–Diagramm für die Kapazitätswerte

$$1.\ C = 0.15\,pF \qquad 2.\ C = 1.5\,pF\ .$$

b. Der Operationsverstärker wird nun durch die folgende Schaltung modelliert.

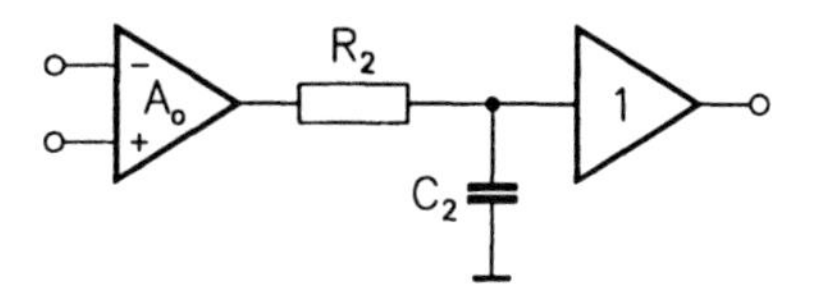

Berechnen Sie unter Verwendung dieses Modells für die in der Aufgabenstellung angegebene Schaltung die Sprungantwort; der Kapazitätswert soll dabei $C = 1.5\,pF$ betragen. Gehen Sie zur Vereinfachung der Rechnung von "glatten" Zahlenwerten aus.

c. Skizzieren Sie die unter b. berechnete Sprungantwort.

Aufgabe 7.5 Der in der folgenden Schaltung

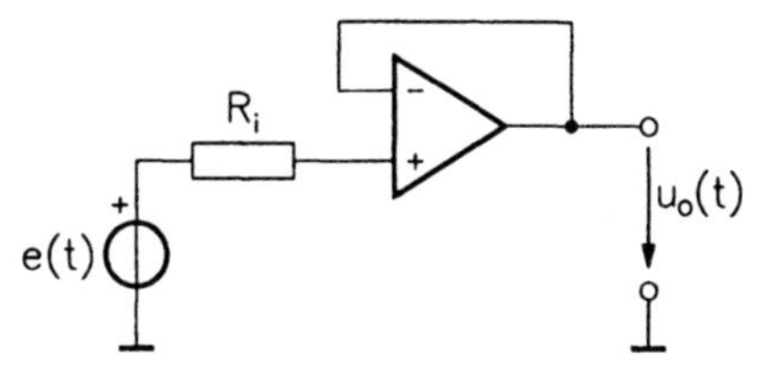

enthaltene Operationsverstärker wird bezüglich seines Rauschens durch das Modell in Abb. 7.41 beschrieben. Die Leerlaufverstärkung des Operationsverstärkers ist durch

$$A(j\omega) = \frac{A_0}{1 + j\omega/\omega_g}$$

gegeben. Darüber hinaus wird der Operationsverstärker als ideal betrachtet.

Berechnet werden soll der Effektivwert der Ausgangs–Rauschspannung und zwar für derart hohe Frequenzen, daß die Leistungsdichtespektren der Rauschquellen des Operationsverstärker–Modells als konstant angesehen werden können. Es soll also gelten:

$$\begin{aligned} S_u(f) &= S_{0u} = \text{const.} \\ S_i(f) &= S_{0i} = \text{const.} \end{aligned}$$

a. Geben Sie das Modell zur Rauschberechnung der obigen Schaltung an. Drücken Sie die Quellengrößen mit Hilfe der zugehörigen Leistungsdichtespektren aus.

b. Fassen Sie alle Quellen derart zusammen, daß das Ausgangsrauschen unter Verwendung einer einzigen Übertragungsfunktion berechnet werden kann. Wie lautet diese Übertragungsfunktion?

c. Berechnen Sie den Effektivwert der Ausgangsrauschspannung.

8 Schaltungen mit Operationsverstärkern

8.1 Allgemeines

Operationsverstärker in linearen Schaltungen sind stets vom Ausgang auf den invertierenden Eingang rückgekoppelt. Dadurch besitzen diese Schaltungen eine Eigenschaft, durch die die Schaltungsberechnung bei Annahme eines idealen Operationsverstärkers sehr stark vereinfacht wird. Es ist dies der sogenannte virtuelle Kurzschluß am Eingang, der nachfolgend erläutert ist.

Wir betrachten einen Operationsverstärker mit der zunächst als endlich angenommenen Verstärkung A, der ansonsten ideal sein soll. Er ist über eine Impedanz Z rückgekoppelt (Abb. 8.1). Die Spannungen U_+, U_o sowie der

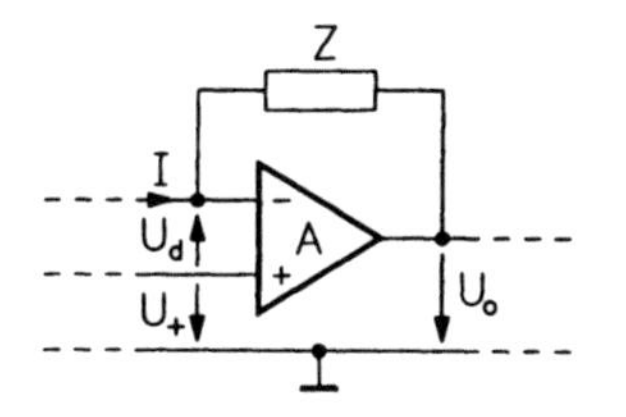

Abb. 8.1 Rückgekoppelter Operationsverstärker, eingebettet in eine Schaltung

Strom I ergeben sich aufgrund der spezifischen Zusammenschaltung, deren Einzelheiten aber hier nicht von Bedeutung sind. Da bei einem idealen Operationsverstärker keine Eingangsströme fließen, gilt

$$\begin{aligned} I + \frac{U_o - U_+ + U_d}{Z} &= 0 \\ U_o &= AU_d \ . \end{aligned}$$

Daraus folgt für die Differenzspannung am Eingang

$$U_d = \frac{U_+ - ZI}{A+1}$$

und insbesondere

$$\lim_{A \to \infty} U_d = 0 \; . \tag{8.1}$$

Dies bedeutet:

Die Eingangsspannung eines über seinen invertierenden Eingang rückgekoppelten idealen Operationsverstärkers ist immer null.

"Spannung Null" bedeutet im allgemeinen Kurzschluß. Da hier aber wegen des unendlich hohen Widerstandes zwischen den Eingangsklemmen kein Strom fließt, wird dieser Zustand als em virtueller Kurzschluß bezeichnet. Für $U_+ = 0$ in Abb. 8.1 wird der invertierende Eingang virtuelle Masse genannt.

Bei der Behandlung der nachfolgenden Grundschaltungen ist immer eine unendlich hohe Leerlaufverstärkung des Operationsverstärkers unterstellt, solange nicht ausdrücklich etwas anderes angegeben ist. Für die Analyse wird daher der virtuelle Kurzschluß verwendet.

8.2 Lineare Grundschaltungen

8.2.1 Invertierender Verstärker

Der invertierende Verstärker ist eine Grundschaltung, die direkt oder in ab-

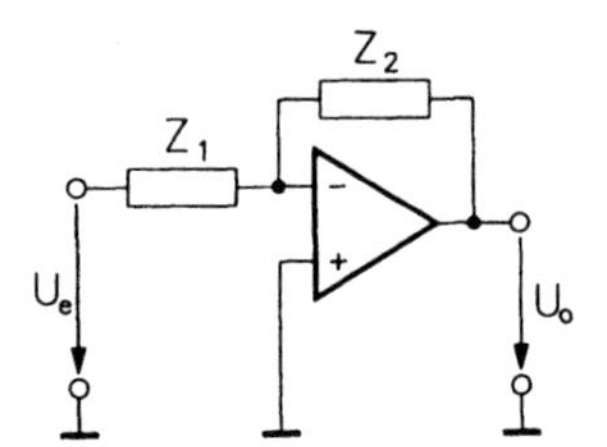

Abb. 8.2 Invertierender Verstärker

gewandelter Form besonders häufig eingesetzt wird. Aus

$$\frac{U_e}{Z_1} + \frac{U_o}{Z_2} = 0$$

folgt

$$U_o = -\frac{Z_2}{Z_1} U_e \; . \tag{8.2}$$

8.2.2 Nichtinvertierender Verstärker

Abb. 8.3a zeigt die grundsätzliche Schaltung. Wegen des virtuellen Kurzschlusses liegt die Spannung U_e auch über der Impedanz Z_1, so daß für diese Schaltung

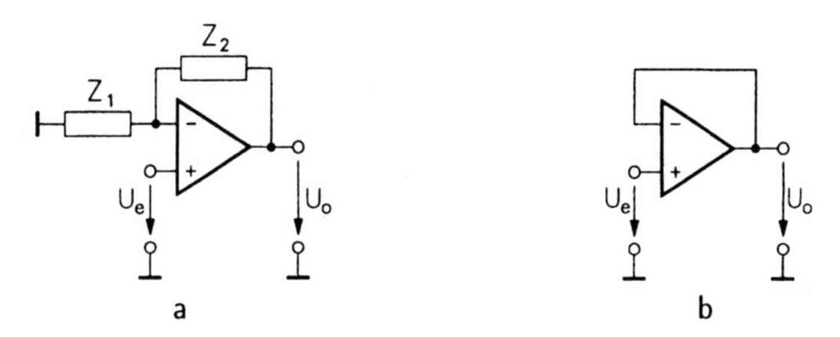

Abb. 8.3 a. Nichtinvertierender Verstärker b. Spannungsfolger

$$\frac{U_e}{Z_1} + \frac{U_e - U_o}{Z_2} = 0$$

gilt, woraus sich

$$U_o = \left(1 + \frac{Z_2}{Z_1}\right) U_e \tag{8.3}$$

ergibt. Ein wichtiger Sonderfall ist für $Z_2 = 0$ gegeben. Dann kann Z_1 entfallen, und man erhält den sogenannten Spannungsfolger (Impedanzwandler) gemäß Abb. 8.3b. Für $Z_2 = 0$ folgt aus (8.3)

$$U_o = U_e \ . \tag{8.4}$$

Im Idealfall ist der Eingangswiderstand unendlich hoch und der Ausgangswiderstand gleich null; daraus erklärt sich die Bezeichnung Impedanzwandler.

8.2.3 Subtrahier–Schaltung (Differenzverstärker)

Aus der Kombination von invertierendem und nichtinvertierendem Verstärker folgt der in Abb. 8.4 wiedergebene Subtrahierer (Differenz–Verstärker). Am

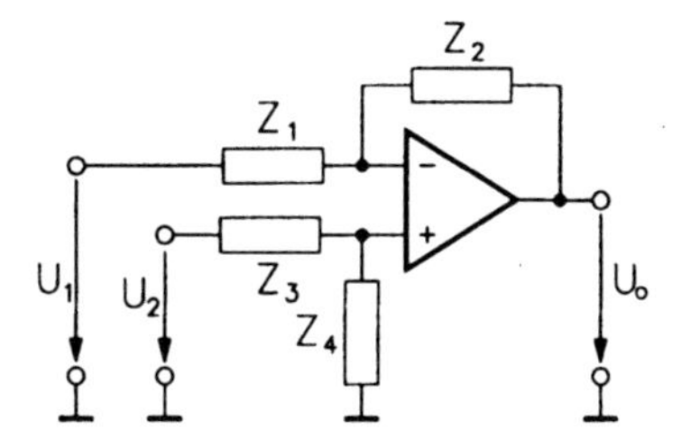

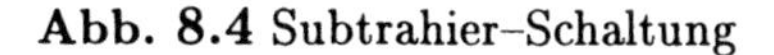

Abb. 8.4 Subtrahier–Schaltung

nichtinvertierenden Eingang liegt die Spannung $Z_4 U_2/(Z_3 + Z_4)$; wegen des virtuellen Kurzschlusses ist dies auch die Spannung am invertierenden Eingang. Es ergibt sich damit die Gleichung

$$\frac{U_1 - \dfrac{Z_4}{Z_3 + Z_4} \cdot U_2}{Z_1} + \frac{U_o - \dfrac{Z_4}{Z_3 + Z_4} \cdot U_2}{Z_2} = 0 \,,$$

aus der

$$U_o = \frac{1 + Z_2/Z_1}{1 + Z_3/Z_4} \cdot U_2 - \frac{Z_2}{Z_1} \cdot U_1$$

folgt. Für den Sonderfall $Z_4/Z_3 = Z_2/Z_1$ erhält man schließlich

$$U_o = \frac{Z_2}{Z_1} \cdot (U_2 - U_1) \,. \tag{8.5}$$

Eine wichtige Kenngröße eines Differenzverstärkers ist seine Gleichtaktunterdrückung (vgl. Abschnitt 4.5). Sie soll daher für die vorliegende Schaltung berechnet werden. Dabei werden allerdings nur die Unsymmetrien der äußeren Beschaltung berücksichtigt. Für $Z_i = R_i$ $(i = 1, 2, 3, 4)$ kann die Ausgangsspannung in der Form

$$U_o = \frac{1 + R_2/R_1}{1 + R_3/R_4} \cdot U_2 - \frac{R_2}{R_1} \cdot U_1$$

beziehungsweise, mit den Abkürzungen $m = R_2/R_1$ und $n = R_4/R_3$, als

$$U_o = \frac{1 + m}{1 + n} \cdot nU_2 - mU_1$$

angegeben werden. Der Idealfall wäre durch

$$m = n \quad \Longrightarrow \quad U_o = n(U_2 - U_1)$$

gekennzeichnet. Für den realen Fall setzen wir

$$m = (1 - \varepsilon)n \qquad\qquad |\varepsilon| \ll 1$$

an und erhalten für die Ausgangsspannung

$$U_o = n \left[\left(1 - \frac{n\varepsilon}{n + 1} \right) U_2 - (1 - \varepsilon)U_1 \right] \,.$$

Unter Verwendung der Differenz- bzw. Gleichtakt-Eingangsspannung [vgl. (4.55, 4.60)]

$$U_d = U_2 - U_1 \qquad\qquad U_c = \frac{U_1 + U_2}{2}$$

lassen sich die Eingangsspannungen in der Form

$$U_1 = U_c - \frac{U_d}{2} \qquad\qquad U_2 = U_c + \frac{U_d}{2}$$

darstellen; die Ausgangsspannung lautet dann

$$U_o = \frac{n}{n+1}\left\{\varepsilon U_c + \left[n + 1 - \left(n + \frac{1}{2}\right)\varepsilon\right] U_d\right\} .$$

Schreiben wir diese Beziehung mit Hilfe der Gleichtaktverstärkung V_c und der Differenzverstärkung V_d als

$$U_o = V_c U_c + V_d U_d ,$$

so ergibt sich für die Gleichtaktunterdrückung [vgl. (4.74)]

$$CMRR = \left|\frac{V_d}{V_c}\right| = \left|\frac{n + 1 - (n + 1/2)\varepsilon}{\varepsilon}\right| .$$

Berücksichtigen wir noch $|\varepsilon| \ll 1$, so folgt schließlich daraus in guter Näherung

$$CMRR = \frac{n+1}{|\varepsilon|} . \tag{8.6}$$

8.2.4 Summier–Schaltungen

Abb. 8.5 zeigt eine nichtinvertierende Summier–Schaltung. Eine einfache Ana-

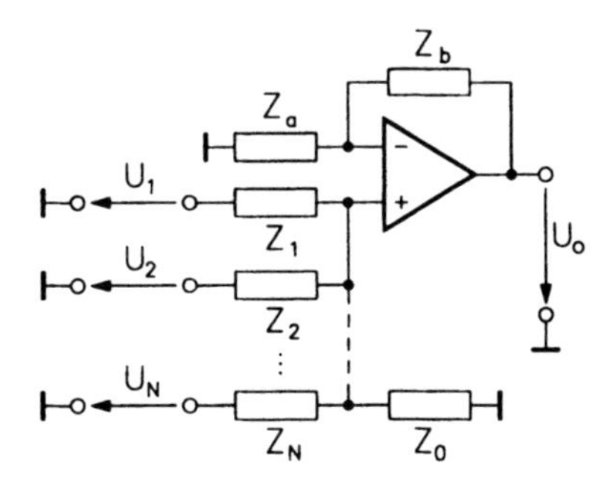

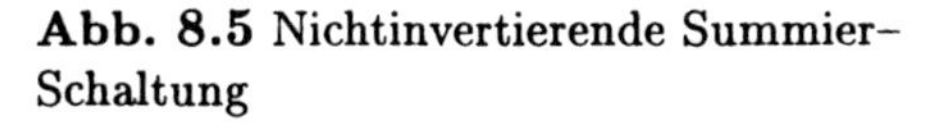
Abb. 8.5 Nichtinvertierende Summier–Schaltung

lyse liefert die Spannung U_+ am nichtinvertierenden Eingang:

$$U_+ = \frac{\sum\limits_{m=1}^{N} Y_m U_m}{\sum\limits_{n=0}^{N} Y_n} .$$

Unter Verwendung von (8.3) erhalten wir dann

$$U_o = \left(1 + \frac{Z_b}{Z_a}\right) \frac{\sum_{m=1}^{N} Y_m U_m}{\sum_{n=0}^{N} Y_n} . \tag{8.7}$$

Eine invertierende Summier–Schaltung zeigt Abb. 8.6. Aus der leicht ables-

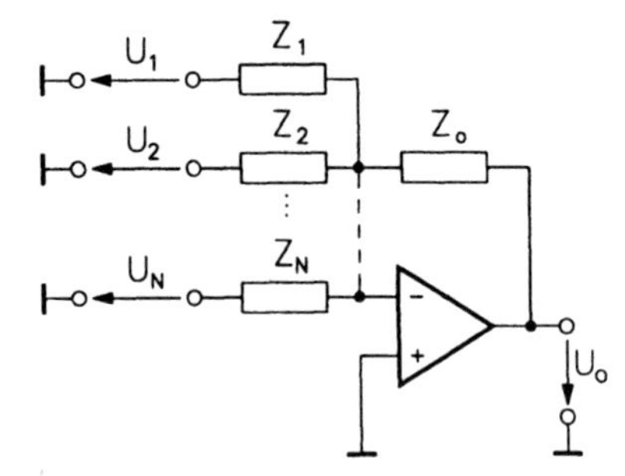

Abb. 8.6 Invertierende Summier–Schaltung

baren Beziehung

$$\frac{U_1}{Z_1} + \frac{U_2}{Z_2} + \ldots + \frac{U_N}{Z_N} + \frac{U_o}{Z_o} = 0$$

folgt

$$U_o = -Z_o \sum_{m=1}^{N} Y_m U_m . \tag{8.8}$$

8.2.5 Integrierer

Die Grundschaltung eines invertierenden Integrierers ist in Abb. 8.7 wieder-

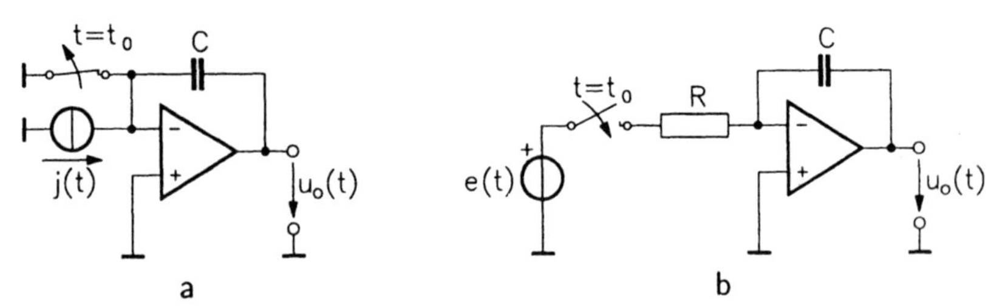

Abb. 8.7 Invertierender Integrierer a. Speisung durch eine Stromquelle b. Speisung durch eine Spannungsquelle

gegeben. Abb. 8.7a zeigt die Speisung aus einer Stromquelle $j(t)$, die zum

Zeitpunkt $t = t_0$ wirksam wird. Die Spannung über der Kapazität sei zu diesem Zeitpunkt $u_o(t_0)$ (wegen der virtuellen Masse ist die Ausgangsspannung gleich der Spannung über der Kapazität). Für $t \geq t_0$ gilt dann die Differentialgleichung

$$j(t) + C \cdot \frac{du_o(t)}{dt} = 0 \ ,$$

woraus

$$u_o(t) = u_o(t_0) - \frac{1}{C} \int_{t_0}^{t} j(\tau) d\tau \tag{8.9}$$

folgt. In der Schaltung gemäß Abb. 8.7b gilt ($t \geq t_0$) für den Eingangsstrom $e(t)/R$, so daß sich — unter sonst gleichen Bedingungen — anstelle von (8.9)

$$u_o(t) = u_o(t_0) - \frac{1}{RC} \int_{t_0}^{t} e(\tau) d\tau \tag{8.10}$$

ergibt.

Beispiel 8.1

Auf den folgenden Integrierer mit $R = 10\,k\Omega$ und $C = 100\,nF$, dessen Opera-

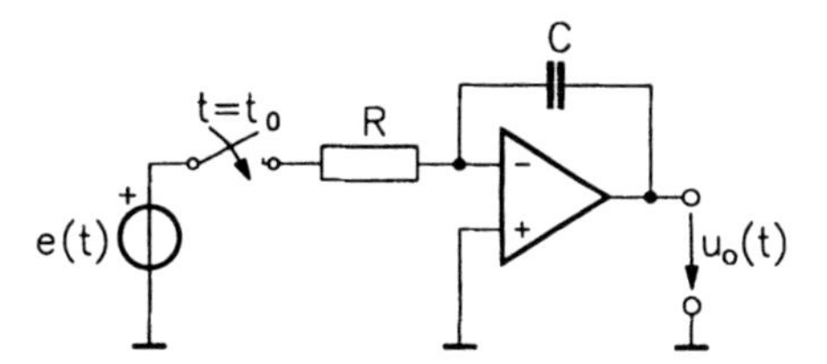

tionsverstärker die frequenzunabhängige Verstärkung $A = 1000$ hat, wird ein Eingangssignal $e(t)$ der Form

$$e(t) = \begin{cases} 0 & 0 \leq t < 1\,ms \\ 1V & 1ms \leq t < 2.5\,ms \\ -\frac{8}{3}V + \frac{2\,V}{3\,ms} \cdot t & 2.5\,ms \leq t < 5\,ms \end{cases}$$

gegeben. Zum Zeitpunkt $t_0 = 0$ ist $u_C(0) = 0.25\,V$. Das Ausgangssignal $u_o(t)$ zeigt die nachstehende Abbildung; zur besseren Übersicht ist das Eingangssignal $e(t)$ ebenfalls eingezeichnet.

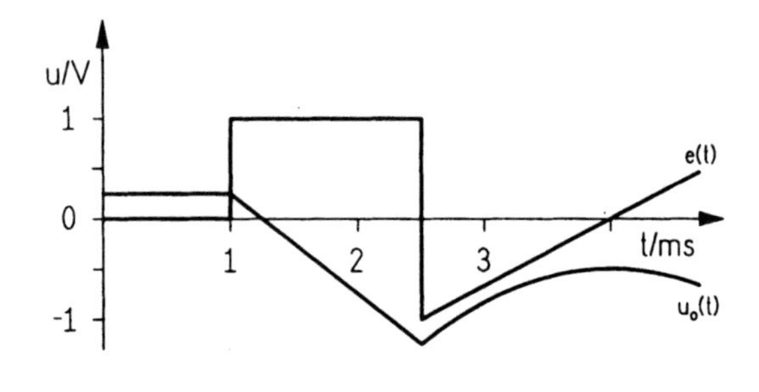

Zur Sicherstellung der Rückkopplung bei Gleichspannung ist parallel zur Kapazität C in Abb. 8.7 ein Widerstand vorzusehen. Dieser Widerstand verändert natürlich das Verhalten des Integrierers; daher sollte sein Wert so groß wie möglich gewählt werden.

Offsetspannung und -ströme (vgl. Abschnitt 7.7) können das Integrationsergebnis beträchtlich verfälschen; ihre Wirkungen sollen deshalb untersucht werden. Wir betrachten dazu die folgende Schaltung. Der Operationsver-

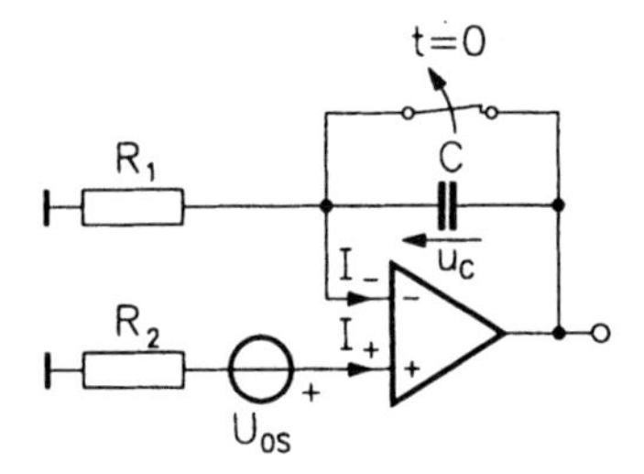

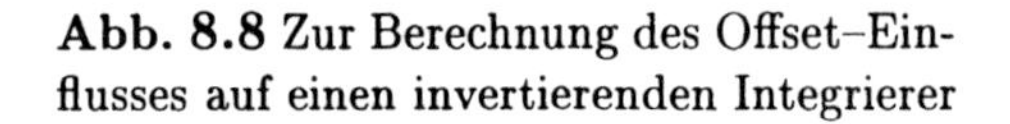
Abb. 8.8 Zur Berechnung des Offset-Einflusses auf einen invertierenden Integrierer

stärker sei ideal, so daß die Spannung $U_+ = U_{OS} - R_2 I_+$ auch zwischen dem invertierenden Eingang und Masse herrscht. Für $t \geq 0$, also nach dem Öffnen des Schalters, gilt dann die Differentialgleichung

$$C \cdot \frac{du_C}{dt} = \frac{U_{OS} - R_2 I_+}{R_1} + I_- \ ,$$

deren Lösung

$$u_C(t) = \frac{1}{C} \int_0^t \left(\frac{U_{OS}}{R_1} - \frac{R_2}{R_1} I_+ + I_- \right) d\tau \tag{8.11}$$

lautet. Wählt man $R_2 = R_1$ zur Verminderung des Einflusses der Eingangsströme, so erhält man unter Berücksichtigung von (7.80)

$$u_C(t) = \frac{1}{C} \int_0^t \left(\frac{U_{OS}}{R_1} - I_{OS} \right) d\tau \ . \tag{8.12}$$

Eine Möglichkeit zum Aufbau einer nichtinvertierenden Integrierer-Schaltung zeigt Abb. 8.9. Für $t \geq t_0$ gilt am nichtinvertierenden Eingang

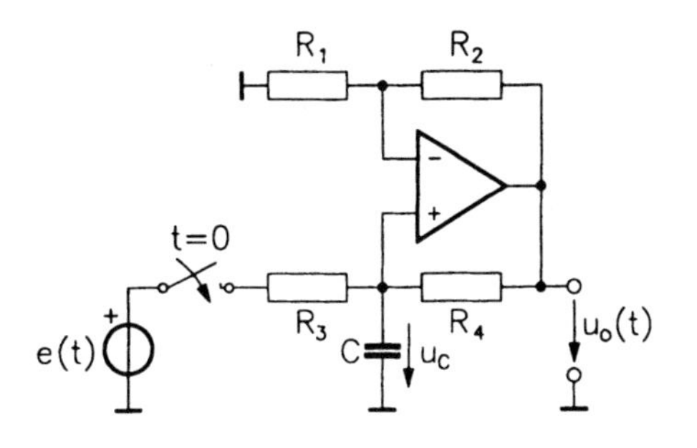

Abb. 8.9 Nichtinvertierende Integrier–Schaltung ($R_4/R_3 = R_2/R_1$)

$$C \cdot \frac{du_C}{dt} + \frac{u_C - e}{R_3} + \frac{u_C - u_o}{R_4} = 0 \, .$$

Die Ausgangsspannung lautet [vgl. (8.3)]

$$u_o = \left(1 + \frac{R_2}{R_1}\right) u_C \, . \tag{8.13}$$

Einsetzen dieser Beziehung in die Differentialgleichung liefert

$$R_4 C \cdot \frac{du_C}{dt} + \left(\frac{R_4}{R_3} - \frac{R_2}{R_1}\right) u_C = \frac{R_4}{R_3} \cdot e \, .$$

Werden nun die Widerstände derart gewählt, daß

$$\frac{R_4}{R_3} = \frac{R_2}{R_1} \tag{8.14}$$

erfüllt ist, so ergibt sich schließlich

$$u_C(t) = u_C(t_0) + \frac{1}{R_3 C} \int_{t_0}^{t} e(\tau) d\tau \, . \tag{8.15}$$

Wegen (8.13) ist die Ausgangsspannung um den Faktor $1 + R_2/R_1$ größer.

Für den praktischen Aufbau dieses Integrierers ergibt sich das Problem, die Bedingung (8.14) zu erfüllen, was natürlich nur näherungsweise möglich ist. Daher findet die Schaltung gemäß Abb. 8.9 seltener Anwendung.

8.2.6 Differenzierer

Die folgende Abbildung zeigt eine Differenzier–Schaltung. Für $t \geq t_0$ gilt die Gleichung

$$C \cdot \frac{de(t)}{dt} + \frac{u_o(t)}{R} = 0 \, ,$$

beziehungsweise,

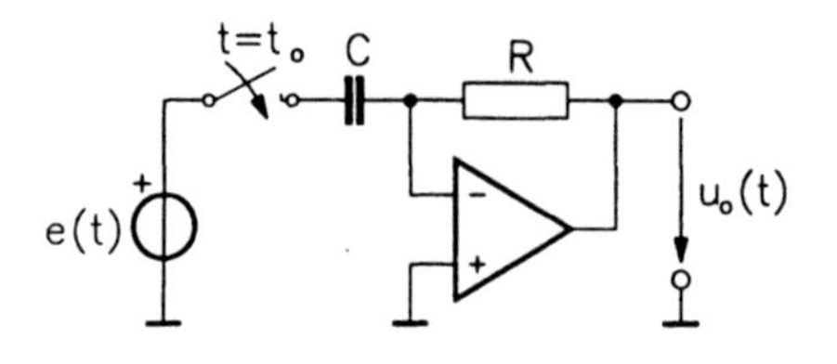

Abb. 8.10 Differenzier-Schaltung

$$u_o(t) = -RC \cdot \frac{de(t)}{dt} \; . \tag{8.16}$$

In der Praxis ist der Differenzierer problematisch. Ein Grund ist seine Neigung zur Instabilität beim Einsatz realer Operationsverstärker. Ist die Verstärkung $A = A(s)$ des Operationsverstärkers 2. Ordnung, dann ist die Schleifenverstärkung der Schaltung in Abb. 8.10 dritter Ordnung, so daß sie potentiell instabil ist.

Betrachtet man die Schaltung für sinusförmige Spannungen im stationären Zustand, kann man von Gleichung (8.2), mit $Z_2 = R$ und $Z_1 = 1/j\omega C$ ausgehen, so daß sich

$$\frac{U_o}{U_e} = -j\omega CR$$

ergibt. Wegen der mit der Frequenz ansteigenden Verstärkung (Hochpaßverhalten) ist der Differenzierer auch hinsichtlich des Rauschens ungünstig.

8.2.7 Spannungs–Strom–Wandler (Spannungsgesteuerte Stromquellen)

Schaltungen mit massefreien Ausgangsklemmen

Wir behandeln als erste die Schaltung in Abb. 8.11a. Den Innenwiderstand

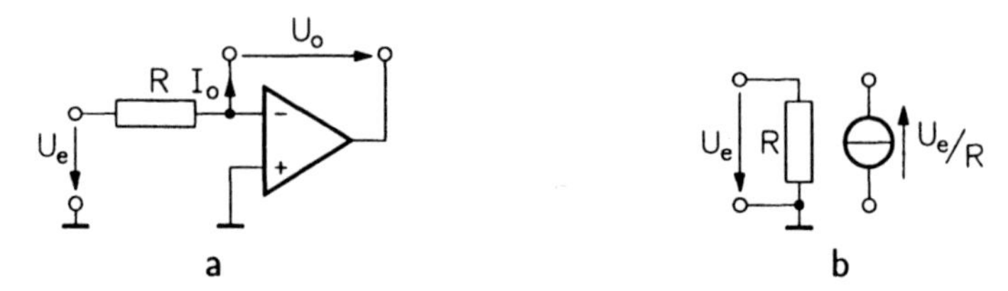

Abb. 8.11 Spannungsgesteuerte Stromquelle mit massefreien Ausgangsklemmen a. Schaltung b. Modell

R_o der Stromquelle berechnen wir über die Beziehung

$$R_o = \frac{U_{ol}}{I_{ok}} \; , \tag{8.17}$$

wobei U_{ol} die Leerlaufspannung und I_{ok} den Kurzschlußstrom bezeichnet. Wegen

$$\lim_{A \to \infty} U_{ol} = \infty \tag{8.18}$$

und

$$I_{ok} = \frac{U_e}{R} \tag{8.19}$$

ergibt sich bezüglich der Ausgangsklemmen eine ideale Stromquelle mit dem Strom U_e/R; Abb. 8.11b zeigt das zugehörige Modell.

Der Integrierer in Abb. 8.7b läßt sich damit als eine spannungsgesteuerte Stromquelle interpretieren, die ausgangsseitig mit einer Kapazität belastet ist.

Eine spannungsgesteuerte Stromquelle mit unendlich hohem Eingangswiderstand ist in Abb. 8.12 wiedergegeben. Wegen des virtuellen Kurzschlusses

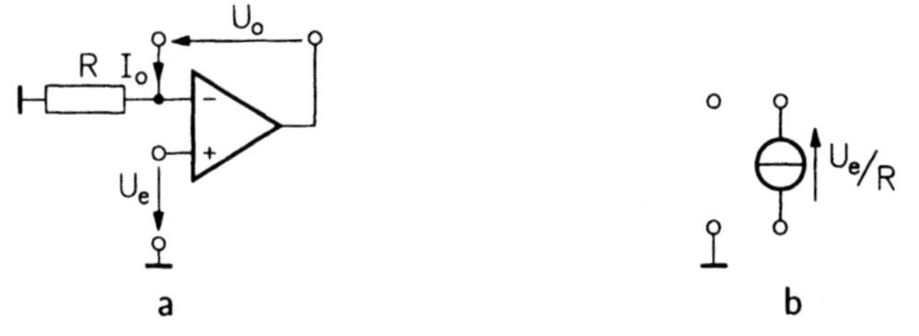

Abb. 8.12 Spannungsgesteuerte Stromquelle mit hochohmigen Eingang a. Schaltung b. Modell

liegt über dem Widerstand R eine Spannung der Größe U_e. Die Gleichungen (8.17...8.19) sind auch hier wieder gültig, so daß sich das Modell in Abb. 8.12b angeben läßt.

Schaltung mit einer geerdeten Ausgangsklemme

Abb. 8.13 zeigt die zu untersuchende Schaltung (vgl. auch Abb. 8.9). Die

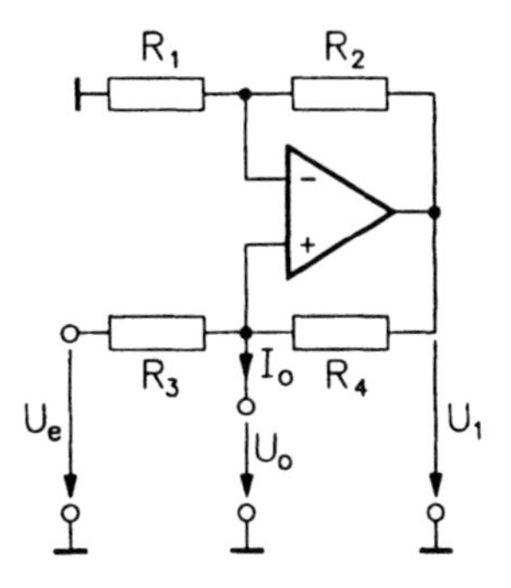

Abb. 8.13 Spannungsgesteuerte Stromquelle mit einer geerdeten Ausgangsklemme

Spannung am invertierenden Eingang beträgt wegen des virtuellen Kurzschlusses ebenfalls U_o. Damit lassen sich dann die beiden folgenden Gleichungen aus der Schaltung ablesen:

$$\begin{aligned} \frac{U_e - U_o}{R_3} + \frac{U_1 - U_o}{R_4} &= 0 \\ \frac{U_o}{R_1} + \frac{U_o - U_1}{R_2} &= 0\,. \end{aligned}$$

Daraus ergibt sich die Leerlaufspannung

$$U_{ol} = \frac{\frac{R_4}{R_3} U_e}{\frac{R_4}{R_3} - \frac{R_2}{R_1}} = \frac{U_e}{1 - \frac{R_2 R_3}{R_1 R_4}}\,.$$

Der Kurzschlußstrom $I_{ok} = U_e / R_3$ kann direkt aus der Schaltung abgelesen werden. Damit läßt sich der Innenwiderstand R_o der Stromquelle berechnen:

$$R_o = \frac{U_{ol}}{I_{ok}} = \frac{R_4}{\frac{R_4}{R_3} - \frac{R_2}{R_1}}\,. \tag{8.20}$$

Für $R_4/R_3 = R_2/R_1$ ergibt sich eine ideale Stromquelle. In der Praxis läßt sich die Gleichheit der Widerstandsverhältnisse allerdings nur näherungsweise erreichen, so daß R_o einen endlichen Wert hat.

Die Schaltung gemäß Abb. 8.13 (wie auch die Schaltung in Abb. 8.9) enthält neben der negativen auch eine positive Rückkopplung. Die grundsätzliche Problematik einer positiven Rückkopplung im Hinblick auf mögliche Instabilitäten wurde schon früher angesprochen. Auf eine Eigenschaft der hier betrachteten Schaltung als Folge der positiven Rückkopplung soll aber noch kurz eingegangen werden. Dazu schließen wir die Schaltung am Ausgang mit einem Lastwiderstand R_L ab, wie in Abb. 8.14 dargestellt, und berechnen

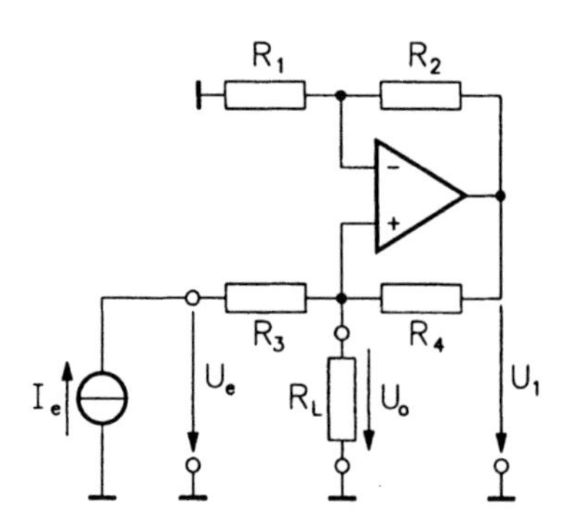

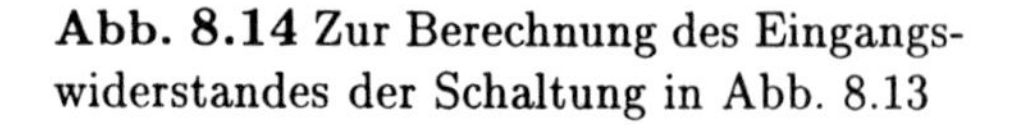

Abb. 8.14 Zur Berechnung des Eingangswiderstandes der Schaltung in Abb. 8.13

den Eingangswiderstand. Aus dem Gleichungssystem

$$\begin{pmatrix} G_3 & 0 & -G_3 \\ -G_3 & -G_4 & G_3 + G_4 + G_L \\ 0 & -G_2 & G_1 + G_2 \end{pmatrix} \begin{pmatrix} U_e \\ U_1 \\ U_o \end{pmatrix} = \begin{pmatrix} I_e \\ 0 \\ 0 \end{pmatrix}$$

folgt nach einiger Rechnung unter Berücksichtigung von $R_4/R_3 = R_2/R_1$

$$R_e = \frac{U_e}{I_e} = \frac{R_3^2}{R_3 - R_L} \ . \tag{8.21}$$

Abgesehen von dem Nachteil, daß der Eingangswiderstand lastabhängig ist, ergibt sich für $R_3 < R_L$ ein negativer Eingangswiderstand. (Für $R_2/R_1 > R_4/R_3$ würde im übrigen ein negativer Innenwiderstand R_o entstehen.)

8.2.8 Stromverstärker (Stromgesteuerte Stromquelle)

Für die in Abb. 8.15 dargestellte Schaltung einer stromgesteuerten Strom-

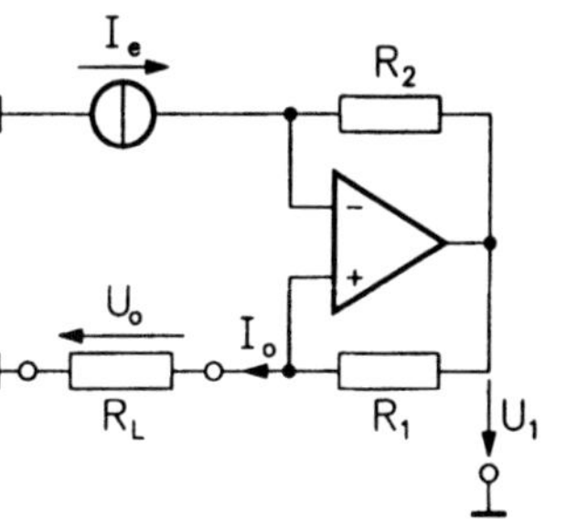

Abb. 8.15 Stromverstärker

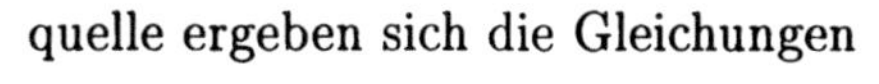

quelle ergeben sich die Gleichungen

$$I_e = \frac{U_o - U_1}{R_2} \qquad I_o = \frac{U_1 - U_o}{R_1} \ ,$$

woraus

$$I_o = -\frac{R_2}{R_1} I_e \tag{8.22}$$

folgt. Die Schaltung liefert also einen von der Belastung unabhängigen Strom.

8.2.9 Strom–Spannungs–Wandler (Stromgesteuerte Spannungsquelle)

Aus der in der folgenden Abbildung dargestellten Schaltung läßt sich direkt

Abb. 8.16 Stromgesteuerte Spannungsquelle

die Beziehung

$$U_o = -RI_e \tag{8.23}$$

ablesen. Falls ein sehr hoher — und damit schlecht realisierbarer — Widerstand R erforderlich würde, bietet die Schaltung in Abb. 8.17 eine bessere

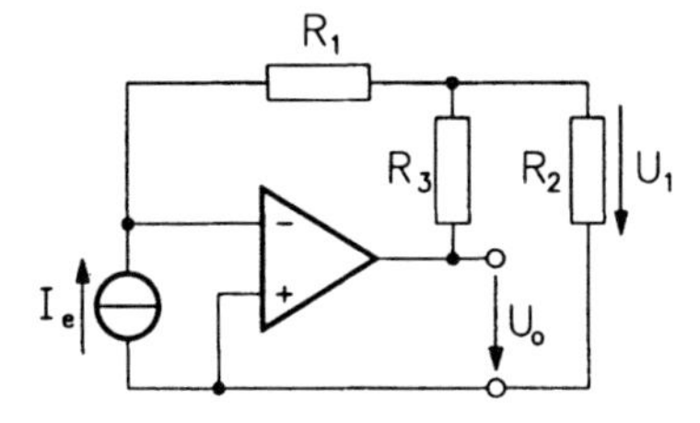

Abb. 8.17 Alternative zu Abb. 8.16 mit kleineren Widerstandswerten

Realisierungsgrundlage. Aus

$$I_e + \frac{U_1}{R_1} = 0 \qquad \text{und} \qquad U_1\left(\frac{1}{R_1} + \frac{1}{R_2}\right) + \frac{U_1 - U_o}{R_3} = 0$$

folgt

$$U_o = -\left(R_1 + R_3 + \frac{R_1 R_3}{R_2}\right) I_e \ . \tag{8.24}$$

8.2.10 Ladungsverstärker

Die Gleichspannungsquelle E und die zeitlich veränderliche Kapazität $c_e(t)$ in Abb. 8.18 modellieren eine Ladungsquelle, etwa einen piëzoelektrischen

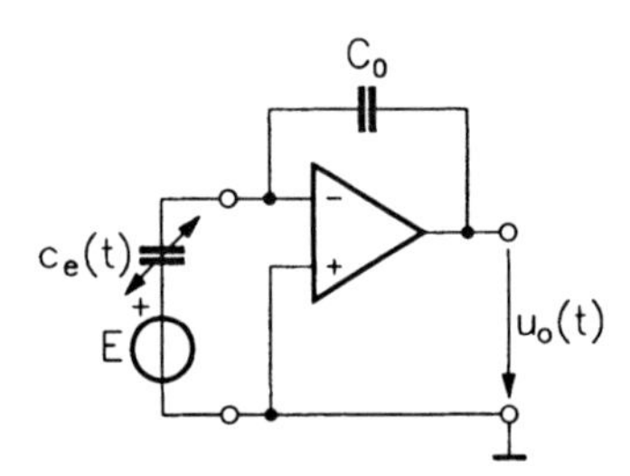

Abb. 8.18 Ladungsverstärker

Geber. Von der Quelle wird die Ladung

$$q_e(t) = Ec_e(t) \tag{8.25}$$

abgegeben. Unter Verwendung der allgemein gültigen Beziehung $i = dq/dt$ ergibt sich dann für die Ströme am invertierenden Eingang

$$\frac{dq_e(t)}{dt} + C_0 \cdot \frac{du_o}{dt} = 0 \ .$$

Näherungsweise folgt daraus

$$\Delta u_o = -\frac{1}{C_0} \cdot \Delta q_e \ ,$$

so daß man schließlich

$$\Delta u_o(t) \approx -\frac{E}{C_0} \cdot \Delta c_e(t) \qquad (8.26)$$

findet. Ähnlich wie im Falle des invertierenden Integrierers ist parallel zur Rückkopplungskapazität C_0 ein hochohmiger Widerstand (Größenordnung $M\Omega \ldots G\Omega$) vorzusehen.

8.3 RC–aktive Filter

8.3.1 Allgemeines

Unter einem Filter versteht man eine Schaltung, die die einzelnen Frequenzkomponenten eines Signalgemischs in einer vorgegebenen Weise beeinflußt; das Dämpfungsverhalten steht dabei gewöhnlich im Vordergrund, für zahlreiche Anwendungen spielt aber auch das Phasenverhalten eine wesentliche Rolle.

Die einfachste Filterrealisierung (eines Tiefpasses) ist in Abb. 8.19a darge-

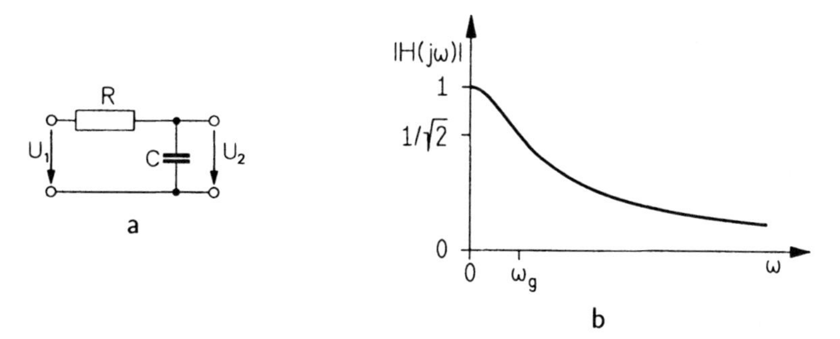

Abb. 8.19 Filter erster Ordnung a. Schaltung b. Verlauf von $|H(j\omega)|$

stellt; Abb. 8.19b zeigt den Verlauf des Betrages der zugehörigen Übertragungsfunktion

$$H(j\omega) = \frac{U_2}{U_1} = \frac{\omega_g}{j\omega + \omega_g} \qquad \omega_g = \frac{1}{RC} \ . \qquad (8.27)$$

Bei dieser Schaltung kann lediglich die 3–dB–Durchlaßgrenze ω_g durch Verändern der Elementwerte variiert werden, der grundsätzliche Verlauf von $|H(j\omega)|$ wird dadurch aber nicht beeinflußt.

Das soeben betrachtete Beispiel stellt einen Tiefpaß dar: Signalanteile mit niedriger Frequenz können wenig gedämpft passieren, höherfrequente Spektralanteile werden stärker abgeschwächt. Ein Tiefpaß mit einer Übertragungscharakteristik gemäß Abb. 8.19b genügt hinsichtlich des frequenzselektiven Verhaltens nur sehr bescheidenen Anforderungen. In bezug auf den Betrag der Übertragungsfunktion würde ein *idealer* Tiefpaß die Charakteristik gemäß Abb. 8.20 aufweisen. Hier würde also

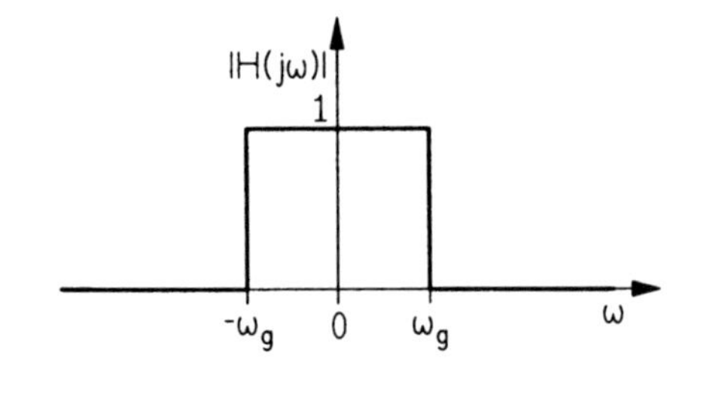

Abb. 8.20 Betragsverlauf der Übertragungsfunktion eines idealen Tiefpasses

$$|H(j\omega)| = \begin{cases} 1 & |\omega| \leq \omega_g \\ 0 & |\omega| > \omega_g \end{cases} \tag{8.28}$$

gelten. Es stellt sich natürlich die Frage, was man schaltungstechnisch tun kann, um wenigstens näherungsweise einen Betragsverlauf wie in Abb. 8.20 zu erreichen. Mit der Antwort darauf werden wir uns zunächst auf anschauliche Weise und danach unter quantitativen Gesichtspunkten befassen.

Der erste Schritt besteht sicherlich in der Verwendung einer Übertragungsfunktion höherer Ordnung, denn bekanntlich erhöht jeder Pol den Dämpfungsanstieg im Bode–Diagramm um $20\,dB/Dekade$. Es stellt sich aber dann sofort die nächste Frage, in welcher Weise die Pole in der komplexen s–Ebene angeordnet werden müssen, damit der erwünschte Verlauf von $|H(j\omega)|$ entsteht. Dazu gehen wir noch einmal von dem RC–Tiefpaß in Abb. 8.19a aus und stellen den Betrag von $H(s)$ für $s = \sigma + j\omega$ in der s–Ebene dar. Analog zu (8.27) erhalten wir

$$H(s) = \frac{\omega_g}{s + \omega_g}$$

und mit $s = \sigma + j\omega$

$$|H(s)| = \frac{\omega_g}{\sqrt{(\sigma + \omega_g)^2 + \omega^2}} \ . \tag{8.29}$$

Abb. 8.21a zeigt den Verlauf eines Beispiels, in dem s als normierte Frequenz betrachtet wird und $\omega_g = 1$ gilt. Hier ist

$$|H(s)| = \frac{1}{|s+1|} = \frac{1}{\sqrt{(\sigma + 1)^2 + \omega^2}}$$

wiedergegeben, und zwar für

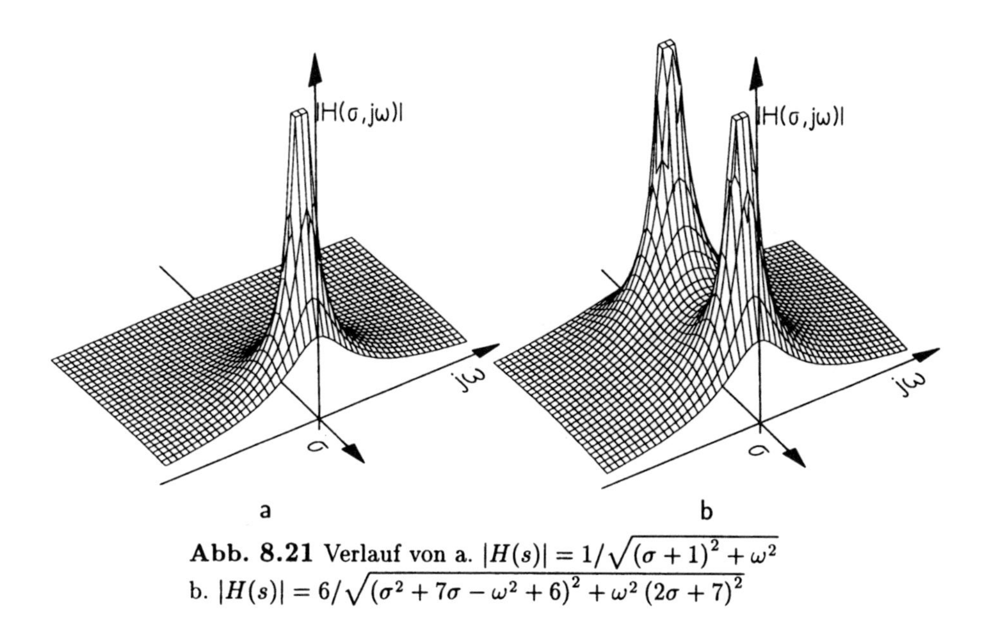

Abb. 8.21 Verlauf von a. $|H(s)| = 1/\sqrt{(\sigma+1)^2+\omega^2}$
b. $|H(s)| = 6/\sqrt{(\sigma^2+7\sigma-\omega^2+6)^2+\omega^2\,(2\sigma+7)^2}$

$$-8 \le \sigma \le 0 \qquad -5 \le \omega \le 5\,.$$

Aus dieser Abbildung wird anschaulich deutlich, daß der Pol von $H(s)$ bei

$$s=-1 \quad \text{bzw.} \quad \sigma=-1 \quad \omega=0$$

entlang der $j\omega$–Achse (d. h. für $\sigma=0$) einen Betragsverlauf bewirkt, der bei $\omega=0$ sein Maximum hat und für $|\omega|\to\infty$ gegen null geht.

Dieser Betragsverlauf ist in Abb. 8.22 (obere Kurve) noch einmal gesondert dargestellt; es handelt sich hierbei um die übliche Kurve für den Frequenzgang eines RC–Gliedes.

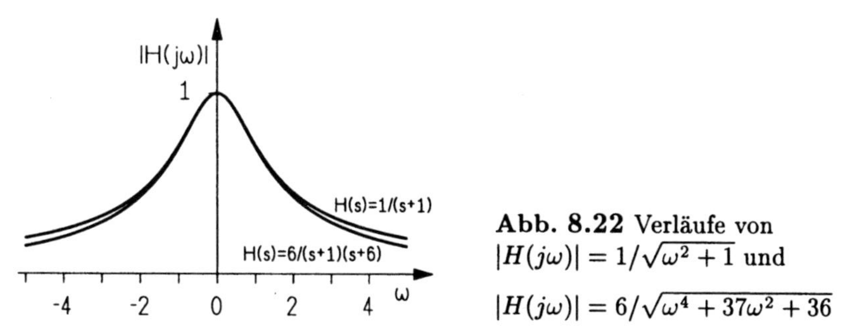

Abb. 8.22 Verläufe von
$|H(j\omega)| = 1/\sqrt{\omega^2+1}$ und
$|H(j\omega)| = 6/\sqrt{\omega^4+37\omega^2+36}$

Als nächstes Beispiel betrachten wir die Übertragungsfunktion zweiter Ordnung

$$H(s) = \frac{6}{(s+1)(s+6)}\,,$$

die zwei Pole auf der reellen Achse hat, und zwar für

$$\sigma_1 = -1 \qquad \sigma_2 = -6 \ .$$

Abb. 8.21b zeigt den Verlauf von $|H(s)|$, Abb. 8.22 (untere Kurve) den von $|H(s)|$ entlang der $j\omega$–Achse, also

$$|H(j\omega)| = \frac{6}{\sqrt{\omega^4 + 37\omega^2 + 36}} \ .$$

Ein Vergleich der Abbildungen 8.21b und 8.21a — bzw. der Kurven in Abb. 8.22 — läßt erkennen, daß man der angestrebten Rechteckform (Abb. 8.20) durch Hinzunahme des Pols bei $\sigma_2 = -6$ nicht wesentlich näher gekommen ist. Der Grund dafür läßt sich sehr anschaulich aus den Abbildungen 8.21a und 8.21b ableiten. Betrachtet man nämlich den Verlauf von $|H(s)|$ entlang der $j\omega$–Achse, so sieht man, daß eine Hinzunahme weiterer Pole auf der (negativen) σ–Achse keine entscheidende Annäherung an die Rechteckform bringen kann. Vielmehr kann man sich vorstellen, daß man durch geschickte Anordnung der Pole in der komplexen s–Ebene abseits der σ–Achse dem angestrebten Ziel näherkommt. Daß dies tatsächlich so ist, soll mit Hilfe von zwei weiteren Beispielen veranschaulicht werden. Zunächst betrachten wir die Übertragungsfunktion

$$H(s) = \frac{1}{s^2 + s + 1} \ , \tag{8.30}$$

die ein konjugiert komplexes Polpaar bei

$$s_1 = \frac{-1 + j\sqrt{3}}{2} \qquad s_2 = s_1^* = \frac{-1 - j\sqrt{3}}{2}$$

aufweist; für den Betrag der Übertragungsfunktion entlang der $j\omega$–Achse ergibt sich in diesem Fall

$$|H(j\omega)| = \frac{1}{\sqrt{1 - \omega^2 + \omega^4}} \ . \tag{8.31}$$

In Abb. 8.23a ist

$$|H(s)| = \frac{1}{\sqrt{\left(\sigma^2 + \sigma + 1 - \omega^2\right)^2 + \omega^2\left(2\sigma + 1\right)^2}}$$

für $s = \sigma + j\omega$ dargestellt. Aus dieser Abbildung wird deutlich, daß die Approximation an die Rechteckform mit einem komplexen Polpaar schon wesentlich besser gelingt. Natürlich liegt der Gedanke nahe, die Einsattelung bei $\sigma = \omega = 0$ mit Hilfe eines weiteren (reellen) Pols etwas aufzufüllen, um auf diese Weise einen glatteren Verlauf im Durchlaßbereich zu erreichen und zugleich einen noch steileren Abfall im Sperrbereich. Abb. 8.23b zeigt ein entsprechendes Ergebnis für

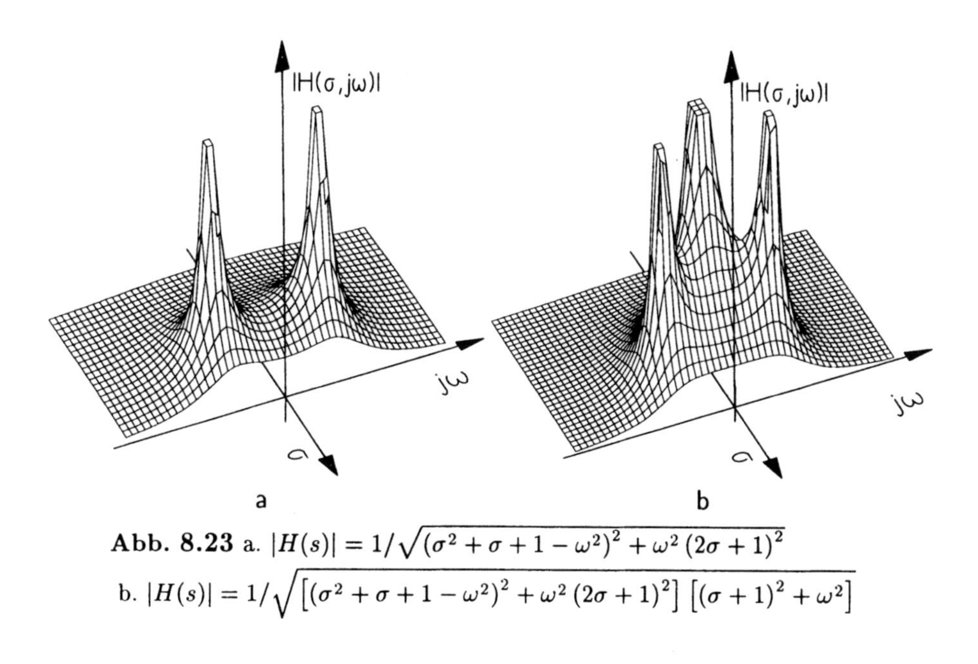

Abb. 8.23 a. $|H(s)| = 1/\sqrt{(\sigma^2+\sigma+1-\omega^2)^2+\omega^2\,(2\sigma+1)^2}$

b. $|H(s)| = 1/\sqrt{\left[(\sigma^2+\sigma+1-\omega^2)^2+\omega^2\,(2\sigma+1)^2\right]\left[(\sigma+1)^2+\omega^2\right]}$

$$H(s) = \frac{1}{(s^2+s+1)(s+1)} \,. \tag{8.32}$$

Aus Abb. 8.24 wird der Verlauf entlang der $j\omega$–Achse für beide Fälle deutlich.

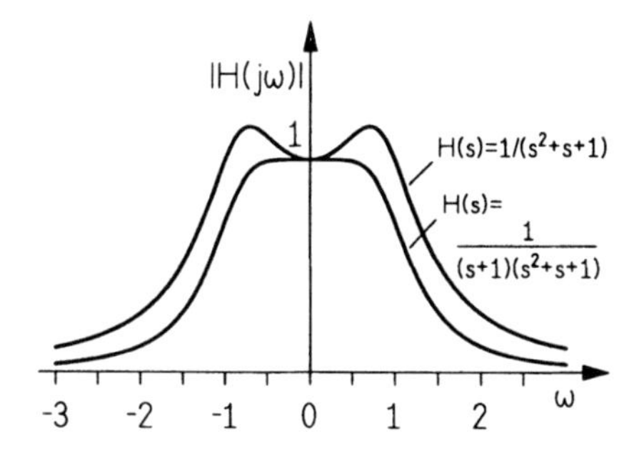

Abb. 8.24 Zu Abb. 8.23 gehörige Kurven für $s = j\omega$

Nachdem wir das Problem, einen möglichst eckigen Verlauf von $|H(j\omega)|$ zu erreichen, qualitativ betrachtet haben, stellt sich nun die Frage, auf welche Weise die Lage der Pole quantitativ bestimmt werden kann. Dafür gibt es natürlich verschiedene Wege, abhängig von den zugrunde gelegten Kriterien. Zwei Verfahren zur Polberechnung werden wir im folgenden behandeln.

8.3.2 Approximation des Dämpfungsverlaufs

Übertragungsfunktion und Dämpfung (in dB) sind über die Beziehung [vgl. (3.148)]

$$A = 20 \log \frac{1}{|H(j\omega)|} \qquad [dB] \tag{8.33}$$

miteinander verknüpft. Für einen realen Tiefpaß gilt die Dämpfungsforderung

$$\begin{aligned} 0 \le \omega \le \omega_g : &\quad A \le A_{max} \\ \omega \ge \omega_s : &\quad A \ge A_{min} \; . \end{aligned} \tag{8.34}$$

Darin ist ω_g die Durchlaßgrenze und ω_s die Sperrgrenze; Abb. 8.25 veran-

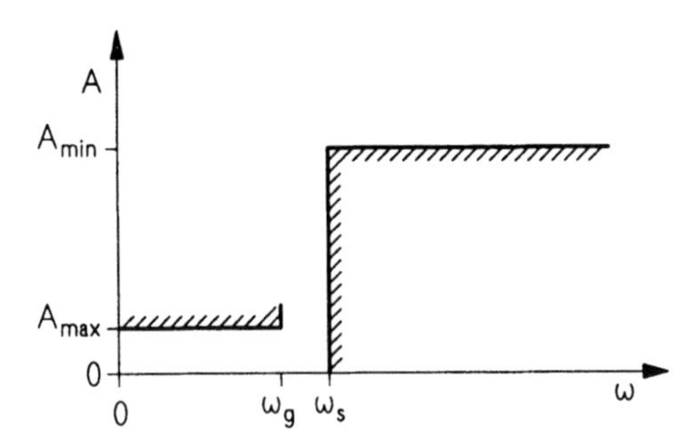

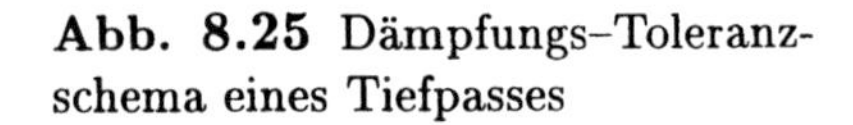
Abb. 8.25 Dämpfungs–Toleranzschema eines Tiefpasses

schaulicht das Dämpfungsschema eines Tiefpasses. Das Problem besteht also im wesentlichen darin, eine Übertragungsfunktion $H(s)$ derart zu finden, daß die schraffierten Dämpfungsschranken eingehalten werden.

Zur Vereinfachung der nachfolgenden Rechnungen ist es sinnvoll, die sogenannte charakteristische Funktion $\varphi(\omega)$ über die Beziehung

$$A = 10 \log(1 + |\varphi|^2) \tag{8.35}$$

einzuführen. Die Funktion $\varphi(\omega)$ kann ein Polynom oder eine gebrochen rationale Funktion sein; wir werden uns nachfolgend mit zwei Approximationsverfahren beschäftigen, die darauf basieren, daß $\varphi(\omega)$ ein Polynom ist.

8.3.3 Butterworth–Approximation

Bei der Butterworth–Approximation wird das Dämpfungsschema in Abb. 8.25 in der Weise erfüllt, daß die Dämpfung zwischen $\omega = 0$ und $\omega = \omega_g$ maximal flach ansteigt. Dies kann mit Hilfe eines Polynoms $\varphi(\omega)$ erreicht werden, bei dem sämtliche Ableitungen für $\omega = 0$ verschwinden:

$$\varphi(\omega) = C\omega^n \; .$$

Darin sind C eine reelle Konstante und n der Grad des Polynoms. Anstelle der Kreisfrequenz ω verwendet man zweckmäßigerweise die auf die Durchlaßgrenze ω_g normierte Frequenz, um Ergebnisse mit allgemeinerer Gültigkeit zu erhalten:

$$\Omega = \frac{\omega}{\omega_g} . \tag{8.36}$$

Entsprechend lautet dann die charakteristische Funktion

$$\varphi(\Omega) = C\Omega^n . \tag{8.37}$$

Wir berechnen nun die Konstante C sowie den erforderlichen Grad n des Polynoms. Für $\Omega = 1$, entsprechend $\omega = \omega_g$, ist $A = A_{max}$. Mit (8.35) und (8.37) ergibt sich dann für $\Omega = 1$:

$$A_{max} = 10 \log(1 + C^2) \quad \Longrightarrow \quad C = \sqrt{10^{A_{max}/10} - 1} .$$

Bei der Frequenz $\Omega = \Omega_s = \omega_s/\omega_g$ erreicht die Dämpfung den Wert $A = A_{min}$. Einsetzen dieser Werte liefert

$$A_{min} = 10 \log(1 + C^2 \Omega_s^{2n}) .$$

Nach kurzer Rechnung folgt aus den beiden Gleichungen für den erforderlichen Grad des Approximationspolynoms

$$n = \frac{\log \sqrt{\dfrac{10^{A_{min}/10} - 1}{10^{A_{max}/10} - 1}}}{\log \Omega_s} . \tag{8.38}$$

Das Gleichheitszeichen ist natürlich als "$\geq$" zu interpretieren, da nur ein ganzzahliges n möglich ist. Gleichung (8.38) zeigt, daß der Grad n steigt, falls das Verhältnis A_{min}/A_{max} größer wird; dieselbe Wirkung hat eine Verkleinerung der "Lücke" $\omega_s - \omega_g$.

Wir wenden uns jetzt der Berechnung der erforderlichen Pole der Übertragungsfunktion $H(s)$ zu. Aus (8.33, 8.35, 8.37) folgt

$$|H(j\omega)|^2 = \frac{1}{1 + C^2(\omega/\omega_g)^{2n}} . \tag{8.39}$$

Da n und C bereits bekannt sind, kann $|H(j\omega)|^2$ in Abhängigkeit von ω/ω_g berechnet werden; bestimmt werden soll jedoch $H(s)$. Der Übergang $j\omega \to s$ erfolgt durch analytische Fortsetzung. Wegen $|H(j\omega)|^2 = H(j\omega)H(-j\omega)$ ergibt sich aus (8.39)

$$H(s)H(-s) = \frac{1}{1 + C^2\left(\dfrac{s}{j\omega_g}\right)^{2n}} . \tag{8.40}$$

Wir berechnen nun die Lage der Pole von $H(s)H(-s)$. Aus der Gleichung $2n$–ten Grades

$$1 + C^2\left(\frac{s}{j\omega_g}\right)^{2n} = 0$$

erhalten wir nach kurzer Rechnung

$$s = \frac{\omega_g}{\sqrt[n]{C}} \, e^{j[1+(1+2k)/n]\pi/2} \qquad k = 0, 1, \ldots, 2n-1 \; . \tag{8.41}$$

Es bleibt noch die Aufgabe, aus den Polen für $H(s)H(-s)$ diejenigen herauszufinden, die zu $H(s)$ gehören. Dazu betrachten wir zunächst das folgende Beispiel.

Beispiel 8.2

Gesucht werden die Pole eines Butterworth–Tiefpasses mit den folgenden charakteristischen Werten:

Durchlaßgrenze f_g :	$1\,kHz$
Sperrgrenze f_s :	$2.5\,kHz$
Maximale Dämpfung im Durchlaßbereich A_{max} :	$0.3\,dB$
Minimale Dämpfung im Sperrbereich A_{min} :	$20\,dB$.

Für die auf $\omega_g = 2\pi f_g$ normierten Pole von $H(s)H(-s)$ ergibt sich aufgrund von Gleichung (8.41)

$$\frac{s_k}{\omega_g} = \frac{1}{\sqrt[n]{C}} \, e^{j[1+(1+2k)/n]\pi/2} \qquad k = 0, 1, \ldots, 2n-1 \; .$$

Die Konstante C wird mit Hilfe von $A_{max} = 10 \log(1 + C^2)$ berechnet:

$$C = \sqrt{10^{0.3/10} - 1} = 0.27 \; .$$

Der erforderliche Grad n folgt aus (8.39):

$$n = \frac{\log \sqrt{\dfrac{10^{20/10} - 1}{10^{0.3/10} - 1}}}{\log 2.5} = 3.95 \qquad \longrightarrow n = 4 \; .$$

Mit diesen Werten für C und n ergibt sich für die Pole

$$\frac{s_k}{\omega_g} = 1.39 \, e^{j[1+(2k+1)/4]\pi/2} \qquad k = 0, 1, \ldots, 2n-1 \; .$$

Alle Pole liegen also auf einem Kreis mit dem Radius 1.39. Schreiben wir

$$\frac{s_k}{\omega_g} = 1.39 \, e^{j\varphi_k} \; ,$$

so ergibt sich für die Winkel

$$\begin{array}{llll}
\varphi_0 = \frac{5\pi}{8} & \widehat{=} \; 112.5^0 & \varphi_4 = \frac{13\pi}{8} & \widehat{=} \; 292.5^0 \\
\varphi_1 = \frac{7\pi}{8} & \widehat{=} \; 157.5^0 & \varphi_5 = \frac{15\pi}{8} & \widehat{=} \; 337.5^0 \\
\varphi_2 = \frac{9\pi}{8} & \widehat{=} \; 202.5^0 & \varphi_6 = \frac{17\pi}{8} & \widehat{=} \; 22.5^0 \\
\varphi_3 = \frac{11\pi}{8} & \widehat{=} \; 247.5^0 & \varphi_7 = \frac{19\pi}{8} & \widehat{=} \; 67.5^0 \; .
\end{array}$$

Werden die Pole von $H(s)H(-s)$ in der komplexen (s/ω_g)–Ebene durch Kreuze markiert, dann erhalten wir folgende Abbildung:

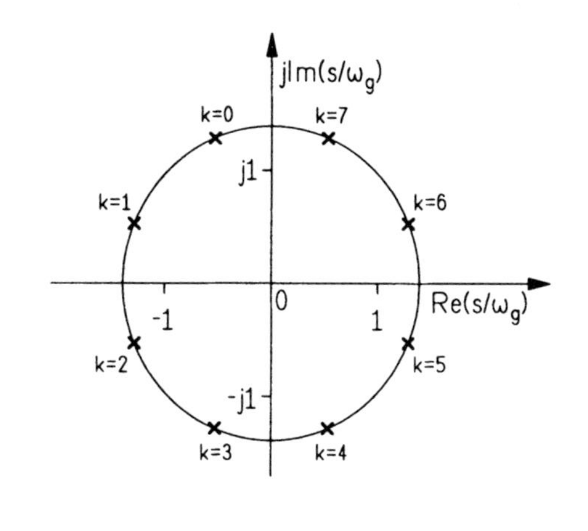

Das soeben behandelte Beispiel hat den folgenden Sachverhalt veranschaulicht. Die durch (8.41) gegebenen Pole liegen auf Kreisen, deren Radien von der maximalen Durchlaßdämpfung A_{max} und dem Grad n abhängen. Die ersten n Pole ($k = 0, 1, \ldots, n-1$) liegen in der linken Hälfte der komplexen s–Ebene, die restlichen n Pole ($k = n, n+1, \ldots, 2n-1$) liegen spiegelbildlich dazu in der rechten Hälfte.

Da $H(s)$ die Übertragungsfunktion eines stabilen Systems sein muß, ordnen wir $H(s)$ die Pole der linken Halbebene zu, so daß wir schließlich

$$H(s) = \prod_{i=0}^{n-1} \frac{s_i}{s + s_i} \tag{8.42}$$

schreiben können, mit

$$\begin{aligned}
s_i &= -\frac{\omega_g}{\sqrt[n]{C}} \, e^{j[1+(2i+1)/n]\pi/2} \qquad i = 0, 1, \ldots, n-1 \\
&= \frac{\omega_g}{\sqrt[n]{C}} \left[\sin\left(\frac{2i+1}{n} \cdot \frac{\pi}{2}\right) - j\cos\left(\frac{2i+1}{n} \cdot \frac{\pi}{2}\right) \right] \; .
\end{aligned} \tag{8.43}$$

Beispiel 8.3

Wir betrachten noch einmal den Tiefpaß des letzten Beispiels. Für die vier Pole ergibt sich

$$\begin{aligned}
s_0 &= 1.39\omega_g\left(\sin\frac{\pi}{8} - j\cos\frac{\pi}{8}\right)\\
s_1 &= 1.39\omega_g\left(\sin\frac{3\pi}{8} - j\cos\frac{3\pi}{8}\right)\\
s_2 = s_1^* &= 1.39\omega_g\left(\sin\frac{5\pi}{8} - j\cos\frac{5\pi}{8}\right)\\
s_3 = s_0^* &= 1.39\omega_g\left(\sin\frac{7\pi}{8} - j\cos\frac{7\pi}{8}\right) .
\end{aligned}$$

Damit lautet dann die Übertragungsfunktion

$$H(s) = \frac{3.7333\omega_g^4}{N(s)} ,$$

wobei der Nenner $N(s)$ durch

$$\begin{aligned}
N(s) = {} & (s + 0.5319\omega_g + j1.2842\omega_g)(s + 0.5319\omega_g - j1.2842\omega_g) \times\\
& (s + 1.2842\omega_g + j0.5319\omega_g)(s + 1.2842\omega_g - j0.5319\omega_g)
\end{aligned}$$

gegeben ist. Den Dämpfungsverlauf

$$A = -20\log|H(j\omega)|$$

zeigt die nächste Abbildung; der Durchlaßbereich ist darin gesondert dargestellt.

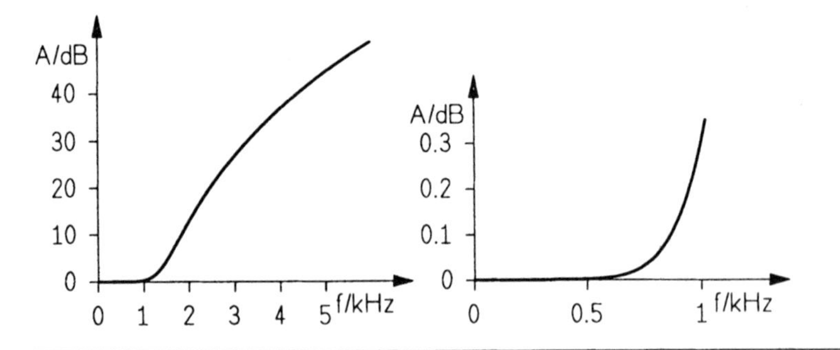

Die Gleichungen (8.42, 8.43) zusammen mit (8.38, 8.39) gestatten also die Bestimmung der Übertragungsfunktion eines Butterworth–Tiefpasses. Bisweilen wird die Butterworth–Approximation für den Sonderfall $C = 1$ — das entspricht $A_{max} = 3.01\,dB$ — definiert.

8.3.4 Tschebyscheff–Approximation

Im Hinblick auf die Realisierung eines rechteckigen Betragsverlaufs der Übertragungsfunktion (vgl. Abb. 8.20) gibt es "bessere" Polynome als das durch (8.37) festgelegte; besser in dem Sinn, daß sich bei gleichem Grad des Approximationspolynoms eine engere Annäherung an die Rechteckform ergibt.

Das Polynom niedrigsten Grades, mit dem sich das Toleranzschema in Abb. 8.25 bei vorgegebenem maximalen Fehler erfüllen läßt, ist das Tschebyscheff–Polynom

$$T_n(\Omega) = \cos(n \arccos \Omega) \; ; \qquad (8.44)$$

$\Omega = \omega/\omega_g$ und n kennzeichnen wieder die normierte Frequenz bzw. den Grad des Polynoms. Die Form (8.44) ist natürlich nur für $|\Omega| \leq 1$ sinnvoll. Außerhalb dieses Bereiches, also insbesondere im Sperrbereich, benutzt man zweckmäßigerweise die Darstellung

$$T_n(\Omega) = \cosh(n \operatorname{arcosh} \Omega) \; . \qquad (8.45)$$

Die Tschebyscheff–Polynome lassen sich auch derart schreiben, daß man sofort sieht, daß es sich um Polynome handelt. Die beiden niedrigsten Polynome

$$\begin{aligned} T_0(\Omega) &= 1 \\ T_1(\Omega) &= \Omega \end{aligned}$$

lassen sich auf direktem Wege aus (8.44) oder (8.45) gewinnen. Über die Rekursionsformel

$$T_{n+2}(\Omega) = 2\Omega T_{n+1}(\Omega) - T_n(\Omega) \qquad (8.46)$$

lassen sich dann alle Polynome höherer Ordnung berechnen; in der Tabelle 8.1 sind die ersten acht Polynome angegeben.

$T_0(\Omega)$	$=$	1
$T_1(\Omega)$	$=$	Ω
$T_2(\Omega)$	$=$	$2\Omega^2 - 1$
$T_3(\Omega)$	$=$	$4\Omega^3 - 3\Omega$
$T_4(\Omega)$	$=$	$8\Omega^4 - 8\Omega^2 + 1$
$T_5(\Omega)$	$=$	$16\Omega^5 - 20\Omega^3 + 5\Omega$
$T_6(\Omega)$	$=$	$32\Omega^6 - 48\Omega^4 + 18\Omega^2$
$T_7(\Omega)$	$=$	$64\Omega^7 - 112\Omega^5 + 56\Omega^2 - 7\Omega$

Tabelle 8.1 Tschebyscheff–Polynome bis $n = 7$

Wir setzen nun $\varphi(\Omega) = CT_n(\Omega)$ in (8.35) ein und erhalten

$$A = 10 \log \left[1 + C^2 T_n^2(\Omega)\right] \; . \tag{8.47}$$

Da die Dämpfung für $\Omega = 1$ den Wert $A = A_{max}$ hat, ergibt sich wegen $\cos(n \arccos 1) = \pm 1$ für die Konstante C

$$C = \sqrt{10^{A_{max}/10} - 1} \; . \tag{8.48}$$

Aus $A = A_{min}$ für $\Omega = \Omega_s$ folgt aus (8.47) unter Verwendung von (8.45) und (8.48)

$$n = \frac{\operatorname{arcosh} \sqrt{\dfrac{10^{A_{min}/10} - 1}{10^{A_{max}/10} - 1}}}{\operatorname{arcosh} \Omega_s} \; , \tag{8.49}$$

wobei für n natürlich auch wieder die nächstgrößere ganze Zahl zu nehmen ist. Analog zu (8.40) bilden wir

$$H(s)H(-s) = \frac{1}{1 + C^2 T_n^2(s/j\omega_g)} \; .$$

Die Pole von $H(s)H(-s)$ ergeben sich aus dem Nullsetzen des Nenners. Da die Pole in erster Linie den Durchlaßbereich ($\omega \leq \omega_g$ bzw. $\Omega \leq 1$) beeinflussen, muß

$$1 + C^2 \cos^2[n \; \arccos(s/j\omega_g)] = 0$$

sein. Zur Lösung dieser Gleichung führen wir die komplexe Hilfsvariable

$$x + jy = \arccos(s/j\omega_g) \qquad x, y \in \mathbb{R} \tag{8.50}$$

ein. Aus

$$1 + C^2 \cos^2 n(x + jy) = 0$$

folgt zunächst, bei Beschränkung auf die positive Wurzel,

$$\cos nx \cos jny - \sin nx \sin jny = \frac{j}{C} \; .$$

Berücksichtigen wir die Beziehungen

$$\cos jz = \cosh z \qquad\qquad \sin jz = j \sinh z \; ,$$

so erhalten wir daraus

$$\cos nx \cosh ny - j \sin nx \sinh ny = \frac{j}{C} \; .$$

Diese Gleichung muß nach Real– und Imaginärteil erfüllt sein. Aus $\cos nx = 0$ ergibt sich

$$x = \frac{(1+2k)\pi}{2n} \qquad k = 0, 1, \ldots, 2n-1 \; . \tag{8.51}$$

Einsetzen dieser Beziehung in $\sin nx \sinh ny = 1/C$ liefert

$$y = \frac{1}{n} \operatorname{arsinh} \frac{1}{C} \; . \tag{8.52}$$

Aus (8.50) folgt für die Pole $s_k, k = 0, 1, \ldots, n-1$

$$\frac{s_k}{\omega_g} = j \cos(x + jy) \; .$$

Schreiben wir $s_k = \sigma_k + j\omega_k$, so ergeben sich daraus die Gleichungen

$$\frac{\sigma_k}{\omega_g} = \sin x \sinh y \tag{8.53}$$

$$\frac{\omega_k}{\omega_g} = \cos x \cosh y \; , \tag{8.54}$$

wobei x und y durch (8.51) bzw. (8.52) gegeben sind. Aus diesen beiden Gleichungen folgt auch sofort die Beziehung

$$\frac{(\sigma_k/\omega_g)^2}{\sinh^2 y} + \frac{(\omega_k/\omega_g)^2}{\cosh^2 y} = 1 \; . \tag{8.55}$$

Die Pole von $H(s)H(-s)$ liegen also auf einer Ellipse, deren Hauptachsen durch die σ– bzw. $j\omega$–Achse gebildet werden. Die Brennpunkte der Ellipse liegen (symmetrisch zum Ursprung) bei $\pm j\omega_g$. Wie im Falle der Butterworth–Approximation ordnen wir der stabilen Übertragungsfunktion $H(s)$ diejenigen Pole zu, die in der linken Hälfte der komplexen s–Ebene liegen.

Damit sind die Pole bekannt; es bleibt noch $H(0)$ zu bestimmen. Aus (8.47) und $A = -10 \log |H(j\Omega)|^2$ folgt zunächst

$$H(0) = \frac{1}{\sqrt{1 + C^2 T_n^2(0)}} \; .$$

Wegen

$$T_n(0) = \begin{cases} \pm 1 & n \text{ gerade} \\ 0 & n \text{ ungerade} \end{cases}$$

erhalten wir

$$H(0) = \begin{cases} 1 & n \text{ ungerade} \\ \dfrac{1}{\sqrt{1+C^2}} & n \text{ gerade} \; . \end{cases} \tag{8.56}$$

Damit lautet dann die Übertragungsfunktion $H(s)$ eines Tschebyscheff–Tiefpasses

$$H(s) = H(0) \prod_{i=0}^{n-1} \frac{s_i}{s + s_i}$$

mit

$$s_i = \omega_g(\sin x \sinh y + j \cos x \cosh y)$$

$$\begin{aligned} x &= \frac{1+2i}{2n} \cdot \pi \qquad i = 0, 1, 2, \ldots, n-1 \\ y &= \frac{1}{n} \operatorname{arsinh} \frac{1}{C} \, . \end{aligned} \tag{8.57}$$

Beispiel 8.4

In Anlehnung an das Beispiel 8.2 wählen wir einen Tiefpaß mit

$$f_g = 1\,kHz \quad f_s = 2.5\,kHz \quad A_{max} = 0.3\,dB \quad n = 4 \, .$$

Zunächst bestimmen wir

$$C = \sqrt{10^{0.3/10} - 1} = 0.2674 \, .$$

Damit ergibt sich dann $y = 0.5074$; bei der Berechnung dieses Wertes wurde von der Beziehung

$$\operatorname{arsinh} z = \ln\left(z + \sqrt{z^2+1}\right)$$

Gebrauch gemacht. Damit können nun die Pole berechnet werden:

$$\begin{aligned} \frac{\sigma_0}{\omega_g} &= 0.5295 \sin \frac{\pi}{8} & \frac{\omega_0}{\omega_g} &= 1.1315 \cos \frac{\pi}{8} \\ \frac{\sigma_1}{\omega_g} &= 0.5295 \sin \frac{3\pi}{8} & \frac{\omega_1}{\omega_g} &= 1.1315 \cos \frac{3\pi}{8} \\ \frac{\sigma_2}{\omega_g} &= 0.5295 \sin \frac{5\pi}{8} & \frac{\omega_2}{\omega_g} &= 1.1315 \cos \frac{5\pi}{8} \\ \frac{\sigma_3}{\omega_g} &= 0.5295 \sin \frac{7\pi}{8} & \frac{\omega_3}{\omega_g} &= 1.1315 \cos \frac{7\pi}{8} \, . \end{aligned}$$

Die Übertragungsfunktion lautet

$$\begin{aligned} H(s) &= \frac{0.5066}{\sqrt{1+0.2674^2}} \cdot \frac{\omega_g^4}{N(s)} \\ N(s) &= (s + 0.2026\omega_g - j1.0454\omega_g)(s + 0.2026\omega_g + j1.0454\omega_g) \times \\ &\quad (s + 0.4892\omega_g - j0.4330\omega_g)(s + 0.4892\omega_g + j0.4330\omega_g) \, . \end{aligned}$$

Der Dämpfungsverlauf — zum Vergleich ist der Verlauf des entsprechenden Butterworth–Tiefpasses ebenfalls eingezeichnet — hat folgendes Aussehen:

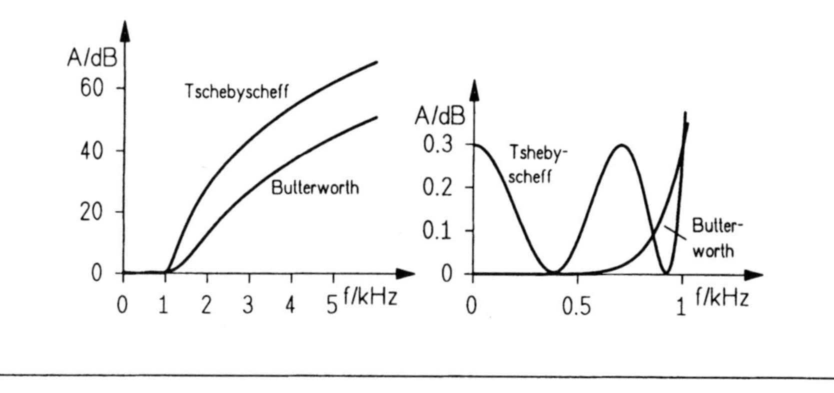

8.3.5 Phasenverlauf

Wird ausschließlich die Erfüllung des Dämpfungsschemas ohne weitere Nebenbedingungen gefordert, so ist meistens die Tschebyscheff-Approximation der Butterworth-Approximation vorzuziehen.

Eine Nebenbedingung, die beispielsweise für eine Butterworth-Approximation sprechen könnte, ist die Phase. Wir betrachten dazu noch einmal die in den Beispielen untersuchten Tschebyscheff- bzw. Butterworth-Tiefpässe vierter Ordnung und schreiben $H(j\omega)$ in der Form

$$H(j\omega) = |H(j\omega)|\, \mathrm{e}^{j\varphi(\omega)} \; . \tag{8.58}$$

Die entsprechenden Dämpfungs- und Phasenverläufe für die beiden Beispiele sind in Abb. 8.26 wiedergegeben. Dabei sind nur die Durchlaßbereiche darge-

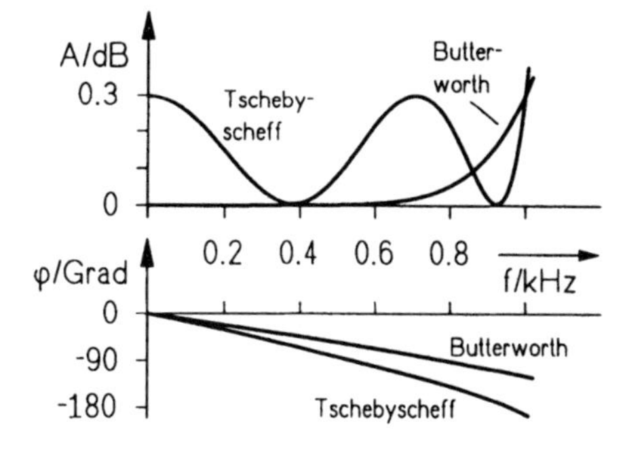

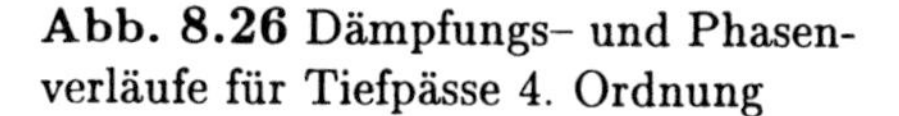
Abb. 8.26 Dämpfungs- und Phasenverläufe für Tiefpässe 4. Ordnung

stellt, im Sperrbereich ist der Phasenverlauf uninteressant. Aus der unteren Abbildung ist ersichtlich, daß der Phasenverlauf des Butterworth-Tiefpasses dem häufig geforderten linearen Verlauf sehr viel näherkommt als der des Tschebyscheff-Tiefpasses. Ferner ist die maximale Phasendrehung geringer. Der Phasengang des Tschebyscheff-Filters läßt sich mit Hilfe eines nachgeschalteten Allpasses linearisieren. Ein Allpaß ist ein Filter, dessen Dämpfung eine frequenzunabhängige Konstante ist (z. B. $A = 0\,dB$) und dessen Phase eine vorgegebene Frequenzcharakteristik aufweist (s. auch Abschnitt 8.3.11).

8.3.6 Frequenztransformationen

Neben Tiefpässen gibt es Hochpässe, Bandpässe und Bandsperren. Die zugehörigen Toleranzschemata zeigt Abb. 8.27. Die Verläufe von Bandpaß und

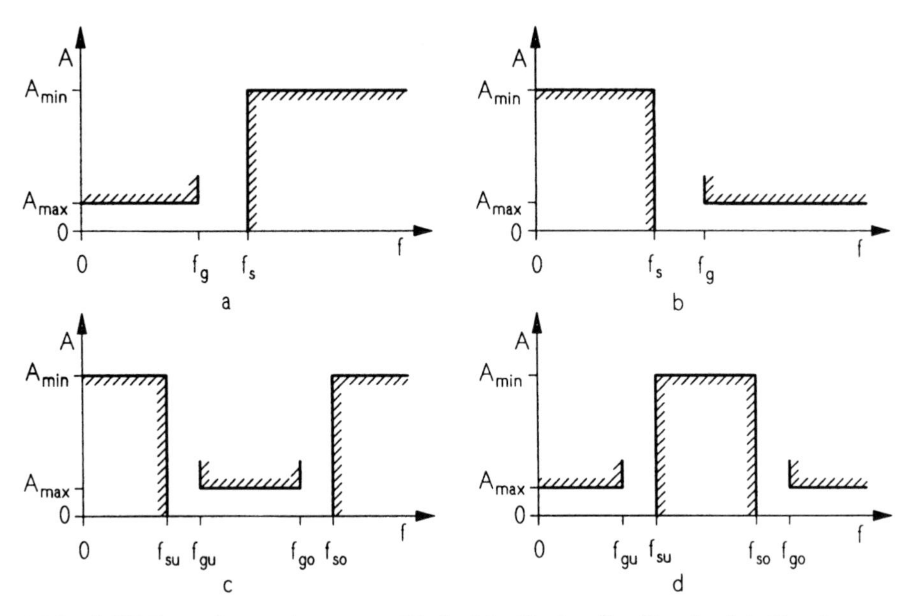

Abb. 8.27 Dämpfungsschemata a. Tiefpaß b. Hochpaß c. Bandpaß d. Bandsperre

Bandsperre weisen hier insofern eine Besonderheit auf, als unterer und oberer Sperrbereich (bzw. Durchlaßbereich) jeweils gleiche Dämpfungswerte haben; das muß im allgemeinen nicht so sein. Die Übertragungsfunktionen für diese drei Filtertypen lassen sich durch Transformationen aus entsprechenden Tiefpaß-Übertragungsfunktionen gewinnen.

Tiefpaß–Hochpaß–Transformation

Ersetzt man in einer Tiefpaß-Übertragungsfunktion $H(s)$ die Frequenz s durch $1/s$, so werden insbesondere die Frequenzen "0" und "∞" miteinander vertauscht, was einer Tiefpaß–Hochpaß–Transformation entspricht.

Beispiel 8.5

Wir wählen als Ausgangspunkt die Übertragungsfunktion aus Beispiel 8.4

$$\begin{aligned}
H_T(s) &= \frac{0.5066}{\sqrt{1+0.2674^2}} \cdot \frac{\omega_g^4}{N(s)} \\
N(s) &= (s+0.2026\omega_g - j1.0454\omega_g)(s+0.2026\omega_g + j1.0454\omega_g) \times \\
&\quad (s+0.4892\omega_g - j0.4330\omega_g)(s+0.4892\omega_g + j0.4330\omega_g) \,.
\end{aligned}$$

Dieser Tschebyscheff–Tiefpaß hat eine maximale Durchlaßdämpfung $A_{max} = 0.3\,dB$ bis zur Durchlaßgrenze $f_g = 1\,kHz$. Oberhalb der Sperrgrenze $f_s = 2.5\,kHz$ ist die Dämpfung größer als $36\,dB$.

Der durch $H_H(s) = H_T(1/s)$ gekennzeichnete Hochpaß hat dieselbe Grenzfrequenz wie der Tiefpaß, d. h. für $f > 1\,kHz$ ist $A \leq 0.3\,dB$. Unterhalb von $400\,Hz$ ist $A > 37\,dB$. Die folgende Abbildung zeigt Verlauf $A = -20\log|H_H(j\omega)|$.

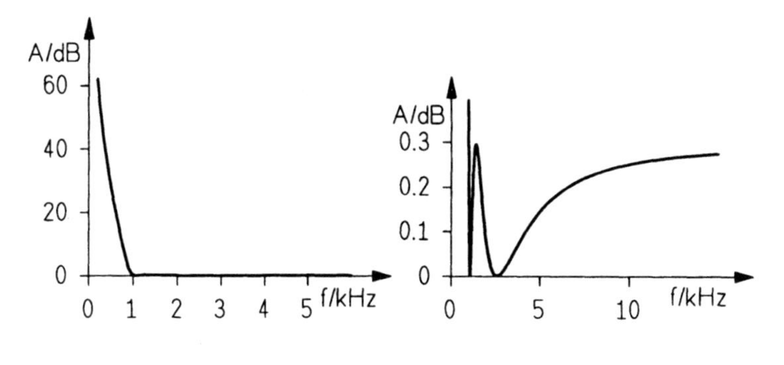

Es ist zweckmäßig, bei den hier betrachteten Transformationen von normierten Variablen auszugehen und die Situationen für $s = j\omega$ zu betrachten. Die auf die Durchlaßgrenze ω_g normierte Frequenz des Tiefpasses ist

$$\Omega = \omega/\omega_g \, .$$

Da s durch $1/s$ ersetzt wird, ist bei der Tiefpaß–Hochpaß–Transformation die Transformation der normierten Frequenzvariablen in der Form

$$j\Omega \longrightarrow \frac{1}{j\Omega} \tag{8.59}$$

durchzuführen; Tiefpaß und Hochpaß haben dabei dieselbe Durchlaßgrenze ω_g. Gehen wir von der Übertragungsfunktion (8.42), also

$$H(s) = \prod_{i=0}^{n-1} \frac{s_i}{s + s_i} \tag{8.60}$$

aus, ergeben sich die folgenden Schritte. Zuerst bilden wir

$$H_T(j\Omega) = \prod_{i=0}^{n-1} \frac{s_i/\omega_g}{j\Omega + s_i/\omega_g} \, ,$$

wobei der Index T zur Kennzeichnung des Tiefpasses verwendet wurde. Führen wir nun $j\Omega \rightarrow 1/j\Omega$ durch, so erhalten wir

$$H_H(j\Omega) = \prod_{i=0}^{n-1} \frac{s_i/\omega_g}{\dfrac{1}{j\Omega} + \dfrac{s_i}{\omega_g}} \, .$$

Nach dem Entnormieren und dem Übergang $j\omega \to s$ lautet die Hochpaß-Übertragungsfunktion

$$H_H(s) = \prod_{i=0}^{n-1} \frac{s}{\frac{\omega_g^2}{s_i} + s} \ . \tag{8.61}$$

Beispiel 8.6

Es soll die Übertragungsfunktion eines Tschebyscheff-Hochpasses bestimmt werden, der folgende charakteristische Werte hat:

Sperrgrenze f_s :	$13\,kHz$
Durchlaßgrenze f_g :	$35\,kHz$
Maximale Dämpfung im Durchlaßbereich A_{max} :	$0.5\,dB$
Minimale Dämpfung im Sperrbereich A_{min} :	$25\,dB$.

Als erstes werden die Parameter des Referenz-Tiefpasses bestimmt, also desjenigen Tiefpasses, aus dem der Hochpaß durch eine Frequenz-Transformation entwickelt wird. Die normierte Sperrgrenze des Hochpasses ist

$$\Omega_{sH} = f_s/f_g \ .$$

Infolge der Frequenz-Transformation

$$\frac{f}{f_{gT}} \longrightarrow \frac{f_{gH}}{f}$$

beträgt wegen $f_{gT} = f_{gH} = f_g$ die normierte Sperrgrenze des Referenz-Tiefpasses

$$\Omega_{sT} = \frac{f_g}{f_s} = 2.6923 \ .$$

Damit kann der erforderliche Grad n der Übertragungsfunktion berechnet werden:

$$n = \frac{\operatorname{arcosh} \sqrt{\frac{10^{2.5} - 1}{10^{0.05} - 1}}}{\operatorname{arcosh} 2.6923} = 2.8 \ ;$$

dabei wurde $\operatorname{arcosh} z = \pm \ln\left(z + \sqrt{z^2 - 1}\right)$, $z \geq 1$, verwendet. Mit

$$C = \sqrt{10^{0.05} - 1} = 0.3493$$

ergibt sich $y = \pm 0.5914$; ferner finden wir

$$x_0 = \frac{\pi}{6} \qquad x_1 = \frac{\pi}{2} \qquad x_2 = \frac{5\pi}{6} \; .$$

Daraus folgt für die Pole

$$\begin{aligned}
\frac{s_0}{\omega_g} &= \frac{\sigma_o + j\omega_0}{\omega_g} = 0.3132 - j1.0219 \\
\frac{s_1}{\omega_g} &= \frac{\sigma_1 + j\omega_1}{\omega_g} = 0.6265 \\
\frac{s_2}{\omega_g} &= \frac{\sigma_2 + j\omega_2}{\omega_g} = 0.3132 + j1.0219 \; .
\end{aligned}$$

Da n ungerade ist, gilt $H(0) = 1$. Somit lautet — unter Verwendung der berechneten Pole — die Übertragungsfunktion des Referenz–Tiefpasses

$$H_T(s) = \prod_{i=0}^{2} \frac{s_i}{s + s_i} \; .$$

Daraus folgt für den Hochpaß

$$H_H(s) = \prod_{i=0}^{2} \frac{s_i/\omega_g}{\frac{\omega_g}{s} + \frac{s_i}{\omega_g}} \; .$$

Die folgende Abbildung zeigt den Dämpfungsverlauf

$$A = -20 \log |H_H(j\omega)| \; .$$

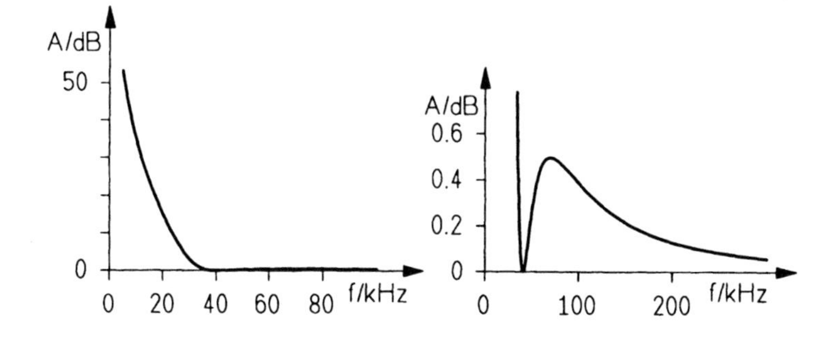

8.3.7 Tiefpaß–Bandpaß–Transformation

Ausgangspunkt ist das Dämpfungs–Toleranzschema in Abb. 8.27c. Mit Hilfe der Durchlaßgrenzen ω_{go} und ω_{gu} wird zuerst die Bandmittenfrequenz des Bandpasses

$$\omega_0 = \sqrt{\omega_{go}\omega_{gu}} \tag{8.62}$$

gebildet; zu beachten ist, daß es sich hier um das geometrische Mittel handelt. Die auf ω_0 normierte (Durchlaß–) Bandbreite ist

$$B = \frac{\omega_{go} - \omega_{gu}}{\omega_0} \ . \tag{8.63}$$

Die Transformation wird in der Weise durchgeführt, daß die normierte Frequenzvariable des Referenz–Tiefpasses, also ω/ω_g, in folgender Weise ersetzt wird:

$$\frac{\omega}{\omega_g} \longrightarrow \frac{1}{B}\left(\frac{\omega}{\omega_0} - \frac{\omega_0}{\omega}\right) \ . \tag{8.64}$$

Daraus ergeben sich insbesondere folgende Zuordnungen für die charakteristischen Frequenzwerte:

Referenz–Tiefpaß		Bandpaß
$\omega = 0$	$\longrightarrow$	$\omega = \omega_0$
$\omega = \omega_g$	$\longrightarrow$	$\omega = \begin{cases} \omega_{go} \\ -\omega_{gu} \end{cases}$
$\omega = -\omega_g$	$\longrightarrow$	$\omega = \begin{cases} -\omega_{go} \\ \omega_{gu} \ . \end{cases}$

Es erleichtert die Vorstellung für das, was sich bei der Tiefpaß–Bandpaß–

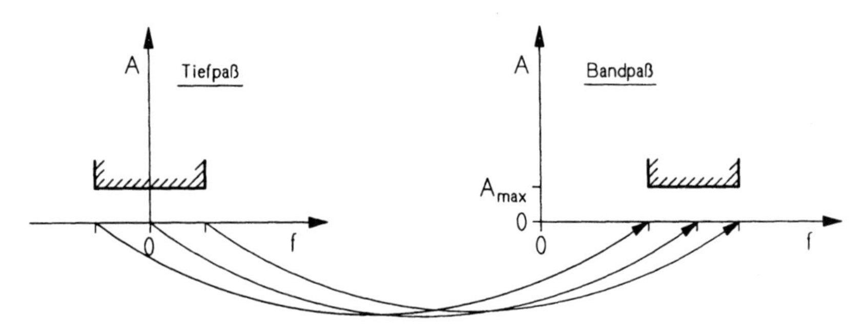

Abb. 8.28 Frequenz–Zuordnungen bei der Tiefpaß–Bandpaß–Transformation gemäß (8.64)

Transformation qualitativ abspielt, wenn man diese Zuordnungen grafisch veranschaulicht. Abb. 8.28 zeigt schematisch die Dämpfungsschranken im Durchlaßbereich; beim Dämpfungsschema des Bandpasses wurde auf die Darstellung des Bereiches $f < 0$ verzichtet.

Für den Entwurf des Referenz–Tiefpasses wird die normierte Sperrgrenze $\Omega_s = \omega_s/\omega_g$ benötigt. Dazu kann man von der oberen oder unteren Sperrgrenze des Bandpasses ausgehen. Wählt man als Basis diejenige Frequenz, bei der sich die höheren Dämpfungs–Anforderungen ergeben, so wird als Folge bei der jeweils anderen Frequenz das Dämpfungsschema übererfüllt. Für dieses Vorgehen gelten dann die folgenden Beziehungen, falls die minimale Sperrdämpfung im oberen und unteren Sperrbereich gleich hoch angesetz wird.

1. Fall:

$$\frac{f_{so}}{f_0} < \frac{f_0}{f_{su}} \longrightarrow \Omega_s = \frac{1}{B}\left(\frac{f_{so}}{f_0} - \frac{f_0}{f_{so}}\right) \tag{8.65}$$

2.Fall:

$$\frac{f_0}{f_{su}} < \frac{f_{so}}{f_0} \longrightarrow \Omega_s = \frac{1}{B}\left(\frac{f_0}{f_{su}} - \frac{f_{su}}{f_0}\right) . \tag{8.66}$$

Damit sind dann alle charakteristischen Werte für den Referenz–Tiefpaß bekannt, so daß seine Übertragungsfunktion berechnet werden kann. Die Übertragungsfunktion des Bandpasses finden wir, indem wir analog zum Hochpaß vorgehen. Aus

$$H_T(j\omega) = \prod_{i=0}^{n-1} \frac{s_i/\omega_g}{j\dfrac{\omega}{\omega_g} + \dfrac{s_i}{\omega_g}}$$

wird

$$H_{BP}(j\omega) = \prod_{i=0}^{n-1} \frac{s_i/\omega_g}{\dfrac{j}{B}\left(\dfrac{\omega}{\omega_0} - \dfrac{\omega_0}{\omega}\right) + \dfrac{s_i}{\omega_g}} .$$

Ersetzen wir noch $j\omega \rightarrow s$, so erhalten wir schließlich

$$H_{BP}(s) = \prod_{i=0}^{n-1} \frac{\dfrac{Bs_i}{\omega_g} \cdot \dfrac{s}{\omega_o}}{\left(\dfrac{s}{\omega_0}\right)^2 + \dfrac{Bs_i}{\omega_g} \cdot \dfrac{s}{\omega_0} + 1} . \tag{8.67}$$

Die Ordnung des Bandpasses ist doppelt so hoch wie die des Referenz–Tiefpasses.

Beispiel 8.7 ______

Auf der Grundlage einer Tschebyscheff–Approximation soll die Übertragungsfunktion eines Bandpasses mit den folgenden charakteristischen Werten berechnet werden:

Untere Sperrgrenze f_{su} :	$20\,kHz$
Untere Durchlaßgrenze f_{gu} :	$24\,kHz$
Obere Durchlaßgrenze f_{go} :	$26\,kHz$
Obere Sperrgrenze f_{so} :	$30\,kHz$
Minimale Sperrdämpfung A_{min} :	$40\,dB$
Maximale Durchlaßdämpfung A_{max} :	$0.5\,dB$.

Die Bandmitte ist

$$f_0 = \sqrt{24 \cdot 26}\,kHz = 24.9800\,kHz \ ,$$

und die normierte Bandbreite beträgt

$$B = \frac{26 - 24}{24.98} = 0.0801 \ .$$

Im vorliegenden Fall gilt

$$\frac{f_{so}}{f_0} = \frac{30}{24.98} = 1.2010 \qquad \frac{f_0}{f_{su}} = \frac{24.98}{20} = 1.2490 \ .$$

Oberer Sperr– und Durchlaßbereich sind also relativ näher benachbart, so daß sich hier die höheren Anforderungen ergeben. Somit lautet die normierte Sperrgrenze des Referenz–Tiefpasses

$$\Omega_s = \frac{1}{0.0801}\left(1.2010 - \frac{1}{1.2010}\right) = 4.5988 \ .$$

Damit ist es nun möglich, den notwendigen Grad des Tiefpasses zu bestimmen:

$$n = \frac{\operatorname{arcosh}\sqrt{\dfrac{10^4 - 1}{10^{0.05} - 1}}}{\operatorname{arcosh} 4.5988} = 2.9 \ .$$

Der erforderliche Grad ist $n = 3$; damit ergeben sich dieselben Pole wie in Beispiel 8.6.

Ein Bandpaß erfordert (wegen der höheren Polgüten) eine größere Rechengenauigkeit als ein Tiefpaß; daher verwenden wir bei der Darstellung des Referenz–Tiefpasses zwei Stellen mehr.

$$\frac{s_0}{\omega_g} = 0.313229 - j1.021928 \qquad \frac{s_1}{\omega_g} = 0.626457 \qquad \frac{s_2}{\omega_g} = 0.313229 + j1.021928 \ .$$

Diese Werte für die normierten Pole werden nun in die Übertragungsfunktion des Bandpasses

$$H(s) = \prod_{i=0}^{2} \frac{\frac{Bs_i}{\omega_g} \cdot \frac{s}{\omega_0}}{\left(\frac{s}{\omega_0}\right)^2 + \frac{Bs_i}{\omega_g} \cdot \frac{s}{\omega_0} + 1}$$

eingesetzt; außerdem werden dabei die Konstanten $B = 0.0801$ und $\omega_0 = 2\pi \cdot 24.9800\,kHz$ berücksichtigt.

Soll der Bandpaß wieder durch Teilfilter maximal 2. Ordnung realisiert werden, benötigen wir die konjugiert–komplexen Pole des Bandpasses. Dazu setzen wir die Pole s_0 und $s_2 = s_0^*$ in den Nenner von $H(s)$ ein und erhalten nach dem Ausmultiplizieren ein Polynom 6. Grades. Dessen Nullstellen lassen sich numerisch mit Hilfe eines Rechners bestimmen. Berücksichtigt man dazu den reellen Pol des Referenz–Tiefpasses, lautet schließlich die Bandpaß–Übertragungsfunktion

$$H(s) = \frac{0.050117\frac{s}{\omega_0}}{\left(\frac{s}{\omega_0}\right)^2 + 0.050117\frac{s}{\omega_0} + 1} \times \frac{\left(0.086178\frac{s}{\omega_0}\right)^2}{\left[\left(\frac{s}{\omega_0}\right)^2 + 0.026\frac{s}{\omega_0} + 1.085100\right]\left[\left(\frac{s}{\omega_0}\right)^2 + 0.024\frac{s}{\omega_0} + 0.921552\right]}.$$

Der Dämpfungsverlauf $A = -20\log|H(j\omega)|$ dieses Bandpasses sieht dann folgendermaßen aus:

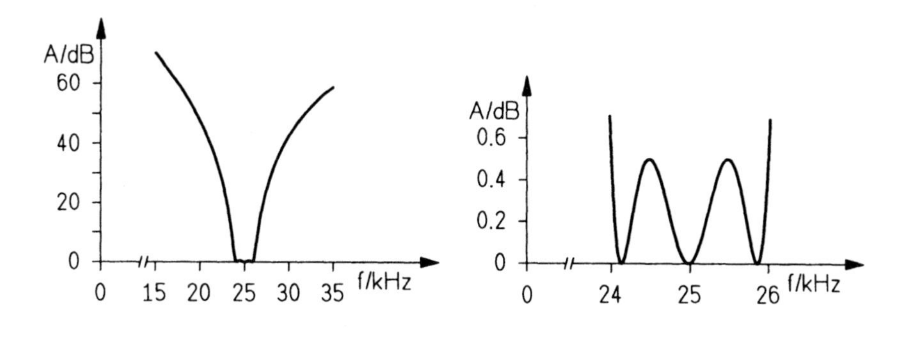

Tiefpaß–Bandsperren–Transformation

Unter Verwendung von Abb. 8.27d führen wir in diesem Fall die Größen ω_0 und B wieder über (8.62)

$$\omega_0 = \sqrt{\omega_{gu}\omega_{go}}$$

beziehungsweise (8.63)

$$B = \frac{\omega_{go} - \omega_{gu}}{\omega_0}$$

ein. Dann wird die Tiefpaß–Bandsperren–Transformation in der Weise durchgeführt, daß die Frequenzvariable ω/ω_g durch

$$\frac{\omega}{\omega_g} \longrightarrow \frac{B}{\dfrac{\omega}{\omega_0} - \dfrac{\omega_0}{\omega}} \tag{8.68}$$

ersetzt wird.

Analog zum Bandpaß in Beispiel 8.7 ergeben sich folgende Zuordnungen für einige ausgezeichnete Frequenzen:

Referenz–Tiefpaß		Bandsperre
$\omega = \infty$	$\longrightarrow$	$\omega = \omega_0$
$\omega = \omega_g$	$\longrightarrow$	$\omega = \begin{cases} \omega_{go} \\ -\omega_{gu} \end{cases}$
$\omega = -\omega_g$	$\longrightarrow$	$\omega = \begin{cases} -\omega_{go} \\ \omega_{gu} \end{cases}$.

Ausgehend von (8.60) ergibt sich für die Übertragungsfunktion

$$H_{BS}(s) = \prod_{i=0}^{n-1} \frac{\left(\dfrac{s}{\omega_0}\right)^2 + 1}{\left(\dfrac{s}{\omega_0}\right)^2 - \dfrac{\omega_g}{s_i} B \dfrac{s}{\omega_0} + 1} \; ; \tag{8.69}$$

darin sind die normierten Pole des Referenz–Tiefpasses wiederum durch s_i/ω_g $(i = 1, 2, \ldots, n-1)$ gekennzeichnet.

Beispiel 8.8

Als Ausgangspunkt für die Untersuchung eines Bandsperren–Beispiels wählen wir noch einmal den schon in Beispiel 8.6 behandelten Referenz–Tiefpaß mit

$$s_0 = 0.313229 - j1.021928 \qquad s_1 = 0.626457 \qquad s_2 = 0.313229 + j1.021928 \; .$$

Er ist hier durch die folgenden Werte für die Dämpfung und die normierte Sperrgrenze charakterisiert:

$$A_{max} = 0.5\,dB \qquad A_{min} = 40\,dB \qquad \Omega_s = 4.5988 \; .$$

Die untere und obere Grenzfrequenz haben dann dieselben Werte wie im Falle des entsprechenden Bandpasses, den wir im vorigen Beispiel behandelt haben:

$$f_{gu} = 24\,kHz \qquad f_{go} = 26\,kHz\,.$$

Daraus folgt $f_0 = 24.9800\,kHz$ und $B = 0.0801$. Wir untersuchen nun, in welche Bandsperren–Frequenzen die normierte Tiefpaß–Grenzfrequenz Ω_s transformiert wird. Aus

$$\frac{B}{\frac{\omega}{\omega_0} - \frac{\omega_0}{\omega}} = \pm\Omega_s$$

folgt nach kurzer Rechnung

$$\omega = \omega_0\left(\pm\frac{B}{2\Omega_s} \pm \sqrt{1 + B^2/4\Omega_s}\right)\,,$$

woraus sich die Werte

$$f_{su} = 24.76\,kHz \qquad f_{so} = 25.2\,kHz$$

gewinnen lassen. Die beiden folgenden Abbildungen zeigen den Dämpfungsverlauf dieser Bandsperre global bzw. detailliert.

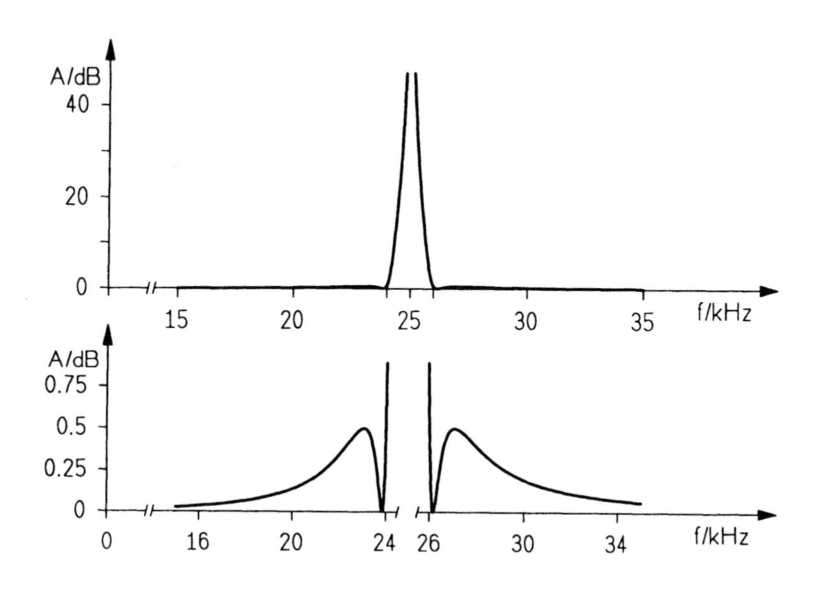

8.3.8 Filter–Schaltungen

Die Realisierung komplexer Pole mit Hilfe passiver Schaltungen ist möglich, falls zwei unterschiedliche Energiespeicher — z. B. Kapazitäten und Induktivitäten — verwendet werden. Wird jedoch nur ein einziger Typ von Energiespeichern eingesetzt — vorzugsweise Kapazitäten —, so müssen sie in rückgekoppelten Verstärkerschaltungen verwendet werden; Filter, die lediglich aus

Kapazitäten und Widerständen aufgebaut sind, weisen ausschließlich reelle Pole auf.

Aus der Vielzahl der Möglichkeiten werden wir uns exemplarisch mit zwei Schaltungskonfigurationen beschäftigen, die auch von praktischem Interesse sind.

Sallen–und–Key–Tiefpaß 2. Ordnung

Die Abb. 8.29 zeigt einen Tiefpaß 2. Ordnung; es handelt sich hierbei um eine bereits "klassische" Schaltung, die nach den Autoren Sallen und Key [2] benannt ist. Das Dreieckssymbol repräsentiert einen idealen Spannungsverstärker mit dem Verstärkungsfaktor K.

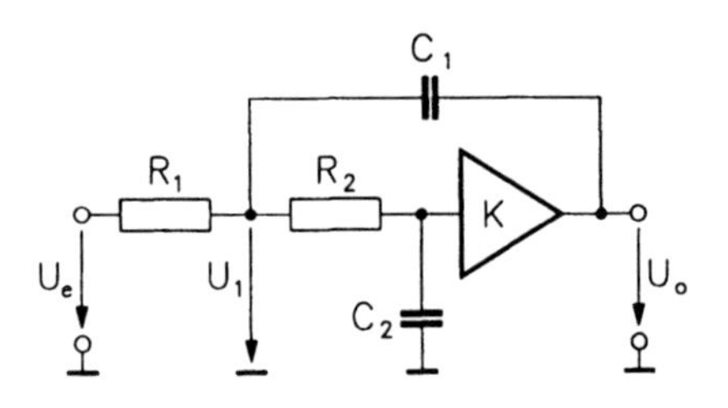

Abb. 8.29 RC–aktiver Tiefpaß 2. Ordnung

Eine einfache Analyse liefert das Gleichungssystem

$$\begin{pmatrix} G_1 + G_2 + sC_1 & -(G_2 + sKC_1) \\ -G_2 & G_2 + sC_2 \end{pmatrix} \begin{pmatrix} U_1 \\ U_o/K \end{pmatrix} = \begin{pmatrix} G_1 U_e \\ 0 \end{pmatrix},$$

woraus nach kurzer Rechnung für die Übertragungsfunktion $H(s) = U_o/U_e$

$$H(s) = \frac{K/R_1 R_2 C_1 C_2}{s^2 + \left(\dfrac{R_1 + R_2}{R_1 R_2 C_1} + \dfrac{1-K}{R_2 C_2}\right) s + \dfrac{1}{R_1 R_2 C_1 C_2}} \tag{8.70}$$

folgt. In Analogie zu einem Tiefpaß 2. Ordnung, der durch einen verlustbehafteten LC–Schwingkreis (s. nächstes Beispiel) gebildet wird, schreibt man Übertragungsfunktionen der Form (8.70) allgemein als

$$H(s) = \frac{K\omega_0^2}{s^2 + \dfrac{\omega_0}{Q} s + \omega_0^2}. \tag{8.71}$$

Beispiel 8.9

Wir betrachten den aus einem verlustbehafteten Reihenschwingkreis gebildeten Tiefpaß, der in der folgenden Abbildung dargestellt ist.

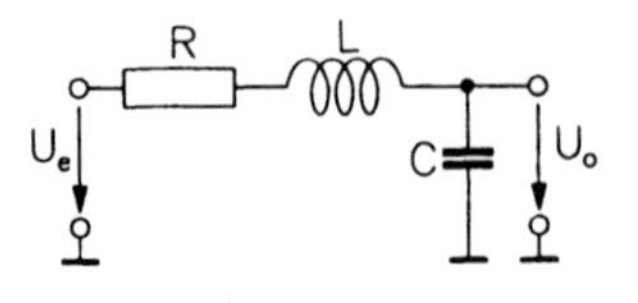

Seine Übertragungsfunktion lautet

$$H(s) = \frac{U_o}{U_e} = \frac{1/LC}{s^2 + \frac{R}{L}s + \frac{1}{LC}} .$$

Die Resonanzfrequenz ω_0 eines Reihenschwingkreises ist durch $\omega_0^2 = 1/LC$ gegeben, die Schwingkreisgüte Q ist durch $Q = \omega_0 L/R$ definiert. Somit kann die Übertragungsfunktion als

$$H(s) = \frac{\omega_0^2}{s^2 + \frac{\omega_0}{Q}s + \omega_0^2}$$

geschrieben werden.

Den Größen ω_0 und Q kann unabhängig von der Beziehung zum Schwingkreis eine geometrische Interpretation gegeben werden. Schreiben wir (8.71) allgemein als

$$H(s) = \frac{a_0}{s^2 + b_1 s + b_0} , \tag{8.72}$$

so liegen die Pole bei

$$s_\infty = -\frac{b_1}{2} \pm \sqrt{\frac{b_1^2}{4} - b_0} .$$

Da wir komplexe Pole unterstellen, ist $b_0 > b_1^2/4$; damit können wir

$$s_\infty = -\sigma_p \pm j\omega_p \qquad \sigma_p = \frac{b_1}{2} \qquad \omega_p = \sqrt{b_0 - \frac{b_1^2}{4}}$$

schreiben. Wegen

$$|s_\infty| = \sqrt{\sigma_p^2 + \omega_p^2} = \sqrt{b_0}$$

folgt aus dem Vergleich mit (8.71, 8.72)

$$\omega_0 = \sqrt{b_0} \mathrel{\widehat{=}} \text{Abstand des Pols vom Ursprung} .$$

Aus $\sigma_p = b_1/2$ und $b_1 = \omega_0/Q$ ergibt sich als geometrische Interpretation für die Pol–Güte Q

$$Q \mathrel{\widehat{=}} \frac{\text{Abstand des Pols vom Ursprung}}{2 \times (\text{Realteil des Pols})} .$$

Mit wachsender Güte Q wandert das konjugiert–komplexe Polpaar — bei konstantem ω_0 — immer näher an die $j\omega$–Achse heran.

Eine Übertragungsfunktion 2. Ordnung gestattet nur die Realisierung von Filtern mit bescheidenen Dämpfungsanforderungen. Natürlich ist es möglich, Übertragungsfunktionen höherer Ordnung direkt zu realisieren. Dieses Vorgehen ist bei RC–aktiven Filtern in der Praxis unbedingt zu vermeiden, da sich in diesem Fall extreme Genauigkeitsforderungen an die Bauelemente ergeben können. Viel günstiger ist es, eine Übertragungsfunktion höherer Ordnung in Teil–Übertragungsfunktionen maximal zweiter Ordnung zu zerlegen (faktorisieren) und diese dann einzeln zu realisieren. Diese Vorgehensweise werden wir mit Hilfe von Beispielen erläutern.

Beispiel 8.10

Es soll ein Tschebyscheff–Tiefpaß mit folgenden Daten entworfen werden:

$$\begin{array}{rl} \text{Normierte Sperrgrenze } \Omega_s: & 2 \\ \text{Maximale Durchlaßdämpfung } A_{max}: & 0.46\,dB \\ \text{Minimale Sperrdämpfung } A_{min}: & 40\,dB\ . \end{array}$$

Aus diesen Werten folgt nach einiger Rechnung

$$H(s) = \prod_{i=0}^{4} \frac{s_i}{s + s_i}$$

mit

$$\frac{s_0}{\omega_g} = 0.37176 \qquad \frac{s_{1,2}}{\omega_g} = 0.30076 \pm j0.62709 \qquad \frac{s_{3,4}}{\omega_g} = 0.11488 \pm j1.01465\ .$$

Wir bilden nun die drei folgenden Teil–Übertragungsfunktionen, in denen s als normierte Frequenz verwendet wird:

$$\begin{aligned} H_1(s) &= \frac{s_0}{s + s_0} = \frac{0.37176}{s + 0.37176} \\ H_2(s) &= \frac{s_1 s_2}{(s + s_1)(s + s_2)} = \frac{|s_1|^2}{(s + s_1)(s + s_1^*)} \\ &= \frac{|s_1|^2}{s^2 + (2\,\mathrm{Re}\,s_1)s + |s_1|^2} = \frac{0.4837}{s^2 + 0.60152s + 0.4837} \\ H_3(s) &= \frac{s_3 s_4}{(s + s_3)(s + s_4)} = \frac{|s_3|^2}{(s + s_3)(s + s_3^*)} \\ &= \frac{|s_3|^2}{s^2 + (2\,\mathrm{Re}\,s_3)s + |s_3|^2} = \frac{1.04271}{s^2 + 0.22976 + 1.04271}\ . \end{aligned}$$

Die gesamte Übertragungsfunktion lautet damit

$$H(s) = H_1(s)H_2(s)H_3(s)\ .$$

Mit den Teildämpfungen

$$A_1 = -20\log|H_1(j\omega)| \qquad A_2 = -20\log|H_2(j\omega)| \qquad A_3 = -20\log|H_3(j\omega)|$$

gilt dann

$$A = -20\log|H(j\omega)| = A_1 + A_2 + A_3 \ .$$

In den folgenden Abbildungen sind (für $f_g = 1\,kHz$) die Teildämpfungen A_1, A_2, A_3 und die Gesamtdämpfung A wiedergegeben.

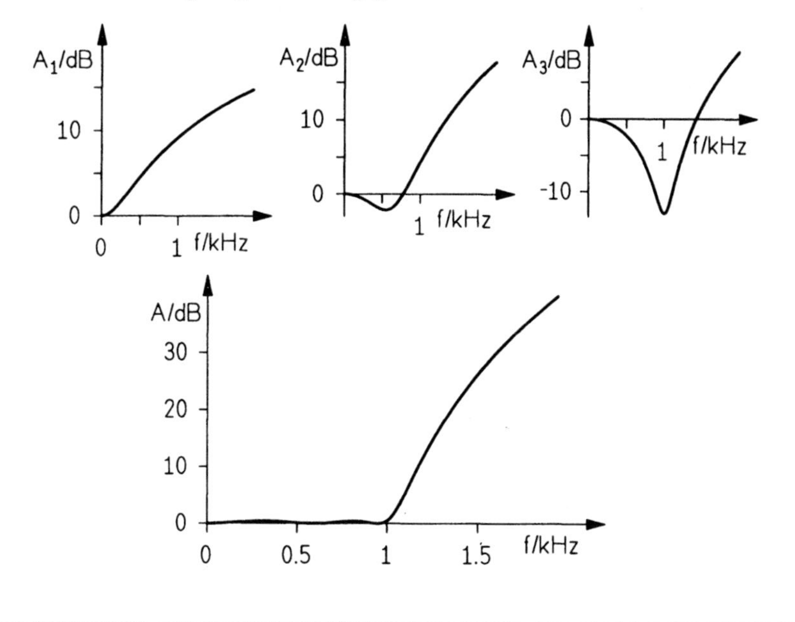

Beispiel 8.11

Die im vorhergehenden Beispiel ermittelten Übertragungsfunktionen sollen nun realisiert werden. Für $H_1(s)$ kann die folgende Schaltung Verwendung finden,

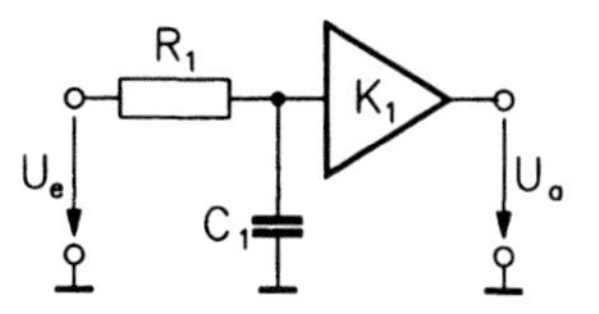

in der der Verstärker lediglich eine entkoppelnde Funktion hat. Nach dem Entnormieren lautet die Übertragungsfunktion $H_1(s)$

$$H_1(s) = \frac{0.37176\omega_g}{s + 0.37176\omega_g} \ .$$

Für die obige Schaltung gilt unter der Bedingung $K_1 = 1$

$$H_1(s) = \frac{U_o}{U_e} = \frac{1/R_1C_1}{s + 1/R_1C_1} \ .$$

Damit erhalten wir für die Dimensionierung die Beziehung

$$R_1C_1 = \frac{1}{0.37176\omega_g} \ .$$

Als Grenzfrequenz wählen wir $f_g = 1\,kHz$ und für die Kapazität C_1 nehmen wir den Wert $C_1 = 10\,nF$ an. Dann ergibt sich $R_1 = 42.811\,k\Omega$.

Für die Realisierung von $H_2(s)H_3(s)$ verwenden wir die Kaskadenschaltung von zwei Tiefpässen 2. Ordnung.

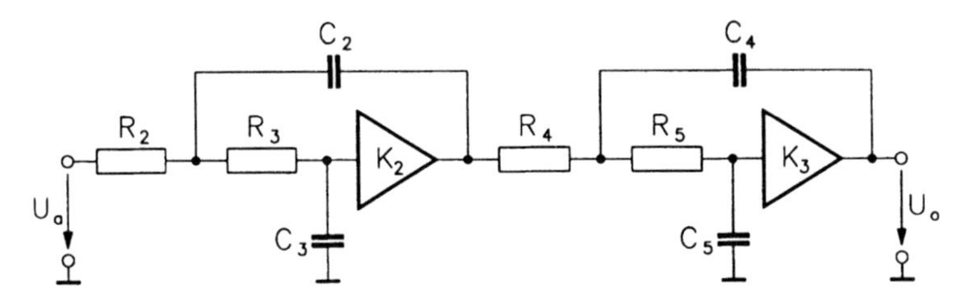

Gemäß (8.70, 8.71) gilt für diese Schaltung

$$\omega_{02}^2 = \frac{1}{R_2R_3C_2C_3} \qquad \frac{\omega_{02}}{Q_2} = \frac{R_2 + R_3}{R_2R_3C_2} + \frac{1 - K_2}{R_3C_3}$$
$$\omega_{03}^2 = \frac{1}{R_4R_5C_4C_5} \qquad \frac{\omega_{03}}{Q_3} = \frac{R_4 + R_5}{R_4R_5C_4} + \frac{1 - K_3}{R_5C_5} \ .$$

Aus den Teil-Übertragungsfunktionen

$$H_2(s) = \frac{0.4837\omega_g^2}{s^2 + 0.60152\omega_g s + 0.4837\omega_g^2}$$
$$H_3(s) = \frac{1.04271\omega_g^2}{s^2 + 0.22976\omega_g s + 1.04271\omega_g^2}$$

folgt

$$\omega_{02}^2 = 0.4837\omega_g^2 \qquad \omega_{03}^2 = 1.04271\omega_g^2$$
$$\frac{\omega_{02}}{Q_2} = 0.60152\omega_g \qquad \frac{\omega_{03}}{Q_3} = 0.22976\omega_g \ .$$

Der Einfachheit halber wählen wir

$$C_2 = C_3 = C_4 = C_5 = C = 10\,nF \qquad R_3 = R_2 \qquad R_5 = R_4 \ .$$

Damit können jetzt die Elementwerte berechnet werden:

$$
\begin{aligned}
\omega_{02}^2 &= \frac{1}{R_2^2C^2} &&= 0.4837\omega_g^2 &&\rightarrow & R_2 &= 22.884\,k\Omega \\
\omega_{03}^2 &= \frac{1}{R_4^2C^2} &&= 1.04271\omega_g^2 &&\rightarrow & R_4 &= 15.586\,k\Omega \\
\frac{\omega_{02}}{Q_2} &= \frac{3-K_2}{R_2C} &&= 0.60152\omega_g &&\rightarrow & K_2 &= 2.135 \\
\frac{\omega_{03}}{Q_3} &= \frac{3-K_3}{R_4C} &&= 0.22976\omega_g &&\rightarrow & K_3 &= 2.775\ .
\end{aligned}
$$

Die Dimensionierung der Schaltung ist damit abgeschlossen. Allerdings ist zu bemerken, daß die beiden Verstärker K_2 und K_3 eine frequenzunabhängige Gesamtverstärkung $H(0) = 5.925$ ($\widehat{=} - 15.45\,dB$) bewirken. Falls sie störend ist, kann sie z. B. durch einen einfachen Spannungsteiler oder $K_1 = 1/5.925$ beseitigt werden. Ferner soll darauf hingewiesen werden, daß die Reihenfolge der Teilfilter unter Dynamik–Gesichtspunkten auch anders gewählt werden kann. Die beiden folgenden Abbildungen zeigen Simulationsergebnisse für die betrachtete Schaltung unter der Annahme idealer Verstärker. Aufgetragen ist die Dämpfung $A = -20\log|U_o/U_e| + 15.45\,dB$.

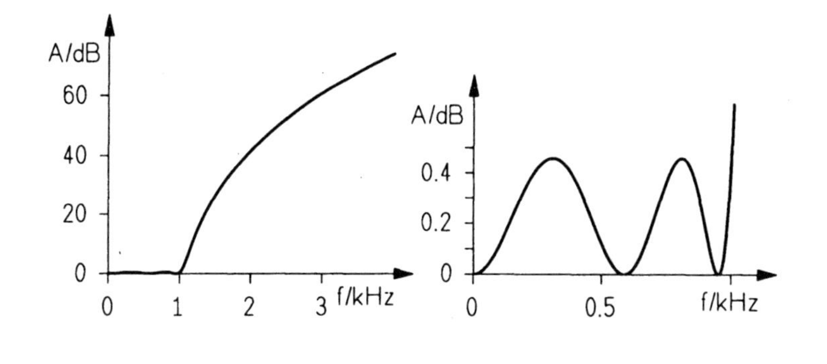

Sallen–und–Key–Hochpaß 2. Ordnung

Aus dem Tiefpaß in Abb. 8.29 läßt sich ein entsprechender Hochpaß dadurch entwickeln, daß Widerstände und Kapazitäten vertauscht werden (Abb. 8.30). Eine einfache Analyse liefert die Übertragungsfunktion

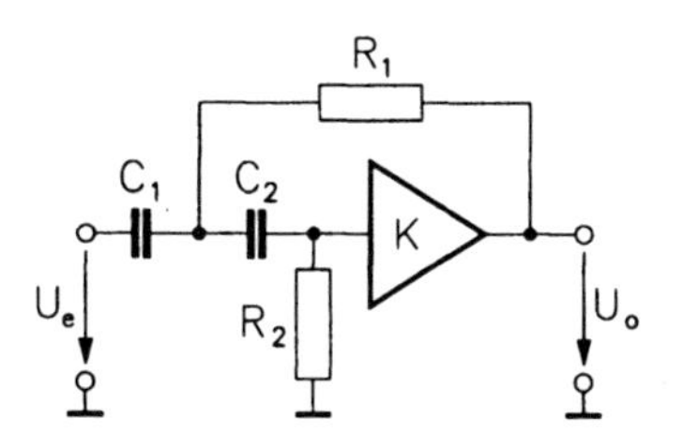

Abb. 8.30 *RC*–aktiver Hochpaß 2. Ordnung

$$H(s) = \frac{Ks^2}{s^2 + \left[\frac{R_1 + (1-K)R_2}{R_1 R_2 C_1} + \frac{1}{R_2 C_2}\right] s + \frac{1}{R_1 R_2 C_1 C_2}} . \tag{8.73}$$

Die Elementwerte für diese Schaltung bzw. für eine Kaskadenschaltung von Teilfiltern dieser Struktur lassen sich über eine Tiefpaß–Hochpaß–Transformation gewinnen.

Sallen–und–Key–Bandpaß

Ordnet man die Elemente aus Abb. 8.29 in der Weise an, daß sowohl für $s = 0$ als auch für $s = \infty$ eine Übertragungsnullstelle entsteht und fügt außerdem

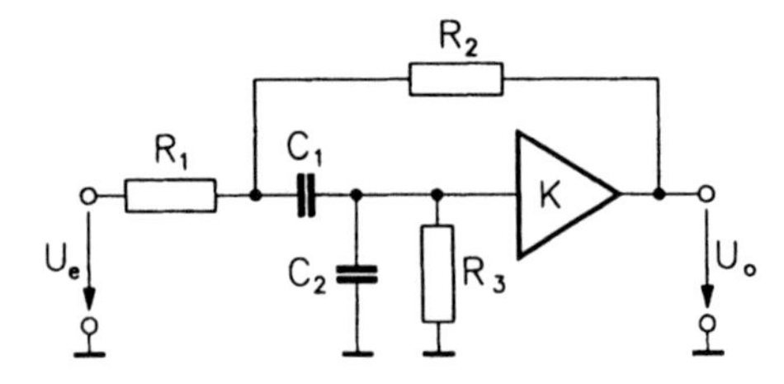

Abb. 8.31 *RC*–aktiver Bandpaß 2. Ordnung

einen weiteren Widerstand ein, dann entsteht der Bandpaß gemäß Abb. 8.31, dessen Übertragungsfunktion

$$\begin{aligned} H(s) &= \frac{sK/(R_1 C_2)}{D(s)} \qquad (8.74)\\ D(s) &= s^2 + \left[\frac{R_1 R_3 (1-K) + R_2(R_1 + R_3)}{R_1 R_2 R_3 C_2} + \frac{R_1 + R_2}{R_1 R_2 C_1}\right] s + \\ &\quad \frac{R_1 + R_2}{R_1 R_2 R_3 C_1 C_2} \end{aligned}$$

lautet.

8.3.9 Universelle Filter–Struktur 2. Ordnung

Es ist nicht erforderlich, für jeden Filtertyp (Tiefpaß, Hochpaß usw.) eine gesonderte Schaltung zu entwickeln, man kann auch einen Universalbaustein entwerfen, der dann durch entsprechende Dimensionierung an die jeweilige Aufgabe angepaßt wird. Zur Lösung dieser Aufgabe gehen wir von einem Tiefpaß aus, der durch die Übertragungsfunktion

$$H(s) = \frac{U_o}{U_e} = \frac{a_0}{s^2 + b_1 s + b_0} \tag{8.75}$$

beschrieben wird. Diese Gleichung läßt sich auch in der Form

$$U_o = \frac{1}{s}\left[-b_1 U_o + \frac{1}{s}(a_0 U_e - b_0 U_o)\right] \tag{8.76}$$

schreiben und dazu kann Abb. 8.32a angegeben werden. Der Multiplikation

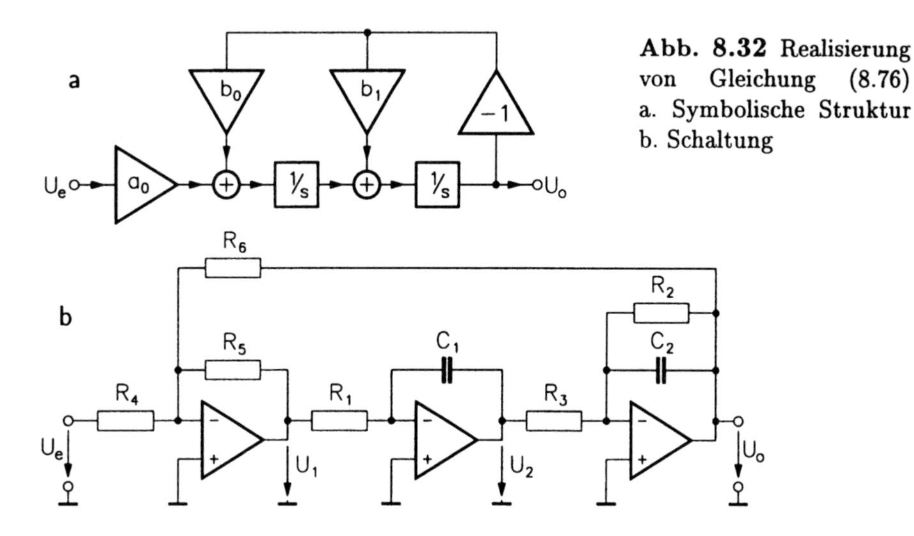

Abb. 8.32 Realisierung von Gleichung (8.76) a. Symbolische Struktur b. Schaltung

mit $1/s$ entspricht im Zeitbereich die Integration. Werden invertierende Integrierer verwendet, so kann die Struktur von Abb. 8.32a in die Schaltung gemäß Abb. 8.32b umgesetzt werden. Hierbei handelt es sich nicht um eine eins–zu–eins Umsetzung, man erkennt jedoch insbesondere die beiden Rückkopplungsschleifen, die über die Widerstände R_2 bzw. R_6 gebildet werden. Für die Schaltung in Abb. 8.32b läßt sich das Gleichungssystem

$$\begin{pmatrix} 1 & 0 & R_5/R_6 \\ \dfrac{1}{sC_1R_1} & 1 & 0 \\ 0 & \dfrac{1}{R_3(G_2+sC_2)} & 1 \end{pmatrix} \begin{pmatrix} U_1 \\ U_2 \\ U_o \end{pmatrix} = \begin{pmatrix} -R_5U_e/R_4 \\ 0 \\ 0 \end{pmatrix}$$

ablesen, aus dem dann die Übertragungsfunktion

$$H(s) = \frac{U_o}{U_e} = -\frac{R_5/C_1C_2R_1R_3R_4}{s^2 + \dfrac{s}{C_2R_2} + \dfrac{R_5}{C_1C_2R_1R_3R_6}} \tag{8.77}$$

folgt; sie entspricht der allgemeinen Form (8.75).

Ausgehend von dieser Schaltung kann die universelle Filterstruktur in Abb. 8.33 entwickelt werden, mit deren Hilfe auch die Realisierung einer Übertragungsnullstelle bei reellen Frequenzen möglich ist. Nach einiger Rechnung erhält man für ihre Übertragungsfunktion $H(s) = U_o/U_e$

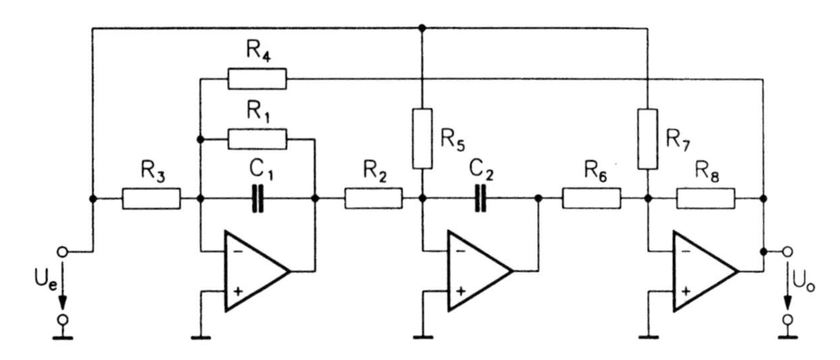

Abb. 8.33 Universelle Filter–Struktur mit Integrierern

$$H(s) = -\frac{R_8}{R_7} \cdot \frac{s^2 + \left(\frac{1}{R_1C_1} - \frac{R_7}{R_5R_6C_2}\right)s + \frac{R_7(R_1R_5 - R_2R_3)}{C_1C_2R_1R_2R_3R_5R_6}}{s^2 + \frac{s}{C_1R_1} + \frac{R_8}{C_1C_2R_2R_4R_6}} \, . \tag{8.78}$$

Wir wenden uns nun den verschiedenen Dimensionierungen der universellen Filterschaltung für spezielle Anwendungen zu. Damit die Berechnungen vereinfacht werden, wählen wir $C_1 = C_2 = C$; bei praktischen Anwendungen ist dies nicht unbedingt die günstigste Wahl.

Tiefpaß: $R_5 = R_7 = \infty$

$$H(s) = -\frac{R_8/C^2R_2R_3R_6}{s^2 + \frac{s}{CR_1} + \frac{R_8}{C^2R_2R_4R_6}} \, . \tag{8.79}$$

Hochpaß: $R_1R_7 = R_5R_6 \quad R_1R_5 = R_2R_3$

$$H(s) = -\frac{R_8}{R_7} \cdot \frac{s^2}{s^2 + \frac{s}{CR_1} + \frac{R_8}{C^2R_2R_4R_6}} \, . \tag{8.80}$$

Bandpaß: $R_7 = \infty \quad R_1R_5 = R_2R_3$

$$H(s) = \frac{R_8}{R_6} \cdot \frac{s/CR_5}{s^2 + \frac{s}{CR_1} + \frac{R_8}{C^2R_2R_4R_6}} \, . \tag{8.81}$$

Tiefpaß mit Übertragungs–Nullstelle bei reellen (endlichen) Frequenzen: $R_1R_7 = R_5R_6$

$$H(s) = -\frac{R_8}{R_7} \cdot \frac{s^2 + \frac{R_1R_5 - R_2R_3}{C^2R_1^2R_2R_3}}{s^2 + \frac{s}{CR_1} + \frac{R_8}{C^2R_2R_4R_6}} \, . \tag{8.82}$$

Beispiel 8.12

Wir werden im folgenden der Reihe nach Dimensionierungsbeispiele für die vier aufgeführten Einzelfälle des universellen Filters geben.

1. Tiefpaß

Allgemeine Form:

$$H(s) = -\frac{\omega_0^2}{s^2 + \frac{\omega_0}{Q} + \omega_0^2}$$

Bedingung : $R_5 = R_7 = \infty$

Wahl : $f_0 = 1\,kHz \quad Q = 1$

$C_1 = C_2 = C = 10\,nF$

$R_8 = R_6 = 1\,k\Omega$

$R_4 = R_3 = R_2$

$$\Longrightarrow R_2 = \frac{1}{\omega_0 C} = 15.915\,k\Omega \qquad R_1 = \frac{Q}{\omega_0 C} = QR_2 = 15.915\,k\Omega\ .$$

2. Hochpaß

Allgemeine Form:

$$H(s) = -\frac{s^2}{s^2 + \frac{\omega_0}{Q}s + \omega_0^2}$$

Bedingungen : $R_1 R_7 = R_5 R_6$

$R_1 R_5 = R_2 R_3$

Wahl : $f_0 = 1\,kHz \quad Q = 1$

$C_1 = C_2 = C = 10\,nF$

$R_6 = R_8 = 1k$

$R_4 = R_2$

$$\Longrightarrow R_2 = R_1 = 15.915\,k\Omega \qquad R_3 = R_5 = R_1 \qquad R_7 = R_6\ .$$

3. Bandpaß

Allgemeine Form:

$$H(s) = \frac{\omega_0 s}{s^2 + \frac{\omega_0}{Q}s + \omega_0^2}$$

Bedingung : $R_7 = \infty \qquad R_1 R_5 = R_2 R_3$

Wahl : $f_0 = 1\,kHz \quad Q = 1$

$C_1 = C_2 = C = 10\,nF$

$R_6 = R_8 = 1\,k\Omega \qquad R_4 = R_2$

$$\Longrightarrow R_2 = R_1 = 15.915\,k\Omega \qquad R_3 = R_5 = R_1\ .$$

4. Tiefpaß mit reeller Übertragungs–Nullstelle

Allgemeine Form:

$$H(s) = -\frac{s^2 + \omega_\infty^2}{s^2 + \frac{\omega_0}{Q}s + \omega_0^2}$$

Bedingung : $R_1 R_7 = R_5 R_6$

Wahl : $f_0 = 1\,kHz \quad f_\infty = 2\,kHz \quad Q = 1$

$C_1 = C_2 = C = 10\,nF$

$R_8 = R_6 = 1\,k\Omega$

$R_7 = 4k \qquad R_4 = R_2$

$$\Longrightarrow R_2 = R_1 = 15.915\,k\Omega \qquad R_5 = 63.66\,k\Omega \qquad R_3 = 12.733\,k\Omega\ .$$

Zur besseren Übersicht fassen wir die berechneten Elementwerte tabellarisch zusammen.

	Tiefpaß	**Hochpaß**	**Bandpaß**	**Tiefpaß mit reeller Nullst.**
C_1	$10\,nF$	$10\,nF$	$10\,nF$	$10\,nF$
C_2	$10\,nF$	$10\,nF$	$10\,nF$	$10\,nF$
R_1	$15.915\,k\Omega$	$15.915\,k\Omega$	$15.915\,k\Omega$	$15.915\,k\Omega$
R_2	$15.915\,k\Omega$	$15.915\,k\Omega$	$15.915\,k\Omega$	$15.915\,k\Omega$
R_3	$15.915\,k\Omega$	$15.915\,k\Omega$	$15.915\,k\Omega$	$12.733\,k\Omega$
R_4	$15.915\,k\Omega$	$15.915\,k\Omega$	$15.915\,k\Omega$	$15.915\,k\Omega$
R_5	∞	$15.915\,k\Omega$	$15.915\,k\Omega$	$63.66\,k\Omega$
R_6	$1\,k\Omega$	$1\,k\Omega$	$1\,k\Omega$	$1\,k\Omega$
R_7	∞	$1\,k\Omega$	∞	$4\,k\Omega$
R_8	$1\,k\Omega$	$1\,k\Omega$	$1\,k\Omega$	$1\,k\Omega$

Die Betragsverläufe der vier behandelten Übertragungsfunktionen sind in der folgenden Abbildung wiedergegeben

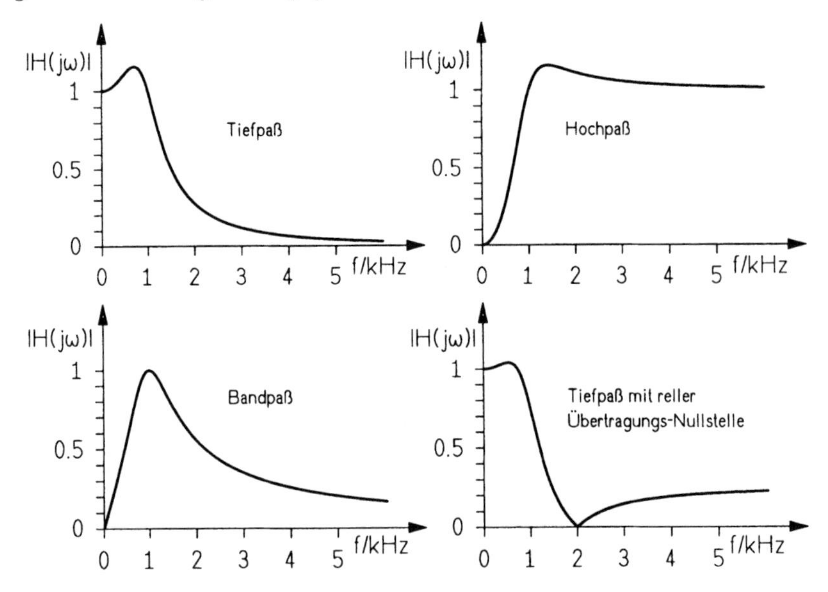

Die Nullstelle von $|H(j\omega)|$ bei $f_\infty = 2\,kHz$ bewirkt einen wesentlich steileren Abfall von $|H(j\omega)|$ im Vergleich zum Tiefpaß ohne endliche Übertragungsnullstelle.

Neben dem eigentlichen Ausgang steht ein weiterer zur Verfügung, nämlich der Ausgang des ersten Integrierers; welche Übertragungscharakteristik sich jeweils für diesen zusätzlichen Ausgang ergibt, soll anhand eines Schaltungsbeispiels demonstriert werden.

Beispiel 8.13

Wir gehen von den Dimensionierungen des vorhergehenden Beispiels aus. Mit ihnen ergeben sich die folgenden Darstellungen der Übertragungsfunktionen zwischen dem Ausgang des ersten Integrierers und dem Eingang.

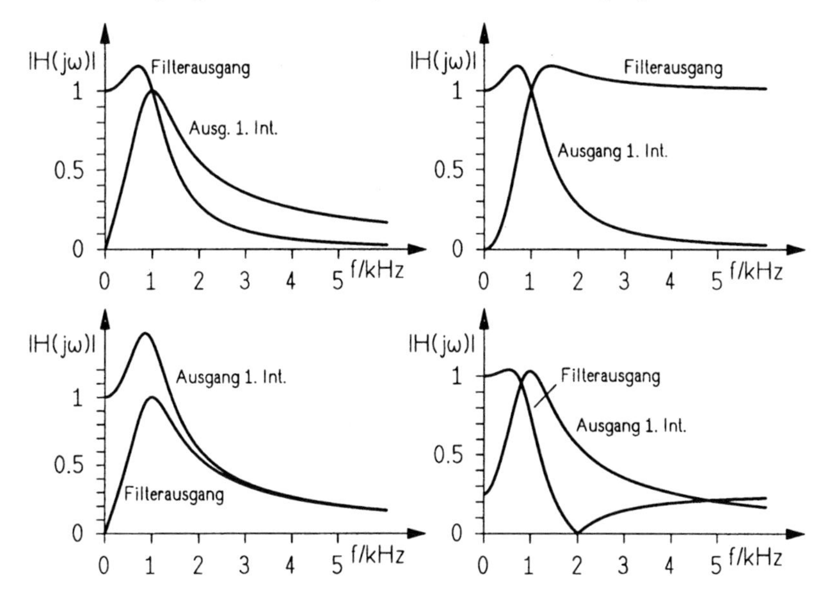

Besonders interessant ist der Fall, daß (primär) ein Hochpaß realisiert wird. Da dann gleichzeitig ein Tiefpaß entsteht, läßt sich auf diese Weise ein Weichenfilter aufbauen, mit dem tiefe und hohe Frequenzen getrennt werden können.

8.3.10 Kerbfilter (Notch filter)

Häufig besteht die Notwendigkeit, eine bestimmte Frequenz — z. B. "50-*Hz*-Brumm" — stark zu dämpfen. Dies kann mit Hilfe einer Bandsperre mit sehr geringer Bandbreite geschehen. Derartige Filter werden als Kerbfilter (engl. notch filter) bezeichnet. Abb. 8.34 zeigt ein solches Filter, bei dem die Übertragungs-Nullstelle durch eine Doppel-T-Schaltung bewirkt wird. Aus Abb. 8.34b liest man das folgende Gleichungssystem ab:

$$\begin{pmatrix} G_3 + s(C_1 + C_2) & -sC_2 & 0 \\ -sC_2 & G_2 + sC_2 & -G_2 \\ 0 & -G_2 - sC_3K & G_1 + G_2 + sC_3 \end{pmatrix} \begin{pmatrix} U_1 \\ U_2 \\ U_3 \end{pmatrix} = \begin{pmatrix} sC_1U_e \\ 0 \\ G_1U_e \end{pmatrix} .$$

Für $G_3 = G_1 + G_2$ und $C_3 = C_1 + C_2$ und unter Berücksichtigung von $U_o = KU_2$ folgt daraus für die Übertragungsfunktion U_o/U_e:

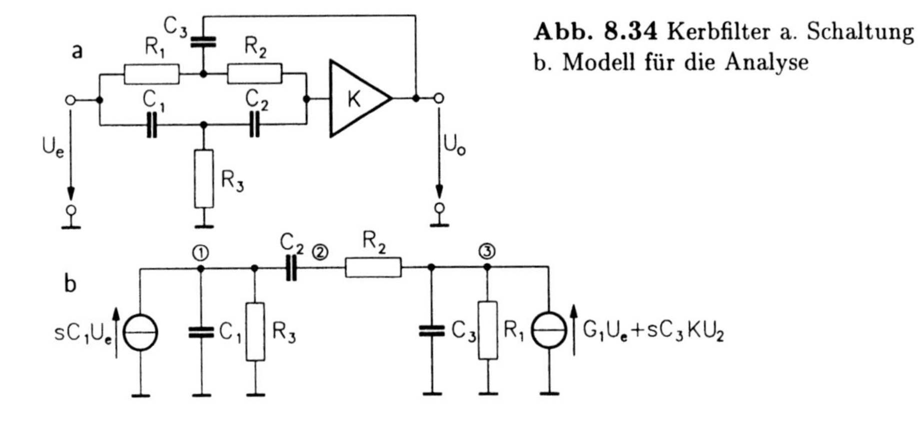

Abb. 8.34 Kerbfilter a. Schaltung b. Modell für die Analyse

$$H(s) = \frac{K(s^2 + 1/C_1C_2R_1R_2)}{s^2 + \left[\frac{R_1 + R_2}{C_1R_1R_2} + \left(\frac{1}{C_1} + \frac{1}{C_2}\right)\frac{1-K}{R_2}\right]s + \frac{1}{C_1C_2R_1R_2}} \; .$$

Wählen wir noch $R_1 = R_2 = R$ und $C_1 = C_2 = C$, so erhalten wir schließlich

$$H(s) = \frac{K(s^2 + 1/R^2C^2)}{s^2 + \frac{2(2-K)}{RC}s + \frac{1}{R^2C^2}} \; . \tag{8.83}$$

Beispiel 8.14

Es soll ein Kerbfilter gemäß Abb. 8.34a dimensioniert werden. Die allgemeine Form der Übertragungsfunktion lautet

$$H(s) = \frac{s^2 + \omega_0^2}{s^2 + \frac{\omega_0}{Q} + \omega_0^2} \; .$$

Die Frequenz f_0 ("Kerbfrequenz") soll $f_0 = 1\,kHz$ betragen. Für $C = 10\,nF$ ergibt sich dann $R = 1/\omega_0 C = 15.915\,k\Omega$. Der Verstärkungsfaktor K folgt aus

$$\frac{\omega_0}{Q} = \frac{2(2-K)}{RC} \; ;$$

unter Berücksichtigung von $\omega_0 = 1/(RC)$ erhält man $K = 2 - 1/2Q$. Es sollen zwei verschiedene Güten Q betrachtet werden:

$$Q_1 = 10 \;\Rightarrow\; K_1 = 1.95 \qquad Q_2 = 50 \;\Rightarrow\; K_2 = 1.99 \; .$$

Die Beträge $|H(j\omega)|$ sind für beide Güten in der folgenden Abbildung dargestellt.

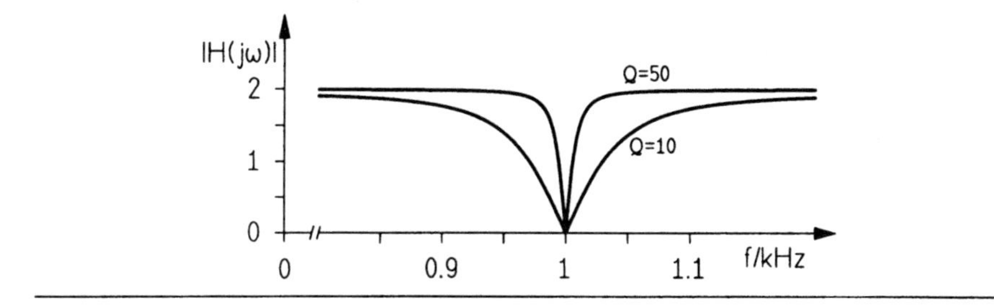

8.3.11 Allpässe

Allpässe sind Filter mit konstanter Dämpfung und frequenzabhängiger Phase. Übertragungsfunktionen höherer Ordnung lassen sich auch wieder durch Kaskadenschaltung von Allpässen erster und zweiter Ordnung realisieren.

Allpaß 1. Ordnung

Einen Allpaß 1. Ordnung kann man aus einem RC–Tiefpaß 1. Ordnung gewinnen, indem man dessen Übertragungsfunktion mit 2 multipliziert und dann von dem Ergebnis eine 1 subtrahiert. Abb. 8.35 zeigt die resultierende

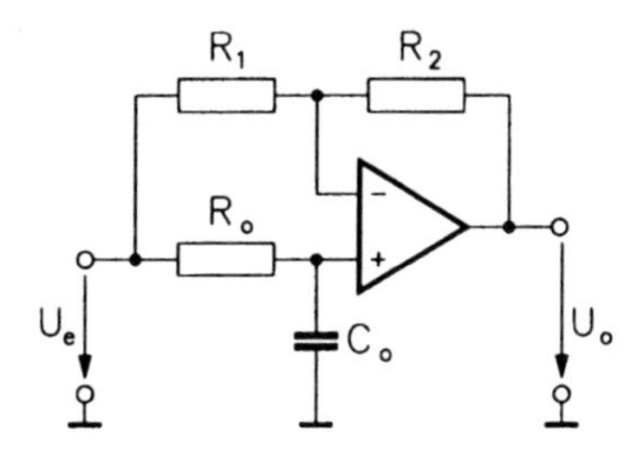

Abb. 8.35 Allpaß 1. Ordnung ($R_2 = R_1$)

Schaltung. Wird $R_2 = R_1$ gesetzt, so gilt hier

$$U_o = \frac{2U_e}{sC_0R_0 + 1} - U_e \ ,$$

woraus die Übertragungsfunktion

$$H(s) = \frac{U_o}{E} = -\frac{s - 1/R_0C_0}{s + 1/R_0C_0} \tag{8.84}$$

folgt. Für $|H(j\omega)|$ ergibt sich

$$|H(j\omega)| = \sqrt{\frac{\omega^2 + (1/R_0C_0)^2}{\omega^2 + (1/R_0C_0)^2}} = 1 \ . \tag{8.85}$$

Wird $H(j\omega)$ in der Form

$$H(j\omega) = |H(j\omega)| \, \mathrm{e}^{j\varphi(\omega)} \tag{8.86}$$

dargestellt, dann ist

$$\begin{aligned} \varphi &= \varphi_1 - \varphi_2 \\ \tan\varphi_1 &= -\omega C_0 R_0 \qquad \tan\varphi_2 = \omega C_0 R_0 = -\tan\varphi_1 \\ \Longrightarrow \qquad \varphi &= 2\varphi_1 \end{aligned}$$

Beispiel 8.15

Für $R_0 = 15.915\,k\Omega$ und $C_0 = 10\,nF$ liefert die Schaltung gemäß Abb. 8.35 folgenden Betrags- bzw. Phasenverlauf.

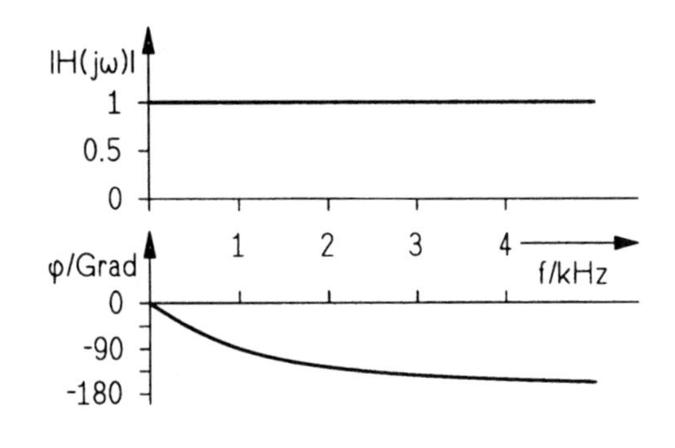

Allpaß 2. Ordnung

Abb. 8.36 zeigt einen Allpaß 2. Ordnung, den man sich aus einem Bandpaß

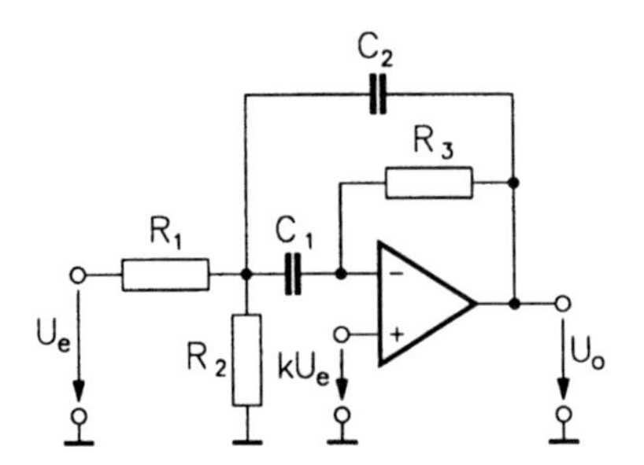

Abb. 8.36 Allpaß 2. Ordnung

entstanden denken kann.

Wird die Spannung über dem Widerstand R_2 mit U_1 bezeichnet, so lautet das der Analyse zugrunde liegende Gleichungssystem:

$$\begin{pmatrix} G_1 + G_2 + s(C_1 + C_2) & -sC_2 \\ sC_1 & G_3 \end{pmatrix} \begin{pmatrix} U_1 \\ U_o \end{pmatrix} = \begin{pmatrix} G_1 + skC_1 \\ k(G_3 + sC_1) \end{pmatrix} \cdot U_e \,.$$

Daraus kann die Übertragungsfunktion dieser Schaltung berechnet werden:

$$H(s) = k \cdot \frac{s^2 C_1 C_2 + \left[C_1 \left(\frac{k-1}{kR_1} + \frac{1}{R_2} + \frac{1}{R_3} \right) + \frac{C_2}{R_3} \right] s + \frac{R_1 + R_2}{R_1 R_2 R_3}}{s^2 C_1 C_2 + \frac{C_1 + C_2}{R_3} s + \frac{R_1 + R_2}{R_1 R_2 R_3}} . \tag{8.87}$$

Durch entsprechende Dimensionierung muß diese Gleichung auf die Form

$$H(s) = k \cdot \frac{s^2 - \frac{\omega_0}{Q} s + \omega_0^2}{s^2 + \frac{\omega_0}{Q} s + \omega_0^2} \tag{8.88}$$

gebracht werden. Unter der Bedingung $C_2 = C_1 = C$ wird dies für

$$k = \frac{1}{1 + (G_2 + 4G_3)R_1}$$

erreicht.

Beispiel 8.16

Es soll ein Allpaß 2. Ordnung mit $f_0 = 1\,kHz$ und $Q = 1$ dimensioniert werden; gewählt wird $C_1 = C_2 = C = 10\,nF$. Aus

$$\omega_0^2 = \frac{G_3(G_1 + G_2)}{C^2} \qquad \frac{\omega_0}{Q} = \frac{2G_3}{C}$$

folgt $Q = [\sqrt{R_3(G_1 + G_2)}]/2$. Wählen wir noch $R_2 = R_1$, so erhalten wir die folgenden Werte:

$$R_1 = R_2 = 15.915\,k\Omega \qquad R_3 = 2R_1 = 31.831\,k\Omega \qquad k = 1/4 .$$

Der Wert $k = 1/4$ kann auf einfache Weise mit Hilfe eines Spannungsteilers realisiert werden. Betrag und Phase der Übertragungsfunktion $H(j\omega)$ haben folgendes Aussehen:

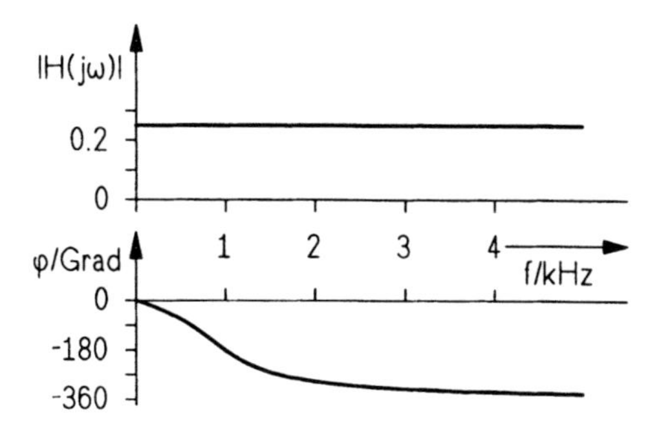

8.3.12 Zusammenfassende Darstellung von Frequenzbereichs- und Zeitbereichs-Verhalten

Auf den folgenden Seiten sind wichtige Kenngrößen im Frequenz- und Zeitbereich zusammengestellt. Zwar sind die Ergebnisse aus exemplarischen Schaltungen abgeleitet, die grundsätzlichen Aussagen sind jedoch allgemein gültig für entsprechende lineare dynamische Systeme erster bzw. zweiter Ordnung.

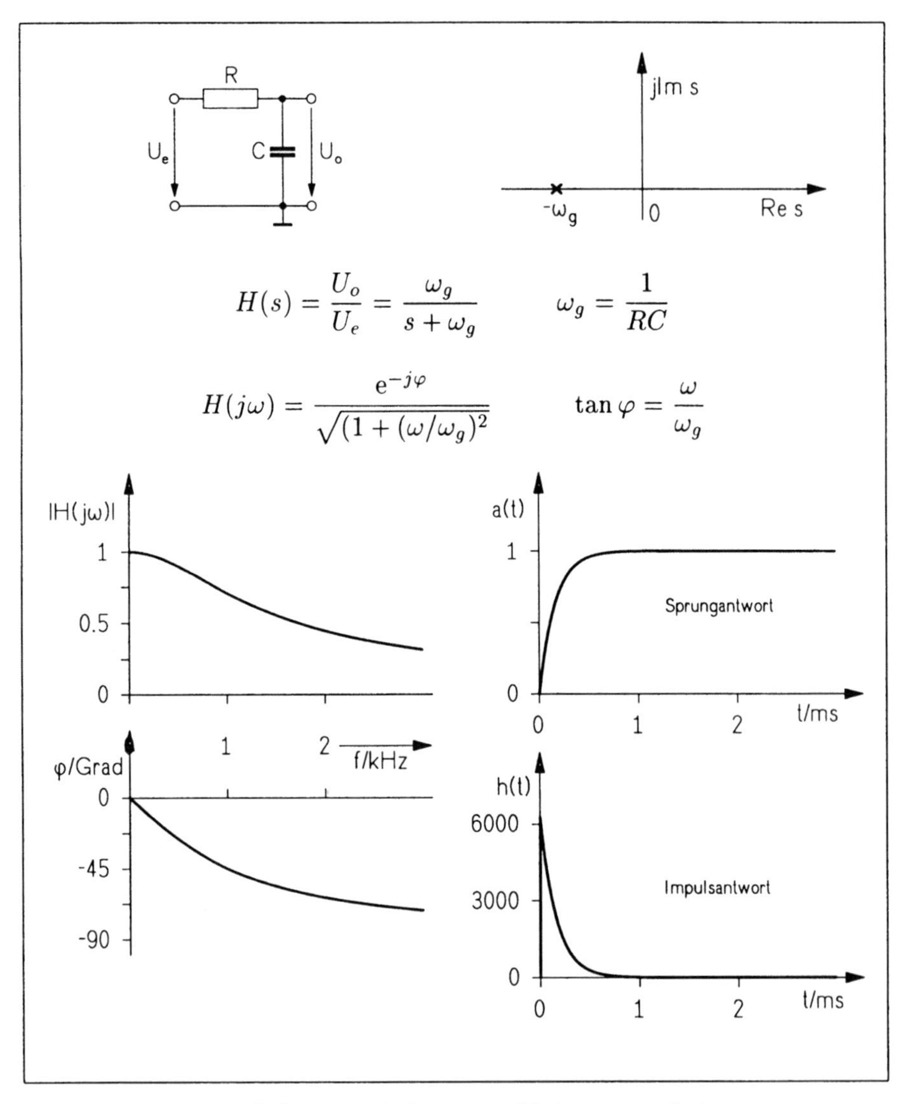

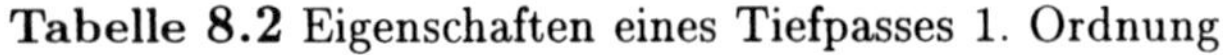

Tabelle 8.2 Eigenschaften eines Tiefpasses 1. Ordnung

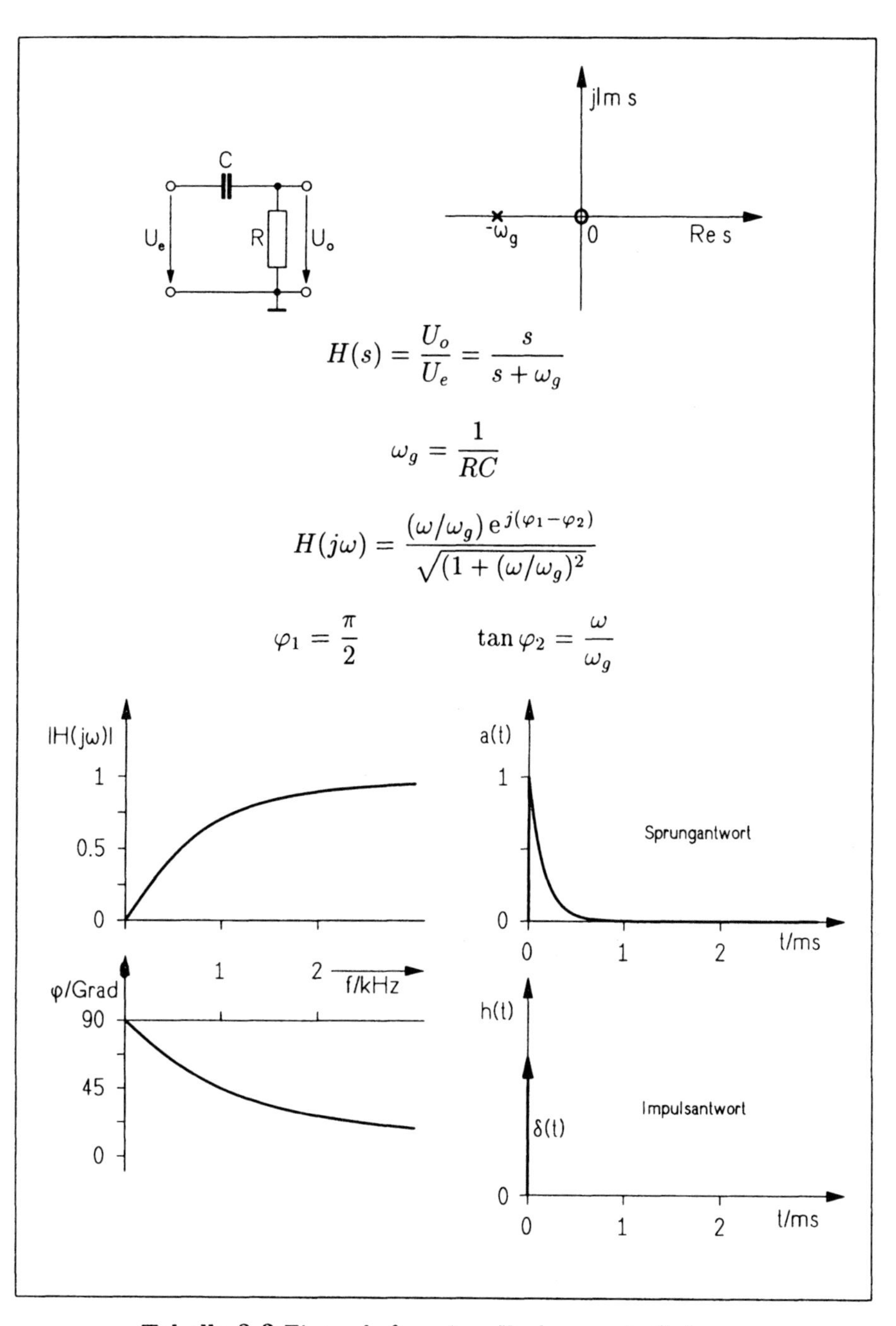

$$H(s) = \frac{U_o}{U_e} = \frac{s}{s + \omega_g}$$

$$\omega_g = \frac{1}{RC}$$

$$H(j\omega) = \frac{(\omega/\omega_g)\,\mathrm{e}^{j(\varphi_1 - \varphi_2)}}{\sqrt{(1 + (\omega/\omega_g)^2}}$$

$$\varphi_1 = \frac{\pi}{2} \qquad \tan\varphi_2 = \frac{\omega}{\omega_g}$$

Tabelle 8.3 Eigenschaften eines Hochpasses 1. Ordnung

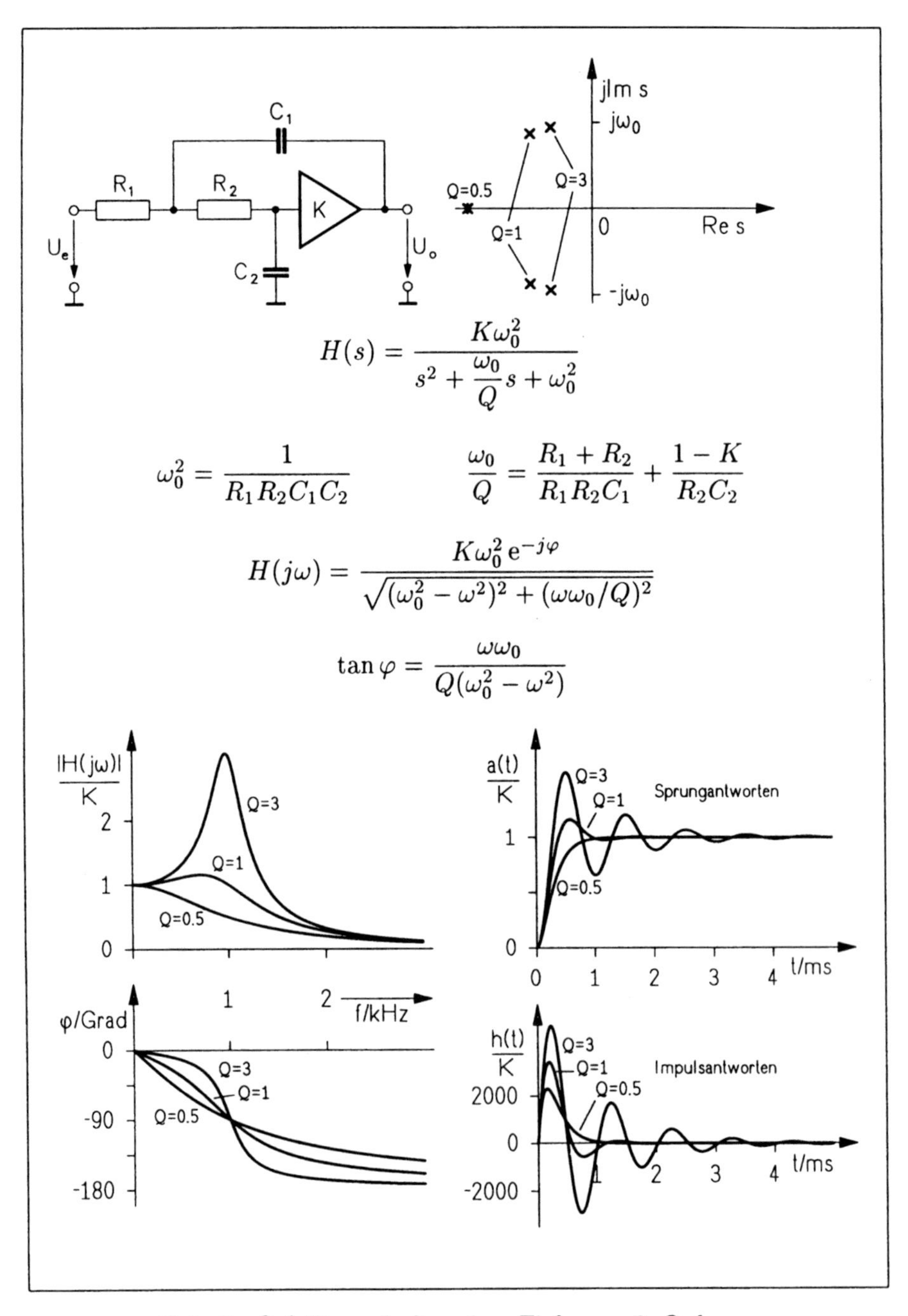

Tabelle 8.4 Eigenschaften eines Tiefpasses 2. Ordnung

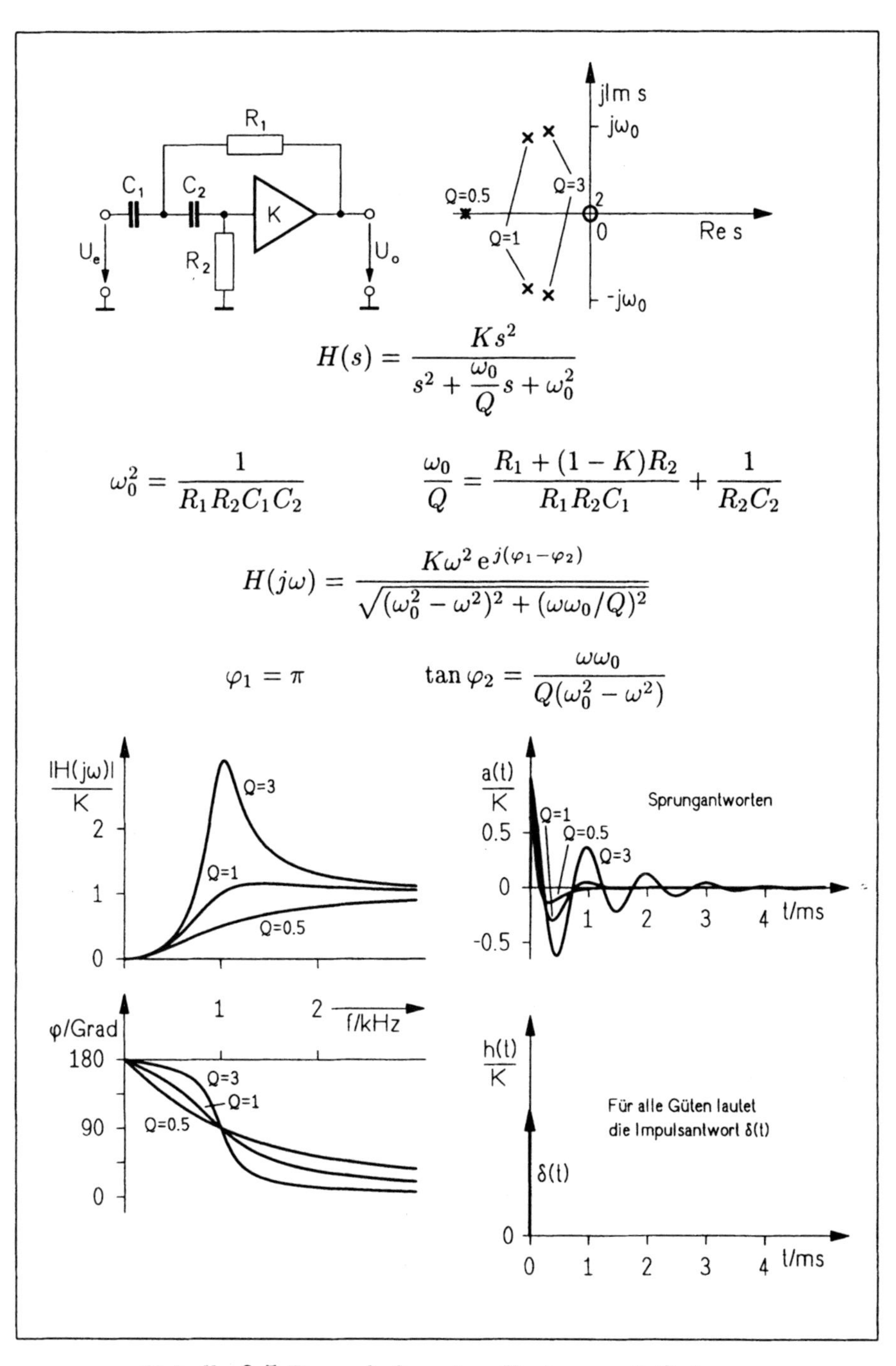

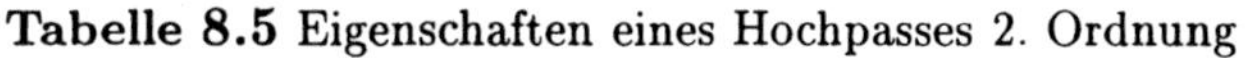
Tabelle 8.5 Eigenschaften eines Hochpasses 2. Ordnung

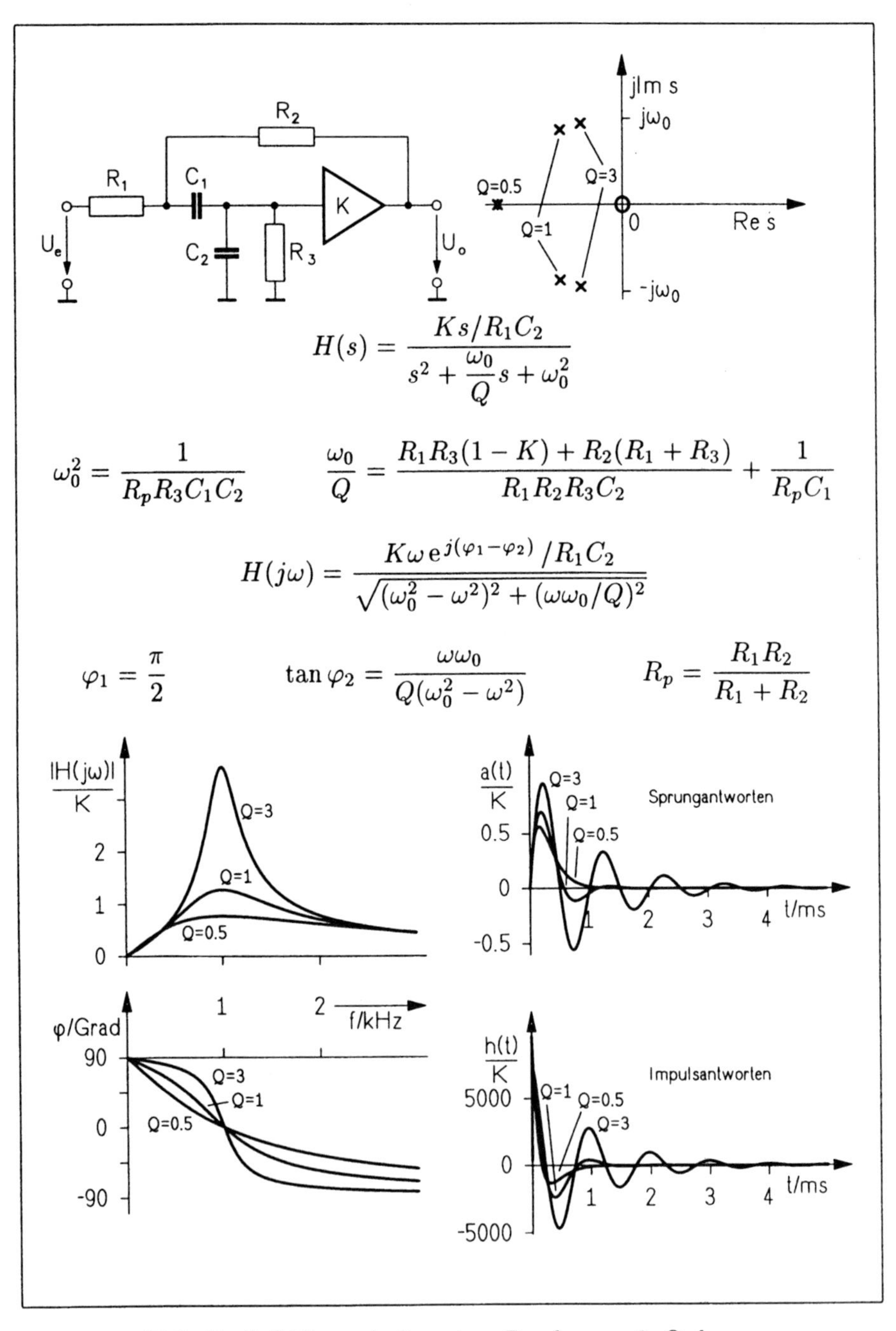

Tabelle 8.6 Eigenschaften eines Bandpasses 2. Ordnung

8.4 Oszillatoren

8.4.1 Einführung

Wir betrachten hier Oszillatoren, die kontinuierliche sinusförmige Schwingungen erzeugen. Zur Einführung in die grundsätzliche Wirkungsweise derartiger Schaltungen gehen wir von einer linearen dynamischen Schaltung 2. Ordnung aus — also von einer Schaltung mit zwei Energiespeichern — und wählen der Einfachheit halber den RC-aktiven Tiefpaß in Abb. 8.29. Für $R_1 = R_2 = R$ und $C_1 = C_2 = C$ lautet die Übertragungsfunktion

$$H(s) = \frac{K/R^2C^2}{s^2 + \frac{3-K}{RC}s + \frac{1}{R^2C^2}} \,. \tag{8.89}$$

Aus dem Vergleich mit der allgemeinen Form

$$H(s) = \frac{K\omega_0^2}{s^2 + \frac{\omega_0}{Q}s + \omega_0^2} \tag{8.90}$$

folgt für den vorliegenden Fall

$$\omega_0 = \frac{1}{RC} \qquad Q = \frac{1}{3-K} \,.$$

Als Dimensionierungs-Beispiel wählen wir $C = 10\,nF$ und $R = 15.915\,k\Omega$, so daß sich $f_0 = 1\,kHz$ ergibt, und wir betrachten die Sprungantworten für $Q = 10$ ($K = 2.9$) bzw. $Q = 1000$ ($K = 2.999$) in Abb. 8.37. Für $Q = 10$

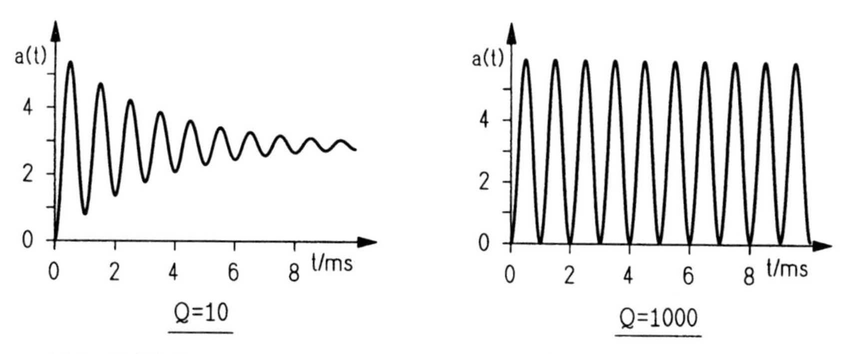

Abb. 8.37 Sprungantworten eines RC-aktiven Tiefpasses 2. Ordnung für $Q = 10$ und $Q = 1000$

klingen die Überschwinger relativ rasch ab, so daß die Sprungantwort ihren stationären Wert nach kurzer Zeit erreicht. Dagegen stellen die Überschwinger für $Q = 1000$ schon eine nahezu ungedämpfte sinusförmige Schwingung dar; eine wirklich ungedämpfte Schwingung würde sich für $Q = \infty$ einstellen.

Mit wachsender Güte Q wandern die Pole der Übertragungsfunktion — äquivalent: die Eigenwerte der Systemmatrix — immer näher an die $j\omega$–Achse heran; für $Q = \infty$ liegen sie auf der $j\omega$–Achse. Ein Oszillator ist also eine Schaltung, deren Systemmatrix zwei konjugiert komplexe Eigenwerte auf der imaginären Achse hat.

8.4.2 Wien–Brücken–Oszillator

Als exemplarische Oszillatorschaltung untersuchen wir den Wien–Brücken–Oszillator. Dazu beginnen wir zunächst mit einer anschaulichen Darstellung der Wirkungsweise und wenden uns danach einer genaueren Untersuchung zu. Ausgangspunkt ist das sogenannte Wien–Glied in Abb. 8.38. Die Über-

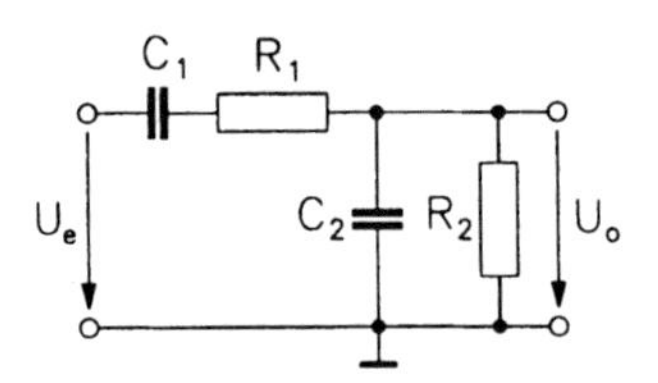

Abb. 8.38 RC–Schaltung ("Wien–Glied")

tragungsfunktion dieser RC–Schaltung lautet

$$H(s) = \frac{U_o}{U_e} = \frac{1}{1 + \left(R_1 + \frac{1}{sC_1}\right)(G_2 + sC_2)} . \tag{8.91}$$

Für $R_1 = R_2 = R$ und $C_1 = C_2 = C$ erhalten wir, wenn $s = j\omega$ gesetzt wird,

$$H(j\omega) = \frac{1}{3 + j\left(\omega CR - \frac{1}{\omega CR}\right)} . \tag{8.92}$$

Die Übertragungsfunktion wird also für

$$\omega = \omega_0 = \frac{1}{RC} \tag{8.93}$$

reell und hat dann den Wert $H(\omega = 1/(RC) = 1/3$. Verbindet man den Ausgang der RC–Schaltung über einen Verstärker mit der Verstärkung 3 mit dem Eingang, so entsteht ein Oszillator, der Schwingungen der Frequenz

$$f_0 = \frac{1}{2\pi RC}$$

liefert. Die entsprechende Schaltung zeigt Abb. 8.39; sie enthält einen idealen Operationsverstärker. Diese Schaltung soll nun etwas eingehender untersucht werden.

Mindestens eine der beiden Kapazitäten sei auf eine von Null verschiedene Spannung aufgeladen. Der Schalter wird zum Zeitpunkt $t = 0$ geschlossen. Dann gilt das Differentialgleichungs–System:

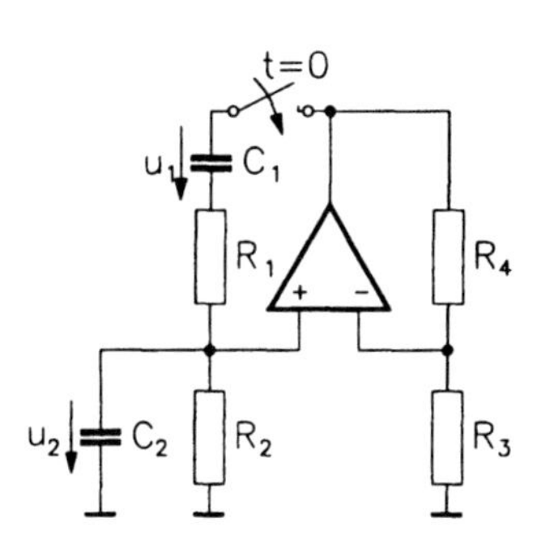

Abb. 8.39 Wien–Brücken–Oszillator

$$\begin{aligned} C_1\dot{u}_1 &= C_2\dot{u}_2 + G_2u_2 \\ G_4(u_1 + R_1C_1\dot{u}_1) &= G_3u_2 \; , \end{aligned}$$

beziehungsweise

$$\begin{pmatrix} C_1 & -C_2 \\ C_1R_1G_4 & 0 \end{pmatrix} \begin{pmatrix} \dot{u}_1 \\ \dot{u}_2 \end{pmatrix} = \begin{pmatrix} 0 & G_2 \\ -G_4 & G_3 \end{pmatrix} \begin{pmatrix} u_1 \\ u_2 \end{pmatrix} .$$

Nach der Umformung in

$$\begin{pmatrix} \dot{u}_1 \\ \dot{u}_2 \end{pmatrix} = \frac{1}{C_1C_2R_1G_4} \begin{pmatrix} -C_2G_4 & C_2G_3 \\ -C_1G_4 & C_1G_3 - C_1R_1G_2G_4 \end{pmatrix} \begin{pmatrix} u_1 \\ u_2 \end{pmatrix}$$

können die Eigenwerte der Systemmatrix berechnet werden. Aus

$$\begin{vmatrix} -\dfrac{1}{C_1R_1} - \lambda & \dfrac{R_4}{C_1R_1R_3} \\ -\dfrac{1}{C_2R_1} & \dfrac{R_4}{C_2R_1R_3} - \dfrac{1}{C_2R_2} - \lambda \end{vmatrix} = 0$$

folgt für die Eigenwerte, falls $R_1 = R_2 = R$ und $C_1 = C_2 = C$ gesetzt wird,

$$\lambda_{1,2} = -\frac{2 - R_4/R_3}{2RC} \pm \frac{1}{RC}\sqrt{\left(\frac{2 - R_4/R_3}{2}\right)^2 - 1} \; . \tag{8.94}$$

Damit die Schaltung als Oszillator arbeitet, müssen die Realteile der Eigenwerte verschwinden. Dies ist für

$$R_4 = 2R_3 \tag{8.95}$$

der Fall und es ergibt sich dann unter Berückschtigung von (8.93)

$$\lambda_{1,2} = \pm j\omega_0 \; . \tag{8.96}$$

Die Bedingung $R_4 = 2R_3$ bedeutet die Realisierung eines nichtinvertierenden Verstärkers mit der Spannungsverstärkung 3.

In der Praxis stellt sich natürlich die Frage, wie die Eigenwerte auf der imaginären Achse festgehalten werden können, da kleine Elementeänderungen positive oder negative Realteile bewirken. Die Lösung besteht darin, das Widerstandsverhältnis R_4/R_3 nicht konstant, sondern aussteuerungsabhängig zu machen; R_3 oder R_4 wird dann durch ein nichtlineares Element ersetzt.

Nehmen wir an, R_3 werde durch einen aussteuerungsabhängigen Widerstand gebildet. Zum Zeitpunkt $t = 0$ muß $R_3 < R_4/2$ gelten, so daß die Eigenwerte positiven Realteil haben. Dieser Zeitpunkt ist in der Praxis durch das Anlegen der Betriebsspannung gegeben, wodurch es zu einem Ladevorgang der Kapazitäten kommt, was — wegen des positiven Realteils der Eigenwerte — zu einer anwachsenden Schwingung führt. Durch geeignete Maßnahmen muß dafür gesorgt werden, daß dann der Wert von R_3 zunimmt bis der Realteil null ist; dazu können z. B. Dioden oder Feldeffekt–Transistoren als spannungsabhängige Widerstände eingesetzt werden. Der so gebildete Rückkopplungskreis bezüglich der Einstellung des Wertes von R_3 hält dann die Eigenwerte auf der imaginären Achse fest. Gleichzeitig erhält die Schwingungsamplitude einen definierten Wert.

Anhand des Beispiels eines Wien–Brücken–Oszillators ist deutlich geworden, daß ein Oszillator für sinusförmige Schwingungen folgende Merkmale besitzt. Er besteht grundsätzlich aus einer rückgekoppelten Schaltung zweiter Ordnung. Die beiden Energiespeicher können z. B. durch zwei Kapazitäten, einen LC–Schwingkreis oder einen Schwingquarz (hohe Frequenzkonstanz) gebildet werden. Ferner muß ein Oszillator immer eine Nichtlinearität enthalten, damit Schwingungen konstanter Amplitude erzeugt werden.

8.5 Nichtlineare Schaltungen mit Operationsverstärkern

8.5.1 Gleichrichterschaltungen

Abb. 8.40a zeigt eine Einweggleichrichter–Schaltung, die wir zunächst ana-

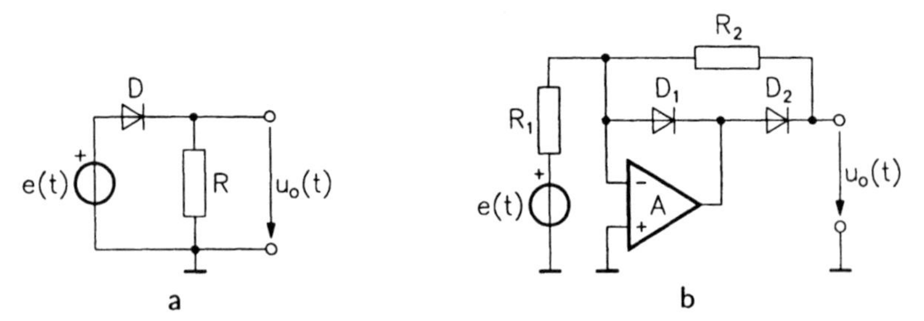

Abb. 8.40 Einweggleichrichter a. Einfache Schaltung b. Präzisionsgleichrichter

lysieren. Wir nehmen eine sinusförmige Quelle $e(t)$ an. Die Diode D ist dann nur in den positiven Halbwellen von $e(t)$ leitend und ein nennenswerter Strom fließt erst dann durch den Widerstand R, wenn $e(t)$ größer als die Schwellenspannung U_s ($0.5 \ldots 0.7\,V$ bei Si–Dioden) ist. Es gilt also für die Schaltung in Abb. 8.40a

$$u_o(t) \approx \begin{cases} e(t) - U_s & e(t) > U_s \\ 0 & e(t) < U_s \,. \end{cases} \tag{8.97}$$

Die Ausgangsspannung $u_o(t)$ weicht insbesondere bei kleinen Eingangsspannungen beträchtlich von den positiven Halbwellen von $e(t)$ ab; dies wird durch Abb. 8.41a verdeutlicht.

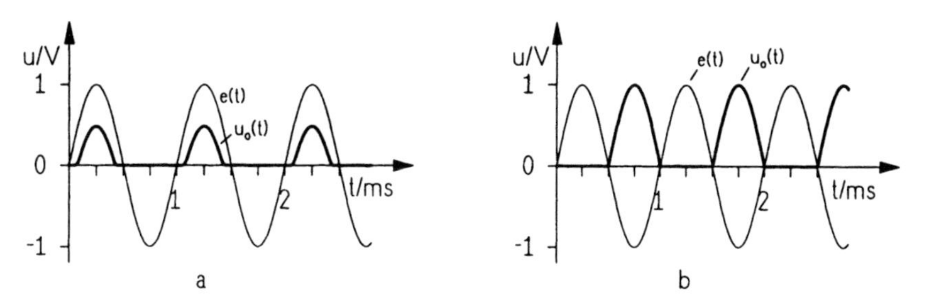

Abb. 8.41 Ausgangsspannungen gemäß a. Abb. 8.40a b. Abb. 8.40b

Wir betrachten nun die Schaltung in Abb. 8.40b. Der Operationsverstärker sei bis auf eine endliche Verstärkung ideal. Für positive Halbwellen von $e(t)$ ist D_1 leitend und D_2 gesperrt; beide Dioden sollen dieselbe Schwellenspannung U_s und denselben Sättingungsstrom I_S haben. Am Eingang des Operationsverstärkers liegt dann die Spannung $-U_s/(A+1)$. Ist $e(t)$ negativ, so ist D_2 leitend und D_1 gesperrt. In dieser Situation ist im wesentlichen ein invertierender Verstärker wirksam. Eine einfache Analyse liefert folgendes Ergebnis für die Ausgangsspannung der Gleichrichterschaltung in Abb. 8.40b:

$$u_o(t) = \begin{cases} -\dfrac{ke}{1+\dfrac{k+1}{A}} - \dfrac{(k+1)U_s}{A+k+1} - \dfrac{R_2 I_s}{1+\dfrac{k+1}{A}} & e(t) < 0 \\ \dfrac{U_s}{A+1} - R_2 I_S & e(t) > 0 \,. \end{cases} \tag{8.98}$$

Hier wurde zur Abkürzung $R_2/R_1 = k$ gesetzt. Abb. 8.41b zeigt das Resultat in Form eines Simulationsergebnisses für $k = 1$; dabei wurde derselbe Diodentyp wie im Falle der Schaltung von Abb. 8.40a verwendet, um die Resultate vergleichbar zu machen.

8.5.2 Logarithmier–Schaltung und Delogarithmier–Schaltung

Der exponentielle Verlauf der Basis–Emitter–Kennlinie eines Bipolar–Transistors kann zusammen mit einem Operationsverstärker dazu verwendet werden, eine Spannung zu logarithmieren. Eine Schaltung dazu zeigt Abb. 8.42a. Infolge des virtuellen Kurzschlusses am Eingang des Operationsverstärkers

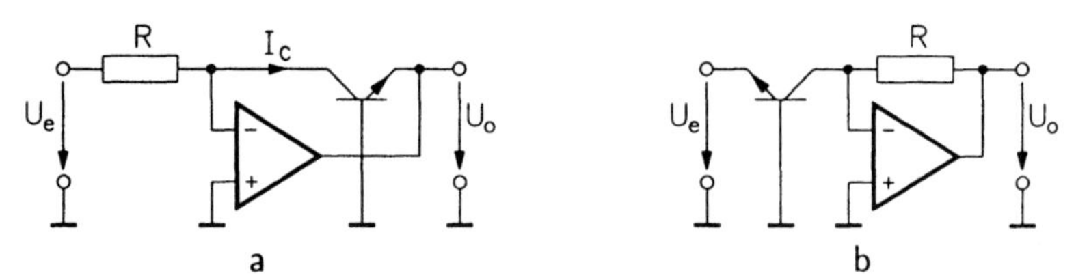

Abb. 8.42 a. Logarithmier–Schaltung b. Delogarithmier–Schaltung

ist die Basis–Kollektor–Spannung des Transistors gleich null. Ausgehend von Gleichung (1.29) gilt dann wegen $U_{BC} = 0$ für den Kollektorstrom

$$I_C = \alpha_V I_{ES}(\mathrm{e}^{U_{BE}/U_T} - 1) \ .$$

Für die Logarithmier–Schaltung ist $U_{BE} = -U_o$ und $I_C = U_e/R$, so daß wir

$$\frac{U_e}{R} = \alpha_V I_{ES}(\mathrm{e}^{-U_o/U_T} - 1)$$

beziehungsweise

$$U_o = -U_T \ln\left(\frac{U_e}{\alpha_V R I_{ES}} + 1\right) \qquad (8.99)$$

erhalten.

Beispiel 8.17

Für eine Simulation der Schaltung in Abb. 8.42a wird ein Transistor mit $\alpha_V = 0.998$ und $I_{ES} = 6.734 \cdot 10^{-15} A$ (2N3904) verwendet. Der Widerstand R erhält den Wert 148.4 $k\Omega$. Dann ergibt sich als Ausgangsspannung bei 300 K ($U_T = 25.85\, mV$):

$$\begin{aligned} U_o &= -U_T \cdot \ln\left(10^6 \cdot \frac{U_e}{mV}\right) \\ &= -357\, mV - 25.85\, mV \cdot \ln\left(\frac{U_e}{mV}\right) \ . \end{aligned}$$

Zur Umkehrung des Vorzeichens und zur Kompensation der Spannung 357 mV wird eine Operationsverstärker–Stufe nachgeschaltet.

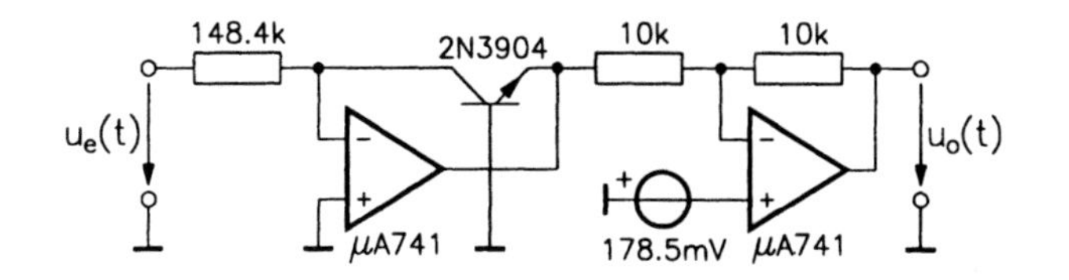

Auf den Eingang wird nun die Spannung u_e gegeben. Die auf U_T normierte Ausgangsspannung, aufgetragen über der Eingangsspannung, hat dann folgendes Aussehen:

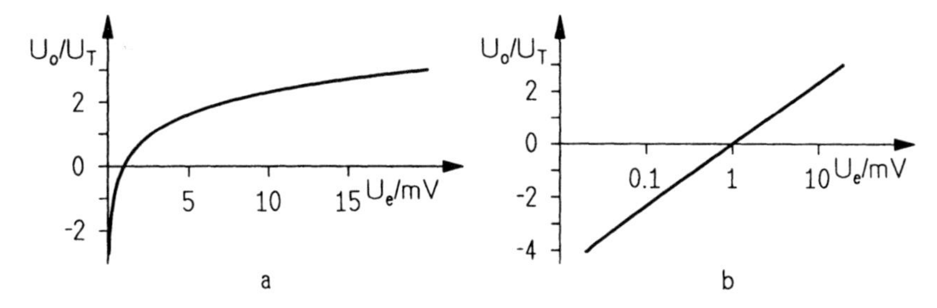

Wie die rechte Darstellung in halblogarithmischer Teilung zeigt, stellt die Kurve (in dem betrachteten Eingangsspannungsbereich) mit sehr guter Genauigkeit die Logarithmus–Funktion dar.

Wir wenden uns nun der Delogarithmier–Schaltung in Abb. 8.42b zu, für die der gleiche Transistor wie in Abb. 8.42a angenommen wird. Die Analyse verläuft ähnlich wie im Falle der Logarithmier–Schaltung und wir erhalten für die Ausgangsspannung

$$U_o = \alpha_V R I_{ES} \left(\mathrm{e}^{-U_e/U_T} - 1 \right) . \tag{8.100}$$

8.5.3 Multiplizier–, Dividier– und Radizier–Schaltungen

Mit Hilfe von Logarithmier– und Delogarithmier–Schaltungen lassen sich die Operationen "Multiplikation", "Division" und "Wurzelziehen" durchführen; auf diese Weise können etwa zwei zeitabhängige analoge Spannungen miteinander multipliziert werden. Das prinzipielle Vorgehen bei der Entwicklung entsprechender Schaltungen läßt sich am einfachsten am Beispiel der Multiplikation erläutern.

Ausgangspunkt sind zwei Zahlen x und y, die miteinander multipliziert werden sollen. Zuerst werden beide Zahlen logarithmiert und anschließend addiert:

$$\ln x + \ln y = \ln xy \ .$$

Das Ergebnis wird nun delogarithmiert, woraus dann

$$e^{\ln xy} = xy$$

folgt. Dieses Verfahren wird durch die Schaltung in Abb. 8.43 elektrisch um-

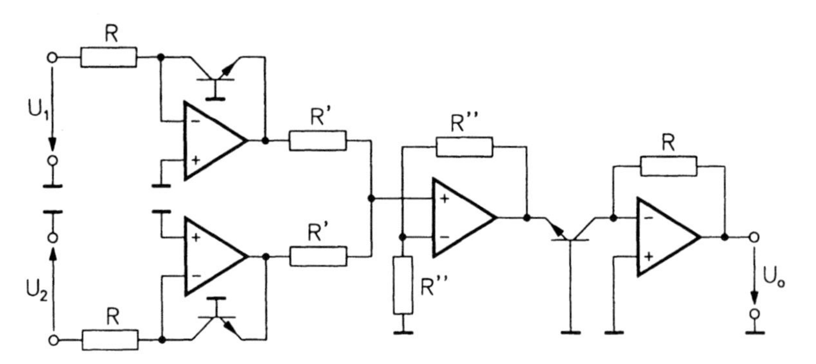

Abb. 8.43 Multiplizier–Schaltung

gesetzt. Eine einfache Analyse der Schaltung in Abb. 8.43 liefert als Ausgangsspannung, falls die "1" in den Gleichungen (8.99) und (8.100) vernachlässigt wird,

$$U_o = \frac{U_1 U_2}{\alpha_V R I_{ES}} \ . \qquad (8.101)$$

Die Multiplizier–Schaltung kann auf einfache Weise dadurch in eine Dividier–Schaltung umgewandelt werden, daß die Addition der logarithmierten Größen durch eine Subtraktion ersetzt wird; Abb. 8.44 zeigt die entsprechende Schal-

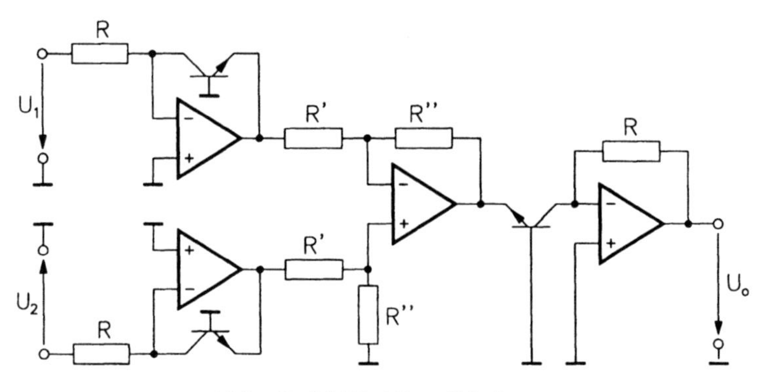

Abb. 8.44 Dividier–Schaltung

tung. Für die Dividier–Schaltung ergibt sich als Beziehung zwischen Ausgangspannung und Eingangsspannungen die Gleichung

$$U_o = \alpha_V R I_{ES} \cdot \frac{U_2}{U_1} \, . \tag{8.102}$$

Bei der Durchführung der Operation "Wurzelziehen" (Radizieren) wird von der Beziehung $\ln \sqrt{x} = (\ln x)/2$ Gebrauch gemacht. Im Zuge der schaltungstechnischen Umsetzung muß zwischen Logarithmier- und Delogarithmier-Schaltung also lediglich ein Verstärker mit der Verstärkung 1/2 eingefügt werden. Abb. 8.45 zeigt die sich auf diese Weise ergebende Radizier-Schaltung.

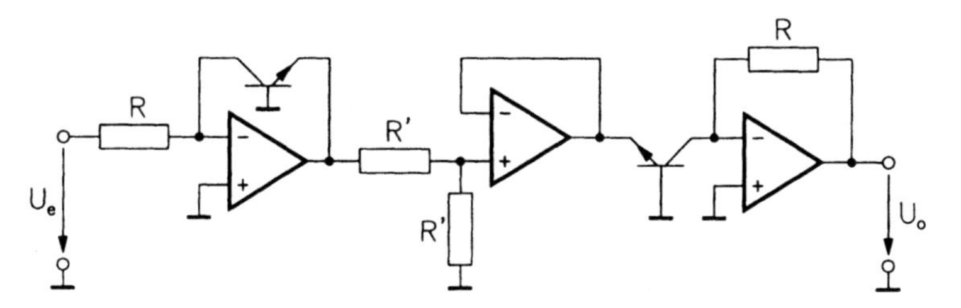

Abb. 8.45 Radizier-Schaltung

Die Gleichung für die Ausgangsspannung der Radizier-Schaltung lautet

$$U_o = \sqrt{\alpha_V R I_{ES} U_e} \, . \tag{8.103}$$

8.6 Anwendung des Operationsverstärkers als Komparator

Die Eingangs-Ausgangs-Charakteristik eines Operationsverstärkers ist (vereinfacht) in Abb. 8.46a dargestellt; dabei wurde eine Versorgungsspannung

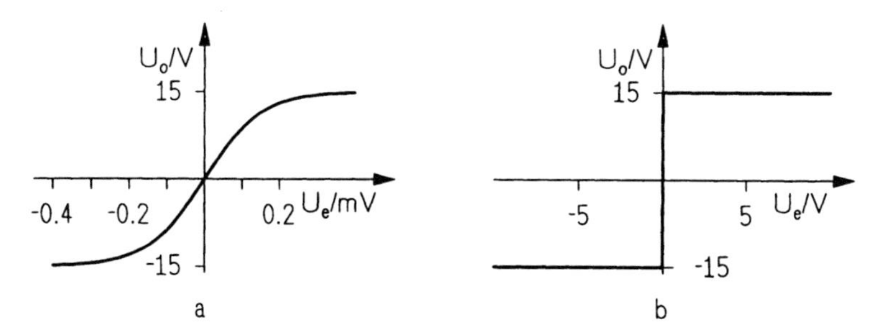

Abb. 8.46 Eingangs-Ausgangs-Kennlinie eines Operationsverstärkers bei unterschiedlichen Achsen-Maßstäben

von $\pm 15V$ und eine Leerlaufverstärkung $A = 10^5$ angenommen. Liegen die Eingangsspannungen im Volt-Bereich, ist es sinnvoll, die Kennlinie in der

Form von Abb. 8.46b darzustellen. Dadurch wird deutlich, daß der nichtrückgekoppelte Operationsverstärker praktisch nur zwei Ausgangszustände besitzt; es kann also im wesentlichen nur entschieden werden, ob die Eingangsspannung positiv oder negativ ist.

8.6.1 Schwellendetektor

Legt man an einen der Eingänge eine Referenzspannung (Abb. 8.47a), so

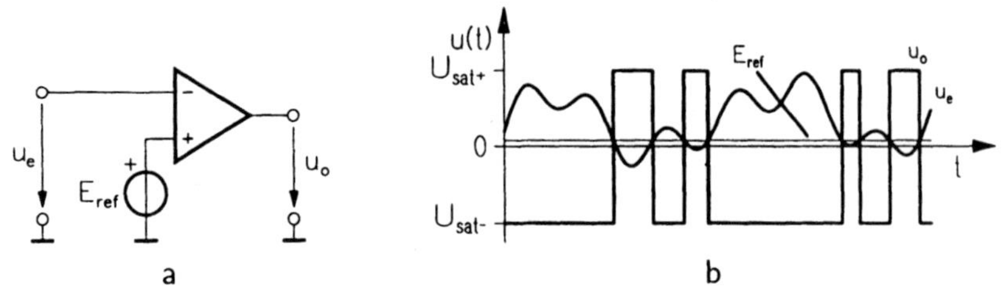

Abb. 8.47 Operationsverstärker als Schwellendetektor a. Schaltung b. Spannungsverläufe

wird die Eingangsspannung mit dieser verglichen. An den Schnittpunkten von Eingangs- und Referenzspannung kippt die Ausgangsspannung von einer Sättigung in die jeweils andere; im vorliegenden Fall (Abb. 8.47) ist die Sättigung symmetrisch und am nichtinvertierenden Eingang liegt eine positive Referenzspannung.

Beispiel 8.18

Ein Operationsverstärker wird als Komparator in der Schaltung gemäß Abb. 8.47a eingesetzt. Als Eingangssignal u_e wird eine Dreiecksspannung verwendet. Die Spannungsverläufe zeigt die folgende Abbildung.

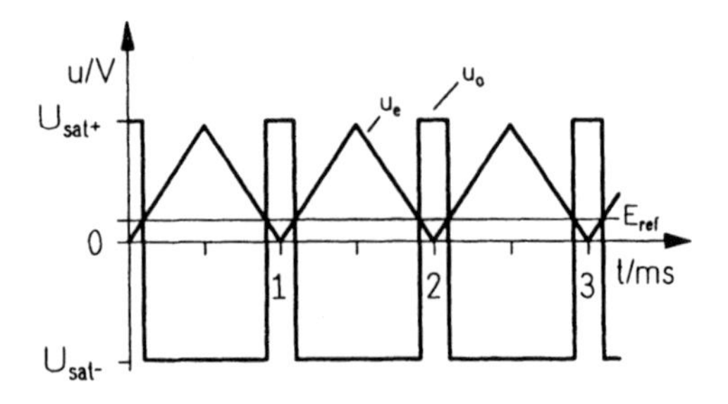

Diese Schaltung ist also geeignet, eine Rechteckspannung zu erzeugen, deren Periodendauer mit Hilfe der Dreiecksspannungsperiode und deren Tastverhältnis mit Hilfe der Referenzspannung einstellbar ist: Über die Variation der Referenzspannung findet eine Pulsweitenmodulation statt.

Werden Komparatoren mit kurzen Übergangszeiten benötigt, so sind allgemeine Operationsverstärker nicht geeignet. Insbesondere frequenzkompensierte Verstärker sind zu langsam; wegen fehlender Rückkopplung wird die Frequenzkompensation auch gar nicht benötigt. Von den Halbleiterherstellern werden daher spezielle Komparatoren mit optimierten Eigenschaften angeboten.

8.6.2 Schmitt–Trigger

Wird die Referenzspannung in Abb. 8.47a nicht durch eine äußere Quelle vorgegeben, sondern über einen Spannungsteiler aus der Ausgangsspannung gewonnen, so entsteht eine Schaltung mit positiver Rückkopplung. Sie wird nach ihrem Erfinder "Schmitt–Trigger" genannt.

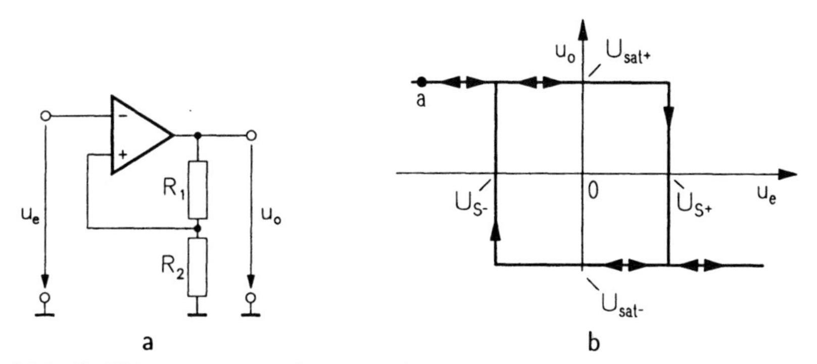

Abb. 8.48 Invertierender Schmitt–Trigger a. Schaltung b. Vereinfachte Eingangs–Ausgangs–Kennlinien

Die Ausgangsspannung des Schmitt–Triggers kann zwei stabile Werte annehmen: die obere Sättigungsgrenze U_{sat+} und die untere U_{sat-}. Abhängig davon ergibt sich eine obere bzw. untere Umschalt–Schwelle:

$$U_{s+} = \frac{R_2}{R_1 + R_2} \cdot U_{sat+} \tag{8.104}$$

$$U_{s-} = \frac{R_2}{R_1 + R_2} \cdot U_{sat-} \; . \tag{8.105}$$

Diese Größen sind in Abb. 8.47b in die vereinfachte Eingangs–Ausgangs–Kennlinie des Schmitt–Triggers eingezeichnet. Zur Erläuterung der Wirkungsweise nehmen wir an, die Eingangsspannung sei derart negativ, daß die Ausgangsspannung in der positiven Sättigung ist und der Punkt "a" erreicht sein möge. Wird dann die Eingangsspannung in den positiven Bereich hinein erhöht, so bleibt u_o so lange auf dem Wert U_{sat+} bis $u_e = U_{s+}$ erreicht wird; eine weitere inkrementale Erhöhung bringt den Ausgang dann in die negative Sättigung. Die wird wieder verlassen, wenn u_e unter U_{s-} absinkt. Das Rechteck kann senkrecht also nur jeweils in einer Richtung durchlaufen werden, während auf den Sättigungslinien $u_o = U_{sat+}$ und $u_o = U_{sat-}$ beide Richtungen möglich sind.

Abb. 8.49a zeigt die Spannungen an einem Schmitt–Trigger gemäß Abb.

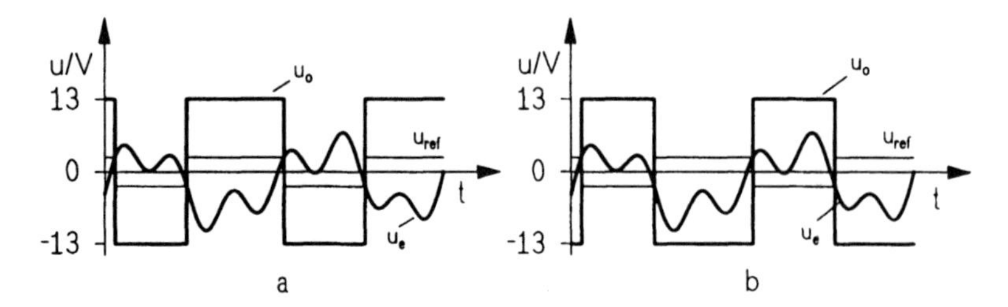

Abb. 8.49 Zeitliche Verläufe von Eingangs- und Ausgangsspannungen a. invertierender Schmitt–Trigger b. nichtinvertierender Schmitt–Trigger

8.48a; für die Simulation wurde ein Operationsverstärker ohne Frequenzkompensation ($\mu A748$) gewählt, für die Widerstände gilt hier $R_1 = 9\,k\Omega$, $R_2 = 1\,k\Omega$.

Einen nichtinvertierenden Schmitt–Trigger zeigt Abb. 8.50. Der Sprung der

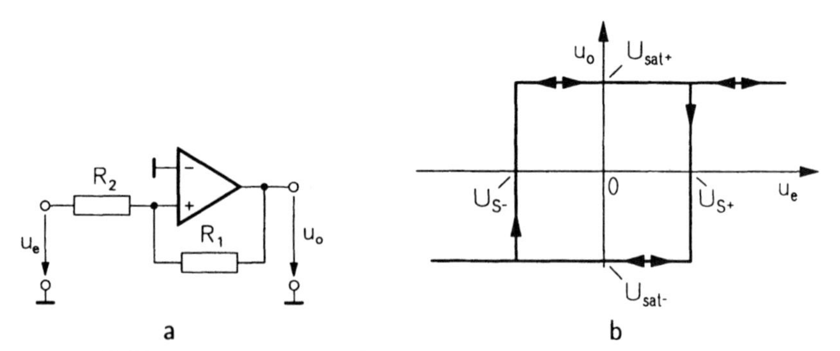

Abb. 8.50 Schmitt–Trigger (nichtinvertierend) a. Schaltung b. Vereinfachte Eingangs–Ausgangs–Kennlinien

Ausgangsspannung von U_{sat+} nach U_{sat-} und umgekehrt geschieht, wenn die Spannung am Differenzeingang (sehr nahe) null ist. Ist $u_o = U_{sat+}$, dann muß $u_e = U_{s-}$ sein, damit der Schmitt–Trigger seinen Zustand ändert. Aus

$$\frac{U_{sat+}}{R_1} + \frac{U_{s-}}{R_2} = 0$$

folgt dann

$$U_{s-} = -\frac{R_2}{R_1} \cdot U_{sat+} \ . \tag{8.106}$$

Analog ergibt sich

$$U_{s+} = -\frac{R_2}{R_1} \cdot U_{sat-} \ . \tag{8.107}$$

Abb. 8.49b zeigt die Eingangs- und Ausgangsspannung eines nichtinvertierenden Schmitt–Triggers ($\mu A748$, $R_1 = 10\,k\Omega$, $R_2 = 1\,k\Omega$).

8.6.3 Astabiler Multivibrator

Aus einem Schmitt–Trigger entsteht auf einfache Weise ein Oszillator, wenn die Eingangsspannung über ein RC–Glied aus der Ausgangsspannung gewonnen wird (Abb. 8.51a). Wir gehen von einem (invertierenden) Schmitt–

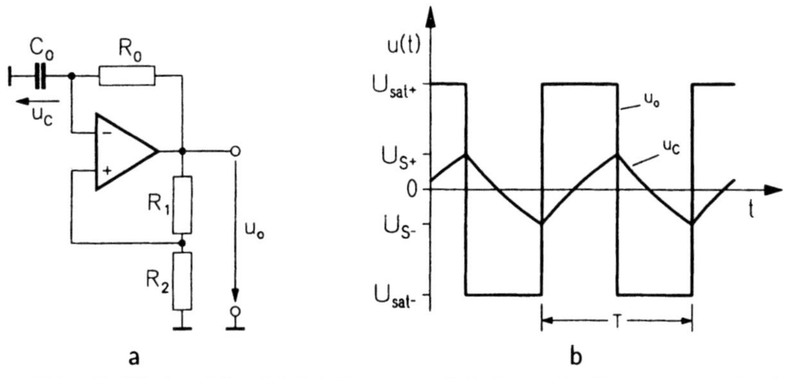

Abb. 8.51 Astabiler Multivibrator a. Schaltung b. Spannungsverläufe

Trigger mit $|U_{sat-}| = U_{sat+}$ aus. Wird die Versorgungsspannung (zum Zeitpunkt $t = 0$) eingeschaltet, so nimmt u_o einen der beiden stabilen Zustände an, also U_{sat+} oder U_{sat-}. Nehmen wir an, es gelte $u_o(t = 0) = U_{sat+}$; da $u_C(0) = 0$ ist, gilt dann für die Spannung über der Kapazität C_0

$$u_C(t) = U_{sat+}\left(1 - \mathrm{e}^{-t/R_0C_0}\right) \ .$$

Sobald $u_C(t) > U_{s+}$ ist, springt u_o auf U_{sat-} und die Kapazität C_0 wird umgeladen, bis ihre Spannung den Wert U_{s-} erreicht, so daß u_o wieder den Wert U_{sat+} annimmt. Abb. 8.51b verdeutlicht diese Vorgänge. Sind die beiden Sättigungsgrenzen betragsmäßig gleich, so gilt dies entsprechend auch für die Schwellen U_{s+} und U_{s-}.

Die Grundfrequenz der erzeugten Schwingungen ist $f_0 = 1/T$. Zu ihrer Berechnung gehen wir so vor, daß wir einen Zeitpunkt wählen, bei dem die Ausgangsspannung von U_{sat-} auf U_{sat+} springt; zu diesem Zeitpunkt ist die

Kapazität auf U_{s-} aufgeladen. Für den zeitlichen Verlauf der Spannung über der Kapazität gilt dann

$$u_C(t) = U_{s-}\, \mathrm{e}^{-t/R_0C_0} + U_{sat+}\left(1 - \mathrm{e}^{-t/R_0C_0}\right) \; .$$

Zum Zeitpunkt $t = T/2$ ist $u_C = U_{s+}$. Wegen

$$U_{s-} = -U_{s+} \qquad \text{und} \qquad U_{s+} = \frac{R_2 U_{sat+}}{R_1 + R_2}$$

ergibt sich die Gleichung

$$-\frac{R_2 U_{sat+}}{R_1 + R_2} \cdot \mathrm{e}^{-T/2R_0C_0} + U_{sat+}\left(1 - \mathrm{e}^{-T/2R_0C_0}\right) = \frac{R_2 U_{sat+}}{R_1 + R_2} \; ,$$

und daraus nach kurzer Rechnung

$$f_0 = \frac{1}{T} = \frac{1}{2R_0C_0 \ln(1 + 2R_2/R_1)} \; . \tag{8.108}$$

Beispiel 8.19

Ein astabiler Mulitvibrator wird wie folgt dimensioniert:

$$R_1 = 10\,k\Omega \qquad R_2 = 5\,k\Omega \qquad R_0 = 72.14\,k\Omega \qquad C_0 = 10\,nF \; .$$

Als Operationsverstärker findet der Typ $\mu A748$ Verwendung. Die Kapazität C_0 erhält eine Anfangsladung, so daß $u_C(0) = 3.5\,V$ beträgt. Gemäß (8.108) ergibt sich eine Pulsfolgefrequenz $f_0 = 1\,kHz$. Die folgende Abbildung zeigt das Simulationsergebnis:

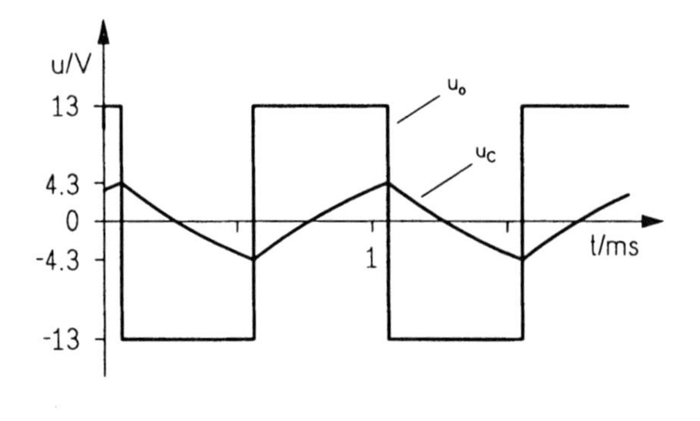

8.7 Schaltungen für die A/D– und die D/A–Umsetzung

Für die Aufgabe, analoge Signale in digitale Zahlenfolgen umzusetzen (bzw. umgekehrt) werden Abtast–Halte–Schaltungen, Analog–Digital–Wandler, Digital–Analog–Wandler und bandbegrenzende Filter — meistens Tiefpässe

— benötigt. Dabei finden neben Operationsverstärkern auch elektronische Schalter vielfältige Verwendung.

8.7.1 Elektronische Schalter mit Sperrschicht–Feldeffekt–Transistoren

Sperrschicht–Feldeffekt–Transistoren sind immer selbstleitend; durch Anlegen einer Gate–Source–Spannung kann der (Drain–Source–) Kanal gesperrt werden. Abb. 8.52 zeigt das Verhalten schematisch für einen n–Kanal–Transistor. Für Schalteranwendungen sind nur zwei Zustände von Interesse, die

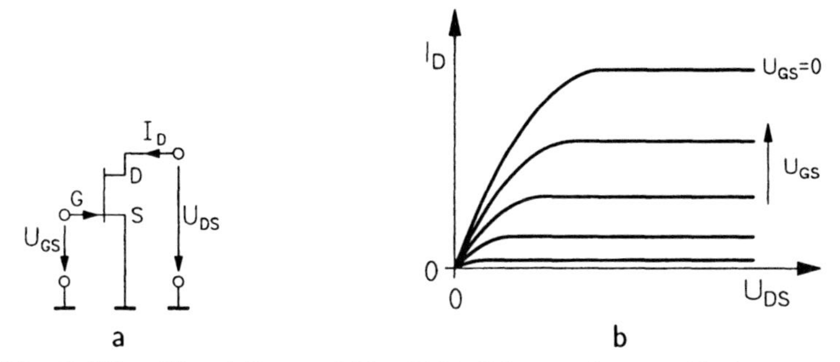

Abb. 8.52 n–Kanal Sperrschicht–Feldeffekttransistor a. Positive Zählrichtungen b. I_D–U_{DS}–Kennlinien

durch $U_{GS} = 0$ (Schalter geschlossen) und $U_{GS} \leq U_T$ (Schalter offen) gekennzeichnet sind. Ist der Schalter geschlossen, gilt $U_{DS} \approx 0$ und der Leitwert

$$G_{DS} = \frac{dI_D}{dU_{DS}}$$

ist ziemlich groß; typische Werte für den Widerstand $R_{DS} = 1/G_{DS}$ liegen im Bereich $10 \ldots 100\Omega$. Bei offenem Schalter fließt ein Drainstrom von (typisch) weniger als 100 pA, der allerdings einen relativ hohen positiven Temperatur–Koeffizienten besitzt.

Eine Möglichkeit zum Einsatz eines Sperrschicht–Feldeffekt–Transistors als Schalter zeigt Abb. 8.53. Für hinreichend positive Werte der Steuerspannung u_s (z. B. $+15\,V$) ist die Diode D gesperrt, Gate und Source sind über den (hochohmigen) Widerstand R_1 verbunden, so daß $U_{GS} = 0$ ist; folglich ist der Schalter in diesem Zustand geschlossen. Für negative Werte (z. B. $-15\,V$) von u_s wird D leitend, und der Transistor ist gesperrt. Es muß natürlich darauf geachtet werden, daß die Diode D nicht durch die Eingangsspannung $e(t)$ in den leitenden Zustand gebracht wird.

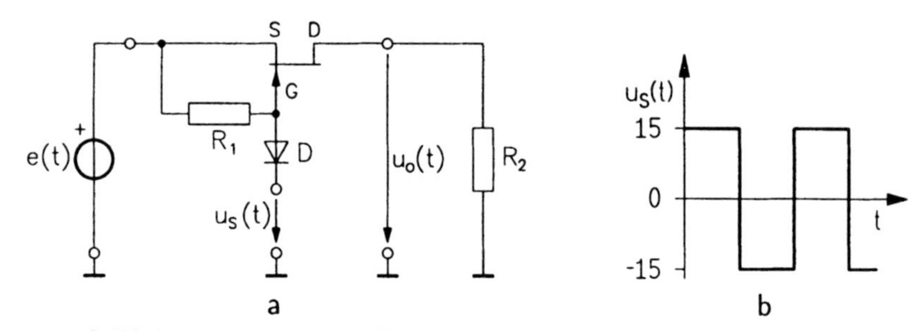

Abb. 8.53 Sperrschicht–Feldeffekttransistor als Schalter a. Schaltung b. Steuerspannung (Beispiel)

Elektronische Schalter mit MOS–Transistoren

Aufgrund ihrer dominierenden Rolle in integrierten (Digital–) Schaltungen sind MOS–Transistoren auch für analoge Schalteranwendungen besonders interessant; die selbstsperrenden Typen sind weitaus verbreiteter als die selbstleitenden (z. B. in der CMOS–Technologie), so daß wir uns nur mit ersteren beschäftigen. Abb. 8.54 zeigt typische Charakteristiken von n–Kanal und p–

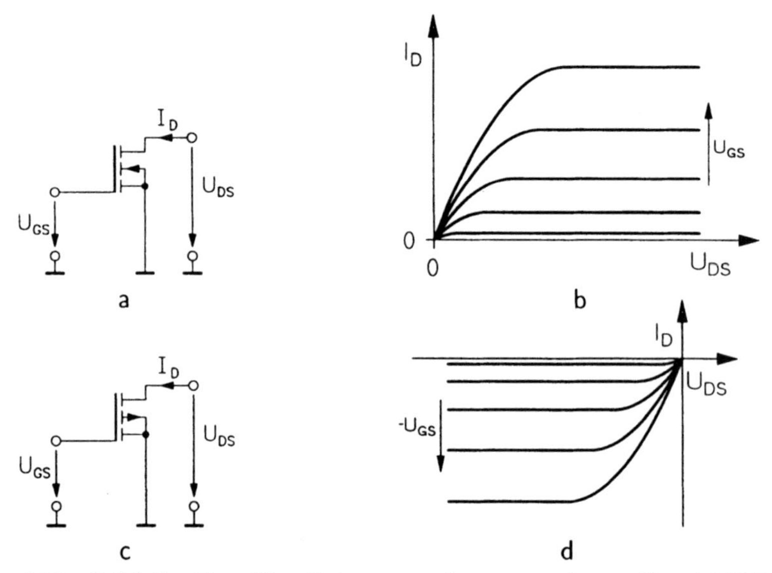

Abb. 8.54 I_D-U_{DS}-Kennlinien von selbstsperrenden n–Kanal MOS–Transistoren

Kanal MOS–Transistoren. Dies ist die übliche Darstellung. Die Kurven haben jedoch Fortsetzungen in den 3. Quadranten (n–Kanal), bzw. 1. Quadranten (p–Kanal), da bei Umkehrung der Richtung von U_{DS} Source und Drain ihre Rollen tauschen.

Ein MOS–Transistor kann prinzipiell gemäß Abb. 8.55a als Schalter ver-

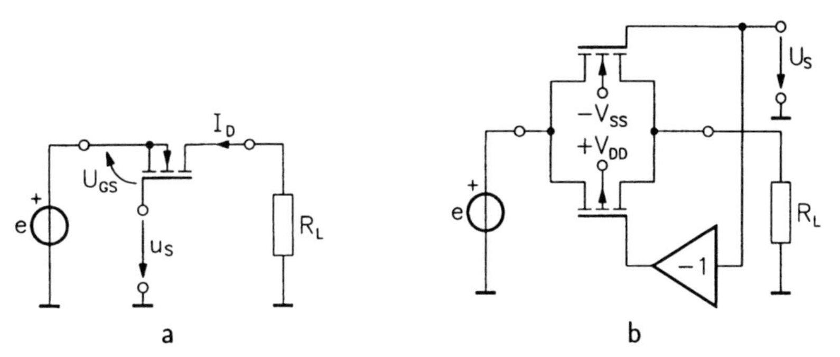

Abb. 8.55 Schalter mit MOS–Transistoren a. n–Kanal–Transistor b. Schalter mit komplementären Transistoren

wendet werden. Der wesentliche Nachteil dieser Schaltung besteht darin, daß wegen $u_{GS} = u_s - e$ der Widerstand des leitenden Transistors nicht nur von der Schaltspannung u_s abhängt, sondern außerdem von der Eingangsspannung e. Dieser Effekt kann bei Verwendung komplementärer Transistoren (Abb. 8.55b) sehr stark gemindert werden. Die Schaltung in Abb. 8.55b hat nicht nur für die Realisierung von Analog–Schaltern Bedeutung, sie findet auch in Digital–Schaltungen Verwendung (CMOS Transfer–Gate). Abb. 8.56 zeigt die I_D–U_{DS}–Kennlinien des komplementären Schalters in

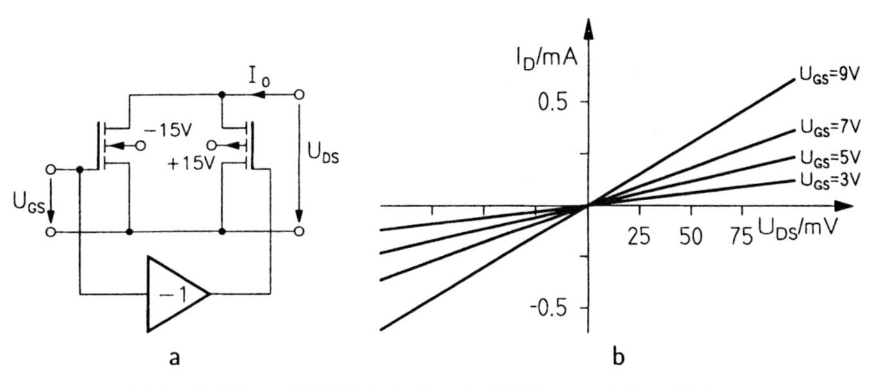

Abb. 8.56 a. CMOS–Schalter b. Widerstandskennlinien

der Nähe des Ursprungs. Die für die Simulation verwendeten Transistoren haben betragsmäßig gleiche Schwellenspannungen, nämlich $U_{Tn} = 4\,V$ und $U_{Tp} = -4\,V$.

8.7.2 Abtast–Halte–Schaltungen

Abgetastete Signale spielen in der Elektronik eine wichtige Rolle. Sie entstehen prinzipiell dadurch, daß — mit Hilfe eines elektronischen Schalters — aus einem zeitkontinuierlichen Signal zu diskreten Zeitpunkten Signalwerte

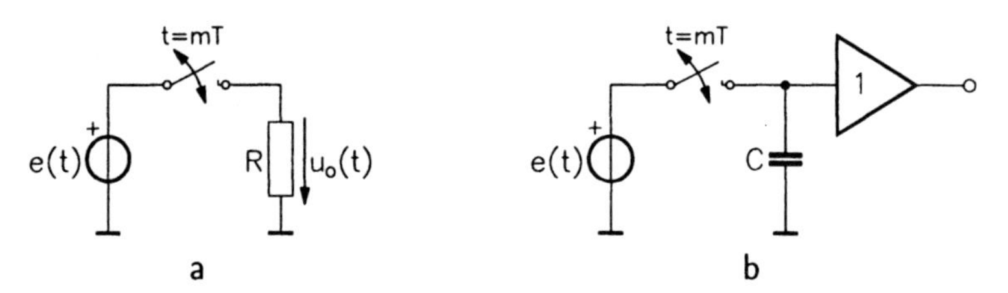

Abb. 8.57 Zur Signalabtastung

"ausgesiebt" werden. Abb. 8.57a veranschaulicht dieses Prinzip. Dabei ist angenommen, daß der Schalter in regelmäßigen Abständen so geöffnet und geschlossen wird, daß

$$u_o(t)\Big|_{t=mT} = e(mT) \qquad m \in \mathbb{Z}$$

gilt. Die Abtastwerte werden in der Regel weiterverarbeitet, beispielsweise in einem Analog–Digital–Wandler. Dafür ist es dann in dehr vielen Fällen vorteilhaft, die (analogen) Abtastwerte möglichst lange — maximal also bis zum Auftreten des nächsten Wertes — zur Verfügung zu haben. Diesem Zweck dienen Abtast–Halte–Schaltungen; Abb. 8.57b verdeutlicht zunächst das grundlegende Prinzip. Die Kapazität C wird in regelmäßigen Abständen T auf den jeweils aktuellen Signalwert $e(mT)$ aufgeladen, der dann bis zum nächsten Schließen des Schalters gespeichert bleibt; der ideale Verstärker (Spannungsfolger) sorgt dafür, daß zwischen zwei Abtastzeitpunkten keine Ladung von der Kapazität abfließt.

Bei der praktischen Umsetzung dieses Prinzips treten natürlich vielfältige Probleme auf, für deren Lösung geeignete Maßnahmen erforderlich sind. Ein schaltungstechnisch besonders kritischer Punkt ist die Zeitspanne, die bei Verwendung realer Schalter zum jeweiligen Umladen der Kapazität C benötigt wird. Bezeichnen wir den Widerstand des geschlossenen Schalters mit R_{ein}, so muß die Zeitkonstante CR_{ein} möglichst klein sein. Der Verkleinerung von C sind praktische Grenzen dadurch gesetzt, daß die durch die unvermeidlichen Isolationsverluste (Kondensator, Schalter, Pufferverstärker) hervorgerufene Entladung zwischen zwei Abtastzeitpunkten auch möglichst gering gehalten werden muß. Der Weg zu einer niedrigen Zeitkonstante CR_{ein} muß daher weitgehend über eine Verkleinerung von R_{ein} gehen. Eine schaltungstechnische Möglichkeit dazu zeigt Abb. 8.58. Der reale Schalter ist hier mit Hilfe eines idealen Schalters sowie der Widerstände R_{ein} (Schalter geschlossen) und R_{aus} (Schalter geöffnet) modelliert. Die beiden Operationsverstärker seien bis auf ihre endlichen Leerlaufverstärkungen $A_1 \gg 1$, $A_2 \gg 1$ ideal. Die beiden Dioden haben die Aufgabe, den Ausgang des Operationsverstärkers (A_1) während der Öffnungsphase des Schalters mit seinem invertierenden Eingang zu verbinden; durch diese Maßnahme wird einer Verkleinerung von R_{aus} entgegengewirkt.

Anschaulich läßt sich die Wirkungsweise folgendermaßen erklären. Die Span-

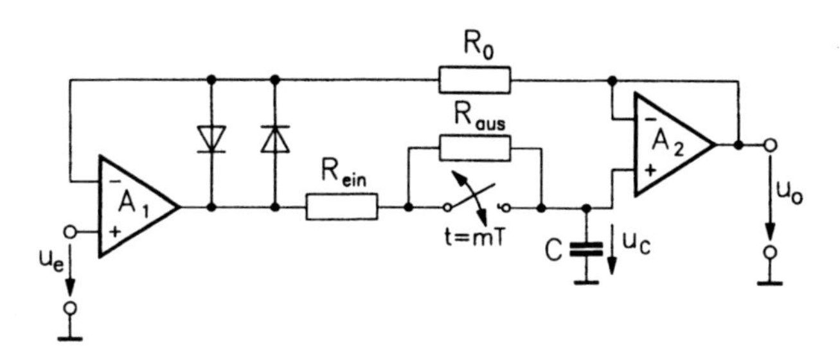

Abb. 8.58 Praktische Realisierung einer Abtast–Halte–Schaltung

nungen an den beiden Differenzeingängen sind nahezu null und durch den Widerstand R_0 fließt kein Strom; daher liefert der erste Verstärker (A_1) jeweils einen Strom derart, daß bei geschlossenem Schalter mit hoher Genauigkeit $u_C = U_e$ gilt. Um zu einer quantitativen Aussage zu kommen betrachten wir ein Zeitintervall $mT \leq t < mT + \varepsilon T$ $(0 < \varepsilon < 1)$, in dem der Schalter geschlossen ist. Für dieses Intervall lesen wir die folgenden Gleichungen aus Abb. 8.58 ab:

$$\begin{aligned} \frac{A_1(u_e - u_o) - u_C}{R_{ein}} &= C\dot{u}_C \\ u_o &= \frac{A_2 u_C}{A_2 + 1} \; . \end{aligned}$$

Nach einfacher Umformung ergibt sich daraus unter Berücksichtigung von $A_1, A_2 \gg 1$ in sehr guter Näherung die Differentialgleichung

$$\dot{u}_C + \frac{u_C}{C(R_{ein}/A_1)} = \frac{u_e}{C(R_{ein}/A_1)} \; . \tag{8.109}$$

Der Durchlaßwiderstand des Schalters erscheint also um den Faktor A_1 verkleinert.

Beispiel 8.20

In diesem Beispiel betrachten wir eine Variante des in Abb. 8.58 gezeigten Prinzips.

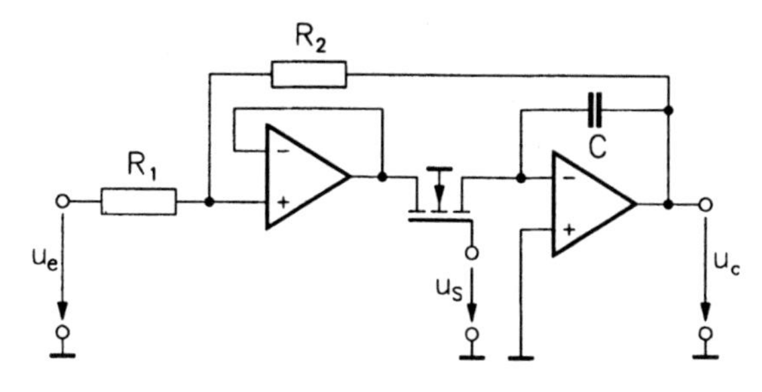

Einer der Vorzüge dieser Schaltung besteht darin, daß der Schalter mit der virtuellen Masse verbunden ist. Infolgedessen entsteht nicht das Problem der

Beeinflussung des Durchlaßwiderstandes durch die Signalspannung; daher kann hier ein einzelner n–Kanal MOS–Transistor als Schalter verwendet werden.

Für das nachstehend dargestellte Simulationsergebnis wurde eine rechteckförmige Schalter–Spannung mit einer Periodendauer von $330\,\mu s$ verwendet; in jeder Periode war der Schalter für $40\,\mu s$ geschlossen. Die Widerstände R_1 und R_2 hatten dieselben Werte.

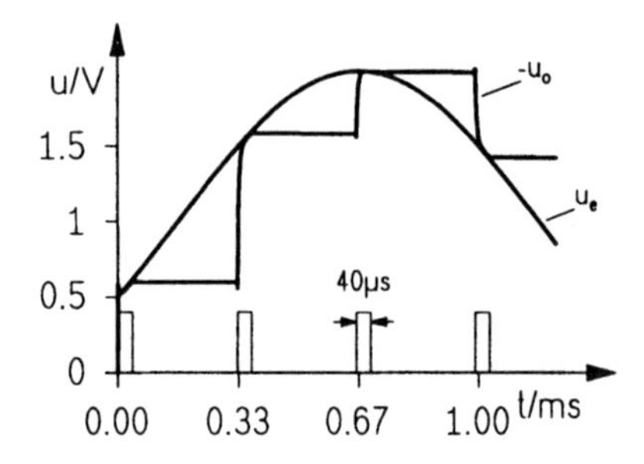

Aus der Abbildung sind die zunächst exponentialförmig verlaufenden Umladevorgänge erkennbar. Sobald der jeweilige Wert der Eingangsspannung (betragsmäßig) erreicht ist, folgt die Spannung über der Kapazität C der Eingangsspannung bis der Schalter geöffnet wird. In diesem Fall war also die Schließdauer ($40\,\mu s$) des Schalters ausreichend lang. In der nächsten Abbildung sind die entsprechenden Spannungsverläufe für eine Schalter–Schließdauer von $10\,\mu s$ wiedergegeben. Man sieht deutlich, daß die Spannung über der Kapazität C nicht völlig auf die entsprechenden Werte von u_e aufgeladen werden kann.

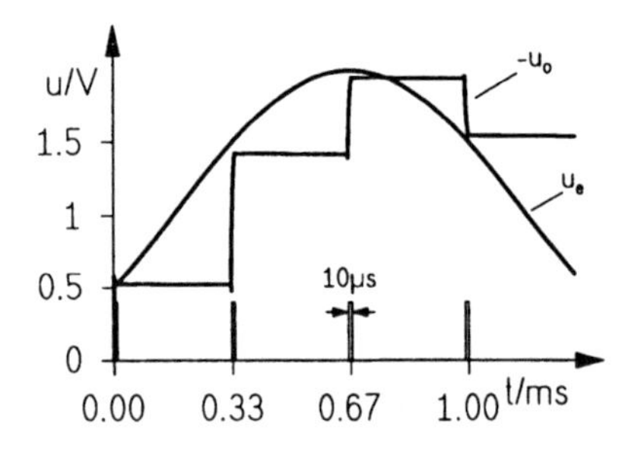

Eine Abtast–Halte–Schaltung ist ein periodisch geschaltetes System; deshalb muß das Abtast–Theorem (siehe Abschnitt 2.5) erfüllt sein. Ist die Schalterfrequenz nicht mindestens doppelt so hoch wie die höchste Frequenzkomponente des Eingangsspektrums, so muß letzteres durch ein Filter — in der Regel durch einen Tiefpaß — bandbegrenzt werden.

8.7.3 A/D– und D/A–Umsetzung

In diesem Abschnitt soll eine Einführung in die prinzipiellen Möglichkeiten zur Umwandlung von Analogwerten in (binäre) Zahlen und umgekehrt gegeben werden.

Bei der Zahlendarstellung geht man gewöhnlich von einem auf eins normierten Zahlenbereich aus. Gegeben sei eine Zahl Z mit

$$0 \leq Z \leq 1 - 2^{-n} \qquad n \in \mathrm{N}\,.$$

Diese Zahl kann mit einer Genauigkeit 2^{-n} (Quantisierungsstufe) als

$$Z = \sum_{i=1}^{n} b_i 2^{-i} \qquad b_i \in \{0,1\} \tag{8.110}$$

dargestellt werden.

Jedem analogen Signalwert kann mit der Genauigkeit 2^{-n} eine binäre Zahl zugeordnet werden und umgekehrt läßt sich aus einer Zahl Z ein Analogwert gewinnen.

Digital–Analog–Wandler mit gewichteten Widerständen

Die Digital–Analog–Umsetzung läßt sich besonders einfach am Beispiel eines Wandlers mit gewichteten Widerständen erläutern. Die folgende Abbildung zeigt eine entsprechende Schaltung. Sie enthält eine Referenzspannungsquelle

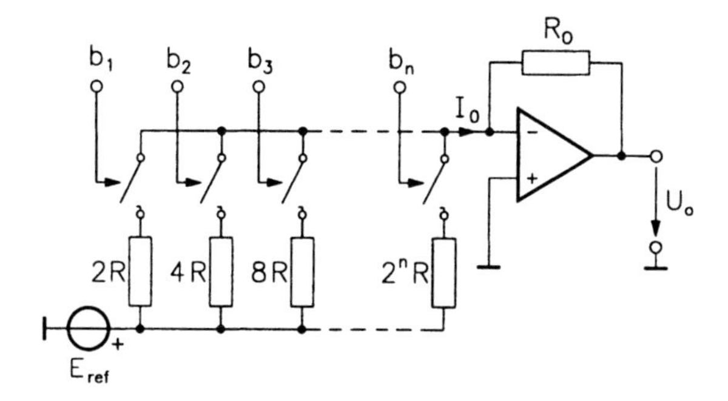

Abb. 8.59 D/A–Wandler mit gewichteten Widerständen

E_{ref}. Die Schalter arbeiten in der Weise, daß für $b_i = 1$ der entsprechende Schalter geschlossen wird, während er für $b_i = 0$ offen ist. Für den Strom I_0 ergibt sich

$$\begin{aligned} I_0 &= E_{ref}\left(\frac{b_1}{2R} + \frac{b_2}{4R} + \frac{b_3}{8R} + \ldots + \frac{b_n}{2^n R}\right) \\ &= \frac{E_{ref}}{R}\left(b_1 2^{-1} + b_2 2^{-2} + b_3 2^{-3} + \ldots + b_n 2^{-n}\right)\,. \end{aligned}$$

Damit lautet dann die Ausgangsspannung

$$U_o = -\frac{R_0 E_{ref}}{R} \sum_{i=1}^{n} b_i 2^{-i}\,. \tag{8.111}$$

Ändern sich die Binärzahlen in regelmäßigen Abständen mit der Periodendauer T und liegen die Zahlen jeweils während der Zeit T an, so ist das Ausgangssignal des A/D–Wandlers eine Treppenkurve. Abb. 8.60a zeigt einen solchen

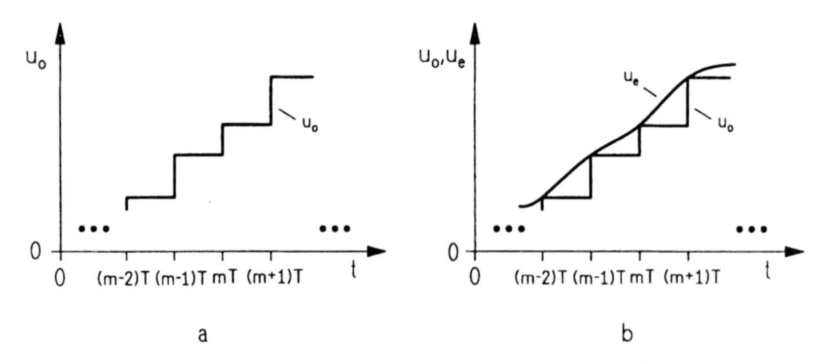

Abb. 8.60 Treppenkurve als Ausgangssignal eines D/A–Wandlers

Verlauf. Eine derartige Treppenkurve kann man sich auch entstanden denken als Ausgangsspannung einer Abtast–Halte–Schaltung, deren Eingangssignal $u_e = u_e(t)$ im Abstand T (ideal) abgetastet wird (Abb. 8.60b). Wir berechnen nun den Zusammenhang zwischen den Spektren $U_o(j\omega) = \mathcal{F}\{u_o(t)\}$ und $U_e(j\omega) = \mathcal{F}\{u_e(t)\}$. Mit Hilfe von Abb. 8.60b ergibt sich zunächst

$$\begin{aligned} U_o(j\omega) &= \int_{-\infty}^{\infty} u_o(t)\, \mathrm{e}^{-j\omega t}\, dt \\ &= \sum_{m=-\infty}^{\infty} \int_{mT}^{(m+1)T} u_e(mT)\, \mathrm{e}^{-j\omega t}\, dt \\ &= \frac{1-\mathrm{e}^{-j\omega T}}{j\omega} \sum_{m=-\infty}^{\infty} u_e(mT)\, \mathrm{e}^{-jmT\omega}\ . \end{aligned} \tag{8.112}$$

Es soll zuerst gezeigt werden, daß die Beziehung

$$\sum_{m=-\infty}^{\infty} u_e(mT)\, \mathrm{e}^{-jmT\omega} = \frac{1}{T} \sum_{m=-\infty}^{\infty} U_e(j\omega - jm\Omega) \qquad \Omega T = 2\pi \tag{8.113}$$

gilt. Ausgehend von

$$\sum_{m=-\infty}^{\infty} U_e(j\omega - jm\Omega) = \sum_{m=-\infty}^{\infty} \int_{-\infty}^{\infty} u_e(t)\, \mathrm{e}^{-j(\omega - m\Omega)t}\, dt$$

erhalten wir unter Verwendung von (2.72)

$$\begin{aligned}\sum_{m=-\infty}^{\infty} U_e(j\omega - jm\Omega) &= T \sum_{m=-\infty}^{\infty} \int_{-\infty}^{\infty} u_e(t)\delta(t - mT)\, \mathrm{e}^{-j\omega t}\, dt \\ &= T \sum_{m=-\infty}^{\infty} u_e(mT)\, \mathrm{e}^{-jmT\omega} \; .\end{aligned}$$

Damit ist die Gültigkeit der Äquivalenz in (8.113) gezeigt. Setzen wir (8.113) in (8.112) ein, finden wir

$$\begin{aligned}U_o(j\omega) &= \frac{1 - \mathrm{e}^{-j\omega T}}{j\omega T} \sum_{m=-\infty}^{\infty} U_e(j\omega - jm\Omega) \\ &= \frac{\sin \omega T/2}{\omega T/2} \cdot \mathrm{e}^{-j\omega T/2} \sum_{m=-\infty}^{\infty} U_e(j\omega - jm\Omega) \; . \qquad (8.114)\end{aligned}$$

Aus dieser Gleichung läßt sich folgendes ablesen. Bis auf die Verzögerung (Allpaß–Term) $\mathrm{e}^{-j\omega T/2}$ können wir aus der Treppenkurve $u_o(t)$ die ursprüngliche Funktion $u_e(t)$ [mit $U_e(j\omega) = 0$ für $\omega > \Omega/2$] wiedergewinnen, wenn wir

1. das Spektrum mit einem idealen Tiefpaß filtern, dessen Grenzfrequenz $\omega_g \leq \Omega/2$ beträgt und
2. das Signalspektrum mit $(\omega T/2)/(\sin \omega T/2)$ multiplizieren.

Dies bedeutet, daß man einem D/A–Wandler einen Tiefpaß und ein Korrekturnetzwerk nachschalten muß, um das (betragsmäßig) korrekte Signalspektrum zu erhalten.

Beispiel 8.21

Wir betrachten eine Abtast–Halte–Schaltung, auf die eine sinusförmige Eingangsspannung mit der Amplitude $\hat{u} = 1\,V$ und der Frequenz $f = 3.8\,kHz$ gegeben wird. Die Abtastung erfolgt mit einer Pulsfolge–Frequenz $F = 12\,kHz$. Die folgende Abbildung zeigt die Eingangsspannung u_e und die Ausgangsspannung u_o der Schaltung; zur Verdeutlichung sind auch die Schaltimpulse für das Gate eingezeichnet.

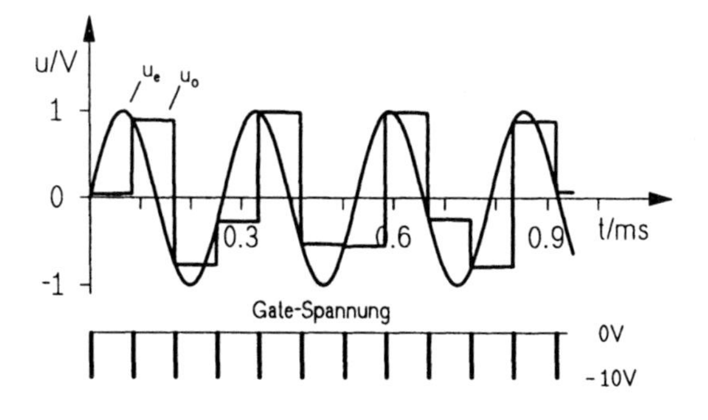

Ein D/A–Wandler, auf den eine entsprechende sinusförmige (binäre) Zahlenfolge gegeben würde, hätte dieselbe Ausgangsspannung u_o; daher wollen wir im folgenden annehmen, u_o sei die Ausgangsspannung eines D/A–Wandlers.

Die Treppenspannung u_o enthält — bei Beschränkung auf positive Frequenzen — gemäß Gl. (8.114) die Frequenzkomponenten

$$3.8\,kHz,\quad 12\,kHz \pm 3.8\,kHz,\quad 24\,kHz \pm 3.8\,kHz, \ldots$$

Um die Grundfrequenz auszufiltern wird ein Tiefpaß benötigt, der bei $3.8\,kHz$ (im Idealfall) die Durchlaßdämpfung $A = 0$ hat und bei $12\,kHz - 3.8\,kHz = 8.2\,kHz$ schon eine hinreichend hohe Dämfung aufweist. Die betrachtete Anordnung aus D/A–Wandler und Tiefpaß habe folgendes Aussehen:

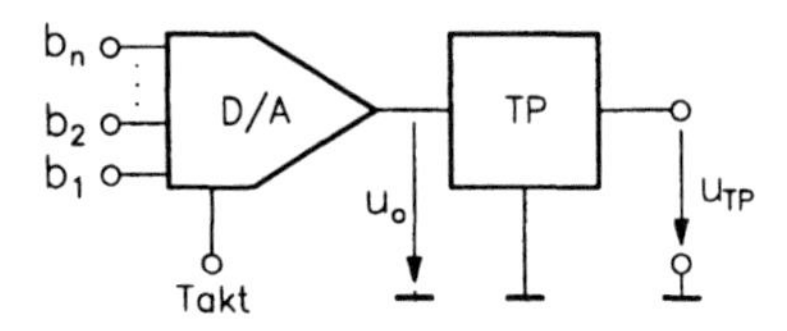

Der hier verwendete Tiefpaß entspricht dem in Beispiel 8.10. Er ist 5. Ordnung, hat eine Tschebyscheff–Charakteristik im Durchlaßbereich mit $0.46\,dB$ Welligkeit; seine Durchlaßgrenze ist $f_g = 4\,kHz$. Für die Realisierung wurden zwei Sallen–und–Key Teilfilter und ein Filter erster Ordnung entsprechend dimensioniert. Die folgenden Dämpfungs– und Phasenverläufe wurden mit Hilfe einer Schaltungssimulation ermittelt.

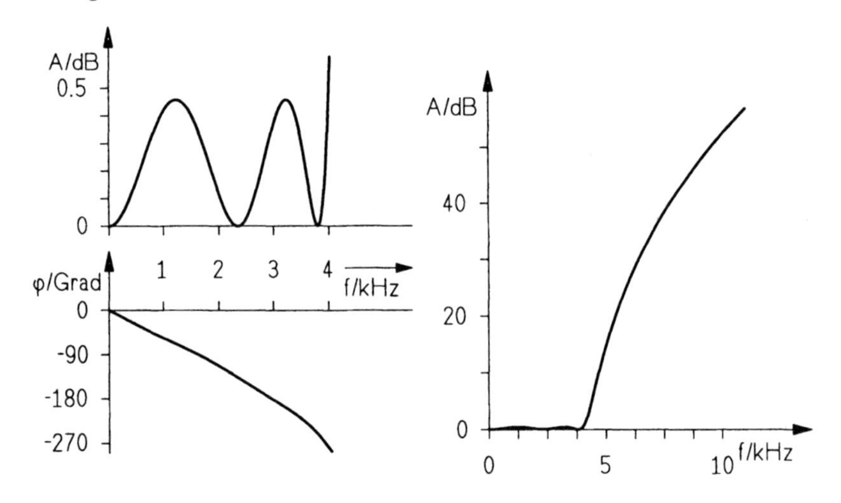

Für die Frequenz $f = 3.8\,kHz$ gilt insbesondere $A = 0$ und $\varphi = -252^{\circ}$; bei $f = 8.2\,kHz$ wird eine Dämpfung $A = 43\,dB$ erreicht.

Durch diesen Tiefpaß werden also alle störenden Frequenzanteile um mindestens $43\,dB$ ($< 1\%$) gedämpft. Die im Ausgangsspektrum des A/D–Wandlers enthaltene $\sin x/x$–Verzerrung beträgt für die verwendete Frequenz

$$\frac{\sin \omega T/2}{\omega T/2} = \frac{\sin \pi f/F}{\pi f/F} = 0.843 \ .$$

Durch den Term $e^{-j\omega T/2}$ wird im vorliegenden Fall eine Phasenverschiebung $\varphi = -\omega T/2 = -57^0$ bewirkt. Zusammen mit der Phasendrehung des Tiefpasses ergibt sich insgesamt eine Phasenverschiebung von -309^0.

Dies folgende Abbildung zeigt die der Eingangsspannung des A/D-Wandlers

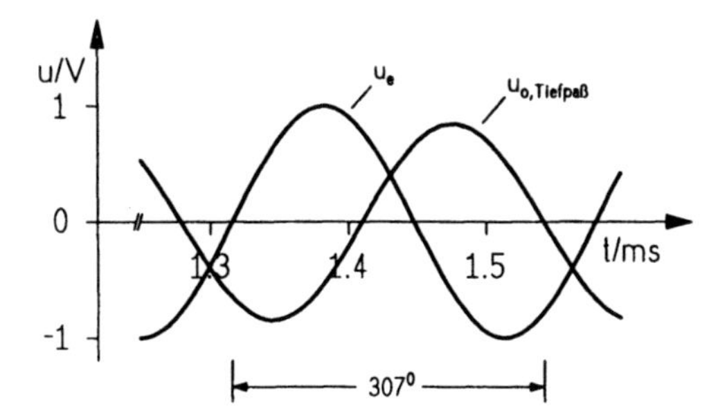

entsprechende Spannung u_e und die Spannung am Ausgang des Tiefpasses ($u_{o,Tiefpaß}$) von einem Zeitpunkt $t_1 = 1.25$ ms an, zu dem der Einschwingvorgang hinreichend abgeklungen ist. Bis auf die Phasenverschiebung von -307^0 (Simulationswert) und den Faktor 0.843 stimmen beide Spannungen überein.

Der in Abb. 8.59 dargestellte Digital–Analog–Wandler ist ein Beispiel für das Prinzip, das sich in vielen D/A–Wandlern wiederfinden läßt: Ein D/A–Wandler ist ein an eine Referenzquelle angeschlossenes Potentiometer, dessen Schleiferstellung jeweils durch Binärzahlen festgelegt wird. Dieses Prinzip wird in zahlreichen Varianten unterschiedlich verwendet, um jeweils besondere Eigenschaften (z. B. Genauigkeit, Geschwindigkeit usw.) zu realisieren.

D/A–Wandler lassen sich auch zum Aufbau von A/D–Wandlern einsetzen; dieses im folgenden beschriebene Prinzip erfreut sich besonderer Beliebtheit.

A/D–Umsetzung mit Hilfe sukzessiver Approximation

In Abb. 8.61 ist das Prinzip der Analog–Digital–Wandlung auf der Basis der sogenannten sukzessiven Approximation dargestellt. Dieses Prinzip ist ein iteratives Verfahren. Ein erster Satz von Binärziffern wird einem D/A–Wandler zugeleitet, wodurch ein analoges Ausgangssignal erzeugt wird. Dieses wird in einem Komparator mit dem augenblicklich anliegenden analogen Eingangssignal verglichen. Solange eine als nicht tolerierbar festgelegte Differenz zwischen diesen beiden Spannungen besteht, wird ein verbesserter Satz von Binärziffern $b_1, b_2, \ldots, b_u$ erzeugt, bis der Fehler schließlich unterhalb der vorgegebenen Schranke liegt.

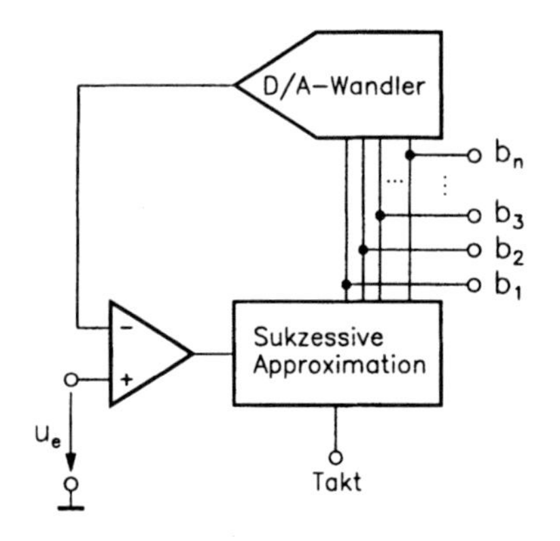

Abb. 8.61 A/D-Umsetzung durch sukzessive Approximation

Doppel–Rampen–Verfahren

Das vielleicht einfachste Prinzip zur A/D-Umsetzung ist das Einfach–Rampen–Verfahren. Dabei wird die Eingangsspannung so lange integriert, bis ein vorgegebener Referenzwert erreicht ist. Gleichzeitig wird bei Beginn der Integration ein Taktgeber in Gang gesetzt und die Zahl der Takte bis zum Erreichen der Referenzspannung gezählt. Aus dieser Zahl kann dann der (binäre) Ausgangswert des A/D-Wandlers gewonnen werden.

Dieses Verfahren ist sehr empfindlich gegen Toleranzen, weshalb es nur geringe Genauigkeit zuläßt. Die Toleranzempfindlichkeit kann weitgehend durch das Doppel-Rampen-Verfahren eliminiert werden, dessen Prinzip in Abb. 8.62 wiedergegeben ist. Hier wird in einer ersten Phase (Schalterstellung I) während einer feststehenden Zeit T_0 integriert; die Eingangsspannung u_e muß während dieser Integrationszeit T_0 einen konstanten Wert haben. Danach wird in die Schalterstellung II umgeschaltet, so daß an den Eingang des Integrierers eine Referenzspannung konstanter Amplitude gelegt wird, deren Polarität aber umgekehrt zu der der Eingangsspannung ist. Diese Referenzspannung wird so lange auf den Integrierer gegeben bis dessen Ausgangsspannung $u_o = 0$ ist; die dafür benötigte Zeitdauer τ wird gemessen und der Schalter wird wieder in die Stellung I gebracht.

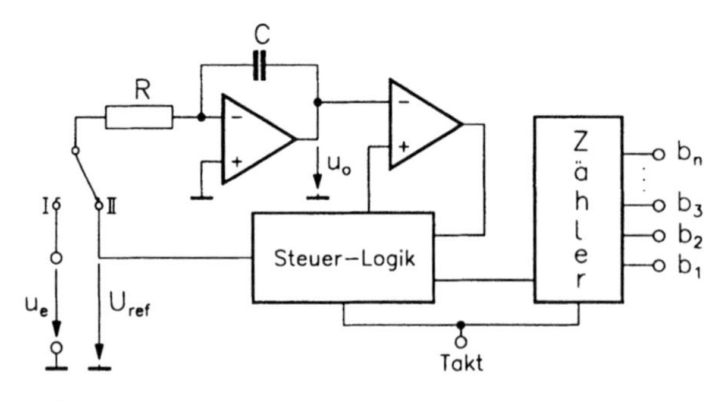

Abb. 8.62 A/D-Umsetzung nach dem Doppel-Rampen-Verfahren

Nehmen wir an, die Eingangsspannung u_e soll zum Zeitpunkt $t = t_1$ gemessen werden; nach Voraussetzung ist die Ausgangsspannung $u_o(t_1) = 0$. Zum Zeitpunkt $t_1 + T_0$ finden wir

$$\begin{aligned} u_o(t_1 + T_0) &= u_o(t_1) - \frac{1}{RC} \int\limits_{t_1}^{t_1+T_0} u_e(t_1)dt \\ &= -\frac{T_0 u_e(t_1)}{RC} . \end{aligned}$$

Nach dem Anlegen der Referenzspannung an den Integrierer–Eingang gilt

$$-\frac{T_0 u_e(t_1)}{RC} - \frac{U_{ref}}{RC} \int\limits_{t_1+T_0}^{t_1+T_0+\tau} dt = 0 ,$$

woraus

$$u_e(t_1) = -\frac{U_{ref}}{T_0} \cdot \tau \tag{8.115}$$

folgt. Da U_{ref} und T_0 Konstanten sind ist die Zeit τ ein Maß für $u_e(t_1)$. Aus ihr kann dann der binäre Ausgangswert gewonnen werden.

Durch das Doppel–Rampen–Prinzip werden Toleranzeffekte in der Schaltung weitgehend kompensiert, so daß dieses Verfahren sehr genau ist. Der Nachteil besteht in der langen Zeit, die für die A/D–Umsetzung nötig ist.

Parallelwandler (Flash Converter)

Eine sehr schnelle A/D–Umsetzung erhält man bei n Binärziffern, wenn man Referenzspannungen im Abstand der Quantisierungsstufe 2^{-n} vorsieht und jede dieser Referenzspannungen über Komparatoren gleichzeitig mit der Eingangsspannung vergleichbar macht (Abb. 8.63). Die Schaltung benötigt 2^n Widerstände und $2^n - 1$ Komparatoren, was natürlich einen hohen Aufwand bedingt. Dafür wird mit dieser Schaltung die maximale Umsetzungsgeschwindigkeit ermöglicht. Daher wird dieses Prinzip z. B. im Video–Bereich verwendet.

8.8 Zusammenfassung

Am Anfang dieses Kapitels steht die Behandlung von linearen Grundschaltungen mit Operationsverstärkern. Danach werden frequenzselektive Filter eingehend behandelt. Neben den Grundlagen des Filterentwurfs werden verschiedene Schaltungskonzepte besprochen. Es schließt sich die Erzeugung sinusförmiger Schwingungen an; exemplarisch wird der Wien–Oszillator untersucht. Als nächstes wird dann der Aufbau verschiedener nichtlinearer Schaltungen mit Operationsverstärkern beschrieben. Daran anschließend werden

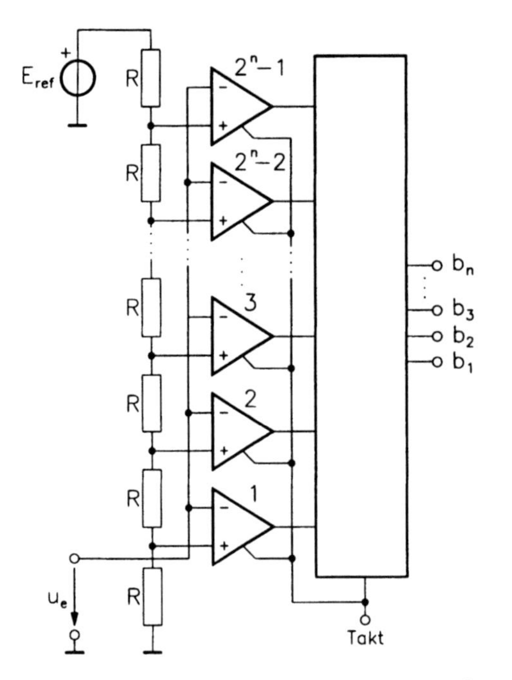

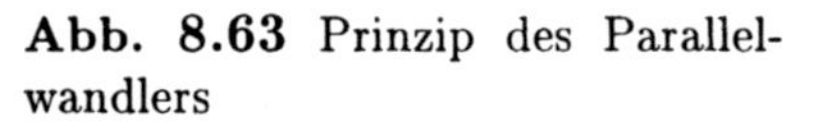
Abb. 8.63 Prinzip des Parallelwandlers

Komparator–Schaltungen behandelt. Am Ende des Kapitels wird auf Schaltungen für die A/D– und die D/A–Umsetzung eingegangen.

8.9 Aufgaben

Aufgabe 8.1 In der folgenden Schaltung wird der Operationsverstärker als ideal angenommen; für den Transistor gilt das Modell gemäß Abb. 1.17 in entsprechender Weise.

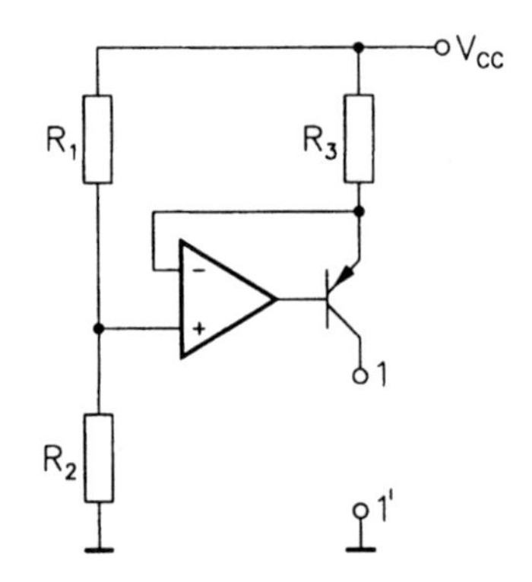

Geben Sie eine Ersatzquelle bezüglich der Klemmen $1 - 1'$ an.

Aufgabe 8.2 Beschreiben Sie qualitativ die Wirkungsweise der folgenden Schaltung, in der $R_2 = R_1$ ist.

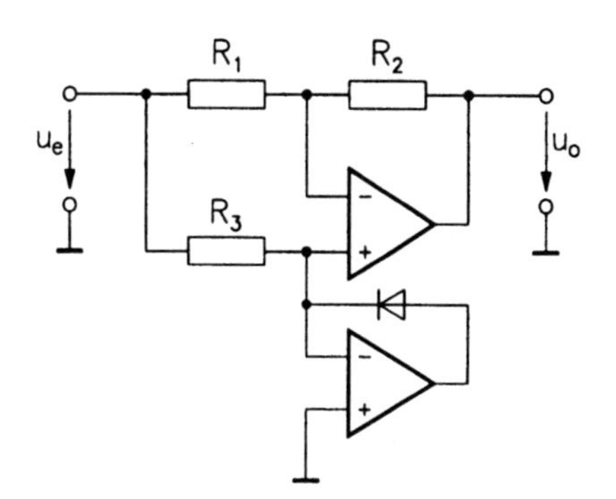

Nehmen Sie dazu eine sinusförmige Eingangsspannung u_e an. Welche Funktion erfüllt die Schaltung?

Aufgabe 8.3 Berechnen Sie die Sprungantwort der folgenden Schaltung unter der Annahme idealer Operationsverstärker und unter den Bedingungen $R_4 = R_3$ sowie $R_6 = R_5$.

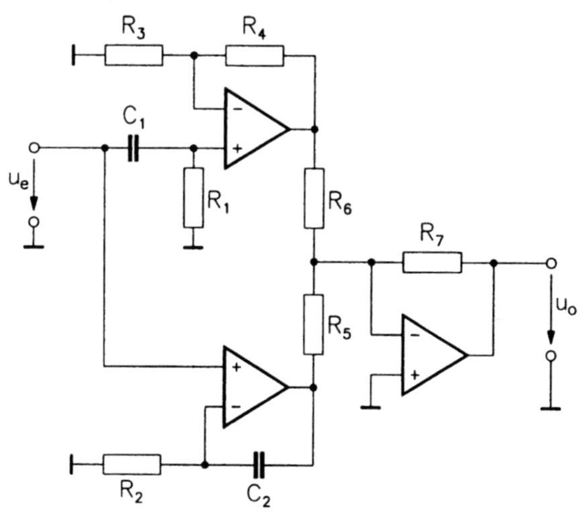

Aufgabe 8.4 Gegeben ist die folgende Schaltung, die einen idealen Verstärker mit der reellen Spannungsverstärkung K enthält.

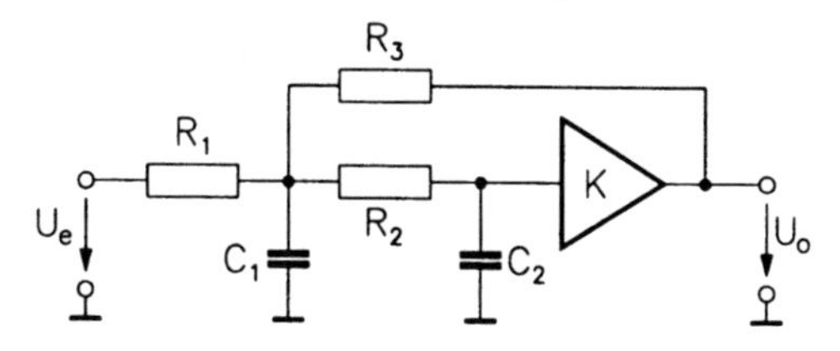

a. Welche Bedingung muß K erfüllen? Warum?

b. Berechnen Sie in allgemeiner Form die Übertragungsfunktion $H(s) = U_o/U_e$ unter Verwendung der Knotenanalyse.

c. Welche Funktion erfüllt die Schaltung?

d. Wie läßt sich der Verstärker unter Verwendung von Operationsverstärkern realisieren?

9 Digitale Grundschaltungen

9.1 Einführende Erläuterungen

9.1.1 Allgemeines

Im folgenden werden wir uns mit verschiedenen Aspekten der digitalen Schaltungstechnik beschäftigen. Die Begriffe "digital" und "analog" sind derart geläufig, daß sie an dieser Stelle nicht grundsätzlich neu eingeführt werden müssen; trotzdem soll hier auf einige wesentliche Unterschiede bzw. Gemeinsamkeiten eingegangen werden, um die beiden Begriffe unter dem Gesichtspunkt der Schaltungsanalyse und -synthese richtig einzuordnen.

In der Einleitung zum ersten Kapitel wurde die Begriffsbestimmung gegeben, daß elektronische Schaltungen aus miteinander verbundenen Bauelementen bestehen. Dies gilt für analoge wie digitale Schaltungen. Das zentrale Bauelement ist in beiden Fällen der Transistor; viele Grundschaltungen sind für die beiden Schaltungsarten auch zumindest ähnlich. Für beide Arten von Schaltungen müssen Quellen zur Gleichstromversorgung vorgesehen werden, da ohne sie die jeweiligen Funktionen nicht möglich sind. Die Unterschiede zwischen analogen und digitalen Schaltungen resultieren also nicht aus prinzipiell unterschiedlichen physikalischen Effekten.

Der Beschreibung der Unterschiede nähert man sich zweckmäßigerweise von zwei Seiten: Bei der Realisierung von Schaltungsfunktionen werden die Transistoreigenschaften unterschiedlich ausgenutzt und bei der Art der Signalverarbeitung wird von grundsätzlich unterschiedlichen Ansätzen ausgegangen.

In Digitalschaltungen nutzt man primär aus, daß der Widerstand des Drain–Source–Kanals (der Kollektor–Emitter–Strecke) über das Gate (die Basis) zwischen sehr niedrigen und sehr hohen (End–) Werten umgeschaltet werden kann; die Transistorcharakteristik zwischen diesen beiden Endwerten ist nur insofern von Interesse, als das Übergangsgebiet möglichst schnell durchfahren werden soll. An die Stelle des Umschaltens zwischen niedrigen und hohen

Widerstandswerten kann auch die Umschaltung zwischen hohen und niedrigen Drainströmen (Kollektorströmen) treten. Möglichst abruptes Umschalten zwischen zwei unterschiedlichen Endzuständen — und damit in hohem Maße nichtlineares Verhalten — ist also das Ziel.

Beim Aufbau linearer Analogschaltungen muß man dagegen mit allen zur Verfügung stehenden Mitteln versuchen, die jedem Transistor inhärenten Nichtlinearitäten zu linearisieren. Damit sind in diesem Falle gerade die Übergangsbereiche wichtig, die bei Digitalschaltungen vom Prinzip her keine Rolle spielen.

Nun zu den unterschiedlichen Ansätzen bei der Verarbeitung von Signalen. Abstrakt formuliert bedeutet Signalverarbeitung, daß mathematische oder logische Operationen auf Signalwerte angewandt werden. Schon bei der Repräsentation der Signale besteht ein grundsätzlicher Unterschied. In analogen Schaltungen entsprechen den Signalwerten direkt die Werte (Intensitäten) physikalischer Größen, wie zum Beispiel Spannungs- oder Stromwerte. Repräsentiert man zwei verschiedene Signale etwa durch zwei entsprechende Ströme, so kann man die Addition dieser Signale in der Weise vornehmen, daß man die Ströme einem Schaltungsknoten zuführt; gemäß der Kirchhoffschen Knotenregel fließt dann von diesem Knoten gerade die Summe der beiden Ströme ab. Wird ein Signal durch einen Strom $i(t)$ repräsentiert, so kann man die Multiplikation mit einem konstanten Faktor in der Weise realisieren, daß man diesen Strom durch einen Widerstand R fließen läßt und die Spannung $u(t) = Ri(t)$ als Ergebnis der Multiplikation nimmt. Im Kapitel über Operationsverstärker-Schaltungen haben wir eine Reihe weiterer analoger "Rechenschaltungen" kennengelernt. Die analoge Signalverarbeitung hat zweifellos ihre Vorteile:

- Die Schaltungen zeichnen sich vielfach durch verhältnismäßig geringe Komplexität aus; die Möglichkeiten der Großintegrationstechnik bei digitalen Schaltungen relativieren allerdings diesen positiven Aspekt.
- Die zu verarbeitenden Signale liegen häufig schon als Spannungen oder Ströme (Ausgangssignale von Sensoren, Mikrofonen usw.) vor, so daß ihre Verarbeitung ohne zusätzliche Signalwandler vorgenommen werden kann.
- Es können sehr hochfrequente Signale verarbeitet werden.

Die analoge Verarbeitung von Signalen stößt jedoch auch sehr schnell an absolute Grenzen.

- Die Schaltungen bestehen aus Komponenten, die toleranzbehaftet und Schwankungen (Temperatur, Alterung ...) unterworfen sind, so daß die Genauigkeit der Signalverarbeitung beeinträchtigt wird. Einer Steigerung der Genauigkeit stehen oft physikalische und technologische Grenzen entgegen.

- Die Bauelemente erzeugen Rauschen, das die erzielbare Genauigkeit ebenfalls begrenzt.
- Eine Speicherung von analogen Signalen ist auf einfache Weise nicht möglich.
- Eine für einen bestimmten Zweck entwickelte Schaltung kann selten ohne Veränderungen auch für andere Aufgaben eingesetzt werden, sie ist also wenig flexibel.

Bei der digitalen Verarbeitung von Signalen werden anstelle der analogen Berechnungen numerische Berechnungen durchgeführt. Letztere zeichnen sich dadurch aus, daß die direkte Abbildung des Berechnungsvorgangs auf eine (spezielle) elektronische Schaltung vermieden wird. Spannungen und Ströme sind zwar auch in diesem Fall wieder die schaltungsmäßig zu verarbeitenden Größen, aber sie repräsentieren nun nicht mehr unmittelbar die zu verarbeitenden Signale. Vielmehr bestehen die Signale jetzt aus Zahlenfolgen, die — wie etwa bei einer schriftlichen Rechnung — direkt manipuliert werden. Die erzielbare Genauigkeit bei dieser Art der Signalverarbeitung ist dann im wesentlichen nur von dem Aufwand abhängig, der für die Zahlendarstellung getrieben wird; lediglich bei der Umwandlung von kontinuierlichen Signalen in Zahlenwerte (A/D-Wandler) und umgekehrt (D/A-Wandler) stößt man hinsichtlich der Genauigkeit auch wieder an physikalische Grenzen.

Alle Berechnungen finden numerisch auf der Basis von im allgemeinen (aber nicht notwendigerweise) binär kodierten Zahlenfolgen statt. Zur Repräsentation dieser Zahlenfolgen werden üblicherweise Spannungswerte benutzt, wobei die Zuordnung etwa die folgende Form haben kann:

Spannungspegel	**Logikpegel**
$< 1\,V$	0
$> 3\,V$	1

Hier sind also keine exakten Spannungswerte mehr einzuhalten, sondern nur noch Bereiche. Dadurch ist die Schaltung hinsichtlich ihrer Signalverarbeitungssfunktion weitgehend unabhängig von Temperatureinflüssen, Parameterschwankungen, Alterungsvorgängen usw. Solange also die digitale Schaltung überhaupt funktionsfähig ist, liefert sie auch korrekte Ergebnisse; korrekt im Rahmen der festgelegten Genauigkeit der Zahlendarstellung.

Diese günstigen Eigenschaften digitaler Schaltungskonzepte haben in Verbindung mit den großen Fortschritten bei der Herstellung integrierter Schaltkreise dazu geführt, daß die Digitaltechnik breiteste Anwendung bis hinein in klassische Anwendungsgebiete der Analogtechnik findet.

Hinsichtlich der Modellierung der Funktion von Digitalschaltungen ist man natürlich nicht mehr an Modelle gebunden, die auf der Basis der physikalischen Vorgänge entwickelt werden, sondern es sind viel abstraktere, einfachere Modelle möglich. Allerdings sind Digitalschaltungen in bezug auf die

Modellierung januskopfig: Für eine fertige, funktionierende Schaltung kann ein abstraktes Modell verwendet werden; bei der Entwicklung einer derartigen Schaltung kann es aber durchaus notwendig sein, eine Digitalschaltung wie eine Analogschaltung zu modellieren, um das physikalische Schaltungsverhalten "in den Griff" zu bekommen. Eine reale Schaltung weist nämlich häufig ein sehr viel komplexeres Verhalten auf, als es eine abstrakte Modellbeschreibung vermuten läßt.

9.1.2 Aussagelogik

In den Grundbausteinen, aus denen Digitalschaltungen aufgebaut sind, werden Funktionen realisiert, die aus dem Bereich der Aussagelogik stammen. Aus diesem Grunde spricht man von logischen Schaltungen.

Beispiel 9.1 ______

Eine logische Aussage kann folgendermaßen lauten:

WENN der Schalter A geschlossen ist, DANN leuchtet die Lampe L.

Eine einfache Schaltungsrealisierung, die diese Aussage umsetzt, zeigt die folgende Abbildung:

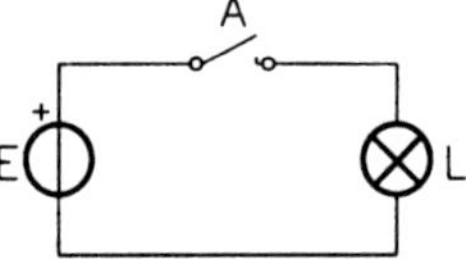

Schaltungsfunktion und Aufgabenstellung lassen sich übersichtlich in Tabellenform zusammenfassen:

A	L
offen	leuchtet nicht
geschlossen	leuchtet

______

Bezeichnend für diese Art der Logik ist die Zweiwertigkeit, die sich in der Wahrheit oder der Falschheit einer Aussage ausdrückt. Bezogen auf das vorige Beispiel bestehen die folgenden Alternativen:

Der Schalter ist geschlossen: ja / nein
Die Lampe leuchtet: ja / nein.

Der letztlichen Schlußfolgerung vorgeschaltet kann es logische Verknüpfungen geben, über die mehrere logische Bedingungen in die Schlußfolgerung einfließen.

Beispiel 9.2 ______

Bei den beiden folgenden Aussagen setzt sich die logische Gesamtaussage aus der Verknüpfung jeweils zweier Teilaussagen zusammen:

WENN Schalter A geschlossen ist UND Schalter B geschlossen ist, DANN leuchte die Lampe L.

oder

WENN Schalter A geschlossen ist ODER Schalter B geschlossen ist, DANN leuchtet die Lampe L.

Einfache Schaltungsrealisierungen zu diesen Aussagen zeigt die folgende Abbildung:

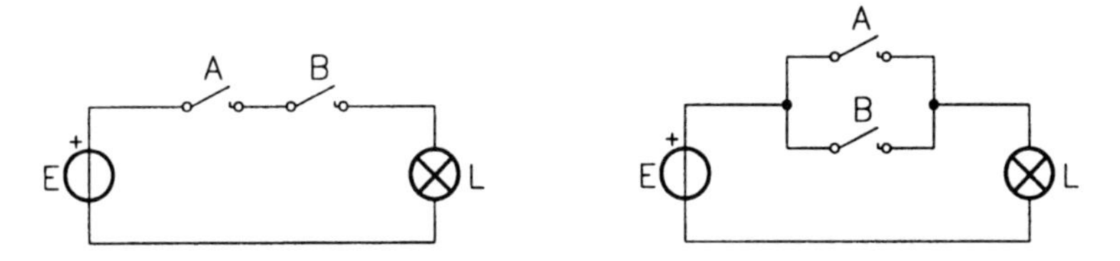

Auch hier lassen sich Schaltungsfunktion bzw. Aufgabenstellung wieder leicht und übersichtlich in Tabellenform darstellen:

A	*B*	*L*
offen	offen	leuchtet nicht
offen	geschl.	leuchtet nicht
geschl.	offen	leuchtet nicht
geschl.	geschl.	leuchtet

A	*B*	*L*
offen	offen	leuchtet nicht
offen	geschl.	leuchtet
geschl.	offen	leuchtet
geschl.	geschl.	leuchtet

Die formale Behandlung logischer Verknüpfungen wird im nächsten Abschnitt ausführlicher besprochen. Vorher sollen aber noch einige kurze Erläuterungen im Hinblick auf die numerischen Berechnungen gegeben werden. Hier bietet die Digitaltechnik den großen Vorteil eindeutig reproduzierbarer Ergebnisse und verhältnismäßig beliebig steigerbarer Genauigkeit. Die letzte Behauptung erscheint vor dem Hintergrund solch grober Abstufungen wie der des Aussagepaares "ja/nein" zunächst unerwartet. Sie wird aber verständlich, wenn man daran denkt, daß Zahlen für Berechnungen kodiert werden und sich letztlich eine einzelne Zahl nicht aus einer bestimmten Anzahl Dezimalziffern ($\{0, 1, \ldots, 9\}$) sondern, im Fall zweiwertiger Logikschaltungen, aus einer entsprechend größeren Anzahl Dualziffern ($\{0, 1\}$) zusammensetzt. Mit der Zahl der verwendeten Ziffern läßt sich die Darstellungsgenauigkeit also prinzipiell beliebig steigern.

9.2 Logik–Beschreibung

Die formale Funktionsbeschreibung auf der Basis einer zweiwertigen Logik ist mit Hilfe der sogenannten Booleschen Algebra möglich. George Boole versuchte 1854 in dem Buch "An Investigation of the Laws of Thought, on Which are Founded the Mathematical Laws of Logic and Probabilities", eine mathematische Grundlage zur Behandlung philosophischer Probleme zu legen. Auf diesem Werk aufbauend gab Huntington 1904 ein spezielles Axiomensystem an, das Shannon 1938 für die Entwicklung einer speziellen Algebra zur Behandlung logischer Schaltkreise nutzte, die heute gemeinhin als *die* Boolesche Algebra bezeichnet wird. Um die Allgemeinheit des gedanklichen Ansatzes anzudeuten, soll hier kurz der mathematische Hintergrund in bezug auf den Aufbau einer Algebra beleuchtet werden.

9.2.1 Algebren

Eine Algebra kann durch die Angabe einer Elementmenge, einer Operatormenge und eines Satzes von Axiomen und Postulaten, die Grundlage aller Regeln, Theoreme und Eigenschaften des so definierten mathematischen Systems sind, festgelegt werden. Im folgenden sind einige häufig verwendete Postulate aufgeführt, mit deren Hilfe verschiedene algebraische Strukturen formuliert werden können.

- Geschlossenheit: Die Elementmenge $\mathbb{M}$ ist bezüglich eines binären Operators $\Box$ geschlossen, wenn das Ergebnis z der Operation ebenfalls Element der Menge $\mathbb{M}$ ist (der Begriff "binär" bezieht sich hier auf die Zahl der durch den Operator verknüpften Argumente, nicht auf die Art der zahlenmäßigen Darstellung bzw. Kodierung seiner Argumente):

$$z = x \Box y \qquad x, y, z \in \mathbb{M} .$$

- Assoziativgesetz: Ein binärer Operator ist assoziativ, wenn die Vertauschung der Berechnungsreihenfolge ohne Einfluß auf das Ergebnis ist:

$$(x \Box y) \Box z = x \Box (y \Box z) \qquad x, y, z \in \mathbb{M} .$$

- Kommutativgesetz: Ein binärer Operator ist kommutativ, wenn die Vertauschung der beiden Argumente ohne Einfluß auf das Ergebnis ist:

$$x \Box y = y \Box x \qquad x, y \in \mathbb{M} .$$

- Neutrales Element: Das Einsetzen des bezüglich eines binären Operators neutralen Elements $e \in \mathbb{M}$ führt dazu, daß der Operator das andere Argument auf sich selbst abbildet:

$$e \Box x = x \qquad e, x \in \mathbb{M} .$$

- Inverses Element: Das zum Element x bezüglich des Operators $\Box$ inverse Element y führt zur Abbildung des Arguments x auf das neutrale Element.

$$x \Box y = e \qquad x, y, e \in \mathbb{M} .$$

- Der Operator $\Box$ wird als distributiv über den Operator $\Diamond$ bezeichnet, wenn

  $$x \Box (y \Diamond z) = (x \Box y) \Diamond (x \Box z) \qquad x, y, z \in \mathbb{M}$$

  gilt.

Die gewöhnliche Algebra baut beispielsweise auf der Elementmenge $\mathbb{R}$ der reellen Zahlen und den Operatoren + (Addition) und · (Multiplikation) auf, wobei auf diese beiden Operatoren alle soeben aufgezählten Postulate zutreffen:

- Die Menge der reellen Zahlen ist bezüglich Addition und Multiplikation geschlossen.
- Für Addition und Multiplikation gilt das Assoziativgesetz.
- Für Addition und Multiplikation gilt das Kommutativgesetz.
- Bezüglich der Addition ist 0, bezüglich der Multiplikation ist 1 das neutrale Element.
- Bezüglich beider Operatoren existieren inverse Elemente, so daß

  $$x + y = 0 \qquad \text{bzw.} \qquad x \cdot y = 1$$

  gilt, wobei die Operatoren, die die Elemente auf ihre Inversen abbilden die Subtraktion bzw. Division definieren:

  $$x + (0 - x) = 0 \qquad \text{bzw.} \qquad x \cdot \left(\frac{1}{x}\right) = 1 \; .$$

- Die Multiplikation ist distributiv über die Addition, so daß

  $$x \cdot (y + z) = (x \cdot y) + (x \cdot z)$$

  gilt.

Zu diesen grundsätzlichen Postulaten treten dann bei weiterer Vertiefung Rechenregeln, die auf diesen Postulaten basieren. Um eine Vereinfachung der Schreibweise und damit eine Steigerung der Übersichtlichkeit zu erzielen, vereinbart man außerdem meist einige Konventionen, zum Beispiel:

- "Punktrechnungen" haben Vorrang vor "Strichrechnungen". Aufgrund dieser Konvention kann die Verwendung einer Vielzahl von Klammern vermieden werden, mit deren Hilfe sonst die Berechnungsreihenfolge — insbesondere in komplexeren Ausdrücken— geregelt werden müßte.
- Das Operatorzeichen · wird oft nicht geschrieben, stattdessen werden die Operanden direkt nebeneinander notiert.

Die gewöhnliche Algebra bedarf hier keiner weiteren Erläuterung. Neben dieser Algebra ist man aber auch den Umgang mit mathematischen Systemen gewohnt, die andere Eigenschaften besitzen. Ein geläufiges Beispiel hierfür sind die Vektor– und die Matrizenrechnung, bei denen die Einhaltung besonderer Rechenregeln erforderlich ist.

Eine Boolesche Algebra ist ebenfalls auf der Grundlage einer Elementmenge $\mathbb{M}$ und der beiden Operatoren $+$ und $\cdot$ definiert, die jedoch nicht die Bedeutung einer Addition bzw. Multiplikation haben, sondern in diesem Zusammenhang logische Verknüpfungen symbolisieren. Dabei gelten die folgenden sechs sogenannten Huntington–Postulate:

- Die Elementmenge $\mathbb{M}$ ist bezüglich der Operatoren $+$ und $\cdot$ geschlossen.
- Zu beiden Operatoren existieren neutrale Elemente, die mit 0 bzw. 1 bezeichnet werden.:

$$x + 0 = x \qquad \text{bzw.} \qquad x \cdot 1 = x \; .$$

- Beide Operatoren sind kommutativ:

$$x + y = y + x \qquad \text{bzw.} \qquad x \cdot y = y \cdot x \; .$$

- Der Operator $\cdot$ ist distributiv über den Operator $+$ und umgekehrt, so daß

$$x \cdot (y + z) = (x \cdot y) + (x \cdot z) \qquad \text{bzw.} \qquad x + (y \cdot z) = (x + y) \cdot (x + z)$$

  gilt.
- Zu jedem Element $x \in \mathbb{M}$ existiert ein als Komplement von x bezeichnetes Element $\overline{x} \in \mathbb{M}$, so daß

$$x + \overline{x} = 1 \qquad \text{bzw.} \qquad x \cdot \overline{x} = 0$$

  gilt.
- Die Menge $\mathbb{M}$ setzt sich aus mindestens zwei Elementen x und y zusammen, so daß $x \neq y, \;\; x, y \in \mathbb{M}$ gilt.

Offensichtlich bestehen zwischen der gewohnten und einer Booleschen Algebra einige Gemeinsamkeiten, aber auch deutliche Unterschiede. In beiden Fällen ist die Elementmenge geschlossen, zu den Operatoren existieren jeweils neutrale Elemente, das Kommutativgesetz gilt und bezüglich des Operators $\cdot$ gilt das Distributivgesetz. Außerdem gilt in beiden Fällen das Assoziativgesetz, dessen Gültigkeit zwar im Fall einer Booleschen Algebra nicht ausdrücklich gefordert wird, das sich aber aufgrund der übrigen Postulate beweisen läßt. Es bestehen jedoch folgende Unterschiede:

- In einer Booleschen Algebra ist zusätzlich der Operator + distributiv über den Operator ·.
- In einer Booleschen Algebra existieren keine Inversen bezüglich der Operatoren + und ·, so daß es keine Entsprechungen zur Subtraktion und Division der gewöhnlichen Algebra gibt.
- Das komplementäre Element bzw. der Operator Komplementbildung ist für die gewöhnliche Algebra nicht definiert.

Die Elementmenge der Booleschen Algebra ist bislang noch gar nicht definiert, so daß klar ist, daß unter anderem abhängig von der Definition dieser Menge und den Rechenregeln, die sich im Einklang mit den Huntingtonschen Postulaten befinden müssen, verschiedene Boolesche Algebren entwickelt werden können.

Zur Beschreibung von Digitalschaltungen wird eine spezielle Boolesche Algebra für eine zweiwertige Logik herangezogen. Für die Elementmenge gilt dabei

$$\mathbb{M} = \{0, 1\} .$$

9.2.2 Boolesche Algebra für zweiwertige Logik

Die im folgenden zur Beschreibung zweiwertiger Logiken immer herangezogene spezielle Boolesche Algebra wird in Übereinstimmung mit dem üblichen Sprachgebrauch fortan als (*die*) Boolesche Algebra bezeichnet. Da für die Elementmenge $\mathbb{M} = \{0, 1\}$ gilt, ergeben sich für die binären Operatoren + und · maximal je vier mögliche Kombinationen von Argumentwerten. Die Definition der Operatoren ist in Tabelle 9.1 zusammengefaßt. Wie man leicht

x	y	$z = x + y$
0	0	0
0	1	1
1	0	1
1	1	1

x	y	$z = x \cdot y$
0	0	0
0	1	0
1	0	0
1	1	1

x	$z = \overline{x}$
0	1
1	0

Tabelle 9.1 Definition der Operatoren + und · sowie der Komplementbildung

überprüft, treffen die Huntingtonschen Postulate auf die beiden so definierten Operatoren zu.

Die auf diese Weise festgelegte Algebra entspricht der zweiwertigen Aussagenlogik, wenn man das logische *UND* (*AND*) mit dem Operator ·, das logische *ODER* (*OR*) mit dem Operator + und das logische *NICHT* (*NOT*) mit dem Komplement–Operator identifziert, wobei für gewöhnlich der Wert

0 die Falschheit eines Ausdrucks, der Wert 1 dessen Richtigkeit kennzeichnet. Bei dieser Zuordnung spricht man von einer positiven Logik; die umgekehrte Zuordnung zwischen Elementen und Wahrheitswerten wird negative Logik genannt. Verknüpft man beispielsweise für die weiter oben angegebene Lampenschaltung die Ausdrücke "Schalter geschlossen" bzw. "Lampe leuchtet" jeweils mit dem Wert 1 einer entsprechenden logischen Variablen und die Audrücke "Schalter offen" bzw. "Lampe aus" mit dem Wert 0, dann lassen sich die Aussagen

> Lampe L (z) leuchtet, wenn Schalter A (x) UND Schalter B (y) geschlossen sind

> Lampe L (z) leuchtet, wenn Schalter A (x) ODER Schalter B (y) (oder beide) geschlossen sind

durch die logischen Ausdrücke

$$z = x \cdot y \qquad \text{bzw.} \qquad z = x + y$$

auf der Grundlage der Booleschen Algebra formal beschreiben.

Neben der aussagenlogischen Interpretation der Operatoren $\cdot$ und $+$ können diese Operatoren auch stärker mengentheoretisch als Durchschnitts- bzw. Vereinigungsoperatoren interpretiert werden. Diese Überlegungen sollen hier aber nicht weiter verfolgt werden, sie spielen jedoch eine wichtige Rolle, wenn andere Logikonzepte als das hier schwerpunktmäßig vorgestellte betrachtet werden sollen.

In der Tabelle 9.2 sind einige Rechenregeln für die logischen Operatoren

Postulat 1:	$x + 0 = x$	$x \cdot 1 = x$
Postulat 2:	$x + y = y + x$	$x \cdot y = y \cdot x$
Postulat 3:	$x \cdot (y + z) = x \cdot y + x \cdot z$	$x + (y \cdot z) = (x + y) \cdot (x + z)$
Postulat 4:	$x + \overline{x} = 1$	$x \cdot \overline{x} = 0$
Theorem 1:	$x + x = x$	$x \cdot x = x$
Theorem 2:	$x + 1 = 1$	$x \cdot 0 = 0$
Theorem 3:	$\overline{\overline{x}} = x$	
Theorem 4:	$x + (y + z) = (x + y) + z$	$x \cdot (y \cdot z) = (x \cdot y) \cdot z$
Theorem 5:	$\overline{x + y} = \overline{x} \cdot \overline{y}$	$\overline{x \cdot y} = \overline{x} + \overline{y}$
Theorem 6:	$x + x \cdot y = x$	$x \cdot (x + y) = x$

Tabelle 9.2 Postulate und Theoreme der Booleschen Algebra

zusammengestellt. Die nebeneinander stehenden Beziehungen in den beiden Spalten weisen jeweils die gleiche Struktur auf. Sie können ineinander überführt werden, indem $+$ durch $\cdot$ und 0 durch 1 bzw. umgekehrt ersetzt wird. Diese Eigenschaft der Booleschen Algebra heißt Dualitätsprinzip. Die Regeln in Tabelle 9.2 sind entweder die direkte Umsetzung der Huntingtonschen Postulate oder sie können aus diesen abgeleitet bzw. mit ihrer Hilfe bewiesen werden.

Einige dieser Rechenregeln tragen spezielle Bezeichnungen, die in der Tabelle 9.3 zusammengestellt sind. Zur Vereinfachung der Schreibweise läßt man

Postulat 2:	Kommutativgesetz
Postulat 3:	Distributivgesetz
Theorem 4:	Assoziativgesetz
Theorem 5:	DeMorgansches Theorem
Theorem 6:	Absorbtionseigenschaft

Tabelle 9.3 Spezielle Bezeichnungen für einige Theoreme bzw. Postulate gemäß Tabelle 9.2

meistens die beiden Konventionen einfließen, die auch die Schreibweise der gewöhnlichen Algebra erleichtern. Die Gültigkeit der einzelnen Theoreme soll hier nicht in voller Breite nachgewiesen werden. Stellvertretend werden in den folgenden Beispielen 9.3 und 9.4 die Theoreme 1 und 6 auf der Grundlage der Huntingtonschen Postulate hergeleitet.

Beispiel 9.3

Für das Theorem 1 gilt

$$\begin{aligned} x + x &= (x + x) \cdot 1 && \text{(Postulat 1)} \\ &= (x + x) \cdot (x + \overline{x}) && \text{(Postulat 4)} \\ &= x + x \cdot \overline{x} && \text{(Postulat 3)} \\ &= x + 0 && \text{(Postulat 4)} \\ &= x && \text{(Postulat 1)} . \end{aligned}$$

Beispiel 9.4

Für das Theorem 6 gilt

$$\begin{aligned} x + xy &= x \cdot 1 + x \cdot y && \text{(Postulat 1)} \\ &= x \cdot (1 + y) && \text{(Postulat 3)} \\ &= x \cdot (\overline{y} + y) && \text{(Theorem 1, Postulat 4)} \\ &= x \cdot 1 && \text{(Postulat 4)} \\ &= x && \text{(Postulat 1)} . \end{aligned}$$

Eine weitere Möglichkeit, die Gleichheit logischer Ausdrücke zu überprüfen, besteht in der Anfertigung sogenannter Venn–Diagramme, die sich mehr an die mengentheoretische Interpretation der logischen Operatoren anlehnen. Abbildung 9.1 zeigt den Beweis für die Gültigkeit des DeMorganschen Theorems mit Hilfe von Venn–Diagrammen, wobei die Gültigkeit von Mengenbeziehungen auf grafischem Wege untersucht wird. Darüber hinaus be-

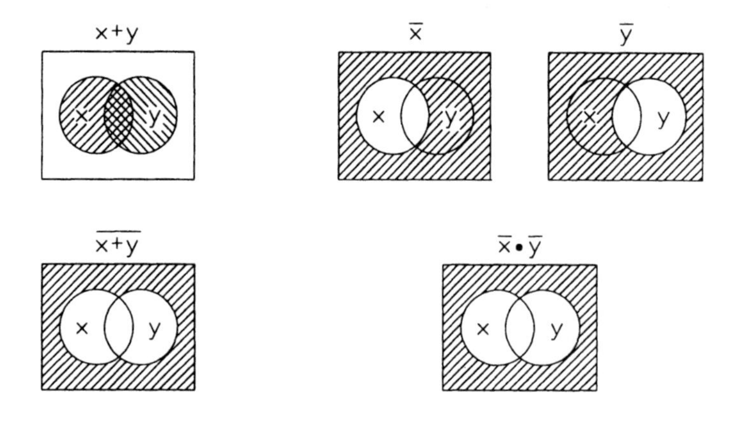

Abb. 9.1 Beweis der DeMorganschen Theoreme mit Venn–Diagrammen

steht natürlich immer die Möglichkeit, die einzelnen Beziehungen in einer (vollständigen) Wahrheitstabelle einander gegenüberzustellen. Sind die je-

x	y	$x+y$	$\overline{x+y}$	$\overline{x}$	$\overline{y}$	$\overline{x}\cdot\overline{y}$
0	0	0	1	1	1	1
0	1	1	0	1	0	0
1	0	1	0	0	1	0
1	1	1	0	0	0	0

Tabelle 9.4 Wahrheitstabelle zum DeMorganschen Theorem

weils resultierenden Ergebnisspalten gleich, so ist die Äquivalenz der Beziehungen gezeigt. Die Tabelle 9.4 zeigt einen entsprechenden Vergleich für das DeMorgansche Theorem.

9.2.3 Andere Logiksysteme

Bei der Definition einer speziellen Booleschen Algebra ist man in der Festlegung der Elementmenge $\mathbb{M}$ zunächst frei. So ist die Wahl von $\mathbb{M} = \{0, 1\}$ zweifellos am weitesten verbreitet. Sie beschreibt den klassischen Fall einer digitalen zweiwertigen Logik. Aber auch andere Elementmengen sind denkbar. Beispielsweise gelte $\mathbb{M} \in \{0, a, b, 1\}$. Zwei binäre Operatoren $+$ und $\cdot$ und der unäre Komplementoperator können dann gemäß Tabelle 9.5 definiert werden. Bei genauerer Untersuchung ergibt sich, daß diese Element-

$\cdot$	**0**	***a***	***b***	**1**
0	0	0	0	0
a	0	a	0	a
b	0	0	b	b
1	0	a	b	1

$+$	**0**	***a***	***b***	**1**
0	0	a	b	1
a	a	a	1	1
b	b	1	b	1
1	1	1	1	1

$\boldsymbol{x}$	$\boldsymbol{\overline{x}}$
0	1
a	b
b	a
1	0

Tabelle 9.5 Operatordefinitionen für die auf $\mathbb{M} = \{0, a, b, 1\}$ basierende Algebra

menge mit den solchermaßen definierten Operatoren ebenfalls eine Boolesche Algebra bildet. Es sind also durchaus auch mehrwertige Logiken denkbar. Anwendungen liegen beispielsweise in der effektiveren Gestaltung spezieller Schaltungsstrukturen; Rechenschaltungen mit zehn Logikwerten würden beispielsweise die Durchführung von Berechnungen im Dezimalsytem erlauben.

Andere Ansätze laufen auf feiner abgestufte Logikmodelle hinaus, die nicht nur die scharfe Unterscheidung zwischen wahr und falsch sondern auch Zwischenwerte zulassen. Im Fall der sogenannten Fuzzy–Logic (unscharfe Logik) wird durch die Vergabe von reellen Logikwerten aus dem Bereich zwischen 0 und 1 unterschieden, ob eine Aussage völlig falsch (Wert 0), vollkommen wahr (Wert 1) oder zum Teil wahr bzw. falsch ist. So können auch solche logischen Verknüpfungen formuliert werden, die auf einer feinstufigen Denkweise aufbauen.

Eine Aussage der Form

“Karl ist 1.75 m groß”

kann noch als wahr oder falsch entschieden werden, wobei bei genauerer Überlegung auch hier Ungenauigkeiten des Meßverfahrens und Schwankungen der Körpergröße im Verlaufe eines Tages die eindeutige Entscheidung erschweren. Eine Aussage der Form

“Karl ist groß” bzw. “Karl ist klein”

ist dagegen nicht mehr ohne weiteres als wahr oder falsch zu beurteilen. Die Begriffe “groß” und “klein” sind vage und so neigt man relativen Beurteilungen zu.

Betrachtet man Karl im Kreise professioneller Basketball–Spieler, so würde man den Wahrheitsgehalt der Aussage, daß Karl groß sei, als eher gering einstufen (z. B. $x = 0.2$), der Wahrheitsgehalt der Aussage, daß Karl klein sei wird sicherlich entsprechend höher beurteilt (z. B. $x = 0.8$). Diese Einschätzung kann unter anderen Randbedingungen völlig anders ausfallen, beispielsweise dann, wenn eine Zusatzinformation lautet, daß Karl erst zwölf Jahre alt ist. Mit Methoden der Fuzzy–Logik ist die Behandlung solcher unscharfer Aufgabenstellungen möglich. Verringert man den Übergangsbereich zwischen wahr und falsch, verschärft man also die Aussagen wieder, so findet man, daß die zweiwertige Logik ein Spezialfall der Fuzzy–Logik ist, auch die Notationsformen gehen dann ineinander über.

Bei der Vielzahl möglicher Ansätze und Logikmodelle soll im folgenden nur noch der klassische Ansatz der zweiwertigen Logik verfolgt werden, der vor allem auch im Bereich der Schaltungstechnik eine hohe Standardisierung erfahren hat. Man sollte jedoch immer bedenken, daß dieser einmal eingeschlagene Weg nicht unbedingt bei jeder Aufgabenstellung zu einem optimalen Ergebnis führt und gegebenenfalls Alternativen erwägen.

9.3 Logikfunktionen

Die Boolesche Algebra und die damit verbundene zweiwertige Logik bauen auf zwei binären und einem unären Operator auf. Eine Logikfunktion $f(.)$ besteht aus einer Verknüpfung dieser Operatoren und logischer Variablen, die jeweils die Werte 0 oder 1 annehmen können; auch das Ergebnis $y = f(x_1, x_2, \ldots, x_n)$ kann nur diese Werte annehmen.

Da die Operatoren maximal zwei Argumente verknüpfen, kann man alle

	$y = f(x_1, x_2)$					
Nr.	**00**	**01**	**10**	**11**	**Name**	**Ausdruck**
1	0	0	0	0	Konstante	$y = 0$
2	0	0	0	1	*AND*	$y = x_1 \cdot x_2$
3	0	0	1	0	Inhibition	$y = x_1 \cdot \overline{x_2}$
4	0	0	1	1	Identität	$y = x_1$
5	0	1	0	0	Inhibition	$y = \overline{x_1} \cdot x_2$
6	0	1	0	1	Identität	$y = x_2$
7	0	1	1	0	*XOR*	$y = \overline{x_1} \cdot x_2 \oplus x_1 \cdot \overline{x_2}$
8	0	1	1	1	*OR*	$y = x_1 + x_2$
9	1	0	0	0	*NOR*	$y = \overline{x_1 + x_2}$
10	1	0	0	1	Äquivalenz	$y = x_1 \cdot x_2 + \overline{x_1} \cdot \overline{x_2}$
11	1	0	1	0	*NOT*	$y = \overline{x_2}$
12	1	0	1	1	Implikation	$y = x_1 + \overline{x_2}$
13	1	1	0	0	*NOT*	$y = \overline{x_1}$
14	1	1	0	1	Implikation	$y = \overline{x_1} + x_2$
15	1	1	1	0	*NAND*	$y = \overline{x_1 \cdot x_2}$
16	1	1	1	1	Konstante	$y = 1$

Tabelle 9.6 Gesamtheit der sechzehn Logikfunktionen zweier Logikvariablen

prinzipiell möglichen Verknüpfungen untersuchen, indem alle Wertkombinationen zweier Eingangsvariablen und alle möglichen Resultate systematisch erfaßt werden. Das ist in der Tabelle 9.6 durchgeführt. Diese Tabelle ist in der

Weise aufgebaut, daß in den ersten vier Spalten das Verknüpfungsergebnis für die Argumentwerte ($x_1 = 0, x_2 = 0$), ($x_1 = 0, x_2 = 1$), ... aufgeführt ist. Das heißt, jede Zeile der Tabelle enthält eine komprimiert dargestellte Wahrheitstabelle. In den beiden letzten Spalten ist die Bezeichnung der jeweiligen Verknüpfung bzw. deren formale Notation angegeben.

Einige dieser Verknüpfungen stechen besonders hervor, da sie wichtigen Elementen der Entscheidungslogik des menschlichen Denkens entsprechen. So korrespondiert die *AND*- bzw. *UND*-Verknüpfung zum Logikschema "Wenn x_1 *UND* x_2 wahr sind, dann ist auch y wahr", wobei *UND* im Sinne von "sowohl als auch" gebraucht wird. In ähnlicher Weise sind uns die *OR*- bzw. *ODER*- ("Wenn x_1 *ODER* x_2 oder auch beide wahr sind, dann ist auch y wahr"), die *XOR*- ("Wenn entweder x_1 oder x_2 wahr ist, dann ist auch y wahr") und die *NOT*-Verknüpfung vertraut.

Tabelle 9.7 zeigt die Symbole für die wichtigsten Logikfunktionen.

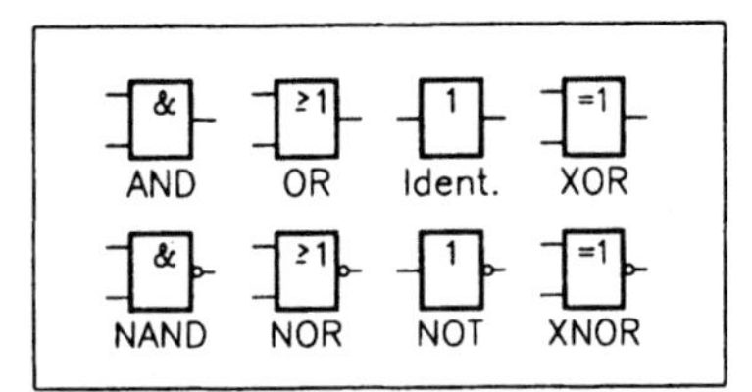

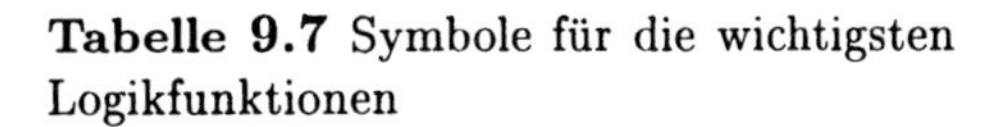
Tabelle 9.7 Symbole für die wichtigsten Logikfunktionen

Es läßt sich zeigen, daß alle 16 Verknüpfungs-Operationen durch Kombination der drei Operatoren *AND*, *OR* und *NOT* durchgeführt werden können. Darüber hinaus ist es auch möglich, alle 16 Operationen durch Verknüpfungen des *AND*- und des *NOT*-Operators, bzw. unter ausschließlicher Verwendung des *NAND*-Operators durchzuführen. Entsprechendes gilt für den *OR*- bzw. den *NOR* und den *NOT*-Operator.

Ausgehend von der Verknüpfung zweier logischer Variablen können die soeben getroffenen Feststellungen auf die Verknüpfung beliebig vieler Variablen ausgedehnt werden. Umgekehrt kann jede komplexere Verknüpfung auf eine Kombination mehrer Verknüpfungen zweier Variablen zurückgeführt werden. Alle denkbaren logischen Verknüpfungen beliebig vieler logischer Variablen lassen sich also letztlich auf die *NAND*- bzw. *NOR*-Verknüpfung jeweils zweier logischer Variablen zurückführen. Diese beiden Verknüpfungen bezeichnet aufgrund dieser Eigenschaft als vollständig.

Damit sind die Grundlagen zusammengestellt, um logische Beziehungen im Rahmen einer zweiwertigen Logik zu formulieren. Der vorgestellte Formalismus wird im folgenden dazu dienen, das Verhalten elektronischer Digitalschaltungen zu beschreiben. Zunächst werden die wichtigsten Schaltungskonzepte erläutert, mit deren Hilfe Logikschaltungen realisiert werden können. Das sind in erster Linie die (Logik-) Gatter, welche die in der Tabelle 9.6 aufgeführten Logikfunktionen bzw. logischen Operatoren realisieren; ferner sind es Speicherschaltungen, die meistens (z. B. in synchronen sequentiellen Schaltungen) ebenfalls benötigt werden.

9.4 Logikfamilien

Gewaltige Fortschritte in der Technologie sowie ständig gestiegene technische Anforderungen haben dazu geführt, daß seit rund dreißig Jahren immer wieder neue Ansätze zur schaltungstechnischen Umsetzung logischer Funktionen entwickelt wurden; dieser Prozeß ist keineswegs abgeschlossen. Die Grundzüge der wesentlichen Schaltungstechniken und ihre Einordnung werden im folgenden behandelt.

Analoge Bausteine sind im allgemeinen so konzipiert und hergestellt, daß sie sich sehr flexibel miteinander kombinieren lassen; sie stellen insofern relativ isolierte Funktionseinheiten dar. Dies ist anders bei logischen Schaltungen. Hier gibt es immer sogenannte Schaltkreisfamilien, deren Bausteine jeweils miteinander unter Beachtung gewisser Randbedingungen kombiniert werden können; eine beliebige Kombination mit Bausteinen einer anderen Familie ist jedoch nicht ohne weiteres möglich. Es ist klar, daß die einzelnen Schaltkreisfamilien gleichzeitig die historische Entwicklung widerspiegeln.

Bei den Schaltkreisfamilien kann man zwei große Gruppen unterscheiden, die bipolaren Schaltungen auf der einen Seite und die MOS–Schaltungen auf der anderen. Die Gruppe der bipolaren Schaltungen gliedert sich im wesentlichen in folgende Schaltkreisfamilien:

- RTL (Widerstands–Transistor–Logik)
- DTL (Dioden–Transistor–Logik)
- TTL (Transistor–Transistor–Logik)
- ECL (Emittergekoppelte Logik) .

Bei MOS–Schaltungen unterscheidet man im wesentlichen die drei folgenden Logikfamilien:

- PMOS (Logik mit p–Kanal MOS–Transistoren)
- NMOS (Logik mit n–Kanal MOS–Transistoren)
- CMOS (komplementäre Logik mit n– und p–Kanal–Transistoren) .

Diese recht grobe Unterteilung fächert sich in weitere Unterfamilien und in spezielle Technologien verschiedener Halbleiter–Hersteller auf. So sind beispielsweise auch Mischformen zwischen Bipolar– und MOS–Schaltungen erhältlich. In der Praxis sind heute die MOS–Schaltungen am wichtigsten.

Den genannten Schaltungstechniken ist gemeinsam, daß die logischen Variablen jeweils Klemmenspannungen der einzelnen Schaltungen entsprechen. Andere Ansätze sind denkbar und werden auch verwendet. So können die logischen Variablen auch durch Stromwerte, Impulsdauern, Signalfrequenzen usw. repräsentiert werden. Diese Konzepte sind jedoch an spezielle Anwendungen gebunden und werden daher hier nicht betrachtet.

Abhängig von der Betriebsspannung entspricht den logischen Werten 0 und 1 ein bestimmter Spannungsbereich; daher wird dem jeweiligen logischen Wert kein fester Spannungswert, sondern ein bestimmter Teil–Spannungsbereich zugeordnet. Da einer der Bereiche höheren Spannungen entspricht als der andere, unterscheidet man meist zwischen logischem H–Pegel– bzw. L–Pegel–Bereich ($H \hat{=}$ high, $L \hat{=}$ low). Fällt die jeweilige Klemmenspannung in einen dieser beiden Bereiche, dann hat die korrespondierende Logikvariable den zugehörigen logischen Wert. Repräsentiert der H–Pegel den logischen Wert 1 und entsprechend der L–Pegel den logischen Wert 0, spricht man von positiver Logik. Den umgekehrten Fall (H–Pegel $\rightarrow$ 0, L–Pegel $\rightarrow$ 1) bezeichnet man als negative Logik. H–Pegel– und L–Pegel–Bereich umfassen nicht den gesamten zur Verfügung stehenden Spannungsbereich. Zwischen beiden Bereichen liegt ein Übergangsbereich. Fällt die aktuelle Klemmenspannung in diesen Bereich, dann ist der Wert der entsprechenden Logikvariablen unbestimmt.

9.5 Dioden–Transistor–Logik

Die Dioden–Transistor–Logik (DTL) — wie auch die Widerstands–Transistor–Logik (RTL) — ist längst veraltet und kaum noch anzutreffen. Anhand dieser Technik können aber die prinzipielle Funktionsweise einer bipolaren Logikschaltung einfach erklärt und auch einige grundsätzliche Probleme deutlich gemacht werden; deshalb soll sie hier kurz beschrieben werden. Abb. 9.2 zeigt die Schaltung eines *NAND*–Gatters in DTL–Technik. Der Basiswider-

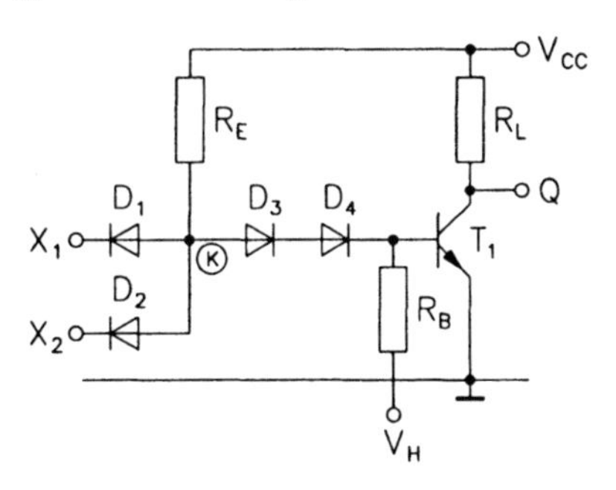

Abb. 9.2 DTL–*NAND*–Gatter

stand R_B verbindet die Basis mit einer negativen Hilfsspannung V_H oder mit Masse ($V_H = 0$). Der Spannungswert an der Ausgangsklemme Q hängt vom Schaltzustand des Transistors T_1 ab.

Wenn beide Eingangsklemmen X_1 und X_2 auf hinreichend hoher Spannung liegen (Logikpegel H), so daß die Diodenflußspannung[1] $U_S \approx 0.7\,V$ unterschritten ist, sperren die Dioden D_1 und D_2. Der jeweilige in die Eingangsklemmen hineinfließende Strom ist dann gleich dem Sperrstrom I_S der

[1] Als Diodenflußspannung U_S bezeichnen wir diejenige Spannungsschwelle, ab der ein merklich über dem Sättigungsstrom (Sperrstrom) liegender Wert des Diodenstroms erreicht wird. Als Standardwert werden wir häufig $U_S \approx 0.7\,V$ annehmen.

Dioden, der innerhalb der Schaltung vernachlässigt werden kann. Über den Widerstand R_E und die Dioden D_3 und D_4 fließt ein Basisstrom in den Transistor T_1, der ihn in den leitenden Zustand bringt. Der Basiswiderstand R_B ist dabei so hochohmig zu bemessen, daß er in diesem Betriebszustand einen im Vergleich zum Basisstrom möglichst geringen Strom ableitet. Der Kollektorstrom des leitenden Transistors T_1 bewirkt am Widerstand R_L einen Spannungsabfall in der Größenordnung der Betriebsspannung V_{CC}. Die Ausgangsklemme Q der Schaltung liegt daher auf einem nur um die Kollektor–Emitter–Sättigungsspannung des leitenden Transistors erhöhten Massepotential und damit auf logischem L–Pegel.

Wird eine der Eingangsklemmen X_1 oder X_2 auf eine niedrige, dem logischen L–Pegel entsprechende Spannung gelegt, dann leitet die entsprechende Diode D_1 bzw. D_2 und an ihr liegt eine Spannung in der Größenordnung der Diodenflußspannung. Am Knoten K stellt sich daher die um die Diodenflußspannung erhöhte Klemmenspannung ein. Andererseits benötigt der Transistor T_1 eine Basisspannung von etwa der Diodenflußspannung, um durchzuschalten. Wegen der Dioden D_3 und D_4 bzw. wegen der an ihnen abfallenden Spannungen muß die Knotenspannung U_K zu diesem Zweck etwa die dreifache Diodenflußspannung annehmen. Wird also eine der Klemmenspannungen U_{X1} oder U_{X2} unterhalb der doppelten Diodenflußspannung liegen, dann reicht die sich einstellende Basisspannung am Transistor T_1 nicht aus, diesen durchzuschalten. Der Ausgang Q nimmt dann einen Spannungswert $U_Q \approx V_{CC}$ und damit den Logikpegel H an.

Der Basiswiderstand R_B dient dazu, den Umschaltvorgang des Transistors vom leitenden, gesättigten Zustand zum gesperrten Zustand zu unterstützen. Ohne diesen Widerstand könnten die während der Sättigung in der Transistorbasis gespeicherten Ladungen nur sehr langsam über die sperrenden Dioden D_3 und D_4 abfließen. Diese Entladung kann durch das Anlegen einer negativen Hilfsspannung weiter unterstützt werden.

Für die Ausgangsklemme gilt also $U_Q = U_L$ nur dann[2], wenn für die Eingänge $U_{X1} = U_{X2} = U_H$ gilt. Wenn mindestens einer der Eingänge L–Pegel annimmt, dann schaltet der Ausgang auf H–Pegel ($U_Q = U_H$). Die vorliegende Schaltung realisisert also die *NAND*–Funktion und für die logischen Variablen gilt die Beziehung

$$Q = \overline{X_1 X_2} \ .$$

Logikschaltungen nach dem DTL–Prinzip haben zwei wesentliche Nachteile:

- Sie arbeiten vergleichsweise langsam, d. h. es treten relativ große Verzögerungen zwischen Eingangs– und Ausgangswertänderungen auf. Leitet der Transistor T_1, dann fließt ein ziemlich hoher Basisstrom. Die dabei in der Basis angesammelte Raumladung muß beim Umschalten in den gesperrten Betrieb zeitintensiv abgebaut werden.

[2] $U_Q = U_L$ bedeutet im folgenden, daß die Klemme Q eine im L–Pegel–*Bereich* liegende Spannung annimmt; es ist also nicht ein bestimmter *Spannungswert* gemeint.

- Der Ausgang ist im H–Zustand nur gering belastbar. Abhängig von der Dimensionierung des Arbeitswiderstandes R_L der Transistorstufe kann der Ausgangsklemme Q nur ein verhältnismäßig geringer Strom entnommen werden.

Beispiel 9.5

Ein Beispiel für einen DTL–Schaltkreis ist der Baustein MC849. Dieser Baustein wird mit der Versorgungsspannung $V_{CC} = 5\,V$ betrieben, die Hilfspannungsklemme ist mit der Masseleitung verbunden. Die Widerstände in der Schaltung nach Abb. 9.2 haben die Werte $R_E = R_B = 5\,k\Omega$ und $R_L = 2\,k\Omega$. Im Zustand $U_Q = U_L$ fließen durch die Widerstände R_E und R_B (Annahme: $U_S = 0.7\,V$) die Ströme

$$I_{RE} \approx \frac{V_{CC} - 3U_S}{R_E} = 0.58\,mA \qquad I_{RB} \approx \frac{U_S}{R_B} = 0.14\,mA\ .$$

Für den Kollektorstrom ergibt sich bei Vernachlässigung von U_{CEsat}

$$I_C \approx \frac{V_{CC}}{R_L} = \frac{5\,V}{2\,k\Omega} = 2.5\,mA\ .$$

Im Zustand $U_Q = U_H$ liegt zumindest eine der Eingangsklemmen auf L–Pegel ($U_X = U_L$), so daß in mindestens eine Eingangsklemme der Strom

$$I_X = -\frac{V_{CC} - U_S}{R_E} = -\frac{5\,V - 0.7\,V}{5\,k\Omega} = -0.86\,mA$$

fließt, wobei hier vereinfachend $U_L = 0$ angenommen worden ist. Der Kollektorstrom des sperrenden Transistors ist im Idealfall null. Über R_L fließen die Eingangsströme gegebenenfalls angeschlossener weiterer Logikschaltungen, die bei $U_Q = U_H$ jedoch gering ausfallen sollten. Beide Ergebnisse führen auf Verlustleistungen der Werte $P_{VL} = 15.4\,mW$ und $P_{VH} = 4.3\,mW$, woraus eine mittlere Verlustleistung $P_V = 9.85\,mW$ resultiert. Die folgende Abbildung zeigt die Übertragungskennlinie $U_Q(U_X)$ der Schaltung.

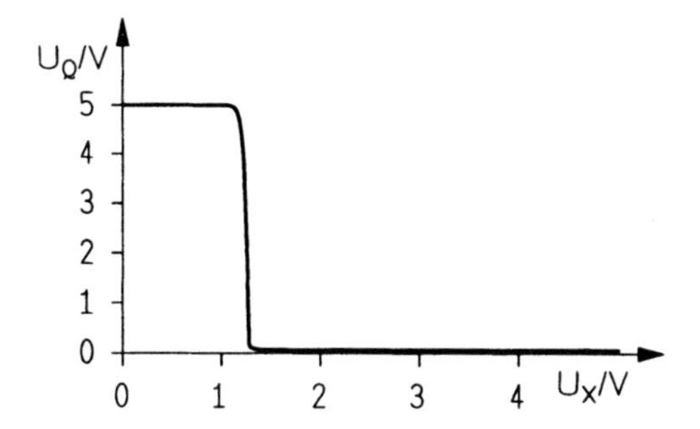

Um Streuungen und Parameterschwankungen aufzufangen, kann man anhand dieser Kennlinie den L–Pegel–Bereich beispielsweise mit $0V \leq U_L \leq 0.8\,V$ und den H–Pegel–Bereich mit $1.8\,V \leq U_H \leq 5.0\,V$ festlegen. Dabei ist der Übergangsbereich so breit, daß auch etwas stärker verschobene Kennlinien nicht zu fehlerhaften Ergebnissen führen. Nach Datenblattangaben ist bei dieser Schaltung mit Schaltverzögerungen zwischen Eingang und Ausgang von $T_p = 25\,ns$ zu rechnen.

Das Problem der langen Umschaltverzögerungen kann mit Schaltungsvarian-

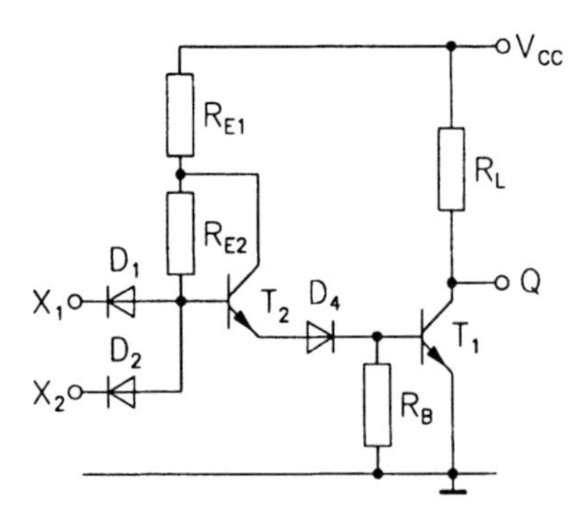

Abb. 9.3 DTL–Gatter mit Emitterfolger

ten etwas entschärft werden, wie sie beispielsweise Abb. 9.3 zeigt. Mit dem als Emitterfolger geschalteten Transistor T_2 wird dabei für eine relativ niederohmige Ansteuerung des Transistors T_1 gesorgt und so die Einschaltverzögerung verringert. Der nun entsprechend niedrigere Wert des Widerstandes R_B verkürzt die Ausschaltverzögerung. Die erreichbaren Verbesserungen sind jedoch nur graduell.

Wie bereits erwähnt, ist die DTL–Technologie inzwischen völlig veraltet, andere Technologien bieten im Hinblick auf Leistungsaufnahme und Schaltgeschwindigkeit weitaus günstigere Eigenschaften. Teile des DTL–Konzepts sind noch im Rahmen der LSL–Schaltungstechnik (langsame störsichere Logik) anzutreffen, bei der gerade die geringe Schaltgeschwindigkeit erwünscht ist, um den Einfluß von meist hohen, jedoch kurzzeitigen Störimpulsen gering zu halten.

9.6 Transistor–Transistor–Logik (TTL)

9.6.1 Standard–TTL

Bei der in vielen Varianten hergestellten Transistor–Transistor–Logik (TTL) tritt an die Stelle der einzelnen Dioden der DTL–Schaltkreise ein technologisch leicht herstellbarer Multi–Emitter–Transistor, der prinzipiell die gleiche Funktion erfüllt wie das Diodennetzwerk. Abb. 9.4 zeigt die Schaltung eines *NAND*–Gatters in TTL–Technologie; typische Werte für die Widerstände sind $R_1 = 4\,k\Omega$, $R_2 = 1.6\,k\Omega$, $R_3 = 1\,k\Omega$ und $R_4 = 130\,\Omega$. Die Ausgangsstufe wird durch eine sogenannte Totem–Pole–Endstufe gebildet; die Anordnung von T_3, D_1, T_4 und R_4 erinnert an die aufeinandergestapelten Symbole eines Totempfahls. Gegenüber der DTL–Technik ermöglicht sie eine wesentliche Steigerung der Zahl der an eine Ausgangsklemme anschließbaren Gat-

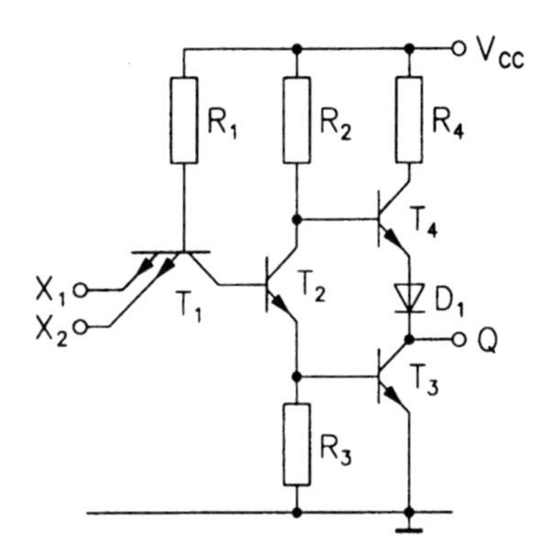

Abb. 9.4 TTL *NAND*-Gatter

tereingänge, insbesondere auch für den Fall, daß die Ausgangsklemme auf H–Pegel liegt. Der Transistor T_2 dient der Erzeugung zweier zueinander gegenphasiger Ansteuerungssignale für die im Gegentakt betriebene Endstufe. Im folgenden soll zunächst die prinzipielle Arbeitsweise der gezeigten Schaltung erläutert werden.

Wenn keiner der Eingänge X_1 bzw. X_2 auf L–Pegel liegt, wenn also die Spannung an beiden Eingängen in der Größenordnung der Betriebsspannung liegt (oder die Eingänge leerlaufen), dann befindet sich T_1 im aktiven Bereich rückwärts. Über die leitende Basis–Kollektor–Diode von T_1 erhält die Basis von T_2 den notwendigen Basisstrom, so daß T_2 in die Sättigung durchschaltet. Dadurch werden die Basen der Endstufen–Transistoren T_3 und T_4 — bis auf die Sättigungsspannung U_{CEsat2} des Transistors T_2 — auf gleiches Potential gelegt. Der Emitterstrom von T_2 bewirkt das Durchschalten des Transistors T_3 und damit die Einstellung der Basisspannung $U_{B3} \approx U_{B4}$ auf ca. $0.7\,V$. Der Schaltungsausgang liegt mit $U_Q = U_{CEsat3}$ auf L–Pegel. Dabei ist der Schaltungsausgang relativ niederohmig, so daß er die Eingangsströme einer verhältnismäßig großen Zahl weiterer Logikschaltungen aufnehmen kann (vergleichbar mit der DTL–Technik). Die Basisspannung von T_4 liegt um den Wert von U_{CEsat2} höher als die Basisspannung von T_3. Durch die Diode D_1 ($U_S \approx 0.7\,V$) wird sichergestellt, daß die Basis–Emitter–Spannung U_{BE4} des oberen Endstufentransistors dabei weit von Werten entfernt bleibt, die auch T_4 zum Durchschalten brächten.

Wird mindestens einer der Eingänge X_1 oder X_2 auf L–Pegel gelegt, dann wird T_1 vorwärts betrieben und schaltet durch. Dadurch sinkt die Basisspannung von T_2 so weit ab, daß dieser Transistor sperrt. Infolgedessen fließt kein Strom durch R_3, wodurch die Basisspannung von T_3 so weit absinkt, daß auch dieser Transistor sperrt. Durch den Widerstand R_2 fließt der Basisstrom von T_4, so daß T_4 durchschaltet und der Ausgang Q über die Diode D_1 auf H–Pegel liegt. Dabei ist der Ausgang in diesem Zustand ähnlich belastbar wie im L–Zustand, was z. B. gegenüber der DTL–Technik eine wesentliche Verbesserung darstellt.

Nach dieser qualitativen Analyse der prinzipiellen Schaltungsfunktion soll die Schaltung im folgenden einer detailierteren, quantitativen Betrachtung unterzogen werden. Von besonderem Interesse sind dabei die zu den beiden

Logikpegeln gehörenden Eingangs– und Ausgangsspannungen bzw. –ströme und die Frage nach der erzielbaren Zahl eingangs– bzw. ausgangsseitig anschaltbarer Gatter.

Im folgenden werden die Indizes I und O für "Input" bzw. "Output" verwendet.

Eingangsströme für $Q = L$

Für die folgenden Berechnungen werden die Transistorparameter (alle Zahlenangaben für die Elementwerte in Gattern sind als Richtwerte anzusehen)

$$\alpha_V = 0.98 \qquad \alpha_R = 0.05$$

vorausgesetzt. Die Widerstände sollen die Werte

$$R_1 = 4\,k\Omega \qquad R_2 = 1.6\,k\Omega \qquad R_3 = 1\,k\Omega \qquad R_4 = 130\,\Omega$$

haben. Ferner unterstellen wir immer die folgenden Standardwerte:

Basis–Emitter–Spannung im aktiven Bereich vorwärts:	$U_{BE} = 0.7\,V$
Kollektor–Emitter–Sättigungsspannung:	$U_{CEsat} = 200\,mV$
Temperatur–Spannung:	$U_T = 26\,mV$
Versorgungsspannung:	$V_{CC} = 5\,V$.

Zunächst nehmen wir an, daß der Schaltungszustand $Q = 0$ herrscht. Der Ausgang liegt dann auf L–Pegel ($U_Q = U_L$), da die Transistoren T_3 und T_2 in der Sättigung sind. Der Transistor T_1 befindet sich im aktiven Rückwärtsbetrieb. Damit liegt an der Basis von T_1 die Spannung

$$U_{B1} = U_{BE3} + U_{BE2} + U_{BC1} \;\approx\; 2.1\,V \ .$$

Für den Basisstrom ergibt sich

$$I_{B1} = \frac{V_{CC} - U_{B1}}{R_1} \;\approx\; 725\,\mu A \ .$$

Die Stromverstärkung von T_1 im Rückwärtsbetrieb ist mit $\beta_r = \alpha_r/(1-\alpha_r) = 0.053$ gering. Damit beträgt der Eingangsstrom nach dieser Abschätzung

$$I_{E1} = \beta_r I_{B1} = 40\,\mu A \ .$$

Dieser Strom teilt sich auf die einzelnen Emitter bzw. Eingangsklemmen auf. Ein leerlaufender Emitter ist ohne Belang und braucht nicht berücksichtigt zu werden; bei der Betrachtung der entsprechenden Booleschen Gleichungen wird dann der betreffende logische Eingangswert als 1 angenommen.

Eingangsspannung für $Q = L$

Damit sich T_1 sicher im aktiven Betrieb rückwärts befindet, muß die Eingangsspannung höher als die Basisspannung von T_1 sein. Unter der Annahme $U_{EB1} \geq 10U_T = 260\,mV$ ergibt sich in Verbindung mit der bereits bestimmten Basisspannung von $U_{B1} = 2.1\,V$ für die erforderlichen Spannungen an den Eingangsklemmen

$$U_{X1}, U_{X2} \geq 2.36\,V \ .$$

Ab einer Eingangsklemmenspannung von ca. 2.4 V kann also davon ausgegangen werden, daß der Ausgang sicher L–Pegel annimmt bzw. der betreffende Eingangswert als H–Pegel interpretierbar ist.

Ausgangsspannung und –strom für $Q = L$

Wenn der Ausgang L–Pegel annimmt, dann befindet sich der Transistor T_3 in der Sättigung. An der Ausgangsklemme Q liegt daher die Kollektor–Emitter–Sättigungsspannung des Transistors T_3 an und es ist infolgedessen

$$U_Q = U_{CEsat3} = 0.2\,V \ .$$

Die Ausgangsklemme ist über den durchgeschalteten Transistor relativ niederohmig mit der Masseleitung verbunden. Wenn Strom in den Ausgang hineinfließt und damit der Kollektorstrom von T_3 anwächst, steigt U_{CEsat3} und damit die Ausgangsklemmenspannung U_Q. Der Strom, den der Ausgang aufnehmen kann ist einerseits durch den maximal zulässigen Kollektorstrom von T_3 und durch den Anstieg der Sättigungsspannung U_{CEsat3} begrenzt. Diese darf nicht über den maximal zulässigen L–Pegel hinaus ansteigen.

Eingangsströme für $Q = H$

Wir betrachten nun den Fall, daß sich der Ausgang auf H–Pegel befindet. Dazu muß der Transistor T_2 gesperrt sein, seine Basisspannung darf also $U_{B2} \approx 1.4\,V$ nicht erreichen bzw. nicht übersteigen. Wie bereits weiter oben gezeigt, stellt sich dieser Betriebszustand ein, wenn mindestens einer der Eingänge auf L–Pegel liegt. Beispielsweise für $U_{X1} = 0\,V$ leitet die Basis–Emitter–Diode des Transistors T_1; über die Basis von T_2 kann jedoch nur ein vernachlässigbar geringer Kollektorstrom fließen ($I_{E1} \approx -I_{B1}$). Der aus der Eingangsklemme X_1 herausfließende Strom wird daher im wesentlichen durch den Widerstand R_1 bestimmt und es gilt

$$-I_{X1} = \frac{V_{CC} - U_{BE1}}{R_1} \approx 1.1\,mA \ .$$

Eingangsspannung für $Q = H$

Um am Ausgang H–Pegel zu erreichen, kann die Eingangsspannung $U_{X1} = 0\,V$ betragen, sie darf jedoch auch etwas höher liegen.

Wichtig ist, daß T_2 sicher gesperrt bleibt. Nimmt man im betrachteten Arbeitspunkt $U_{CE1} \approx 0.1\,V$ an, so kann mit der Forderung $U_X \leq 0.4\,V$ das Sperren von T_2 gewährleistet werden.

Ausgangsspannung für $Q = H$

Bei Belastung des Ausgangs mit gleichartigen Gattern ($I_{IH} \approx 40\mu A$) fließen derart geringe Ströme über T_4, daß an R_2 und R_4 keine nennenswerten Spannungsabfälle auftreten. Betrachtet man T_4 und D_1 als leitend, so ergibt sich für die Ausgangsspannung

$$U_Q = V_{CC} - U_{BE4} - U_{D1} \quad \approx 3.6V \ .$$

Bei niederohmigen Lasten könnte rechnerisch der Strom $I_Q \approx -13\,mA$ an der Ausgangsklemme abgenommen werden, ohne daß die Ausgangsspannung unter den Wert $U_Q = 2.4\,V$ sänke.

Ausgangsstrom für $Q = H$

Der Ausgangsstrom darf nur so groß sein, daß die Ausgangsklemmenspannung U_Q nicht unzulässig stark absinkt. Nach Datenblattangaben liegt der zulässige Strom mit $I_Q = 0.4\,mA$ deutlich unter dem Ausgangskurzschlußstrom von

$$I_{Qk} \approx \frac{V_{CC} - U_S - U_{CEsat4}}{R_4} = 31\,mA \ .$$

Typische Datenblattwerte

	min	typ	max
U_{IH}	$2\,V$		
U_{IL}			$0.8\,V$
I_{IH}			$40\,\mu A$
I_{IL}			$-1.6\,mA$
U_{OH}	$2.4\,V$	$3.4\,V$	
U_{OL}		$0.2\,V$	$0.4\,V$
I_{OH}			$-0.4\,mA$
I_{OL}			$16\,mA$

Tabelle 9.8 Eingangs und Ausgangs–Daten eines 7400–Gatters

Dem Datenblatt eines *NAND*–Gatter–Bausteins aus der Standard–TTL–Familie (7400) können die in der Tabelle 9.8 angegebenen Werte entnommen werden. Sie zeigen, daß die durchgeführten Abschätzungen durchaus realistische Ergebnisse liefern.

Störabstand

Den Datenblattangaben ist zu entnehmen, daß zwischen den im ungünstigsten Fall auftretenden Ausgangswerten und den mindestens erforderlichen Eingangswerten ein gewisser Abstand zugunsten der Störunanfälligkeit besteht, so daß die Mindestanforderungen an die Ansteuerung eines Gatters von einem gleichartigen Gatter immer übererfüllt werden. Als L–Pegel nimmt der Ausgang Q eines Gatters schlechtestenfalls den Wert $U_{OLmax} = 0.4\,V$ an. Damit ein am Ausgang angeschlossenes gleichartiges Gatter diesen L–Pegel als solchen noch erkennt, darf seine Eingangsspannung maximal $U_{ILmax} = 0.8\,V$ betragen. Aus diesen beiden Spannungswerten resultiert ein Störabstand U_{NL}, für den

$$U_{NL} = U_{ILmax} - U_{OLmax} = 0.4\,V$$

gilt. Ein auf einen Gatterausgang bzw. –eingang eingekoppeltes Störsignal dürfte also maximal $U_{NL} = 0.4\,V$ betragen, ohne daß die korrekte Schaltungsfunktion gefährdet wäre. Als entsprechender Störabstand für den H–Pegel wird

$$U_{NH} = U_{OHmin} - U_{IHmin} = 0.4\,V$$

angegeben. Diese Störabstände, die für H– und L–Pegel nicht immer gleich sein müssen, erfüllen relativ pessemistisch angesetzte Forderungen. Bei praktischen Versuchen wird man höhere Störabstände von $U_{NL} \approx 1\,V$ bzw. $U_{NH} \approx 1.4\,V$ messen.

Die Empfindlichkeit der Schaltkreise gegen Störungen ist nicht nur von der Störamplitude, sondern auch vom zeitlichen Verlauf der Störspannung abhängig. Je kürzer ein Störspannungsimpuls ist, desto höhere Spannungswerte sind tolerabel, da für die Änderung des Schaltungszustands Kapazitäten umgeladen werden müssen. Man unterscheidet aus diesem Grund zwischen statischer und dynamischer Störfestigkeit. Die Störabstände U_{NL} und U_{NH} sind ein Maß für die statische Störfestigkeit des Gatters; die meist in Form von Kennlinien angegebenen dynamischen Störabstände weisen aus den genannten Gründen in der Regel höhere Werte auf.

Fan–Out

Der Fan–Out ist ein wichtiger Entwurfs–Parameter, da er ein Maß für die "Ausgangsleistung" eines Gatters ist. Aus dem maximal zulässigen Ausgangsstrom einer Logikschaltung und den Eingangströmen gleichartiger Logikbausteine ergibt sich diejenige Anzahl von Gattern, deren Eingänge mit dem Ausgang eines Gatters parallel verbunden werden dürfen, ohne daß der Ausgang unzulässig stark belastet wird. Diese Zahl der gleichartigen an den Ausgang anschließbaren Gatter wird als Fan–Out bezeichnet.

Das bislang betrachtete TTL–*NAND*–Gatter liefert in dem Fall, daß der Ausgang auf H–Pegel liegt, den maximalen Strom $I_{OHmax} = -0.4\,mA$. Die an den Ausgang dieses *NAND*–Gatters angeschalteten *NAND*–Gatter nehmen dann den Ausgangs–Zustand $Q = 0$ an, wenn ihre Eingangsströme jeweils $I_{IH} = 40\,\mu A$ betragen. Daraus folgt

$$\frac{|I_{OH}|}{I_{IH}} = \frac{0.4\,mA}{40\,\mu A} \qquad \Longrightarrow \qquad \text{Fan–Out}_H = 10 \ .$$

Das *NAND*–Gatter kann im H–Zustand also 10 andere *NAND*–Gatter ansteuern, ohne daß die zulässigen Stromwerte überschritten werden.

Im L–Zustand kann der Ausgang eines *NAND*–Gatters $I_{OL} = 16\,mA$ aufnehmen; die angeschalteten *NAND*–Gatter, die an Ihren Ausgängen H–Pegel annehmen, erfordern Eingangsströme von jeweils $I_{IL} = -1.6\,mA$:

$$\frac{I_{OL}}{|I_{IL}|} = \frac{16\,mA}{1.6\,mA} \qquad \Longrightarrow \qquad \text{Fan–Out}_L = 10 \ .$$

Das bedeutet, daß dieses *NAND*–Gatter auch im L–Zustand 10 weitere gleiche Gatter ansteuern kann. Die sich für die beiden Logikpegel ergebenden Fan–Out–Werte sind hier gleich groß, sie können sich im allgemeinen jedoch auch unterscheiden. Differieren die Werte, so ist der jeweils kleinere bei der Schaltungsentwicklung zugrunde zu legen. Die eben berechneten Quotienten sind als Entwurfsparameter von großer Wichtigkeit, insbesondere dann, wenn man logische Schaltungen ein Stück weit losgelöst von den tatsächlichen Spannungs– und Stromverhältnissen funktionsorientiert nach einem "Baukasten–Verfahren" entwirft, wie es gerade beim Entwurf komplexerer Schaltungen notwendig ist.

Leistungsaufnahme

Ein weiterer wichtiger Parameter ist die Leistungsaufnahme eines Logikgatters; sie sollte natürlich möglichst niedrig sein. Nimmt der Ausgang L–Pegel an, dann liegen alle Eingänge des *NAND*–Gatters auf H–Pegel. Transistor T_1 wird aktiv rückwärts betrieben, Transistor T_2 sowie Transistor T_3 sind in der Sättigung und der Transistor T_4 ist gesperrt. Durch die Basis–Emitter–Spannung U_{BE3} und die Kollektor–Emitter–Spannung U_{CEsat2} ergibt sich eine Spannung von ca. $0.9\,V$ am Kollektor von T_2, so daß für $V_{CC} = 5\,V$ am Widerstand R_2 eine Spannung von $4.1\,V$ vorhanden ist. Damit fließt durch R_2 der Strom

$$I_{R2} = \frac{V_{CC} - U_{C2}}{R_2} = 2.56\,mA$$

in den Kollektor von T_2. Die Basis von T_1 liegt, bedingt durch die Summe der Spannungen U_{BC1}, U_{BE2} und U_{BE3}, auf $U_{B1} \approx 2.1\,V$. Daher fließt durch R_1 der Strom

$$I_{R1} = \frac{V_{CC} - U_{B1}}{R_1} = 725\,\mu A\ ,$$

der gleichzeitig der Basisstrom des Transistors T_1 ist.

Das *NAND*-Gatter nimmt damit für $Q = L$ den Gesamtstrom $I_{CCL} \approx I_{R1} + I_{R2} = 3.29\,mA$ aus der Versorgungsquelle auf; die Leistungsaufnahme bei der Betriebsspannung $V_{CC} = 5\,V$ beträgt somit

$$P_{DL} = I_{CCL} \cdot V_{CC} = 16.4\,mW\ .$$

Für $Q = 1$ liegt mindestens einer der Eingänge auf L–Pegel. Zur Abschätzung nehmen wir $U_{X1} = 0\,V$ an. Der Kollektor des Transistors T_1 liegt daher auf Sättigungspotential. Seine Basisspannung beträgt $U_{B1} = 0.7\,V$, so daß über dem Widerstand R_1 eine Spannung von $4.3\,V$ liegt; durch R_1 fließt also ein Strom von $1.08\,mA$. Je nach Zahl der an den Ausgang angeschlossenen Gatter muß ein Ausgangsstrom von bis zu $400\,\mu A$ aufgebracht werden. Damit beträgt der über die Versorgungsspannungsklemmen aufgenommene Strom im H–Zustand maximal $I_{CCH} = 1.48\,mA$. Daraus resultiert die Leistungsaufnahme

$$P_{DH} = I_{CCH} \cdot V_{CC} = 7.4\,mW\ .$$

Der arithmetische Mittelwert der in den beiden wesentlichen Betriebszuständen aufgenommenen Leistungen P_{DL} und P_{DH} wird als mittlere Leistungsaufnahme

$$P_D = \frac{P_{DL} + P_{DH}}{2} = 11.9\,mW$$

bezeichnet. Die Angabe der mittleren Leistungsaufnahme beruht also auf der Annahme, daß sich die Schaltung jeweils zu gleichen zeitlichen Anteilen in einem der beiden logischen Zustände befindet. Da die statischen Leistungsaufnahmen gemittelt werden, bleiben dynamische Effekte, die während des Umschaltvorgangs auftreten können, unberücksichtigt. Dennoch gibt der so gefundene Wert einen relativ guten Anhaltspunkt für die tatsächliche Leistungsaufnahme eines TTL–Gatters.

Dieser Wert für die mittlere Leistungsaufnahme ist ziemlich hoch, besonders wenn man bedenkt, daß zur Realisierung einer Schaltung im allgemeinen eine Vielzahl von Gattern notwendig ist.

Bevor wir auf Weiterentwicklungen der Standard–TTL–Logik eingehen, soll in Beispiel 9.6 das Schaltverhalten des Standard–TTL–Gatters anhand eines einfachen Inverters im Detail beschrieben werden.

Beispiel 9.6

Die folgende Abbildung zeigt die Schaltung eines Standard–TTL–Inverters.

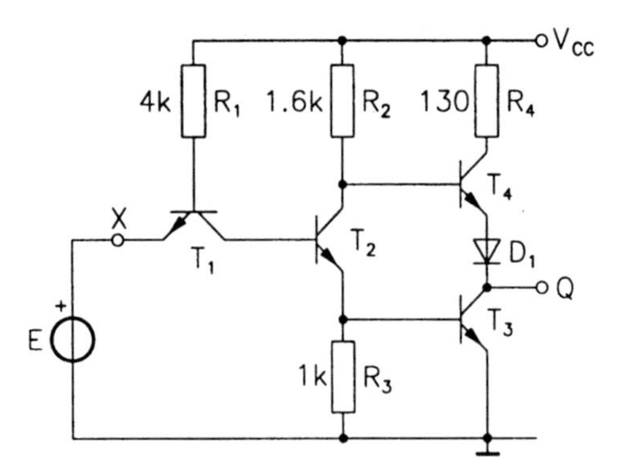

Zur Untersuchung der einzelnen Betriebszustände nehmen wir an, daß die Eingangsklemme X aus einer Spannungsquelle mit einer linear von $E = 0$ auf $E = V_{CC} = 5\,V$ ansteigenden Spannung versorgt wird.

Zunächst gelte $E = 0$. Der Transistor T_1 befindet sich folglich in der Sättigung, T_2 ist nichtleitend. Die Basisspannung von T_2 hat den Wert U_{CEsat1}[3], die Basis–Emitter–Spannung von T_1 soll hier $U_{BE1} = 0.65\,V$ betragen. Der Basisstrom

$$I_{B1} = \frac{V_{CC} - U_{BE1}}{R_1} = 1.1\,mA$$

des Transistors T_1 fließt im wesentlichen über den Emitter aus der Eingangsklemme X heraus. Der Kollektorstrom ist gleich dem Basisstrom des gesperrten Transistors T_2 und damit gegenüber dem Basisstrom vernachlässigbar. Da T_2 gesperrt ist, liegt die Basis von Transistor T_3 über R_3 auf nahezu Massepotential, so daß auch T_3 gesperrt ist. Über R_2 wird T_4 mit dem notwendigen Basisstrom versorgt, um in die Sättigung zu gelangen. Bei einem angenommenen Ausgangsstrom $I_Q = -0.4\,mA$ ist der Spannungsabfall über dem Widerstand R_2 gegenüber der Basis–Emitter–Spannung U_{BE4} und der Dioden–Flußspannung, die hier zusammen ca. $1.3\,V$ betragen, zu vernachlässigen. Für die Ausgangsspannung der Schaltung gilt demnach

$$U_Q = V_{CC} - U_{BE4} - U_{D1} = 3.7\,V\ .$$

Nun gelte für die Eingangsspanung $0 \leq E \leq 0.55\,V$. An den bisher geschilderten Verhältnissen ändert sich so lange prinzipiell nichts, wie T_2 gesperrt bleibt. Das ist der Fall, solange die Basis–Emitter–Spannung U_{BE2} deutlich unterhalb des Wertes $0.65\,V$ liegt. Da der Emitterstrom des gesperrten Transistors T_2 vernachlässigbar ist, gilt für seine Emitterspannung $U_{E2} \approx 0$ und folglich für seine Basisspannung $U_{B2} \leq 0.65\,V$. Unter der Annahme, daß die Sättigungsspannung des Transistors T_1 den Wert $U_{CEsat1} = 0.1\,V$ hat, bleibt der Transistor T_2 gesperrt, solange sich die Eingangsspannung im Bereich $0 \leq E \leq 0.55\,V$ bewegt. Der aus dem Eingang herausfließende Strom nimmt mit steigender Eingangs-

[3]Die Änderung der Sättigungsspannung U_{CEsat} in Abhängigkeit vom Kollektorstrom I_C wird nicht weiter berücksichtigt. Im hier betrachteten Arbeitspunkt ist I_C sehr klein.

spannung leicht ab. Für $E = 0.55\,V$ beträgt er

$$-I_X = \frac{V_{CC} - U_{BE1} - E}{R_1} = 0.95\,mA \ .$$

Als nächster wird der Bereich $0.55\,V \leq E \leq 1.3\,V$ untersucht. Hat die Eingangsspannung den Wert $E = 0.55\,V$ erreicht bzw. überschritten, so geht T_2 vom gesperrten Zustand in den aktiven Vorwärtsbetrieb über. Der benötigte Basisstrom wird über den Transistor T_1 geliefert. Der Kollektorstrom I_{C2} bewirkt das Absinken der Basisspannung an T_4. Gleichzeitig bewirkt der Emitterstrom I_{E2} einen Anstieg der Basisspannung U_{B3}. Die Transistoren T_3 und T_4 werden also durch T_2 gegenphasig angesteuert. Die Teilschaltung um T_2 verhält sich in diesem Betriebszustand wie eine Emitterstufe, deren Lastwiderstand im wesentlichen durch R_2 gebildet wird und deren Spannungsverstärkung maßgeblich durch R_3 beeinflußt wird. Für die Kleinsignal–Spannungsverstärkung dieser Stufe gilt in dem betrachteten Zustand

$$\frac{u_{C2}}{u_{B2}} \approx -\frac{R_2}{R_3} = -1.6 \ .$$

Der Transistor T_3 ist trotz der ansteigenden Basisspannung U_{B3} zunächst noch gesperrt, Transistor T_4 verhält sich daher wie in einer Kollektorstufe. Die Emitterspannung von T_4 liegt ca. $0.65\,V$ unterhalb der (sinkenden) Basisspannung. Mit der Basisspannung von T_4 nimmt daher auch die Ausgangsspannung ab.

Im nächsten Betriebsbereich soll $1.3\,V \leq E \leq 1.4\,V$ sein. Beträgt die Eingangsspannung $E = 1.3\,V$, so erreicht die Basisspannung U_{B3} den Wert $U_{B3} = 0.65\,V$. Transistor T_3 geht dabei vom gesperrten Zustand in den aktiven Vorwärtsbetrieb über, wodurch seine Kollektorspannung U_{C3} und damit die Spannung U_Q an der Ausgangsklemme stark absinkt. Die sich einstellende Basis–Emitter–Spannung $U_{BE3} \approx 0.65\,V$ bleibt auch bei weiter ansteigender Eingangsspannung E relativ konstant. Zusammen mit der etwa gleich großen Basis–Emitter–Spannung an T_2 ergibt sich für die Basisspannung dieses Transistors $U_{B2} \approx 1.3\,V \ldots 1.4\,V$, unabhängig von der weiter ansteigenden Eingangsspannung. Die Emitterspannung des Transistors T_1 beginnt in diesem Eingangsspannungsbereich seine Kollektorspannung zu übersteigen; T_1 geht dadurch in den aktiven Rückwärtsbetrieb über, wobei sich zwischen seiner Basis und seinem Kollektor eine relativ konstante Spannungsdifferenz $U_{BC1} = 0.65\,V$ ausbildet. Beim Übergang von T_3 in den aktiven Betrieb ist T_4 noch nicht gesperrt. Es kommt zu einem Stromfluß über die Kollektor–Emitter–Strecken von T_3 und T_4, der nur durch den Widerstand R_4 begrenzt und durch die Flußspannung der Diode D_1 sowie die Kollektor–Emitter–Spannungen der leitenden Transistoren verringert wird:

$$I_{R4} = \frac{V_{CC} - U_S - 2U_{CEsat}}{R_4} = \frac{3.9\,V}{130\,\Omega} = 30\,mA \ .$$

Infolge dieses hohen Stroms durch die Endstufe steigt der Basisstrom des Transistors T_4 stark an und unterstützt damit über den Spannungsabfall am Widerstand R_2 das Absinken der Basisspannung von T_4 bzw. der Kollektorspannung von T_2.

Im Eingangsspanungsbereich $1.4\,V \leq E \leq 5\,V$ wird der Transistor T_2 durch eine weitere geringfügige Erhöhung der Eingangsspannung in die Sättigung gebracht. Damit sinkt die Basisspannung von T_4 bis auf

$$U_{B4} = U_{C2} = U_{BE3} + U_{CEsat2} \approx 0.85\,V$$

ab, wodurch T_4 gesperrt wird. Der vorher vorhandene hohe Strom durch die Endstufentransistoren wird damit ausgeschaltet und die durch die Sättigungsspannung von T_3 bestimmte Ausgangsspannung kann auf den Wert $U_Q \approx 0.2\,V$ fallen.

Die Abbildungen a... e zeigen die resultierende Übertragungskennlinie der TTL–Inverterschaltung (a), die Spannungsverläufe an einigen Schaltungsknoten (b) und die Stromverläufe in den Transistoren T_1 (c), T_2 (d) und T_3 (e).

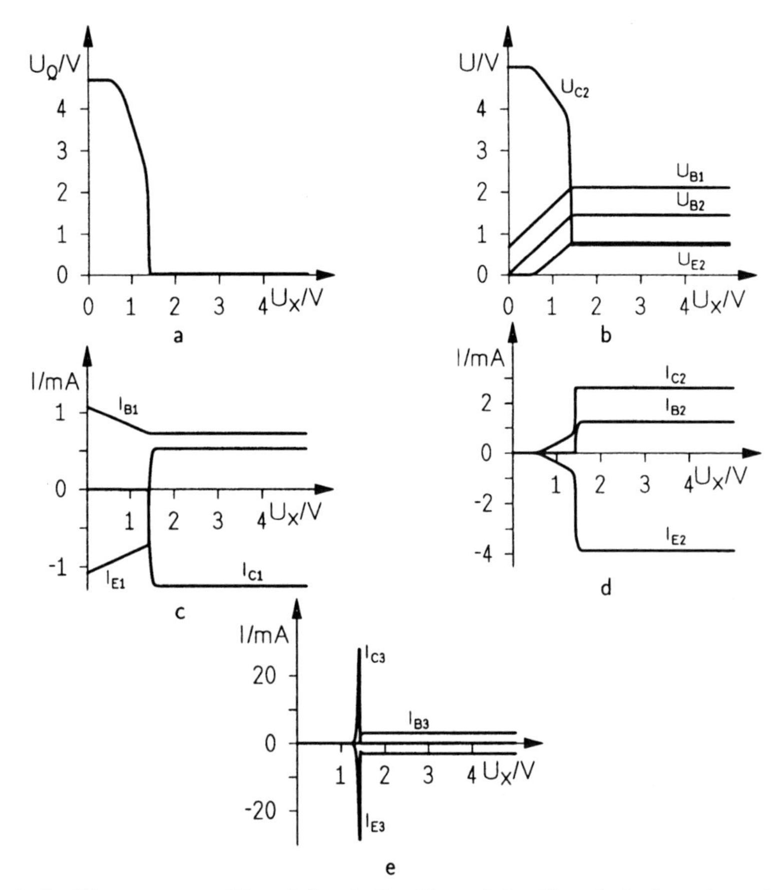

Der hohe Strom von ca. $30\,mA$ durch T_3 während der Umschaltphase kann in der Gesamtschaltung zu unannehmbar hohen Spannungseinbrüchen auf den Versorgungsleitungen führen. Beim praktischen Schaltungsaufbau ist daher darauf zu achten, daß jeder TTL–Baustein direkt an seinen Versorgungsspannungsklemmen mit einem Kondensator versehen wird, der den kurzzeitig erforderlichen hohen Strom liefert und so das Entstehen von Störimpulsen in angrenzenden

Schaltungsteilen weitgehend unterbindet. Der hohe Strom während der Umschaltphase erhöht die dynamische Leistungsaufnahme des Inverters, sie steigt also mit der Häufigkeit von Umschaltvorgängen. Dies ist natürlich als ein Nachteil zu werten.

9.6.2 Weiterentwicklungen der TTL–Logik

Neben der hohen Leistungsaufnahme sind die mit dieser Technologie verbundenen Verzögerungszeiten besonders wesentliche Nachteile der Standard–TTL–Bausteine. Die Verzögerungszeiten haben ihre Ursache in Umladevorgängen, auf deren Einzelheiten hier nicht näher eingegangen werden soll. Um einen Anhaltspunkt zu bekommen, sollen zwei Verzögerungswerte gemäß den Angaben der Halbleiterhersteller aufgeführt werden:

$$\text{Zustandsänderung von } Q = 0 \text{ auf } Q = 1: \quad T_{pLH} = 11\,ns$$
$$\text{Zustandsänderung von } Q = 1 \text{ auf } Q = 0: \quad T_{pHL} = 7\,ns\ .$$

Daraus resultiert ein mittlerer Verzögerungswert $T_p = 9\,ns$, der keine hohen Schaltgeschwindigkeiten zuläßt.

Wegen ihrer vielfach unbefriedigenden Schaltungseigenschaften sind die Standard–TTL–Schaltungen mit dem Ziel weiterentwickelt worden, geringere Leistungsaufnahme und/oder kürzere Schaltzeiten zu erreichen.

Low–Power–TTL : 74L–Serie

Bei der Entwicklung der Schaltkreise der Low–Power–TTL–Serie ist besonderer Wert auf eine möglichst geringe Leistungsaufnahme gelegt worden. Die Schaltungsstruktur der Bausteine gleicht derjenigen der Standard–TTL–Schaltungen (s. Abb. 9.4).

Der wesentliche Unterschied zur Standard–Serie resultiert aus dem höheren Widerstandsniveau innerhalb der Schaltungen. In Tabelle 9.9 sind die entsprechenden Werte beider Serien aufgeführt.

	R_1	R_2	R_3	R_4
Standard–TTL	$4\,k\Omega$	$1.6\,k\Omega$	$1\,k\Omega$	$130\,\Omega$
Low–Power–TTL	$40\,k\Omega$	$20\,k\Omega$	$12\,k\Omega$	$500\,\Omega$

Tabelle 9.9 Widerstandswerte von Standard– und Low–Power–TTL–Schaltungen

Liegt der Ausgang eines Gatters auf H–Pegel, dann fließt als Versorgungsstrom I_{CCH} im wesentlichen der Basisstrom des Transistors T_1:

$$I_{CCH} = I_{B1} = \frac{V_{CC} - U_{B1}}{R_1} = \frac{4.3\,V}{40\,k\Omega} = 108\,\mu A\ .$$

Für $Q = 0$ fließen in erster Linie Ströme über die Widerstände R_1 und R_2 in die Schaltung:

$$I_{R2} = \frac{4.1\,V}{20\,k\Omega} = 205\,\mu A \qquad I_{R1} = \frac{3.9\,V}{40\,k\Omega} = 97\,\mu A\ .$$

Daraus folgt für die Stromaufnahme $I_{CCL} = 302\,\mu A$. Bei der Betriebsspannung $V_{CC} = 5\,V$ ergibt sich damit als mittlere Leistungsaufnahme

$$P_D = \frac{P_{DL} + P_{DH}}{2} = \frac{V_{CC}}{2}\,(I_{CCH} + I_{CCL}) \;\approx\; 1\,mW\ .$$

Dieser Wert bedeutet eine beträchtliche Verringerung der Leistungsaufnahme gegenüber den Bausteinen der Standard–TTL–Serie. Die Verringerung der Leistungsaufnahme wird jedoch durch eine Verlängerung der Schalt– bzw. Verzögerungszeiten erkauft; insbesondere die Umladevorgänge interner Kapazitäten laufen aufgrund der erhöhten Widerstandswerte entsprechend langsamer ab. Im Datenblatt wird für die mittlere Verzögerungszeit der Wert $T_p = 33\,ns$ angegeben.

High–Speed–TTL : 74H–Serie

Auch bei dieser TTL–Bausteinserie ist die Schaltungsstruktur im wesentlichen die gleiche, wie bei der Standard–TTL–Serie. Abb. 9.5 zeigt die Schaltung eines *NAND*–Gatters der High–Speed–Serie. Der Unterschied zu Bau-

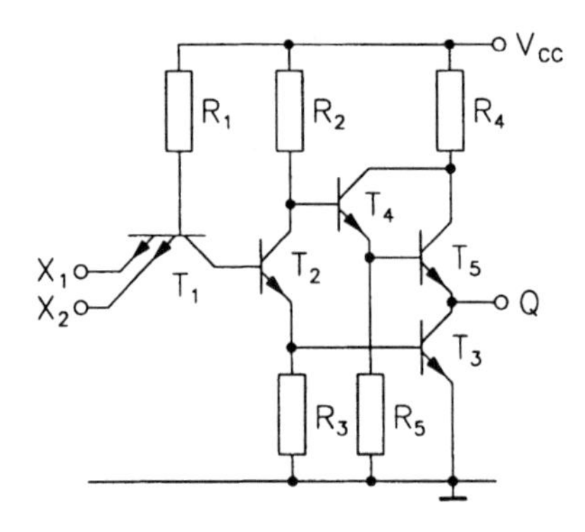

Abb. 9.5 *NAND*–Gatter in TTL–High–Speed–Technologie

steinen der Standard–Serie liegt zum einen in den kleineren Widerstandswerten und zum anderen im Austausch der Endstufenelemente T_4 und D_1 gegen ein Darlington–Transistorpaar T_4, T_5. Eine typische Dimensionierung der Widerstandswerte ist in Tabelle 9.10 den entsprechenden Werten für Standard–Bauelemente gegenübergestellt.

	R_1	R_2	R_3	R_4	R_5
Standard–TTL	$4\,k\Omega$	$1.6\,k\Omega$	$1\,k\Omega$	$130\,\Omega$	
High–Speed–TTL	$2.8\,k\Omega$	$760\,\Omega$	$470\,\Omega$	$55\,\Omega$	$4\,k\Omega$

Tabelle 9.10 Widerstandswerte von Standard– und High–Speed–TTL–Schaltungen

Die verringerten Widerstandswerte ermöglichen eine beschleunigte Umladung interner Kapazitäten. In Verbindung mit dem gegenüber der Transistor–Diode–Kombination verringerten Ausgangswiderstand der Darlingtonstufe, der eine raschere Umladung von Lastkapazitäten bewirkt, wird so eine Verkürzung der Schalt– und Verzögerungszeiten erreicht. Dem Datenblatt kann man als mittlere Umschaltverzögerungszeit den typischen Wert $T_p = 6\,ns$ entnehmen.

Die Verbesserung des Schaltverhaltens wird durch eine erhöhte Leistungsaufnahme erkauft. Im H–Zustand des Gatters fließt über R_1 der Strom

$$I_{R1} = \frac{V_{CC} - U_{BE1}}{R_1} = \frac{4.3\,V}{2.8\,k\Omega} = 1.54\,mA\ .$$

Die Basis des Transistors T_4 liegt über R_2 an der Versorgungsspannung V_{CC}, so daß sich am Emitter dieses Transistors die Spannung $V_{CC} - U_{BE4}$ einstellt. Für den durch R_5 fließenden Strom ergibt sich also

$$I_{R5} \approx \frac{V_{CC} - U_{BE4}}{R_5} = \frac{4.3\,V}{4\,k\Omega} = 1.07\,mA\ ,$$

wobei der durch den Basisstrom von T_4 verursachte Spannungsabfall an R_2 vernachlässigt wurde. Läßt man einen etwaigen Ausgangslaststrom unberücksichtigt, so nimmt das Gatter in diesem Betriebszustand also den Gesamtstrom $I_{CCH} = 2.61\,mA$ auf.

Befindet sich die Schaltung im L–Zustand, dann fließen Ströme im wesentlichen durch die Widerstände R_1 und R_2:

$$I_{R1} = \frac{2.9\,V}{2.8\,k\Omega} = 1.03\,mA \qquad I_{R2} = \frac{4.1\,V}{760\,\Omega} = 5.39\,mA\ .$$

Der über den Transistor T_4 und den Widerstand R_5 fließende Strom kann vernachlässigt werden, so daß sich für den von der Versorgungsquelle aufzubringenden Strom in diesem Zustand der Wert $I_{CCL} = 6.42\,mA$ ergibt.

Diese Werte liefern unter der Annahme $V_{CC} = 5\,V$ die relativ hohe mittlere Leistungsaufnahme $P_D = 23\,mW$. Die TTL–High–Speed–Technologie zeichnet sich also dadurch aus, daß die Werte für Umladezeiten auf Kosten einer erhöhten Leistungsaufnahme verbessert werden.

Bei den drei bisher vorgestellten TTL–Technologien liegen im wesentlichen Dimensionierungsvarianten ein und desselben Schaltungskonzepts vor. Gleichzeitige Verringerung von Leistungsaufnahme und Verzögerungszeiten lassen sich damit nicht erzielen. Dazu bedarf es prinzipieller Veränderungen.

Schottky–TTL: 74S–Serie

Die Transistoren der Standard–, Low–Power– und High–Speed–TTL–Schaltungen sind entweder gesperrt oder in der Sättigung. Gerade der letztgenannte Zustand schafft Probleme. Während ein Transistor in der Sättigung ist, akkumulieren sich in ihm nämlich relativ große Ladungen. Soll ein Transistor aus der Sättigung heraus seinen Schaltzustand ändern, müssen sie "zeitaufwendig" abtransportiert werden. Eine beträchtliche Verringerung der Schaltzeiten läßt sich daher durch Vermeidung der Sättigung erzielen.

Ein möglicher Ansatz hierzu besteht im Einsatz von Schottky–Transistoren anstelle der gewöhnlichen npn–Bipolartransistoren. Ein Schottky–Transistor ist prinzipiell ein "normaler" Bipolartransistor, bei dem parallel zur Basis–Kollektor–Strecke eine Schottky–Diode liegt. Deren Flußspannung von $U_S = 0.2\,V \ldots 0.3\,V$ begrenzt die Basis–Kollektor–Spannung des Transistors, so daß dieser nicht allzuweit in die Sättigung geraten kann. Die zum sicheren Schalten benötigten Ladungen können im Transistor gespeichert werden, überschüssige Ladungen fließen über die Schottky–Diode ab. Abb. 9.6 zeigt

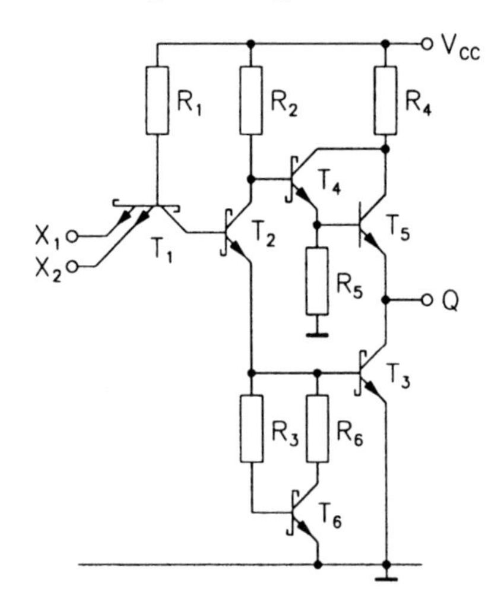

Abb. 9.6 *NAND*–Gatter in Schottky–TTL–Technologie

die Schaltung eines *NAND*–Gatters in Schottky–TTL–Technik. Tabelle 9.11 enthält die Dimensionierung der Widerstände.

	R_1	R_2	R_3	R_4	R_5	R_6
Schottky–TTL	$2.8\,k\Omega$	$900\,\Omega$	$500\,\Omega$	$5\,\Omega$	$3.5\,k\Omega$	$250\,\Omega$

Tabelle 9.11 Widerstandswerte eines Schottky–TTL *NAND*–Gatters

Die Schaltung in Abb. 9.6 enthält ein Netzwerk aus den Widerständen R_3, R_6 und dem Transistor T_6, das den Widerstand R_3 der Standard–Schaltung gemäß Abb. 9.4 ersetzt. Die Untersuchung jener Schaltung hatte unter anderem gezeigt, daß die Erhöhung der Eingangsspannung über $U_X \approx 0.55\,V$ hinaus zum Übergang des Transistors T_2 in den aktiven Vorwärtsbetrieb und zu einem damit verbundenen allmählichen Sperren des Transistors T_4 führt. Dadurch knickt die Übertragungskennlinie schon bei geringen Eingangsspannungen ab, zunächst jedoch nur ziemlich flach und über einen breiten Spannungsbereich verlaufend (vgl. Beispiel 9.6). Damit sind nicht nur ein relativ breiter Übergangsbereich und ein geringer Störspannungsabstand, sondern auch die Erzeugung relativ "müder" Ausgangssignalflanken verbunden, was die Schaltgeschwindigkeit dieser Schaltung verringert.

Ein derartiges Verhalten wird in der Schottky–TTL–Technologie durch das erwähnte Bypass–Netzwerk weitgehend abgeschwächt. Der Transistor T_6 schaltet oberhalb einer Basis–Emitter–Spannung von etwa $0.65\,V$ durch. Vorher stellt das Bypass–Netzwerk einen derart hohen Widerstand dar, daß auch der Transistor T_2 nicht in den leitenden Zustand übergehen kann (vgl. Abb. 9.7); anders als in der Standard–Schaltung wird an R_2 zunächst nicht der zum allmählichen Sperren von T_4/T_5 erforderliche und zum relativ langsamen Absinken der Ausgangsspannung führende Spannungsabfall erzeugt. Wenn die Eingangsspannung entsprechend hohe Werte erreicht, nimmt der Widerstand des Bypass–Netzwerks sehr rasch derart geringe Werte an, daß der Transistor T_2 fast übergangslos in den leitenden Zustand wechselt. Die Übertragungs-

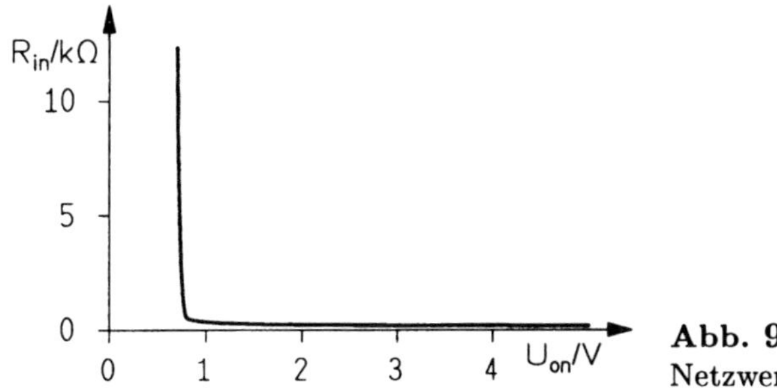

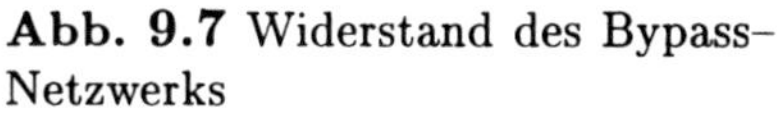
Abb. 9.7 Widerstand des Bypass–Netzwerks

kennlinie (Abb. 9.8) knickt daher erst bei höheren Eingangsspannungen ab,

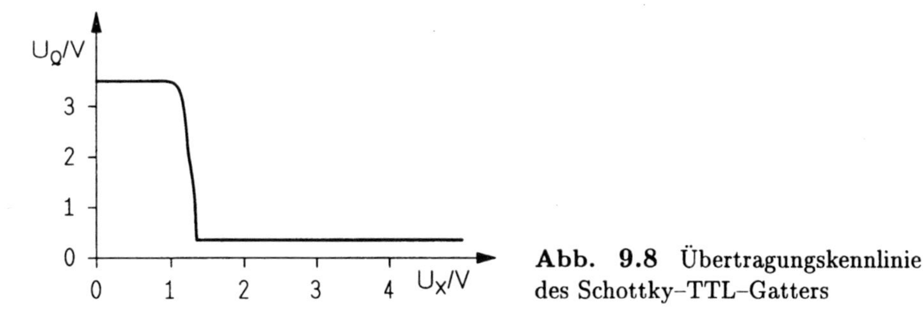

Abb. 9.8 Übertragungskennlinie des Schottky–TTL–Gatters

dafür dann aber um so steiler; dadurch erhöhen sich der Störspannungsabstand U_{NL} und die Flankensteilheit der Ausgangsspannung im Umschaltaugenblick. Die Verwendung von Schottky–Transistoren, der Darlington–Transistor in der Endstufe und die Bypass–Schaltung verringern insgesamt die Verzögerungszeit; die Datenblätter weisen den typischen Wert $T_p = 3\,ns$ aus.

Während also die Schaltzeiten etwa halbiert werden, unterscheidet sich die mittlere Leistungsaufnahme des Schottky–TTL–Gatters nicht wesentlich von derjenigen der entsprechenden Schaltung aus der High–Speed–Serie. Im H–Zustand fließen nennenswerte Ströme nur durch die Widerstände R_1 ($I_{R1} = 4.3\,V/2.8\,k\Omega = 1.54\,mA$) und R_5 ($I_{R5} = 4.3\,V/3.5\,k\Omega = 1.23\,mA$), woraus der Gesamtstrom $I_{CCH} = 2.77\,mA$ resultiert.

Im L–Zustand fließen hauptsächlich Ströme durch R_1 und R_2, die sich als Emitterstrom von T_2 summieren. Dieser Strom ist am einfachsten über die Spannungen an den einzelnen Basis–Emitter–Strecken zu berechnen, da die Stromverhältnisse an den Transistoren T_3 und T_6 im betreffenden Spannungsbereich etwas unübersichtlich sind. So ergibt sich mit $U_{C2} = U_{BE3} + U_{CEsat2} = 0.9\,V$ und $U_{B1} = U_{BE3} + U_{BE2} + U_{BC1} = 2.1\,V$ und den entsprechenden Widerstandswerten der von der Schaltung aufgenommene Strom

$$I_{CCL} = -I_{E2} = \frac{0.7\,V}{167\,\Omega} = 5.6\,mA\ .$$

Beträgt die Versorgungsspannung $5\,V$, dann liegt die mittlere Leistungsaufnahme mit $P_D = 21\,mW$ etwa bei dem Wert der TTL–High–Speed–Serie.

Low–Power–Schottky: 74LS–Serie

Die Bezeichnung weist bereits darauf hin, daß das Hauptaugenmerk bei der Entwicklung dieser Serie auf die Verminderung der Leistungsaufnahme gerichtet wurde. Abb. 9.9 zeigt die Schaltung eines *NAND*–Gatters in Low–

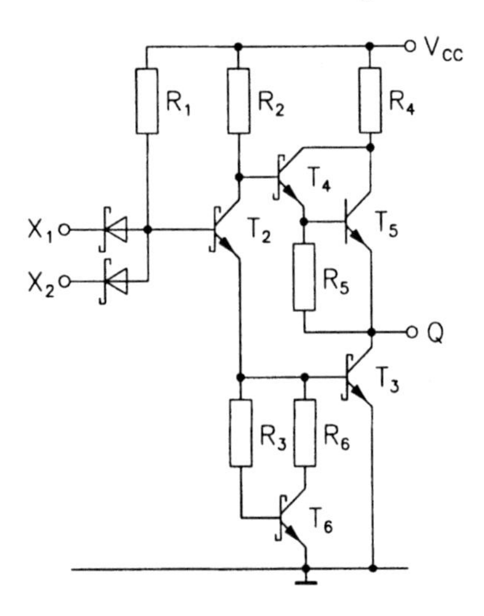

Abb. 9.9 *NAND*–Gatter in Low–Power–Schottky–TTL

Power–Schottky–Technologie. Die Dimensionierung der Widerstände geht aus der Tabelle 9.12 hervor.

	R_1	R_2	R_3	R_4	R_5	R_6
Low–Power–Schottky–TTL	$20\,k\Omega$	$8\,k\Omega$	$1.5\,k\Omega$	$120\,\Omega$	$3.5\,k\Omega$	$3\,k\Omega$

Tabelle 9.12 Widerstandswerte eines Low–Power–Schottky–TTL *NAND*–Gatters

Wie die Abbildung deutlich zeigt, beruht die Schaltungstechnik dieser TTL–Serie im wesentlichen auf derjenigen der "normalen" Schottky–TTL–Serie. In diesem Fall gibt es jedoch keinen Multi–Emitter–Transistor. An seine Stelle treten, wie bei den DTL–Schaltungen, die Dioden D_1 und D_2; die Darlington– und die Bypass–Schaltung sind dagegen vorhanden. Durch die Erhöhung der Widerstandswerte wird die Leistungsaufnahme auf Kosten der Verzögerungszeiten gegenüber der 74S–Serie verringert; sie entsprechen mit $T_p = 9.5\,ns$ etwa denen der Standard–TTL–Serie. Gemäß den Herstellerangaben liegt die mittlere Leistungsaufnahme mit ca. $P_D = 2\,mW$ weit unterhalb der Leistungsaufnahme der entsprechenden Standard–TTL–Schaltung. Aufgrund ihrer Geschwindigkeits– und Verlustleistungswerte konnte die 74LS–Serie die Standard–TTL–Serie weitgehend verdrängen. Die größte Auswahl an Schaltkreisen mit unterschiedlichen Funktionen besteht daher gegenwärtig innerhalb der 74LS–Serie.

Advanced–Schottky–TTL: 74AS–Serie

Im Zuge der Fortschritte bei der Herstellung integrierter Schaltungen sind zwei weitere TTL–Serien aufgelegt worden: Die Advanced–Schottky–TTL–(74AS–Serie) und die Advanced–Low–Power–Schottky–TTL–Serie (74ALS–Serie). Die Advanced–Schottky–TTL–Serie bietet gegenüber der herkömmlichen Schottky–TTL–Serie nochmals deutlich verringerte Verzögerungszeiten (74S: $3\,ns$ — 74AS: $1.7\,ns$), die sie zur schnellsten TTL–Serie machen. Außerdem weist sie eine wesentlich geringere Leistungsaufnahme (74S: $21\,mW$ — 74AS: $8\,mW$) auf. Durch verringerte Eingangsströme I_{IL} bzw. I_{IH} ist auch der Fan–Out gegenüber der 74S–Serie verbessert.

Advanced–Low–Power–Schottky–TTL: 74ALS–Serie

Bei der Advanced–Low–Power–Schottky–TTL–Serie werden durch den Einsatz von Emitterfolgern in den Eingangsstufen und durch den Einbau einer aktiven Abschaltunterstützung für die Transistoren T_3 und T_4 sowohl Schalt– und Verzögerungszeiten als auch die Leistungsaufnahme gegenüber der 74LS–Serie deutlich verringert ($T_p = 4\,ns$, $P_D = 1.2\,mW$). Zusätzlich ist der Fan–Out erhöht.

Vergleich verschiedener TTL–Serien

Um einen Vergleich zu ermöglichen, sind in Tabelle 9.13 die wichtigsten Pa-

		74	74*H*	74*L*	74*LS*	74*S*	74*AS*	74*ALS*
T_p	$[ns]$	9	6	33	10	3	1.7	4
P_D	$[mW]$	10	23	1	2	21	8	1.2
T_pP_D	$[pJ]$	90	138	33	20	63	13.6	4.8
Fan-Out(H)		10	10	20	20	20	100	20
Fan-Out(L)		10	10	20	20	10	40	80
$U_{OH,min}$	$[V]$	2.4	2.4	2.4	2.7	2.7	2.5	2.5
$U_{OL,max}$	$[V]$	0.4	0.4	0.4	0.5	0.5	0.5	0.4
$U_{IH,min}$	$[V]$	2.0	2.0	2.0	2.0	2.0	2.0	2.0
$U_{IL,max}$	$[V]$	0.8	0.8	0.7	0.8	0.8	0.8	0.8
Lastfaktor (H)	$[UL]$	1	1.25	0.25	0.5	1.25	0.5	0.5
Lastfaktor (L)	$[UL]$	1	1.25	0.11	0.25	1.25	0.31	0.06

Tabelle 9.13 Leistungsmerkmale der verschiedenenTTL–Schaltungsserien

rameter der verschiedenen TTL–Serien für die Betriebsspannung $V_{CC} = 5\,V$ einander gegenübergestellt. Die in der Tabelle angegebenen Zahlenwerte beziehen sich jeweils auf ein *NAND*–Gatter eines 74x00 Bausteins der entsprechenden Technologie. Sie sind als exemplarisch anzusehen; der Vergleich anderer Schaltungen oder die Beurteilung gleicher Schaltungen unterschiedlicher Hersteller kann zu veränderten Werten führen.

Die Werte der Ein–und Ausgangsspannungen zeigen, daß die verschiedenen TTL–Serien pegelkompatibel zueinander sind, d. h. die Logikpegel L und H werden in allen Fällen durch im wesentlichen gleiche Spannungswerte bzw. –bereiche repräsentiert (L: $0\,V \leq U_L \leq 0.7\,V$; H: $2.4\,V \leq U_H \leq 5\,V$). Die gemeinsame Verwendung von Bausteinen unterschiedlicher Serien bereitet daher unter diesem Aspekt keine Schwierigkeiten.

Das mit in der Tabelle aufgeführte Geschwindigkeits–Verlustleistungs–Produkt $T_p \cdot P_D$ ist ein Qualitäts–Maß für einen bestimmten Baustein. Im allgemeinen wird man möglichst geringe Leistungsaufnahme bei möglichst kurzen Verzögerungszeiten anstreben. Je geringer das angegebene Produkt ausfällt, desto besser werden diese beiden im allgemeinen gegenläufigen Forderungen gleichzeitig erfüllt. Der Vergleich dieses Parameters für unterschiedliche Bausteinserien zeigt die beträchtlichen Unterschiede zwischen ihnen auf und macht zugleich deutlich, daß Geschwindigkeitszuwächse im Rahmen einer gegebenen Technik meist nur durch überproportionalen Leistungseinsatz zu erzielen sind. Vergleicht man die Standard–, Low–Power– und High–Speed–Serien, die aus fast identischen Schaltungsstrukturen bestehen, auf der Basis des Geschwindigkeits–Verlustleistungs–Produkts miteinander, so schneidet der langsame Low–Power–Baustein deutlich besser ab als der schnelle High–Speed–Baustein; daher erscheint der Parameter T_pP_D doch nicht so gut zum Vergleich der verschiedenen Schaltungsgenerationen geeignet. Berücksichtigt man die im allgemeinen größeren Schwierigkeiten bei der Geschwindigkeitserhöhung, indem man den Verzögerungszeitanteil quadratisch in das

Vergleichsmaß eingehen läßt ($T_p^2 \cdot P_D$), dann ergeben sich die in Tabelle 9.14 dargestellten Werte.

		74	74H	74L	74LS	74S	74AS	74ALS
T_p	$[ns]$	9	6	33	10	3	1.7	4
P_D	$[mW]$	10	23	1	2	21	8	1,2
$T_p^2 \cdot P_D$	$[10^{-21} Js]$	810	828	1089	200	189	23.12	19.2

Tabelle 9.14 Vergleichsmaß $T_p^2 \cdot P_D$ für die verschiedenen TTL–Serien

Dieses besser an die Problematik angepaßte Vergleichsmaß macht den Fortschritt in der Schaltungsentwicklung sehr deutlich. Die Schaltungen der ersten Generationen (Standard–, Low–Power– und High–Speed–TTL) sind denen der mittleren und gegenwärtig noch aktuellen Generation (Schottky– und Low–Power–Schottky–TTL) deutlich unterlegen. Die Schaltungen der neuesten Generation (Advanced–...) bieten darüber hinaus nochmals eine deutliche Verbesserung.

Der Fan–Out gibt an, wieviele Eingänge gleichartiger Gatter an einen Gatterausgang angeschlossen werden können, ohne daß die Grenzen der Pegeltoleranzen verletzt werden. Während sich die Aus– und Eingangsspannungen für die beiden Logikzustände bei den verschiedenen Serien nicht wesentlich unterscheiden, sind die Unterschiede im Hinblick auf die lieferbaren Ausgangs– bzw. die benötigten Eingangsströme recht groß. Um auch die Belastung, die ein Gattereingang auf den Gatterausgang eines Bausteins einer anderen TTL–Serie ausübt, berücksichtigen zu können, wird der Begriff der Einheitslast ($UL \mathrel{\widehat{=}}$ Unit–Load) über die folgende Definition eingeführt:

$$1\,UL = \begin{cases} 40\,\mu A & \text{für den } H\text{–Pegel} \\ -1.6\,mA & \text{für den } L\text{–Pegel.} \end{cases}$$

Diese Einheitslast entspricht der Belastung durch ein Standard–TTL–Gatter, so daß sich für Bausteine dieser Serie sowohl für den H– als auch den L–Zustand ein Lastfaktor von jeweils 1 UL ergibt. Die entsprechenden Werte für die anderen TTL–Serien sind ebenfalls der Tabelle 9.13 enthalten.

Beispiel 9.7

Aus der Tabelle 9.13 geht hervor, daß ein Gatter der High–Speed–TTL–Serie sowohl im H– als auch im L–Zustand die Eingänge von 10 weiteren 74H–Gattern versorgen kann. Schaltet man jedoch Low–Power–Schottky–Gatter (0.5 UL bzw. 0.25 UL) an den Ausgang des 74H–Gatters (1.25 UL in beiden Zuständen), so vermag dieses $10 \cdot 1.25/0.5 = 25$ Eingänge im H–Zustand bzw. $10 \cdot 1.25/0.25 = 50$ Eingänge im L–Zustand zu speisen. Bei der tatsächlichen Anschaltung mehrerer 74LS–Gatter an den Ausgang eines 74H–Gatters wird man sich dann auf die kleinere Anzahl von 25 Gattern beschränken.

9.6.3 Ausgangsstufen–Varianten für die TTL–Serien

Im Rahmen der bisherigen Untersuchungen der verschiedenen TTL–Serien wurde immer eine Totem–Pole–Endstufe als Ausgangsstufe eines TTL–Gatters angenommen. Diese Endstufe kann in den einzelnen TTL–Serien leicht unterschiedlich ausfallen; sie arbeitet jedoch in allen Varianten nach dem gleichen Funktionsprinzip. Alternativ zu der Totem–Pole–Endstufe gibt es zwei weitere wichtige Ausgangsstufenschaltungen, den "Open–Collector–Ausgang" und den "Tristate–Ausgang". Ferner sind sogenannte Puffer– bzw. Treiberschaltungen gebräuchlich, die sich durch erhöhte Ausgangsströme und/oder –spannungen von den normalen Gatterausgängen unterscheiden. Sie sind beispielsweise für den Anschluß von Anzeigebausteinen oder Leitungssystemen vorgesehen. Puffer– und Treiberschaltungen sind bei allen drei Ausgangsstufenvarianten verfügbar. Im folgenden sollen der Open–Collector– und der Tristate–Ausgang kurz erläutert werden.

Open–Collector–Ausgang

Abb. 9.10 zeigt eine Standard–TTL–*NAND*–Gatters mit Open–Collector–

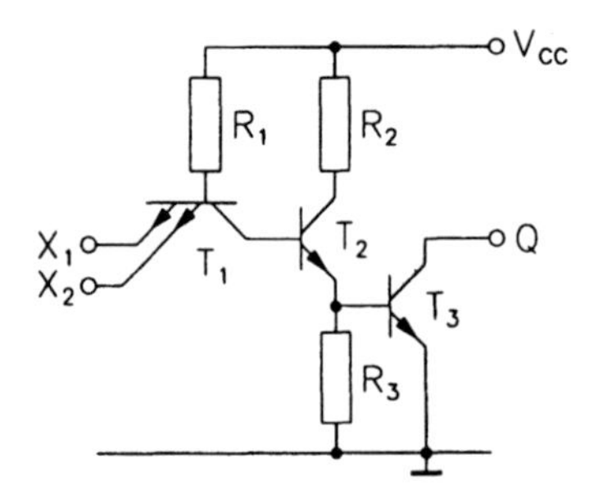

Abb. 9.10 Standard–TTL–*NAND*–Gatter mit Open–Collector–Ausgang

Ausgang. Ein *NAND*–Gatter mit Totem–Pole–Endstufe ist beispielsweise in einem 7400–Baustein enthalten, das Gegenstück mit Open–Collector–Ausgang findet sich in einem 7401–Baustein. Die Schaltung des *NAND*–Gatters entspricht genau der bereits weiter oben beschriebenen Struktur. Im Unterschied zu dieser entfallen jedoch der Transistor T_4 und die Diode D_1, die Dimensionierung der Widerstände bleibt dagegen unverändert. Damit kann der Ausgang Q des Gatters zwar nach wie vor den L–Pegel annehmen, d. h. der Endstufentransistor kann durchschalten und den Ausgang niederohmig mit Masse verbinden, der H–Pegel kann am Ausgang jedoch nicht mehr durch die Schaltung allein hergestellt werden. Um mit einer Open–Collector–Endstufe am Ausgang L– und H–Pegel einwandfrei erzeugen zu können, bedarf es eines zusätzlich an den Ausgang angeschalteten Widerstandes, der die Ausgangsklemme Q mit der Versorgungsspannung V_{CC} verbindet. H–Pegel wird an der Ausgangsklemme bewirkt, wenn der Endstufentransistor T_3 sperrt. Der außen anzuschaltende Widerstand "zieht" die Ausgangsklemmenspannung auf H–Pegel, weshalb er als Pull–Up–Widerstand bezeichnet wird (vgl.

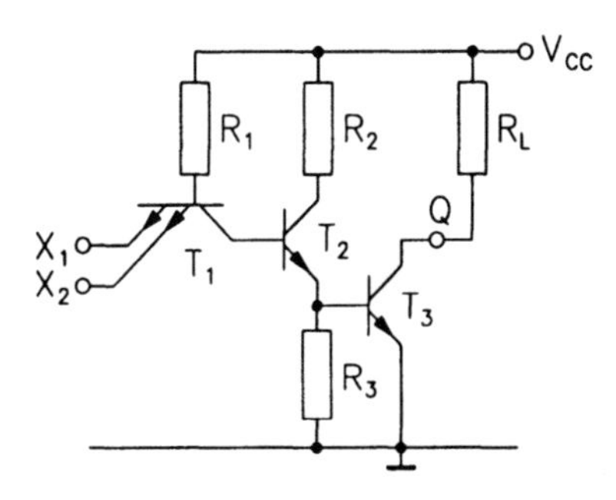

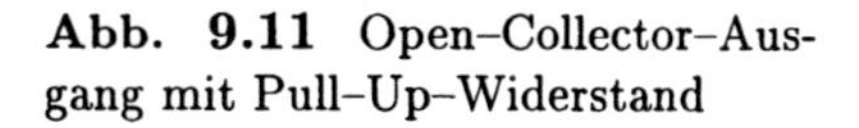
Abb. 9.11 Open–Collector–Ausgang mit Pull–Up–Widerstand

Abb. 9.11). Die sich in Verbindung mit diesem Widerstand ergebende Schaltung entspricht der Endstufe der DTL–Logik. Sie hat auch deren Nachteile, nämlich lange Schaltzeiten und geringe Ausgangsbelastbarkeit bei H–Pegel. Trotz dieser Nachteile gibt es für Open–Collector–Ausgangsstufen zwei wichtige Anwendungsfälle, in denen sie vorteilhaft eingesetzt werden können:

- Der Ausgang Q muß nicht unbedingt über einen Widerstand mit V_{CC} verbunden werden. Es ist auch möglich, eine Lampe, eine LED usw. anzuschließen, die gegebenenfalls mit einer anderen Versorgungsspannung verbunden sind. Transistor T_3 wirkt dann als Schalter, der die Masseverbindung herstellt bzw. sie unterbricht. Der Fan–Out–Nachteil existiert in einem derartigen Anwendungsfall praktisch nicht und auch die relativ geringe Schaltgeschwindigkeit wird bei dieser Anwendung meistens unproblematisch sein.
- Mehrere Gatterausgänge können parallel betrieben werden, ohne daß etwa Kurzschlüsse auftreten können.

Während die Beschreibung der ersten Anwendung für sich spricht, soll auf den Parallelbetrieb mehrerer Gatterausgänge noch kurz eingegangen werden.

Um beispielsweise eine *AND*–Verknüpfung mehrerer Gatterausgänge zu bewirken, ohne jedoch eine zusätzliche *AND*–Gatterschaltung einzusetzen, kann es durchaus wünschenswert sein, die Gatterausgänge parallel zu schalten. Der Grundgedanke besteht dann darin, daß der L–Pegel eines Ausgangs eine gewisse Dominanz in der Weise besitzt, daß der gemeinsame Ausgang nur dann auf H–Pegel liegt, wenn jeder einzelne der angeschlossenen Gatterausgänge für sich einen H–Pegel zur Folge hat. Bewirkt auch nur eines der Gatter L–Pegel, so liegt auch der gemeinsame Ausgang auf L–Pegel. Aufgrund dieses *AND*–Verhaltens infolge von Leitungsverbindungen spricht man von einem sogenannten Wired–*AND* (bei einer entsprechenden Dominanz des H–Pegels oder bei der Realisierung einer negativen Logik kommt es auf entsprechende Weise zu Wired–*OR*–Verknüpfungen). Die Parallelschaltung zweier Totem–Pole–Endstufen ergäbe die in Abb. 9.12 dargestellte Schaltung. Liegen beide Ausgänge gleichzeitig auf H– bzw. auf L–Pegel , so herrscht dieser Pegel auch an den Ausgangsklemmen Q_1 und Q_2. Werden dagegen beide Gatter gegenphasig angesteuert, so daß beispielsweise Q_1 H–Pegel, Q_2 hingegen L–Pegel annimmt, so sind die Transistoren T_{41} und T_{32} durchgeschaltet, die Transistoren T_{31} und T_{42} sind gesperrt. Da beide Ausgänge zusammengeschaltet sind

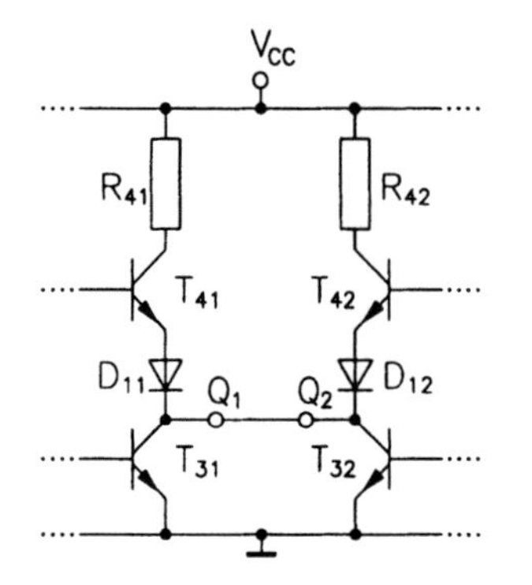

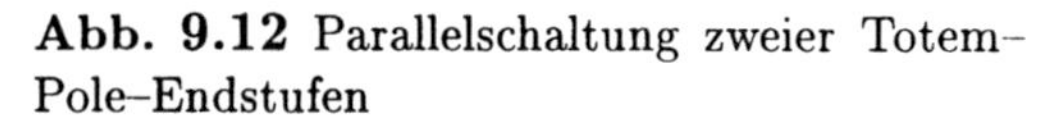

Abb. 9.12 Parallelschaltung zweier Totem–Pole–Endstufen

werden die Ausgangsklemmen durch den Transistor T_{32} auf L–Pegel gezwungen. Der dabei über die beiden Endstufen fließende Strom wird nur durch den Widerstand R_{41}, durch den Spannungsabfall über der Diode D_{11} und durch die Kollektor–Emitter–Restspannungen $U_{CEsat41}$ und $U_{CEsat32}$ begrenzt:

$$I_{R41} = \frac{V_{CC} - U_{CEsat41} - U_S - U_{CEsat32}}{R_{41}} = 30\,mA\ .$$

Die damit verbundene Verlustleistung $P_D = V_{CC} I_{R_{41}} = 150\,mW$ wäre extrem hoch, abgesehen davon, daß die auftretende Belastung sogar zur Zerstörung der Bauelemente führen könnte. Die Parallelschaltung von Gatterausgängen mit Totem–Pole–Endstufen ist daher unzulässig.

Besitzen dagegen beide Gatter jeweils einen Open–Collector–Ausgang, so ist ein Parallelschalten der Gatterausgänge problemlos möglich; dabei wird dann ein gemeinsamer Pull–Up–Widerstand vorgesehen. Abb. 9.13 zeigt die entsprechende Schaltung. Werden beide Gatter in der Weise angesteuert, daß

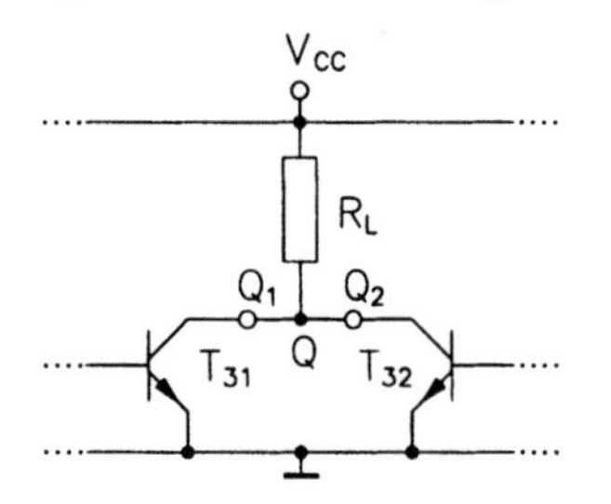

Abb. 9.13 Parallelschaltung zweier Open–Collector Ausgänge

jedes für sich H–Zustand annimmt, sind also die Transistoren T_{31} und T_{32} jeweils gesperrt, so bewirkt der Pull–Up–Widerstand R_L, daß der gemeinsame Ausgang Q tatsächlich H–Pegel annimmt. Wird dagegen mindestens einer der Transistoren durchgeschaltet, so wird die betreffende Ausgangsklemme Q_1 bzw. Q_2 niederohmig mit Masse verbunden und der gemeinsame Ausgang Q nimmt L–Pegel an. Der Zustand des anderen Gatterausgangs, d. h. der Schaltzustand des entsprechenden Endstufentransistors, ist für den logischen Ausgangswert der Zusammenschaltung belanglos. Zu einem übermäßigen oder gar zerstörerischen Stromfluß kommt es in keinem Fall. Die Dimensionierung von R_L bestimmt den Wert des im Falle $U_Q = U_L$ fließenden Stromes; dabei ist folgendes zu beachten:

- Der Widerstand R_L muß so klein gewählt werden, daß bei $U_Q = U_H$ die durch R_L fließenden Eingangsströme der angeschlossenen Gattereingänge und die durch die gesperrten Transistoren T_{3i} fließenden Leckströme zu keinem unzulässig großen Spanungsabfall führen können. Unter den jeweiligen konkreten Schaltungsbedingungen muß daher die korrekte Herstellung des H–Pegels gewährleistet werden, der Fan–Out muß also ausreichend hoch sein.

- Der Widerstand R_L muß so klein gewählt werden, daß vorhandene Kapazitäten hinreichend schnell umgeladen werden können, um die an die Schaltung gestellten Geschwindigkeitsforderungen zu erfüllen.

- Der Widerstand R_L muß andererseits so groß gewählt werden, daß keine zu hohe Verlustleistung entsteht oder Schaltungselemente Schaden nehmen können. Jeder der Endstufentransistoren T_{31} bzw. T_{32} muß für $Q = L$ den durch R_L fließenden Strom übernehmen können.

Die bei der Dimensionierung anzustellenden Überlegungen sollen mit Hilfe des Beispiels 9.8 illustriert werden.

Beispiel 9.8

Die Ausgänge zweier *NAND*–Gatter eines 7401–Open–Collector–Bausteins sollen parallelgeschaltet und mit den jeweils parallelgeschalteten Eingängen zweier *NAND*–Gatter eines 7400–Bausteins verbunden werden.

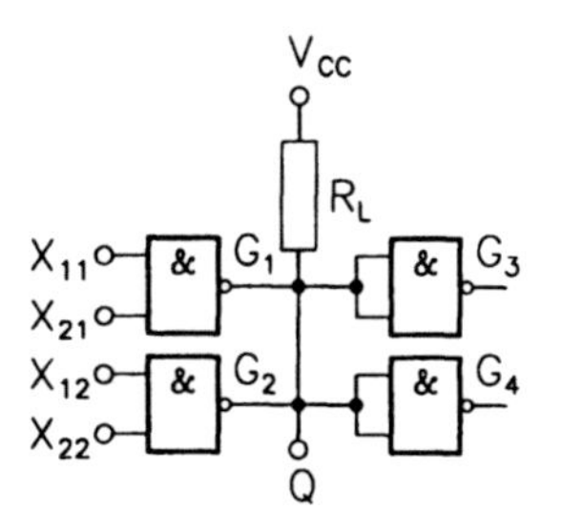

Für $U_Q = U_H$ gelten die Beziehungen (Datenblatt: $I_{OH} = 250\,\mu A$)

$$\begin{aligned} U_{RL} &= V_{CC} - U_{OH,min} = 5\,V - 2.4\,V = 2.6\,V \\ I_{RL} &= 2I_{IH} + 2I_{OH} = 80\,\mu A + 500\,\mu A = 580\,\mu A \end{aligned}$$

$$\Longrightarrow \quad R_{L,max} = \frac{U_{RL}}{I_{RL}} = 4.5\,k\Omega\ .$$

Wird R_L größer als $R_{L,max}$ gewählt, so besteht die Gefahr, daß im Betrieb die minimal geforderte H–Pegelspannung $U_{OH,min}$ nicht erreicht wird. Falls $U_Q = U_L$ ist, gilt

$$
\begin{aligned}
U_{RL} &= V_{CC} - U_{OL,max} = 5\,V - 0.4\,V = 4.6\,V \\
I_{RL} &= 2I_{OL} - 2I_{IL} = 16\,mA + 3.2\,mA = 19.2\,mA \\
\Longrightarrow R_{L,min} &= \frac{U_{RL}}{I_{RL}} = 240\,\Omega\ .
\end{aligned}
$$

Wird R_L kleiner als $R_{L,min}$ gewählt, dann könnte ein Gatter mit einem zu großen Ausgangsstrom belastet werden; laut Datenblatt ist der maximal von einem Open–Collector–Ausgang aufnehmbare Strom bei L–Pegel $I_{OL,max} = 16\,mA$.

In diesem Beispiel ist die Wahl des Widerstandes R_L im Bereich $240\,\Omega \ldots 4.5\,k\Omega$ möglich; die konkrete Festlegung des Widerstandswertes wird man von weiteren Kriterien — etwa der Schaltgeschwindigkeit oder der Leistungsaufnahme — abhängig machen.

In Abhängigkeit von der jeweiligen Schaltung ist es möglich, daß man im Rahmen der Dimensionierung von R_L zu einer unerfüllbaren Forderung der Form $R_{L,min} > R_{L,max}$ gelangt. In diesem Fall müssen die Bauelementewerte oder das Schaltungskonzept entsprechend abgeändert werden.

Tristate–Ausgang

Neben der Realisierung einer Wired–*AND* Verknüpfung gibt es einen weiteren wichtigen Grund, eine Möglichkeit für die Parallelschaltung mehrerer Gatterausgänge vorzusehen. Insbesondere bei der Verbindung verschiedener Schaltungsteile und -komponenten, beispielsweise auch über die Grenzen von Leiterplatten hinweg, müssen manchmal mehrere Gatterausgänge mit einer Signalleitung verbunden werden. Eine solche, durch mehrere Gatter zu unterschiedlichen Zeiten genutzte Leitung wird Bus genannt. Anders als bei der Wired-*AND*-Verknüpfung ist dabei beabsichtigt, jeweils nur einen Gatterausgang auf die Signalleitung einwirken zu lassen, so daß der Leitungszustand dann dem jeweiligen Gatterzustand entspricht.

Diese Funktion ist problemlos mit Gattern zu realisieren, die Open–Collector–Ausgänge besitzen. Wenn alle übrigen an eine Signalleitung angeschlossenen Open–Collector–Ausgänge auf H–Pegel liegen, dann wird der Signalleitungszustand durch einen Gatterausgang bestimmt. Schaltet dieses Gatter auf H–Pegel, so bleibt die Signalleitung auf H–Pegel, schaltet es auf L–Pegel, so wird die Signalleitung durch die niederohmige Masseverbindung über den Ausgangstransistor auf L–Pegel gelegt. Dieses Verfahren hat jedoch zwei wesentliche Nachteile:

- Die Open–Collector–Zusammenschaltung weist größere Schaltzeiten auf als eine Realisierung mit Totem–Pole–Endstufen, insbesondere dann, wenn umfangreichere Leitungsverbindungen nicht unerhebliche kapazitive Belastungen zur Folge haben.

- Die zwischen Signalleitung und Masse liegenden Impedanzen haben im H– und L–Zustand sehr verschiedene Werte. Das ist im Hinblick auf eine Leitungsanpassung (s. Kapitel 13) unerwünscht.

Mit der Maßgabe, daß ohnehin zu jedem Zeitpunkt nur maximal ein Gatter den Leitungszustand beeinflussen soll, kann anstelle der Open–Collector–Endstufen wieder auf die Verwendung von Totem–Pole–Endstufen übergegangen werden, die kürzere Schaltzeiten und gleichmäßigere Ausgangsimpedanzen bieten. Es muß jedoch durch zusätzliche Vorrichtungen Sorge dafür getragen werden, daß die zu den jeweiligen Zeitpunkten nicht benötigten Gatter vom Bus getrennt werden. Das geschieht durch eine Schaltungsvariante, die es erlaubt, beide Totem–Pole–Endstufentransistoren gleichzeitig zu sperren (Abb. 9.14). Der obere Schaltungsteil entspricht einem gewöhnli-

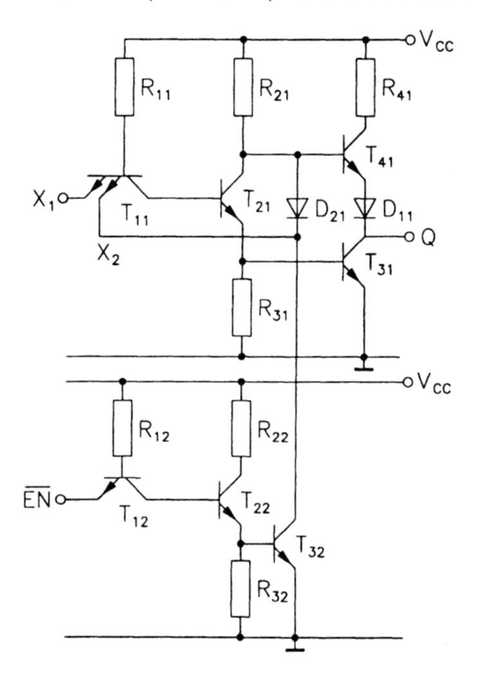

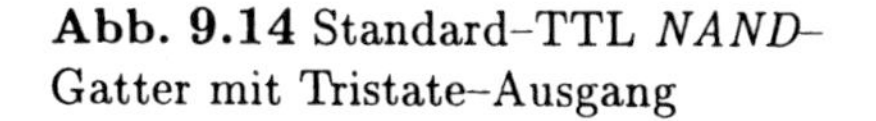
Abb. 9.14 Standard–TTL *NAND*–Gatter mit Tristate–Ausgang

chen Standard–*NAND*–Gatter, der untere Teil einem Standard–Inverter mit Open–Collector–Ausgang. Beide Teile sind über den *NAND*–Eingang X_2 und die Diode D_{21} miteinander verbunden. Wird der Eingang $\overline{EN}$ auf L–Pegel gelegt, dann sperrt der Transistor T_{32} des Open–Collector–Ausgangs; der *NAND*–Eingang X_2 läuft damit leer und die Basisspannung des Transistors T_{41} kann sich völlig unbeeinflußt durch den unteren Schaltungsteil ausbilden. Der Zustand des oberen Gatters und damit der Wert am Ausgang Q ist in diesem Fall ausschließlich vom Eingangswert X_1 abhängig. Je nach Eingangswert leitet einer der beiden Endstufentransistoren T_{31} oder T_{41} und bestimmt damit aktiv den Wert der Ausgangsspannung.

Wird der Eingang $\overline{EN}$ auf H–Pegel gelegt, dann schaltet der Transistor T_{32} durch. Dadurch, daß X_2 auf L–Pegel gelegt wird, sperrt T_{21} und damit auch der Endstufentransistor T_{31}. Ohne die Zusatzschaltung würde der Endstufentransistor T_{41} durchschalten und den Ausgang Q auf H–Pegel legen. Die leitende Diode D_{21} verhindert jedoch, daß die Basisspannung des Transistors T_{41} den Wert $U_{B41} = U_S + U_{CEsat32} \approx 0.9\,V$ übersteigt; Transistor T_{41} ist also ebenfalls gesperrt, der Ausgangswiderstand der Schaltung wird sehr hochohmig, und die Spannung an Q wird in erster Linie durch die äußere Beschaltung des Gatterausgangs bestimmt. Aufgrund dieses dritten Ausgangszustands — neben den beiden Logikpegeln — wird diese Endstufenvariante als Tristate–Ausgang bezeichnet.

Die Verbindung mehrerer Tristate–Ausgangsstufen ist offensichtlich solange problemlos, wie gewährleistet ist, daß sich zur gleichen Zeit nicht mehr als ein Ausgang nicht im Tristate–Zustand befindet. Wird diese Bedingung verletzt, kann es zu den bereits vorher beschriebenen Problemen kommen.

9.6.4 Weitere TTL–Schaltungen

Bei der Behandlung der TTL–Schaltungsfamilien dienten bisher das *NAND*–Gatter bzw. der Inverter als Basis. Wie schon im Abschnitt 9.3 gezeigt wurde, reicht es prinzipiell aus, eine *NAND*–Funktion zur Verfügung zu haben, um alle anderen möglichen logischen Verknüpfungen herzustellen. Da es jedoch unter verschiedenen Gesichtspunkten unpraktikabel wäre, jede gewünschte Funktion aus allerkleinsten Teilfunktionen zusammenzusetzen, steht eine Vielzahl weiterer Logikbausteine zur Verfügung, die unterschiedliche Funktionen erfüllen. Als Beispiel für eine Schaltung mit anderer Funktion ist in Abb. 9.15 eine *NOR*–Gatter–Schaltung in Standard–TTL–Technik dargestellt. Die

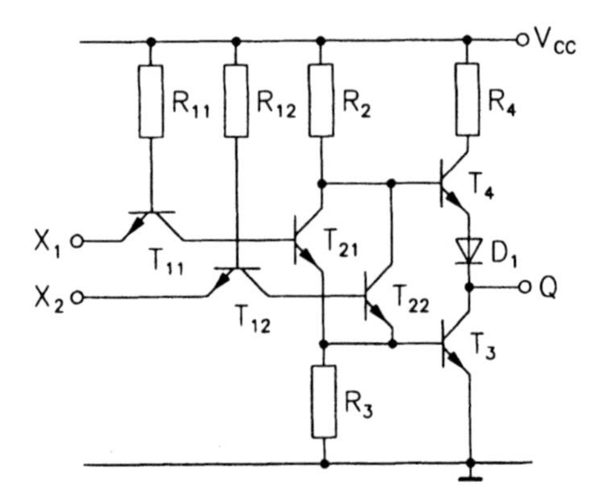

Abb. 9.15 Standard–TTL *NOR*–Gatter

Funktionsweise ist derjenigen des *NAND*–Gatters bzw. des Inverters ähnlich. Die *ODER*–Verknüpfung wird dadurch erzielt, daß an die Stelle des Transistors T_2 der Inverter– bzw. *NAND*–Schaltungen die Parallelschaltung der Transistoren T_{21} und T_{22} tritt. Zur Herstellung des L–Pegels am Ausgang reicht es aus, wenn einer der Transistoren T_{21} oder T_{22} durchschaltet. Nur für den Fall, daß keiner der beiden Transistoren leitend ist, nimmt der Ausgang H-Pegel an ($X_1 = X_2 = 0$).

In TTL-Technik stehen weit über 200 verschiedene Logikbausteine zur Verfügung, die sich in Funktion und Endstufenausführung unterscheiden. Die Vielzahl dieser Bausteine wird in mehreren TTL-Serien angeboten. Dabei beschränkt sich die Auswahl natürlich nicht nur auf elementare Verknüpfungen. Es stehen auch Flip-Flops, komplexere Rechenschaltungen (Addierer, Multiplizierer, Akkumulatoren, Arithmetisch-Logische-Einheiten, Register, Speicher, Zähler, Taktgeneratoren usw.) zur Verfügung, deren Aufbau hier jedoch nicht näher beschrieben werden soll.

9.7 Emittergekoppelte Logik (ECL)

Gelangen Transistoren im Schalterbetrieb in die Sättigung, so wird danach eine relativ lange Zeit zum Abbau der gespeicherten Ladungen benötigt. Zur Vermeidung der Sättigung wurde bereits eine Maßnahme im Zusammenhang mit der Schottky-TTL-Technologie beschrieben. Eine weitere Möglichkeit zur Vermeidung der störenden Sättigungseffekte wird bei der emittergekoppelten Logik (ECL $\hat{=}$ Emitter Coupled Logic) angewendet, die von einem ganz anderen Ansatz ausgeht als die TTL-Logik.

Das Grundelement eines ECL-Bausteins ist der bereits im 4. Kapitel beschriebene Differenzverstärker; insbesondere aus Abb. 4.18 geht deutlich hervor, daß ein Differenzverstärker prinzipiell zur Erzeugung von H- und L-Pegeln geeignet ist. Abb. 9.16 zeigt einen Differenzverstärker, zugeschnitten auf den hier betrachteten Verwendungszweck. Der Emitterstrom wird in die-

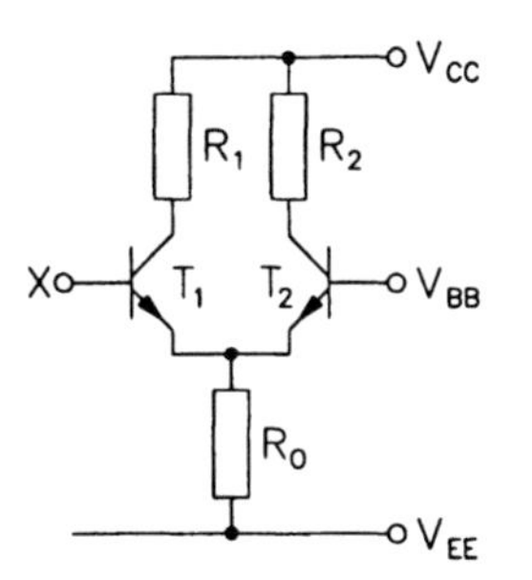

Abb. 9.16 Differenzverstärker mit Widerstand im Emitterzweig

sem Fall nicht durch eine Konstantstromquelle geliefert, sondern er ist der Strom durch den Widerstand R_0. Die das Großsignalverhalten beschreibenden Gleichungen des 4. Kapitels sind auch hier gültig, allerdings muß der Strom I_0 durch Spannungen und den Widerstand R_0 ausgedrückt werden. Dadurch wird die Beschreibung dieses Differenzverstärkers etwas komplizierter. Der Strom I_0 wird nämlich auch durch die Basis-Emitter-Spannungen der Transistoren mitbestimmt, die ihrerseits wieder von den Emitterströmen abhängig sind; einen näherungsweisen Überblick kann man sich dadurch verschaffen, daß man die Basis–Emitter–Spannungen als konstant (z. B. 800 mV lt. Herstellerangaben) annimmt.

Wir werden hier keine allgemeine Beschreibung vornehmen, sondern uns exemplarisch mit der 1000–ECL–Standardserie beschäftigen. Da die in diesen Schaltungen auftretenden Zahlenangaben herstellerabhängig sind, sind die hier gewählten Werte als Anhaltswerte zu betrachten. Für sie gilt unter anderem, daß die Differenz zwischen positiver und negativer Versorgungsspannung $V_{CC} - V_{EE} = 5.2\,V$ beträgt; die Referenzspannung hat den Wert $V_{BB} = V_{CC} - 1.3\,V$. In Tabelle 9.15 sind die Widerstandswerte des Differenzverstärkers angegeben. Aus Gründen der Allgemeinheit sind für den

	R_0	R_1	R_2
1000–ECL–Gatter	960 Ω	290 Ω	300 Ω

Tabelle 9.15 Widerstandswerte des Differenzverstärkers der 1000–ECL–Serie

Differenzverstärker in Abb. 9.16 zwei getrennte Versorgungsspannungen — V_{CC} und V_{EE} — angegeben worden. In der Praxis wählt man aber bei ECL–Schaltungen $V_{CC} = 0$, so daß $V_{EE} = -5.2\,V$ beträgt; bei den nachfolgenden Betrachtungen gehen wir daher stets von $V_{CC} = 0$ aus. Auf den Grund für die Verwendung einer negativen Versorgungsspannung werden wir später eingehen.

Wir untersuchen nun exemplarisch einen Differenzverstärker, der mit den angegebenen Widerstandswerten aufgebaut ist und zwischen den Versorgungsspannungen $V_{CC} = 0$ (Masse) und $V_{EE} = -5.2\,V$ betrieben wird. Die in die Transistoren T_1 und T_2 hineinfließenden Emitterströme bezeichnen wir mit I_{E1} bzw. I_{E2}, die Referenzspannung hat (gegen Masse) den Wert $V_{BB} = -1.3\,V$. An die Eingangsklemme X wird die (gegen Masse negative) variable Spannung U_X gelegt. Der sich auf diese Weise ergebende Zusammenhang zwischen den Emitterströmen und der Steuerspannung U_X ist in Abb. 9.17

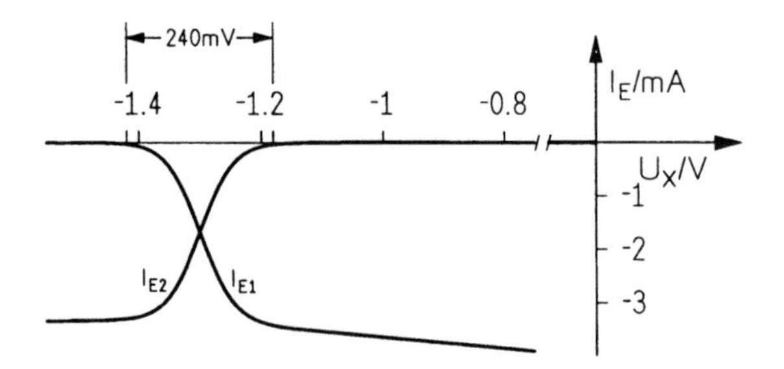

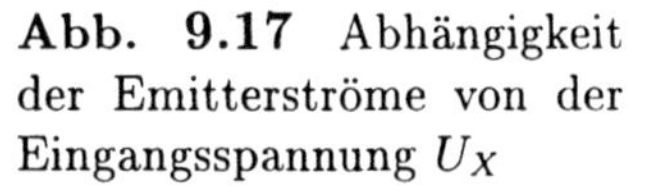

Abb. 9.17 Abhängigkeit der Emitterströme von der Eingangsspannung U_X

dargestellt. Die Kurve für I_{E2} verläuft prinzipiell genauso wie die entsprechende Kollektorstrom–Kurve in Abb. 4.18, die für einen Differenzverstärker mit idealer Stromquelle im Emitterzweig gilt. Anders verhält sich die Kurve für I_{E1}; infolge des Widerstandes $R_0 = 960\,\Omega$ anstelle einer idealen Stromquelle stellt sich kein negativer Sättigungswert ein.

In Abb. 9.17 ist ein Intervall der Eingangsspannung U_X mit einer Breite von 240 mV besonders gekennzeichnet. Innerhalb dieses Intervalls steigen die Emitterströme betragsmäßig von 1% auf 99% des Sättigungswertes von I_{E2} bzw. sinken sie in entgegengesetzter Richtung.

Der Verlauf der Kollektorspannungen von T_1 und T_2 in Abhängigkeit von U_X ist in Abb. 9.18 wiedergegeben. Der Knick in der U_{C1}–Kurve wird dadurch

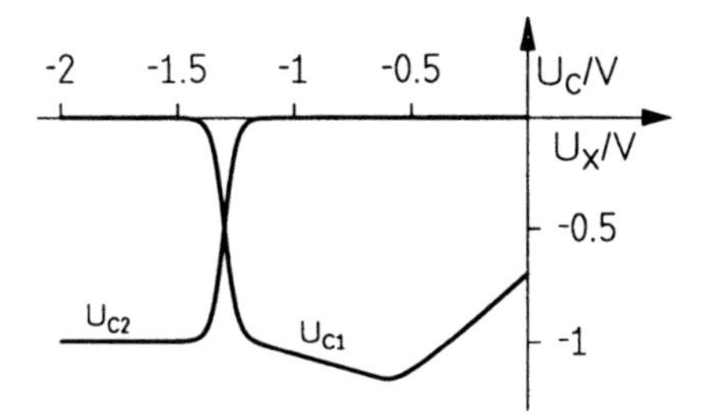

Abb. 9.18 Kollektorspannungen in einem Differenzverstärker gemäß Abb. 9.16

bewirkt, daß T_1 in die Sättigung gelangt, das Emitterpotential mit U_X aber weiter ansteigt.

In Tabelle 9.16 sind die Werte der Kollektorspannungen für $U_X = V_{BB} \pm 120\,mV$ aufgeführt. Zieht man von den Kollektorspannungen jeweils $0.8\,V$

U_X	U_{C1}	U_{C2}	$U_{C1} - 0.8\,V$	$U_{C2} - 0.8\,V$
$-1.18\,V$	$-0.96\,V$	$-0.01\,V$	$-1.76\,V$	$-0.81\,V$
$-1.42\,V$	$-0.01\,V$	$-0.96\,V$	$-0.81\,V$	$-1.76\,V$

Tabelle 9.16 Kollektorspannungen für $U_X = V_{BB} \pm 120\,mV$

ab, so erhält man Spannungswerte, die oberhalb von $V_{BB} + 120\,mV$ bzw. unterhalb von $V_{BB} - 120\,mV$ liegen; diese Spannungswerte könnten also zum Umschalten eines gleichartigen Differenzverstärkers verwendet werden.

Unter Berücksichtigung der im Betrieb auftretenden Eingangsspannungen des Differenzverstärkers können die Kollektor–Basis–Spannungen für die in-

$V_{BB} = -1.3\,V$				
U_X	U_{C1}	U_{C2}	$U_{C1} - U_X$	$U_{C2} - V_{BB}$
$-0.81\,V$	$-1.08\,V$	$0\,V$	$-0.27\,V$	$1.3\,V$
$-1.76\,V$	$0\,V$	$-0.97\,V$	$1.76\,V$	$0.33\,V$

Tabelle 9.17 Kollektor–Basis–Spannungen für zwei verschiedene Eingangspegel

teressierenden Zustände angegeben werden; sie sind in Tabelle 9.17 zusammengefaßt. Es ist ersichtlich, daß keiner der Transistoren wesentlich in die Sättigung gelangt; im ungünstigsten Fall liegt an der Basis–Kollektor–Diode von T_1 die Spannung $270\,mV$ in Durchlaßrichtung, was in etwa den Verhältnissen bei der Schottky–Technologie entspricht.

Für Eingangsspannungen $U_X > -0.7V$ ist offensichtlich die Gefahr des Sättigungsbetriebes gegeben. Daher wird der zulässige Eingangsspannungsbereich entsprechend eingeschränkt (s. u.). Zusätzlich weisen viele ECL–Bausteine bestimmte Schutzmechanismen an ihren Eingängen auf.

Die für die Ansteuerung nachfolgender Stufen notwendige Pegelverschiebung wird mit Hilfe von zwei Kollektorstufen vorgenommen, die mit den Kollektoren der Transistoren T_1 und T_2 verbunden sind. Durch diese Maßnahme wird gleichzeitig eine verbesserte Entkopplung zwischen den Ein– und Ausgängen sowie eine deutliche Erhöhung des Fan–Out gegenüber einer etwaigen direkten Hintereinanderschaltung mehrerer Differenzverstärkerstufen erzielt. In Abb. 9.19 ist die Gesamtschaltung eines Inverters der 1000–ECL–

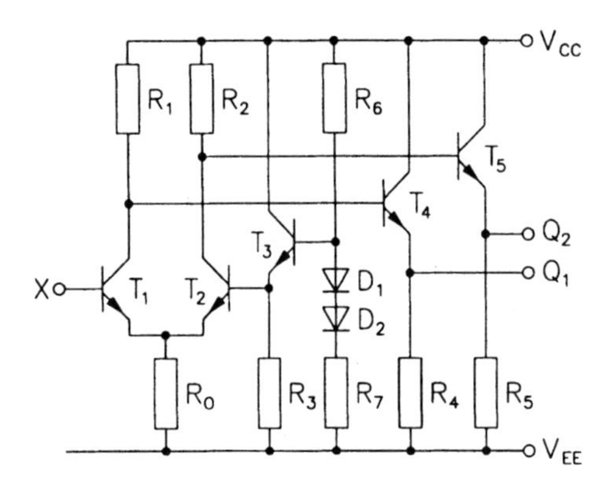

Abb. 9.19 Gesamtschaltung eines 1000–ECL–Inverters mit zusätzlichem negierten Ausgang

Serie dargestellt. Kernstück dieser Schaltung ist der aus den beiden Transistoren T_1 und T_2 gebildete Differenzverstärker. Der Transistor T_5 bildet zusammen mit R_5 einen der beiden Emitterfolger, T_4 und R_4 bilden den anderen. Mit Hilfe der Widerstände R_6 und R_7 wird eine Referenzspannung erzeugt, die dem Referenzeingang des Differenzverstärkers niederohmig über den aus T_3 und R_3 gebildeten Emitterfolger zugeführt wird; die Dioden D_1 und D_2 dienen der Temperaturkompensation der Basis–Emitter–Spannungen von T_2 und T_3. Für die Dimensionierung der Widerstände gelten die in Tabelle 9.18 aufgeführten Werte.

R_0	R_1	R_2	R_3	R_4	R_5	R_6	R_7
$960\,\Omega$	$290\,\Omega$	$300\,\Omega$	$2\,k\Omega$	$1.5\,k\Omega$	$1.5\,k\Omega$	$300\,\Omega$	$1.9\,k\Omega$

Tabelle 9.18 Widerstandswerte des ECL–Inverters gemäß Abb. 9.19

Die Schaltung hat zwei getrennte Ausgänge, nämlich Q_1 und Q_2, für die $Q_2 = \overline{Q}_1$ gilt. Abbildung 9.20 zeigt die Übertragungskennlinien $U_{Q1} = f_1(U_X)$ und $U_{Q2} = f_2(U_X)$ der Gesamtschaltung. Sie sind natürlich wieder

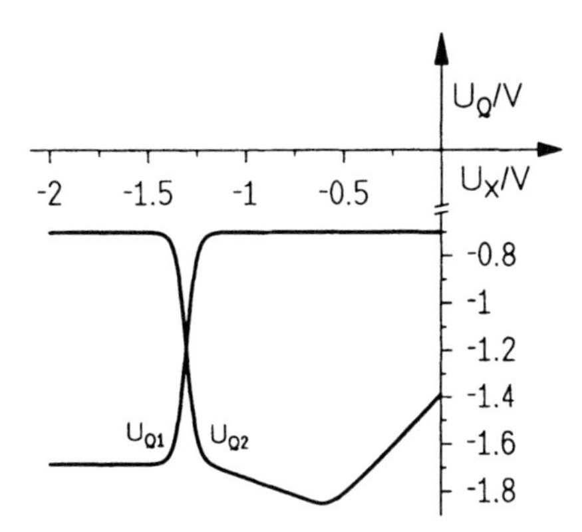

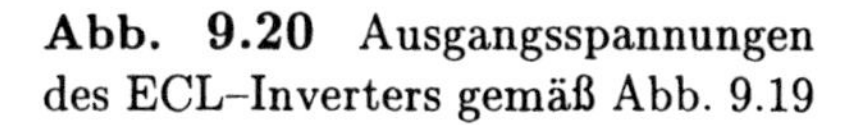
Abb. 9.20 Ausgangsspannungen des ECL–Inverters gemäß Abb. 9.19

als exemplarisch zu betrachten, können also hersteller– oder typenbedingt auf andere Zahlenwerte führen; der prinzipielle Kennlinienverlauf bleibt jedoch ungeändert. Den Datenblättern eines bestimmten Herstellers sind für $V_{BB} = -1.29\,V$ folgende Ein– und Ausgangspegelbereiche zu entnehmen, die mit den überschlägig bestimmten sehr gut im Einklang sind:

L–Pegel	H–Pegel
$-1.850\,V \leq U_X \leq -1.475\,V$	$-1.105\,V \leq U_X \leq -0.810\,V$
$-1.850\,V \leq U_Q \leq -1.650\,V$	$-0.960\,V \leq U_Q \leq -0.810\,V$.

An der unteren Grenze des H–Pegelbereichs ergibt sich als Störspannungsabstand

$$U_{NH} = U_{QHmin} - U_{XHmin} = 0.145\,V \ ,$$

an der oberen Grenze des L–Pegelbereiches

$$U_{NL} = U_{XLmax} - U_{QLmax} = 0.2\,V \ .$$

Die in der Praxis tatsächlich erreichten Störspannungsabstände liegen etwas höher als diese eher pessemistischen Abschätzungen.

Wir untersuchen nun die Leitungsaufnahme des ECL–Inverters gemäß Abb. 9.19; dabei gehen wir von $V_{CC} = 0$, $V_{EE} = -5.2\,V$ und $U_X < -1.475\,V$ aus.

1. Strom durch den Differenzverstärker: $I_0 = (5.2\,V - 1.3\,V - 0.8\,V)/960\,\Omega = 3.23\,mA$ (Gesamtstrom)

2. Strom durch T_3: $I_{R3} = (5.2\,V - 1.3\,V)/2\,k\Omega = 1.95\,mA$

3. Strom durch die Widerstände R_6 bzw. R_7 (Vernachlässigung des Basisstroms von T_3): $I_{R6} = (5.2\,V - 1.6\,V)/1.9\,k\Omega = 1.89\,mA$

4. Strom durch T_4: $I_{R4} = (5.2\,V - 0.8\,V)/1.5\,k\Omega = 2.93\,mA$

5. Strom durch T_5: $I_{R5} = (5.2\,V - 1.77\,V)/1.5\,k\Omega = 2.29\,mA$.

Der Gesamtstrom des Inverters beträgt damit $12.29\,mA$, so daß sich die Verlustleistung $P_V = 5.2\,V \cdot 12.61\,mA = 64\,mW$ ergibt.

Bei einigen Schaltungsvarianten fällt eine der beiden Ausgangsstufen weg, wodurch sich der hohe Verlustleistungswert um etwa 25% verringert. Ferner ist es üblich, die Widerstände in den Emitterleitungen der Kollektorstufen nicht mit V_{EE}, sondern einer positiveren Hilfsspannung (z. B. $-2\,V$) zu verbinden. Trotzdem bleibt die Verlustleistung, besonders im Vergleich zu moderneren TTL–Serien, sehr hoch. Wird die ECL–Schaltung mit H–Pegel angesteuert, ändert sich die Verlustleistungsbilanz nicht wesentlich. Es ist darauf hinzuweisen, daß hier wieder nur die Verlustleistung im statischen Betrieb berücksichtigt worden ist; die mit Umschaltvorgängen verbundenen dynamischen Verluste kommen zu den ermittelten Werten hinzu.

Datenblättern kann für die exemplarisch untersuchte Schaltung eine typische Verzögerungszeit von $T_p = 2\,ns$ entnommen werden, wobei dieser Wert sehr stark von der Ausgangsbeschaltung abhängig ist und in ungünstigen Fällen auf ein Mehrfaches ansteigen kann. Für das bei den TTL–Schaltungen als Kriterium herangezogene Verlustleistungs–Geschwindigkeits–Produkt ergibt sich damit der Wert $T_p \cdot P_V = 128\,pJ$ bzw. $T_p^2 \cdot P_V = 256 \cdot 10^{-21}\,Js$. Beide Werte zeigen im Vergleich zu denen von TTL–Schaltkreisen sehr deutlich, daß die hier vorgestellte ECL–Schaltungstechnik nur sehr einseitige Vorzüge im Bereich der Schaltgeschwindigkeit bietet und daß die betrachtete Schaltung auch unter Berücksichtigung dieser speziellen Ausrichtung neben die älteren TTL–Schaltungen eingeordnet werden muß (vgl. Tabelle 9.13).

9.7.1 Logikverknüpfungen

Das bisher besprochene ECL–Grundgatter hat eine Eingangs– und zwei Ausgangsklemmen. Liegt die Klemme X auf L–Pegel, so nimmt die Ausgangsklemme Q_2 ebenfalls L–Pegel an und der Ausgang Q_1 liegt auf H–Pegel. Das ECL–Gatter gemäß Abb. 9.19 realisiert also eine Inverter– und eine Pufferstufe:

$$Q_1 = \overline{X} \qquad Q_2 = X \,.$$

Um logische Verknüpfungen vornehmen zu können, benötigt man mindestens einen weiteren Eingang; man kann ihn z. B. dadurch erhalten, daß dem Transistor T_1 in Abb. 9.19 ein weiterer Transistor parallelgeschaltet wird (Abb. 9.21). Bei dieser Schaltung kann der Strom I_0 von den Eingangs–Transistoren T_{11} oder T_{12} übernommen werden. Wird auch nur einer dieser beiden Transistoren leitend, so sperrt T_2 und für die Ausgänge gilt $Q_1 = 0$, $Q_2 = 1$. Ist keiner der beiden Eingangs–Transistoren leitend, so übernimmt T_2 den Strom I_0 und es gilt $Q_1 = 1$, $Q_2 = 0$. Damit werden durch diese Schaltung eine OR– und eine NOR–Verknüpfung realisiert:

$$Q_1 = \overline{X_1 + X_2} \qquad Q_2 = X_1 + X_2 \,.$$

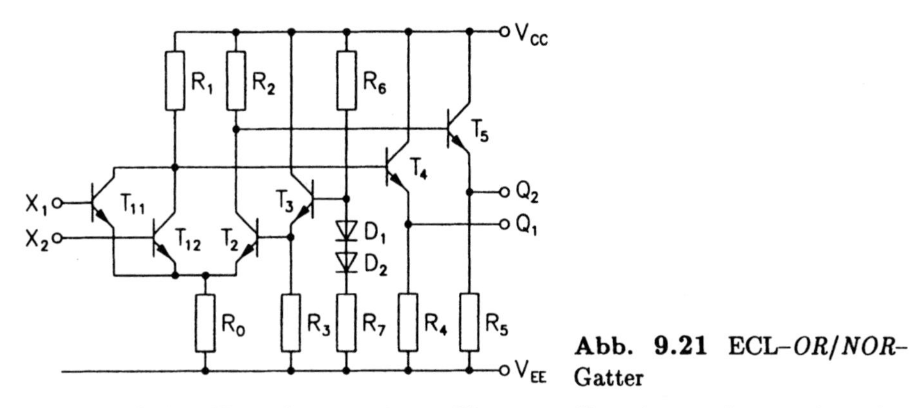

Abb. 9.21 ECL-*OR/NOR*-Gatter

Durch einfaches Hinzufügen weiterer Eingangs-Transistoren kann mit geringem Aufwand die *OR/NOR*-Verknüpfung praktisch beliebig vieler Eingänge erzielt werden.

Andere Logikverknüpfungen sind ebenfalls auf einfache Weise realisierbar. Ein erster Ansatz für eine *AND*-Verknüfung besteht darin, den Transistor T_1 des Inverters gemäß Abb. 9.19 durch die Reihenschaltung der Transistoren T_{11} und T_{12} zu ersetzen (Abb. 9.22). Als Folge der Reihenschaltung liegt

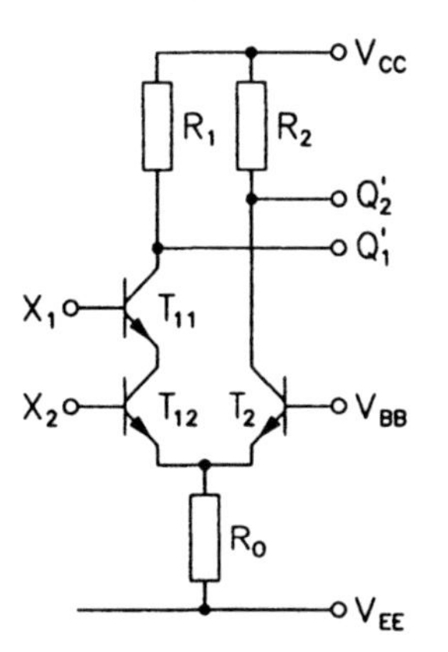

Abb. 9.22 Ansatz zum Aufbau der Eingangsstufe eines ECL-*AND*-Gatters

die Basisspannung von T_{12} um den Betrag der Basis-Emitter-Spannung von T_{11} niedriger als die Basisspannung von T_{11}, falls beide Transistoren leitend sind. Diesem Umstand muß in der umgebenden Schaltung durch den Einsatz einer entsprechenden Potentialverschiebungsstufe und durch eine modifizierte Referenzspannung V'_{BB} Rechnung getragen werden. Die auf diese Weise entstehende Gesamtschaltung werden wir weiter unten angegeben. Zunächst soll jedoch der Eingangsteil noch etwas eingehender betrachtet werden.

Für $X_1 = X_2 = 1$ übernehmen T_{11} und T_{12} den Gesamtstrom I_0, so daß Q'_2 auf H-Pegel und Q'_1 auf L-Pegel liegt. Liegen beide Eingangsklemmen auf L-Pegel, dann sperren die Transistoren T_{11} und T_{12}, den Gesamtstrom übernimmt T_2; an den Ausgangsklemmen stellen sich dann die entgegengesetzten Pegel ein. Insoweit erfüllt also die betrachtete Schaltung die an eine *AND*- bzw. *NAND*-Schaltung zu stellenden Anforderungen. Auch im Fall $X_1 = 1$,

$X_2 = 0$ erhält man das gewünschte Ergebnis, da wegen des gesperrten Transistors T_{12} kein Strom durch T_{11} fließen kann und I_0 wieder von T_2 übernommen wird. Ungünstig ist jedoch der Fall $X_1 = 0$, $X_2 = 1$. Dann wird nämlich T_{12} leitend und gerät in die Sättigung, da der Transistor T_{11} sperrt; der Strom I_0 wird in diesem Zustand über die Basis–Emitter–Strecke des Transistors T_{12} geleitet; beide Ausgangsklemmen nehmen H–Pegel an. Einerseits entspricht dieses Ergebnis nicht der angestrebten *AND*–Verknüpfung und andererseits gerät ein Transistor in die Sättigung. Beide Eigenschaften machen die in Abb. 9.22 gezeigte Schaltung untauglich. Einen besseren Ansatz zeigt Abb. 9.23. Wenn hier die Transistoren T_{11} und T_{12} sperren, dann übernimmt Transistor

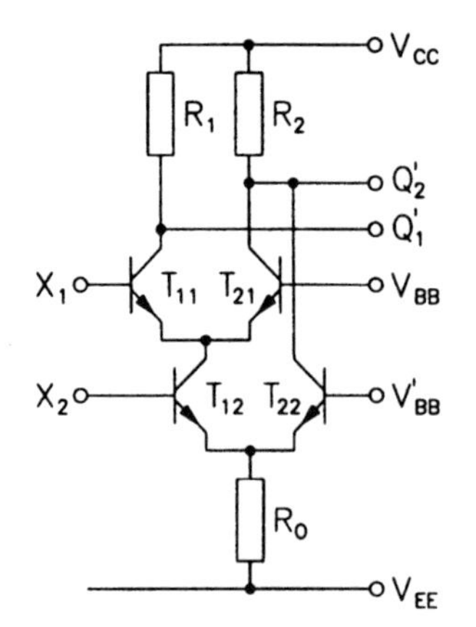

Abb. 9.23 Eingangsstufen–Variante für ein ECL–*AND*–Gatter

T_{22} den Gesamtstrom und an den Ausgängen liegt das korrekte Ergebnis $Q_1' \to H$, $Q_2' \to L$. Wie leicht nachzuvollziehen ist, führen auch die beiden Zustände $X_1 = X_2 = 0$ und $X_1 = 1$, $X_2 = 0$ zu den gewünschten Ergebnissen. Für den "Problemfall" $X_1 = 0$, $X_2 = 1$ ergibt sich für diese Schaltung folgendes. Innerhalb des Transistorpaars T_{12}, T_{22} übernimmt T_{12} den Gesamtstrom I_0; der entsprechende Kollektorstrom wird über T_{21} geliefert. Keiner der beiden Transistoren gerät in die Sättigung und für die Ausgänge ergibt sich das korrekte Ergebnis: $Q_1' \widehat{=} L$–Pegel und $Q_2' \widehat{=} H$–Pegel. Diese Schaltungsvariante realisiert also die gewünschte *AND*–Verknüpfung und stellt ohne zusätzlichen Aufwand an Schaltungselementen und Verzögerungszeit gleichzeitig die *NAND*–Verknüpfung zur Verfügung:

$$Q_1' = \overline{X_1 X_2} \qquad Q_2' = X_1 X_2 \ .$$

Die Reihenschaltung der Eingangs–Transistoren macht den Einsatz von Potentialverschiebungsstufen erforderlich, damit "außen" einheitliche Logikpegel herrschen. Eingangs– bzw. Referenzspannung der Transistoren T_{12}, T_{22} liegen etwa um den doppelten Betrag der Basis–Emitter–Spannung unterhalb der entsprechenden Werte für T_{11} und T_{21}. Dadurch ist gewährleistet, daß auch bei Anliegen unterschiedlicher Logikpegel keiner der Transistoren in die Sättigung gelangt. Während die erste Stufe unverändert mit

$V_{BB} = V_{CC} - 1.3\,V$ betrieben wird und die Eingangsklemme X_1 infolgedessen direkt angesteuert werden kann, wird der zweiten Eingangsklemme ein Emitterfolger mit einer zusätzlichen Diode vorgeschaltet. Abb. 9.24 zeigt die

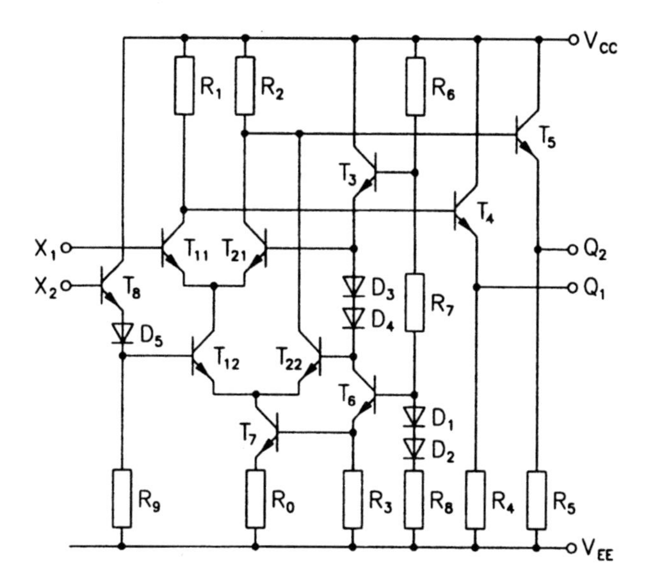

Abb. 9.24 Gesamtschaltung des ECL-*AND/NAND*-Gatters

entsprechend erweiterte Gesamtschaltung eines ECL-*AND/NAND*-Gatters. In dieser Schaltungsvariante dienen die Widerstände R_6, R_7, R_8 zusammen mit den Dioden D_1, D_2 (zur Temperaturkompensation) der Festlegung der Referenzspannung V_{BB}, aus der dann auch

$$V'_{BB} \approx V_{BB} - U_{D3} - U_{D4}$$

abgeleitet wird. Die im wesentlichen durch T_6, R_8 gebildete Stufe ist der Lastwiderstand des Emitterfolgers T_3; sie sorgt gleichzeitig für die Einstellung des Stroms I_0 der Stromquelle, gebildet aus T_7, R_0. Transistor T_8, Diode D_5 und Widerstand R_9 bilden die Potentialverschiebungsstufe, die der Ansteuerung von T_{12} dient.

9.7.2 Weitere Logikfunktionen

Durch Veränderungen in den bisher betrachteten Gattern lassen sich auf relativ einfache Weise weitere Logikfunktionen realisieren. Es leuchtet unmittelbar ein, daß ein Vertauschen der Kollektoren der Differenzverstärker-Stufe die schaltungsmäßige Umsetzung abgewandelter Funktionen erlaubt ($X_1\overline{X}_2$, $\overline{X}_1 + X_2$ usw.). Durch Einsatz mehrerer Differenzverstärker sind jedoch auch kompliziertere Verknüpfungen möglich. Abb. 9.25 zeigt beispielsweise den funktionsbestimmenden Schaltungsteil einer *XOR*-Verknüpfung. Analog zu

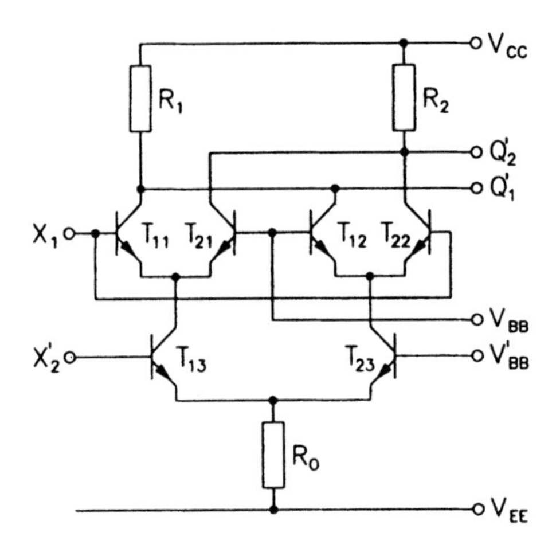

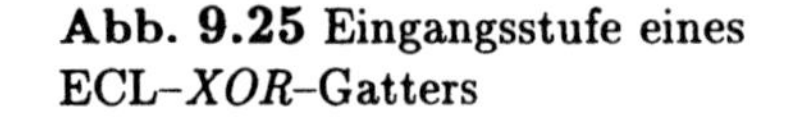
Abb. 9.25 Eingangsstufe eines ECL-*XOR*-Gatters

den bisher behandelten Beispielen kann man sich die Funktionsweise dieser Schaltung leicht erklären, so daß auf sie nicht näher eingegangen werden muß.

Beschränkt man sich nicht nur auf eine oder zwei Differenzverstärker-Ebenen, sondern führt eine weitere Ebene ein, so ist beispielsweise ein 3-zu-8-Dekoder innerhalb einer Schaltung leicht zu realisieren. Die sich ergebende Schaltungsanordnung ähnelt dabei stark der Verästelung einer Baumkrone (Baumstruktur). Mehr als drei Differenzverstärker-Ebenen werden im allgemeinen nicht in eine Schaltung eingebaut, da die erforderliche Betriebsspannung mit jeder Ebene anwächst (sie beträgt bei den maximal drei Ebenen umfassenden Bausteinen der $10k$-ECL-Standardserie $U_B = 5.2\,V$). Über die bisher gezeigten Logikverknüpfungen hinaus sind Multiplexer, Rechenschaltungen, Zählschaltungen, Schieberegister, Flip-Flops, Speicher und Interface-Schaltungen verfügbar.

9.7.3 Versorgungsspannung

Die Besonderheit der Betriebsspannungsversorgung der ECL-Schaltungen liegt darin, daß üblicherweise die V_{CC}-Klemme mit Masse verbunden wird, die Schaltung also zwischen $V_{CC} = 0\,V$ und (beispielsweise) $V_{EE} = -5.2\,V$ betrieben wird. Dies hat auf die prinzipielle Funktionsweise der Schaltung

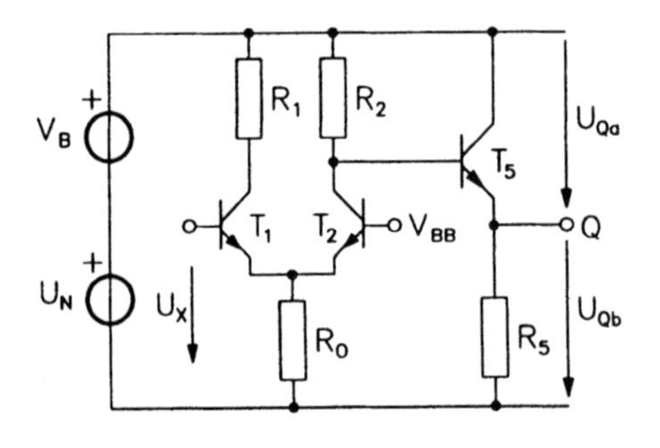

Abb. 9.26 Testschaltung zur Untersuchung von Störeinflüssen auf eine ECL-Schaltung

natürlich keinen Einfluß, hilft aber unter realen Betriebsbedingungen, Störungen zu verringern. Um dies zu verdeutlichen, wird die Testschaltung in Abbildung 9.26 betrachtet. Die Spannung U_X sei im Vergleich zu V_{BB} so hoch, daß der Transistor T_2 sperrt und T_1 den Strom I_0 allein übernimmt. Die Versorgungsquelle liefert die Gleichspannung V_B, der eine Kleinsignal–Störspannung überlagert ist; sie wird der Einfachheit halber als sinusförmig mit der komplexen Amplitude U_N angenommen. Auf diese Weise wird eine störungsbehaftete Stromversorgung modelliert, die den realen Verhältnissen ziemlich nahekommt.

Nimmt man alle Quellen außer U_N als konstant an, so läßt sich das zur

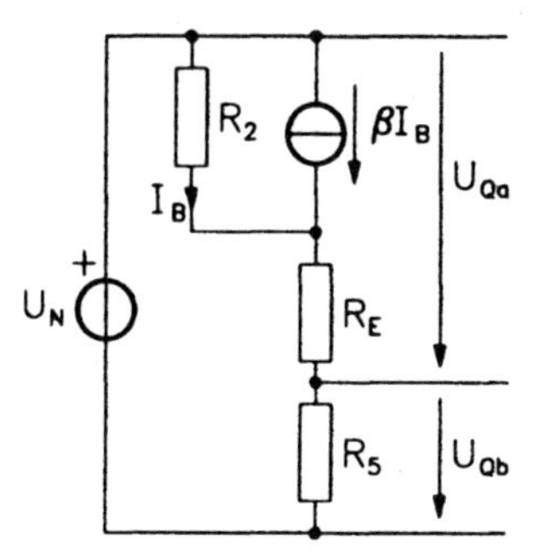

Abb. 9.27 Kleinsignal–Modell der Ausgangsstufe in Abb. 9.26

Ausgangsstufe in Abb. 9.26 gehörende Kleinsignal–Modell in Abbildung 9.27 angeben. Daraus lassen sich die Beziehungen

$$U_{Qa} = \frac{(1+\beta)R_E + R_2}{(1+\beta)(R_E + R_5) + R_2} \cdot U_N$$

$$U_{Qb} = \frac{(1+\beta)R_5}{(1+\beta)(R_E + R_5) + R_2} \cdot U_N$$

für den Einfluß von U_N auf die Ausgangsspannungen U_{Qa} bzw. U_{Qb} ableiten. Nehmen wir für die einzelnen Elemente realistische Werte an ($R_E = 13\,\Omega$, $R_2 = 300\,\Omega$, $R_5 = 1.5\,k\Omega$, $\beta = 100$), dann erhalten wir

$$U_{Qa} = 0.01 U_N \qquad U_{Qb} = 0.99 U_N \,.$$

Die Ausgangsspannung U_{Qa} ist also sehr viel weniger von Schwankungen (infolge von Störungen) der Betriebsspannung abhängig, als die Ausgangsspannung U_{Qb}. Da es üblich ist, die Ausgangsklemmenspannung auf das gemeinsame Massepotential zu beziehen und der Bezug der Ausgangsspannungen auf V_{CC} offensichtlich Vorteile bietet, wird für ECL–Schaltungen meistens die positive Versorgungsspannungsklemme V_{CC} als Masse verwendet.

Diese Lösung schneidet nicht nur hinsichtlich der Störungen auf den Versorgungsleitungen positiv ab, sondern auch dann, wenn man statische Betriebsspannungsunterschiede zwischen zusammengeschalteten ECL–Gattern und deren Auswirkungen auf die Logikpegel analysiert. Zu diesem Zweck wird die Referenzspannungsstufe eines ECL–Gatters näher untersucht (Abb.

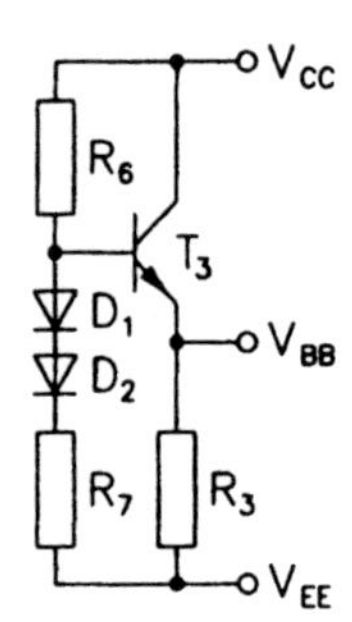

Abb. 9.28 Referenzspannungsstufe ($R_3 = 2\,k\Omega$, $R_6 = 300\,\Omega$, $R_7 = 1.6\ k\Omega$)

9.28). Bei der üblichen Betriebsspannung $V_{CC} - V_{EE} = 5.2\,V$ beträgt die Referenzspannung $V_{BB} = V_{CC} - 1.3\,V$. Werden die Basis–Emitter– bzw. die Diodenspannungen mit jeweils $0.8\,V$ angenommen und wird der Basisstrom von T_3 vernachlässigt, so liegt an der Basis des Transistors T_3 die Spannung $U_{B3} = V_{CC} - 0.5\,V$. Damit gilt für die Beträge der Spannungen an den Widerständen $U_{R6} = 0.5\,V$ und $U_{R7} = 3.1\,V$. Verringert sich die Betriebsspannung auf beispielsweise $V_{CC} - V_{EE} = 4.5\,V$, wobei die Basis–Emitter– und die Diodenspannungen relativ konstant bleiben, so betragen diese Spannungswerte nur noch $U_{R6} = 0.4\,V$ und $U_{R7} = 2.5\,V$. Für die Referenzspannung ergibt sich damit der Wert $V_{BB} = V_{CC} - 1.2\,V$. Wegen der Dioden D_1 und D_2 verringert sich die Referenzspannung nur um knapp 8% während die Betriebsspannungsänderung 13% beträgt. Bei einer Umschaltbereichsbreite von $0.24\,V$ und einem H– bzw. L– Pegelbereich von $0.3\,V$ bzw. $0.38\,V$ ergibt sich für die relative Lage der Logikpegel in den beiden unterschiedlich versorgten Schaltungen der in Abbildung 9.29 für die beiden unterschiedlichen Masseverbindungen dargestellte Vergleich. In dem Fall, daß V_{CC} beiden

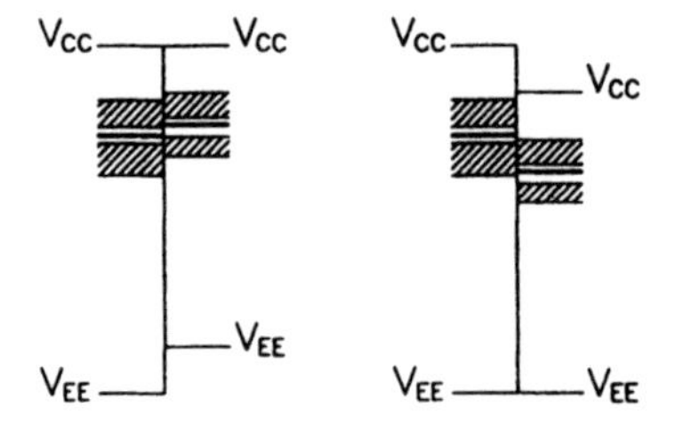

Abb. 9.29 Betriebsspannungsunterschied zwischen zwei miteinander verbundenen ECL–Gattern

ECL–Schaltungen gemeinsam ist, fallen die Bereiche gültiger Logikpegel trotz des Unterschiedes in den Versorgungsspannungen im wesentlichen zusammen, so daß die Zusammenschaltung wahrscheinlich noch korrekt arbeiten wird. Würde V_{EE} das gemeinsame Massepotential bilden und der Spannungsabfall auf der V_{CC}–Leitung auftreten, würden die Logikpegel so stark auseinanderlaufen, daß eine korrekte Schaltungsfunktion nicht mehr gewährleistet ist.

9.7.4 Vorteile von ECL–Gattern

ECL–Schaltungen wurden in erster Linie für Bereiche entwickelt, in denen es auf hohe Schaltgeschwindigkeiten bei vertretbarer Leistungsaufnahme ankommt. Sie zeichenen sich durch kurze Verzögerungszeiten (im ns–Bereich)

und (meistens) komplementäre Ausgänge aus, die es oft gestatten, einfache logische Verknüpfungen sehr effizient zu realisieren. Ein großer Nachteil der ECL–Schaltungen liegt in ihrer Anfälligkeit gegen äußere Störungen. Aufgrund der "Stromumschalttechnik" verursachen ECL–Bausteine ihrerseits jedoch nur geringere Störungen, verglichen etwa mit den Totem–Pole–Endstufen der TTL–Gatter. Neben der mittlerweile veralteten 1000–Standardserie sind — von einigen spezielleren Serien abgesehen — vor allem die $10k$–ECL– und die $100k$–ECL–Serie erhältlich, die sich durch weiter verringerte Schaltzeiten bei ebenfalls verringerter Leistungsaufnahme auszeichnen. Dabei bildet die $10k$–Serie den industriell eingeführten und anerkannten Standard. Die $100k$–Serie bietet kürzere Verzögerungszeiten im Subnanosekundenbereich und verfügt über einige Kompensations– und Stabilisierungseinrichtungen, die es gestatten, auch größere Temperatur– und Betriebsspannungsschwankungen aufzufangen. Alle ECL–Schaltungen sind aufgrund ihres geringen Ausgangswiderstandes gut geeignet, Leitungsnetzwerke zu treiben, wobei der Ausgangsstrom ausreicht, auch die Leitungs–Abschlußwiderstände zu versorgen. Die komplementären Ausgänge lassen sich nutzen, um die Leitungsübertragung störunanfälliger zu gestalten.

9.8 MOS–Schaltungen

Heute wird der überwiegende Teil der Logik–Schaltungen in MOS–Technologie hergestellt. Sie sind fast ausschließlich aus MOS–Transistoren aufgebaut und vermeiden insbesondere weitestgehend die direkte Herstellung ohmscher Widerstände. Hauptvorteile der MOS–Technik sind die folgenden:

- Leichte Herstellbarkeit: Der technologische Prozeß zur Herstellung von MOS–Schaltungen ist sehr viel einfacher als derjenige zur Herstellung bipolarer Schaltungen.

- Geringe Abmessungen: Ein MOS–Transistor benötigt nur einen Bruchteil der Chipfläche, die von einem Bipolartransistor eingenommen wird. Durch die Vermeidung von platzraubenden Widerständen entsteht ein zusätzlicher Flächengewinn.

- Geringe Leistungsaufnahme: Unter bestimmten Bedingungen beträgt die Verlustleistung von MOS–Gattern nur einen Bruchteil der bei Bipolar–Schaltungen üblichen Werte.

Der relativ unkomplizierte Herstellungsprozeß und der geringe Chipflächenbedarf sind entscheidende Kostenparameter, die die besonderen Vorteile von MOS–Schaltungen ausmachen. Nur dadurch lassen sich mehrere Millionen Transistoren auf einem Chip integrieren. Derartige Bauteildichten sind in der Bipolar–Technologie nicht erreichbar. Der Hauptnachteil von MOS–Schaltungen besteht in ihren geringeren Schaltgeschwindigkeiten.

9.8.1 Verwendete MOS–Transistoren

Zur Herstellung von MOS–Schaltkreisen werden in erster Linie MOSFETs vom Anreicherungstyp (selbstsperrende MOSFETs) verwendet, wobei sowohl n–Kanal– als auch p–Kanal–Typen gebräuchlich sind. Möchte man Verarmungstypen als Schaltelemente einsetzen, wird eine zusätzliche, bezüglich der eigentlichen Betriebsspannung negative Versorungsspannung erforderlich, damit selbstleitende Transistoren gesperrt werden können. Deshalb werden als schaltende Elemente nur Anreicherungstypen verwendet. Die n–Kanal–Technik bietet gegenüber der Verwendung von p–Kanal–Transistoren dadurch Vorteile, daß die Schaltungsgeometrie geringere Ausmaße besitzt und daß die Schaltgeschwindigkeit höher ist.

Die für die hier betrachteten Zusammenhänge wichtigen Transistor–Eigenschaften wurden bereits im 1. Kapitel behandelt. Aus Gründen der Übersichtlichkeit sollen sie hier kurz wiederholt werden. In Abb. 9.30 ist noch einmal das Symbol eines selbstsperrenden n–Kanal–MOSFETs dargestellt (vgl. Abb. 1.42). Für den (von D nach S fließenden) Drainstrom I_D des Transistors

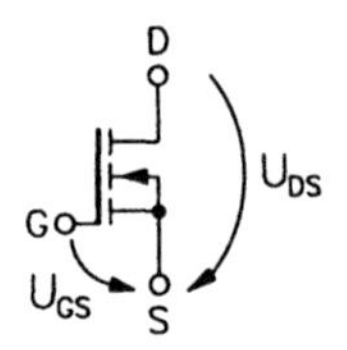

Abb. 9.30 Symbol eines selbstsperrenden n–Kanal–MOSFETs

gelten (ohne Berücksichtigung der Kanallängenmodulation) die Beziehungen (1.92...1.94):

$$\text{Bereich I: } U_{GS} < U_T : I_D = 0 \tag{9.1}$$

$$\text{Bereich II: } U_{DS} \leq U_{GS} - U_T : I_D = K \cdot U_{DS} \left(U_{GS} - U_T - \frac{U_{DS}}{2} \right) \tag{9.2}$$

$$\text{Bereich III: } U_{DS} > U_{GS} - U_T : I_D = K \cdot \frac{(U_{GS} - U_T)^2}{2} \ . \tag{9.3}$$

Die Schwellenspannung U_T liegt bei den für MOS–Schaltungen gebräuchlichen Transistoren, je nach verwendeter Technologie, im Bereich einiger Volt bis hinunter zu einem Volt. Unter anderem abhängig von der Schwellenspannung ergeben sich unterschiedlich hohe Betriebsspannungen. Bei älteren Technologien waren noch Betriebsspannungen bis zu $V_{DD} = 27\,V$ ($V_{SS} = 0\,V$) notwendig, bei moderneren sind TTL–kompatible Betriebsspannungswerte $V_{DD} = 5\,V$ und auch darunter üblich. Die Transistorkonstante K ist in erster Linie von der Geometrie des Kanals abhängig; es gilt

$$K = \frac{\mu \varepsilon_0 \varepsilon_{ox} W}{d_{ox} L} = C_C \cdot \frac{\mu}{L^2} \ . \tag{9.4}$$

Darin bezeichnen W, L, d_{ox} die Breite, Länge und Dicke des Kanals, μ gibt die Ladungsträgerbeweglichkeit an. C_C ist die Kapazität zwischen Gate–Elektrode und dem dotierten Halbleitermaterial, über die der Transistor gesteuert wird.

Beispiel 9.9

Für einen n–Kanal–MOSFET sollen folgende Abmessungen gelten:

$$L = 17\,\mu m \qquad W = 115\,\mu m \qquad d_{ox} = 0.15\,\mu m\ .$$

Die Beweglichkeit von Elektronen in Silizium hat den Wert μ_n =1350 cm^2/Vs und die das Gate isolierende SiO_2–Schicht besitzt die relative Dielektrizitätskonstante $\varepsilon_r = 4.5$. Für die Kapazität zwischen Gate und Kanal ergibt sich damit der Wert $C_C = 0.5\,pF$ und die Transistorkonstante beträgt $K = 0.25\,mA/V^2$.

9.8.2 MOS–Inverter

Abb. 9.31 zeigt einen einfachen Inverter mit einem MOS–Transistor; diese Source–Schaltung dient der Erläuterung des Prinzips. Für den Einsatz als

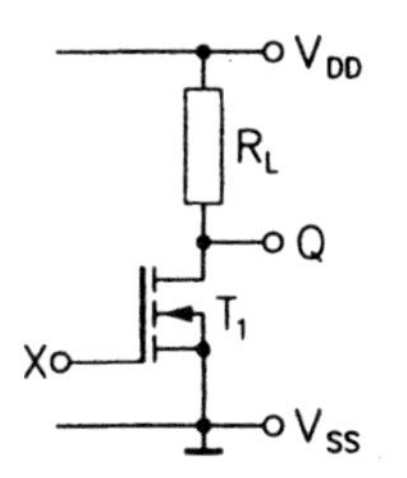

Abb. 9.31 Inverter mit einem selbstsperrenden n–Kanal–MOSFET

Logikschaltung sind in erster Linie nur die zwei Betriebszustände interessant, in denen der Transistor T_1 gut leitend bzw. nahezu nichtleitend ist. Für die Ausgangsspannung gilt

$$U_Q = V_{DD} - R_L I_D\ .$$

Ist $0 \leq U_X < U_T$, dann gilt aufgrund von (9.1) $I_D = 0$; es fließt kein Drainstrom, der Transistor ist also gesperrt.

Für $U_Q \leq U_X - U_T$ beginnt der Transistor zu leiten. Unter Verwendung von (9.2) lautet dann die Ausgangsspannung

$$\begin{aligned} U_Q &= V_{DD} - R_L I_D \\ &= V_{DD} - R_L K U_Q \left(U_X - U_T - \frac{U_Q}{2} \right)\ . \end{aligned} \tag{9.5}$$

Im Bereich $U_Q > U_X - U_T$ schließlich ist U_Q durch

$$U_Q = V_{DD} - R_L K \cdot \frac{(U_X - U_T)^2}{2} \tag{9.6}$$

gegeben. Eine eingehendere Untersuchung dieser Zusammenhänge werden wir unter Verwendung eines Kennlinienfeldes durchführen, da die grafische Behandlung — insbesondere der nichtlinearen Beziehung — einfacher ist und zu anschaulicheren Ergebnissen führt als entsprechende Berechnungen.

Ist V_{DD} die höchste in der Schaltung auftretende Spannung, so erreicht I_D für $U_X \approx V_{DD}$ den Maximalwert und als Folge davon wird die Drain–Source-Spannung U_{DS} klein. Eine niedrige (hohe) Eingangsspannung bewirkt also eine hohe (niedrige) Ausgangsspannung.

Im Hinblick auf die Dimensionierung des Lastwiderstandes R_L kann man von folgender Überlegung ausgehen. Liegt der Eingang auf H–Pegel, so ist $U_X \approx V_{DD}$ und der Inverter muß in diesem Zustand eine Ausgangsspannung liefern, die dem L–Pegel entspricht. Im Idealfall wäre also $U_Q = U_{QL} = 0$, was jedoch mit der hier betrachteten Schaltung nicht realisierbar ist. Stattdessen fordern wir einen derart niedrigen Wert für U_{QL}, daß ein nachfolgender Inverter mit Sicherheit am Ausgang H–Pegel hat. Dies ist für $U_{QL} \leq U_T$ der Fall.

Nehmen wir $U_X = V_{DD}$ und $U_Q = U_T$ an, dann folgt aus Gleichung (9.5) für den minimal erforderlichen Wert des Lastwiderstandes

$$R_L = \frac{1}{K\left(U_T - \dfrac{U_T^2}{2(V_{DD} - U_T)}\right)} \,. \tag{9.7}$$

Beispiel 9.10

Für eine Schaltung gemäß Abb. 9.31 werden die folgenden Zahlenwerte angenommen:

$$V_{DD} = 5\,V \qquad U_T = 1.5\,V \qquad K = 0.25\frac{mA}{V^2} \,.$$

Aufgrund von Gleichung (9.6) ergibt sich dann $R_L = 3.4\,k\Omega$. Wählen wir mit $R_L = 5\,k\Omega$ den Wert des Lastwiderstandes etwas höher, so können wir durch Lösen der Gleichung (9.5) die zugehörige Ausgangsspannung $U_{QL} = 1.1\,V$ ermitteln, die deutlich unterhalb von U_T liegt, so daß eine gewisse Sicherheitsreserve bzw. ein gewisser Störspannungsabstand gewährleistet ist.

Zur Untersuchung des Inverterverhaltens ist in Abb. 9.32 ein exemplarisches Kennlinienfeld für den Transistor T_1 zusammen mit drei verschiedenen Widerstandsgeraden (vgl. Abb. 4.1b) dargestellt. Aus diesem Kennlinienfeld kann ohne großen Aufwand die Übertragungsfunktion $U_Q = f(U_X)$ der Inverterschaltung gewonnen werden. Solange $U_X \leq U_T$ ist, liegt die Ausgangsspannung bei $U_Q = V_{DD}$. Übersteigt die Eingangsspannung die Schwellenspannung U_T, so beginnt der Drainstrom quadratisch mit der Gatespannung

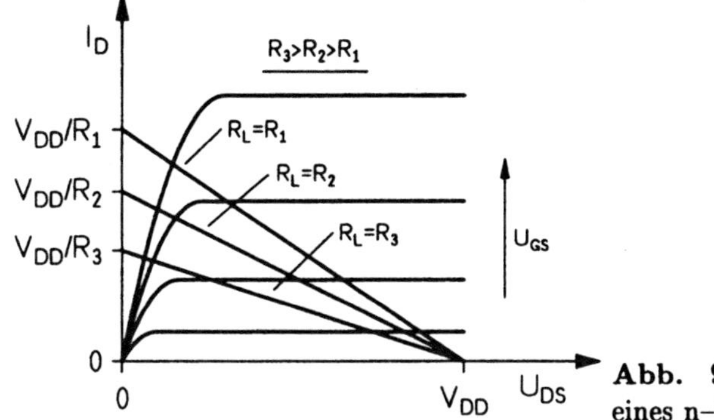

Abb. 9.32 Arbeitskennlinienfeld eines n–MOS–Inverters

zu steigen, entsprechend sinkt die Ausgangsspannung quadratisch ab. Dieses quadratische Verhalten geht in einen weniger nichtlinearen Stromanstieg bzw. Spannungsrückgang über, sobald mit steigender Gatespannung der Arbeitspunkt auf der Widerstandsgeraden vom Bereich III in den Bereich II wandert. Die daraus resultierende Übertragungskennlinie ist für drei verschiedene R_L–Werte in Abb. 9.33 wiedergegeben. Der Übergangsbereich zwischen ho-

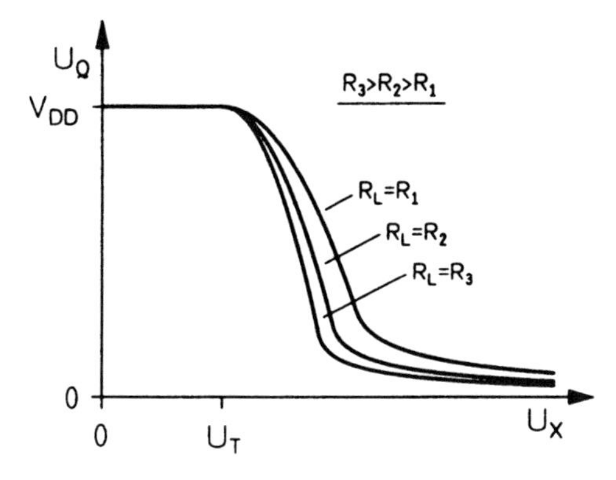

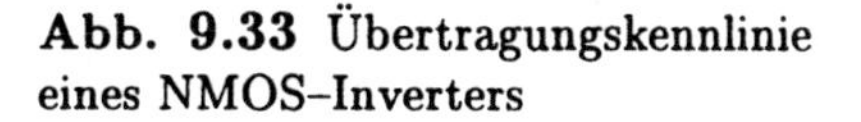
Abb. 9.33 Übertragungskennlinie eines NMOS–Inverters

her und niedriger Ausgangsspannung wird umso schmaler und die L–Pegel–Ausgangsspannung U_{QL} wird umso geringer, je höher der Widerstand R_L gewählt wird; daher sollte der Wert von R_L so hoch wie möglich sein. Dieser Forderung nach einem großen Widerstandswert steht jedoch die gegenläufige Forderung nach schneller Umladung von Lastkapazitäten gegenüber.

Die Schaltung gemäß Abb. 9.31 ist für die Erläuterung des prinzipiellen Schaltungsverhaltens geeignet, nicht jedoch für eine praktische Realisierung (abgesehen vielleicht von Open–Drain–Ausgangsstufen); dafür sind insbesondere folgende Merkmale ausschlaggebend:

- Der große Übergangsbereich zwischen den Logikzuständen.
- Der relativ hohe U_{QL}–Wert.
- Die hohe Verlustleitung, wenn der Ausgang auf L–Pegel liegt.
- Die niedrige Schaltgeschwindigkeit.

- Die Verwendung eines ohmschen Widerstandes.

Eine Schaltungsvariante, in der die Verwendung eines ohmschen Widerstandes vermieden wird, zeigt Abb. 9.34. Drain und Gate des Transistors T_2

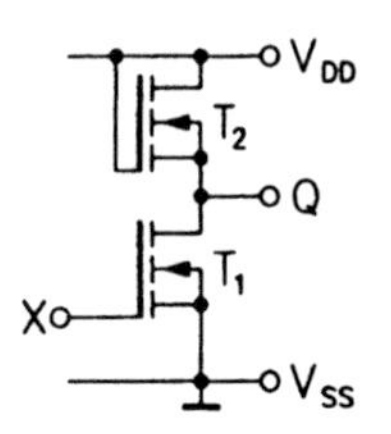

Abb. 9.34 MOS–Inverter mit selbstsperrendem MOSFET als Lastwiderstand

sind direkt miteinander verbunden, daher gilt für diesen Transistor stets $U_{GS} = U_{DS}$ und die Bedingung $U_{DS} > U_{GS} - U_T$ ist immer erfüllt. Der Transistor T_2 wird somit im Bereich III betrieben, so daß

$$I_{D2} = \frac{K_2}{2}(U_{GS2} - U_T)^2 \qquad U_{GS2} = U_{DS2}$$

gilt. Das Schaltungsverhalten soll wieder anhand eines Kennlinienfeldes erläutert werden. Abb. 9.35 zeigt zunächst das Ausgangskennlinienfeld des Transistors T_2. Wie zuvor schon festgestellt, liegt die Arbeitskennlinie vollständig

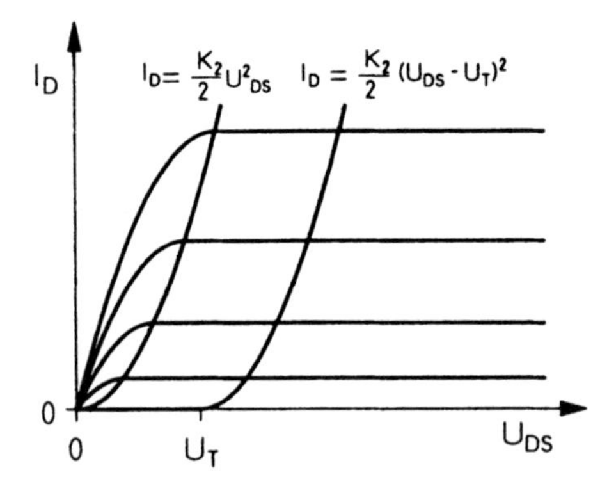

Abb. 9.35 Ausgangskennlinienfeld des Transistors T_2

im Bereich III. Solange der Transistor T_2 leitet, kann seine Drain–Source–Spannung nicht unter den Wert U_T absinken.

Abb. 9.36 zeigt das Kennlinienfeld des Transistors T_1, dessen Parameter zunächst denen von T_2 gleichen sollen. Die Arbeitskennlinie von T_2 ist unter Beachtung der Beziehungen $I_{D1} = I_{D2}$ und $U_Q = U_{DS1} = V_{DD} - U_{DS2}$ ebenfalls eingezeichnet, so daß die sich einstellenden Arbeitspunkte direkt ablesbar sind. Auch ohne Konstruktion der Übertragungskennlinie zeigt dieses Kennlinienfeld, daß das Ergebnis ungünstig ist. Im Falle $0\,V \leq U_X \leq U_T$ beträgt die Ausgangsspannung nur $U_Q = V_{DD} - U_T$ und liegt damit um U_T unterhalb der beim Einsatz des Widerstands R_L erreichten Ausgangsspannung $U_Q = V_{DD}$. Steigt die Eingangsspannung U_X über die Schwellenspannung U_T hinaus weiter an, so nimmt zwar der Drainstrom beider Transistoren zu,

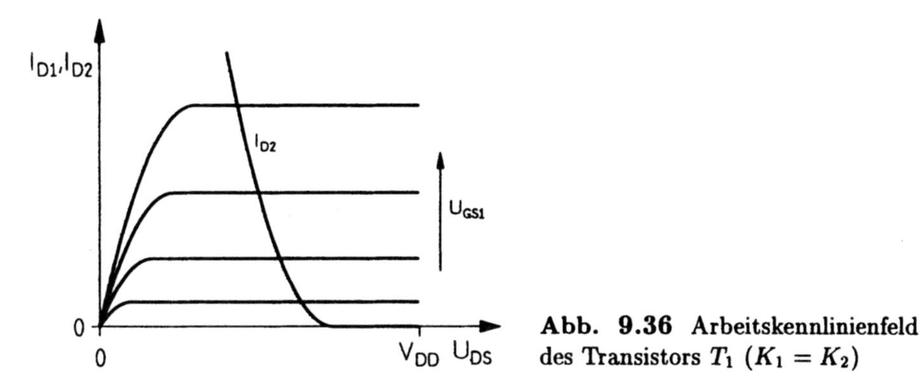

Abb. 9.36 Arbeitskennlinienfeld des Transistors T_1 ($K_1 = K_2$)

die Ausgangsspannung sinkt jedoch nur anfänglich rasch ab. Die Spannungsabnahme stagniert sehr bald auf einem relativ hohen Niveau.

Nehmen wir an, der Arbeitspunkt des Transistors T_1 liege bei Ansteuerung mit H-Pegel im Bereich II, dann gilt für die Drainströme der Transistoren T_1 und T_2

$$
\begin{aligned}
I_{D1} &= K_1 U_Q \left(U_X - U_T - \frac{U_Q}{2} \right) \\
I_{D2} &= \frac{K_2}{2} (V_{DD} - U_T - U_Q)^2 \; .
\end{aligned}
$$

Für $K_1 = K_2 = K$, folgt daraus nach kurzer Rechnung

$$
U_Q = \frac{1}{2} \left[(V'_{DD} + U'_X) - \sqrt{(V'_{DD} + U'_X)^2 - 2V'^2_{DD}} \right] \; ,
$$

wobei zur Abkürzung $V'_{DD} = V_{DD} - U_T$ und $U'_X = U_X - U_T$ gesetzt wurde. Im Idealfall würde bei H-Pegel-Ansteuerspannung $U_X = V_{DD}$ gelten. Dafür ergäbe sich dann die Ausgangsspannung

$$
U_Q = \left(1 - \frac{1}{\sqrt{2}} \right) (V_{DD} - U_T) \;\approx\; 0.3 (V_{DD} - U_T) \; .
$$

Für $V_{DD} = 5\,V$ und $U_T = 1.5\,V$ ist dann die Ausgangsspannung $U_Q = 1.02\,V$. Dieser Wert wäre also niedrig genug ($U_Q < U_T$), um als L-Eingangspegel für einen nachfolgenden Inverter verwendet zu werden.

Bei Ansteuerung des Inverters durch eine gleichartige Schaltung kann seine Eingangsspannung jedoch nicht $U_X = V_{DD}$ betragen, sondern höchstens $U_X = V_{DD} - U_T$. Infolgedessen ergibt sich für die Ausgangsspannung (bei den gegebenen Beispieldaten) der Wert $U_Q = 1.55\,V$, der oberhalb der Schwellenspannung U_T liegt. Ein weiterer mit dieser Spannung angesteuerter Inverter könnte also nur eine abermals verringerte H-Pegel-Ausgangsspannung $U_Q < V_{DD} - U_T$ liefern. Diese zunehmende Verschlechterung der H- und L-Ausgangsspannungen setzt sich gegebenenfalls über mehrere Inverterstufen fort, bis schließlich die Ausgangsspannung nicht mehr dem H- bzw. L-Pegel zuzuordnen ist. Die gezeigte Schaltung ist also — zumindest unter den gemachten Annahmen — nicht sinnvoll als Logikschaltung einsetzbar.

Aus dem Arbeitskennlinienfeld können unmittelbar drei mögliche Verbesserungsansätze abgeleitet werden.

1. Soweit technologisch machbar, sollte die Schwellenspannung des als Lastwiderstand fungierenden Transistors T_2 geringer gewählt werden, damit die Ausgangsspannung U_{QH} für H–Pegel möglichst dicht an der Betriebsspannung V_{DD} liegt.

2. Durch Wahl eines verringerten Wertes für K_2 läßt sich die entsprechende Arbeitskennlinie derart verformen, daß sie flacher verläuft. Dadurch läßt sich bei gegebener Eingangsspannung U_X eine deutlich geringere Ausgangsspannung U_{QL} und ein ebenfalls verringerter Drainstrom I_D erreichen.

3. Die Schwellenspannung U_{T1} sollte so gewählt werden, daß sich möglichst große Abstände sowohl zu U_{QLmax} als auch zu U_{QHmin} ergeben.

Abb. 9.37 zeigt das Kennlinienfeld für unterschiedliche K_2–Werte. Es ist offensichtlich, daß unter der Voraussetzung $K_2 \ll K_1$ die gestellten Anforderungen sehr viel besser zu erfüllen sind. Da die Konstanten K_1, K_2 wesentlich durch das jeweilige W/L–Verhältnis bestimmt werden [vgl. (9.4)], muß T_2 eher lang und schmal sein, während T_1 im Vergleich dazu kurz und breit sein sollte. Das zugehörige Übertragungsverhalten ist für den Fall verschiedener K_1/K_2–Verhältnisse in Abb. 9.38 wiedergegeben.

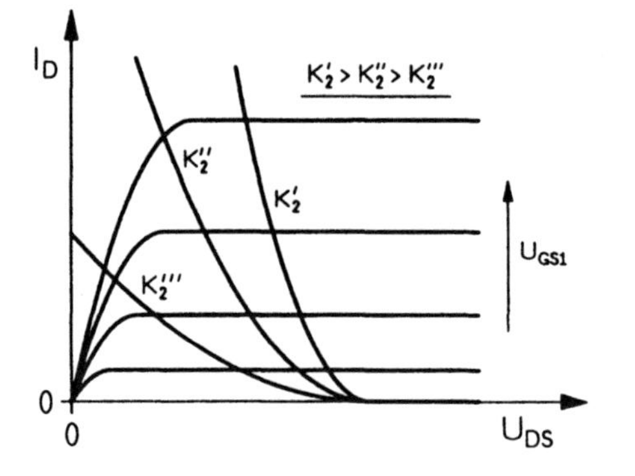

Abb. 9.37 Arbeitskennlinienfeld für verschiedene K_2–Werte

Trotz der Verbesserungen, die diese modifizierte Schaltung für den Einsatz als Logikschaltung prinzipiell tauglich machen, gibt es immer noch deutliche Nachteile. Die zwischen U_{QH} und V_{DD} vorhandene Spannungslücke verringert den Störspannungsabstand. Liegt der Ausgang auf L–Pegel, so fließt ein relativ hoher Ruhestrom durch die Schaltung, während der Transistor T_2 bei $U_Q = U_{QH}$ nur einen vergleichsweise geringen Strom zuläßt und daher die Auf– bzw. Umladung von Lastkapazitäten viel Zeit erfordert.

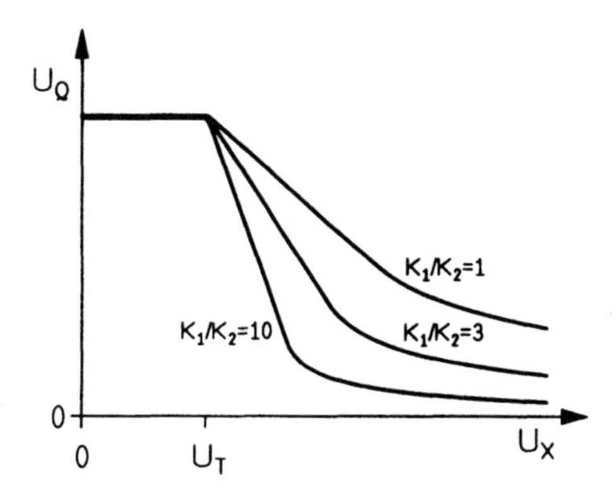

Abb. 9.38 Übertragungskennlinien für verschiedene K_1/K_2–Verhältnisse

Das wird auch deutlich, wenn man den Durchgangswiderstand des Transistors T_2 betrachtet.

$$R_{DS} = \frac{U_{DS2}}{I_{D2}} = \frac{2}{K_2} \frac{U_{DS2}}{(U_{DS2} - U_{T2})^2} .$$

Die Drain–Source–Spannung ist durch

$$U_{DS2} = V_{DD} - U_Q$$

gegeben; infolgedessen finden wir

$$R_{DS} = \begin{cases} \text{sehr groß} & \text{für } U_Q \to V_{DD} - U_{T2} \\ \text{klein} & \text{für } U_Q \to 0 . \end{cases}$$

Bei Betrachtung des differentiellen Widerstandes kommt man zu demselben Ergebnis. Daher ist auch diese Schaltung nicht für eine Realisierung von schnellen Logikschaltungen geeignet. Die bisherigen Überlegungen weisen jedoch den Weg zu zwei Lösungsansätzen.

Ein Ansatz besteht darin, einen p–Kanal–Transistor T_2 zu verwenden; dieser Weg wird in Abschnitt 9.9 ausführlich behandelt. Hier beschäftigen wir uns mit der Möglichkeit, für T_2 einen selbstleitenden n–Kanal–Transistor einzusetzen. Abb. 9.39 zeigt die entsprechende Schaltung. Die Wirkungsweise

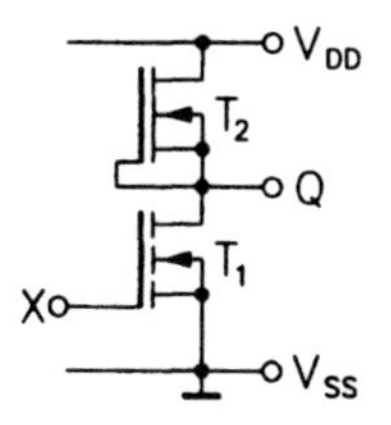

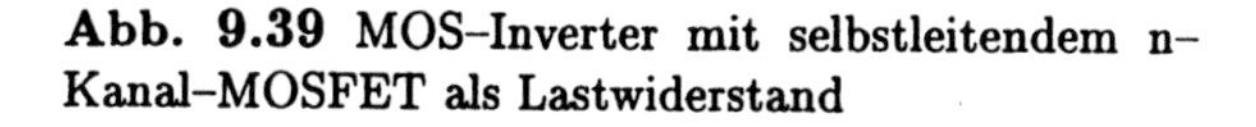
Abb. 9.39 MOS–Inverter mit selbstleitendem n–Kanal–MOSFET als Lastwiderstand

dieses Inverters läßt sich gut unter Verwendung des Arbeitskennlinienfeldes für beide Transistoren erläutern. Wegen $U_{GS2} = 0$ und $U_{T2} < 0$ ist T_2 (Bereich II) immer leitend. Je nach dem Verhältnis der Schwellenspannung U_{T2} zur Versorgungsspannung V_{DD} ergeben sich zwei mögliche Kennlinienformen, die im folgenden untersucht werden.

Zunächst wenden wir uns dem Fall $-U_{T2} \geq V_{DD}$ zu. Die Drain–Source–Spannung von T_2 kann im Bereich $0 \ldots V_{DD}$ liegen. Wegen $-U_{T2} \geq V_{DD}$ ist die Bedingung $U_{DS2} \leq U_{GS2} - U_{T2}$ immer erfüllt, so daß für den Drainstrom des Transistors T_2 zunächst allgemein

$$I_{D2} = K_2 \cdot U_{DS2} \left(U_{GS2} - U_{T2} - \frac{U_{DS2}}{2} \right)$$

angesetzt werden kann. Berücksichtigen wir $U_{GS2} = 0$ und $V_{DD} = U_Q + U_{DS2}$, so folgt daraus

$$I_{D2} = K_2 \cdot (V_{DD} - U_Q) \left(-U_{T2} - \frac{V_{DD} - U_Q}{2} \right) . \tag{9.8}$$

Diese Gleichung beschreibt $I_{D2} = f(U_Q) = f(U_{DS1})$ in Form einer Parabel (Abb. 9.40).

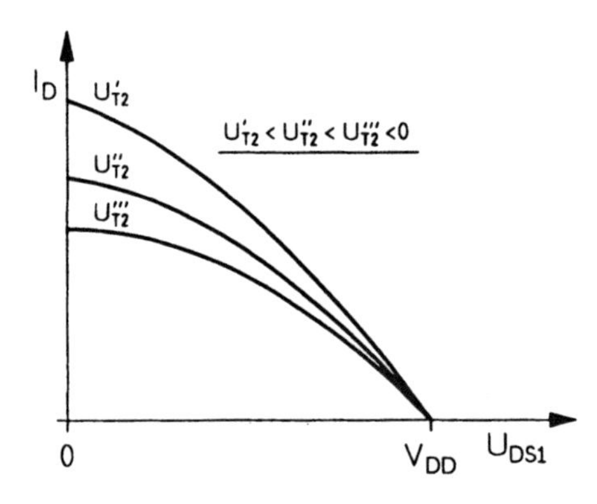

Abb. 9.40 Kennlinie von T_2 für $-U_{T2} \geq V_{DD}$

Als nächster Fall wird $-U_{T2} < V_{DD}$ untersucht, wobei zwei unterschiedliche Bereiche betrachtet werden müssen.

$\boldsymbol{U_{DS2} \leq U_{GS2} - U_{T2}}$ **bzw.** $\boldsymbol{V_{DD} + U_{T2} \leq U_Q}$. Der Transistor T_2 arbeitet im Bereich II, und es gilt wieder die Parabelgleichung (9.8).

Falls $\boldsymbol{U_Q < V_{DD} + U_{T2}}$ ist, gilt die Gleichung des Bereichs III für den Drainstrom von T_2:

$$I_{D2} = \frac{K_2}{2}(U_{GS2} - U_{T2})^2 = \frac{K_2}{2}U_{T2}^2 .$$

Der Transistor T_2 verhält sich in diesem Bereich also wie eine Konstantstromquelle, die den Maximalstrom $K_2 U_{T2}^2/2$ liefert. In Abb. 9.41 sind die entsprechenden Kennlinien dargestellt.

Der Verlauf der Arbeitskennlinie ist von den Parametern K_2 und U_{T2} abhängig. Die sich bei einer konkreten Festlegung dieser Parameter ergebende Kennlinie bildet die Arbeitskennlinie, wenn das Übertragungsverhalten des Inverters im Gesamtkennlinienfeld untersucht wird (Abb. 9.42). Aus den Schnittpunkten der Kennlinien von T_1 mit der Lastlinie von T_2 kann die

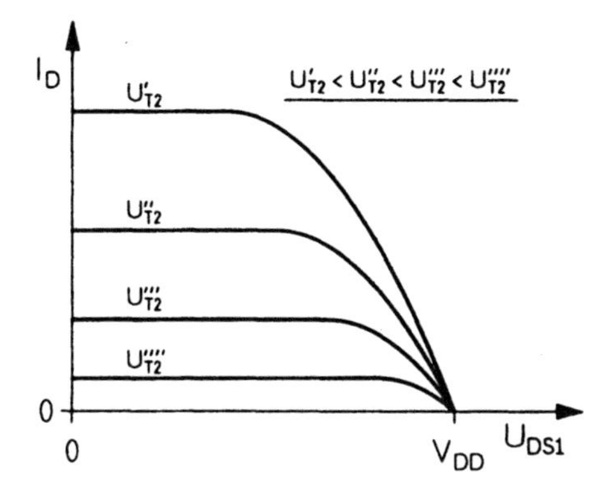

Abb. 9.41 Kennlinie von T_2 für $-U_{T2} < V_{DD}$

Übertragungskennlinie konstruiert werden. Ist U_X kleiner als die Schwellenspannung U_{T1}, so sperrt T_1 und am Inverterausgang liegt die Spannung $U_Q = V_{DD}$. Wird die Steuerspannung über die Schwellenspannung hinaus erhöht, so leitet T_1 und es stellt sich zunächst ein Arbeitspunkt im Bereich II des Transistors T_2 ein; mit wachsender Eingangsspannung steigt somit auch der Drainstrom beider Transistoren an, wobei die Ausgangsspannung des Inverters zunächst wenig, dann aber in zunehmendem Maße absinkt. Ist die

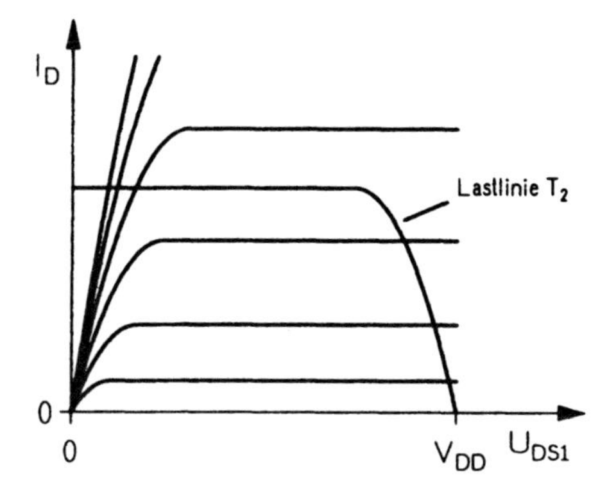

Abb. 9.42 Arbeitskennlinienfeld

Ausgangsspannung auf den Wert $U_Q = V_{DD} + U_{T2}$ abgesunken, so befinden sich beide Transistoren im Sättigungsbereich. Eine geringfügige Erhöhung von U_X führt dann zu einem sehr starken Absinken der Ausgangsspannung bei konstantem Drainstrom beider Transistoren. Die Ausgangsspannung sinkt so weit ab, daß T_1 in den Bereich II gerät, und jede weitere Erhöhung der Eingangsspannung bewirkt dann nur noch ein schwächeres Abnehmen der Ausgangsspannung bei konstantem Drainstrom. Die Ausgangsspannung sinkt nicht auf Null sondern nur auf einen Restwert U_{QL} ab, der aus

$$I_{D1} = K_1 U_{QL} \left(V_{DD} - U_{T1} - \frac{U_{QL}}{2} \right) = \frac{K_2}{2} \cdot U_{T2}^2$$

berechnet werden kann:

$$U_{QL} = (V_{DD} - U_{T1}) - \sqrt{(V_{DD} - U_{T1})^2 - \frac{K_2}{K_1} \cdot U_{T2}^2} \,.$$

Für verschiedene K_1/K_2-Werte ergeben sich dann die Übertragungskennlinien in Abb. 9.43. Offensichtlich ist es auch bei diesem Aufbau eines Inverters

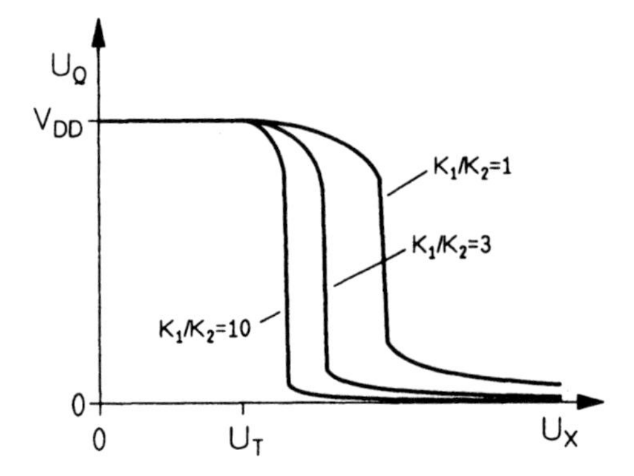

Abb. 9.43 Übertragungskennlinien der Schaltung gemäß Abb. 9.39 für verschiedene K_1/K_2-Verhältnisse

sinnvoll, das Verhältnis K_1/K_2 möglichst groß zu wählen. Je kleiner K_2 ist, desto stärker ist der Ausgangsspannungsrückgang im Umschaltbereich und desto geringer ist die L-Pegel-Restspannung U_{QL}. Außerdem sind die Drainströme geringer als bei größerem K_2, was eine geringere Leistungsaufnahme zur Folge hat. Allerdings ist darauf zu achten, daß der durch K_2 festgelegte Maximalstrom durch T_2 ausreicht, um Lastkapazitäten schnell genug umladen zu können.

Eine weitere Möglichkeit, Einfluß auf diese Übertragungskennlinie zu nehmen, besteht in der Festlegung der Schwellenspannung des selbstleitenden Transistors T_2. Das in Abb. 9.44 dargestellte Kennlinienfeld bzw. die in

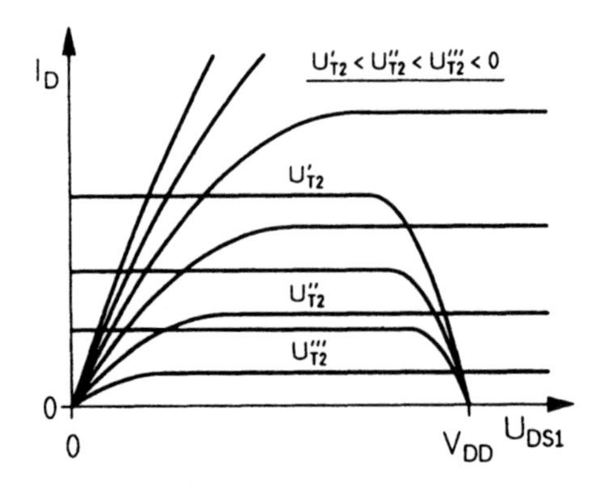

Abb. 9.44 Arbeitskennlinienfeld für unterschiedliche Werte der Schwellen-Spannung U_{T2}

Abb. 9.45 wiedergegebenen Übertragungskennlinien verdeutlichen die sich bei unterschiedlichen U_{T2}-Werten einstellenden Verhältnisse, wobei K_2 in allen Fällen den gleichen Wert besitzt. Der Einfluß des Parameters U_{T2} ist dem von K_2 also ähnlich. Die für die Festlegung von K_2 gültigen Randbedingungen bezüglich Restspannung, Übergangsbereichsbreite usw. gelten hier entsprechend.

In der Praxis sind Verhältnisse im Bereich $K_1/K_2 = 3$ und Schwellen-Spannungen bis hinunter zu $|U_{T2}| = 1\,V$ üblich.

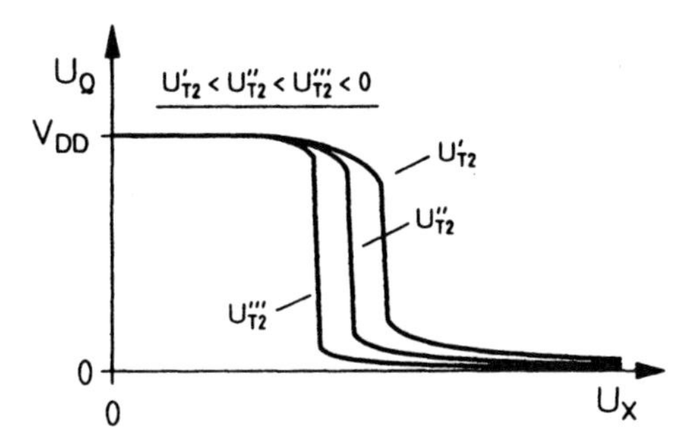

Abb. 9.45 Abhängigkeit der Übertragungskennlinie von der Schwellen–Spannung U_{T2}

9.8.3 *NAND*– und *NOR*–Gatter in NMOS–Technik

Die auf der gleichzeitigen Verwendung von selbstsperrenden und selbstleitenden n–Kanal–MOSFETs basierende Schaltungstechnik (s. Abb. 9.39) wird als NMOS–Technologie bezeichnet.

Aus der bereits behandelten Inverterschaltung können *NAND*– und *NOR*–Gatter auf einfache Weise entwickelt werden. Abb. 9.46 zeigt die Schaltung eines *NAND*–Gatters in NMOS–Technologie. Der Ausgang Q wird durch den

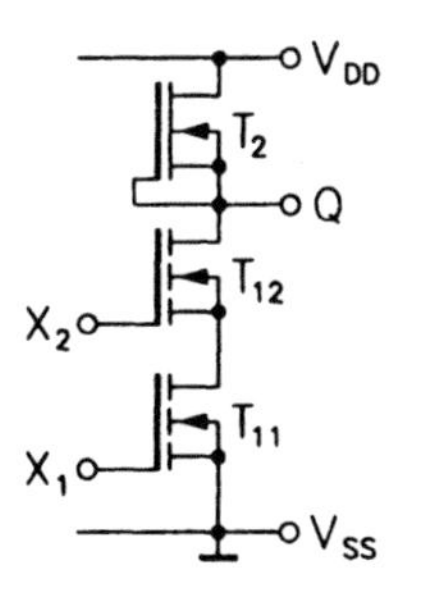

Abb. 9.46 *NAND*–Gatter in NMOS–Technologie

Transistor T_2 so lange auf H–Pegel gehalten ($U_{QH} = V_{DD}$), bis sowohl T_{11} als auch T_{12} leiten. Dazu müssen die Eingangsspannungen U_{X1} und U_{X2} höher als die jeweiligen Schwellenspannungen U_{T11} bzw. U_{T12} liegen. Übersteigt die Eingangsspannung an einer der beiden Klemmen (oder an beiden Klemmen gleichzeitig) nicht den erforderlichen Mindestwert, so bleibt der Ausgang auf H–Pegel. Es gilt also $\overline{Q} = \overline{X}_1 + \overline{X}_2$ bzw. $Q = \overline{X_1 X_2}$, was der *NAND*–Funktion entspricht.

Auf ähnlich einfache Weise kann die Inverterschaltung zu einem *NOR*–Gatter erweitert werden; Abb. 9.47 zeigt diese Schaltung. Infolge der Pa-

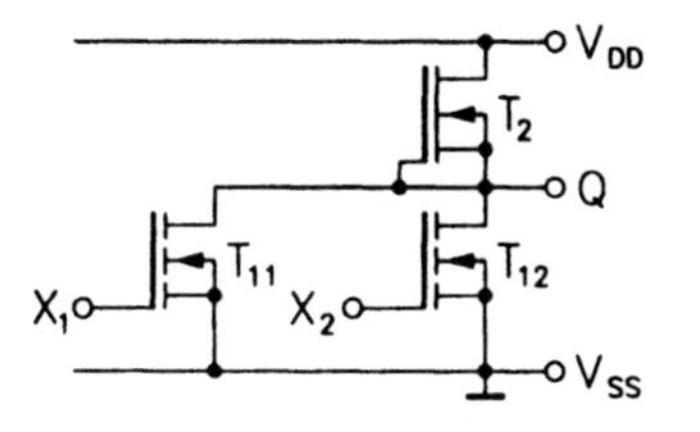

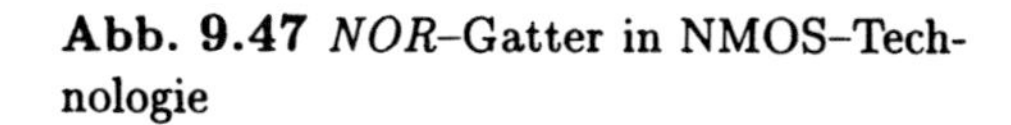

Abb. 9.47 *NOR*–Gatter in NMOS–Technologie

rallelschaltung von T_{11} und T_{12} liefert der Ausgang L–Pegel, wenn mindestens einer dieser beiden Transistoren leitet, wodurch die Logikverknüpfung $\overline{Q} =$

X_1+X_2 bzw. $Q = \overline{X_1 + X_2}$ gegeben ist. Die gezeigte *NOR*-Verknüpfung wird nach Möglichkeit der *NAND*-Verknüpfung vorgezogen; aus technologischen Gründen kommt es bei der Realisierung der *NAND*-Verknüpfung zu einem der Anzahl der Eingänge proportionalen Anstieg der Schaltzeiten, der bei der Realisierung der *NOR*-Verknüpfung nicht auftritt. Trotzdem wird man die *NAND*-Verknüpfung nicht in allen Fällen durch *NOR*-Verknüpfungen ersetzen; abhängig von der zu realisierden logischen Funktion kann es nämlich zu einer Erhöhung des Flächenbedarfs kommen.

Die beiden hier gezeigten Schaltungen zur Realisierung von Logikverknüpfungen lassen sich erweitern und kombinieren, so daß auch kompliziertere Verknüpfungen leicht herstellbar sind. Abb. 9.48 zeigt die Schaltung eines Logikgatters, daß die Funktion $Q = \overline{X_1 X_2 + X_3 X_4}$ realisiert.

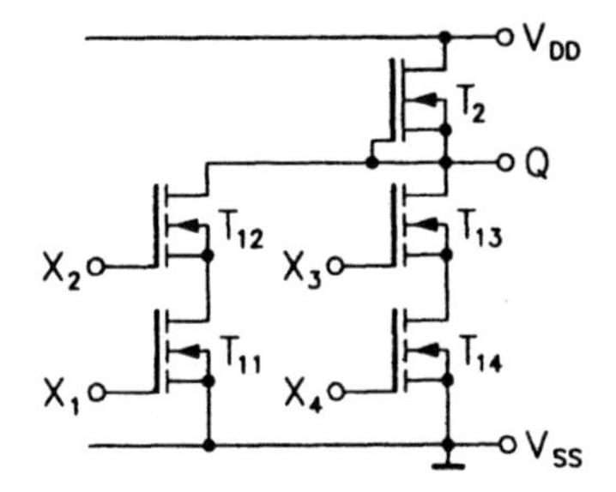

Abb. 9.48 Kombinatorische Logikschaltung (Beispiel)

Die guten Schaltereigenschaften von MOSFETs ermöglichen neben dem bisher behandelten Schaltungsprinzip ihr Einsatz als sogenannte Passtransistoren. Dabei wird ein selbstsperrender MOSFET als Schaltelement direkt in den Signalweg gelegt. Als Beispiel zeigt Abb. 9.49 einen NMOS-Inverter, dem ein vorgeschalteter Passtransistor die Funktion eines *NAND*-Gatters verleiht. Nur wenn am Eingang X_1 eine ausreichend hohe Ein-

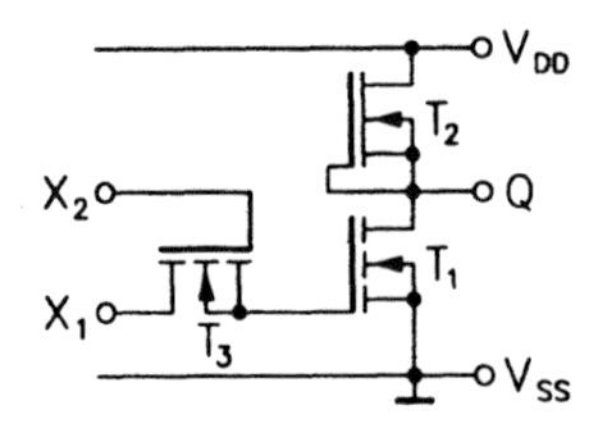

Abb. 9.49 NMOS-Inverter mit vorgeschaltetem Passtransistor

gangsspannung anliegt und wenn durch eine entsprechende Ansteuerung am Eingang X_2 der Transistor T_3 diese Eingangsspannung auch an das Gate von T_1 durchschaltet, kann der Ausgang *L*-Pegel annehmen. Der Einsatz von Passtransistoren ist sehr platzsparend, weswegen sie in NMOS-Schaltungen gern eingesetzt werden. Da jedoch keine Signalregeneration stattfindet, darf nur eine geringe Anzahl von Passtransistorstufen direkt hintereinander geschaltet werden. In Abb. 9.50 ist der Einsatz von Passtransistoren zur Realisierung eines 4-zu-1-Multiplexers dargestellt; für ihn gilt $Q' = X_1 S_1 S_2 + X_2 S_1 \overline{S}_2 + X_3 \overline{S}_1 S_2 + X_4 \overline{S}_1 \overline{S}_2$.

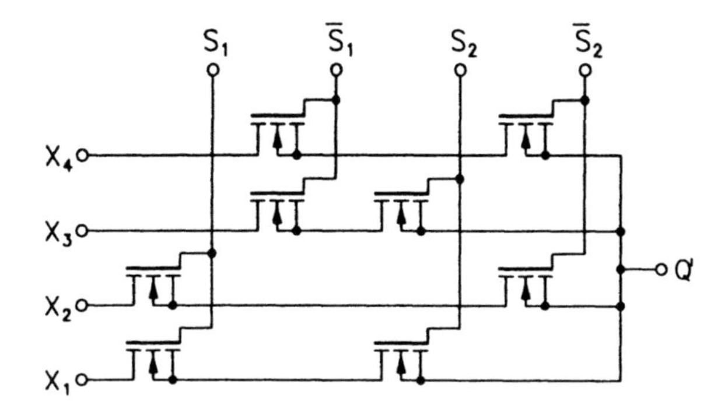

Abb. 9.50 4–zu–1–Multiplexer–Teilschaltung aus Passtransistoren

Zusammenfassend läßt sich also folgendes feststellen. Die NMOS–Schaltungstechnik baut auf dem n–Kanal–MOSFET als Grundelement auf, der technologisch sehr einfach herzustellen ist und der sich durch einen sehr geringen Platzbedarf auszeichnet. Durch die Möglichkeit, sowohl selbstleitende als auch selbstsperrende Transistoren auf einem Chip herzustellen, kann man elementare Schaltglieder mit einigermaßen günstigen und gut beeinflußbaren Eigenschaften realisieren.

Nachteilig ist die relativ geringe Schaltgeschwindigkeit, die einige zehn Nanosekunden betragen kann. Hervorgerufen wird diese Eigenschaft durch den hohen Ausgangswiderstand der NMOS–Stufen (T_2 arbeitet zeitweilig als Stromquelle), der zusammen mit den Eingangskapazitäten nachfolgender Stufen die Schaltgeschwindigkeit begrenzt. Obwohl der statische Eingangswiderstand eines MOSFET sehr hoch ist, ist der Fan–Out durch die Eingangskapazitäten schon bei Schaltfrequenzen oberhalb ca. 100 kHz stark begrenzt.

Diese Schaltungstechnik eignet sich daher in besonderer Weise für die Herstellung solcher integrierter Schaltungen, bei denen in erster Linie ein hoher Integrationsgrad erforderlich ist und die Schaltgeschwindigkeit eine etwas nachgeordnete Rolle spielt. Insbesondere die geringe Schaltgeschwindigkeit führt dazu, daß SSI– und MSI–Schaltungen (einzelne Gatter, Flipflops, Zählerschaltungen usw.) nicht in NMOS–Technologie hergestellt werden. In diesen Bereichen sind die im nächsten Abschnitt besprochenen CMOS–Schaltungen überlegen.

9.9 CMOS–Schaltungen

Wie schon die Bezeichnung andeutet, sind CMOS–Schaltungen (Complementary MOS) dadurch gekennzeichnet, daß in ihnen gleichzeitig p– und n–Kanal–MOS–Transistoren verwendet werden. Höhere Schaltgeschwindigkeiten und geringere Verlustleistungen sind besondere Kennzeichen dieser Technologie. Der Herstellungsprozeß ist jedoch etwas komplizierter und die Schaltungen benötigen eine größere Chipfläche als entsprechende NMOS–

Schaltungen. Die besonderen Eigenschaften der CMOS–Technologie sind im folgenden kurz zusammengefaßt:

- CMOS–Schaltungen weisen einen etwas komplizierteren Herstellungsprozeß als Einkanal–MOS–Schaltungen auf. Der Prozeß ist jedoch wesentlich unkomplizierter als ein Bipolar–Prozeß.
- Die Packungsdichte in CMOS–Schaltungen ist größer als bei Bipolar–Schaltungen. Auf vergleichbarer Fläche werden wesentlich mehr Schaltungsfunktionen untergebracht, wodurch pro Funktion geringere Kosten entstehen.
- Die Leistungsaufnahme ist geringer als selbst die der TTL–Low–Power–Serie (74L).
- Die neueren High–Speed–CMOS Bausteine können hinsichtlich der Geschwindigkeit mit der 74– und der 74LS–Serie konkurrieren.

Infolge unterschiedlicher Verfahren zur Gate–Herstellung gibt es zwei verschiedene Richtungen in der CMOS–Technologie. Die ältere, mit metallischem Gate arbeitende Technologie, weist einen größeren Betriebsspannungsbereich auf und führt zu deutlich langsameren Schaltungen als die neuere Silizium–Gate–Technologie, bei der die Gate–Elektroden aus polykristallinem Silizium gefertigt werden. Schaltungen in Silizium–Gate–Technologie weisen Schaltgeschwindigkeiten auf, die mit denen von TTL–Schaltungen vergleichbar sind:

$$\begin{array}{llll} \text{Metall–Gate:} & V_{DD} = 3\,V \ldots 15\,V & T_{p,typ} = 90\,ns & \\ \text{Si–Gate:} & V_{DD} = 3\,V \ldots 6\,V & T_{p,typ} = 10\,ns & \text{(vgl. LS–TTL)} \ . \end{array}$$

Wie bei der Behandlung der Einkanal–MOS–Schaltungen, soll als erste Schaltung der Inverter untersucht werden; er stellt auch in der CMOS–Technik das wesentliche Grundelement dar. Abb. 9.51 zeigt die entsprechende Schaltung. Wir werden im folgenden immer davon ausgehen, daß beide Transistoren

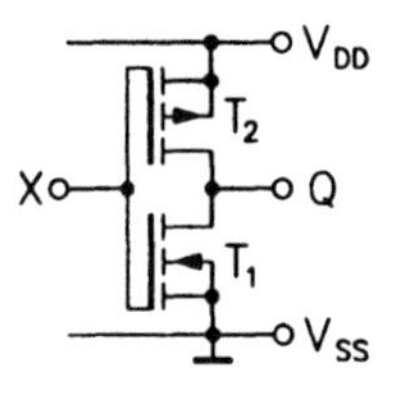

Abb. 9.51 CMOS–Inverter

komplementär zueinander sind; sie besitzen also prinzipiell die gleichen Eigenschaften und unterscheiden sich nur in der Kanal–Dotierung. Der Transistor T_2, in der NMOS–Technologie ein selbstleitender n–Kanal–Transistor, ist hier ein selbstsperrender p–Kanal–MOSFET. Auch in diesem Fall läßt sich das Funktionsprinzip der Schaltung am einfachsten mit Hilfe der Ausgangskennlinienfelder der beiden Transistoren beschreiben (Abb. 9.52). Bei

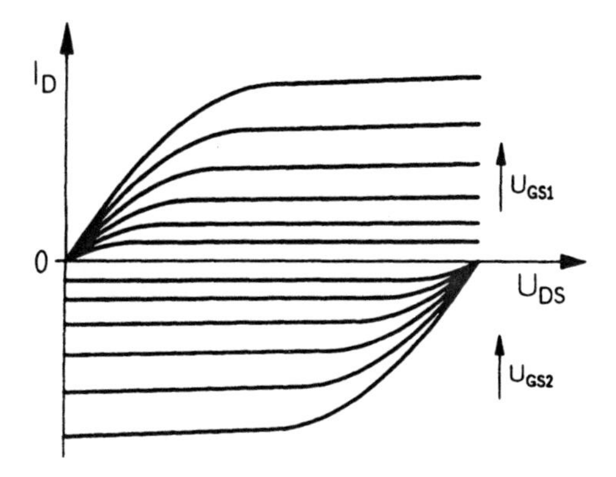

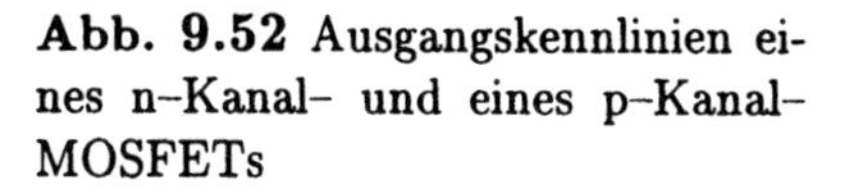
Abb. 9.52 Ausgangskennlinien eines n–Kanal- und eines p–Kanal-MOSFETs

der Darstellung der Ausgangskennlinien ist an dieser Stelle bewußt die U_{DS}–Abhängigkeit des Drainstroms infolge der Kanallängenmodulation berücksichtigt worden, damit bei der grafischen Arbeitspunktfestlegung auch tatsächlich Schnittpunkte erkennbar werden. Innerhalb der Inverterschaltung gelten die Beziehungen

$$I_{D2} = -I_{D1} \qquad U_{GS2} = U_X - V_{DD} \qquad U_Q = U_{DS1} = V_{DD} - U_{DS2} \; .$$

Das Arbeitskennlinienfeld eines CMOS–Inverters ist in Abb. 9.53 dargestellt.

Durchläuft die Eingangsspannung den Bereich $0 \leq U_X \leq V_{DD}$, so lassen

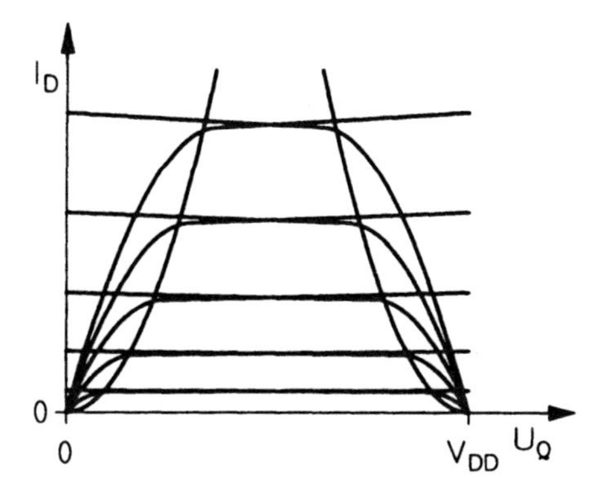

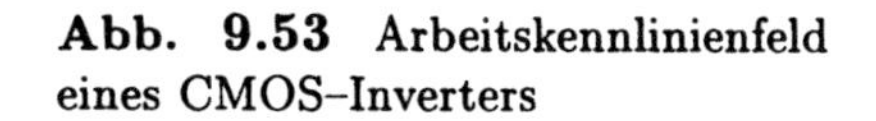
Abb. 9.53 Arbeitskennlinienfeld eines CMOS–Inverters

sich fünf unterschiedliche Betriebsbereiche festlegen, die im folgenden einzeln behandelt werden.

$\mathbf{0 \leq U_X < U_{T1}}$. Der selbstsperrende Transistor T_1 leitet nicht, so daß $I_{D1} \approx 0$ ist. Wegen $U_{GS2} = U_X - V_{DD}$ und des niedrigen Wertes für U_X stellt sich der Arbeitspunkt des Transistors T_2 im Bereich II derart ein, daß $U_Q \approx V_{DD}$ gilt. Infolge des steilen Verlaufs der Kennlinien von T_2 in diesem Bereich sinkt die Ausgangsspannung auch dann kaum ab, wenn eine an die Ausgangsklemmen angeschaltete Last zu einem erhöhten Drainstrom I_{D2} führen sollte.

$\mathbf{U_{T1} \leq U_X <}$ **Bereichsgrenze II von** $\mathbf{T_2}$. Die Eingangsspannung ist soweit angestiegen, daß T_1 nicht mehr sperrt, sondern sich im Bereich III befindet, während T_2 unverändert im Bereich II arbeitet. Die zunächst geringen Drainströme steigen mit wachsendem U_X an. Die Ausgangsspannung U_Q verringert sich dabei jedoch wegen des immer noch steilen Kennlinienverlaufs des Transistors T_2 zuerst nur wenig, zur Grenze des Bereichs II hin aber zunehmend rascher.

Bereichsgrenze II von $T_2 \leq U_X <$ Bereichsgrenze II von T_1. Beide Transistoren befinden sich im Bereich III, so daß die Kennlinien nahezu horizontal verlaufen. Eine geringe Zunahme der Eingangsspannung reicht aus, um den Arbeitspunkt weiter zu verschieben. Die Ausgangsspannung verändert sich dabei sehr stark, während sich die Drainströme nur sehr geringfügig ändern. In der Mitte des Kennlinienfeldes — also für $U_X = V_{DD}/2$ — befinden sich beide Transistoren in den gleichen Betriebszuständen, so daß $U_Q = V_{DD}/2$ ist. Dabei fließt der Strom

$$|I_{D2}| = I_{D1} = \frac{K_1}{2}\left(\frac{V_{DD}}{2} - U_{T1}\right)^2 .$$

Dieser Wert stellt gleichzeitig den maximalen Querstrom dar.

Bereichsrenze II von $T_1 \leq U_X < V_{DD} + U_{T2}$. Der Transistor T_1 wird jetzt im Bereich II betrieben, Transistor T_2 dagegen im Bereich III. Mit wachsender Eingangsspannung U_X werden die Kennlinien von T_1 steiler. Daher verändert sich das Schaltungsverhalten in der Weise, daß der weitere U_X–Anstieg eine zunehmend geringere U_Q–Abnahme bei fallenden Drainstrom–Werten zur Folge hat.

$V_{DD} + U_{T2} \leq U_X \leq V_{DD}$. Die Gate–Source–Spannung des Transistors T_2 unterschreitet seine Schwellenspannung mit der Folge, daß T_2 sperrt. Der leitende Transistor T_1 bewirkt den L–Pegel $U_Q = 0\,V$.

Das beschriebene Schaltungsverhalten wird durch die Übertragungskennlinien in Abb. 9.54 verdeutlicht. Insgesamt zeichnet sich der CMOS–Inverter

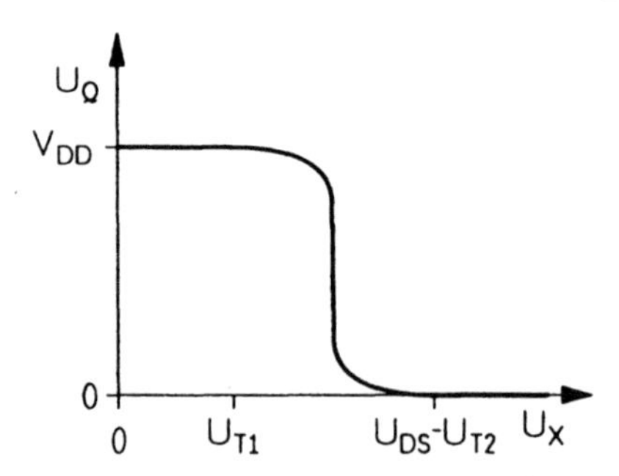

Abb. 9.54 Übertragungskennlinie des CMOS–Inverters

durch folgende Eigenschaften aus.

- Der Störspannungsabstand ist im Vergleich zu den vorher betrachteten Logikfamilien sehr groß. In den Bereichen $0 \leq U_X \leq U_{T1}$ und $V_{DD} - U_{T2} \leq U_X \leq V_{DD}$ betragen die H– bzw. L–Pegelwerte am Ausgang $U_Q = V_{DD}$ bzw. $U_Q = 0\,V$, da jeweils einer der beiden Transistoren sperrt. Aber auch über die Grenzen dieser Bereiche hinaus ist (wegen der erst in der Betriebsbereichsmitte sehr steil abfallenden Kennlinie) ein störungsfreier Betrieb möglich.

- CMOS–Schaltungen können in einem sehr großen Versorgungsspannungsbereich betrieben werden. Solange die Bedingung $V_{DD} > 2U_T$ ($U_T = U_{T1} = -U_{T2}$) erfüllt wird, ist die Schaltung betriebsfähig. Die obere Grenze des Betriebsspanungsbereichs wird dann nur durch zulässige Verlustleistungen und technologisch bedingte Spannungsgrenzen festgelegt. Die genaue Einhaltung einer Versorgungsspannung ist innerhalb dieser Grenzen relativ unkritisch, so daß z. B. Spannungsabfälle auf Versorgungsleitungen nicht unbedingt die Schaltungsfunktion gefährden.

- Im statischen Betrieb — also zwischen zwei Umschaltzeitpunkten — arbeitet die Schaltung nahezu verlustlos. Die Leistungsaufnahme ist nur während der Umschaltphasen nennenswert, so daß die Verlustleistung mit der Zahl der in einem Zeitraum vorzunehmenden Umschaltungen anwächst, im allgemeinen also mit der Taktfrequenz der Gesamtschaltung. Diesen Gesichtspunkt werden wir im folgenden Unterabschnitt genauer untersuchen.

9.9.1 Verlustleistung

Wie bereits erwähnt, ist die Verlustleistung eines CMOS–Gatters im statischen Betrieb vernachlässigbar (z. B. $|I_D| \approx 50\,nA$, $V_{DD} = 5\,V \longrightarrow P = 250\,nW$). Die Last, die ein CMOS–Gatter zu treiben hat, wird in der Regel wieder ein CMOS–Gatter sein, das einen sehr hohen Eingangswiderstand besitzt; im dynamischen Betrieb, d. h. während der Umschaltphasen des Gatters, kommt es trotzdem zu einer erhöhten Leistungsaufnahme. Dafür sind im wesentlichen drei Faktoren verantwortlich:

- Die Eingänge von CMOS–Gattern stellen zwar nur eine geringe ohmsche Last dar, ihre Eingangskapazität ist jedoch nicht vernachlässigbar. Treibt eine CMOS–Schaltung eine andere, so muß deren Eingangskapazität umgeladen werden, was entsprechende Ströme erforderlich macht.

- Während des Umschaltens kommt es in den Phasen, während derer beide Transistoren eines Inverters leitend sind, zu einem nicht zu vernachlässigenden Querstrom.

- Die internen Kapazitäten der Transistoren T_1 und T_2 müssen ebenfalls umgeladen werden, was natürlich auch entsprechende Ströme zur Folge hat.

Wir untersuchen zuerst denjenigen Teil der Verlustleistung, der in den Phasen verursacht wird, in denen beide Transistoren leiten. Dazu gehen wir von dem in Abb. 9.55 dargestellten rampenförmigen Eingangsspannungsverlauf aus; der Ausgang sei unbelastet. Zu den Zeiten $t < t_0$ und $t > t_3$ ist T_1 bzw. T_2 gesperrt, so daß kein nennenswerter Drainstrom fließt. Für $t_1 < t < t_2$ befindet sich T_2 zunächst im Bereich II und später im Bereich III; T_1 leitet

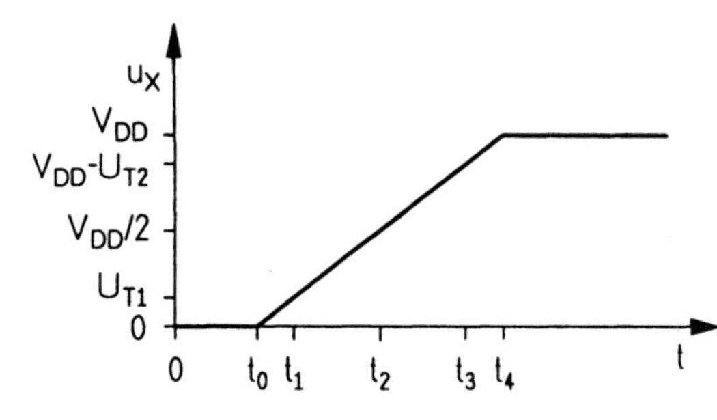

Abb. 9.55 Verlauf der Eingangsspannung (Beispiel) eines CMOS-Inverters

während des gesamten Intervalls und arbeitet ausschließlich im Bereich III. Für den Drainstrom des Transistors T_1 gilt folglich

$$i_{D1}(t) = \frac{K_1}{2}[u_X(t) - U_{T1}]^2 \qquad t_1 < t < t_2 \; . \tag{9.9}$$

Im Intervall $t_2 < t < t_3$ tauschen T_1 und T_2 ihre Rollen, so daß T_2 ausschließlich im Bereich III betrieben wird und die Beziehung (9.9) entsprechend für $i_{D2}(t)$ gilt. Wegen $i_{D2} = -i_{D1}$ gilt also

$$i_{D1}(t) = i_{D1}(2t_2 - t) \qquad t_2 < t < t_3 \; .$$

Im Zeitintervall $T = t_4 - t_0$ wird von der zwischen V_{DD} und $V_{SS} = 0\,V$ betriebenen Inverterstufe die mittlere Leistung

$$\begin{aligned} P &= \frac{V_{DD}}{T}\int_0^T i_{D1}(t)\,dt \\ &= \frac{V_{DD}}{T}\left(\int_{t_0}^{t_1} i_{D1}(t)\,dt + \int_{t_1}^{t_2} i_{D1}(t)\,dt + \int_{t_2}^{t_3} i_{D1}(t)\,dt + \int_{t_3}^{t_4} i_{D1}(t)\,dt\right) \end{aligned}$$

aufgenommen. Während der Zeitabschnitte $0 < t < t_1$ und $t_3 < t < t_4$ fließt kein Drainstrom, da entweder T_1 oder T_2 gesperrt ist. Das erste und das letzte Integral liefern daher keinen Beitrag zur aufgenommenen Leistung.

Aufgrund der Symmetrie von $i_{D1}(t)$ können die beiden verbleibenden Integrale zusammengefaßt werden:

$$\begin{aligned} P &= \frac{V_{DD}}{T}\int_{t_1}^{t_2} i_{D1}(t)\,dt + \frac{V_{DD}}{T}\int_{t_2}^{t_3} i_{D1}(2t_2 - t)\,dt \\ &= \frac{V_{DD}}{T}\left(\int_{t_1}^{t_2} i_{D1}(t)\,dt - \int_{t_2}^{t_1} i_{D1}(t)\,dt\right) \\ &= 2\cdot\frac{V_{DD}}{T}\cdot\frac{K_1}{2}\cdot\int_{t_1}^{t_2}[u_X(t) - U_{T1}]^2\,dt \; . \end{aligned}$$

Mit

$$u_X(t) = \left(\frac{V_{DD}}{2} - U_{T1}\right) \frac{t - t_1}{t_2 - t_1} + U_{T1}$$

ergibt sich daraus

$$\begin{aligned} P &= \frac{K_1}{3} \cdot \frac{t_2 - t_1}{T} \cdot V_{DD} \left(\frac{V_{DD}}{2} - U_{T1}\right)^2 \\ &= \frac{K_1}{24} V_{DD}^3 (1 - \alpha)^3 \, . \end{aligned}$$

Darin kennzeichnet α das Verhältnis der Schwellenspannung zur halben Versorgungsspannung ($\alpha = 2U_T/V_{DD}$) bzw. das Verhältnis desjenigen Zeitraums, in dem ein Querstrom durch beide Transistoren fließt, zum Gesamtzeitraum $2(t_2 - t_1) = T(1 - \alpha)$.

Beispiel 9.11

Für die Transistoren einer CMOS–Stufe gelte $K = 0.25\, mA/V^2$ und $U_T = 1.5\, V$. Die Versorgungsspannung betrage $V_{DD} = 5\, V$. Daraus ergibt sich $\alpha = 0.6$ und $P = 83\, \mu W$.

Diese Komponente der Verlustleistung ist also unabhängig von der Dauer des Vorgangs bzw. der Flankensteilheit des Eingangssignals. Er hängt in erster Linie von Transistor– und Schaltungsparametern ab, insbesondere von der Schwellenspannung und von der Versorgungsspannung. Es ist daher unter dem Verlustleistungsaspekt nicht empfehlenswert, die Versorgungsspannung höher als erforderlich zu wählen.

Im praktischen Betrieb wird meistens nur ein kleiner Teil der Betriebszeit auf Umschaltvorgänge entfallen. Betrachtet man einen längeren Zeitraum über mehrere Schaltspiele hinweg, so wird die mittlere Leitungsaufnahme und damit der Energiebedarf durch die Anzahl der Umschaltvorgänge und durch das Verhältnis der Umschaltzeit zur Zykluszeit bestimmt. Je größer die Flankensteilheit des Eingangssignals und je geringer die Taktfrequenz, desto niedriger ist die mittlere Leitungsaufnahnme. Die mittlere Leistungsaufnahme von CMOS–Gattern ist also nicht wie bei anderen Gatterfamilien annähernd konstant, sondern in hohem Maße frequenzabhängig. Der Vorteil der geringen Verlustleistung der CMOS–Schaltungen gegenüber anderen Logikfamilien geht also ab einer bestimmten Frequenzgrenze verloren. Insbesondere bei batteriebetriebenen Geräten kann es sinnvoll sein, die Taktfrequenz möglichst niedrig zu wählen.

Beispiel 9.12

Nimmt der Umschaltvorgang der CMOS–Stufe aus Beispiel 9.11 den Zeitraum

$T = 100\,ns$ in Anspruch und wird die Schaltung mit einer Taktfrequenz $f = 100\,kHz$ ständig umgeschaltet (zwei Schaltvorgänge pro Takt), so ergibt sich die mittlere Leistungsaufnahme $P = 2 \cdot 83\,\mu W \cdot 100\,ns \cdot 10^5/s = 1.6\,\mu W$.

Wir wenden uns nun dem Verlustleistungsbeitrag zu, der durch das Umladen von Lastkapazitäten entsteht. Dazu gehen wir von Abb. 9.56 aus und nehmen

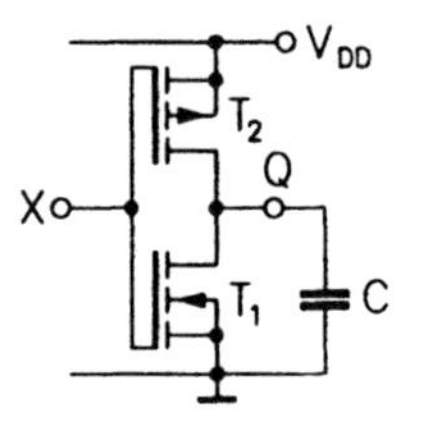

Abb. 9.56 Kapazitiv belasteter CMOS-Inverter

einen Inverter an, der Teil einer Schaltung ist, die mit einer Frequenz $F = 1/T$ getaktet wird. Der Ausgang des Inverters werde innerhalb einer Periode T von L auf H und anschließend wieder auf L gebracht. Die Lastkapazität C wird dann zweimal betragsmäßig auf V_{DD} aufgeladen, so daß zweimal die Energie $C \cdot V_{DD}^2/2$ aufgebracht werden muß. Dazu gehört die Leistung

$$P = \frac{C \cdot V_{DD}^2}{T}$$

oder äquivalent

$$P = C \cdot V_{DD}^2 \cdot F\ .$$

Die durch die kapazitive Belastung des Inverterausgangs bewirkte Verlustleistung steigt also quadratisch mit der Betriebsspannung und linear mit der Taktfrequenz an.

Die Umladung der internen Transistorkapazitäten kann prinzipiell wie die Umladung einer äußeren Lastkapazität behandelt werden.

Bei der Berechnung der Gesamtverlustleistung wird man nur die durch das dynamische Verhalten verursachten Anteile berücksichtigen, während man die statische Verlustleistung in der Regel vernachlässigt. Ein getrenntes Berechnen der drei genannten Komponenten und anschließende Addition zu einer Gesamtverlustleistung würde allerdings auf ein nicht vollständig korrektes Ergebnis führen. Durch das Vorhandensein von Lastkapazitäten gelten nämlich die bei den entsprechenden Rechnungen angenommenen Symmetrien nicht mehr exakt. Als Abschätzung für die Leistungsaufnahme ist diese Berechnungsmethode bei entsprechend kritischer Beurteilung des Ergebnisses jedoch ausreichend, so daß hier keine detaillierteren Betrachtungen angestellt werden.

Im Gegensatz zu Bipolar- und Einkanal-MOS-Schaltungen weisen CMOS-Schaltungen also eine ausgeprägte Frequenzabhängigkeit in bezug auf ihre Verlustleistung auf. Der Vorteil geringer Leistungsaufnahme nimmt daher mit steigender Taktfrequenz ab. So benötigt beispielsweise ein 4011–Baustein (Vierfach–*NAND*–Gatter mit je zwei Eingängen) gemäß Datenblatt bei $V_{DD} = 15\,V$ und $F = 10\,kHz$ eine Leistung von $P = 0.2\,mW$, bei $F = 1\,MHz$ jedoch schon $P = 20\,mW$ ($C = 50\,pF$). Bei $V_{DD} = 5\,V$ ergeben sich entsprechende Verlustleistungen von $P = 22\,\mu W$ bzw. $P = 2.4\,mW$.

9.9.2 Logikverknüpfungen in CMOS–Technik

Der CMOS–Inverter kann auf einfache Weise zu komplexeren Logikschaltungen erweitert werden. Bei einem *NAND*–Gatter darf der Ausgang nur dann *L*–Pegel annehmen, wenn beide Eingänge auf *H*–Pegel liegen. Diese Bedingung läßt sich durch die Reihenschaltung der Transistoren T_{11} und T_{12} gemäß Abb. 9.57 leicht realisieren. Wenn auch nur einer der Eingänge auf *L*–Pegel

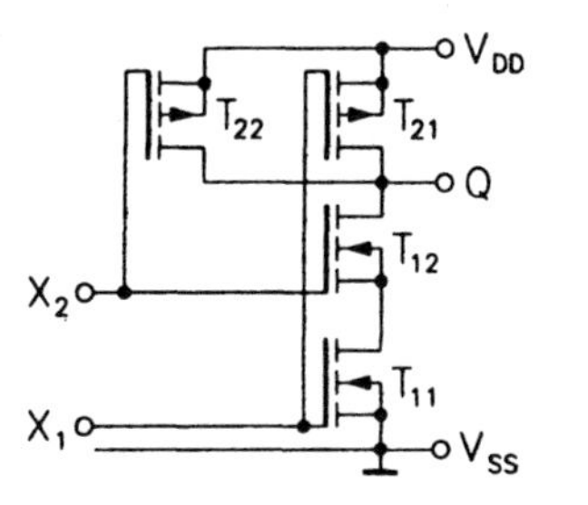

Abb. 9.57 CMOS–*NAND*–Gatter

liegt, soll am Ausgang *H*–Pegel herrschen. Diese Bedingung wird mit Hilfe der parallel angeordneten Transistoren T_{21} und T_{22} erfüllt.

Ein *NOR*–Gatter läßt sich nach entsprechenden Überlegungen auf ähnlich einfache Weise realisieren; Abb. 9.58 zeigt die zugehörige Schaltung. Um

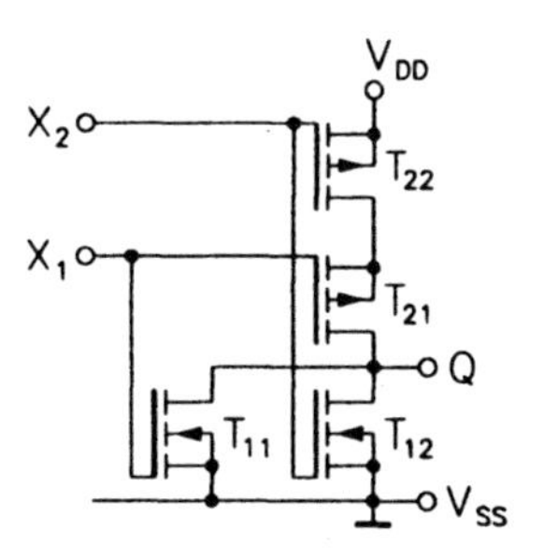

Abb. 9.58 CMOS–*NOR*–Gatter

Gatter mit mehr als zwei Eingängen aufzubauen, ist es prinzipiell möglich, beliebig viele Transistoren parallel bzw. in Reihe zu schalten. Dieses Verfahren ist jedoch nicht ganz unproblematisch. So bewirkt die Reihenschaltung mehrerer Transistoren eine Vergrößerung des Ausgangswiderstandes, was wiederum die Schaltgeschwindigkeit verringert (Umladung der Lastkapazitäten). Diesem Problem wird oft durch entsprechend festgelegte *K*–Parameter der betreffenden Transistoren begegnet.

Zur Entkopplung der eigentlichen Funktionsstufe kann man den Eingängen und Ausgängen von Standard–CMOS–Bausteinen Inverterstufen vor– bzw.

nachschalten. So wird beispielsweise die *NAND*-Funktion im 4011–Baustein durch eine *NOR*-Funktion realisiert, deren Ein- und Ausgänge invertiert sind, wie Abb. 9.59 zeigt. Bei der Realisierung komplexerer Logikverknüpfun-

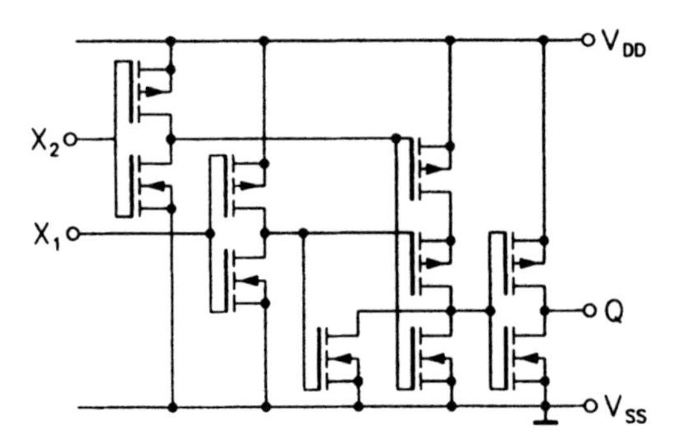

Abb. 9.59 *NAND*-Gatter des Standard-CMOS-Bausteins 4011

gen ist es üblich, Logikschaltungen ineinander zu verschachteln, um auf diese Weise Bauelemente sowie Platz einzusparen und die Arbeitsgeschwindigkeit zu erhöhen. Auf diese Möglichkeiten soll hier jedoch nicht näher eingegangen werden.

9.9.3 Ausgangsstufen

Bei den bisher behandelten CMOS-Schaltungen diente eine mehr oder minder modifizierte Inverterschaltung als Endstufe. Wie bei Bipolar-Schaltungen kann sich die Notwendigkeit ergeben, die Ausgänge mehrerer Gatter direkt miteinander zu verbinden.

Schaltet man die Ausgänge zweier einfacher CMOS-Gatter gemäß Abb. 9.60 parallel, dann nimmt der gemeinsame Ausgang nur dann einen defi-

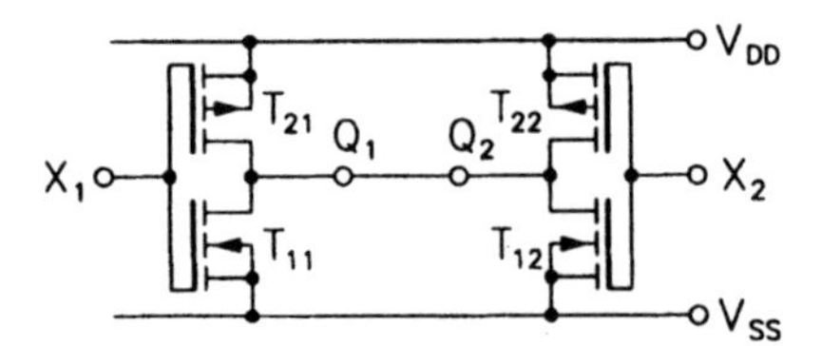

Abb. 9.60 Ausgangsseitige Parallelschaltung zweier CMOS-Inverterstufen

nierten Logikpegel an, wenn jeder der angeschlossenen Gatterausgänge für sich auf dem entsprechenden Pegel liegt. Eine derartige Schaltung könnte z. B. zur Verbesserung der Ausgangseigenschaften in einer Treiberschaltung genutzt werden. Nehmen die parallel geschalteten Ausgänge jedoch jeweils verschiedene Pegel an, so kommt es zu einem erhöhten Stromfluß durch die leitenden Transistoren beider Endstufen.

Für $U_{X1} = 0\,V$ und $U_{X2} = V_{DD}$ sind T_{11} und T_{22} gesperrt, während T_{21} und T_{12} leitend sind. Es ergibt sich dann

$$U_{Q1} = U_{Q2} = \frac{V_{DD}}{2}$$

$$I_{D12} = -I_{D21} = \frac{K}{2}(V_{DD} - U_T)^2.$$

Werden Transistoren mit $U_T = 1.5\,V$ und $K = 0.25\,mA/V^2$ angenommen so ergibt sich für $V_{DD} = 5\,V$ die Verlustleistung

$$P = U_{DS}I_D = \frac{V_{DD}}{2} \cdot \frac{K}{2}(V_{DD} - U_T)^2 = 3.8\,mW.$$

Diese Verlustleistung pro Inverterstufe wäre im statischen Betrieb untragbar hoch, außerdem wäre sogar eine Zerstörung der Bauelemente denkbar. Der am gemeinsamen Ausgang vorhandene Spannungswert entspricht ferner keinem der beiden Logikpegel und ist zudem sehr leicht durch die Ausgangsbeschaltung beeinflußbar. Diese Schaltung ist daher untauglich.

In Analogie zu Bipolarschaltungen mit Open-Collector-Ausgang kann der Transistor T_2 der Ausgangsstufe weggelassen und so ein Open-Drain-Ausgang realisiert werden; es handelt sich dann natürlich nicht mehr um eine reine CMOS-Schaltung. Die obige Beispielschaltung verändert sich dann wie in Abb. 9.61 dargestellt. Falls die beiden Transistoren T_{11} und T_{12} gesperrt

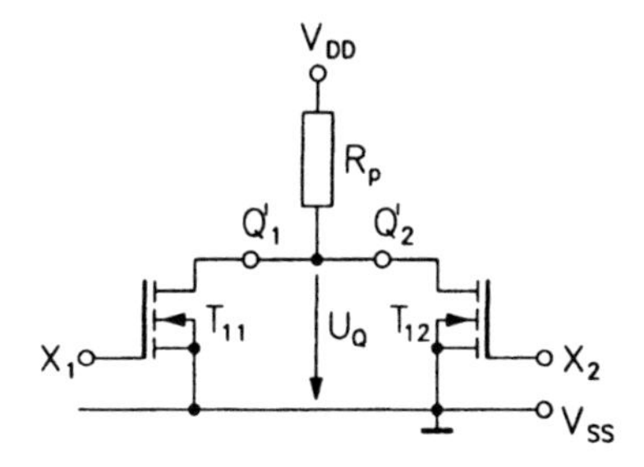

Abb. 9.61 Parallelschaltung zweier Open-Drain-Ausgänge

sind, sorgt der Pull-Up-Widerstand R_p für einen H-Pegel von $U_Q \approx V_{DD}$ an der gemeinsamen Ausgangsklemme. Wird auch nur einer der Transistoren leitend, so liegt der gemeinsame Ausgang auf L-Pegel. Für die Verknüpfung der einzelnen Ausgangswerte gilt also die Wahrheitstabelle 9.19.

Q'_1	Q'_2	Q
0	0	0
0	1	0
1	0	0
1	1	1

Tabelle 9.19 Wahrheitstabelle der verknüpften Open-Drain-Ausgänge

Wie die Wahrheitstabelle zeigt, führt die Verbindung der einzelnen Open-Drain-Ausgänge zu einer Wired-*AND*-Verknüpfung. Die Verwendung der Open-Drain-Ausgänge ist natürlich mit einigen Nachteilen verbunden. Bei L-Pegel am Ausgang fließt ein Ruhestrom, der umso größer ist, je kleiner der Widerstand R_p gewählt wird. Dieser Widerstand bildet mit einer

Lastkapazität am Ausgang ein RC–Glied. Je größer R_p gewählt wird, desto länger dauert insbesondere die Aufladung der Lastkapazität. Außerdem sinkt die Ausgangsspannung nicht auf $U_Q = 0\,V$ ab; die verbleibende Restspannung verringert den Störspannungsabstand U_{NL}. Ein typischer Vertreter der Open–Drain–Schaltungen ist beispielsweise der Baustein 74HC05 mit sechs einzelnen Invertern.

Bei einem Bus soll die Verbindungsleitung nur von jeweils einem Ausgang angesteuert werden; eine Wired–*AND*–Verknüpfung ist nicht beabsichtigt. Wegen der Nachteile der Open–Drain–Schaltungen bevorzugt man hier Logikschaltungen mit Tristate–Ausgängen. Das Prinzip eines CMOS–Tristate–Ausgangs zeigt Abb. 9.62. Liegt der Kontrolleingang C auf L–Pegel, so wird

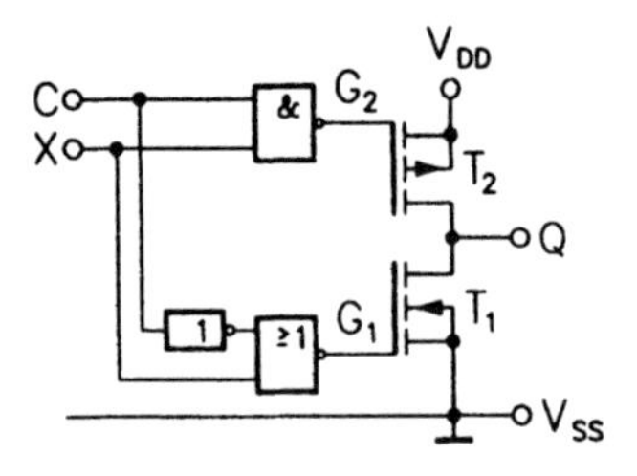

Abb. 9.62 CMOS–Tristate–Ausgangsstufe

das Gate des Transistors T_1 auf L–Pegel und das Gate des Transistors T_2 auf H–Pegel gehalten, unabhängig vom Wert an der Eingangsklemme X. Damit sperren beide Transistoren, so daß der Ausgang nur sehr hochohmig mit der Versorgungsspannung und der Masseleitung verbunden ist. Der Logikpegel an der Ausgangsklemme hängt nicht vom Wert der Eingangsvariablen X ab, sondern kann durch eine etwaige äußere Beschaltung eingestellt werden, ohne daß es etwa zu erhöhten Strömen käme.

Liegt dagegen am Kontrolleingang H–Pegel, so gilt für die Logikpegel an den Gates der Transistoren T_1 und T_2 die Beziehung $G_1 = G_2 = \overline{X}$. An beiden Gates liegt also der gleiche Logikpegel, so daß die Kombination T_1, T_2 in der oben beschriebenen Weise als Inverter arbeitet. Für den Logikpegel am Ausgang gilt damit $Q = X$.

9.9.4 Transmissionsgatter

Als letztes CMOS–Grundelement soll das Transmissionsgatter vorgestellt werden. Es ist ausschließlich in CMOS–Technik realisierbar und findet Anwendung sowohl in der digitalen als auch der analogen Schaltungstechnik (vgl. Unterabschnitt 8.7.1). Abb. 9.63 zeigt die Schaltung eines derartigen Gatters. Aufgabe der Schaltung ist es, in Abhängigkeit von den Steuersignalen an den Klemmen G_1 und G_2 Ein– und Ausgang entweder möglichst niederohmig miteinander zu verbinden oder möglichst hochohmig gegeneinander zu isolieren; es soll also ein Schalter realisiert werden.

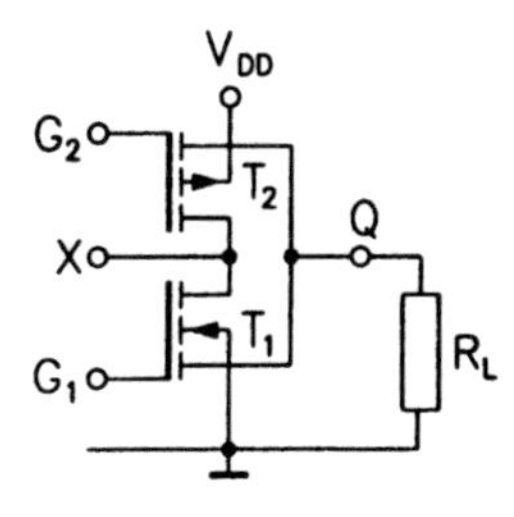

Abb. 9.63 Transmissionsgatter

Damit die Transistoren leiten, muß

$$
\begin{array}{lll}
T_1 \text{ leitet:} & U_{GS1} > U_{T1} & \rightarrow \quad U_Q < U_{G1} - U_{T1} \\
T_2 \text{ leitet:} & U_{GS2} < U_{T2} & \rightarrow \quad U_Q > U_{G2} - U_{T2}
\end{array}
$$

gelten. Die mit Hilfe eines einzigen Transistors schaltbare Ausgangsspannung ist also nach oben und unten durch die Gate– bzw. die Schwellenspannung des jeweiligen Transistors begrenzt. Eine damit verbundene Begrenzung des Aussteuerungsbereiches wird durch die Parallelschaltung der beiden Transistoren umgangen, da mindestens einer immer leitet (s. Abb. 9.64), so daß bei $U_{G1} = V_{DD}$ und $U_{G2} = V_{SS}$ $(= 0)$ die Ausgangsspannung im Bereich $V_{SS} \leq U_Q \leq V_{DD}$ liegen kann. Sinkt U_{G1} und steigt U_{G2}, so verringert

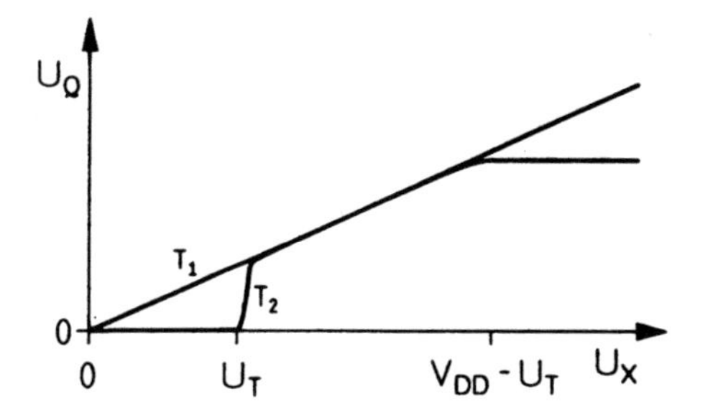

Abb. 9.64 Aussteuerbereich des Transmissiongatters und der Einzeltransistoren

sich der Ausgangsspannungsbereich, bis beide Transistoren bei $U_{G1} \leq U_{T1}$ und $U_{G2} \geq U_{T2}$ schließlich für jede denkbare Ausgangsspannung im Bereich $V_{SS} \leq U_Q \leq V_{DD}$ sperren. Zur Realisierung der Schalterfunktion sind die beiden Gates also gegenphasig und möglicht bis an die Betriebsspannungsgrenzen anzusteuern. Da die MOS–Transistoren im gesperrten Zustand sehr hohe Durchgangswiderstände annehmen, kommt die Schaltung der Idealvorstellung eines Schalters am ehesten im trennenden Zustand nahe. Im Zustand "Schalter geschlossen" bleibt ein Durchgangswiderstand, der im folgenden etwas näher untersucht wird. Dabei wird angenommen, daß der Lastwiderstand stets groß gegen den Durchgangswiderstand ist, so daß näherungsweise $U_Q \approx U_X$ angenommen werden kann. Wird im Falle der Logikschaltungen der Lastwiderstand durch eine weiteres CMOS–Gatter gebildet, kann sicherlich von der Einhaltung dieser Voraussetzung ausgegangen werden. Bei einer Analogschaltung muß man eventuell zusätzliche Maßnahmen zur Einhaltung dieser Bedingung treffen. Für die beiden Transistoren des Transmissionsgatters gelte $U_{T1} = -U_{T2} = U_T$. Abhängig von der Eingangsspannung kann man dann drei Betriebsbereiche unterscheiden.

Bereich a:	$U_X < V_{SS} + U_T$	$\rightarrow$	T_1 leitend, T_2 gesperrt
Bereich b:	$V_{SS} + U_T \leq U_X < V_{DD} - U_T$	$\rightarrow$	T_1 und T_2 sind leitend
Bereich c:	$V_{DD} - U_T \leq U_X$	$\rightarrow$	T_1 gesperrt, T_2 leitend .

Bereich a. T_1 wird wegen der geringen Drain–Source–Spannung und der dabei relativ hohen Gate–Source–Spannung ($U_{G1} = V_{DD}$) im Bereich II betrieben:

$$\begin{aligned} I = I_{D1} &= K_1 U_{DS1} \left(U_{GS1} - U_T - \frac{U_{DS1}}{2} \right) \\ &= K_1 U_{DS1} \left(V_{DD} - U_Q - U_T - \frac{U_{DS1}}{2} \right) . \end{aligned}$$

Für den Gleichstromwiderstand R_{on} des Transistors T_1 gilt mit $U_X - U_Q = U_{DS1}$

$$R_{on} = \frac{U_X - U_Q}{I} = \frac{1}{K_1 \left(V_{DD} - U_Q - U_T - \frac{U_{DS1}}{2} \right)} .$$

Wegen $U_Q \approx U_X$ kann U_{DS1} hier vernachlässigt werden, so daß sich in guter Näherung

$$R_{on} = \frac{1}{K_1(V_{DD} - U_Q - U_T)}$$

ergibt. Der Durchgangswiderstand ist also nicht konstant, sondern von der Ausgangsspannung abhängig. Insbesondere ergeben sich die beiden folgenden Werte:

$$R_{on} = \begin{cases} \dfrac{1}{K_1(V_{DD} - V_{SS} - U_T)} & \text{für } U_X \approx U_Q = V_{SS} \\ \dfrac{1}{K_1(V_{DD} - V_{SS} - 2U_T)} & \text{für } U_X \approx U_Q = V_{SS} + U_T . \end{cases}$$

Bereich c. Analog ergibt sich hier

$$\begin{aligned} I = I_{D2} &= -K_2 U_{DS2} \left(U_{GS2} - U_{T2} - \frac{U_{DS2}}{2} \right) \\ &= -K_2 U_{DS2} \left(V_{SS} - U_Q + U_T - \frac{U_{DS2}}{2} \right) . \end{aligned}$$

Bei Vernachlässigung des $U_{DS2}/2$–Terms ergibt sich an der Bereichsgrenze $U_X \approx U_Q = V_{DD} - U_T$ der Durchgangswiderstand

$$R_{on} = \frac{U_{DS2}}{I_{D2}} = \frac{1}{K_2(V_{DD} - V_{SS} - 2U_T)} .$$

Mit steigender Spannung U_x sinkt er auf den Wert $R_{on} = 1/K_2(V_{DD} - V_{SS} - U_T)$. Für $K = K_1 = K_2$ ist das Widerstandsverhalten $R_{on}(U_Q)$ in den Bereichen a und c also spiegelbildlich.

Bereich b. Beide Transistoren sind leitend, infolgedessen gilt wegen $U_X \approx U_Q$ in guter Näherung

$$\begin{aligned} I = I_{D1} + I_{D2} &= U_{DS}[K_1 V_{DD} - K_2 V_{SS} + (K_2 - K_1)U_Q - (K_1 + K_2)U_T] \\ R_{on} &= \frac{1}{K_1 V_{DD} - K_2 V_{SS} - (K_1 + K_2)U_T + (K_2 - K_1)U_Q} . \end{aligned}$$

Im Bereich b bildet die Widerstandskurve einen flach verlaufenden Übergang zwischen den bereits für die Bereiche a und c ermittelten Werten.

Für $K = K_1 = K_2$ ist R_{on} im Bereich b konstant und es ergibt sich

$$R_{on} = \frac{1}{K(V_{DD} - V_{SS} - 2U_T)} .$$

Abb. 9.65 zeigt die Verläufe der Durchgangswiderstände für die Fälle $K_1 \neq K_2$ bzw. $K_1 = K_2$.

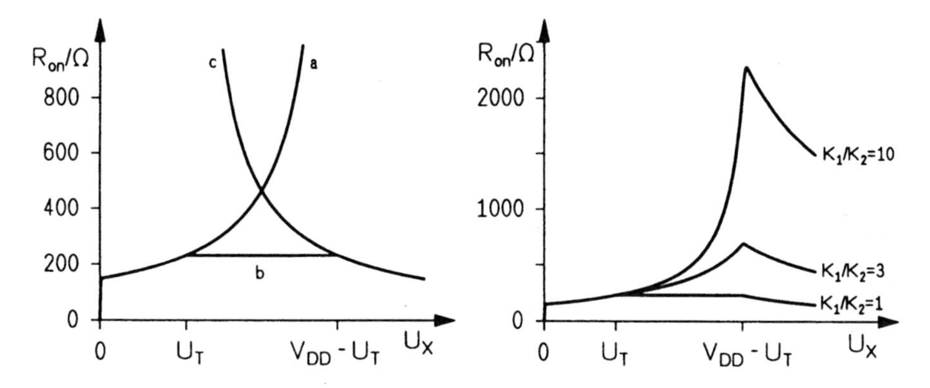

Abb. 9.65 Durchgangswiderstand des Transmissionsgatters in Abhängigkeit von der Eingangsspannung ($K_1 = K_2$ bzw. $K_1 \neq K_2$)

In den meisten Anwendungsfällen können die Schwankungen des Durchgangswiderstandes unberücksichtigt bleiben, wenn bei der Dimensionierung auf die Einhaltung der Bedingung $R_{on} \ll R_L$ geachtet wird. Ist diese Bedingung nicht erfüllt, dann wird die Berechnung des Durchgangswiderstandsverlaufs $R_{on}(U_Q)$ wesentlich komplizierter. Das Resultat hat trotzdem noch

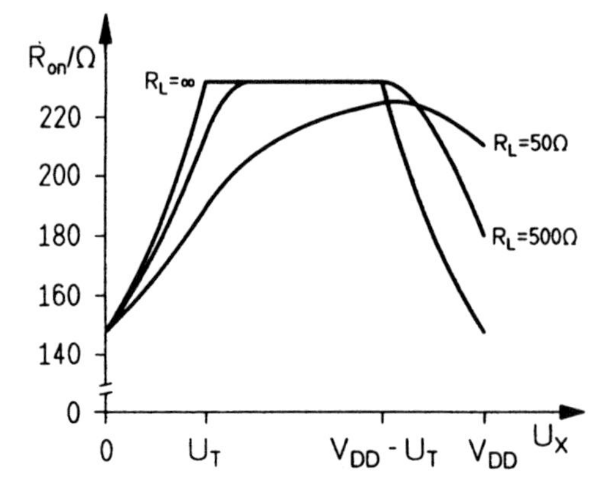

Abb. 9.66 Durchgangswiderstand eines Transmissionsgatters in Abhängigkeit vom Lastwiderstand R_L

große Ähnlichkeit mit den obigen Ergebnissen; die Beispiele in Abb. 9.66 für $R_L = 500\,\Omega$ bzw. $R_L = 50\,\Omega$ bestätigen dies.

Wie bereits erwähnt, ist der Einsatz von Transmissionsgattern nicht auf die digitale Schaltungstechnik beschränkt. So werden sie z. B. in Analog–Multiplexern eingesetzt oder ganz allgemein als kontaktlose Schalter. In diesen Fällen wird man meistens symmetrische Steuer– bzw. Versorgungsspannungen wählen, damit auch negative Spannungen geschaltet werden können ($V_{SS} = -V_{DD}$).

In der digitalen Schaltungstechnik lassen sich mit Hilfe von Transmissionsgattern Logikfunktionen oft mit sehr geringem Aufwand realisieren. Das Transmissionsgatter bewirkt allerdings keine Pegelregenerierung. Bei der Zusammenschaltung einer größeren Anzahl von Gattern kommt es daher zu einer Verringerung des Störabstandes. Daher werden Transmissionsgatter in Verbindung mit "normalen" Logikgattern verwendet, wobei selten mehr als zwei bis drei Transmissionsgatterstufen aufeinanderfolgen, bevor wieder eine CMOS–Stufe zur Regenerierung der Pegel eingesetzt wird.

Eine Variante des Transmissionsgatters stellt der sogenannte Passtransistor (vgl. Unterabschnitt 9.8.3) dar. Er ist ein einzelner im Signalweg liegender und als Schalter arbeitender Transistor, der Komplementärtransistor des Transmissiongatters wird eingespart. Der Nachteil des Passtransistors liegt einerseits im begrenzten Ausgangsspannungsbereich; zwischen Gate und Source ist ein Spannungsabfall vorhanden, der mindestens den Wert der Schwellenspannung hat. Ferner ist der Verlauf des Durchgangswiderstandes ungleichmäßiger, was jedoch im Bereich der Digitaltechnik meistens nicht besonders ins Gewicht fällt. Eine Realisierung von Transmisionsgattern findet sich beispielsweise im Baustein 4016 (vier unabhängige Transmissionsgatter). Die Ansteuerung erfolgt jeweils über einen Anschluß, die Erzeugung der zwei komplementären Ansteuerspannungen geschieht innerhalb des Bausteins. Bei $V_{DD} = 15\,V$ beträgt (gemäß Datenblatt) der Durchgangswiderstand $R_{on} \approx 200\,\Omega$ (typ).

9.9.5 Standardserien

Im LSI- und MSI-Bereich gibt es außer der bereits erwähnten 4000-Serie mit standardisierten Logikbausteinen weitere CMOS-Serien, die im folgenden kurz besprochen werden sollen.

Die Serien 4000 und 4000A sind die ältesten; eine verbesserte Version ist die Serie 4000B, deren Bausteine höhere Ausgangsströme liefern können. Obwohl es neuere Baureihen gibt, finden die 4000-Serien auch heute noch Verwendung, da viele Funktionen in den neueren Serien nicht bzw. noch nicht verfügbar sind. Die Versorgungsspannungen liegen im Bereich $3\,V \leq V_{DD} \leq 15\,V$, wobei $V_{SS} = 0\,V$ unterstellt ist. Da die Eingangswiderstände von CMOS-Gattern sehr hoch sind, liegen die Pegel der Ausgänge sehr nahe an den Betriebsspannungsgrenzen ($U_{OHmin} \approx V_{DD}$, $U_{OLmax} \approx 0\,V$), wenn ein CMOS-Gatter weitere CMOS-Gatter ansteuert. Die Störabstände sind dank der steilen Umschaltflanken sehr groß und können mit 30% der Versorgungsspannung angenommen werden, so daß $U_{ILmax} = 0.3 \cdot V_{DD}$ und $U_{IHmin} = 0.7 \cdot V_{DD}$ gilt. Gerade bei hohen Betriebsspannungen ergeben sich damit Störabstände, die die CMOS-Schaltungen auch für den Einsatz in stark störungsgefährdeten Umgebungen geeignet machen.

Die 74C-Serie ist voll pinkompatibel mit den entsprechenden Bausteinen der 74x-TTL-Serien, d. h. es wird die gleiche Funktionalität bei gleicher Anschlußbelegung wie in der TTL-Serie geboten. Dabei entsprechen die elektrischen Eigenschaften im wesentlichen denen der 4000-Serien.

Die 74HC-Serie ("High-Speed") ist eine Weiterentwicklung der 74C-Serie; der wesentliche Fortschritt liegt in der rund zehnmal höheren Schaltgeschwindigkeit, die mit derjenigen der 74LS-TTL-Bausteine vergleichbar ist. Die Versorgungsspannung kann im Bereich $2\,V \leq V_{DD} \leq 6\,V$ (bezogen auf $V_{SS} = 0\,V$) liegen. Der Betrieb von TTL- und CMOS-Schaltungen mit einer gemeinsamen Versorgungsspannung $V_{DD} = V_{CC} = 5\,V$ ist daher möglich. Die Anforderung an den L-Eingangspegel — nämlich $U_{ILmax} = 1\,V$ — ist etwas schärfer als in den beiden vorigen Serien.

Mit der 74HCT-Serie ist der letzte Schritt zur Kompatibilität mit den TTL-Standard-Serien vollzogen. Neben der Pinkompatibilität und der vergleichbaren Schaltgeschwindigkeit weisen die Bausteine der 74HCT-Serie auch eine Spannungskompatibilität zu den TTL-Schaltungen auf, so daß ein direkter Anschluß auch an TTL-Ausgänge möglich ist. In diesem Punkt unterscheiden sie sich von den Bausteinen der 74HC-Serie. Die Forderungen an die Eingangspegel sind zu diesem Zweck mit $U_{IHmin} = 2\,V$ und $U_{ILmax} = 0.8\,V$gegenüber der 74HC-Serie in negative Richtung verschoben.

In der Tabelle 9.20 sind die Forderungen an die Eingangsgrößen und die schlechtestenfalls zu erwartenden Ausgangsgrößen für die verschiedenen TTL- und CMOS-Serien zusammengestellt und zwar für $V_{DD} = V_{CC} = 5\,V$. Die angegebenen Werte sind typisch für die jeweilige Serie, in Einzelfällen, insbesondere bei Bausteinen mit speziellen Ausgangsstufen (Treiber, Open-

	CMOS			TTL			
	4000B	74HC	74HCT	74	74LS	74AS	74ALS
U_{OHmin}	$4.95\,V$	$4.9\,V$	$4.9\,V$	$2.4\,V$	$2.7\,V$	$2.7\,V$	$2.7\,V$
U_{OLmax}	$0.05\,V$	$0.1\,V$	$0.1\,V$	$0.4\,V$	$0.5\,V$	$0.5\,V$	$0.4\,V$
U_{IHmin}	$3.5\,V$	$3.5\,V$	$2.0\,V$	$2.0\,V$	$2.0\,V$	$2.0\,V$	$2.0\,V$
U_{ILmax}	$1.5\,V$	$1.0\,V$	$0.8\,V$	$0.8\,V$	$0.8\,V$	$0.8\,V$	$0.8\,V$
I_{OHmax}	$400\,\mu A$	$4\,mA$	$4\,mA$	$400\,\mu A$	$400\,\mu A$	$2\,mA$	$400\,\mu A$
I_{OLmax}	$400\,\mu A$	$4\,mA$	$4\,mA$	$16\,mA$	$8\,mA$	$20\,mA$	$8\,mA$
I_{IHmax}	$1\,\mu A$	$1\,\mu A$	$1\,\mu A$	$40\,\mu A$	$20\,\mu A$	$200\,\mu A$	$20\,\mu A$
I_{ILmax}	$1\,\mu A$	$1\,\mu A$	$1\,\mu A$	$1.6\,mA$	$400\,\mu A$	$2\,mA$	$100\,\mu A$

Tabelle 9.20 Eingangs– und Ausgangswerte verschiedener Logikfamilien

Collector bzw. Open–Drain usw.), können größere Unterschiede zu den hier angegebenen Werten auftreten.

Aus der Tabelle 9.20 geht ferner hervor, daß die Verbindung von Logik–Bausteinen einer Serie untereinander ohne weiteres möglich ist, solange die jeweiligen Fan–Out– bzw. Fan–In–Grenzen nicht überschritten werden; die Verbindung von Bausteinen verschiedener Serien ist nicht ohne weiteres möglich.

Verbindung von TTL–Ausgang und CMOS–Eingang

Wird ein Logikbaustein einer CMOS–Serie an den Ausgang einer TTL–Schaltung angeschlossen, so ergeben sich bezüglich des Eingangs– bzw. Ausgangsstroms keine Probleme. Die wegen des sehr hohen Eingangswiderstandes der CMOS–Schaltungen bei rund $1\,\mu A$ liegenden Eingangsströme können von jeder TTL–Schaltung geliefert werden. Auch die von TTL–Schaltungen gelieferten Ausgangsspannungen sind im Falle des L–Pegels unkritisch, da sie ausnahmslos unterhalb der von den CMOS–Schaltungen gerade noch als L–Pegel erkannten maximal zulässigen Eingangsspannungen liegen. Die H–Pegel an den Ausgängen von TTL–Schaltungen sind jedoch mit garantierten $2.4\,V$ bzw. $2.7\,V$ zu niedrig, um ein einwandfreies Zusammenspiel mit CMOS–Schaltungen der 4000B– bzw. 74HC–Serie zu gewährleisten, da diese H–Eingangspegel von mindestens $3.5\,V$ erfordern. Eine einfache und übliche Lösung für dieses Problem besteht im Anschluß eines Pull–Up–Widerstandes an den Ausgang der TTL–Schaltung (Abb. 9.67). Dieser Widerstand wird so dimensioniert, als besitze die TTL–Schaltung eine Open–Collector–Ausgangsstufe. Daraus resultieren dann gewöhnlich Werte im Bereich von $R_p = 1\,k\Omega \ldots 10\,k\Omega$. Sollen CMOS–Schaltungen mit einer Versorgungsspannung $V_{DD} > 5\,V$ betrieben werden, um beispielsweise den Vorteil großer Störabstände voll auszunutzen, dann ist die einfache Verwendung eines Pull–Up–Widerstandes im allgemeinen nicht mehr möglich. Nur einige spezielle TTL–Schaltungen lassen, je nach Hersteller, eine Ausgangsspannungserhöhung mittels Pull–Up–Widerstand auf $10\,V$ zu.

Als Alternative kann auf der TTL–Seite ein Baustein mit Open–Collector–

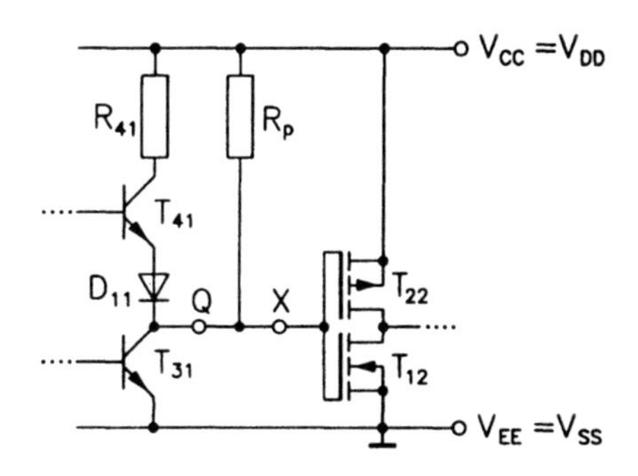

Abb. 9.67 Verwendung eines Pull-Up-Widerstandes R_p bei der Verbindung eines TTL-Gatterausgangs mit einen CMOS-Gattereingang

Ausgang gewählt werden. Oft wird ein Open-Collector-Treiberbaustein 7407 zwischengeschaltet, der ausgangsseitig mit einer Spannung bis zu 30 V betrieben werden darf. Eine weitere Möglichkeit besteht in der Zwischenschaltung eines speziellen Pegelkonverter-Bausteins auf der CMOS-Seite, z. B. eines 40104.

Bausteine der 74HCT-Serie können problemlos und ohne zusätzliche Vorkehrungen an Ausgänge von TTL-Schaltungen angeschlossen werden, da sie wie TTL-Schaltungen lediglich $U_{IHmin} = 2.0\,V$ erfordern.

Verbindung von CMOS-Ausgang mit TTL-Eingang

Die Verbindung von TTL-Eingängen mit CMOS-Ausgängen ist hinsichtlich der Ausgangs- bzw. Eingangsspannungen problemlos, solange CMOS- und TTL-Schaltungen mit $V_{DD} = V_{CC} = 5\,V$ betrieben werden. Auch bei H-Pegel können CMOS-Schaltungen die von TTL-Eingängen geforderten Eingangsströme liefern. Bei L-Pegel können nur die Bausteine der 74HC- und der 74HCT-Serie Bausteine aller TTL-Serien ausreichend versorgen. Bausteine der 4000B-Serie können mit einem einzelnen 74LS- bzw. vier 74ALS-Bausteinen verbunden werden. Der Anschluß an Bausteine der 74- und der 74AS-Serie ist nicht möglich. In diesem Fall oder wenn die Zahl der anzuschließenden Gatter den Fan-Out übersteigt, bietet sich die Zwischenschaltung von Treiberbausteinen an, beispielsweise des Bausteins 4050 in CMOS-Technologie bzw. 74LS125 in TTL-Technologie. Falls eine CMOS-Schaltung mit einer höheren Versorgungsspanung als $V_{DD} = 5\,V$ betrieben wird, sind von einigen Herstellern TTL-Bausteine verfügbar, die für Eingangsspannungen bis zu 15 V geeignet sind und deshalb direkt aus den CMOS-Ausgängen gespeist werden können. Im allgemeinen darf die Eingangsklemmenspannung von TTL-Schaltungen jedoch nicht höher als 7 V sein. In diesen Fällen kann auch ein mit $V_{DD} = 5\,V$ betriebener Treiberbaustein 4050 als Pegelkonverter dienen.

9.10 Zusammenfassung

Nach der Zusammenstellung der benötigten Elemente der Aussagelogik haben wir uns in diesem Kapitel mit dem Aufbau von Grundgattern in verschiedenen Technologien beschäftigt und zwar für zweiwertige Logiksysteme. Im Bereich der Schaltungen mit Bipolar–Transistoren wurden die ECL– und TTL–Schaltungstechnik eingehender behandelt, wobei besonders am Beispiel der unterschiedlichen TTL–Familien die schaltungstechnischen Möglichkeiten zur Erzielung kurzer Gatterlaufzeiten bei gleichzeitiger Verringerung der Leistungsaufnahme etwas genauer beleuchtet worden sind. Danach haben wir uns eingehend mit dem Aufbau und den Schaltungseigenschaften von MOS–Schaltungen beschäftigt, insbesondere mit CMOS–Gattern und ihren günstigen Eigenschaften hinsichtlich der Verlustleistung. Abschließend haben wir die verschiedenen Technologien miteinander verglichen und bewertet; auf Fragen in bezug auf die Verbindung von Bausteinen unterschiedlicher Standardserien sind wir ebenfalls eingegangen.

10 Speicher–Schaltungen

Neben logischen Verknüpfungsschaltungen sind Speicherbausteine der zweite Hauptbestandteil digitaler Schaltungen. Wir werden uns in diesem Kapitel mit verschiedenen Schaltungskonzepten für Grundbausteine beschäftigen; spezielle Konzepte für die Massenspeicherung von Daten — Stichwort: Speicher–Chips — werden wir nicht behandeln.

Für die Speicherung von Signalwerten in digitalen, zweiwertigen Logikschaltungen werden Bausteine benötigt, die zwei stabile Zustände annehmen können und, was die Speicherung eigentlich ausmacht, jeweils einen dieser Zustände solange beibehalten, bis eine Anweisung zur Änderung erfolgt. Schaltungen mit diesem Verhalten werden als Flipflops bezeichnet; der ältere und etwas umständliche Name "bistabile Kippstufe" wird seltener verwendet.

10.1 Basis–Flipflop

Die allgemein an ein digitales Speicherelement gestellten Forderungen finden ihre einfachste Realisierung im sogenannten SR–Flipflop . Es verfügt über mindestens einen Ausgang Q, an dem der gespeicherte Zustand abgefragt wird und über zwei Eingänge, die mit S und R bezeichnet werden. Dabei steht S für "Setzen" (Set) und R für "Rücksetzen" (Reset), wobei mit Setzen meistens derjenige Vorgang gemeint ist, der am Ausgang Q des Flipflops H–Pegel bzw. $Q = 1$ bewirkt.

Wird der S–Eingang eines SR–Flipflops auf H–Pegel gelegt, dann ist das Ausgangssignal eine dem H–Pegel entsprechende Spannung. Falls H–Pegel am R–Eingang herrscht, liegt der Ausgang auf L–Pegel. Das Flipflop behält den jeweiligen Zustand auch dann bei, wenn das für das Erreichen dieses Zustandes ursächliche Signal nicht mehr ansteht, also beispielsweise der Wert des S–Eingangs von $S = 1$ wieder auf $S = 0$ wechselt. Bei Ansteuerung des Flipflops mit den Eingangs–Signalen $S = R = 0$ hält das Flipflop also den bisherigen Zustand und damit auch den bisherigen Ausgangswert fest. Die letzte der vier möglichen Eingangswerte–Kombinationen ist $S = R = 1$. Diese Kombination ist bei *SR*–Flipflops nicht zulässig, unter anderem deshalb, weil ein gleichzeitiges Setzen und Rücksetzen logisch nicht sinnvoll ist und keiner der zwei möglichen Ausgangswerte als korrektes Resultat plausibel erscheint.

Abb. 10.1 zeigt das Schaltsymbol eines *SR*–Flipflops. Meistens verfügt ein

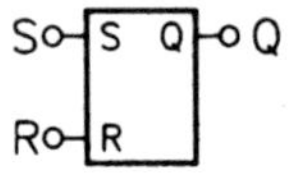

Abb. 10.1 Schaltsymbol eines *SR*–Flipflops

Flipflop über zwei Ausgänge, die im Idealfall jeweils komplementäre Werte annehmen und die teilweise entsprechend mit Q und $\overline{Q}$ bezeichnet werden. Da es prinzipiell nicht möglich ist, zwei Ausgangsklemmen mit exakt komplementärem Schaltverhalten zu realisieren, verzichten wir im folgenden auf die entsprechende Notation. Für die Definition eines *SR*–Flipflops ist zunächst lediglich entscheidend, daß sich die jeweilige Schaltung in der beschriebenen Weise verhält. Bedeutungslos ist dagegen die konkrete Schaltungsrealisierung, weshalb sich hinter ein und demselben Schaltsymbol die verschiedensten Schaltungstechnologien verbergen können.

10.1.1 Schaltungsrealisierung von Flipflops

Flipflops lassen sich als Schaltungen mit Einzeltransistoren, aber auch aus Gattern aufbauen; ihr Verhalten muß daher nicht notwendigerweise auf "Transistorebene" beschrieben werden, sondern es kann dafür die "Gatterebene" verwendet werden, auf der dann die Beschreibung abstrakter ist. Diesen Weg werden wir auch beschreiten, zum Beispiel bei der Behandlung der verschiedenen Flipflop–Typen. Zunächst wollen wir jedoch zur Einführung einige Überlegungen anstellen, wie ein Flipflop schaltungstechnisch auf der physikalischen Ebene — also der Transistorebene — realisiert werden kann.

Als Ansatz für die Realisierung einer Speicherfunktion verwenden wir eine Schaltung, deren Ausgangssignal in der Weise auf den Eingang rückgekoppelt wird, daß sich die Schaltung selbst in einem einmal eingenommenen Zustand hält; dafür ist eine positive Rückkopplung (Mitkopplung) erforderlich. Eine derartige Schaltung läßt sich beispielsweise als Hintereinanderschaltung von zwei Invertern aufbauen, wobei dann der Ausgang des zweiten Inverters mit dem Eingang des ersten verbunden wird (Abb. 10.2). Unabhängig

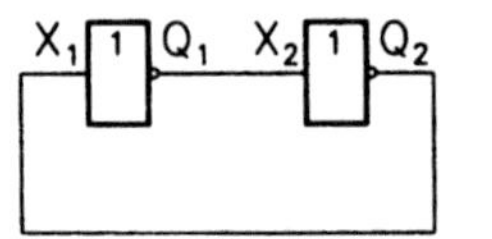

Abb. 10.2 Ringschaltung aus zwei Invertern

von der gewählten Schaltungstechnologie existieren bei dieser Zusammenschaltung zwei stabile Zustände von denen die Schaltung immer genau einen annimmt.

Liegt der Ausgang des ersten Inverters auf H-Pegel ($Q_1 = 1$), dann ist $Q_2 = 0$ und wegen der Verbindung von Q_2 mit X_1 wird die Beibehaltung dieses Zustands unterstützt. Die entsprechende Überlegung gilt für den anderen Zustand, der sich für $Q_1 = 0$ einstellt.

Wir wenden uns nun der grundsätzlichen Untersuchung des Flipflop–Verhaltens auf Transistorebene zu; dazu zeigt Abb. 10.3 einen Inverter mit einem

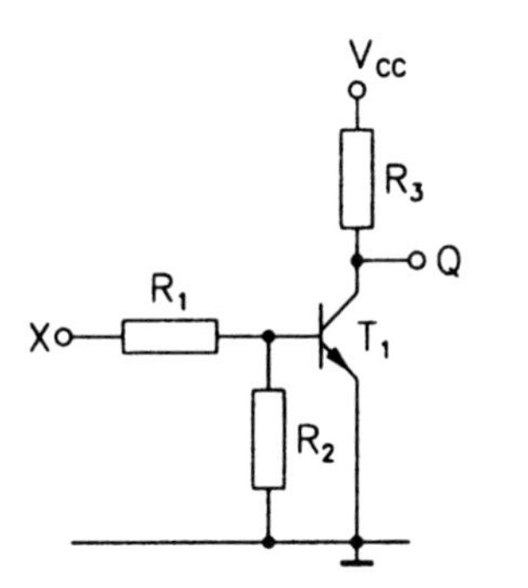

Abb. 10.3 Inverter in Bipolar–Technik

Bipolar–Transistor. Für die Versorgungsspannung dieses Inverters sowie für die drei Widerstände sollen die Zahlenwerte

$$V_{CC} = 5\,V \quad R_1 = 30\,k\Omega \quad R_2 = 10\,k\Omega \quad R_3 = 5\,k\Omega$$

gelten. Zwei gleich aufgebaute Inverter dieses Typs werden nun hintereinandergeschaltet und der Ausgang des zweiten Inverters wird mit dem Eingang

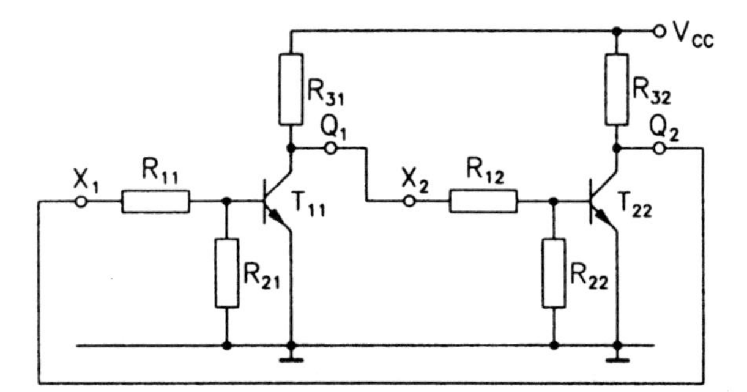

Abb. 10.4 Ringschaltung aus zwei Invertern gemäß Abb. 10.3

des ersten verbunden, wie in Abb. 10.4 dargestellt. In bezug auf die Eingangs- und Ausgangsspannungen der beiden Inverter gelten gleichzeitig die beiden Beziehungen

$$U_{X2} = f\,(U_{X1}) \qquad \text{und} \qquad U_{X1} = f\,(U_{X2}) \ .$$

Die zu diesen Funktionen gehörigen Graphen sind in Abb. 10.5 dargestellt. Für die Gewinnung der Kurve in Abb. 10.5a wurde die Schaltung bei Q_2 aufgetrennt, für Abb. 10.5b bei Q_1. Da beide Inverter identisch aufgebaut sind,

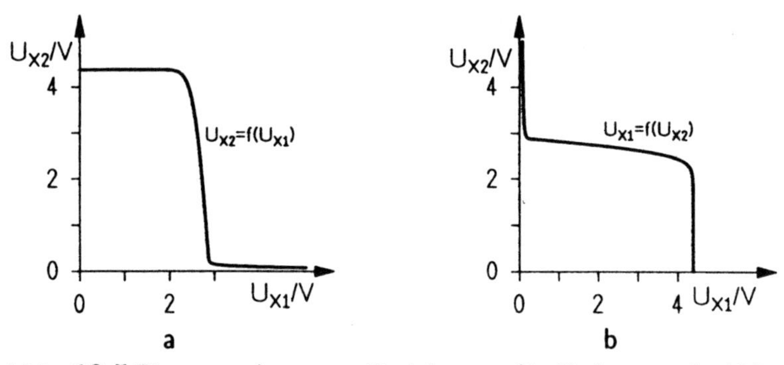

Abb. 10.5 Eingangs–Ausgangs–Beziehungen für die Inverter in Abb. 10.4

kann aus einem Diagramm das jeweils andere durch Vertauschung der Achsen gewonnnen werden. Wegen $U_{X2} = U_{Q1}$ und $U_{X1} = U_{Q2}$ ergibt sich dann die Gesamtkennlinie in Abb. 10.6. In diese Abbildung sind die drei Schnittpunkte P_1, P_2, P_3 eingetragen. Als stabile Arbeitspunkte sind allerdings nur

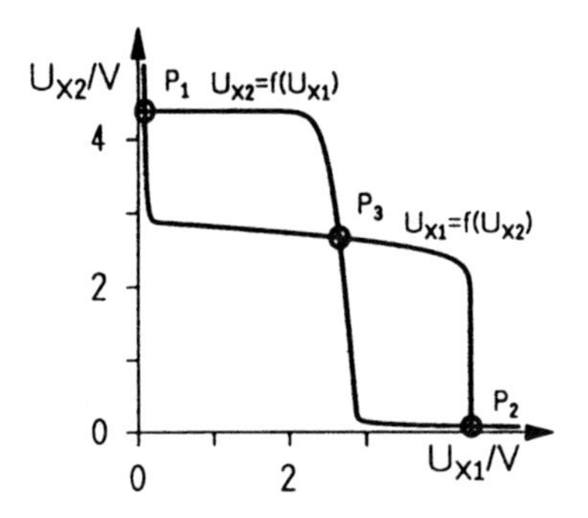

Abb. 10.6 Kennlinie der Ringschaltung in Abb. 10.4

die Schnittpunkte P_1 und P_2 möglich. Jeder andere Arbeitspunkt, den die Schaltung kurzzeitig — etwa infolge einer Störung — auf der Kennlinie annimmt, wird durch die Wirkung der Rückkopplung in den Punkt P_1 oder P_2 überführt; dies gilt insbesondere auch für einen etwaigen Arbeitspunkt im Schnittpunkt P_3.

Hat die Schaltung einen der beiden durch P_1 bzw. P_2 gekennzeichneten Zustände angenommen, so wird sie ihn nicht mehr selbsttätig ändern, sondern versucht im Gegenteil einzelne Störungen, die diesen Zustand beeinträchtigen könnten, auszugleichen. Da die Schaltung zur Speicherung eingesetzt werden soll, muß das Einnehmen bzw. die Veränderung eines bestimmten Zustandes steuerbar sein. Einen möglichen Ansatz hierzu bietet die folgende Überlegung. Befindet sich die Schaltung im Arbeitspunkt P_1 (Abb. 10.7a) und wird eine derartige Störspannung eingekoppelt, daß der Arbeitspunkt P_1 nach P_1' wandert, so kippt die Schaltung nach Beendigung der Störung wieder in den Arbeitspunkt P_1 zurück. Wird infolge der Störung jedoch der Arbeitspunkt P_1'' angenommen, dann kippt nach Abklingen der Störung die Schaltung in den durch P_2 gekennzeichneten Arbeitspunkt (Abb. 10.7b). In der Praxis wird

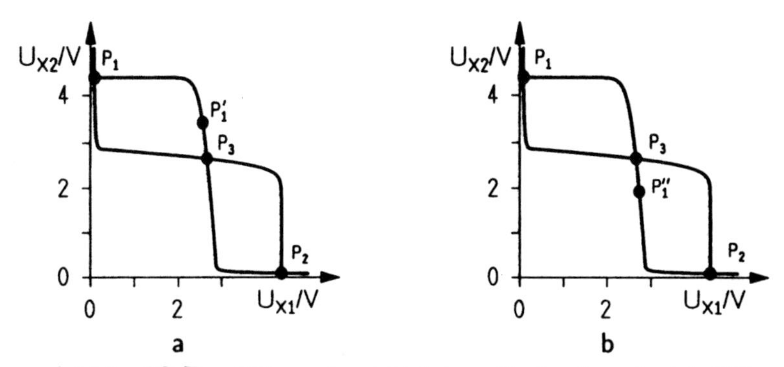

Abb. 10.7 a. Störung bewirkt keinen Zustandswechsel b. Störung bewirkt einen Zustandswechsel

man zusätzliche Schaltungselemente vorsehen, mit deren Hilfe die angestrebten Effekte erreicht werden können. Eine mögliche Variante der Schaltung in Abb. 10.4 zeigt Abb. 10.8.

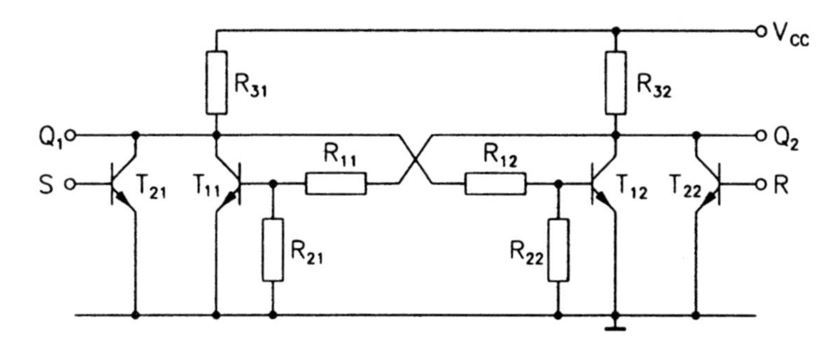

Abb. 10.8 *SR*–Flipflop in Bipolar–Technologie

Befindet sich die Schaltung im Arbeitspunkt P_1, so gilt

$$U_{Q1} = U_H \qquad U_{Q2} = U_L \ .$$

Wird an den neu geschaffenen Eingang S die Spannung $U_S = U_H$ gelegt, so gerät der Transitor T_{21} in die Sättigung und erzeugt durch den Spannungsabfall an R_{31} die Ausgangspannung $U_{Q_1} \approx U_L$. Die nun mit dieser Spannung angesteuerte zweite Inverterstufe sperrt den Transistor T_{12}, worauf die Spannung am Ausgang Q_2 auf $U_{Q2} \approx U_H$ ansteigt. Dieser Ausgang wiederum steuert nun die erste Inverterstufe derart an, daß auch Transistor T_{11} leitet; nach diesem Zeitpunkt braucht T_{21} nicht mehr leitend zu sein, um am Ausgang Q_1 eine Spannung zu bewirken, die L–Pegel entspricht. Die Steuerspannung am Eingang S kann also nach Erreichen dieses Zustandes entfallen, da die Schaltung in den durch

$$U_{Q1} = U_L \qquad U_{Q2} = U_H$$

gekennzeichneten zweiten Zustand gekippt ist. Weitere Spannungsänderungen an der Klemme S sind für den Zustand der Schaltung — von unwesentlichen Arbeitspunktvariationen abgesehen — belanglos. Erst eine entsprechende Ansteuerung an der Klemme R kann den Zustand des Flipflops wieder ändern.

Damit erfüllt diese Schaltung genau die Anforderungen, die eingangs ganz allgemein für ein SR–Flipflop aufgestellt wurden.

Wie bereits durch diese Überlegung deutlich wird, ist ein wenig Vorsicht bei der allgemein üblichen Bezeichnung der Flipflop–Ausgänge mit Q und $\overline{Q}$ geboten. Während der Umschaltphase verändert nämlich zunächst nur ein Ausgang seinen Wert, die Veränderungen am zweiten Ausgang sind eine Folge dieser Veränderungen, so daß sie zwangsläufig später eintreten müssen. Insbesondere während der Umschaltvorgänge ist also die Beziehung $Q_2 = \overline{Q}_1$ nicht unbedingt erfüllt. Auch wenn die Ausgänge eines Flipflops mit Q und $\overline{Q}$ gekennzeichnet sind, muß also angenommen werden, daß diese Bezeichnung erst nach Erreichen eines stabilen Zustands volle Gültigkeit besitzt. Wie noch gezeigt wird, ist diese Art der Bezeichnung durchaus sinnvoll, wenn das Flipflop beipielsweise in einer synchronen Schaltung eingesetzt wird, deren Prinzip es ist, die Ausgleichsvorgänge und die Einstellung eines stabilen Zustandes abzuwarten. Von großem Einfluß sind die Übergangsvorgänge insbesondere dann, wenn asynchron arbeitende Schaltungen bzw. Schaltungsteile betrachtet werden; in diesen Fällen ist die angesprochene Vorsicht geboten.

Ein weiteres Problem liegt in der gleichzeitigen Ansteuerung der Eingänge mit $S = R = 1$. Für die gesamte Zeitdauer des Anliegens dieser Eingangssignale ist die Beziehung $Q_2 = \overline{Q}_1$ nicht erfüllt. Werden beide Eingangswerte schließlich gemeinsam auf $R = S = 0$ zurückgeschaltet, so ist der sich anschließend einstellende Flipflop–Zustand nicht vorhersehbar bzw. von der speziell vorliegenden Schaltungsstruktur, von Parameterstreuungen der Bauelemente, usw. abhängig. Daher muß gefordert werden, daß die beiden Eingänge nie gleichzeitig H–Pegel annehmen dürfen.

Durch die Erweiterung der ursprünglichen Schaltung um die Transistoren T_{21} und T_{22} sind die beiden Inverter im Prinzip zu Logikgattern geworden; die Verknüpfung hat dabei jeweils die Form eines Wired–NOR. Galt zuvor (Abb. 10.4) für die in einem stabilen Zustand befindlichen Inverter

$$\begin{aligned} Q_1 &= \overline{X}_1 = \overline{Q}_2 \\ Q_2 &= \overline{X}_2 = \overline{Q}_1 \,, \end{aligned}$$

so gilt nun (Abb. 10.8)

$$\begin{aligned} Q_1 &= \overline{Q_2 + S} \\ Q_2 &= \overline{Q_1 + R} \,. \end{aligned}$$

In der abstrakteren Notation auf Gatterebene ergibt sich für die Schaltung des *SR*–Flipflops also Abb. 10.9b. Ausgehend von dieser allgemeineren Be-

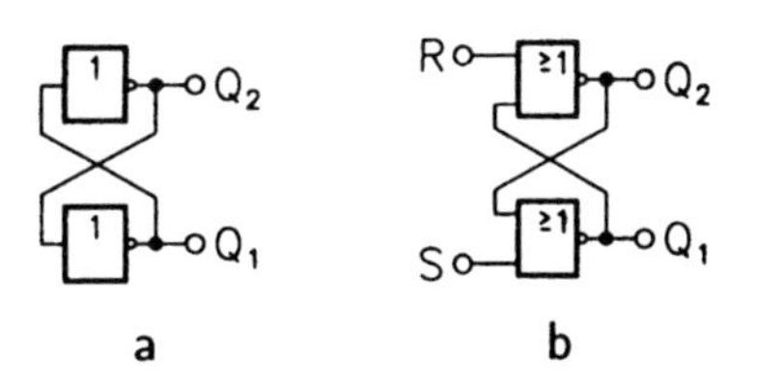

Abb. 10.9 Darstellung a. eines Flipflops mit Hilfe von Invertern b. eines *SR*–Flipflops unter Verwendung zweier *NOR*–Gatter

schreibung ist eine Vielzahl von Schaltungsrealisierungen angebbar.

Eine zweite Möglichkeit, die Verkettung zweier Inverter mit zusätzlichen Steuereingängen zu versehen und sie dadurch zu einer *SR*–Flipflop–Schaltung zu machen, soll anhand einer Inverterschaltung mit n–Kanal–MOSFETs aufgezeigt werden. Wie schon in Unterabschnitt 9.8.2 gezeigt, kann ein derartiger Inverter gemäß Abb. 10.10a realisiert werden. Trennt man die Verbindung

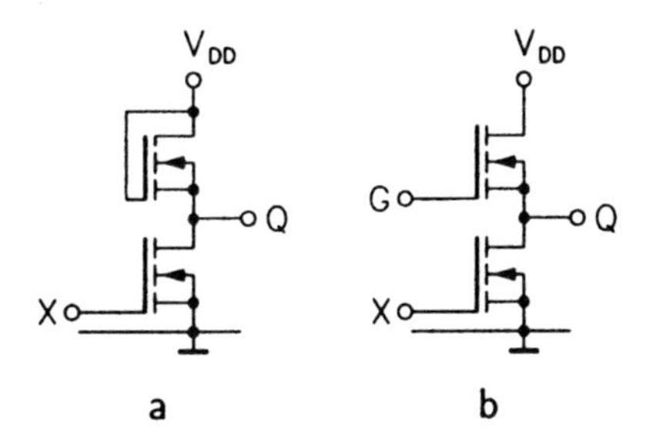

Abb. 10.10 a. Normaler und b. um einen Steuereingang erweiterter Inverter mit n–Kanal–MOSFETs

zwischen Gate und Drain des Transistors T_2 auf und gibt stattdessen auf das Gate G eine Steuerspannung, so ergibt sich für diese Schaltung die in Abb. 10.11 dargestellte Kennlinienschar, die mit dieser Steuerspannung parametriert ist. Die ringförmige Zusammenschaltung von zwei Invertern dieses Typs

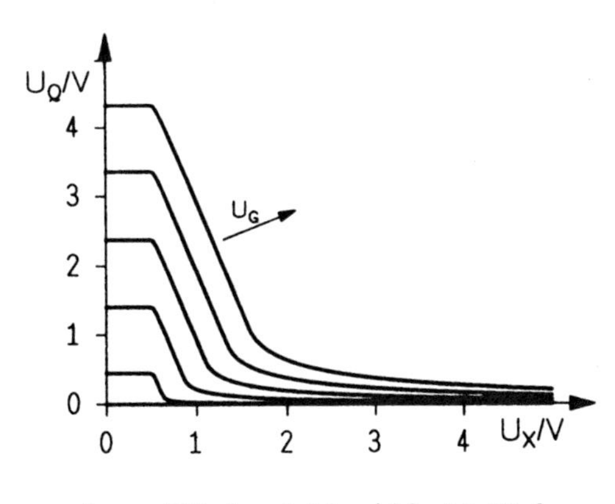

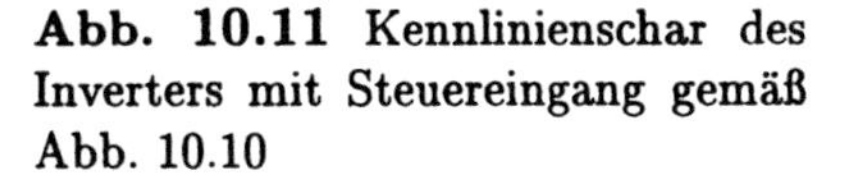
Abb. 10.11 Kennlinienschar des Inverters mit Steuereingang gemäß Abb. 10.10

zu einem Flipflop ist in Abb. 10.12 dargestellt. Werden beide Steuereingänge mit der Versorgungsspannung verbunden, so ist $U_{G1} = U_{G2} = V_{DD}$ und die

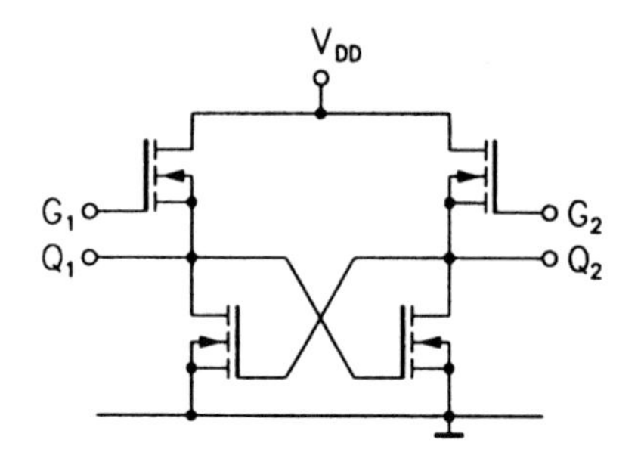

Abb. 10.12 Ringschaltung mit erweiterten Invertern

Inverter verlieren die zusätzliche Steuerungsmöglichkeit. In dem Kennlinienfeld, das sich unter den Bedingungen $U_{X1} = U_{Q2}$ und $U_{X2} = U_{Q1}$ ergibt, können dann die möglichen Arbeitspunkte bestimmt werden (Abb. 10.13). Auch hier sind nur die Arbeitspunkte P_1 und P_2 stabil, nicht jedoch P_3.

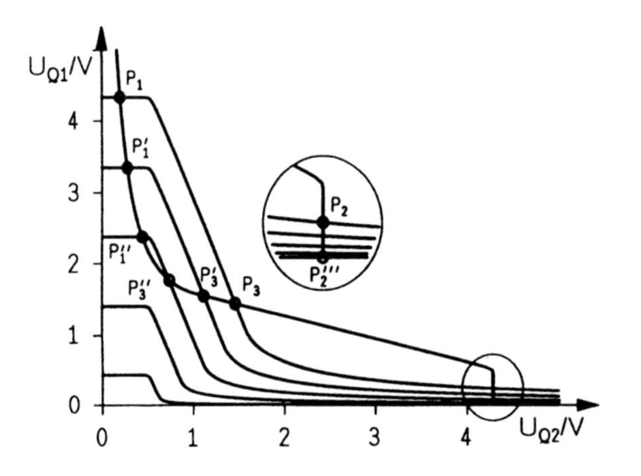

Abb. 10.13 Verschiebung der Arbeitspunkte in Abhängigkeit von der Steuerung an G_1

Wir nehmen an, daß sich die Schaltung im Arbeitspunkt P_1 befindet. Wird nun die Spannung an G_1 verringert, so verändert sich die Übertragungskennlinie des ersten Inverters in der bereits gezeigten Weise und der Arbeitspunkt der Gesamtschaltung verschiebt sich entsprechend allmählich entlang der zunächst unveränderten Kennlinie des zweiten Inverters. Dabei nähern sich die Arbeitspunkte P_1 und P_3 immer stärker an. Fallen dann beide Arbeitspunkte schließlich zusammen und trennen sich anschließend beide Kennlinien in diesem Bereich, so verlagert sich der Schaltungszustand sprunghaft in den Arbeitspunkt P_2'''. Weitere Veränderungen von U_{G1} beeinflussen U_{Q1} dann nur noch geringfügig und die Ausgangsspannung U_{Q2} gar nicht mehr; das Flipflop hat seinen anderen stabilen Zustand angenommen. Die beschriebene Abhängigkeit der Ausgangsspannung U_{Q1} von der Steuerspannung U_{Q2} ist in Abb. 10.14 dargestellt. Hier ist der plötzliche Zustandswechsel sehr gut sichtbar. In dieser Schaltung wird — anders als im vorigen Beispiel — die Umschaltung zwischen den beiden stabilen Zuständen durch die Veränderung einer Übertragungskennlinie bewirkt. Die modifizierten Inverter lassen sich als Logikgatter beschreiben; für die stabilen Zustände gilt:

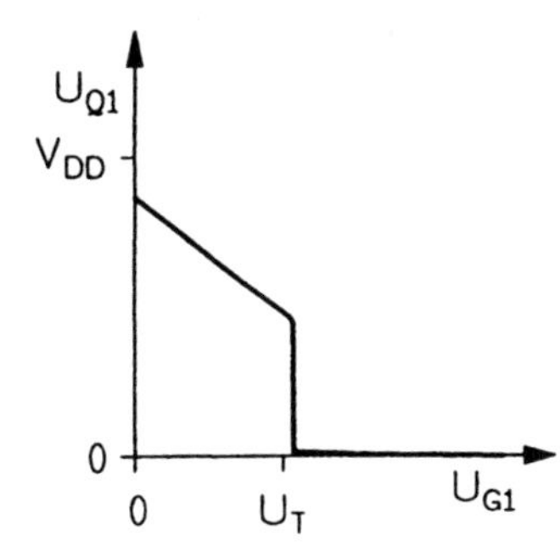

Abb. 10.14 Verlauf der Klemmenspannung U_{Q1} während des Zustandswechsels

$$\begin{aligned}\overline{Q}_1 &= \overline{\overline{Q}_2 \cdot G_1} = \overline{\overline{Q}_2 \cdot \overline{S}}\\ \overline{Q}_2 &= \overline{\overline{Q}_1 \cdot G_2} = \overline{\overline{Q}_1 \cdot \overline{R}}\,.\end{aligned}$$

Der Eingang G_1 wird als $\overline{S}$– und der Eingang G_2 als $\overline{R}$–Eingang bezeichnet. Wird Q_2 mit dem eigentlichen Ausgang Q identifiziert und Q_1 mit dessen Komplement $\overline{Q}$, dann kann ein aus *NAND*–Gattern bestehendes Modell in der in Abb. 10.15 dargestellten Form angegeben werden.

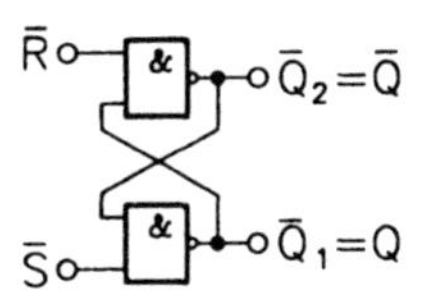

Abb. 10.15 *SR*–Flipflop aus *NAND*–Gattern

Wir werden im folgenden weitere Flipflop–Arten behandeln. Dabei liegen die Unterschiede im wesentlichen in der Zahl der Eingänge und ihrer Wirkungsweise auf den jeweiligen Flipflop–Zustand. Die grundsätzliche Funktion, einen einmal angenommenen Zustand bis zum Auftreten einer Änderungsanweisung beizubehalten — also zu speichern — ist jedoch allen Flipflop–Typen gemeinsam.

Eine Anmerkung soll noch an dieser Stelle eingefügt werden. Es ist klar, daß insbesondere für die Realisierung von Speicher–Chips die vorgestellte Schaltungstechnik oder gar die Realisierung mit Hilfe kompletter Logikgatter aus Aufwandsgründen nicht möglich ist. Im Fall der Massenspeicher steht in erster Linie die Einsparung von Bauteilen und damit von Chipfläche im Vordergrund, so daß in diesem Bereich ganz andere Schaltungstechniken eingesetzt werden, die sich zum Teil an einer direkteren Ausnutzung physikalischer Phänomene (z. B. Ladungsspeicherung) orientieren.

10.2 Flipflop–Typen

Nachdem im vorigen Abschnitt der prinzipielle Aufbau und die Funktionsweise eines einfachen Flipflops erklärt wurden, sollen jetzt die unterschiedlichen Arten von Flipflop–Schaltungen systematisch vorgestellt werden. Wir werden die Beschreibungen allerdings nicht mehr auf der (physikalischen) Transistorebene vornehmen; insbesondere anhand des bereits behandelten *SR*-Flipflops werden wir verschiedene Darstellungs- und Beschreibungsformen entwickeln, mit deren Hilfe Flipflops, aber auch andere Digitalschaltungen, behandelt werden können.

Die verschiedenen Flipflop-Arten können im wesentlichen unter zwei Aspekten geordnet werden.

- Taktsteuerung: Es gibt drei Arten der Taktsteuerung eines Flipflops. Entweder ist der Zustand bzw. dessen Änderung

  - unabhängig von einem Taktsignal,
  - abhängig vom jeweiligen Wert eines Taktsignals oder
  - abhängig von der Wertänderung eine Taktsignals.

  Entsprechend unterscheidet man

  - nicht taktgesteuerte,
  - taktzustandsgesteuerte und
  - taktflankengesteuerte Flipflops .

  Bei den taktflankengesteuerten Flipflops unterscheidet man weiter zwischen Flipflops,

  - die durch die positive Taktflanke, also den Übergang des Taktsignals von *L*- auf *H*-Pegel,
  - die negative Taktflanke oder
  - durch die Abfolge zweier entgegengesetzter Taktflanken

  gesteuert werden (bei letzteren handelt es sich meistens um sogenannte Master-Slave-Flipflops).

- Logikverhalten: Es gibt verschiedene Konzepte, nach denen Eingangssignale bzw. deren Kombination die Ausgangssignale bestimmen. Entsprechend wird zwischen

  - *SR*-Flipflops,
  - *JK*-Flipflops,
  - *D*-Flipflops,
  - *T*-Flipflops

  unterschieden.

Allen Flipflops ist gemeinsam, daß über die Eingänge ein bestimmter Zustand des Flipflops herbeigeführt werden kann, der gespeichert wird und über die Ausgänge abfragbar ist. Flipflops können Eingänge mit unterschiedlichen Wirkungsmechanismen haben.

- Direkteingänge: Sie verändern den Zustand eines Flipflops unmittelbar und wirken direkt — insbesondere unabhängig von einem etwaigen Taktsignal — auf die Ausgänge.
- Takteingänge: Sie können nur eine Zustandsänderung auslösen, sind jedoch ohne Einfluß darauf, welcher Zustand angenommen wird.
- Vorbereitungseingänge: Über sie wird der Zustand bzw. die Zustandsänderung eines Flipflops bestimmt, allerdings nur in Verbindung mit einem auslösenden Taktsignal.

10.2.1 *SR*–Flipflop

Die Arbeitsweise des *SR*–Flipflops wurde bereits auf der Transistorebene beschrieben; es bildet die Grundlage für die Entwicklung der anderen Flipflop–Typen und wurde daher auch als Basis–Flipflop bezeichnet.

Wir werden uns an dieser Stelle zuerst mit der Beschreibung des *SR*–Flipflops auf Gatterebene beschäftigen. Hier existieren Realisierungen mit *NOR*– oder mit *NAND*–Gattern (Abb. 10.16).

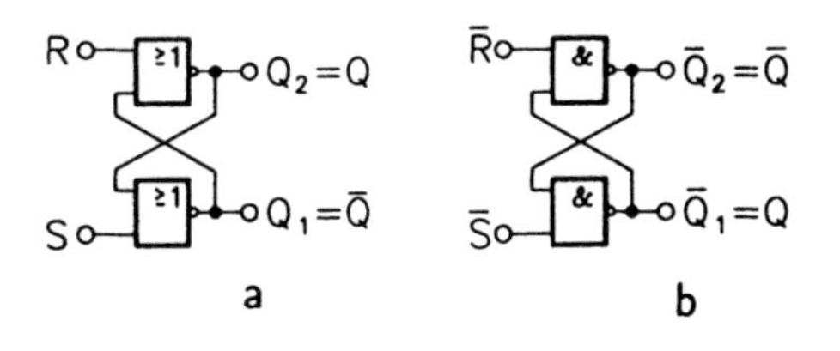

Abb. 10.16 *NOR*– und *NAND*–Gatter–Realisierungen eines *SR*–Flipflops

Wird die Analyse eines Flipflops auf Transistorebene durchgeführt, dann finden keine abrupten Änderungen statt, weder bei Gleichstromanalysen noch bei dynamischen Untersuchungen; dies lassen die Transistormodelle nicht zu, sofern sie das reale Verhalten einigermaßen genau modellieren.

Das ist bei der Modellierung mit Hilfe von logischen Gattern anders. Sie sind durch Wahrheitstabellen definiert, endliche Übergänge gibt es nicht. Um die Funktion eines Flipflops auf Gatterebene analysieren zu können, muß daher den Verknüpfungen eine Verzögerungszeit zugeordnet werden. Diese Verzögerungszeit muß nicht notwendigerweise mit der tatsächlich vorhandenen Verzögerung in einem realen Bauelement übereinstimmen, sondern sie dient zunächst lediglich dazu, die rückgekoppelte Schaltungsstruktur analysierbar zu machen. Andererseits bedeutet die Einführung einer Verzögerung wegen der in der Realität immer vorhandenen Verzögerungszeiten keine besondere Einschränkung.

Zur Vereinfachung der Notation, werden wir Zeitpunkte t_n betrachten, die jeweils um die als einheitlich angenommene Verzögerungszeit T_p auseinanderliegen, so daß

$$t_n = t_0 + n \cdot T_p \qquad n \in \mathrm{N}$$

gilt; darin ist t_0 eine den Anfangszeitpunkt kennzeichnende Konstante. So gilt für die Ein- und Ausgangswerte eines aus *NOR*-Gattern aufgebauten *SR*-Flipflops

$$\begin{aligned} Q_1(t_{n+1}) &= \overline{S(t_n) + Q_2(t_n)} \\ Q_2(t_{n+2}) &= \overline{R(t_{n+1}) + Q_1(t_{n+1})} \,. \end{aligned}$$

Daraus folgt für den Ausgangswert $Q_2(t_{n+2})$

$$\begin{aligned} Q_2(t_{n+2}) &= \overline{R(t_{n+1})} \cdot \overline{Q_1(t_{n+1})} \\ &= \overline{R(t_{n+1})} \cdot [S(t_n) + Q_2(t_n)] \\ &= \overline{R(t_{n+1})} \cdot S(t_n) + \overline{R(t_{n+1})} \cdot Q_2(t_n) \,. \end{aligned}$$

Diese für den Zeitpunkt t_{n+2} gültige Beziehung ist, wie auch die gesamte Schaltung, nur dann sinnvoll, wenn der für t_{n+2} gültige Zustand über eine bestimmte Zeitspanne beibehalten wird. Diese Zeitspanne muß mindestens $2T_p$ betragen, da der durch den Term $\overline{R(t_{n+1})} \cdot Q_2(t_n)$ gekennzeichnete Selbsthaltemechanismus sonst nicht greifen kann und die Schaltung nicht in der gewünschten Weise als Speicher arbeitet. Es muß daher gefordert werden, daß die Eingangssignale immer während einer Mindestzeit konstant anliegen, bevor eine Schaltung die entsprechenden Ausgangssignale liefert. Sie wird als Setup-Zeit bezeichnet; die Zeitspanne, während derer dieses Signal anschließend konstant anliegen muß, damit sich der neue Schaltungszustand stabilisieren kann, wird als Hold-Zeit bezeichnet.

Sind die auftretenden Zeitspannen für das Anliegen der Eingangs- und Ausgangssignale groß gegenüber der Verzögerungszeit T_p, können wir unter dieser Bedingung die Zeitabhängigkeiten vernachlässigen und verkürzend

$$Q_2 = \overline{R}S + \overline{R}Q_2$$

schreiben, wobei das Gleichheitszeichen an dieser Stelle keine mathematische Äquivalenz sondern die Beziehung zwischen vorausgehenden und folgenden Zuständen beschreibt; auf eine mathematisch anspruchsvollere und formal korrektere Notation wird hier bewußt verzichtet, um den Blick für die wesentlichen Aussagen der in der Regel recht einfachen Ausdrücke nicht zu verstellen.

Legt man gleichzeitig an den R- und den S-Eingang die Werte $R = S = 1$, so folgt für die Ausgänge $Q_1 = Q_2 = 0$. Dieser Zustand ist labil und ändert sich, sobald eines der Eingangssignale verändert wird. Geschieht diese Änderung für beide Signale annähernd gleichzeitig, so ist der von der Schaltung angenommene Folgezustand zufällig bzw. stark abhängig von der jeweiligen Schaltungsrealisierung, von Parameterschwankungen einzelner Bauelemente, usw. Daher muß für *SR*-Flipflops gefordert werden, daß die Klemmen S und R nicht gleichzeitig den Wert 1 erhalten, daß also jederzeit die Bedingung

$$S \cdot R = 0$$

erfüllt ist. Unter Einbeziehung dieser Voraussetzung gilt dann die verkürzte Formulierung für den Ausgangswert $Q_2 = Q$:

$$\begin{aligned} Q_2 &= \overline{R}S + \overline{R}Q_2 \\ &= \overline{R}S + RS + \overline{R}Q_2 \\ &= S + \overline{R}Q_2 \qquad\qquad SR = 0 \,. \end{aligned}$$

Damit ist die formelmäßige Beschreibung eines SR-Flipflops mittels Boolescher Algebra gefunden; sie wird als charakteristische Gleichung bezeichnet. Die Einhaltung der bei der Herleitung eingegangenen Voraussetzungen muß natürlich stets beachtet werden.

Der formelmäßigen Beschreibung äquivalent ist die Beschreibung in Form einer Wahrheitstabelle (Tabelle 10.1). In dieser Tabelle sind bewußt Momen-

S	*R*	*Q*	*Q*
0	0	0	0
0	1	0	0
1	0	0	1
1	1	0	verboten
0	0	1	1
0	1	1	0
1	0	1	1
1	1	1	verboten

Tabelle 10.1 Wahrheitstabelle eines SR-Flipflops

tan- und Folgezustand, wie in der charakteristischen Gleichung, mit dem gleichen Symbol Q versehen worden, da die zeitlichen Bezüge leicht überschaubar sind.

Eine Wahrheitstabelle der gezeigten Form beschreibt das Schaltungsverhalten vollständig bezüglich der sich einstellenden stationären Zustände. Aufgrund ihres Umfangs verstellt sie jedoch leicht den Blick auf die wesentlichen Zusammenhänge, die sich gerade in den Zustandsänderungen bzw. in den Bedingungen für die Zustandsänderungen niederschlagen. Oft bedient man sich daher einer verkürzten Wahrheitstabelle, die wegen ihres Bezuges auf die Zutandsübergänge auch Übergangstabelle genannt wird. Tabelle 10.2 zeigt diese Tabelle eines SR-Flipflops.

Eine weitere Möglichkeit zur Darstellung des Schaltungsverhaltens bietet der Zustands-Übergangsgraph. In diesem Graphen werden die durch den jeweiligen Ausgangswert charakterisierten Schaltungszustände in Form entsprechend bezeichneter "Kreise" symbolisiert. Pfeile mit den zugehörigen Notierungen symbolisieren die Übergänge zwischen den Zuständen und die für

S	R	Q
0	0	unverändert
0	1	0
1	0	1
1	1	verboten

Tabelle 10.2 Übergangstabelle eines SR–Flipflops

den jeweiligen Übergang notwendigen Bedingungen. In Abb. 10.17 ist dieses Diagramm für ein SR–Flipflop wiedergegeben.

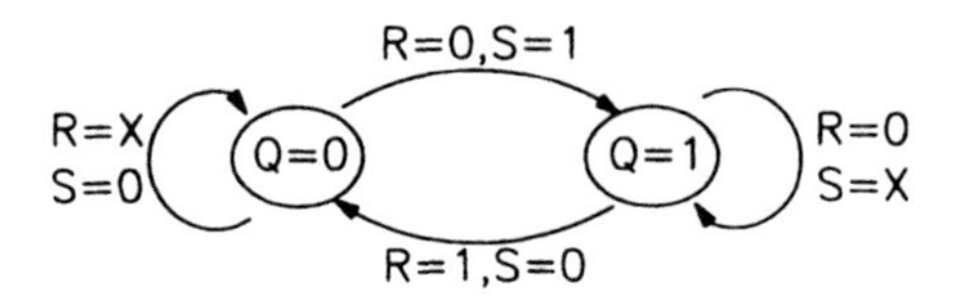

Abb. 10.17 Zustands–Übergangsgraph eines SR–Flipflops

Das Schaltungsverhalten läßt sich natürlich auch durch Zeitdiagramme der Eingangs– und Ausgangssignale charakterisieren. Dabei hat man die Freiheit, Details wie endliche und variierende Flankensteilheiten, Verzögerungszeiten, usw. je nach Bedarf mit in die Darstellung einfließen zu lassen. Im allgemeinen wird diese Beschreibungsform nur dann sinnvoll sein, wenn man ganz bestimmte Abfolgen von Ein– und Ausgangssignalen herausstellen möchte. Die vollständige Darstellung des Schaltungsverhaltens anhand einer alle Kombinationen berücksichtigenden Ein–Ausgangs–Signalschar wird meistens sehr kompliziert und unübersichtlich. Je komplexer eine Schaltung wird, desto schwieriger wird es, alle möglichen Schaltungszustände und Zustandsübergänge gewissermaßen auf dem Papier zu simulieren. Falls man sich aber auf wenige Signalkombinationen beschränken kann, bietet die Zeitdiagrammdarstellung die Möglichkeit, auch kompliziertere Bedingungen an zeitliche Signalabläufe relativ übersichtlich darzustellen. Diese Darstellungsform findet man daher häufig in Datenbüchern bei der Spezifikation von Signaldauern, Protokollen auf Datenübertragungsstrecken, usw.

Schießlich ist noch auf die Darstellung durch das sogenannte Karnaugh–Veitch–Diagramm hinzuweisen, dessen Beschreibung wir jedoch noch etwas zurückstellen.

10.2.2 Taktzustandsgesteuertes SR–Flipflop

In taktgesteuerten Schaltungen müssen Flipflops ihre Zustände sehr häufig in Abhängigkeit vom Taktsignal ändern. Dies ist in synchronen Schaltungen der Fall, in denen Zustandsänderungen in einem durch ein Taktsignal vorgegebenes Zeitraster erfolgen; dadurch hat man insbesondere die Möglichkeit, Zustandsänderungen erst dann ablaufen zu lassen, wenn Einschwingvorgänge oder störende Signale abgeklungen sind. In diesen Fällen ist das *SR*–Flipflop in der bisher behandelten Form nicht einsetzbar, da es über keinen gesonderten Takteingang verfügt.

Als Variante des einfachen *SR*–Flipflops zeigt Abb. 10.18 eine mögliche Realisierung eines taktzustandsgesteuerten *SR*–Flipflops mit *NAND*–Gattern. Die

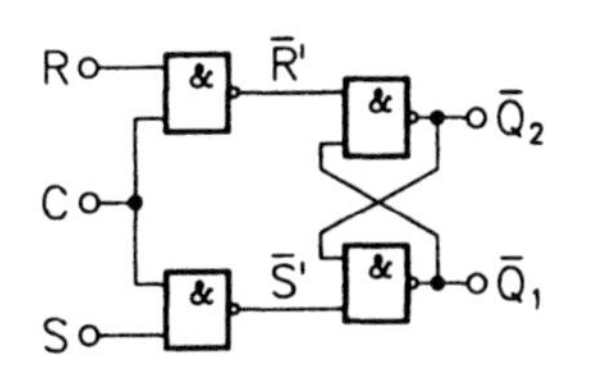

Abb. 10.18 Taktzustandsgesteuertes *SR*–Flipflop

Eingänge S und R wirken nun nicht mehr direkt auf Zustand und Ausgang der Schaltung; bei der Flipflop–Realisierung durch *NAND*–Gatter müssen sie invertiert werden, was mit Hilfe der zusätzlich zur Taktsteuerung eingesetzten *NAND*–Gatter geschieht. Solange $C = 0$ ist, wird der jeweilige Zustand des Flipflops gehalten, unabhängig von etwaigen Eingangssignalen S und R, da die Eingangs–*NAND*–Gatter immer $\overline{S}' = \overline{R}' = 1$ liefern. Wenn dagegen $C = 1$ gilt, dienen die zusätzlichen *NAND*–Gatter nur als Inverter der Eingangssignale S und R. Während dieser Phase beeinflussen die Eingangswerte direkt den Flipflop–Zustand; jede Änderung des Eingangssignals während $C = 1$, auch wenn sie unbeabsichtigt (z. B. Störungen) ist, kann den Zustand des Flipflops verändern. Da in dieser Phase Änderungen der Eingangswerte — abgesehen von Gatterlaufzeiten — direkten Einfluß auf die Ausgangswerte haben, bezeichnet man diesen Betriebszustand als transparent. Für den Ausgangswert Q_1 gilt

$$\begin{aligned}
\overline{Q_1(t_{n+3})} &= \overline{\overline{S'(t_{n+2})} \cdot \overline{Q_2(t_{n+2})}} \\
&= \overline{\overline{S'(t_{n+2})}(\overline{\overline{R'(t_{n+1})} \cdot \overline{Q_1(t_{n+1})}})} \\
&= \overline{\overline{S(t_{n+1})C(t_{n+1})} \cdot \overline{\overline{R(t_n)C(t_n)} \cdot \overline{Q_1(t_{n+1})}}} \\
&= S(t_{n+1})C(t_{n+1}) + \overline{R(t_n)C(t_n)} \cdot \overline{Q_1(t_{n+1})} \; .
\end{aligned}$$

Hier muß $SR = 0$ mindestens so lange gelten, wie die Eingangswerte das eigentliche Flipflop während $C = 1$ beeinflussen können. Nimmt man die Taktsteuerung aus der formelmäßigen Beschreibung heraus, so ergibt sich in den durch $C = 0$ gekennzeichneten Phasen

$$\overline{Q_1(t_{n+3})} = \overline{Q_1(t_{n+1})} \; ,$$

das Flipflop behält den vorherigen Zustand also bei. Ist $C = 1$, so ergibt sich

$$\overline{Q_1(t_{n+3})} = S(t_{n+1}) + \overline{R(t_n)}\,\overline{Q_1(t_{n+1})} \; .$$

Bei Vernachlässigung der Verzögerungszeiten resultiert daraus die charakteristische Gleichung ($\overline{Q}_1 = Q$)

$$Q = S + \overline{R}Q \ ,$$

die wir auch schon beim nicht taktgesteuerten *SR*–Flipflop gefunden hatten.

Die Zeitintervalle, während derer Störungen den Zustand eines Flipflops beeinflussen können, sollten möglichst kurz sein, um die Wahrscheinlichkeit einer Störung möglichst gering zu machen. Dabei stößt man dann aber bald an die Grenze, ab der die Gatterlaufzeit nicht mehr vernachlässigbar kurz ist gegenüber den Zeiten, zu denen die Signale anliegen. Daher wird in diesem Fall die Schaltungsanalyse bzw. –synthese komplizierter, zumal in der Praxis die tatsächlichen Verzögerungen berücksichtigt werden müssen, die Schwankungen und Streuungen unterliegen. Außerdem wird das Taktsignal sehr unsymmetrisch und das Zusammenwirken unterschiedlicher Schaltungskomponenten sehr unübersichtlich. Zudem sind auch die kürzesten erreichbaren Transparenzzeiten noch verhältnismäßig lang, so daß bei allem Aufwand der erzielbare Vorteil recht fragwürdig bleibt. Eine deutliche Verbesserung in dieser Hinsicht bringen taktflankengesteuerte Flipflops. Sie bieten auch Vorteile in bezug auf andere Schwierigkeiten. Bei taktzustandsgesteuerten Flipflops ergibt sich nämlich auch noch folgendes Problem. Werden mehrere Flipflops hintereinander geschaltet (z. B. in Schieberegistern oder Zählern) und wird am Anfang der Kette eine Zustandsänderung verursacht, dann werden die nachfolgenden Flipflops — jeweils um entsprechende Gatterlaufzeiten verzögert — angesteuert, so daß potentiell alle Flipflops von der Zustandsänderung betroffen werden. Die funktionale Entkopplung mehrerer Schaltungsstufen, die ja gerade durch dem Einsatz von Flipflops erreicht werden soll, kommt also nicht zustande. Auch hier bietet im Rahmen taktzustandsgesteuerter Flipflops nur die Verringerung der Taktphase für $C = 1$ Abhilfe, was jedoch oft nicht mit den Zeitbedingungen für eine korrekte Flipflop–Funktion vereinbar ist.

10.2.3 Taktflankengesteuertes *SR*–Flipflop

Zur Verkürzung derjenigen Zeitspanne, innerhalb derer der Flipflop–Ausgang von plötzlichen Schwankungen der Eingangswerte abhängig ist — also der Transparenzzeit — , kann man anstelle der Takzustandssteuerung eine Taktflankensteuerung einsetzen. Es gibt verschiedene Wege, die Datenübernahme eines Flipflops nur im Falle einer Taktflankenänderung zu gestatten. Diesen Aspekt werden wir im folgenden etwas näher beleuchten.

Naheliegend wäre sicherlich die Idee zum Einbau eines Differenziergliedes in den Takteingang eines taktzustandsgesteuerten Flipflops. Abb. 10.19 zeigt eine einfache Schaltung mit einem *RC*–Hochpaß als Differenzierer (vgl. Tabelle 8.2).

Wir betrachten die ansteigende Flanke eines Taktsignals und modellieren

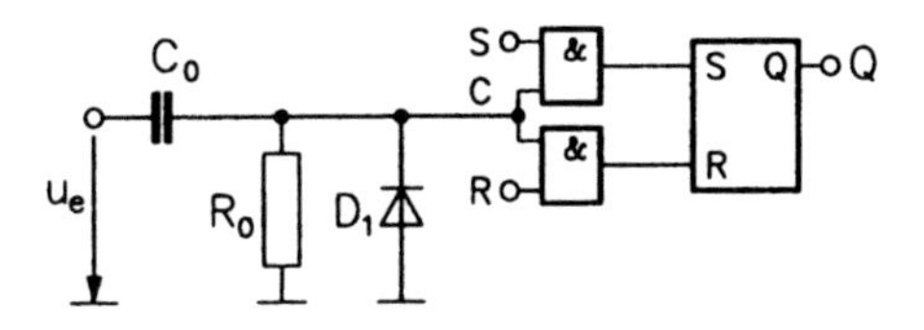

Abb. 10.19 Detektion der Taktflanke mit einem Differenzierglied

sie durch eine Rampe mit der Anstiegszeit T_r.Die rampenförmige Eingangsspannung ist durch

$$u_e(t) = \begin{cases} 0 & t < t_1 \\ U_0 \cdot \dfrac{t-t_1}{T_r} & t_1 \leq t \leq t_2 \\ U_0 & t > t_2 \end{cases}$$

festgelegt (s. Abb. 10.20). Für die Spannung am Takteingang C ergibt sich

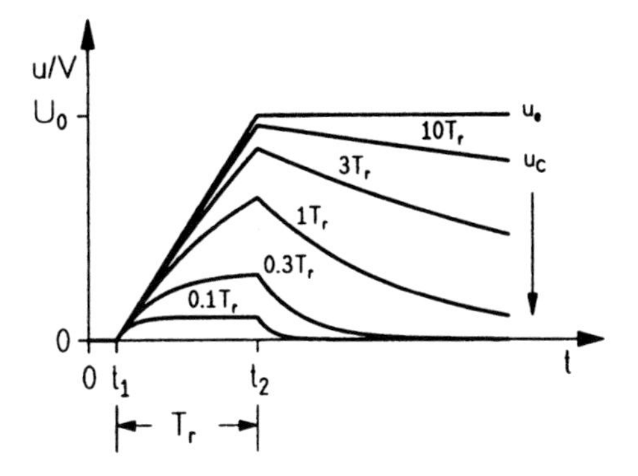

Abb. 10.20 Ausgangsreaktion eines differenzierenden RC–Gliedes auf eine positive Signalflanke

dann

$$u_C(t) = \begin{cases} 0 & t < t_1 \\ \dfrac{R_0C_0}{T_r} \cdot U_0 \left(1 - \mathrm{e}^{-(t-t_1)/R_0C_0}\right) & t_1 \leq t \leq t_2 \\ u_C(t_2)\,\mathrm{e}^{-(t-t_2)/R_0C_0} & t > t_2\ . \end{cases}$$

Der entsprechende Spannungsverlauf für die negative Taktflanke wird im wesentlichen durch die in dieser Phase leitende Diode D_1 bestimmt. Es ergibt sich also für $t_1 \leq t \leq t_2$ ein "Impuls", dessen Form sehr stark vom Verhältnis der Anstiegszeit T_r zur Zeitkonstanten R_0C_0 abhängig ist (s. Abb. 10.20). Im allgemeinen wird man keine allzu scharfen Forderungen an die Form des Taktsignals stellen und außerdem wird man bestrebt sein, die kapazitive Belastung der Taktsignalleitungen möglichst gering zu halten; da ferner die Integration des erforderlichen RC–Gliedes auf einem Chip aus technologischen und Platzgründen ungünstig ist, bildet dieser Ansatz zur Realisierung einer Taktflankensteuerung keine gute Basis.

Sinnvoller ist es, die ohnehin vorhandenen Gatterlaufzeiten für den gewünschten Zweck auszunutzen; sie schwanken zwar auch innerhalb eines bestimmten Toleranzbereiches, sind jedoch insgesamt weniger abhängig von

Schaltungseigenschaften wie der Flankensteilheit des Taktsignals. In Abb. 10.21 ist eine entsprechende Schaltungsergänzung dargestellt, um die Flankensteuerung unter Verwendung der Verzögerungszeit eines Inverters zu realisieren. Ist das Taktsignal am Eingang C längere Zeit konstant, so wird das

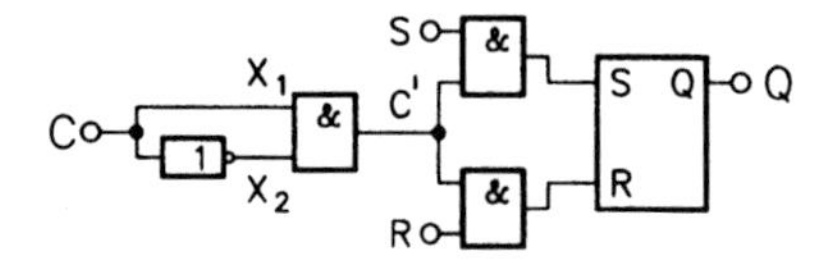

Abb. 10.21 Taktflankensteuerung eines Flipflops unter Verwendung der Laufzeit eines Gatters

AND-Gatter in der Taktsignalleitung mit komplementären Eingangswerten X_1 und X_2 angesteuert und es gilt daher $C' = 0$, unabhängig vom aktuellen Wert von C. Wechselt das Taktsignal zum Zeitpunkt $t = t_1$ von $C = 0$ auf $C = 1$, so liegt unmittelbar danach einerseits das veränderte Taktsignal X_1 direkt an einem Eingang des *AND*-Gatters, andererseits hat der Inverterausgang aufgrund der Gatterlaufzeit zunächst noch den vom Taktsignal $C = 0$ herrührenden Ausgangswert $X_2 = 1$, so daß das *AND*-Gatter seinerseits so lange den Ausgangswert 1 beibehält, wie der Inverter für die Erreichung des Ausgangswertes 0 benötigt. Das Zeitdiagramm in Abb. 10.22 verdeutlicht diesen Vorgang, wobei den Gattern zur Verdeutlichung unter-

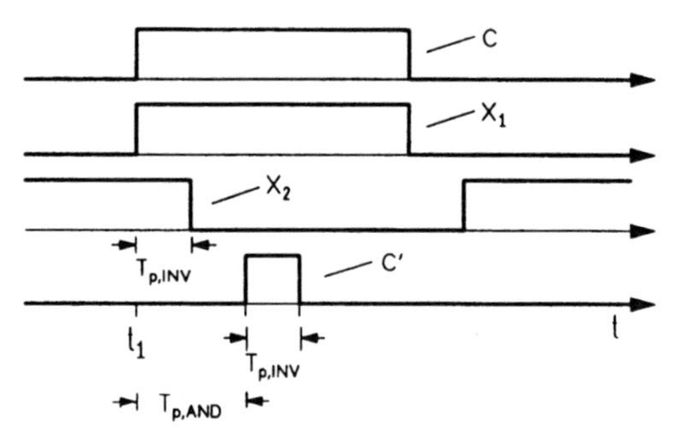

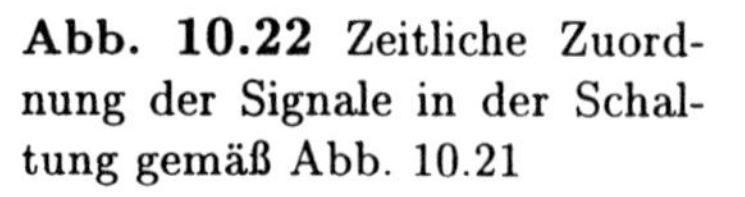
Abb. 10.22 Zeitliche Zuordnung der Signale in der Schaltung gemäß Abb. 10.21

schiedliche Verzögerungszeiten T_p zugeordnet wurden. Das Diagramm zeigt auch die Situation, daß das Taktsignal von $C = 1$ auf $C = 0$ wechselt. In diesem Fall bewirkt die Laufzeit des Inverters, daß das *AND*-Gatter nach dem Pegelwechsel des Taktsignals mit den Eingangswerten $X_2 = X_1 = 0$ angesteuert wird. Daher kommt es zu keinem Taktimpuls am Ausgang C'. Die gezeigte Schaltung bewirkt also eine Ansteuerung des nachfolgenden taktzustandsgesteuerten Flipflops bei einer ansteigenden (positiven) Taktflanke für die Dauer einer Gatterlaufzeit, weshalb man von einem positiv taktflankengesteuerten Flipflop spricht. Für die Ansteuerung mit der negativen Taktflanke wird das *AND*-Gatter durch ein *NOR*-Gatter ersetzt (Abb. 10.23a); Abb. 10.23b zeigt das entsprechende Zeitdiagramm.

Diese Art der Taktflankensteuerung bedeutet zwar gegenüber derjenigen mit Differenzierglied eine deutliche Verbesserung, problemlos ist sie jedoch auch nicht. Die Transparenzdauer des Flipflops wird weit herabgesetzt, was die Forderung sehr gut erfüllt, zu einem bestimmten, steuerbaren Zeitpunkt

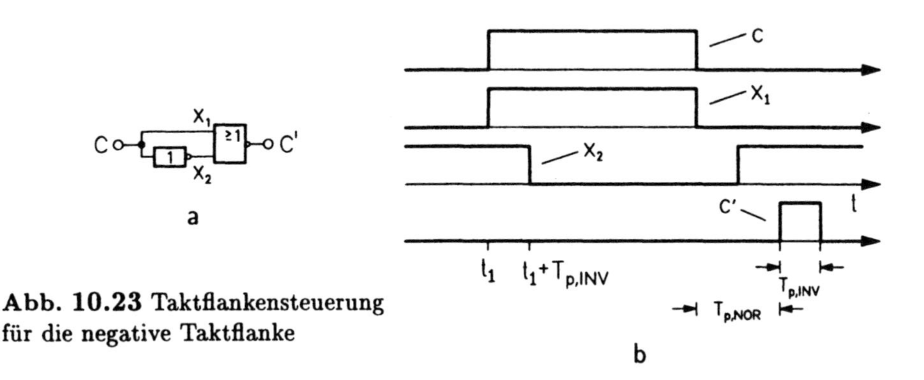

Abb. 10.23 Taktflankensteuerung für die negative Taktflanke

den Eingangszustand zu beeinflussen; jedoch werden hier die zu S und R gehörenden Signale möglicherweise für eine zu kurze Zeit an das takzustandsgesteuerte Teil–Flipflop weitergegeben, so daß die an die Setup– und Holdzeiten zu stellenden Anforderungen eventuell nicht erfüllt werden. Bei der vorangegangenen Untersuchung des SR–Flipflops hatte sich schon gezeigt, daß eines der Eingangssignale eine Gatterlaufzeit länger anliegen muß als das andere, um die korrekte Flipflop–Funktion zu erfüllen, nämlich

$$Q(t_{n+2}) = \overline{R(t_{n+1})}S(t_n) + \overline{R(t_{n+1})}Q(t_n) \ .$$

Dadurch, daß jetzt S und R nur während einer Gatterlaufzeit anliegen, wird genau diese Voraussetzung verletzt. Abhilfe kann hier das Einfügen weiterer Verzögerungsglieder bzw. der Einsatz eines Inverters mit einer längeren Verzögerungszeit bringen, die Funktionsfähigkeit der Lösung ist und bleibt jedoch in hohem Maße von den tatsächlichen Gatterlaufzeiten sowie deren Schwankungen und Streuungen unter verschiedenen Betriebsbedingungen abhängig. Darüber hinaus können sich weitere Probleme ergeben, wenn sich aufgrund einer unzureichenden Flankensteilheit des Taktsignals die Umschaltzeitpunkte der Gatter gegeneinander verschieben.

Daher wählt man für die Realisierung einer Taktflankensteuerung meistens einen weiter verbesserten Ansatz, der neben Gatterlaufzeit–Effekten auf einer rückwirkenden Verriegelung der Eingänge beruht. Abb. 10.24 zeigt ein

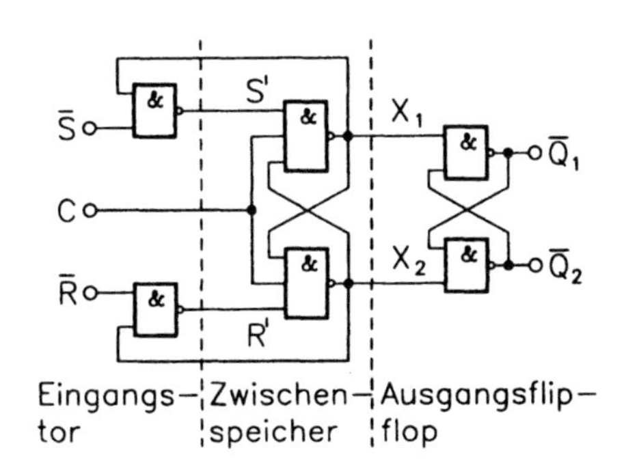

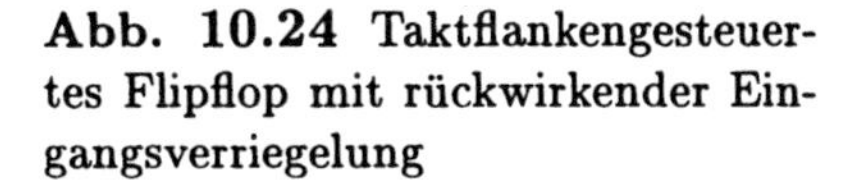
Abb. 10.24 Taktflankengesteuertes Flipflop mit rückwirkender Eingangsverriegelung

Beispiel für dieses Prinzip. Die möglicherweise auf den ersten Blick etwas verwirrend wirkende Schaltung gliedert sich in drei Hauptteile. Es gibt ein Eingangstor, dessen Verhalten von rückwirkenden Signalen aus der Schaltung beeinflußt wird, ein Flipflop, das — wie noch gezeigt wird — als Zwischenspeicher fungiert und ein zweites Flipflop, das die eigentlichen Ausgangswerte bestimmt.

Die Schaltungsfunktion wird nun Schritt für Schritt erläutert. Das Ausgangs–Flipflop, für das die verkürzte Wahrheitstabelle 10.3 gilt, möge zu-

X_1	X_2	$\overline{Q}_1$	$\overline{Q}_2$
1	1	$\overline{Q}_1$	$\overline{Q}_2$
1	0	0	1
0	1	1	0
0	0	1	1

Tabelle 10.3 Übergangstabelle des Ausgangs–Flipflops

nächst einen beliebigen Zustand haben. Gilt bereits längere Zeit $C = 0$, so liegt $X_2 = X_1 = 1$ an den Eingängen des Ausgangs–Flipflops, das infolgedessen den bisherigen Zustand auch weiterhin beibehält. Dabei wird die Eingangstorschaltung so durch X_1 und X_2 angesteuert, daß für die Eingänge des Zwischenspeicher–Flipflops $S' = S$ und $R' = R$ gilt.

Wechselt nun das Taktsignal von $C = 0$ auf $C = 1$ (zunächst gilt noch $X_2 = X_1 = 1$), so tritt das bisher blockierte Zwischenspeicher–Flipflop in Funktion. Gemäß den an den Eingängen S' und R' anliegenden Signalwerten nimmt es einen Zustand an, der unmittelbar anschließend auch den Zustand des Ausgangs–Flipflops beeinflußt. Dabei gilt zunächst die verkürzte Wahrheitstabelle 10.4.

S	R	S'	R'	X_1	X_2	$\overline{Q}_1$	$\overline{Q}_2$
0	0	0	0	1	1	halten	
0	1	0	1	1	0	0	1
1	0	1	0	0	1	1	0
1	1	1	1	verboten			

Tabelle 10.4 Verkürzte Wahrheitstabelle für den Übergang von $C = 0$ auf $C = 1$

Im Augenblick des Wechsels am Takteingang verhält sich die gesamte Schaltung wie ein "normales" SR–Flipflop. Auch hier ist die Kombination $S = R = 1$ nicht erlaubt, da sonst das Zwischenspeicher–Flipflop, das sich unmittelbar zuvor noch nicht in einem stabilen Zustand befindet, in den Haltebetrieb geschaltet wird und daher der dann gehaltene Zustand mehr oder minder zufällig ist.

Geht man beispielsweise davon aus, daß an den Eingangsklemmen $\overline{S} = 0$ und $\overline{R} = 1$ und damit zunächst $S' = \overline{\overline{S} X_1} = 1$ und $R' = \overline{\overline{R} X_2} = 0$ gilt, so kippt das Zwischenspeicher–Flipflop in den durch $X_1 = 0$, $X_2 = 1$ gekennzeichneten stabilen Zustand. Wie der oben angegebenen Wahrheitstabelle zu entnehmen ist, schaltet das Ausgangs–Flipflop anschließend in der hier geforderten Weise auf $\overline{Q}_1 = 1$ und $\overline{Q}_2 = 0$. Die Veränderung des logischen Wertes von $X_1 = 1$ nach $X_1 = 0$ bewirkt gleichzeitig, daß weiterhin $S' = \overline{\overline{S}X_1} = 1$ gilt, unabhängig davon, ob die Eingangswerte an $\overline{S}$ zukünftig verändert werden. Außerdem bewirkt $X_1 = 0$ innerhalb des Zwischenspeicher–Flipflops, daß das untere *NAND*–Gatter an seinem Ausgang $X_2 = 1$ liefert, unabhängig von etwaigen Veränderungen der an R' bzw. an $\overline{R}$ anstehenden Werte. Der Zustand des Zwischenspeicher–Flipflops und damit der des Ausgangs–Flipflops bleiben also unverändert, zumindest solange $C = 1$ gilt. Änderungen am Eingang $\overline{S}$ werden also in der Eingangstorschaltung, diejenigen an $\overline{R}$ erst am Zwischenspeicher–Flipflop abgeriegelt. Gilt unmittelbar vor der Taktflanke für die Werte an den Eingangsklemmen umgekehrt $\overline{S} = 1$ und $\overline{R} = 0$, dann greift der eben beschriebene Verriegelungsmechanismus entsprechend für die jeweils gegenüberliegenden Gatter.

Eine oft übersehene Eigenschaft dieser Schaltung tritt zutage, wenn man das Schaltungsverhalten für die dritte erlaubte Eingangswertekombination $S = R = 0$ untersucht. Unmittelbar vor der positiven Taktflanke gilt dann $S' = \overline{\overline{S}X_1} = 0$ und $R' = \overline{\overline{R}X_2} = 0$. Wechselt nun das Taktsignal auf $C = 1$, dann werden die beiden *NAND*–Gatter des Zwischenspeicher–Flipflops weiterhin so angesteuert, daß $X_1 = X_2 = 1$ ist, womit das Ausgangs–Flipflop unverändert im Haltebetrieb verharrt. An dieser Situation ändert sich erst etwas, wenn während $C = 1$ — beliebige Zeit nach Auftreten der positiven Taktflanke — einer der Eingänge $\overline{S}$ bzw. $\overline{R}$ auf L–Pegel wechselt. Erst dann kippt das Zwischenspeicher–Flipflop in den entsprechenden stabilen Zustand und bewirkt gegebenenfalls eine Zustandsänderung des Ausgangs–Flipflops. Unter den beschriebenen Umständen ist also eine Zustandsänderung auch unabhängig von der Taktsignalflanke möglich; daher kann man die vorgestellte Schaltung eigentlich nur mit gewissen Einschränkungen als taktflankengesteuertes Flipflop bezeichnen.

Etwas problematisch sind auch die an das Zeitverhalten der Eingangssignale zu stellenden Anforderungen. Schreibt man allen Gattern wieder die gleiche Verzögerungszeit T_p zu, so müssen die Eingangssignale um mindestens T_p vor dem Umschaltzeitpunkt des Taktsignals stabil anliegen, da die Gatter der Eingangsschaltung die Auswirkungen auf die Signale S' und R' entsprechend verzögern (Setup–Zeit). Die Signale X_1 bzw. X_2 können sich erst um T_p verzögert nach der Umschaltflanke ändern; daher muß gefordert werden, daß sich die Eingangssignale nach dem Umschaltzeitpunkt des Taktsignals für ein weiteres Intervall T_p nicht verändern dürfen (Hold–Zeit), um die Funktion des Verriegelungsmechanismus nicht zu gefährden. Es ist also zu fordern, daß die Eingangssignale mindestens für die Zeit $2T_p$ bzw. für die Summe von Setup– und Hold–Time um die Taktsignalflanke herum stabil anstehen müssen, was der eigentlichen Absicht der Verbesserung der Störsicherheit durch Verkürzung der Datenübernahmezeit entgegensteht.

Die Taktflankensteuerung eines Flipflops ist gegenüber der Taktzustandssteuerung eine große Verbesserung, zumal mit Hilfe der Taktflankensteuerung die angestrebte Trennung von Aus- und Eingang tatsächlich erzielt werden kann, was im allgemeinen mit taktzustandsgesteuerten Flipflops nicht möglich ist. Aufgrund des beschriebenen Sachverhalts wird jedoch auch deutlich, daß die Realisierung einer Taktflankensteuerung mit einer deutlichen Erhöhung des Schaltungsaufwands einhergehen kann und eventuell Nachteile in Kauf genommen werden müssen, die der eigentlichen Zielsetzung entgegenstehen. Auf relativ unkomplizierte Weise kann hier die Verwendung von Master-Slave-Strukturen Verbesserungen bringen, die zumindest zum Zweck der Taktflankensteuerung keine auf kritische Zeitbedingungen führenden Rückkopplungen benötigen.

10.2.4 *SR*-Master-Slave-Flipflop

Bei den bisher behandelten taktflankengesteuerten *SR*-Flipflops wurde versucht, die Wirkung der Eingangswerte zeitlich zu begrenzen, indem die Transparenzphase stark verkürzt oder die Eingänge verriegelt wurden. Insbesondere im letzten Beispiel wurde deutlich, wie zwei voneinander abhängige Flipflops genutzt werden können, um eine Flankensteuerung zu realisieren. Dabei fällt eine starke Konzentration der Bemühungen auf das Zwischenspeicher-Flipflop und eine der beiden Taktflanken auf; trotz des relativ hohen Aufwands kann das Ergebnis aber nicht vollständig überzeugen.

Die gleichmäßigere Aufteilung der zusätzlichen Bemühungen auf beide Flipflops und beide Taktflanken in einer sogenannten Master-Slave-Struktur bietet eine deutlich elegantere und im Ergebnis günstigere Realisierungsmöglichkeit. Bei einer Master-Slave-Schaltung werden zwei taktzustandsgesteuerte Flipflops hintereinander geschaltet, so daß das zweite Flipflop (Slave) ausschließlich vom ersten Flipflop (Master) abhängig ist. Der Kern des Ansatzes besteht darin, das Master- und das Slave-Flipflop zeitlich versetzt transparent bzw. haltend zu schalten, so daß zu keinem Zeitpunkt beide Flipflops gleichzeitig transparent werden können und dabei Aus- und Eingang direkt verbinden (Abb. 10.25). Gilt in der gezeigten Schaltung für die Taktsignale

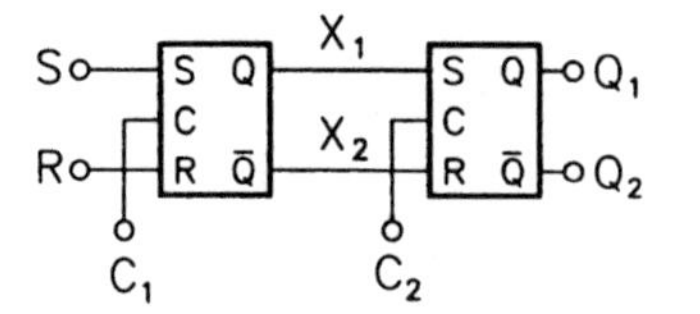

Abb. 10.25 Zum Prinzip des Master-Slave-Flipflops

$C_1 \cdot C_2 = 0$, haben also beide Taktsignale niemals gleichzeitig H-Pegel, so ist beispielsweise bei $C_1 = 1$ der Zustand des Master-Flipflops von den jeweiligen Werten der Eingänge S und R abhängig. Dieser Zustand kann bei entsprechenden Änderungen der Eingangssignale während $C_1 = 1$ durchaus wechseln, so daß auch die Signale X_1 und X_2 Veränderungen unterworfen sind. Der Zustand des Slave–Flipflops wird von diesen Änderungen jedoch nicht betroffen, da es mit $C_2 = 0$ den einmal eingestellten Zustand hält, also liefern auch die Ausgänge Q_1 und Q_2 konstante Werte. Wechselt nun das Taktsignal C_1 von $C_1 = 1$ auf $C_1 = 0$, so wird der aktuelle Zustand des Master–Flipflops gehalten und die Signale X_1 und X_2 nehmen die entsprechenden konstanten Werte an. Wenn anschließend das zweite Taktsignal von $C_2 = 0$ auf $C_2 = 1$ wechselt, stellt sich der Zustand des Slave–Flipflops entsprechend den an X_1 und X_2 liegenden Werten ein. Da sich an diesen Werten wegen $C_1 = 0$ nichts ändert, behält auch das Slave–Flipflop den einmal angenommenen Zustand bei. Bevor sich die Verhältnisse an X_1 und X_2 verändern können, muß das Taktsignal C_1 wieder den Wert $C_1 = 1$ annehmen. Damit die Bedingung $C_1 \cdot C_2 = 0$ nicht verletzt wird, muß zuvor das zweite Taktsignal den Wert $C_2 = 0$ angenommen und damit das Slave–Flipflop vom transparenten in den Haltebetrieb geschaltet haben. Anschließend wieder mögliche Veränderungen von X_1 und X_2 bleiben dann ohne Auswirkungen auf den Ausgang der Gesamtschaltung.

Das Master–Slave–Flipflop unterscheidet sich vom taktflankengesteuerten Flipflop also besonders dadurch, daß die dort eingeführte Rückkopplung und die damit verbundenen verschärften Forderungen an das Zeitverhalten der Eingangssignale entfallen. Stattdessen verläßt man sich bei der notwendigen Koordination der zwei Flipflops darauf, daß die beiden Taktsignale korrekt zusammenwirken. Die an den Eingängen anliegende Information wird im Augenblick der negativen Taktflanke des Taktes C_1 übernommen und erst mit der positiven Flanke des Taktes C_2 an den Ausgang weitergereicht, so daß zwischen der Übernahme der Eingangsinformation und der entsprechenden Reaktion am Schaltungsausgang eine längere Zeitspanne liegen kann. Die Eigenschaft, daß die negative Flanke des Taktsignals C_1 und die positive Flanke des Taktsignals C_2 für die Funktion des Flipflops letztlich entscheidend sind, führt dazu, daß man im allgemeinen nicht zwei unterschiedliche Taktsignale C_1 und C_2, sondern nur einen Takt C verwendet. Der Bedingung $C_1 \cdot C_2 = 0$ wird dadurch entsprochen, daß man das Taktsignal C beispielsweise direkt auf das Master–Flipflop, jedoch invertiert auf das Slave–Flipflop gibt (s. Abb. 10.26). In dem Diagramm gemäß Abb. 10.27 sind die zeitlichen Abfolgen der

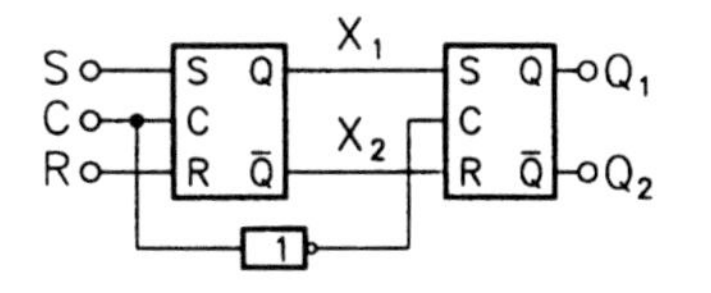

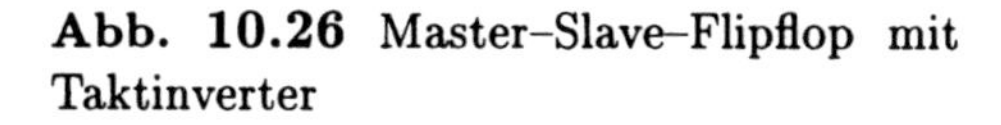
Abb. 10.26 Master–Slave–Flipflop mit Taktinverter

einzelnen Signale dargestellt. Offensichtlich muß die Verzögerungszeit des Inverters auf die Verzögerung des ersten Flipflops abgestimmt sein. C_2 darf das Slave–Flipflop erst dann transparent schalten, wenn die Daten an X_1 und X_2 stabil anliegen. Umgekehrt muß C_2 rechtzeitig zurückgeschaltet und damit das Slave–Flipflop auf Haltebetrieb geschaltet werden, damit die Daten an X_1 und X_2 zum Umschaltzeitpunkt noch stabil anliegen. Zur Umsetzung dieser

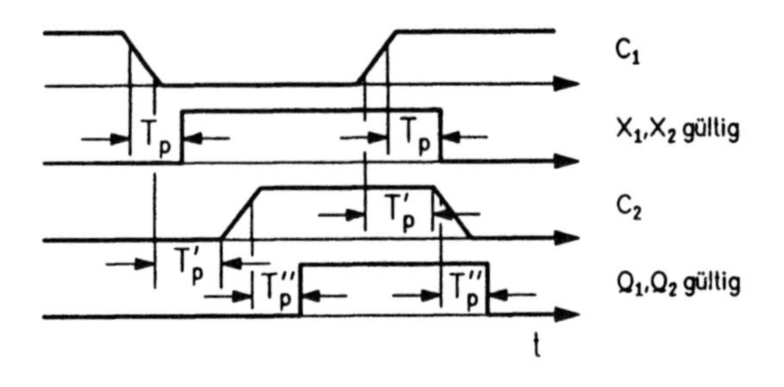

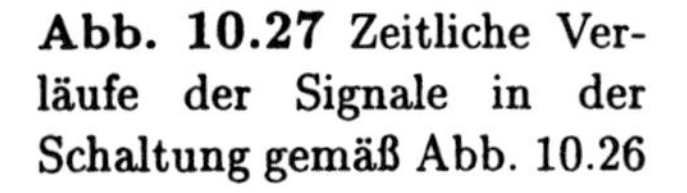
Abb. 10.27 Zeitliche Verläufe der Signale in der Schaltung gemäß Abb. 10.26

Forderung ist es möglich, die endliche Flankensteilheit des Taktsignals C auszunutzen und die Schaltschwelle des Master–Flipflops so hoch zu legen, daß dieses einerseits relativ früh auf Haltebetrieb und andererseits relativ spät in den transparenten Zustand schaltet. Umgekehrt kann der Umschaltpunkt des Inverters niedrig gelegt werden, so daß dieser realtiv spät auf $C_2 = 1$ und früh auf $C_2 = 0$ umschaltet. Man gewinnt auf diese Weise Zeitdifferenzen zwischen den Umschaltzeitpunkten, die etwas geringer als die Anstiegs– und Abfallzeiten des Taktsignals sind. Jedoch leidet bei diesem Verfahren der Störabstand des Taktsignaleingangs der Gesamtschaltung; auch die Abhängigkeit von einer Mindestanstiegszeit des Taktsignals ist etwas problematisch.

Eine andere Möglichkeit, das Taktsignal C_2 zu erzeugen, besteht darin, den Inverter derart zu konzipieren, daß er für den Übergang $C_2 = 0$ nach $C_2 = 1$ die Mindestdauer $T_{p,FF1}$ benötigt, auf die positive Flanke seines Eingangssignals jedoch wesentlich schneller reagiert. Die angesprochenen Maßnahmen sind relativ leicht umzusetzen und infolgedessen finden nach dem Master–Slave–Prinzip arbeitende Flipflops breite Anwendung.

Nachdem wir für das *SR*–Flipflop die wichtigsten Taktsteuerungs–Prinzipien behandelt haben, sollen in den folgenden Abschnitten weitere Flipflop–Schaltungen vorgestellt werden, die sich vom *SR*–Flipflop durch die Art der logischen Verknüpfung der Eingangssignale unterscheiden.

10.2.5 *JK*–Flipflop

In den vorherigen Abschnitten wurde immer wieder deutlich, daß bei der Ansteuerung eines *SR*–Flipflops stets die Bedingung $SR = 0$ erfüllt sein muß; beim Schaltungsentwurf ist daher gegebenenfalls durch den Einsatz zusätzlicher Elemente die Einhaltung dieser Bedingung sicherzustellen. Wie sich etwa bei der Behandlung synchroner sequentieller Schaltungen noch zeigen wird, kann der dadurch verursachte zusätzliche Aufwand von Fall zu Fall erheblich sein.

Eine interessante Möglichkeit zur Einhaltung der genannten Bedingung besteht darin, jedes einzelne Flipflop von vornherein mit einer entsprechenden Zusatzlogik zu versehen. Das geschieht bei der Erweiterung des *SR*– zu einem sogenannten *JK*–Flipflop. In Tabelle 10.5 sind die verkürzten Wahrheitstabellen für *SR*– und *JK*–Flipflops gegenübergestellt. Daraus ist die charakte-

***SR*–Flipflop**			***JK*–Flipflop**		
S	***R***	***Q***	***J***	***K***	***Q***
0	0	Q	0	0	Q
0	1	0	0	1	0
1	0	1	1	0	1
1	1	verboten	1	1	$\overline{Q}$

Tabelle 10.5 Verkürzte Wahrheitstabellen des *SR*– und des *JK*–Flipflops

ristische Gleichung des *JK*–Flipflops leicht ablesbar:

$$Q = \overline{K}Q + J\overline{Q} \; .$$

Wie der Vergleich der beiden Wahrheitstabellen zeigt, ist die Funktion des *JK*–Flipflops weitgehend identisch mit der des *SR*–Flipflops, wobei der *J*–dem *S*–Eingang und der *K*– dem *R*–Eingang entspricht. Der Unterschied besteht darin, daß das *JK*–Flipflop bei der für das *SR*–Flipflop verbotenen Ansteuerung $J = K = 1$ eine zusätzliche Funktion erfüllt, nämlich die Negation des momentanen Zustands. Diese Eigenschaft kann oft ausgenutzt werden, um den Aufwand für die Realisierung einer digitalen Schaltung zu verringern, und zwar über den zur Vermeidung der verbotenen Ansteuerung notwendigen Anteil hinaus.

Der erste Ansatz zur Verwirklichung der angegebenen Wahrheitstabelle besteht in einer Rückkopplung der Ausgänge eines *SR*–Flipflops unter entsprechender Verknüpfung mit den Eingangswerten. Dabei ergibt sich die in Abb. 10.28 dargestellte Schaltung. Gilt für die beiden Eingänge $J = K = 0$, dann

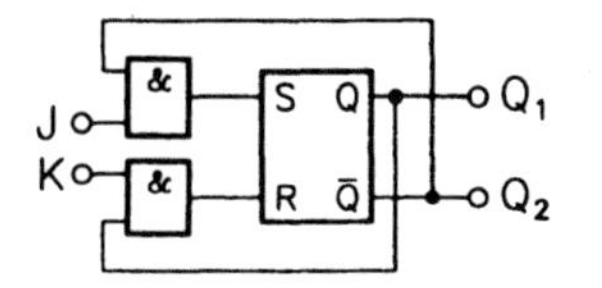

Abb. 10.28 Einfaches *JK*–Flipflop

ist auch $S = R = 0$ und das *SR*–Flipflop hält den gegenwärtigen Zustand. Wird $J = 1$ und $K = 0$, so wird $S = 1$ erzeugt, wenn zuvor $Q_2 = 1$ gegolten hat, so daß anschließend $Q_1 = 1$ und $Q_2 = 0$ gilt. Befand sich das Flipflop bereits zuvor in diesem Zustand, so wird der *J*–Eingang durch das folgende *AND*–Gatter verriegelt und es ändert sich nichts. Umgekehrt verhält sich die Schaltung bezüglich der Kombination $J = 0$, $K = 1$, aus der als Ergebnis der Zustand $Q_1 = 0$, $Q_2 = 1$ resultiert. Für $J = K = 1$ geschieht folgendes. Angenommen, vor Anlegen dieser Werte galt $Q_1 = 0$, $Q_2 = 1$, dann wird $S = J \cdot Q_2 = 1$ und $R = K \cdot Q_1 = 0$, wodurch das Flipflop seinen Zustand wie gewünscht in $Q_1 = 1$, $Q_2 = 0$ ändert. Diese Änderung wird auf den Eingang zurückgegeben, wodurch sich bei weiterem Anliegen der Eingangswerte $J = K = 1$ für die Eingangswerte des *SR*–Flipflops $S = J \cdot Q_2 = 0$ und $R = K \cdot Q_1 = 1$ ergibt und das Flipflop wieder in seinen ursprünglichen Zustand zurückkippt. Anschließend beginnt dieses Schaltspiel von neuem. Das

JK–Flipflop kippt also ständig zwischen seinen beiden stabilen Zuständen so lange hin und her, bis die Kombination $J = K = 1$ geändert wird. Die Periodendauer dieser Kippschwingung wird durch die Verzögerungszeiten der *AND*–Gatter und des *SR*–Flipflop bestimmt. Bei Betrachtung der Wahrheitstabelle bzw. der charakteristischen Gleichung des *JK*–Flipflops wird deutlich, daß hier kein Fehlverhalten vorliegt, sondern durch die Kippschwingung tatsächlich die Forderung erfüllt wird, daß der Folgezustand von Q durch $\overline{Q}$ gegeben sein soll. Wenn man es jedoch andererseits als nicht sinnvoll ansieht, daß ein Flipflop von sich aus Zustandswechsel produziert, anstatt einen vorgegebenen Wert über längere Zeit zu speichern, dann ist es prinzipiell unmöglich, ein transparentes *JK*–Flipflop aufzubauen. Es sind daher nur taktgesteuerte *JK*–Flipflops sinnvoll möglich, die mit einem entsprechend taktgesteuerten *SR*–Flipflop gemäß Abb. 10.28 realisiert werden können. Dabei gilt für die Verwendung einer takzustandsgesteuerten Variante mit einer potentiell länger anhaltenden Transparenzphase natürlich genau die gleiche Überlegung wie für die nicht taktgesteuerte Schaltung. Wegen der mit dieser Problematik verknüpften restriktiven Bedingungen für die einzelnen Signale sind nur taktflankengesteuerte *JK*–Flipflops bzw. solche mit Master–Slave–Struktur von tatsächlicher Bedeutung.

10.2.6 Taktflankengesteuerte *JK*–Flipflops

Taktflankengesteuerte *JK*–Flipflops können mit Hilfe taktflankengesteuerter *SR*–Flipflops realisiert werden, indem Ausgänge eines *JK*–Flipflops auf die Eingänge rückgekoppelt werden. In Abb. 10.29 ist dazu ein *JK*–Master–Slave–

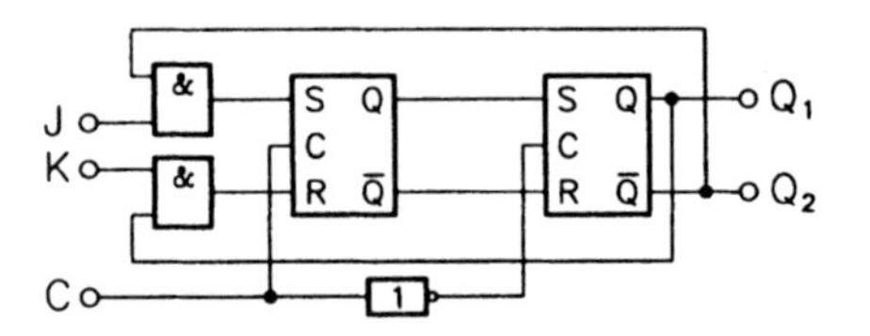

Abb. 10.29 Taktflankengesteuertes *JK*–Master–Slave–Flipflop

Flipflop dargestellt, das aus einem *SR*–Master–Slave–Flipflop abgeleitet wurde.

Dieses *JK*–Flipflop verhält sich so, wie es durch seine Wahrheitstabelle vorgegeben wird. Dennoch entspricht sein Schaltverhalten, abgesehen von der für *SR*–Flipflops verbotenen Eingangswertekombination $J = K = 1$, nicht unter allen Umständen genau dem eines *SR*–Flipflops. Der Verriegelungsmechanismus des *JK*–Flipflops sperrt nämlich immer genau den Eingang, der den bereits vorherrschenden stabilen Zustand des Flipflops herbeiführen würde. Nur jeweils der Eingang, der eine Änderung des momentanen Zustands bewirken kann, ist nicht verriegelt. Zunächst erscheint dieser Umstand bedeutungslos. Ein *SR*–Master–Slave–Flipflop, das sich beispielsweise im Zustand $Q_1 = Q = 0$ befindet, kann durch den Eingangswert $S = 1$ während der Taktphase $C = 1$ auf eine Zustandsänderung vorbereitet werden, indem das Master–Flipflop den entsprechenden Zustand annimmt. Diese Vorentscheidung ist jedoch während des gleichen $C = 1$–Intervalls mittels eines Eingangssignals $R = 1$ noch revidierbar, indem das Master–Flipflop wieder in die Ausgangslage zurückgeschaltet wird. Die Möglichkeit des beliebigen Umschaltens des Master–Flipflops besteht wegen des Verriegelungsmechanismus beim *JK*–Master–Slave–Flipflop gerade nicht. Das Zeitdiagramm in Abb. 10.30 verdeutlicht den Unterschied im Schaltverhalten. Die Schal-

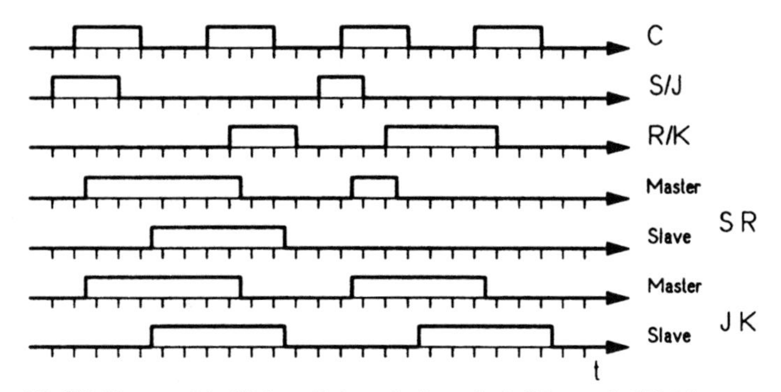

Abb. 10.30 Unterschiedliches Zeitverhalten bei *SR*– und *JK*–Master–Slave–Flipflops

tung des *JK*–Master–Slave–Flipflops neigt also dazu, einen Zustandswechsel zu begünstigen. So können beispielsweise kurze Störimpulse auf einer der Eingangsleitungen bzw. unglücklich zeitversetzt auftretende Ansteuersignale ausreichen, um das Flipflop unkorrigierbar umzuschalten. Damit ist man

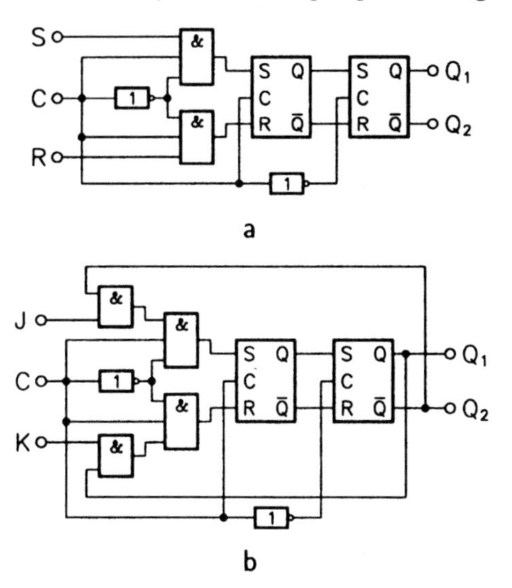

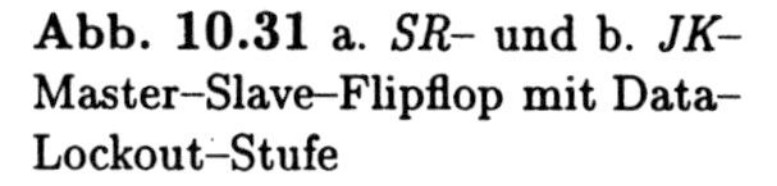
Abb. 10.31 a. *SR*– und b. *JK*–Master–Slave–Flipflop mit Data–Lockout–Stufe

jedoch wieder einer Störanfälligkeit ausgeliefert, die man mit der Taktflankensteuerung zu mindern versucht hatte. Eine Lösung des Problems liegt in der Ergänzung der Schaltung um eine sogenannte Data–Lockout–Stufe, die die Eingangsleitungen nur für eine sehr kurze Zeitspanne auf die eigentlichen Flipflop–Eingänge schaltet. Dieses Prinzip wurde bereits bei der Realisiserung der positiv–taktflankengesteuerten Flipflops beschrieben. Abb. 10.31 zeigt jeweils ein *SR*– und ein *JK*–Master–Slave–Flipflop mit einer entsprechenden Zusatzstufe.

10.2.7 Weitere Flipflop–Arten

Neben den *SR*– und den *JK*–Flipflops gibt es zwei weitere wichtige und relativ häufig anzutreffende Flipflop–Arten, das *D*– und das *T*–Flipflop.

Bei Betrachtung der vorhergehenden Schaltungsbeispiele und vieler praktischer Anwendungen zeigt sich, daß oft die zunächst voneinander unabhängigen Eingänge eines *SR*– oder *JK*–Flipflops gar nicht in ihrer universellen Form benötigt werden. Vielmehr werden sie häufig komplementär angesteuert, um ein gezieltes Setzen bzw. Rücksetzen des Flipflops unabhängig vom jeweiligen Momentanzustand zu erreichen. Speziell für diesen Anwendungbereich der Speicherung eines Datenwerts ist das *D*–Flipflop (Data–Flipflop bzw. Delay–Flipflop) entwickelt worden. Es verfügt über nur einen Eingang, dessen Wert an den Ausgang weitergegeben wird. Für das *D*–Flipflop gilt damit die in Tabelle 10.6 dargestellte verkürzte Wahrheitstabelle.

D	Q
0	0
1	1

Tabelle 10.6 Verkürzte Wahrheitstabelle des *D*–Flipflops

Die charakteristische Gleichung lautet

$$Q = D \; .$$

Aus der Wahrheitstabelle und der charakteristischen Gleichung wird deutlich, daß ein *D*–Flipflop sinnvollerweise nur als taktgesteuertes, nicht jedoch als transparentes Flipflop realisiert werden kann. Ein transparentes *D*–Flipflop entspräche einer Durchverbindung bzw. einem Verzögerungselement. Eine Speicherung in der Weise, daß ein Zustand länger als ein anliegendes Steuersignal gehalten wird, wäre jedoch nicht möglich.

Das *D*–Flipflop kann sehr einfach mit Hilfe eines *SR*–Flipflops dadurch realisiert werden, daß die beiden Eingänge jeweils komplementär angesteuert werden. Eine mögliche Schaltung zeigt Abb. 10.32. Damit das Flipflop nicht mit der unzulässigen Eingangskombination $S = R = 1$ angesteuert wird,

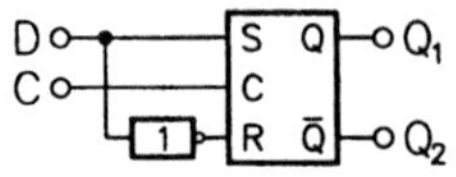

Abb. 10.32 Taktzustandsgesteuertes *D*–Flipflop

muß man fordern, daß das Taktsignal erst dann von $C = 0$ auf $C = 1$ wechselt, wenn $S = D$ bzw. $R = \overline{D}$ stabil anliegen. Je nach zugrundeliegendem *SR*–Flipflop gibt es takzustandsgesteuerte und taktflankengesteuerte bzw. Master–Slave–*D*–Flipflops.

Während das *D*–Flipflop einen an seinem Eingang anstehenden Signalwert übernimmt, für eine Taktperiode speichert und damit eigentlich am ehesten die intuitive Vorstellung von einem Speicherelement umsetzt, speichert das *T*–Flipflop (Toggle–Flipflop) keine an seinem Eingang anliegende Information, sondern verändert gegebenenfalls gemäß der an seinem Eingang liegenden Steuerinformation seinen Zustand bzw. behält den bisherigen Zustand bei.

In Tabelle 10.7 ist die verkürzte Wahrheitstabelle für ein *T*–Flipflop ange-

T	Q
0	Q
1	$\overline{Q}$

Tabelle 10.7 Verkürzte Wahrheitstabelle des *T*–Flipflops

geben. Die zugehörige charakteristische Gleichung lautet

$$Q = \overline{T}Q + T\overline{Q} = T \oplus Q \ .$$

Ein *T*–Flipflop ist besonders einfach mit Hilfe eines *JK*–Flipflops in der Weise realisierbar, daß beide Eingänge zum Eingang $T = J = K$ zusammengefaßt werden (s. Abb. 10.33).

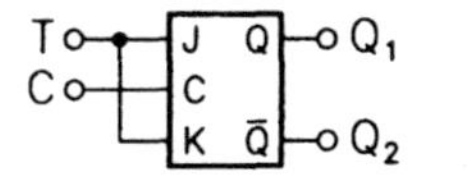

Abb. 10.33 Entwicklung eines *T*–Flipflops aus einem *JK*–Flipflop

Für alle Typen gibt es Anwendungsbereiche in der Praxis. Mit *D*–Flipflops lassen sich beispielsweise Schieberegister aufwandsgünstig aufbauen; sie bestehen aus einer Speicherkette, in der ein Datenwert mit jedem Takt um je eine Speicherstelle weitergereicht wird. *T*–Flipflops gestatten eine einfache Realisierung von speziellen Zählerschaltungen, wie beispielsweise Frequenzteilern.

Der am universellsten einsetzbare Flipflop–Typ ist jedoch das *JK*–Flipflop, das aus diesem Grund auch am weitesten verbreitet ist; *D*– und *T*–Flipflop bieten jeweils eine Hälfte der vom *JK*–Flipflop zur Verfügung gestellten Funktionalität.

Bei der Behandlung synchroner sequentieller Schaltungen werden wir noch eingehender erläutern, wie bei einer Schaltung für spezielle Aufgaben je nach Wahl des Flipflop–Typs mehr oder minder umfangreiche logische Verknüpfungsschaltungen aufgebaut werden müssen; andererseits werden wir aber auch sehen, daß es prinzipiell möglich ist, Schaltungen mit jedem Flipflop–Typ zu entwerfen.

Typ	Wahrheits-tabelle	Charakteristsche Gleichung	Mögliche Taktsteuerung
SR	S R Q		
	0 0 Q 0 1 0 1 0 1 1 1 –	$Q = S + \overline{R}Q$ $SR = 0$	nicht taktgesteuert taktzustandsgesteuert taktflankengesteuert
JK	J K Q		
	0 0 Q 0 1 0 1 0 1 1 1 $\overline{Q}$	$Q = J\overline{Q} + \overline{K}Q$	taktflankengesteuert
D	D Q		
	0 0 1 1	$Q = D$	taktzustandsgesteuert taktflankengesteuert
T	T Q		
	0 Q 1 $\overline{Q}$	$Q = T\overline{Q} + \overline{T}Q$	taktflankengesteuert

Tabelle 10.8 Übersicht über die verschiedenen Flipflop–Typen

In Tabelle 10.8 sind die wesentlichen Merkmale der vier in diesem Abschnitt behandelten Flipflop–Typen noch einmal zusammengestellt, um einen vergleichenden Überblick zu erleichtern.

Alle Flipflops können aus dem Basis–Flipflop entwickelt werden. Aber auch die Umwandlung von Flipflop–Typen untereinander ist oft möglich. Wie dies geschehen kann, zeigt zum Abschluß Tabelle 10.9, in der einige Prinzipschaltungen aufgeführt sind, die die Umwandlung eines Flipflop–Typs in einen anderen ermöglichen. Wie der Vergleich zwischen *SR*– und *JK*–Master–Slave–Flipflop gezeigt hat, muß ihre Äquivalenz im Einzelfall allerdings kritisch überprüft werden. Bei Bewertung der Gegenüberstellung ist natürlich zu berücksichtigen, daß nicht alle Taktsteuerungsvarianten in jedem Fall möglich oder sinnvoll sind. Beispielsweise ist nur ein taktflankengesteuertes *SR*–Flipflop sinnvoll für die Realisierung eines *JK*–Flipflops einsetzbar, während für den Aufbau eines *D*–Flipflops auch die taktzustandsgesteuerte Variante möglich ist.

10.3 Schieberegister

Als Anwendungsbeispiele für Flipflops behandeln wir im folgenden einige Register–Schaltungen. Register haben primär die Aufgabe, Daten zu speichern;

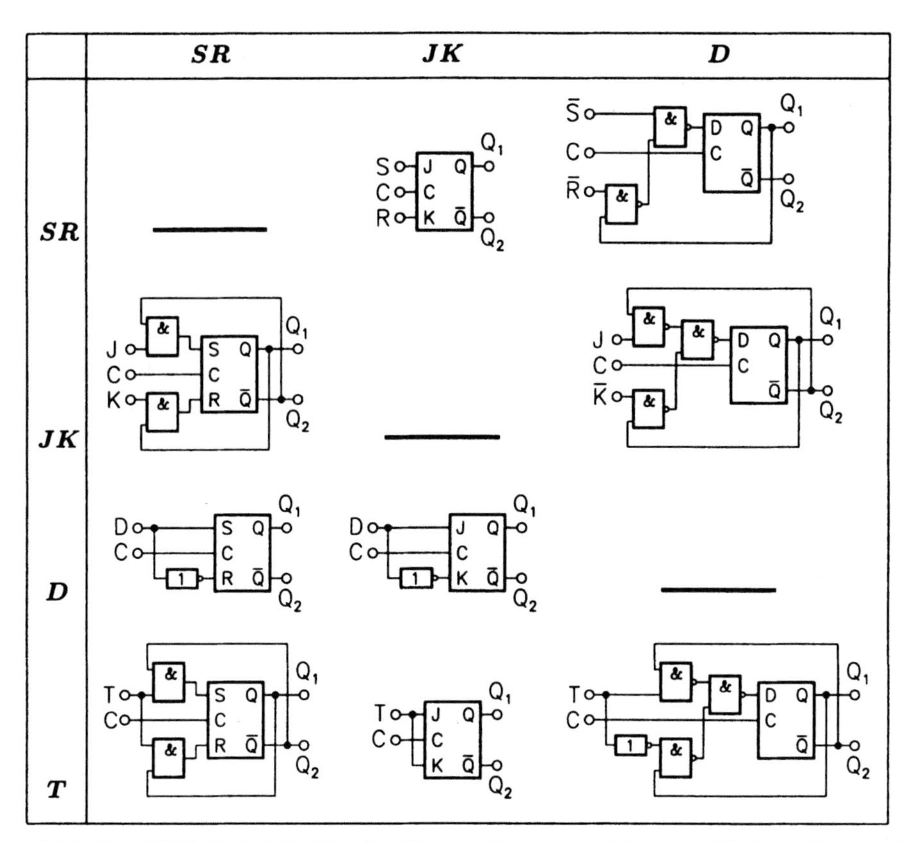

Tabelle 10.9 Beispiele für die Umwandlung verschiedener Flipflop–Typen ineinander

die Flipflops werden also als Speicherbausteine eingesetzt. Jedes Flipflop kann dabei ein Bit speichern. Zur Speicherung von n Bit umfassenden Daten sind also mindestens n Flipflops notwendig.

Beispiel 10.1

Es soll eine Registerschaltung aus D–Flipflops aufgebaut werden, die in der Lage ist, vier Bit umfassende Daten zu speichern. Die entsprechende Schaltung dazu zeigt die nächste Abbildung.

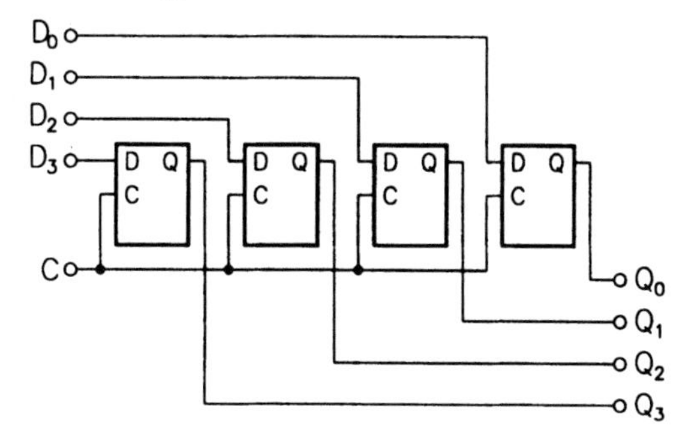

Die D–Flipflops seien positiv–taktflankengesteuert. Bei jeder positiven Taktflanke übernehmen die Flipflops dann die an den Eingängen $D_0 \dots D_3$ anliegenden Werte und stellen sie an den jeweiligen Ausgängen $Q_0 \dots Q_3$ zur Verfügung. Anschließende Veränderungen an den Eingangsdaten haben keinen Einfluß mehr auf die Ausgangswerte.

In diesem Beispiel werden also parallel anliegende Eingangsdaten gespeichert und als parallel anliegende Daten an den Ausgangsklemmen zur Verfügung gestellt. Auch die Speicherung serieller Daten ist möglich. Man spricht von seriellen Daten, wenn die einzelnen Bits nacheinander in zeitlich definierter Abfolge verarbeitet werden. Zur Speicherung serieller Daten muß die Schaltung des letzten Beispiels leicht modifiziert werden.

Die in der folgenden Abb. 10.34 dargestellte Schaltung kann vier Bit um-

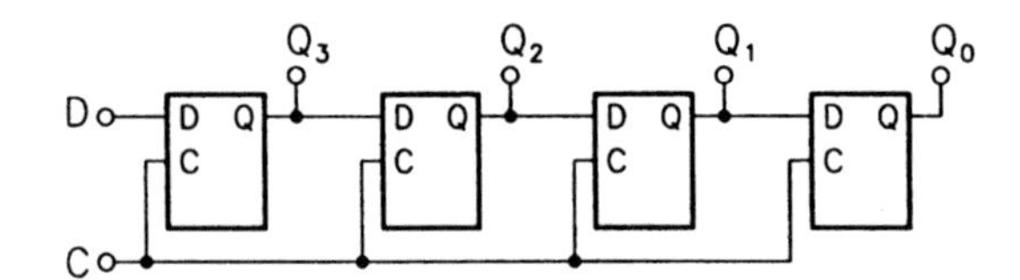

Abb. 10.34 4–Bit–Schieberegister mit serieller und paralleler Datenausgabe

fassende serielle Daten, die auf den Eingang D gegeben werden, speichern und sowohl in serieller (an Q_0) als auch in paralleler Form an den Klemmen $Q_3 \dots Q_0$ ausgeben. Gilt (im 1. – 4. Takt) $D = D_0$, $D = D_1 \dots D = D_3$, so werden diese Daten mit jedem Takt um ein Flipflop weiter nach rechts geschoben. Tabelle 10.10 zeigt diesen Datenfluß. Nach vier Takten sind die

t	D	Q_3	Q_2	Q_1	Q_0
t_0	D_0	×	×	×	×
$t_1 = t_0 + T$	D_1	D_0	×	×	×
$t_2 = t_0 + 2T$	D_2	D_1	D_0	×	×
$t_3 = t_0 + 3T$	D_3	D_2	D_1	D_0	×
$t_4 = t_0 + 4T$	×	D_3	D_2	D_1	D_0

Tabelle 10.10 Einlesen der Daten in das Schieberegister

vier Datenbits vollständig in das Schieberegister eingelesen. Nach drei weiteren Taktimpulsen werden die Daten nacheinander an den Ausgang Q_0 gelegt und damit in serieller Form wieder ausgegeben (Tabelle 10.11).

Neben dem seriellen Ein– und dem parallelen Auslesen ist auch die Umkehrung der Reihenfolge möglich. Zu diesem Zweck wird die Schaltung noch einmal geringfügig modifiziert. Dabei werden die ursprünglichen Flipflops durch solche ersetzt, die über asynchron arbeitende Preset– und Clear–Eingänge

t	D	Q_3	Q_2	Q_1	Q_0
$t_4 = t_0 + 4T$	×	D_3	D_2	D_1	D_0
$t_5 = t_0 + 5T$	×	×	D_3	D_2	D_1
$t_6 = t_0 + 6T$	×	×	×	D_3	D_2
$t_7 = t_0 + 7T$	×	×	×	×	D_3
$t_8 = t_0 + 8T$	×	×	×	×	×

Tabelle 10.11 Auslesen der Daten aus dem Schieberegister

verfügen; dies sind Eingänge die den jeweiligen Zustand des Flipflops auch unabhängig vom Taktsignal zu verändern gestatten (Abb. 10.35).

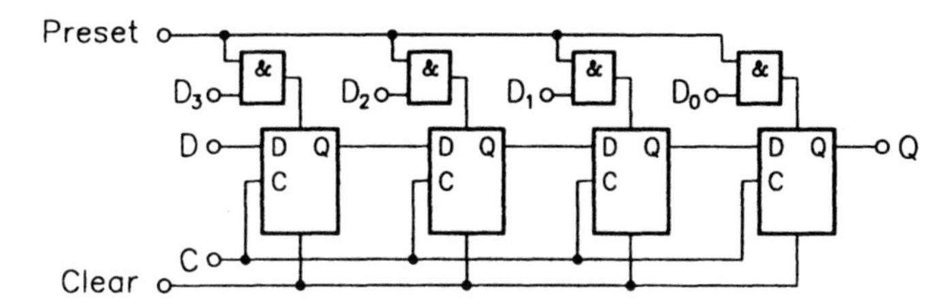

Abb. 10.35 Schieberegister zur Wandlung paralleler in serielle Daten

In dieser Schaltung können die Flipflops über die Dateneingänge $D_0 \ldots D_3$ gesetzt (geladen) werden, das vier Bit lange Datenwort wird also parallel gespeichert. Der Preset–Eingang ermöglicht es, die Flipflops nur zu einem genau bestimmbaren Zeitpunkt zu beeinflussen; die Preset– und Clear–Eingänge der Flipflops arbeiten unabhängig vom Takt, sie besitzen somit die Funktionalität der S– bzw. R–Eingänge eines transparenten SR–Flipflops. Anschließend können dann die Daten in Verbindung mit einem entsprechenden Taktsignal an C seriell über den Ausgang Q ausgegeben werden.

Register finden Anwendung bei der Übertragung von Daten bzw. der Wandlung von Datenformaten und als Pufferspeicher. Außerdem können sie vorteilhaft eingesetzt werden, um verschiedene Schaltungsteile voneinander zu entkoppeln, indem mit ihrer Hilfe das stabile Anliegen von Daten auf bestimmten Ein– bzw. Ausgangsleitungen garantiert wird.

10.4 Zusammenfassung

Flipflops sind Transistor–Schaltungen, die zwei stabile Zustände annehmen können und die somit zum Speichern von Signalwerten oder anderen Daten geeignet sind. Der Zustand eines Flipflops kann abhängig von einer Ansteuerung gehalten oder verändert werden. Aufgrund verschiedener Steuerungsmechanismen gibt es unterschiedliche Flipflop–Schaltungen. Wir haben die verschiedenen Flipflop–Typen im wesentlichen unter zwei Gesichtspunkten behandelt, nämlich in bezug auf die Abhängigkeit des logischen Zustandes und damit die Abhängigkeit des Ausgangssignals von den Eingangssignalen sowie hinsichtlich des Einflusses einer etwaigen Taktsteuerung auf das Schaltungsverhalten eines Flipflops. Unter dem erstgenannten Aspekt haben wir eine Unterscheidung zwischen *SR*–, *JK*–, *D*– und *T*–Flipflops gemacht; auf der Basis des zweiten Kriteriums haben wir eine Auffächerung in nicht taktgesteuerte, taktzustandsgesteuerte und taktflankengesteuerte Flipflops vorgenommen. Das *SR*–Flipflop ist als sogenanntes Basis–Flipflop diejenige Schaltung, aus der alle anderen Flipflop–Arten abgeleitet werden können. Das *JK*–Flipflop ist im Rahmen synchroner Schaltungen der am universellsten einsetzbare Flipflop–Typ.

11 Minimierung von Logikfunktionen

11.1 Normalform–Darstellungen

Nachdem wir in den beiden vorangegangenen Kapiteln die schaltungstechnischen Grundlagen logischer Verknüpfungs– und Speicherschaltungen behandelt haben, sollen im folgenden methodische Ansätze beschrieben werden, die den systematischen Entwurf logischer Schaltungen gestatten. Am Anfang dieses Prozesses steht dabei eine Logikfunktion, die in eine Schaltung umgesetzt werden soll. Die Darstellungsform dieser Logikfunktion bestimmt maßgeblich den Aufwand bei der Schaltungsrealisierung. Wir beginnen aus diesem Grunde mit der Beschreibung von Methoden zur Standardisierung und insbesondere zur Minimierung logischer Funktionen. Die Minimalform einer logischen Funktion ist nämlich die Basis für eine aufwandsgünstige Schaltungsrealisierung.

Im Bereich der "gewöhnlichen" Algebra wird man, ausgehend von einer beispielweise sprachlich vorliegenden Aufgabenstellung, zunächst eine erste mathematische Formulierung der Problemstellung entwerfen. Dabei wird es in der Regel leicht möglich sein, ein und denselben mathematischen Sachverhalt auf unterschiedliche Weise darzustellen. Verschiedene, einander prinzipiell äquivalente Darstellungsformen, sind meistens von unterschiedlichem Nutzen. Abhängig von der Art des zu lösenden Problems wird man algebraische Ausdrücke von bestimmten Form anstreben, wobei häufig ein Ziel darin besteht, Ausdrücke mit einer möglichst geringen Zahl von Termen zu erhalten. So wird man etwa in vielen Fällen versuchen, möglichst viele Bruchterme innerhalb eines Ausdrucks zusammenzufassen, wobei man beispielsweise alle Möglichkeiten zum Kürzen wahrnimmt. Die in solchen Fällen vorzunehmenden Umformungen beruhen auf dem Einsatz von Rechenregeln der Algebra. Ein besonderes Kennzeichen dieses Vorgehens besteht darin, daß die Anwendung der Rechenregeln weitgehend der Intuition und Erfahrung des Menschen überlassen ist, der die Aufgabe zu lösen versucht.

Diese Situation stellt sich bei der Umsetzung logischer Funktionen in Schaltungen ähnlich dar. Wie im Bereich der gewöhnlichen Algebra ist es auch bei der Booleschen Algebra leicht möglich, ein und denselben funktionalen Zusammenhang in sehr unterschiedlichen Formen anzugeben. Die dabei auftretenden Ausdrücke enthalten in der Regel wenige verschiedene und einfache Operationen. Trotzdem werden die Darstellungen im allgemeinen sehr umfangreich, da meistens eine relativ große Anzahl von Eingangsvariablen miteinander verknüpft wird. Obwohl die entstehenden Ausdrücke oft von ähnlicher Struktur sind, ist die Überschaubarkeit daher schon in einfachen Fällen relativ schlecht. Deshalb ist zur schaltungstechnischen Umsetzung von Logikfunktionen ein wirkungsvolles und systematisches Instrumentarium unbedingt erforderlich.

Die Beschränkung auf lediglich zwei binäre Operatoren erleichtert die systematische Behandlung des Problems insofern, als sich für logische Funktionsvorschriften zwei allgemeine Darstellungsformen angeben lassen, in die jede Logikfunktion überführt werden kann; wir werden sie im folgenden nacheinander behandeln. Zuvor sollen jedoch noch zwei Begriffe erläutert werden, die dabei häufiger auftauchen: die "Konjunktion" und die "Disjunktion". Unter Konjunktion versteht man die *AND*-Verknüpfung, unter Disjunktion die *OR*-Verknüpfung von Eingangsvariablen.

11.1.1 Die disjunktive Normalform

Ist die logische Ausgangsvariable y einer Logikfunktion f abhängig von n Eingangsvariablen $x_1, x_2, \ldots, x_n$, dann kann f als *OR*-Verknüpfung von bis zu 2^n Einzeltermen — also Teilausdrücken — angegeben werden. Jeder dieser Einzelterme besteht aus *AND*-Verknüpfungen *aller n* Eingangsvariablen, die in diesem Term entweder in nicht negierter oder in negierter Form auftreten. Die auf diese Weise gebildeten Einzelterme werden als Minterme bezeichnet und der gesamte Ausdruck trägt die Bezeichnung disjunktive Normalform.

Diese auf den ersten Blick vielleicht etwas abstrakte Definition wird durch das folgende Beispiel sofort anschaulicher.

Beispiel 11.1

Eine Lampe (y) soll leuchten ($y \to 1$), wenn der Schalter I (x_1) und gleichzeitig entweder Schalter II (x_2) oder Schalter III (x_3) bzw. beide gemeinsam geschlossen sind. Aus dieser sprachlichen Formulierung folgt zunächst direkt die Logikfunktion

$$y = f(x_1, x_2, x_3) = x_1 \cdot (x_2 + x_3) .$$

Diesen Ausdruck formen wir unter Verwendung der Rechenregeln für die Boolesche Algebra in Einzelschritten mit dem Ziel um, daß am Ende *OR*-verknüpfte Terme entstehen, die jeweils alle Eingangsvariablen in negierter oder nicht negierter Form enthalten.

$$\begin{aligned} f(x_1,x_2,x_3) &= x_1 \cdot (x_2 + x_3) \\ &= x_1x_2 + x_1x_3 \\ &= x_1x_2(x_3+\overline{x}_3) + x_1(x_2+\overline{x}_2)x_3 \\ &= x_1x_2x_3 + x_1x_2\overline{x}_3 + x_1x_2x_3 + x_1\overline{x}_2x_3 \\ &= x_1x_2x_3 + x_1x_2\overline{x}_3 + x_1\overline{x}_2x_3 \;. \end{aligned}$$

In der letzten Zeile stehen die drei möglichen *AND*-Verknüpfungen der Eingangsvariablen, die jeweils auf $f = 1$ führen. Die disjunktive Normalform für die hier betrachtete Logikfunktion lautet damit:

$$f(x_1,x_2,x_3) = \underbrace{x_1x_2x_3}_{Minterm\ 1} + \underbrace{x_1x_2\overline{x}_3}_{Minterm\ 2} + \underbrace{x_1\overline{x}_2x_3}_{Minterm\ 3} \;.$$

Zur Illustration ist nachstehend derjenige Ausschnitt der Wahrheitstabelle angegeben, der für $f = 1$ relevant ist; um deutlich zu machen, welche Eingangsvariablen in die Minterme eingehen, sind hier auch die negierten Variablen aufgeführt.

	x_1	x_2	x_3	$\overline{x}_1$	$\overline{x}_2$	$\overline{x}_3$	f
Minterm 1 ⟶	1	1	1	0	0	0	1
Minterm 2 ⟶	1	1	0	0	0	1	1
Minterm 3 ⟶	1	0	1	0	1	0	1

Durch Umformung einer Funktionsvorschrift in die disjunktive Normalform ist es möglich, Logikfunktionen der verschiedensten Erscheinungsformen in eine strukturell einheitliche, wenn auch oft sehr umfangreiche Form zu bringen. So ist beispielsweise die Funktion

$$\tilde{f} = \overline{\overline{x}_1 + \overline{x_2 + x_3}}$$

identisch mit f aus dem soeben behandelten Beispiel, was man ihr allerdings nicht ohne weiteres ansieht. Beide Funktionen führen jedoch auf dieselbe disjunktive Normalform.

Der umgekehrte Weg, die Vereinfachung der Normalform zu handlicheren, weniger umfangreiche Terme umfassenden Ausdrücken läßt sich auf relativ einfache Weise systematisieren, wie wir noch sehen werden. Diese Vereinfachung ist ein wichtiges Hilfsmittel bei der Schaltungsentwicklung, da jede einzelne Verknüpfung potentiell zu einem erhöhten Realisierungsaufwand beiträgt.

11.1.2 Die konjunktive Normalform

Bei der disjunktiven Normalform einer Funktion f werden die — nicht negierten oder negierten — Eingangsvariablen zu Teilausdrücken *AND*-verknüpft und diese dann über *OR*-Verknüpfungen zur vollständigen Funktionsbeschreibung zusammengefaßt.

Zur Aufstellung der konjunktiven Normalform werden alle Eingangsvariablen — wiederum nicht negiert oder negiert — zunächst *OR*-verknüpft; die auf diese Weise entstehenden Ausdrücke heißen Maxterme. Sie werden *AND*-verknüpft und das Resultat bildet die konjunktive Normalform. Auch diese Darstellung kann bis zu 2^n Einzelterme umfassen.

Beispiel 11.2

Wir betrachten noch einmal die in Beispiel 11.1 untersuchte Logikfunktion

$$y = f(x_1, x_2, x_3) = x_1 \cdot (x_2 + x_3) \ .$$

Ihre Darstellung in konjunktiver Normalform lautet

$$\begin{aligned} f &= x_1 \cdot (x_2+x_3) \\ &= (x_1+x_2\bar{x}_2+x_3\bar{x}_3) \cdot (x_1\bar{x}_1+x_2+x_3) \\ &= \underbrace{(x_1+x_2+x_3)}_{Maxterm\ 1} \cdot \underbrace{(x_1+\bar{x}_2+x_3)}_{Maxterm\ 2} \cdot \underbrace{(x_1+x_2+\bar{x}_3)}_{Maxterm\ 3} \cdot \underbrace{(x_1+\bar{x}_2+\bar{x}_3)}_{Maxterm\ 4} \cdot \underbrace{(\bar{x}_1+x_2+x_3)}_{Maxterm\ 5} \ . \end{aligned}$$

	x_1	x_2	x_3	$\bar{x}_1$	$\bar{x}_2$	$\bar{x}_3$	f
Maxterm 5 ⟶	1	0	0	0	1	1	0
Maxterm 4 ⟶	0	1	1	1	0	0	0
Maxterm 2 ⟶	0	1	0	1	0	1	0
Maxterm 3 ⟶	0	0	1	1	1	0	0
Maxterm 1 ⟶	0	0	0	1	1	1	0

Disjunktive und konjunktive Normalform führen im Einzelfall zu unterschiedlich umfangreichen Darstellungen. Nimmt die Ausgangsvariable der Logikfunktion f für m der 2^n Eingangskombinationen den Wert 1 an, dann umfaßt die disjunktive Normalform von f insgesamt m Minterme. Die konjunktive Normalform von f besitzt dagegen in diesem Fall $l = 2^n - m$ Maxterme.

Beide Normalformdarstellungen können wir folgendermaßen interpretieren. Für die disjunktive Normalform gehen wir von der ursprünglichen Darstellung $f_1 = 0$ aus und fügen Minterm um Minterm diejenigen Eingangswerte-Kombinationen hinzu, für die die darzustellende Funktion f den Wert 1 annimmt:

$$\begin{aligned} f_1 &= 0 \\ f_2 &= 0 + \text{Minterm}_1 \\ f_3 &= 0 + \text{Minterm}_1 + \text{Minterm}_2 \\ &\vdots \\ f &= 0 + \text{Minterm}_1 + \ldots + \text{Minterm}_m \ . \end{aligned}$$

Bei der konjunktiven Normalform ist der Ausgangspunkt $f_1 = 1$. Anschließend "maskieren" wir Maxterm für Maxterm jede einzelne $f(x_1, x_2, \ldots, x_n) = 0$ Stelle heraus:

$$\begin{aligned} f_1 &= 1 \\ f_2 &= 1 \cdot \text{Maxterm}_1 \\ f_3 &= 1 \cdot \text{Maxterm}_1 \cdot \text{Maxterm}_2 \\ &\vdots \\ f &= 1 \cdot \text{Maxterm}_1 \cdot \ldots \cdot \text{Maxterm}_l \ . \end{aligned}$$

Die Wahl der disjunktiven Normalform ist dann im Hinblick auf geringen Aufwand bei der Schaltungsrealisierung besonders günstig, wenn die Ausgangsvariable für möglichst wenige Eingangswerte–Kombinationen den Wert 1 annimmt. Umgekehrt ergeben sich bei der konjunktiven Normalform relativ wenige Terme, wenn f für viele Eingangswerte–Kombinationen 1 wird.

Zur Demonstration des unterschiedlichen Realisierungsaufwandes betrachten wir noch einmal die Logikfunktion

$$f = x_1 \cdot (x_2 + x_3) \ .$$

Aus den beiden Normalformen ergeben sich für das Beispiel die zwei in Abb.

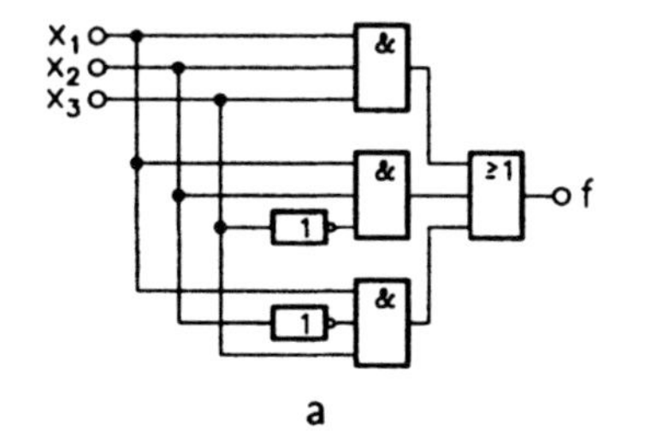

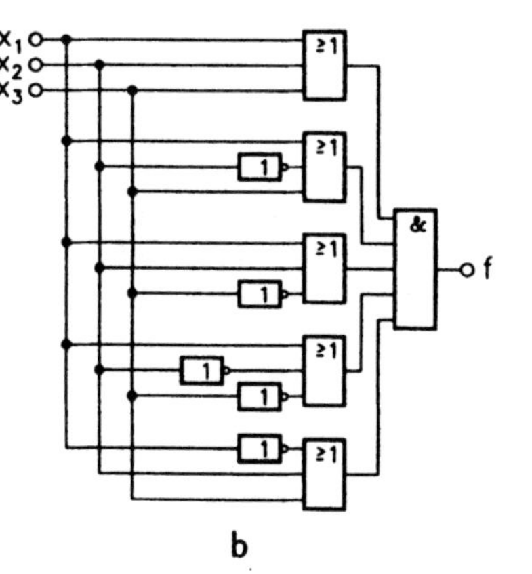

Abb. 11.1 Schaltungsrealisierung zur a. disjunktiven und der b. konjunktiven Normalform des Beispiels 11.1 bzw. 11.2

11.1 dargestellten Realisierungen. Zum Vergleich ist in Abb. 11.2 die direkte Realisierung der ursprünglich vorgegebenen Logikfunktion wiedergegeben.

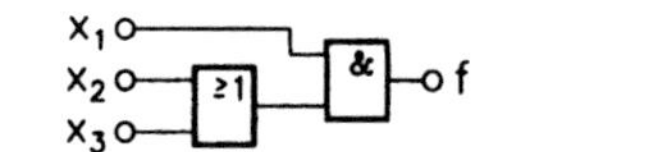

Abb. 11.2 Direkte Realisierung der Logikfunktion $f = x_1 \cdot (x_2 + x_3)$

Alle drei Schaltungen sind einander insofern äquivalent, als sie dieselbe Logikfunktion realisieren. Das Beispiel zeigt aber auch ganz deutlich, daß es einen erhöhten und unnötigen Aufwand mit sich bringen kann, eine der Normalformen zu realisieren. Der Vorteil der Normalformen liegt in der Systematik der Notation, für die Umsetzung in eine konkrete Schaltung ist ihre Wahl in der Mehrzahl der Fälle eher ungünstig.

11.2 Minimierungsverfahren

Ausgangspunkt für die folgenden Überlegungen ist die Aufgabe, zu einer vorgegebenen Problembeschreibung eine Schaltungsrealisierung zu entwerfen. Wie wir bereits im vorhergehenden Abschnitt gesehen haben, sind zur Umsetzung einer Logikfunktion verschiedene Schaltungsvarianten denkbar, die sich in Art und Anzahl der benötigten Bausteine unterscheiden. Im Gegensatz zum letzten Beispiel führt die direkte Umsetzung der aus der Aufgabenstellung folgenden Logikfunktion in der Regel jedoch nicht auf die günstigste Lösung.

Beim Entwurf kombinatorischer Logikschaltungen (der Begriff "kombinatorisch" wird im nächsten Kapitel noch genauer erläutert werden) wird daher im allgemeinen — ausgehend von den Angaben der Aufgabenstellung — zuerst auf eine der beiden immer angebbaren Normalformen übergegangen, von der aus dann mit Hilfe geeigneter Verfahren die minimale Logikfunktion gefunden werden kann.

Beispiel 11.3

Gegeben ist die Logikfunktion

$$f = x_1\overline{x}_2x_3\overline{x}_4 + x_1x_2x_3 + (x_1\overline{x}_2 + x_1x_2\overline{x}_3)x_4 \ .$$

Eine direkte Realisierung dieser Funktion wäre sicherlich schon günstiger als eine Schaltungsumsetzung auf der Basis einer der Normalformen. Um dies zu zeigen, bilden wir beispielsweise die disjunktive Normalform dieser Funktion; sie lautet

$$\begin{aligned} f \quad = \quad & x_1\overline{x}_2x_3\overline{x}_4 + x_1x_2x_3x_4 + x_1x_2x_3\overline{x}_4 + \\ & x_1\overline{x}_2x_3x_4 + x_1\overline{x}_2\overline{x}_3x_4 + x_1x_2\overline{x}_3x_4 \ . \end{aligned}$$

Die ursprüngliche Form führt aber noch nicht auf die aufwandsgünstigste Realisierung einer Schaltung. Die Anwendung der Rechenregeln der Booleschen Algebra zeigt vielmehr, daß die ursprüngliche Logikfunktion noch sehr viel kürzer formuliert werden kann und daß in diesem Fall sogar die Anzahl der für das Ergebnis relevanten Eingangsvariablen geringer ist, als es zunächst den Anschein hat:

$$\begin{aligned} f &= x_1\overline{x}_2x_3\overline{x}_4 + x_1x_2x_3 + (x_1\overline{x}_2 + x_1x_2\overline{x}_3)x_4 \\ &= x_1\overline{x}_2x_3\overline{x}_4 + x_1x_2x_3\overline{x}_4 + x_1\overline{x}_2x_4 + x_1x_2x_4 \\ &= x_1x_3\overline{x}_4 + x_1x_4 \\ &= x_1(x_3 + x_4)\ . \end{aligned}$$

Ganz offensichtlich kann diese letzte Gleichung nicht mehr weiter vereinfacht werden, so daß sie die einfachste Darstellung ist.

Es ist leicht einzusehen, daß abhängig von der jeweiligen Aufgabenbeschreibung, vom persönlichen Arbeitsstil usw. zunächst unterschiedliche Formen der Logikfunktionen aufgestellt werden können, die zwar untereinander äquivalent sind, denen diese Äquivalenz jedoch nicht unbedingt angesehen werden kann. Wie die bisherigen Beispiele gezeigt haben, kann eine erste Formulierung bereits realisierungsfreundlich sein, sie muß es aber nicht.

Im allgemeinen ist es daher unvermeidlich, die vorgegebenen Logikfunktion durch Anwendung der Rechenregeln der Booleschen Algebra zunächst so weit zusammenzufassen, daß möglichst wenige Verknüpfungen zur Realisierung benötigt werden. Da besonders bei praktischen Anwendungen die Zahl der Eingangsvariablen und die Komplexität der Funktionsausdrücke groß werden können, ist eine manuelle und intuitive Anwendung der Rechenregeln selten praktikabel. Es ist vielmehr unumgänglich, systematische Verfahren einzusetzen, die implizit diese Rechenregeln verwenden und auf einem standardisierten Weg zum Ziel führen. Eine Möglichkeit, die Anwendung der Rechenregeln und damit den Minimierungsvorgang zu systematisieren besteht in der Verwendung des sogenannten Karnaugh–Diagramms.

11.2.1 Karnaugh–Diagramme

Das Karnaugh–Diagramm [3] wird häufig auch als Karnaugh–Veitch–Diagramm (KV–Diagramm) [4] bezeichnet. Seine Funktion besteht darin, den Inhalt der (disjunktiven) Normalform grafisch zu veranschaulichen. Es enthält zu diesem Zweck eine quadratische Anordnung von Feldern, in die jeweils die möglichen *AND*–Verknüpfungen der Eingangsvariablen — in nicht negierter oder negierter Form — eingetragen werden.

Wir beginnen die Erläuterung der Systematik mit einem einleitenden Beispiel. Es zeigt zunächst zwei verschiedene Möglichkeiten, Karnaugh–Diagramme anzulegen und zwar für vier Logikvariablen (Abb. 11.3). Jedes Diagramm besteht aus $2^4 = 16$ Feldern, jedes Feld repräsentiert eine der mit vier Logikvariablen darstellbaren Eingangswerte–Kombinationen und entspricht damit genau einem Minterm der disjunktiven Normalform. Die für jedes einzelne Feld gültige Kombination läßt sich am Rand des Diagramms ablesen.

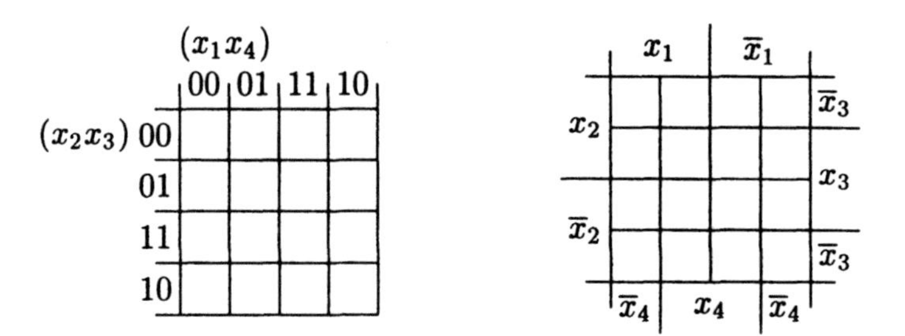

Abb. 11.3 Zwei unterschiedliche Darstellungsformen für Karnaugh–Diagramme bei vier Variablen

Hinsichtlich der Platzverteilung auf die 16 Kombinationen unterscheiden sich die beiden Diagrammformen. Die Zuordnung können wir Abb. 11.4 ent-

(x_2x_3) \ (x_1x_4)	00	01	11	10
00	0	1	9	8
01	2	3	11	10
11	6	7	15	14
10	4	5	13	12

	x_1	x_1	$\overline{x}_1$	$\overline{x}_1$	
x_2	12	13	5	4	$\overline{x}_3$
x_2	14	15	7	6	x_3
$\overline{x}_2$	10	11	3	2	x_3
$\overline{x}_2$	8	9	1	0	$\overline{x}_3$
	$\overline{x}_4$	x_4	x_4	$\overline{x}_4$	

Abb. 11.4 Mintermpositionen der beiden Diagrammformen

nehmen. Platz 7 entspricht beispielsweise der Eingangswerte–Kombination

$$(x_1, x_2, x_3, x_4) = (0, 1, 1, 1)$$

beziehungsweise dem Minterm $\overline{x}_1x_2x_3x_4$. In beiden Diagrammformen unterscheiden sich die zu zwei horizontal oder vertikal benachbarten Plätzen gehörenden Eingangswerte–Kombinationen nur im Wert *einer* Eingangsvariablen. Funktional gibt es zwischen beiden Diagrammformen keinen Unterschied; im folgenden werden wir im Hinblick auf eine einheitliche Darstellung nur noch die erste Form verwenden.

Trägt man zu jeder Eingangswerte–Kombination den durch die logische Funktion festgelegten Ausgangswert in das Diagramm ein, so erhält man eine der Wahrheitstabelle bzw. der Normalform äquivalente Darstellung.

Beispiel 11.4

Gegeben ist die Logikfunktion $f = f(x_1, x_2, x_3, x_4)$ in disjunktiver Normalform:

$$\begin{aligned} f &= x_1\overline{x}_2x_3\overline{x}_4 + x_1x_2x_3x_4 + x_1x_2x_3\overline{x}_4 + \\ &\quad x_1\overline{x}_2x_3x_4 + x_1\overline{x}_2\overline{x}_3x_4 + x_1x_2\overline{x}_3x_4 \,. \end{aligned}$$

Für die Funktion gilt $f = 1$, wenn einer der Minterme den logischen Wert 1 annimmt. Wahrheitstabelle und Eintragung aller Minterme in ein Karnaugh–Diagramm ergeben dann die nächste Abbildung. Die leeren Felder repräsentieren

x_1	x_2	x_3	x_4	f
1	1	1	1	1
1	1	1	0	1
1	1	0	1	1
1	0	1	1	1
1	0	1	0	1
1	0	0	1	1

(x_2x_3) \ (x_1x_4)	00	01	11	10
00			1	
01			1	1
11			1	1
10			1	

jeweils den Ausgangswert 0 (der jeweilige Minterm existiert in der Funktionsvorschrift nicht). Die Ausgangswerte "0" werden im Fall der disjunktiven Normalform der Übersichtlichkeit halber meistens nicht in die Diagramme eingetragen.

Der Aufbau des Karnaugh–Diagramms ist derart, daß sich zwei horizontal oder vertikal benachbarte Felder immer nur durch den Wert *einer* Logikvariablen unterscheiden, wobei sich diese Nachbarschaft zyklisch über die Diagrammgrenzen hinaus fortsetzt. In das Karnaugh–Diagramm gemäß Abb. 11.5 sind die Minterme a, b, c, d, e (mit der in der Abbildung angegebenen

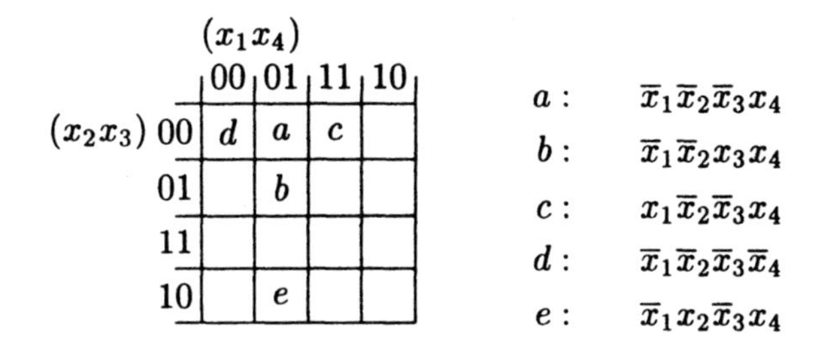

Abb. 11.5 Minterme in einem Karnaugh–Diagramm

Bedeutung) eingetragen. Wir sehen beispielsweise, daß sich a und b nur im Wert von x_3, a und e nur durch x_2, usw. unterscheiden.

Die besondere Nützlichkeit des Karnaugh–Diagramms beruht nun ganz wesentlich auf der weiter oben gezeigten Eigenschaft (vgl. Tabelle 9.2)

$$x_1x_2 + x_1\overline{x}_2 = x_1 \ .$$

Diese Eigenschaft bildet die Grundlage für die Zusammenfassung zweier *OR*–verknüpfter *AND*–Terme, die sich nur durch die Negation einer Logikvariablen unterscheiden. So lassen sich etwa die Ausdrücke a und b als

$$a + b = \overline{x}_1\overline{x}_2\overline{x}_3x_4 + \overline{x}_1\overline{x}_2x_3x_4 = \overline{x}_1\overline{x}_2x_4$$

zusammenfassen. Zur Vereinfachung logischer Ausdrücke ist es also möglich, horizontale oder vertikale Nachbarn im Karnaugh–Diagramm zusammenzufassen und das Ergebnis aus dem Diagramm abzulesen.

Das Vorgehen läßt sich grafisch durch Umranden der betreffenden Felder kennzeichnen, wie es für die Minterme a und b aus Abb. 11.5 in Abb. 11.6

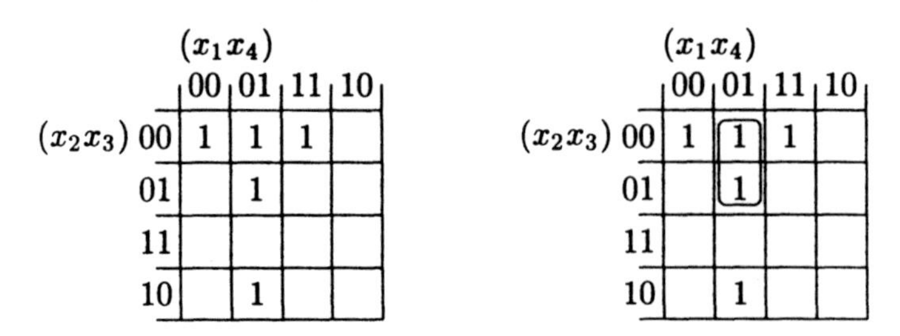

Abb. 11.6 Grafisches Zusammenfassen zweier Minterme

geschehen ist. An den Rändern läßt sich ablesen, daß für den umrandeten Bereich $x_1 = 0$, $x_4 = 1$, $x_2 = 0$, $x_3 = 0 \pm 1$ gilt; er entspricht also dem von x_3 unabhängigen Ergebnisterm $\overline{x}_1\overline{x}_2x_4$.

Zusammengefaßte Felder können erneut Nachbarschaften aufweisen und

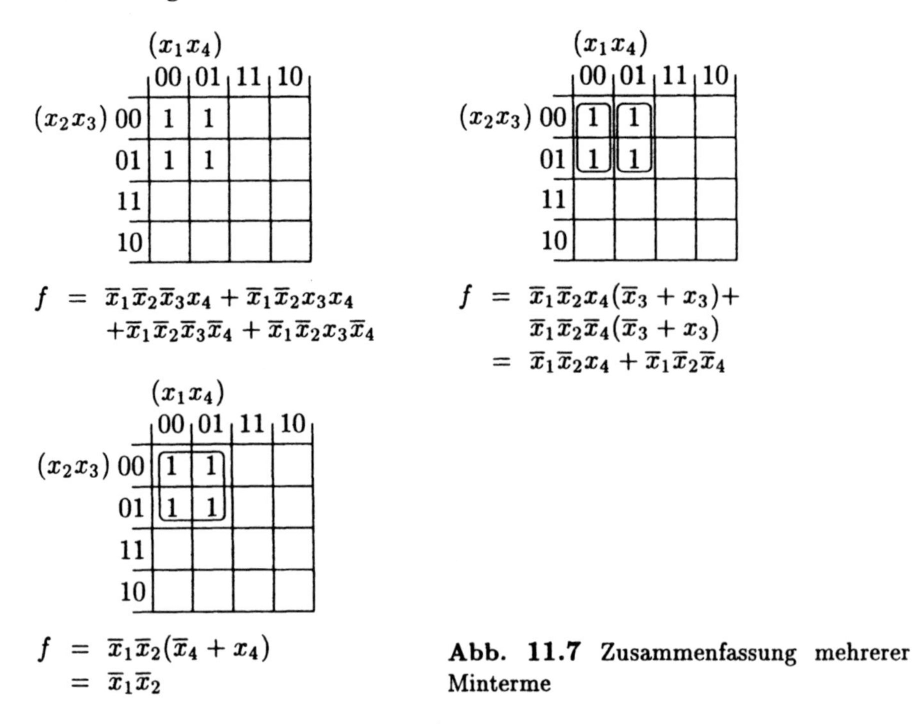

Abb. 11.7 Zusammenfassung mehrerer Minterme

dann entsprechend weiter zusammengefaßt werden. Gegebenenfalls lassen sich also nacheinander zwei, vier usw. Felder zusammenfassen. Dieses Vorgehen wird durch die Folge von Karnaugh–Diagrammen der Abb. 11.7 demonstriert; hier sind die vier Minterme zur Verdeutlichung gleichzeitig grafisch und algebraisch zusammengefaßt worden.

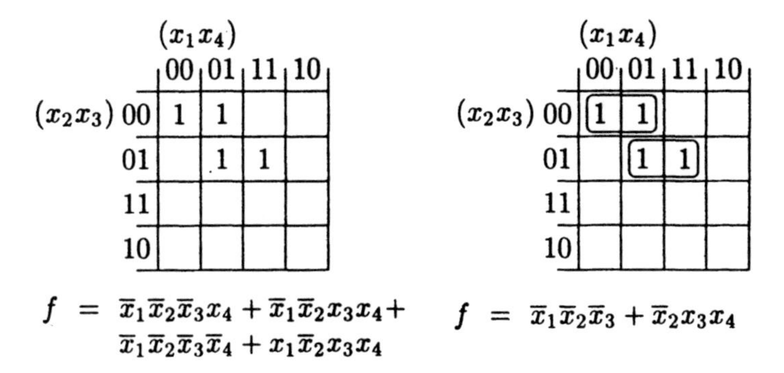

$f = \overline{x}_1\overline{x}_2\overline{x}_3x_4 + \overline{x}_1\overline{x}_2x_3x_4 + \overline{x}_1\overline{x}_2\overline{x}_3\overline{x}_4 + x_1\overline{x}_2x_3x_4$

$f = \overline{x}_1\overline{x}_2\overline{x}_3 + \overline{x}_2x_3x_4$

Abb. 11.8 Minterme in einem Karnaugh–Diagramm

In Abb. 11.8 können nur zweimal je zwei Felder zu einem Paar zusammengefaßt werden; eine Zusammenfassung der beiden Paare ist hier nicht möglich.

Das Karnaugh–Diagramm bietet nicht nur die Möglichkeit, logische Ausdrücke zusammenzufassen, sondern es macht auch unmittelbar deutlich, wie weit ein Ausdruck überhaupt zusammenfaßbar ist bzw. welche Alternativen es bei der Zusammenfassung eventuell gibt.

Beispiel 11.5

Die Logikfunktion $f = x_1\overline{x}_2x_3\overline{x}_4 + x_1x_2x_3 + (x_1\overline{x}_2 + x_1x_2\overline{x}_3)x_4$ (s. Beispiel 11.3) soll mit einem Karnaugh–Diagramm zusammengefaßt werden. Das Diagramm wird schrittweise entwickelt, der Klammerausdruck wird in Gedanken "ausmultipliziert". Die Feldeinträge entsprechen der disjunktiven Normalform, ohne daß diese explizit ausgeschrieben werden muß.

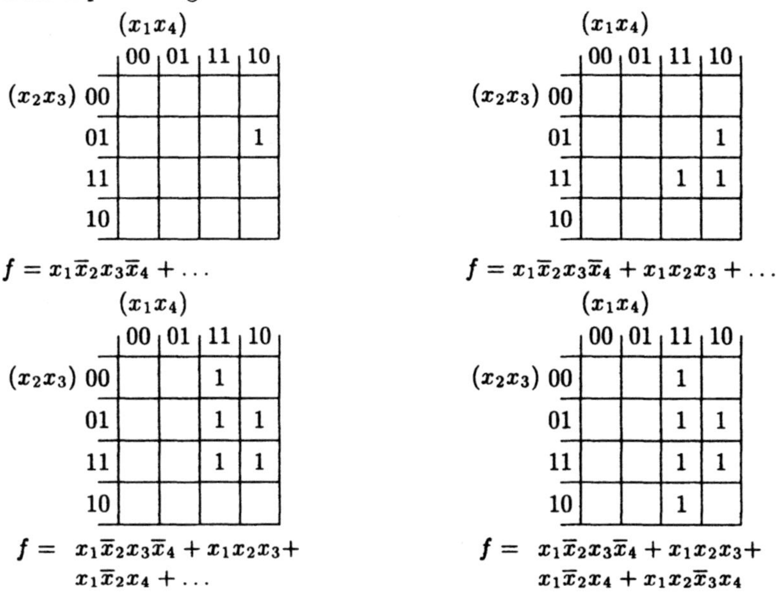

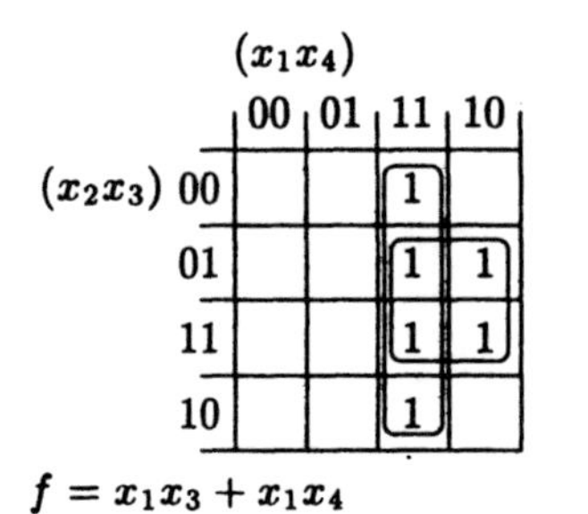

Damit ist das Ergebnis $f = x_1x_3 + x_1x_4 = x_1(x_3 + x_4)$ schnell und sicher gefunden. Es wird zugleich durch bloße Anschauung klar, daß eine weitere Vereinfachung des Ausdrucks nicht möglich ist.

Das Karnaugh–Diagramm ist also ein Hilfsmittel, die disjunktive Normalform einer Logikfunktion — gleichbedeutend damit: ihre Wahrheitstabelle — übersichtlich darzustellen, ihre Eigenschaften zu untersuchen und sie gegebenenfalls zu vereinfachen bzw. zusammenzufassen. Neben der disjunktiven Normalform kann auch die konjunktive Normalform in einem Karnaugh–Diagramm dargestellt und bearbeitet werden. Außerdem können Karnaugh–Diagramme auch für weniger bzw. mehr als vier Logikvariablen aufgestellt werden.

Unspezifizierte Eingangs– und Ausgangswerte

Es gibt häufig Aufgabenstellungen, bei denen die Ausgangswerte einer logischen Funktion für bestimmte Werte ihrer Eingangsvariablen beliebig sind; Gründe dafür können sein, daß bestimmte Eingangsvariablen–Kombinationen von vornherein nicht vorkommen können und deshalb der Ausgangswert der Logikfunktion für diese Kombination tatsächlich nie auftritt oder daß aus bestimmten Eingangswerte–Kombinationen resultierende Ausgangswerte im übergeordneten Gesamtsystem nicht berücksichtigt werden. Beispielsweise ist die Stellung des Fahrtrichtungsschalters eines Portalkrans irrelevant, wenn der Hauptschalter auf "AUS" steht. Die irrelevanten Funktionswerte solcher Kombinationen werden durch ein $\times$ gekennzeichnet und in das Karnaugh–Diagramm aufgenommen. Abhängig davon, auf welche Weise Vereinfachungen vorgenommen werden sollen, können die $\times$–Werte dann zu gegebener Zeit entweder als 0 oder als 1 angenommen werden.

Beispiel 11.6 ---

Die Funktion

$$f = x_1x_2\overline{x}_3 + x_1\overline{x}_2\overline{x}_3\overline{x}_4$$

soll unter der Annahme zusammengefaßt werden, daß für die Eingangswerte–Kombination $x_1\overline{x}_2x_3x_4$ der Funktionswert unspezifiziert ist.

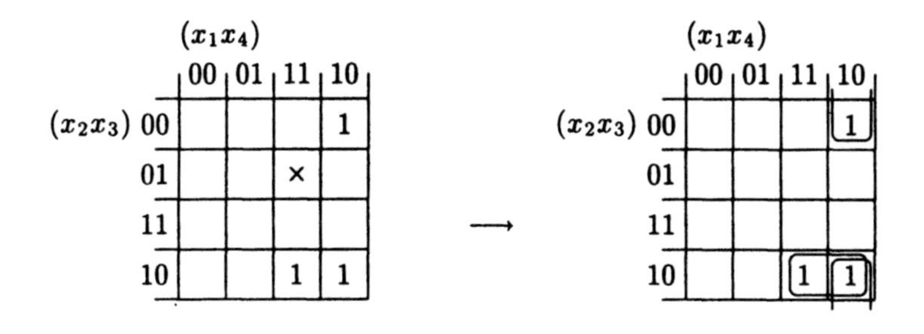

$$\Longrightarrow \quad f = x_1 x_2 \overline{x}_3 + x_1 \overline{x}_3 \overline{x}_4 \; .$$

In diesem Fall werden wir sinnvollerweise

$$f = 0 \quad \text{für} \quad x_1 \overline{x}_2 x_3 x_4$$

annehmen. Die Annahme $f = 1$ an dieser Stelle hätte das Ergebnis um den Minterm $x_1 \overline{x}_2 x_3 x_4$ verlängert und daher nur unnötig verkompliziert.

Beispiel 11.7

Im folgenden soll die Funktion

$$f = x_1 x_3 \overline{x}_4 + \overline{x}_1 x_4 + \overline{x}_1 \overline{x}_2 \overline{x}_3 + \overline{x}_1 x_2 \overline{x}_4 + x_1 \overline{x}_2 x_3$$

unter der Annahme

$$f = \times \quad \text{für} \quad x_1 x_2 x_4 + \overline{x}_1 \overline{x}_2 x_3 \overline{x}_4$$

vereinfacht werden.

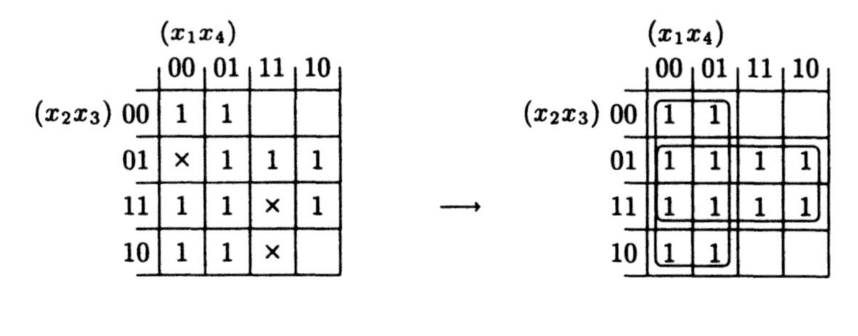

$$\Longrightarrow \quad f = \overline{x}_1 + x_3$$

Offensichtlich läßt sich die ursprüngliche Logikfunktion dann besonders stark zusammenfassen, wenn für die unspezifizierten Ausgangswerte die Wahl

$$f = 1 \quad \overline{x}_1 \overline{x}_2 x_3 \overline{x}_4 + x_1 x_2 x_3 x_4$$

$$f = 0 \quad x_1 x_2 \overline{x}_3 x_4$$

getroffen wird. Wählen wir hingegen etwa

$$f = 1 \qquad \overline{x}_1\overline{x}_2x_3\overline{x}_4$$
$$f = 0 \qquad x_1x_2x_4$$

für die unspezifizierten Ausgangswerte, so entsteht ein ungünstigeres Ergebnis:

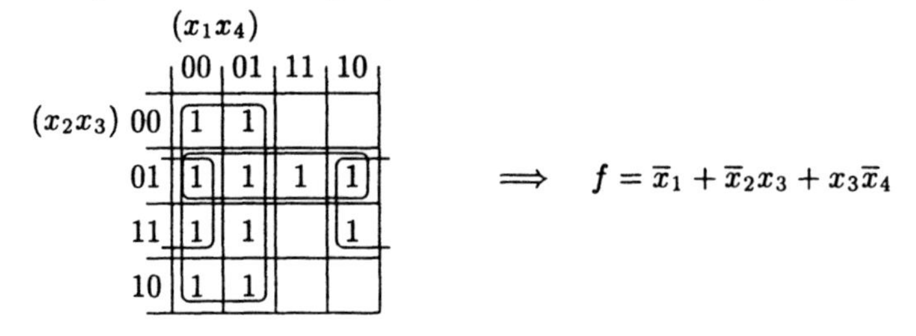

Die Beispiele 11.6 und 11.7 zeigen, daß je nach endgültiger Festlegung der frei wählbaren Zustände unterschiedlich gute Ergebnisse entstehen. Hier ist es in erster Linie erforderlich, aus der Anschauung heraus eine möglichst günstige Wahl zu treffen. Bei Aufgabenstellungen dieser Art ist das Karnaugh–Diagramm ein wertvolles Hilfsmittel; die Umformung eines logischen Ausdrucks durch direkte Anwendung der Rechenregeln der Booleschen Algebra würde gerade bei Vorliegen unspezifizierter Ein- und Ausgangswerte wegen der Vielzahl möglicher Alternativen nur mit hohem Rechenaufwand zum Ziel führen; eine Beurteilung des Ergebnisses wäre zudem schwierig, da schon bei relativ einfachen Aufgabenstellungen ein Überblick über die Vielzahl der Varianten kaum zu gewinnen ist.

Karnaugh–Diagramme für die konjunktive Normalform

Bisher sind wir — zumindest implizit — davon ausgegangen, daß das Karnaugh–Diagramm auf logische Ausdrücke angewendet wird, die auf die disjunktive Normalform (disjunktive Verknüpfung der Minterme) erweitert werden. Wir haben bei der Einführung der konjunktiven Normalform darauf hingewiesen, daß beide Darstellungen prinzipiell gleichwertig sind und daß die Entscheidung für die eine oder andere Form je nach der betrachteten Aufgabenstellung günstiger sein kann. Es ist also wünschenswert, das Karnaugh–Diagramm auch für logische Ausdrücke in konjunktiver Normalform als Hilfsmittel zur Verfügung zu haben. Aufgrund der DeMorganschen Theoreme gilt für Ausdrücke in den beiden Normalformen

$$f = x_1 \cdot x_2 + x_3 \cdot x_4 + \ldots \qquad \overline{f} = (\overline{x}_1 + \overline{x}_2) \cdot (\overline{x}_3 + \overline{x}_4) \cdot \ldots$$

Anhand dieser Vorschrift kann die konjunktive Normalform in eine Darstellung umgewandelt werden, die in bezug auf ihre Struktur der disjunktiven

Normalform gleicht. Letztere ist im Karnaugh–Diagramm auf die beschriebene Weise darstellbar und gegebenenfalls minimierbar. Aus der angegebenen Beziehung ist jedoch direkt ablesbar, daß dann auch die konjunktive Normalform im Karnaugh–Diagramm dargestellt werden kann, indem Nullen ($f \rightarrow \overline{f}$) an den durch die Eingangswerte x_1, x_2, ... bestimmten Stellen eingetragen werden, wobei allerdings zuvor die Komplemente dieser Eingangswerte zu bilden sind ($x_1 \rightarrow \overline{x}_1, \ldots$). Diese Nullen können dann in der gleichen Weise zusammengefaßt werden, wie die Einsen im Fall der disjunktiven Normalform. Die entstehenden Ergebnisterme werden dabei jedoch als konjunktiv verknüpfte Maxterme — nicht als disjunktiv verknüpfte Minterme — im Endergebnis angegeben.

Beispiel 11.8

Zur Demonstration des Verfahrens untersuchen wir die folgende logische Funktion (vgl. Beispiel 11.5)

$$f = (\overline{x}_2 + x_3 + x_4)(x_1 + \overline{x}_4)(x_1 + \overline{x}_3 + x_4)(x_2 + x_3 + x_4) \; .$$

Durch Eintragung der Maxterme in der soeben beschriebenen Weise erhalten wir folgendes Karnaugh–Diagramm:

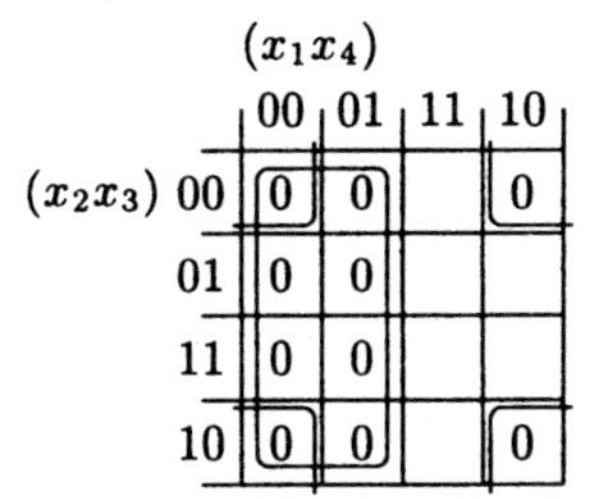

Die Nullen lassen sich dann in der vorher beschriebenen Weise direkt zum Ergebnisausdruck $f = x_1(x_3 + x_4)$ zusammenfassen.

Das Karnaugh–Diagramm ist also sowohl zur Bearbeitung von Logikfunktionen in disjunktiver als auch in konjunktiver Normalform verwendbar. Während der Bearbeitung ist auch ein Wechsel zwischen beiden Darstellungsformen möglich.

Karnaugh–Diagramme für mehr oder weniger als vier Eingangsvariablen

Bei unseren bisherigen Betrachtungen waren wir immer von vier Logikvariablen ausgegangen. Werden weniger als vier Eingangsvariablen verwendet, so kann das Karnaugh–Diagramm ohne zusätzliche Überlegungen verkleinert werden. Abb. 11.9 zeigt die entsprechend veränderten Muster für Karnaugh–Diagramme bei drei bzw. zwei Eingangsvariablen.

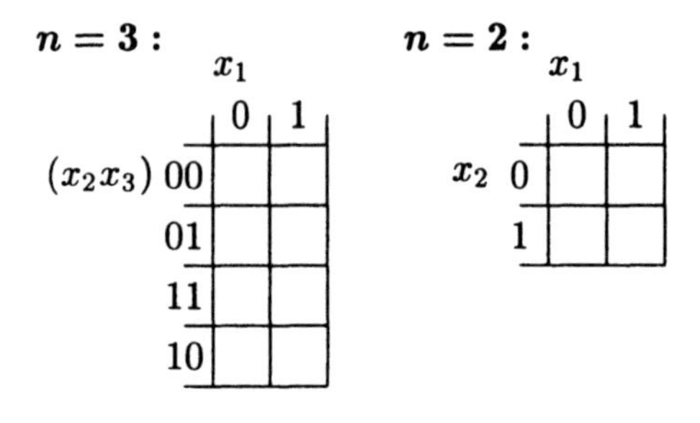

Abb. 11.9 Karnaugh–Diagramme für drei bzw. zwei Eingangsvariablen

Während sich für $n \leq 4$ keine besonderen Schwierigkeiten ergeben, ist bei mehr als vier Eingangsvariablen — also für $n > 4$ — ein einziges Diagramm nicht mehr ausreichend. In einer Zeichenebene lassen sich nämlich nicht mehr als vier horizontale bzw. vertikale Nachbarpositionen und damit auch nicht mehr als vier Änderungen unabhängiger, logischer Variablen unterbringen. Deshalb muß man für $n > 4$ zusätzlich auf Positionen in Ebenen oberhalb und unterhalb der Zeichenebene übergehen; man fertigt in einem derartigen Fall ein quasi dreidimensionales Karnaugh–Diagramm an, wobei die (eigentlich) räumlich gestapelten Ebenen dann jedoch nebeneinander gezeichnet werden. Beispiel 11.9 verdeutlicht dieses Vorgehen für eine Logikfunktion mit fünf Eingangsvariablen.

Beispiel 11.9

$n = 5$:

$$f = \overline{x}_1\overline{x}_2x_3x_4x_5 + x_1\overline{x}_2x_3x_4x_5$$

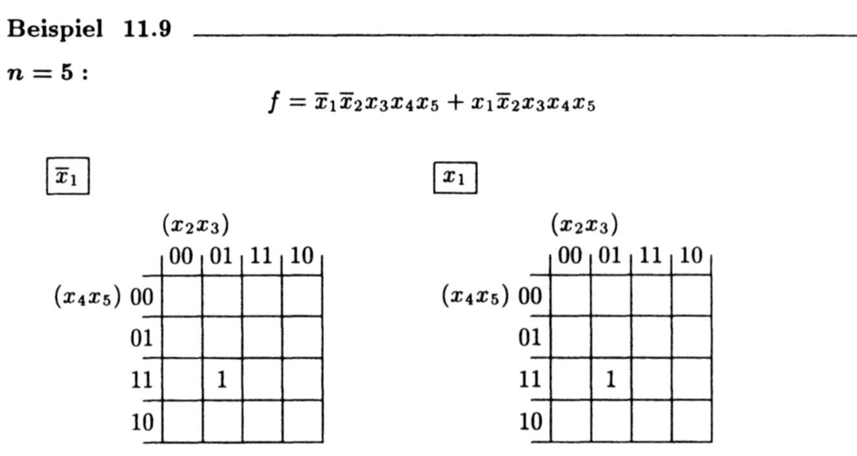

Beide Diagramme muß man sich aufeinandergestapelt vorstellen, so daß die beiden Einsen (vertikal) benachbart und damit zusammenfaßbar sind.

Im Beispiel 11.10 ist die Vorgehensweise auf den Fall von sechs Eingangsvariablen ausgebaut. Auch hier muß man sich bei der Überprüfung der Nachbarschaftsbeziehungen die Diagramme aufeinandergestapelt vorstellen, so daß sich in diesem Fall ein Würfel ergibt. Die Positionen $a, \tilde{a}$ und $b, \tilde{b}$ sind dann benachbart und damit zusammenfaßbar, nicht jedoch $c, \tilde{c}$.

Beispiel 11.10

$n = 6$:

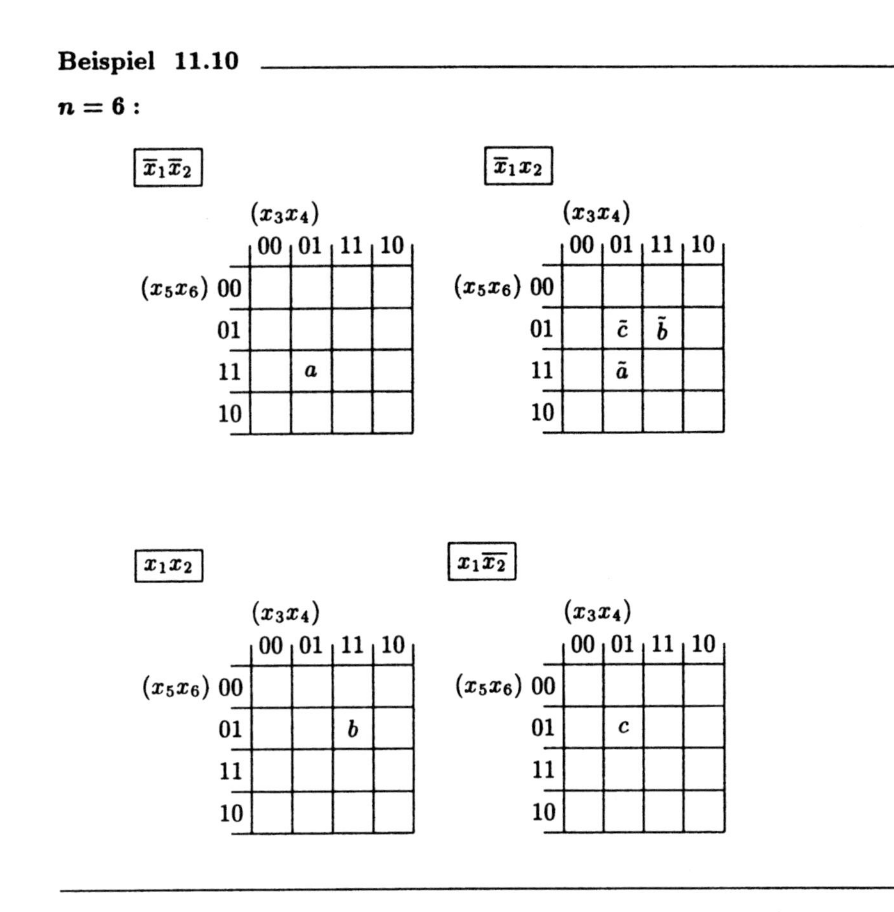

Mehr als sechs Eingangsvariablen sind auch in einem dreidimensionalen Diagramm nicht mehr so unterzubringen, daß alle Eingangsvariablen–Kombinationen, die sich nur durch die Negation einer Variablen unterscheiden, auf direkt aneinandergrenzenden Feldern repräsentiert werden.

Betrachten wir die Karnaugh–Diagramme der Abbildungen 11.9 und 11.5, so können wir aus ihnen eine Systematik ableiten, nach der das Karnaugh–Diagramm für vier Eingangsvariablen aus dem für drei und das für drei wiederum aus dem für zwei entwickelt werden kann. Das Diagramm für drei Eingangsvariablen läßt sich aus dem für zwei entwickeln, indem das gesamte Diagramm an seiner Oberkante gespiegelt wird, daß es also gewissermaßen nach oben aufgeklappt wird. Positionen in dem unteren, ursprünglichen Diagrammteil entsprechen dann dem Wert 1 der neu hinzugekommenen Eingangsvariablen; Positionen im neuen, oberen Teil entsprechen dem Wert 0[1]. Bei der Erweiterung auf vier Eingangsvariablen wird das Diagramm an seiner linken Kante gespiegelt und um die entsprechenden Bezeichnungen erweitert. Das Ergebnis ist dann so, daß der rechte Teil des Diagramms dem Wert 1,

[1] Die in den Diagrammen vorgenommene Indizierung entspricht nicht immer dieser Regel.

der linke, neu hinzugekommene Teil des Diagramms, dem Wert 0 der neu hinzugekommenen Eingangsvariablen entspricht.

Dieses Vorgehen läßt sich prinzipiell für eine beliebige Anzahl von Eingangs-

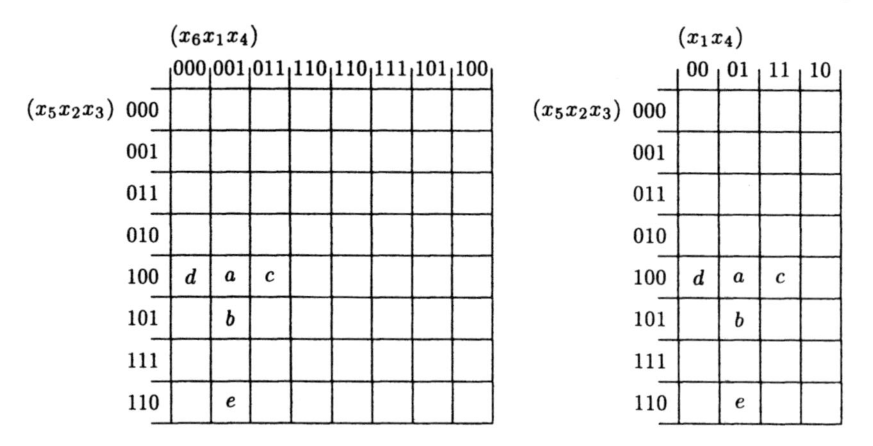

Abb. 11.10 Flache Karnaugh–Diagramme für sechs bzw. fünf Eingangsvariablen

variablen fortsetzen; Abb. 11.10 dient der Erläuterung der Vorgehensweise. Die weiter oben genannte Einschränkung, daß die Korrespondenz von Nachbarschaft im Karnaugh–Diagramm und Zusammenfaßbarkeit der entsprechenden Min– bzw. Maxterme nur bei Diagrammen mit bis zu vier Eingangsvariablen bestehen, gilt jedoch weiterhin. In größeren, flachen Karnaugh–Diagrammen sind auch solche Terme gegebenenfalls zusammenfaßbar, die keine direkte Nachbarschaft im Diagramm aufweisen; der Vorteil der leichten Erkennbarkeit fällt also weg und die Karnaugh–Diagramm–Darstellung büßt dadurch den überwiegenden Teil ihrer Attraktivität ein.

11.2.2 Die Quine–McCluskey–Methode

Wir haben das Karnaugh–Diagramm als ein Hilfsmittel kennengelernt, Logikfunktionen darzustellen und zu minimieren, also Zahl und Umfang der zu ihrer Darstellung benötigten Terme auf ein Minimum zu reduzieren. Wir haben ferner gesehen, daß sich das Karnaugh–Diagramm für Logikfunktionen mit bis zu vier Eingangsvariablen zu diesem Zweck sehr gut eignet. Es liefert nicht nur die gesuchten Ergebnisse, sondern es vermittelt auch einen sehr augenfälligen Eindruck von den Eigenschaften der jeweils untersuchten Logikfunktion. Im Falle von fünf oder sechs Eingangsvariablen ist das Karnaugh–Diagramm immer noch anwendbar, seine Übersichtlichkeit leidet jedoch deutlich. Karnaugh–Diagramme für mehr als sechs Eingangsvariablen sind in flacher Darstellung zwar ohne weiteres möglich, der große Vorteil der kleineren Karnaugh–Diagramme — Terme, die sich nur in der Negation einer Eingangsvariablen unterscheiden, lassen sich durch direkt aneinandergrenzende Felder repräsentieren — geht jedoch verloren. Die "Nachbarschaftsbeziehungen" werden in diesen Fällen erheblich komplizierter, weil dann auch über das Diagramm verstreut liegende Felder zusammenfaßbar werden. Da es zur Lösung des Minimierungsproblems aber auch alternative Methoden gibt, ist die Bearbeitung von Problemlösungen mit mehr als sechs Eingangsvariablen mit Hilfe des Karnaugh–Diagramms unüblich.

Eines der alternativen Verfahren ist die Quine–McCluskey–Methode. [5][6] Bei diesem Verfahren beruht die Minimierung der disjunktiven Normalform ebenfalls auf der Anwendung der Rechenregel (vgl. Tabelle 9.2)

$$x_1 x_2 + x_1 \overline{x}_2 = x_1 \ ,$$

mit deren Hilfe in einer Logikfunktion zwei einzelne Terme dieser Form jeweils zu einem einfacheren und umfassenderen Ausdruck zusammenfaßbar sind.

Um herauszufinden, welche Terme einer Logikfunktion auf diese Weise zusammengefaßt werden können, bedarf es natürlich nicht unbedingt einer grafischen Darstellung der Zusammenhänge. Stattdessen kann man die Wahrheitstabelle, durch welche die zu untersuchende Funktion repräsentiert wird, direkt nach derartigen Termen durchsuchen. Diese Suche wird natürlich zweckmäßigerweise systematisiert, um einerseits den Aufwand auf das notwendige Mindestmaß zu beschränken und um andererseits Fehlerquellen möglichst auszuschließen.

Als einführendes Beispiel zur Erläuterung der Anwendung des Quine–McCluskey–Verfahrens wird die schon einmal betrachtete Logikfunktion

$$f = x_1 x_3 \overline{x}_4 + \overline{x}_1 x_4 + \overline{x}_1 \overline{x}_2 \overline{x}_3 + \overline{x}_1 x_2 \overline{x}_4 + x_1 \overline{x}_2 x_3$$

herangezogen. Neben der zu ihr gehörigen Wahrheitstabelle ist auch das entsprechende Karnaugh–Diagramm in Tabelle 11.1 aufgeführt. Die Einträge der Wahrheitstabelle werden nun schrittweise so bearbeitet, daß

1. jeder Minterm mit jedem anderen verglichen wird,
2. zwei "benachbarte" Terme anschließend gegebenenfalls zusammengefaßt werden und
3. das Ergebnis in eine neue Tabelle übertragen wird.

Der zur Durchführung dieses Algorithmus im allgemeinen hohe Vergleichsaufwand kann reduziert werden, indem

1. die nicht weiter interessierenden Terme ($\rightarrow f = 0$) aus der Tabelle gestrichen werden,
2. ein Tabellenterm nur mit Termen verglichen wird, die nach ihm in der Tabelle stehen (auf diese Weise wird erreicht, daß beispielsweise Term 0 mit Term 1, nicht jedoch anschließend auch noch Term 1 mit Term 0 verglichen wird),

Nr.	x_1	x_2	x_3	x_4	f
0	0	0	0	0	1
1	0	0	0	1	1
2	0	0	1	0	0
3	0	0	1	1	1
4	0	1	0	0	1
5	0	1	0	1	1
6	0	1	1	0	1
7	0	1	1	1	1
8	1	0	0	0	0
9	1	0	0	1	0
10	1	0	1	0	1
11	1	0	1	1	1
12	1	1	0	0	0
13	1	1	0	1	0
14	1	1	1	0	1
15	1	1	1	1	0

a

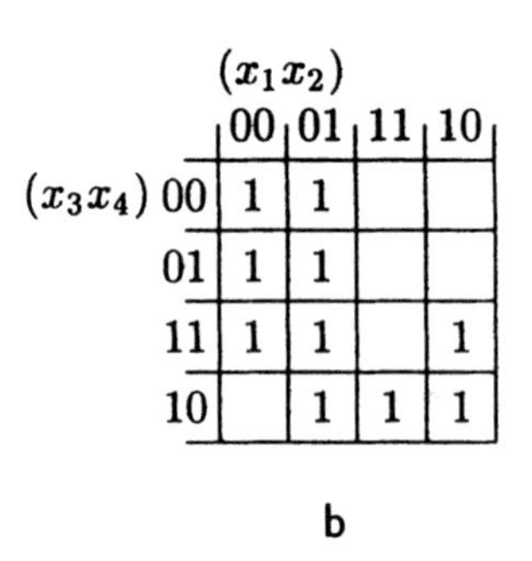

b

Tabelle 11.1 Beispiel zum Quine–McCluskey–Verfahren a. Wahrheitstabelle b. Zugehöriges Karnaugh–Diagramm

3. die Terme nicht bezüglich der Eingangswerte–Kombinationen binärkodiert geordnet werden, sondern Gruppen auf der Basis der Anzahl von 1–Stellen in den Termen gebildet werden. Es können dann nur Terme zusammengefaßt werden, die sich um eine 1–Stelle unterscheiden und demnach in aufeinanderfolgenden Gruppen angeordnet sind.

Die unter diesen Gesichtspunkten modifizierte Wahrheitstabelle hat dann die in Tabelle 11.2 angegebene Form; die Ergebnisspalte kann entfallen, da nur

Nr.	x_1	x_2	x_3	x_4
0	0	0	0	0
1	0	0	0	1
4	0	1	0	0
3	0	0	1	1
5	0	1	0	1
6	0	1	1	0
10	1	0	1	0
7	0	1	1	1
11	1	0	1	1
14	1	1	1	0

Tabelle 11.2 Modifizierte Wahrheitstabelle gemäß Tabelle 11.1

auf $f = 1$ führende Terme berücksichtigt werden.

Die systematische Suche ergibt nun, daß der Term 0 ($T_0 = \overline{x}_1\overline{x}_2\overline{x}_3\overline{x}_4$) und der Term 1 ($T_1 = \overline{x}_1\overline{x}_2\overline{x}_3 x_4$) mit dem Ergebnis ($T_{0,1} = \overline{x}_1\overline{x}_2\overline{x}_3$) zusammenfaßbar sind. Entsprechendes gilt für die Termpaare (0,4), (1,3), (1,5), (4,5), (4,6), (3,7), (3,11), (5,7), (6,7), (6,14), (10,11) und (10,14) . Die Ergebnisse werden in die neue Tabelle 11.3b eingetragen. Dabei wird die bei der Zusammenfassung jeweils entfallende Eingangsvariable durch einem Strich markiert. Die zusammengefaßten Terme werden in der ursprünglichen Tabelle gekennzeichnet ("$\star$"). Alle nicht gekennzeichneten und damit nicht in eine Zusammenfassung eingeflossenen Terme sind Bestandteil des Endergebnisses. Auch hier wird wieder zur Verdeutlichung ein Karnaugh–Diagramm mit den

Nr.	x_1	x_2	x_3	x_4	
0	0	0	0	0	$\star$
1	0	0	0	1	$\star$
4	0	1	0	0	$\star$
3	0	0	1	1	$\star$
5	0	1	0	1	$\star$
6	0	1	1	0	$\star$
10	1	0	1	0	$\star$
7	0	1	1	1	$\star$
11	1	0	1	1	$\star$
14	1	1	1	0	$\star$

Nr.	x_1	x_2	x_3	x_4
0,1	0	0	0	–
0,4	0	–	0	0
1,3	0	0	–	1
1,5	0	–	0	1
4,5	0	1	0	–
4,6	0	1	–	0
3,7	0	–	1	1
3,11	–	0	1	1
5,7	0	1	–	1
6,7	0	1	1	–
6,14	–	1	1	0
10,11	1	0	1	–
10,14	1	–	1	0

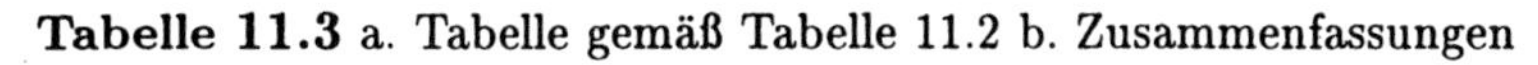

Tabelle 11.3 a. Tabelle gemäß Tabelle 11.2 b. Zusammenfassungen

entsprechenden Zusammenfassungen angefügt (Abb. 11.11).

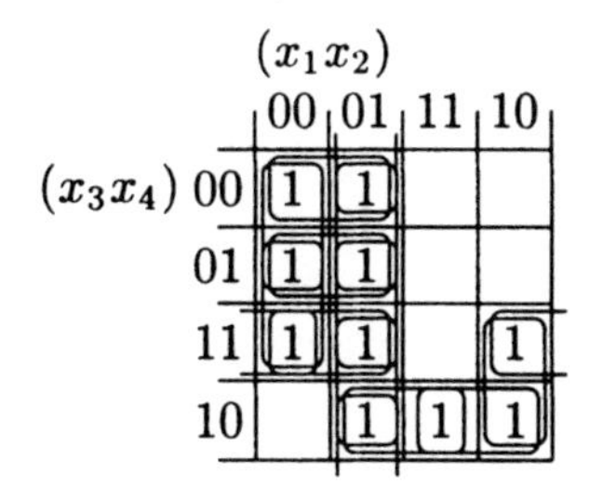

Abb. 11.11 Zu Tabelle 11.3 gehöriges Karnaugh–Diagramm

Die Kennzeichnungen ("$\star$") in der ursprünglichen Tabelle zeigen, daß bisher alle Terme in mindestens eine Zusammenfassung eingegangen sind; das bestätigt auch ein Blick auf das Karnaugh–Diagramm in Abb. 11.11.

Es ist klar, daß zumindest ein Teil der zusammengefaßten Terme noch weiter zusammengefaßt werden kann. Das wird durch erneutes Anwenden des bisherigen Vorgehens auf die neu entstandene Tabelle 11.3b erreicht. Hier

Nr.	x_1	x_2	x_3	x_4	
0,1	0	0	0	–	⋆
0,4	0	–	0	0	⋆
1,3	0	0	–	1	⋆
1,5	0	–	0	1	⋆
4,5	0	1	0	–	⋆
4,6	0	1	–	0	⋆
3,7	0	–	1	1	⋆
3,11	–	0	1	1	
5,7	0	1	–	1	⋆
6,7	0	1	1	–	⋆
6,14	–	1	1	0	
10,11	1	0	1	–	
10,14	1	–	1	0	

a

Nr.	x_1	x_2	x_3	x_4
0,1,4,5	0	–	0	–
0,4,1,5	0	–	0	–
1,3,5,7	0	–	–	1
1,5,3,7	0	–	–	1
4,5,6,7	0	1	–	–
4,6,5,7	0	1	–	–

b

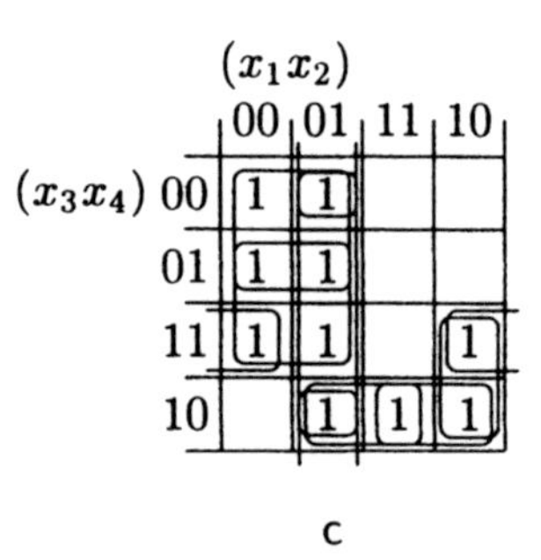

c

Tabelle 11.4 a. Wiederholung der Tabelle 11.3 b. Zusammengefaßte Tabelle c. Karnaugh–Diagramm

müssen nun solche Terme aus aufeinanderfolgenden Gruppen verglichen werden, die sich aus den gleichen Eingangsvariablen zusammensetzen, die also Striche in der Tabelle an gleichen Stellen aufweisen (s. Tabelle 11.4).

In diesem Schritt konnten nicht alle 2er–Blöcke zu 4er–Blöcken zusammengefaßt werden, was sich in fehlenden Markierungen in der Tabelle niederschlägt. Bei der Zusammenfassung zu 4er–Blöcken sind gleiche Terme immer doppelt entstanden. Diese doppelten Ergebnisse müssen sich ergeben, da ein 4er–Block auf zwei verschiedenen Wegen aus zwei 2er–Blöcken gebildet werden kann. Bei weiteren Iterationen des Verfahrens ergeben sich aus demselben Grund erst dreifache, dann vierfache, usw. Ergebnisse. Das Ausbleiben dieses mehrfachen Erscheinens von zusammengefaßten Termen deutet auf einen Bearbeitungsfehler hin und kann so — insbesondere bei manueller Anwendung des Verfahrens — zur Kontrolle dienen.

Vor Beginn des nächsten Bearbeitungsschritts ist es sinnvoll, die überflüssigen Terme aus der Tabelle zu streichen (vgl. Tabelle 11.5). Die Suche in dieser Tabelle ergibt, daß keine weiteren Zusammenfassungen mehr möglich sind. Alle Terme in dieser Tabelle und die in den vorhergehenden Tabellen als

Nr.	x_1	x_2	x_3	x_4
0, 1, 4, 5	0	–	0	–
1, 3, 5, 7	0	–	–	1
4, 5, 6, 7	0	1	–	–

Tabelle 11.5 Vorläufig letzter Schritt zur Zusammenfassung

nicht in eine Zusammenfassung eingeflossen erkennbaren Terme stellen also die Gesamtheit aller (möglichst umfassenden) Zusammenfassungen dar. Diese Terme werden auch als Primterme der Logikfunktion bezeichnet.

Wie ein Blick auf das entsprechende Karnaugh–Diagramm (Tabelle 11.4c) sofort deutlich macht, stellt die Gesamtheit dieser Primterme die Logikfunktion zwar vollständig, aber nicht in minimaler Form dar. Vielmehr überdecken sich die Primterme zum Teil gegenseitig, so daß beispielsweise der Term $T_{6,14}$ nicht berücksichtigt zu werden braucht, wenn die Terme $T_{4,5,6,7}$ und $T_{10,14}$ in das Endergebnis eingehen.

Nachdem die Primterme gefunden sind, muß also noch entschieden werden, welche Primterme tatsächlich in die Minimaldarstellung der Logikfunktion eingehen und welche überflüssig sind. Zu diesem Zweck wird in tabellarischer Form gemäß Tabelle 11.6 festgestellt, welcher Primterm welche Eingangswerte–Kombinationen abdeckt. Während des Durchsuchens der Tabellenspalten zeigt sich, welche Eingangswerte–Kombinationen von mehreren Primtermen und welche nur von einem Primterm abgedeckt werden. In dem Fall, daß nur ein Primterm existiert, der eine Kombination abdeckt, muß dieser Primterm Bestandteil der Minimalform der Logikfunktion sein. Diese unverzichtbaren Primterme — sie werden als wesentliche Primterme bezeichnet — können gesondert eingetragen und von den weiteren Manipulationen ausgeschlossen werden. Außerdem brauchen die von diesen Primtermen abgedeckten Eingangskombinationen nicht weiter betrachtet zu werden. Im vorliegenden Beispiel ist dies für den Primterm $T_{0,1,4,5}$ der Fall, da er als einziger die Kombination 0 abdeckt und damit unentbehrlicher Bestandteil des Endergebnisses ist. Nachdem die entsprechende Zeile und die Spalten aus der Tabelle gestrichen sind, bleiben die Einträge in Tabelle 11.7 übrig. In diesem

Nr.	0	1	4	3	5	6	10	7	11	14
3, 11				⋆					⋆	
6, 14						⋆				⋆
10, 11							⋆		⋆	
10, 14							⋆			⋆
0, 1, 4, 5	⋆	⋆	⋆		⋆					
1, 3, 5, 7		⋆		⋆	⋆			⋆		
4, 5, 6, 7			⋆		⋆	⋆		⋆		

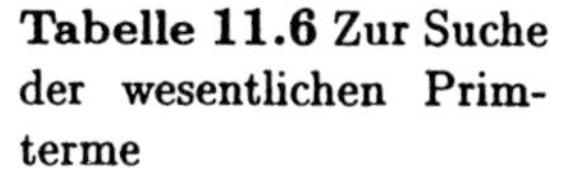

Tabelle 11.6 Zur Suche der wesentlichen Primterme

Nr.	3	6	10	7	11	14
3,11	⋆				⋆	
6,14		⋆				⋆
10,11			⋆		⋆	
10,14			⋆			⋆
1,3,5,7	⋆			⋆		
4,5,6,7		⋆		⋆		

Tabelle 11.7 Zur endgültigen Primterm–Abdeckung

Fall bleiben also insgesamt noch sechs Eingangswerte–Kombinationen übrig, die mit den verbliebenen Primtermen abgedeckt werden müssen.

Die Tabelle 11.7 kann unter Anwendung der folgenden Regeln weiter vereinfacht werden.

1. Existiert zu einem Primterm ein anderer, der mindestens die gleichen Kombinationen abdeckt, so braucht er nicht weiter berücksichtigt zu werden, da seine Funktion von dem anderen Primterm miterfüllt wird. Er kann aus der Tabelle gestrichen werden.
2. Wird eine Kombination von mindestens den gleichen Primtermen abgedeckt wie eine andere Kombination, dann braucht sie nicht weiter betrachtet zu werden. Die entsprechende Spalte kann gestrichen werden.
3. Treten gleiche Zeilen oder Spalten auf, so können sie gestrichen werden (Spezialfall der beiden ersten Regeln).
4. Ist keine der drei vorgenannten Regeln anwendbar, dann wird willkürlich einer der Primterme in das Endergebnis übernommen; die entsprechenden Spalten und die Zeile werden aus der Tabelle gestrichen und die Untersuchung wird erneut begonnen.

Es kann vorkommen, daß keine der ersten drei Regeln auf die Tabelle anwendbar ist. Dann kann entweder das Endergebnis erreicht sein — also alle noch vorhandenen Primterme sind Bestandteile der Ergebnisfunktion — oder die Primterme und Kombinationen sind zyklisch untereinander verbunden.

In beiden Fällen wird nach der vierten Regel zunächst willkürlich einer der Primterme in das Endergebnis aufgenommen. Kann die nach Streichung der entsprechenden Zeilen und Spalten verbleibende Tabelle dann nach den oben angeführten Regeln weiter vereinfacht werden, lag ein zyklische Verbindung vor und der Kreis ist aufgebrochen worden.

In dem augenblicklich untersuchten Beipiel tritt diese Kreisbildung auf. Als Maßnahme zum Aufbrechen dieses Kreises nehmen wir hier willkürlich den Primterm $T_{3,11}$ in die Ergebnisfunktion auf, so daß nur noch die Einträge in Tabelle 11.8 übrigbleiben.

Die Primterme $T_{10,11}$ und $T_{1,3,5,7}$ werden von den Primtermen $T_{10,14}$ bzw. $T_{4,5,6,7}$ abgedeckt und können gemäß der ersten Regel gestrichen werden,

Nr.	6	10	7	14
6, 14	⋆			⋆
10, 11		⋆		
10, 14		⋆		⋆
1, 3, 5, 7			⋆	
4, 5, 6, 7	⋆		⋆	

Tabelle 11.8 Zum Aufbrechen der Kreisbildung

Nr.	6	10	7	14
6, 14	⋆			⋆
10, 14		⋆		⋆
4, 5, 6, 7	⋆		⋆	

a

Nr.	10	7
6, 14		
10, 14	⋆	
4, 5, 6, 7		⋆

b

Tabelle 11.9 Reduzierung a. von Tabelle 11.8 b. von Tabelle 11.9a

so daß sich Tabelle 11.9a ergibt. Hier greift nun die zweite Regel: mit der Kombination 10 wird auch 14 abgedeckt. Daher kann die Kombination 14 im folgenden ausgeschlossen werden. Dasselbe gilt für die Kombination 6, die über die Kombination 7 überflüssig wird, so daß nur noch die Werte in Tabelle 11.9b übrig bleiben.

Der Primterm $T_{6,14}$ fällt weg. Die beiden verbleibenden Primterme $T_{10,14}$ und $T_{4,5,6,7}$ sind nun zur Abdeckung der verbliebenen Kombinationen 10 und 7 unverzichbar und gehen daher in das Endergebnis ein. Damit ist die Tabelle vollständig abgearbeitet; alle Eingangswerte–Kombinationen sind durch Primterme abgedeckt, überflüssige Primterme sind beseitigt.

Das Endergebnis lautet somit

$$\begin{aligned} f &= T_{0,1,4,5} + T_{3,11} + T_{10,14} + T_{4,5,6,7} \\ &= \overline{x}_1\overline{x}_3 + \overline{x}_2 x_3 x_4 + x_1\overline{x}_2 x_3 + \overline{x}_1 x_2 \,. \end{aligned}$$

(x_3x_4) \ (x_1x_2)	00	01	11	10
00	1	1		
01	1	1		
11	1	1		1
10		1	1	1

Abb. 11.12 Lage der Primterme im Karnaugh–Diagramm

Wäre zum Aufbrechen des Primtermzyklus ein anderer Primterm gewählt worden, hätte sich auch ein anderes — aber ebenfalls minimales — Ergebnis ergeben, wie wir im folgenden zeigen werden. Wird beispielsweise anstelle

Nr.	6	10	11	14
3,11			⋆	
6,14	⋆			⋆
10,11		⋆	⋆	
10,14		⋆		⋆
4,5,6,7	⋆			

a

Nr.	6	10	11	14
6,14	⋆			⋆
10,11		⋆	⋆	
10,14		⋆		⋆

b

Nr.	6	11
6,14	⋆	
10,11		⋆
10,14		

c

Tabelle 11.10 Alternativer Lösungsweg: a. 1. Schritt b. 2. Schritt c. 3. Schritt

von $T_{3,11}$ der Term $T_{1,3,5,7}$ aus Tabelle 11.7 in das Endergebnis übernommen, so ergibt sich der durch die Tabellen 11.10a...c gekennzeichnete alternative Lösungsweg. Das Karnaugh–Diagramm in Abb. 11.13 verdeutlicht die Lage der Primterme.

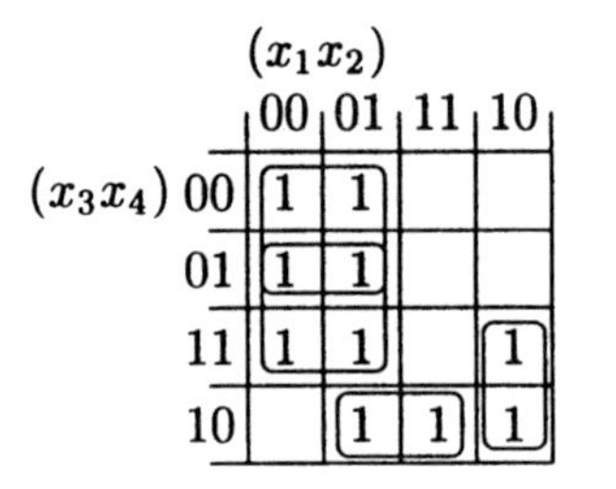

Abb. 11.13 Lage der Primterme im Karnaugh–Diagramm für den alternativen Lösungsweg

Für diese Alternative lautet dann das Endergebnis

$$\begin{aligned} f &= T_{0,1,4,5} + T_{1,3,5,7} + T_{6,14} + T_{10,11} \\ &= \overline{x}_1\overline{x}_3 + \overline{x}_1\overline{x}_4 + x_2x_3\overline{x}_4 + x_1\overline{x}_2x_3 \ . \end{aligned}$$

Vergleichen wir nun beide Ergebnisse miteinander, so stellen wir fest, daß gleich viele und gleich komplexe Terme auftreten; folglich sind beide Ergebnisse im Hinblick auf die Minimierung gleichwertig.

Wir fassen die wesentlichen Schritte der Quine–McCluskey–Methode noch einmal zusammen:

1. Bestimmung aller Primterme einer Logikfunktion.
2. Auswahl der zur vollständigen minimalen Darstellung der Logikfunktion notwendigen Primterme.

Für den Einsatz "von Hand" eignet sich die Quine–McCluskey–Methode relativ schlecht. Wegen der algorithmischen Formulierungsmöglichkeit kann sie jedoch gut auf einem Rechner eingesetzt zu werden.

Minimierung unvollständig spezifizierter Logikfunktionen mit Hilfe der Quine–McCluskey–Methode

Die Quine–McCluskey–Methode ist auch für unspezifizierte Eingangswerte–Kombinationen bzw. frei wählbare Ausgangswerte anwendbar, und zwar folgendermaßen. Im ersten Teil — der Primtermsuche — werden alle unspezifizierten Kombinationen als auf $f = 1$ führend behandelt. Das hat zur Folge, daß die resultierenden Primterme jeweils möglichst viele Kombinationen abdecken. Je umfassender ein Primterm ist, desto einfacher ist er. Beim anschließenden zweiten Teil — der Auswahl der notwendigen Primterme — werden die unspezifizierten Kombinationen nicht berücksichtigt, als ob für sie $f = 0$ gelten würde. Daher ist die Entscheidung, ob ein Primterm notwendig oder überflüssig ist, nur von den spezifizierten Kombinationen abhängig. Dieses Vorgehen soll mit Hilfe der unvollständig spezifizierten Logikfunktion

$$\begin{aligned} f &= x_1x_3\overline{x}_4 + \overline{x}_1x_4 + \overline{x}_1\overline{x}_2\overline{x}_3 + \overline{x}_1x_2\overline{x}_4 + x_1\overline{x}_2x_3 \\ f &= \times \quad \text{für} \quad x_1x_2x_4 + \overline{x}_1\overline{x}_2x_3\overline{x}_4 \end{aligned}$$

erläutert werden; dazu wird als erstes die Wahrheitstabelle 11.11a aufgestellt.

Nr.	x_1	x_2	x_3	x_4	f
0	0	0	0	0	1
1	0	0	0	1	1
2	0	0	1	0	×
3	0	0	1	1	1
4	0	1	0	0	1
5	0	1	0	1	1
6	0	1	1	0	1
7	0	1	1	1	1
8	1	0	0	0	0
9	1	0	0	1	0
10	1	0	1	0	1
11	1	0	1	1	1
12	1	1	0	0	0
13	1	1	0	1	×
14	1	1	1	0	1
15	1	1	1	1	×

a

(x_3x_4) \ (x_1x_2)	00	01	11	10
00	1	1		
01	1	1	×	
11	1	1	×	1
10	×	1	1	1

b

Tabelle 11.11 a. Wahrheitstabelle einer unvollständig spezifizierten Logikfunktion b. Zugehöriges Karnaugh–Diagramm

In Tabelle 11.11b ist zur Veranschaulichung das entsprechende Karnaugh-Diagramm wiedergegeben.

Die nächste Aufgabe besteht darin, die Wahrheitstabelle 11.11a zu bearbeiten, und zwar in der Weise, daß aus den einzelnen Zeilen in Tabelle 11.11a

Nr.	x_1	x_2	x_3	x_4	
0	0	0	0	0	⋆
1	0	0	0	1	⋆
(2)	0	0	1	0	⋆
4	0	1	0	0	⋆
3	0	0	1	1	⋆
5	0	1	0	1	⋆
6	0	1	1	0	⋆
10	1	0	1	0	⋆
7	0	1	1	1	⋆
11	1	0	1	1	⋆
(13)	1	1	0	1	⋆
14	1	1	1	0	⋆
(15)	1	1	1	1	⋆

Tabelle 11.12 Ordnen der Wahrheitstabelle 11.11 und Reduzieren der $f = 0$–Zeilen

Gruppen mit der folgenden Eigenschaft gebildet werden. Jede Gruppe unterscheidet sich von ihren Nachbargruppen nur durch die Änderung von jeweils einer einzigen Variablen. Auf der Basis dieses Ordnungsschemas werden die fünf Gruppen in Tabelle 11.12 gebildet. Die Zeilen 8,9,12 der Tabelle 11.11a, für die $f = 0$ gilt, tauchen in dieser Tabelle nicht mehr auf, wohl aber die Zeilen 2,13,15, die auf die unspezifizierten und zunächst mit 1 belegten Werte $\times$ der Funktion f führen.

Der nächste Schritt besteht in dem Ordnen zusammenfaßbarer Gruppen. Dies geschieht in der Weise, daß die erste Gruppe mit der zweiten verglichen wird, die zweite Gruppe mit der dritten usw. Durch die Tabelle 11.13a wird das Ergebnis dieses Schrittes anschaulich wiedergegeben. Wie wir der Tabelle 11.13b direkt entnehmen können, sind im zweiten Schritt ebenfalls noch alle Terme in entsprechende Zusammenfassungen eingeflossen. Erst nach dem dritten Schritt (Tabelle 11.13c) steht der Term $T_{5,7,13,15}$ als ein Teilergebnis fest.

Eine darüber hinausgehende Suche nach möglichen Zusammenfassungen ist nicht mehr erforderlich; als Ergebnis lassen sich den Tabellen 11.13b,c die drei folgenden Primterme entnehmen:

$$T_{5,7,13,15} \qquad T_{0,1,2,3,4,5,6,7} \qquad T_{2,3,6,7,10,11,14,15} \ .$$

Um das Ergebnis dieses Umformungsprozesses noch ein wenig anschaulicher

Nr.	x_1	x_2	x_3	x_4	
0,1	0	0	0	–	⋆
0,2	0	0	–	0	⋆
0,4	0	–	0	0	⋆
1,3	0	0	–	1	⋆
1,5	0	–	0	1	⋆
2,3	0	0	1	–	⋆
2,6	0	–	1	0	⋆
2,10	–	0	1	0	⋆
4,5	0	1	0	–	⋆
4,6	0	1	–	0	⋆
3,7	0	–	1	1	⋆
3,11	–	0	1	1	⋆
5,7	0	1	–	1	⋆
5,13	–	1	0	1	⋆
6,7	0	1	1	–	⋆
6,14	–	1	1	0	⋆
10,11	1	0	1	–	⋆
10,14	1	–	1	0	⋆
7,15	–	1	1	1	⋆
11,15	1	–	1	1	⋆
13,15	1	1	–	1	⋆
14,15	1	1	1	–	⋆

a

Nr.	x_1	x_2	x_3	x_4	
0,1,2,3	0	0	–	–	⋆
0,1,4,5	0	–	0	–	⋆
0,2,4,6	0	–	–	0	⋆
1,3,5,7	0	–	–	1	⋆
2,3,6,7	0	–	1	–	⋆
2,3,10,11	–	0	1	–	⋆
2,6,10,14	–	–	1	0	⋆
4,5,6,7	0	1	–	–	⋆
3,7,11,15	–	–	1	1	⋆
5,7,13,15	–	1	–	1	
6,7,14,15	–	1	1	–	⋆
10,11,14,15	1	–	1	–	⋆

b

Nr.	x_1	x_2	x_3	x_4
0,1,2,3,4,5,6,7	0	–	–	–
2,3,6,7,10,11,14,15	–	–	1	–

c

Tabelle 11.13 Zusammenfassung a. 1. Schritt b. 2. Schritt c. 3. Schritt

zu machen, sind diese Primterme in das Karnaugh–Diagramm (Abb. 11.14) eingetragen worden.

(x_3x_4) \ (x_1x_2)	00	01	11	10
00	1	1		
01	1	1	×	
11	1	1	×	1
10	×	1	1	1

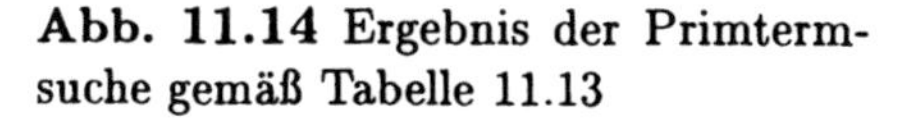
Abb. 11.14 Ergebnis der Primtermsuche gemäß Tabelle 11.13

Die Tabelle 11.14 dient abschließend dazu, die in dem detailliert beschriebenen Umformungsprozeß ermittelten drei Primterme

$$T_{5,7,13,15} \qquad T_{0,1,2,3,4,5,6,7} \qquad T_{2,3,6,7,10,11,14,15}$$

und die von ihnen abgedeckten Kombinationen einander zuzuordnen; die Terme 2,13 und 15 finden hier keine weitere Berücksichtigung.

Nr.	0	1	4	3	5	6	10	7	11	14
5, 7, 13, 15					⋆			⋆		
0, 1, 2, 3, 4, 5, 6, 7	⋆	⋆	⋆	⋆	⋆	⋆		⋆		
2, 3, 6, 7, 10, 11, 14, 15				⋆		⋆	⋆	⋆	⋆	⋆

Tabelle 11.14 Kombinationen, die von den drei ermittelten Primtermen abgedeckt werden

Der Tabelle 11.14 können wir nun die wesentlichen Primterme

$$T_{0,1,2,3,4,5,6,7} \quad \text{und} \quad T_{2,3,6,7,10,11,14,15}$$

entnehmen. Ferner geht aus dieser Tabelle hervor, daß der Primterm $T_{5,7,13,15}$ ebenfalls abgedeckt wird und damit nicht berücksichtigt zu werden braucht. Damit finden wir schließlich das in Abb. 11.15 dargestellte Endergebnis.

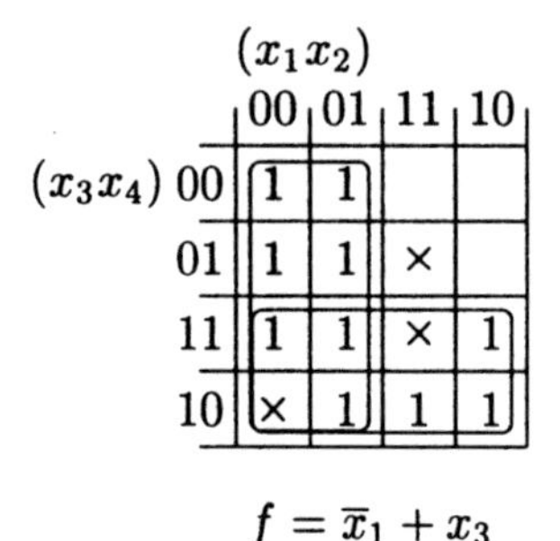

$f = \overline{x}_1 + x_3$ **Abb. 11.15** Endgültige Primterme

Die Eingangswerte–Kombinationen Nr. 2 und Nr. 15, für die der Funktionswert zunächst unspezifiziert war, führen also auf den Ausgangswert $f = 1$. Für die Eingangswertekombinationen Nr. 13 wird entsprechend der Ausgangswert $f = 0$ festgelegt.

11.2.3 Ergänzende Bemerkungen

In den letzten Abschnitten haben wir die Minimierung von logischen Funktionen betrachtet. Hierbei handelt es sich um eine Minimierung der *AND*– und *OR*–Operationen. Bei der praktischen Realisierung steht oft eine größere Auswahl von Logikgattern zur Verfügung (*NAND*, *NOR*, *XOR*, *NOT*), manchmal möchte man sich umgekehrt auf die Verwendung einer Gatterart beschränken (z. B. auf *NAND*–Gatter) oder es sind bestimmte Schaltungsstrukturen vorgegeben, usw. Unter diesem Gesichtspunkt wird klar, daß die Umsetzung einer *AND*/*OR*– minimierten Logikfunktion nicht in jeder Beziehung optimal ist. Auch andere Aspekte, wie etwa die Verfügbarkeit verschiedener Bauteile in verschiedenen Bauformen, das Vorhandensein mehrerer Gatter gleichen Typs in einem Baustein, Kostenunterschiede, usw. müssen berücksichtigt werden. Sie alle sind Faktoren, die sich einer direkten mathematischen Formulierung im Rahmen der logischen Funktionsbetrachtung weitgehend entziehen, die jedoch bei einer tatsächlichen Realisierung beispielsweise unter den Optimalitätskriterien "Chipfläche", "Produktionskosten", usw. zusätzlich Berücksichtigung finden müssen.

Die Minimierung der Logikfunktion ist also ein wichtiger Bestandteil des Entwurfs- und Realisierungsprozesses einer Logikschaltung. Die Minimierung allein gewährleistet jedoch noch kein optimales Endergebnis.

11.3 Zusammenfassung

In diesem Kapitel haben wir die disjunktive und konjunktive Normalform als Standardformen für die Darstellung von Logikfunktionen kennengelernt. Jede dieser beiden Normalformen basiert auf der Verknüpfung sogenannter Minterme bzw. Maxterme. Letztere werden auch zur Aufstellung von Karnaugh–Diagrammen eingesetzt, mit deren Hilfe eine Minimierung des Schaltungsaufwandes bei nicht zu hoher Gesamtzahl der Logikvariablen durchgeführt werden kann; die Entwicklung von und den Umgang mit Karnaugh–Diagrammen haben wir eingehend behandelt. Für eine höhere Zahl von Logikvariablen ist die Quine–McCluskey–Methode zur Schaltungsminimierung einsetzbar; verschiedenen wichtigen Aspekten dieses Verfahrens sind wir ebenfalls im einzelnen nachgegangen.

11.4 Aufgaben

Aufgabe 11.1 Gesucht ist eine Schaltung mit der folgenden Funktionsweise. Auf den Eingang (x_2, x_1, x_0) können binärkodiert die Zahlen $0, 1, \ldots, 4$ gegeben werden, die dann am Ausgang $(y_4, y_3, \ldots, y_0)$ mit dem Faktor 5 multipliziert zur Verfügung stehen.

a. Geben sie für die Ziffern $y_0, y_1, \ldots y_4$ die entsprechenden Karnaugh–Diagramme an.

b. Führen Sie die möglichen Minimierungen durch und geben Sie die funktionalen Zusammenhänge an.

c. Entwickeln Sie unter Verwendung der zuvor erhaltenen Ergebnisse eine Schaltung.

Aufgabe 11.2 Die durch die folgende Tabelle festgelegte Logikfunktion f soll untersucht werden.

Nr.	x_4	x_3	x_2	x_1	x_0	f	Nr.	x_4	x_3	x_2	x_1	x_0	f
0	0	0	0	0	0		16	1	0	0	0	0	1
1	0	0	0	0	1	1	17	1	0	0	0	1	
2	0	0	0	1	0	1	18	1	0	0	1	0	
3	0	0	0	1	1		19	1	0	0	1	1	1
4	0	0	1	0	0	1	20	1	0	1	0	0	
5	0	0	1	0	1		21	1	0	1	0	1	1
6	0	0	1	1	0		22	1	0	1	1	0	1
7	0	0	1	1	1	1	23	1	0	1	1	1	
8	0	1	0	0	0	1	24	1	1	0	0	0	
9	0	1	0	0	1		25	1	1	0	0	1	1
10	0	1	0	1	0		26	1	1	0	1	0	1
11	0	1	0	1	1	1	27	1	1	0	1	1	
12	0	1	1	0	0		28	1	1	1	0	0	1
13	0	1	1	0	1	1	29	1	1	1	0	1	
14	0	1	1	1	0	1	30	1	1	1	1	0	
15	0	1	1	1	1	1	31	1	1	1	1	1	1

a. Minimieren Sie die Logikfunktion.

b. Formulieren Sie f in möglichst einfacher Form.

c. Geben Sie eine Schaltungsrealisierung an.

Aufgabe 11.3 Gegeben ist die Logikfunktion

$$\begin{aligned} f &= x_0\overline{x}_1\overline{x}_2\overline{x}_3 + \overline{x}_0\overline{x}_1x_2\overline{x}_3 + \overline{x}_0x_1x_2\overline{x}_3 + x_0x_1x_2\overline{x}_3 + \overline{x}_0\overline{x}_1\overline{x}_2x_3 + \\ &\quad x_0\overline{x}_1\overline{x}_2x_3 + \overline{x}_0x_1\overline{x}_2x_3 + x_0x_1\overline{x}_2x_3 + x_0x_1x_2x_3 \ . \end{aligned}$$

a. Bestimmen sie mit Hilfe der Quine–McCluskey–Methode die Primterme der Funktion f.

b. Bestimmen Sie die zur vollständigen, minimalen Darstellung von f benötigten Primterme und formulieren Sie f entsprechend.

12 Kombinatorische und sequentielle Schaltkreise

12.1 Kombinatorische Schaltkreise

Bei der Behandlung einer logischen Funktion unter Verwendung der Booleschen Algebra haben wir die Abhängigkeit einer logischen Ausgangsvariablen von den Werten einer bestimmten Anzahl von Eingangsvariablen untersucht. Diese Abhängigkeit hat allgemein die Form

$$y = f(x_1, x_2, \ldots, x_n) \ .$$

In diesem Kapitel beschäftigen wir uns mit kombinatorischen und sequentiellen Schaltungen. Unter dem Begriff "Kombinatorische Logik " faßt man Schaltungen zusammen, bei denen eine oder mehrere Ausgangsvariablen nur von den jeweiligen Eingangsvariablen abhängen. Im allgemeinen enthält eine kombinatorische Logikschaltung ein System funktionaler Abhängigkeiten der Form

$$(y_1, y_2, \ldots, y_m) = f(x_1, x_2, \ldots, x_n) \ .$$

Die Ausgangsvariablen hängen dabei insbesondere *nicht* von gespeicherten bzw. zeitverzögerten Eingangs- oder Ausgangswerten ab.

In Abb. 12.1 ist eine allgemeine kombinatorische Logikschaltung symbolisch

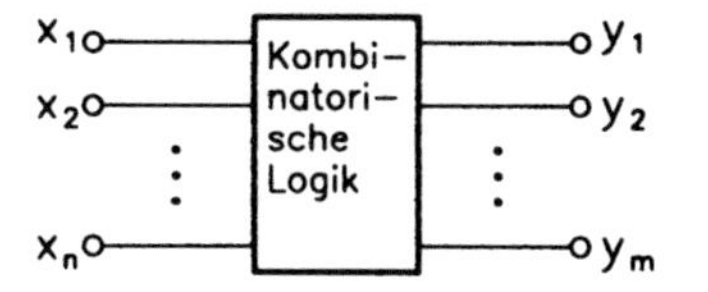

Abb. 12.1 Allgemeines Symbol einer kombinatorischen Logikschaltung

dargestellt.

Neben kombinatorischen gibt es sequentielle Logikschaltungen. Sie sind dadurch gekennzeichnet, daß bei ihnen eine zusätzliche Abhängigkeit der Ausgangsvariablen von gespeicherten, und damit zeitverzögerten Werten besteht. Dies führt insbesondere dazu, daß nicht nur die Eingangswerte die Ausgangswerte bestimmen, sondern daß auch der Schaltungszustand bei Anlegen der Eingangswerte das Ausgangsergebnis beeinflußt.

Bei kombinatorischen Schaltungen legt allein eine Eingangswerte–Kombination eindeutig die resultierende Ausgangswerte–Kombination fest; eine Schaltung mit n Eingangsvariablen kann bei maximal 2^n unterschiedlichen Eingangswerte–Kombinationen und jeweils zwei möglichen Ausgangswerten maximal 2^{2^n} verschiedene Logikfunktionen umfassen. So ergeben sich beispielsweise bei der Betrachtung der Logikfunktionen zweier Argumentvariablen insgesamt $2^{2^2} = 16$ mögliche Funktionen.

Im folgenden soll anhand einer Reihe wichtiger Schaltungen das Vorgehen beim Entwurf kombinatorischer Schaltungen behandelt werden. Die für die Entwurfsprozesse benötigten Mittel und Methoden haben wir im wesentlichen bereits im vorigen Kapitel entwickelt.

12.1.1 Addierer

Ein wichtiges und umfangreiches Gebiet für den Einsatz digitaler Schaltungen ist die Ausführung von elementaren Rechenoperationen. Dabei wird einer einzelnen Zahl oder einem Zahlen–Tupel eindeutig eine Ergebniszahl zugeordnet. Die Zahlenwerte sind meistens dualkodiert, so daß ein Zahlenwert durch ein n–Tupel binärer Ziffern bzw. Werte logischer Variablen repräsentiert wird.

Eine grundlegende Rechenoperation ist die Addition. Als erstes werden wir daher kombinatorische Schaltungen für die Addition von dualkodierten Zahlen entwickeln. Die einfachste Addition ist diejenige zweier einstelliger Dualzahlen bzw. –ziffern. Werden zwei einstellige Dualzahlen A und B addiert und wird das Resultat als einstellige Dualzahl D angegeben, so können die

B	A	$D = A + B$
0	0	0
0	1	1
1	0	1
1	1	(1) 0

Tabelle 12.1 1–*Bit*–Addierer

in Tabelle 12.1 aufgeführten Fälle eintreten.

Besondere Beachtung erfordert der Fall $A = B = 1$; hier lautet das Ergebnis $D = 0$, allerdings entsteht zusätzlich der Übertrag (engl. carry) "1", der im vorliegenden Fall aber nur einen Zahlenbereichs–Überlauf anzeigt: das Ergebnis ist mit der vorgegebenen Stellenzahl nicht darstellbar. Bei der Addition mehrstelliger Dualzahlen muß der Übertrag natürlich berücksichtigt werden.

Ein Addierer, der in der besprochenen Weise ohne eingangsseitige Berücksichtigung eines etwaigen Übertrages arbeitet, wird Halbaddierer genannt. Wird die Zahl A durch den Wert der logischen Variablen x_A repräsentiert und gilt für die logischen Variablen x_B, y_D und y_C Entsprechendes, dann kann für die Addition die Wahrheitstabelle 12.2 aufgestellt werden.

x_B	x_A	y_C	y_D
0	0	0	0
0	1	0	1
1	0	0	1
1	1	1	0

Tabelle 12.2 Wahrheitstabelle für die Addition

Aus dieser Tabelle ergeben sich direkt die funktionalen Zusammenhänge (das Symbol $\oplus$ kennzeichnet die exklusive *ODER*-Funktion "*XOR*";vgl. Tabelle 9.6)

$$y_D = x_A\overline{x}_B + \overline{x}_A x_B = x_A \oplus x_B$$
$$y_C = x_A x_B \,.$$

Daraus folgen dann die in Abb. 12.2 angegebenen Schaltungsrealisierungen. Bei Betrachtung dieser Schaltungen wird exemplarisch ein typisches Merkmal

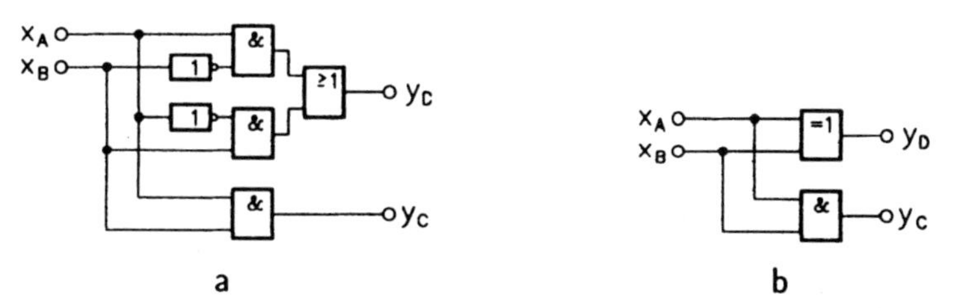

Abb. 12.2 1-*Bit*-Addiererschaltungen a. ohne b. mit *XOR*-Gatter

kombinatorischer Schaltungen deutlich: es treten keine Rückkopplungen auf. Die logische Verknüpfung der einzelnen Eingangsvariablen und Zwischenergebnisse können daher leicht verfolgt werden.

Die Addition einstelliger Dualzahlen ist natürlich nur von untergeordnetem Interesse, der Regelfall ist die Addition mehrstelliger Dualzahlen. Sie wird in der Weise ausgeführt, daß die niederwertigsten Dualziffern beider Summanden addiert werden, der eventuell auftretende Übertrag in die Addition der beiden nächsthöherwertigen Ziffern einfließt, usw. Abgesehen vom Addierer für die jeweils niederwertigsten Dualziffern müssen also alle Addierer neben je zwei Ziffern aus A bzw. B auch eine Carry-Ziffer — also insgesamt drei Ziffern — addieren. Daraus resultiert die Wahrheitstabelle 12.3.

x_C	x_B	x_A	z_C	z_D
0	0	0	0	0
0	0	1	0	1
0	1	0	0	1
0	1	1	1	0
1	0	0	0	1
1	0	1	1	0
1	1	0	1	0
1	1	1	1	1

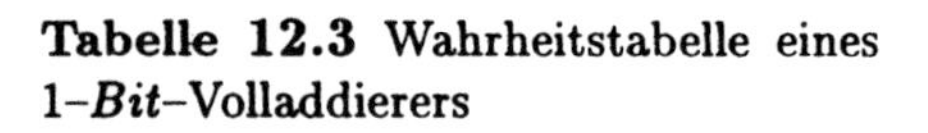
Tabelle 12.3 Wahrheitstabelle eines 1–*Bit*–Volladdierers

Eine Schaltung, die zwei Binärziffern und eine Übertragsziffer addiert sowie eine Ergebnis– und eine Übertragsziffer ausgibt, bezeichnet man als Volladdierer. Die zugehörigen Karnaugh–Diagramme sind in Abb. 12.3 wiedergegeben.

z_D :

(x_A, x_B) \ (x_C)	0	1
00	0	1
01	1	0
11	0	1
10	1	0

z_C :

(x_A, x_B) \ (x_C)	0	1
00	0	0
01	0	1
11	1	1
10	0	1

Abb. 12.3 Karnaugh–Diagramme eines 1–*Bit*–Volladdierers (z_D $\widehat{=}$ Summe, z_C $\widehat{=}$ Übertrag)

Daraus resultieren die Funktionsvorschriften

$$z_D = \overline{x}_A\overline{x}_B x_C + x_A\overline{x}_B\overline{x}_C + \overline{x}_A x_B\overline{x}_C + x_A x_B x_C = x_A \oplus x_B \oplus x_C$$
$$z_C = x_A x_B + x_A x_C + x_B x_C \ .$$

Die entsprechende, aus Invertern, *AND*– und *OR*–Gattern zusammengesetzte Schaltung gemäß Abb. 12.4 ist im Hinblick darauf, daß es sich nur um einen 1–*Bit*–Addierer handelt, bereits recht umfangreich.

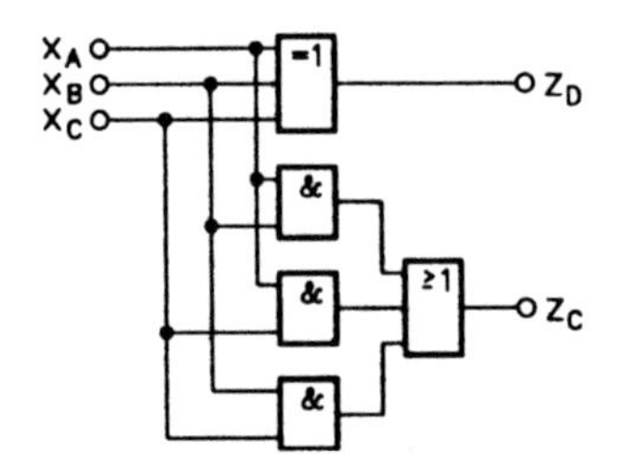

Abb. 12.4 Schaltung eines 1–*Bit*–Volladdierers

Anhand einiger einfacher Überlegungen kann man zeigen, daß sich ein Volladdierer auch aus zwei Halbaddierern zusammensetzen läßt. Mit den für die beiden Halbaddierer gültigen Beziehungen

$$\begin{aligned} y_D &= x_A \oplus x_B & \qquad \tilde{z}_D &= y_D \oplus x_C \\ y_C &= x_A \cdot x_B & \qquad \tilde{z}_C &= y_D \cdot x_C = \overline{x}_A x_B x_C + x_A \overline{x}_B x_C \end{aligned}$$

kann man für den Volladdierer

$$\begin{aligned} z_D &= x_A \oplus x_B \oplus x_C = y_D \oplus x_C = \tilde{z}_D \\ z_C &= x_A x_B + x_A x_C + x_B x_C \\ &= \overline{x}_A x_B x_C + x_A \overline{x}_B x_C + x_A x_B \\ &= \tilde{z}_C + y_C = y_D \cdot x_C + y_C \end{aligned}$$

schreiben. Damit ergibt sich die in Abb. 12.5 dargestellte Schaltung.

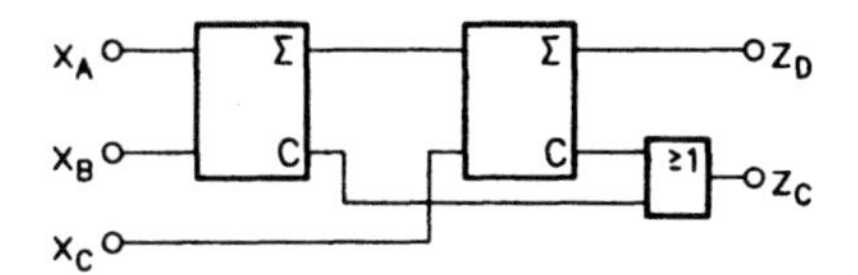

Abb. 12.5 Aufbau eines Volladdierers durch Kaskadierung zweier Halbaddierer

Der Volladdierer gestattet die Addition mehrstelliger Dualzahlen. Als Beispiel betrachten wir die Addition von $A = 0101$ und $B = 1001$. Tabelle 12.4 zeigt den Ablauf dieser Operation. Für die niedrigstwertige Ziffer gilt $y_{D0} =$

Ziffer	3	2	1	0
A	0	1	0	1
B	1	0	0	1
D	1	1	1	0
C	0	0	0	1

Tabelle 12.4 Addition zweier 4–*Bit*–Zahlen

$x_{A0} \oplus x_{B0}$ und $y_{C0} = x_{A0} \cdot x_{B0}$; sinnvollerweise wird $x_{C0} = 0$ vorausgesetzt. Das Teilergebnis y_{C0} wird zur nächsten Addiererstufe weitergereicht, so daß $x_{C1} = y_{C0}$ gilt. Danach kann das nächsthöherwertige Ziffernpaar verrechnet werden. Das Ergebnis wird also Schritt für Schritt berechnet, beginnend mit der niedrigstwertigen und endend mit der höchstwertigen Ziffer.

Es gibt zwei prinzipiell verschiedene schaltungstechnische Ansätze, die Gesamtschaltung eines mehrstelligen Addierers auszuführen: den seriellen und den parallelen Ansatz. Beim seriellen Ansatz wird nur eine einzige Volladdierer–Schaltung benötigt. Die Argumentziffern werden nacheinander auf den Halbaddierer gegeben und die Ergebnisziffern werden Zug um Zug zum Gesamtergebnis zusammengesetzt. Der Carry–Ausgang kann dabei — über einen Zwischenspeicher — auf den Carry–Eingang gegeben werden, wodurch strenggenommen eine sequentielle Schaltung entsteht. Die erforderliche Speicherung der Ein- und Ausgangswerte des Volladdierers kann beispielsweise mit Hilfe von Schieberegistern geschehen.

Beim parallelen Ansatz wird für jede einzelne Ziffer ein Volladdierer vorgesehen, so daß sich für das oben angeführte Beispiel zunächst die in Abb. 12.6 dargestellte Schaltung ergibt.

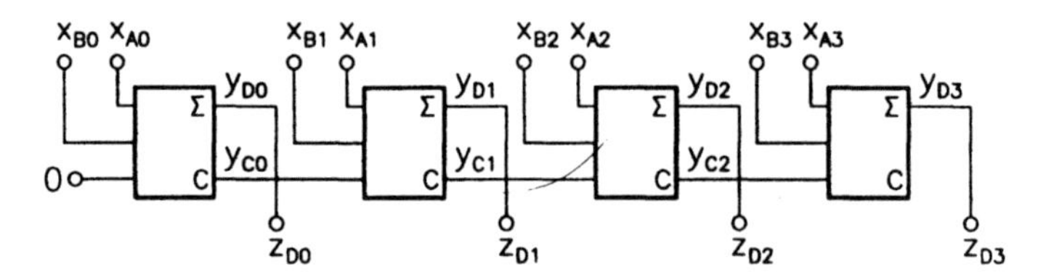

Abb. 12.6 Schaltung eines parallelen 4–*Bit*–Volladdierers

Bei näherer Betrachtung zeigt sich hier jedoch, daß die Schaltung trotz des relativ hohen Aufwandes in dieser Form keine wesentlichen Vorteile gegenüber dem seriellen Volladdierer bietet. Die Addition findet nämlich nicht wirklich parallel statt, da die Berechnung jeder Ergebnisziffer erst dann möglich ist, wenn die Berechnung der jeweils um eine Stelle niederwertigeren Ziffer bzw. die des ensprechenden Carry–Wertes abgeschlossen ist. Für die Berechnung wird also eine Zeitspanne von insgesamt n Volladdierer–Durchläufen benötigt, wobei jeder einzelne Volladdierer eigentlich nur für die Zeitspanne seiner Durchlaufzeit sinnvoll tätig ist. Während der restlichen Zeit wird entweder ein potentiell falsches Ergebnis geliefert, weil die korrekten Eingangsdaten noch nicht stabil anliegen oder das korrekte Ergebnis wird einfach festgehalten, ohne daß die Teilschaltung eine weitere Funktion erfüllt. Die Durchlaufzeit eines Volladdierers entspricht dabei zwei Gatterlaufzeiten, wie den entsprechenden Schaltungsrealisierungen leicht zu entnehmen ist. Die gezeigte Schaltung ist aus den beschriebenen Gründen wenig praktikabel.

Der Parallel–Addierer kann nur dann wirklich sinnvoll sein, wenn alle erforderlichen Eingangswerte, insbesondere die Carry–Werte, zum gleichen Zeitpunkt parallel zur Verfügung stehen. Das kann dadurch erreicht werden, daß die einzelnen Carry–Werte mehr oder minder direkt aus den Eingangswerten abgeleitet werden, was natürlich mit einem zusätzlichen Aufwand verbunden ist. Für die einzelnen Carry–Ausgänge eines Addierers für Dualzahlen gilt

$$
\begin{aligned}
z_{C0} &= y_{C0} \\
z_{C1} &= y_{D1} \cdot x_{C1} + y_{C1} = y_{D1} \cdot z_{C0} + y_{C1} \\
&= y_{D1} \cdot y_{C0} + y_{C1} \\
z_{C2} &= y_{D2} \cdot x_{C2} + y_{C2} = y_{D2} \cdot z_{C1} + y_{C2} \\
&= y_{D2} \cdot (y_{D1} \cdot y_{C0} + y_{C1}) + y_{C2} \\
z_{C3} &= y_{D3} \cdot (y_{D2} \cdot (y_{D1} \cdot y_{C0} + y_{C1}) + y_{C2}) + y_{C3} \\
&\vdots
\end{aligned}
$$

Die Werte y_{Di} und y_{Ci} werden dabei jeweils aus den anstehenden Argumentziffern mittels eines Halbaddierers ohne zusätzlichen Zeitbedarf berechnet. Aus den so gefundenen Beziehungen folgt nach dem Ausmultiplizieren der Klammerausdrücke direkt die Schaltungsstruktur in Abb. 12.7.

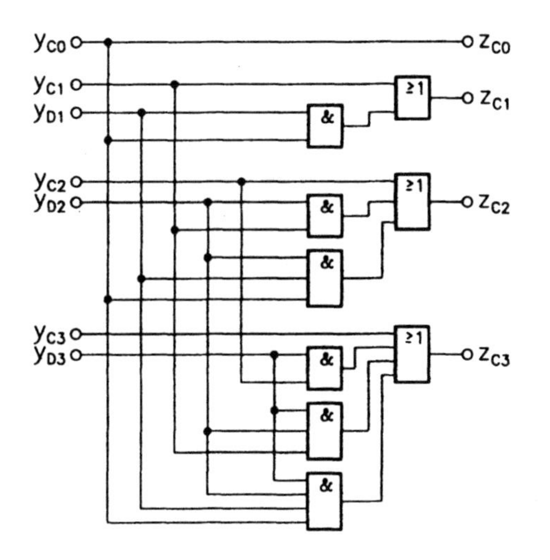

Abb. 12.7 4 *Bit* Carry–Look–Ahead–Schaltung

Bricht man die in Abb. 12.6 gezeigte Kette der Carry–Ein– und Carry–Ausgänge auf und steuert die Eingänge stattdessen über die Zusatzschaltung an ($x_{C1} = z_{C0}, x_{C2} = z_{C1}, \ldots$), so durchläuft ein Eingangswert insgesamt vier Gatterebenen bis er in einen Ergebniswert mündet. Die dadurch bedingte Durchlaufzeit ist unabhängig von der Anzahl der zu berechnenden Ziffern. Die Zusatzschaltung wird Carry–Look–Ahead–Schaltung genannt, die gesamte Addiererschaltung heißt Carry–Look–Ahead–Addierer.

Da mit steigender Ziffernzahl jedoch der Aufwand für die Carry–Look–Ahead–Logik sehr stark anwächst, wird man sich meistens zu einem Kompromiß zwischen Berechnungsgeschwindigkeit und Schaltungsaufwand entschließen müssen. Beispielsweise kann man einen Addierer für zwei sechzehnstellige Dualzahlen mit Hilfe eines Carry–Look–Ahead–Addierers für vierstellige Dualzahlen in einer seriellen Struktur realisieren, in der dann viermal je vier Ziffern parallel berechnet werden. Es gibt aber auch Fälle, in denen man an dieser Stelle den Aufwand für die zusätzlich erforderliche serielle "Infrastruktur" — Schieberegister, Ablaufsteuerung, usw. — scheut und stattdessen die zuerst beschriebene Parallelstruktur realisiert.

Als nächsten behandeln wir den BCD–Addierer (BCD $\widehat{=}$ **B**inary **C**oded **D**ecimal), mit dem zwei BCD–kodierte Zahlen addiert werden und das Ergebnis in demselben Kode ausgegeben wird. Im BCD–Kode werden die Dezimalziffern $0 \ldots 9$ durch die entsprechenden vierstelligen Dualzahlen repräsentiert; die Dualzahlen für die Dezimalzahlen $10 \ldots 15$ stellen ungültige Kodewerte (Pseudotetraden) dar. Tabelle 12.5 zeigt Unterschiede eines vierstelligen Volladdierers im Vergleich zu dem zu entwickelnden BCD–Addierer auf.

	Voll-addierer		**BCD–Addierer**	
$A+B\,(+C)$	C	D	C	D
0	0	0	0	0
⋮	⋮	⋮	⋮	⋮
9	0	9	0	9
10	0	10	1	0
⋮	⋮	⋮	⋮	⋮
15	0	15	1	5
16	1	0	1	6
⋮	⋮	⋮	⋮	⋮
19	1	3	1	9

Tabelle 12.5 Vergleich Volladdierer und BCD–Addierer

Wir wählen als Beispiel den Entwurf eines Addierers für vierstellige Dualzahlen. Dabei ergibt sich die Notwendigkeit, mit einer Zusatzschaltung die

	Volladdierer					**BCD–Addierer**				
Nr.	C	z_{D3}	z_{D2}	z_{D1}	z_{D0}	C	z_{D3}	z_{D2}	z_{D1}	z_{D0}
0	0	0	0	0	0	0	0	0	0	0
1	0	0	0	0	1	0	0	0	0	1
2	0	0	0	1	0	0	0	0	1	0
3	0	0	0	1	1	0	0	0	1	1
4	0	0	1	0	0	0	0	1	0	0
5	0	0	1	0	1	0	0	1	0	1
6	0	0	1	1	0	0	0	1	1	0
7	0	0	1	1	1	0	0	1	1	1
8	0	1	0	0	0	0	1	0	0	0
9	0	1	0	0	1	0	1	0	0	1
10	0	1	0	1	0	1	0	0	0	0
11	0	1	0	1	1	1	0	0	0	1
12	0	1	1	0	0	1	0	0	1	0
13	0	1	1	0	1	1	0	0	1	1
14	0	1	1	1	0	1	0	1	0	0
15	0	1	1	1	1	1	0	1	0	1
16	1	0	0	0	0	1	0	1	1	0
17	1	0	0	0	1	1	0	1	1	1
18	1	0	0	1	0	1	1	0	0	0
19	1	0	0	1	1	1	1	0	0	1
20	1	0	1	0	0	×	×	×	×	×
⋮	⋮	⋮	⋮	⋮	⋮	⋮	⋮	⋮	⋮	⋮

Tabelle 12.6 Wahrheitstabellen eines Volladdierers und eines BCD–Addierers

Ergebnisse des Volladdierers im Sinne des BCD–Addierers zu korrigieren.

Die Wahrheitstabelle 12.6 dient dem Vergleich zwischen Volladdierer und BCD–Addierer in bezug auf die einzelnen Ziffern eines Ergebnisses. Aus der Tabelle kann direkt der Zusammenhang $z_{D0,BCD} = z_{D0,VA}$ entnommen werden. Die übrigen funktionalen Zusammenhänge sind mit Hilfe der Karnaugh–Diagramme in den Abbildungen 12.8...12.11 darstellbar und zusammenfaßbar; diese Diagramme sind im übrigen ein zusätzliches Beispiel dafür, wie ein Fall mit mehr als vier Eingangsvariablen behandelt wird.

$z_{D1,BCD}$:

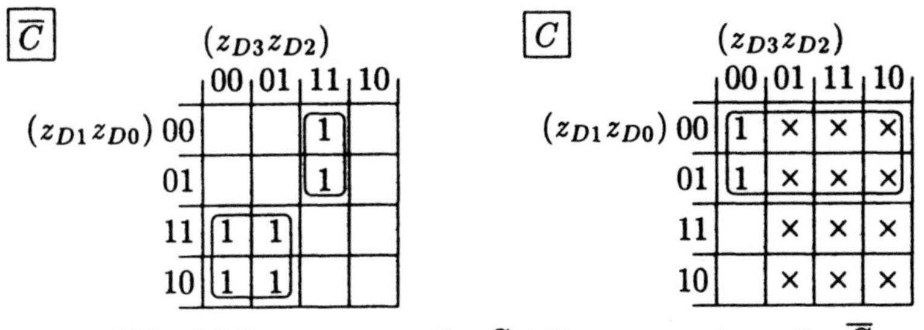

Abb. 12.8 $z_{D1,BCD} = \overline{z}_{D1}C + \overline{z}_{D1}z_{D2}z_{D3} + z_{D1}\overline{z}_{D3}\overline{C}$

$z_{D2,BCD}$:

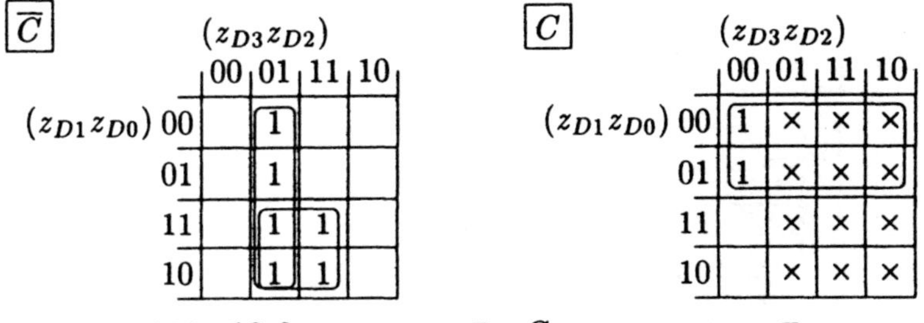

Abb. 12.9 $z_{D2,BCD} = \overline{z}_{D1}C + z_{D1}z_{D2} + z_{D2}\overline{z}_{D3}$

$z_{D3,BCD}$:

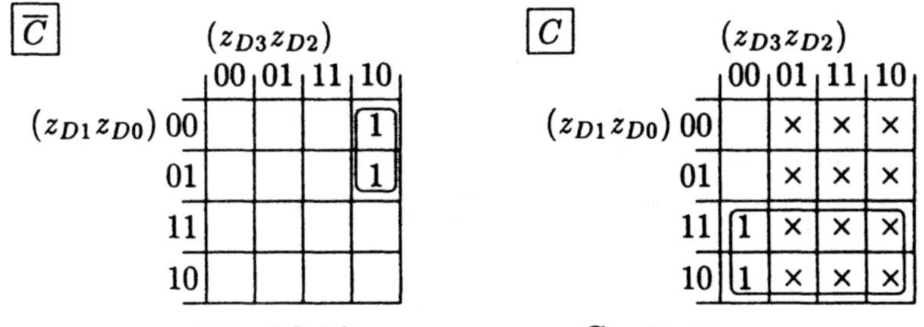

Abb. 12.10 $z_{D3,BCD} = z_{D1}C + \overline{z}_{D1}\overline{z}_{D2}z_{D3}$

C_{BCD} :

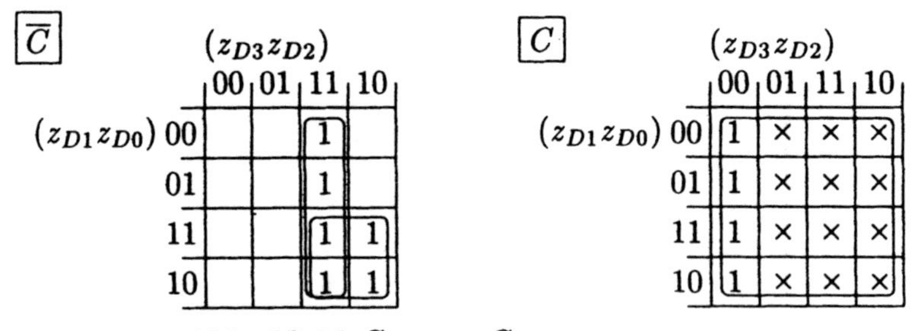

Abb. 12.11 $C_{BCD} = C + z_{D1}z_{D3} + z_{D2}z_{D3}$

Aus diesen Beziehungen resultiert die in Abb. 12.12 dargestellte Schaltungsrealisierung der Korrekturlogik eines BCD–Addierers.

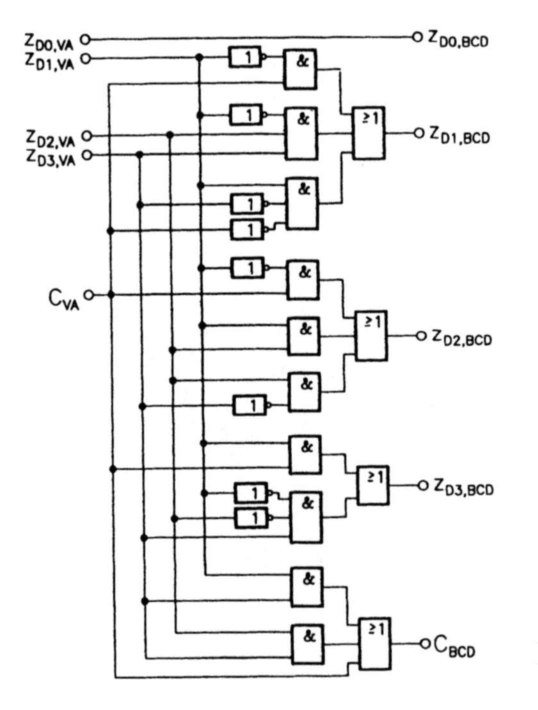

Abb. 12.12 Schaltung der Korrekturlogik eines BCD–Addierers

Bei näherer Untersuchung der Wahrheitstabellen kann man die Problemlösung auch auf andere Weise angehen. Betrachtet man noch einmal Tabelle 12.6, in der die notwendigen Übergänge zwischen dem normalem Voll– und dem BCD–Addierer aufgeführt sind, so läßt sich eine Gliederung vornehmen. Die Zwischenergebnisse $0\ldots9$ werden unverändert an den Ausgang weitergegeben, wobei $C = 0$ gilt. Die Endergebnisse, die aus den Zwischenergebnissen $10\ldots19$ resultieren, lassen sich dadurch erzielen, daß zu dem jeweiligen Zwischenergebnis die Dualzahl $E = (0110)$ addiert wird, woraus jeweils $C = 1$ resultiert. Der alternative Lösungsansatz besteht also darin, für die Zwischenergebnisse 10...19 den Wert $C = 1$ zu erzeugen und in diesen Fällen die Zahl E zu addieren. Von der vorigen Lösung kann man dabei

$$C = C + z_{D1}z_{D3} + z_{D2}z_{D3}$$

übernehmen, so daß sich die in Abb. 12.13 dargestellte Schaltungsrealisierung

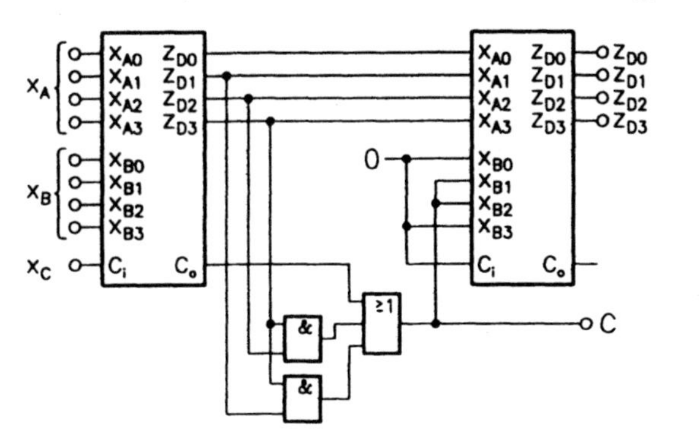

Abb. 12.13 4-*Bit*-BCD-Addierer aus zwei 4-*Bit*-Volladdierern

ergibt, die einen zusätzlichen Volladdierer enthält.

12.1.2 Dekoder- und Enkoder-Schaltungen

Dekoder-Schaltungen dienen dazu, aus einem n-Tupel von Eingangswerten bzw. Eingangswerte-Kombinationen (d. h. n-*Bit*-kodierte Eingangsinformation) bis zu 2^n Minterme auszuwählen, also genau eine Ausgangsvariable auf einen logisch wahren Wert zu bringen. Eine Enkoder-Schaltung bewirkt den umgekehrten Vorgang. Durch Aktivieren eines von bis zu 2^n Eingängen wird am Ausgang ein n-Tupel von Ausgangswerten entsprechend gesetzt.

Die Begriffe De- und Enkoder werden oft noch etwas weiter gefaßt. So

x_2	x_1	x_0	y_7	y_6	y_5	y_4	y_3	y_2	y_1	y_0
0	0	0								1
0	0	1							1	
0	1	0						1		
0	1	1					1			
1	0	0				1				
1	0	1			1					
1	1	0		1						
1	1	1	1							

Tabelle 12.7 Wahrheitstabelle eines 3-zu-8-Dekoders

bezeichnet man Schaltungen, die bei Anlegen einer Eingangsinformation beispielsweise eine Sieben-Segment-Anzeige so ansteuern, daß die Information optisch dargestellt wird, als BCD–Sieben–Segment–Dekoder, obwohl im allgemeinen mehrere Ausgangsleitungen gleichzeitig angesteuert werden.

Als Beispiel behandeln wir einen 3–zu–8–Dekoder, der für jeden der $2^3 = 8$ aus drei Eingangsvariablen bildbaren Minterme einen Ausgang liefert, der allein das Anliegen des jeweiligen Minterms durch Ausgabe einer 1 anzeigt. Für dieses Beispiel gilt die Wahrheitstabelle 12.7. Die Möglichkeit zu weiteren Vereinfachungen besteht offensichtlich nicht; es ergibt sich somit die in Abb. 12.14 dargestellte Schaltung (vgl. aber auch Abschnitt 9.7.2 und Abb. 9.50).

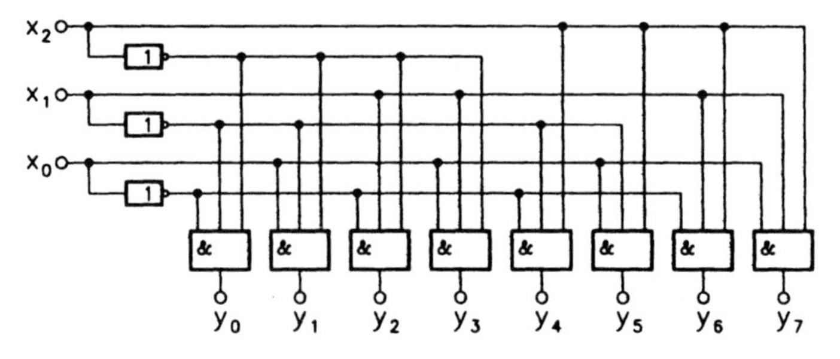

Abb. 12.14 Schaltung eines 3–zu–8–Dekoders

Durch Vertauschung von Eingangs– und Ausgangsvariablen in der Wahrheitstabelle erhält man den entsprechenden 8–zu–3–Enkoder. Im allgemeinen werden sich dann drei Logikfunktionen ergeben, die jeweils von acht Eingangsvariablen abhängen. Die vollständige Wahrheitstabelle würde aus $2^8 = 256$ Zeilen bestehen, die — bis auf acht — alle unspezifizierte Eingangswerte enthielten. Eine Anwendung der Minimierungsverfahren "von Hand" wäre daher kaum möglich. Aus der einfach strukturierten Wahrheitstabelle 12.7 können nach Vertauschung von Eingangs– und Ausgangsvariablen drei Funktionen jedoch auch direkt abgelesen werden, nämlich

$$\begin{aligned} y_0 &= x_1 + x_3 + x_5 + x_7 \\ y_1 &= x_2 + x_3 + x_6 + x_7 \\ y_2 &= x_4 + x_5 + x_6 + x_7 \, . \end{aligned}$$

Auf der Grundlage dieser Gleichungen läßt sich dann ohne großen Entwurfsaufwand die Schaltungsrealisierung in Abb. 12.15. angeben.

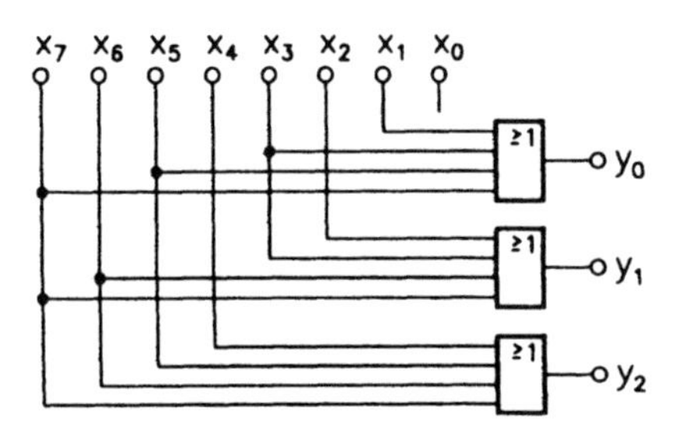

Abb. 12.15 8–zu–3–Enkoder

Bei der praktischen Ausführung von Dekoder- und Enkoder-Schaltungen wird in der Regel noch ein zusätzlicher Steuereingang vorgesehen, der sogenannte Enable-Eingang. Mit seiner Hilfe kann festgelegt werden, ob sich die Ausgangswerte entsprechend der jeweils anliegenden Eingangsinformation einstellen oder ob sie einen von ihr unabhängigen Ruhewert beibehalten sollen. Die (verkürzte) Wahrheitstabelle eines 2-zu-4-Dekoders mit einem Enable-Eingang könnte dann beispielsweise das Aussehen gemäß Tabelle 12.8 haben.

E	x_1	x_0	y_3	y_2	y_1	y_0
1	0	0	0	0	0	1
1	0	1	0	0	1	0
1	1	0	0	1	0	0
1	1	1	1	0	0	0
0	×	×	0	0	0	0

Tabelle 12.8 Verkürzte Wahrheitstabelle eines 2-zu-4-Dekoders mit Enable-Eingang E

Zum Abschluß der Behandlung von Dekoder- und Enkoder-Schaltungen wollen wir als Beispiel eine Schaltung für den bereits weiter oben angesprochenen BCD-Sieben-Segment-Dekoder entwerfen und dabei die einzelnen Schritte im Detail beschreiben.

Ein Sieben-Segment-Anzeigebaustein hat die grundsätzliche Form gemäß

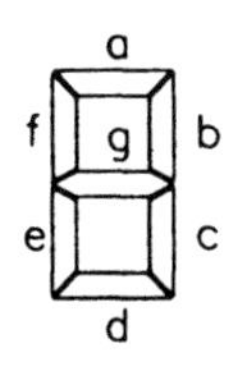

Abb. 12.16 Sieben-Segment-Anzeige

Abb. 12.16. Die einzelnen Segmente werden beispielsweise durch Leuchtdioden gebildet, wobei entweder die Anoden oder die Katoden dieser Dioden den Anschlüssen $a \dots g$ entsprechen und die jeweiligen Gegenpole an einem gemeinsamen Anschluß liegen. Verbindet man einen gemeinsamen Katodenanschluß mit der negativen Versorgungsspannung und steuert die Eingänge $a \dots g$ mit einer positiven Spannung an, so leuchten die entsprechenden Segmente auf; für LCD-Anzeigen gilt Entsprechendes.

Unter Verwendung diese Prinzips können dann die Dezimalziffern $0 \dots 9$ in

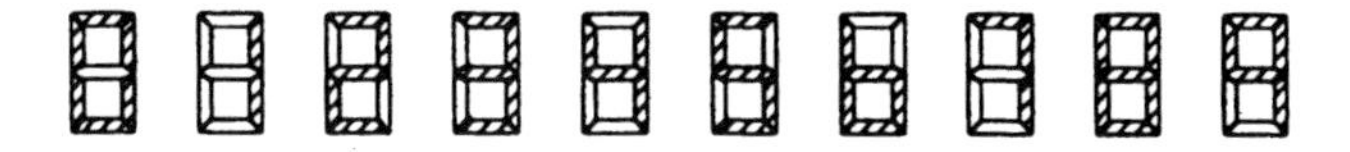

Abb. 12.17 Ziffernanzeige mit einem Sieben-Segment Anzeigebaustein

der in Abb. 12.17 angegebenen Form dargestellt werden.

Eine für die Erfüllung dieser Aufgabe geeignete Dekoder–Schaltung, die

Nr.	x_3	x_2	x_1	x_0	y_a	y_b	y_c	y_d	y_e	y_f	y_g
0	0	0	0	0	1	1	1	1	1	1	0
1	0	0	0	1	0	1	1	0	0	0	0
2	0	0	1	0	1	1	0	1	1	0	1
3	0	0	1	1	1	1	1	1	0	0	1
4	0	1	0	0	0	1	1	0	0	1	1
5	0	1	0	1	1	0	1	1	0	1	1
6	0	1	1	0	0	0	1	1	1	1	1
7	0	1	1	1	1	1	1	0	0	0	0
8	1	0	0	0	1	1	1	1	1	1	1
9	1	0	0	1	1	1	1	0	0	1	1
10	1	0	1	0	×	×	×	×	×	×	×
11	1	0	1	1	×	×	×	×	×	×	×
12	1	1	0	0	×	×	×	×	×	×	×
13	1	1	0	1	×	×	×	×	×	×	×
14	1	1	1	0	×	×	×	×	×	×	×
15	1	1	1	1	×	×	×	×	×	×	×

Tabelle 12.9 Wahrheitstabelle eines BCD–zu–Sieben–Segment Dekoders

BCD–kodierte Eingangsdaten in entsprechende Ansteuersignale umsetzt, muß die Wahrheitstabelle 12.9 verwirklichen.

Mit Hilfe der Karnaugh–Diagramme in Abb. 12.18 können die resultierenden Logikfunktionen dann in der gewohnten Weise bestimmt werden.

Es ergeben sich für die Ausgangssignale der Dekoder–Schaltung die folgenden kombinatorischen Funktionen:

$$
\begin{aligned}
y_a &= \overline{x}_0\overline{x}_2 + x_0x_2 + x_0x_1 + x_3 \\
y_b &= \overline{x}_2 + \overline{x}_0\overline{x}_1 + x_0x_1 \\
y_c &= x_2 + \overline{x}_1 + x_0 \\
y_d &= \overline{x}_0\overline{x}_2 + \overline{x}_0x_1 + x_1\overline{x}_2 + x_0\overline{x}_1x_2 \\
y_e &= \overline{x}_0\overline{x}_2 + \overline{x}_0x_1 \\
y_f &= x_3 + \overline{x}_0\overline{x}_1 + \overline{x}_1x_2 + \overline{x}_0x_2 \\
y_g &= x_3 + \overline{x}_0x_1 + \overline{x}_1x_2 + x_1\overline{x}_2 \ .
\end{aligned}
$$

Zur zweistufigen Schaltungsrealisierung, also zur Darstellung der einzelnen Minterme und deren anschließender *OR*–Verknüpfung werden insgesamt siebzehn *AND*- und sieben *OR*–Gatter sowie drei Inverter benötigt. Bei näherer

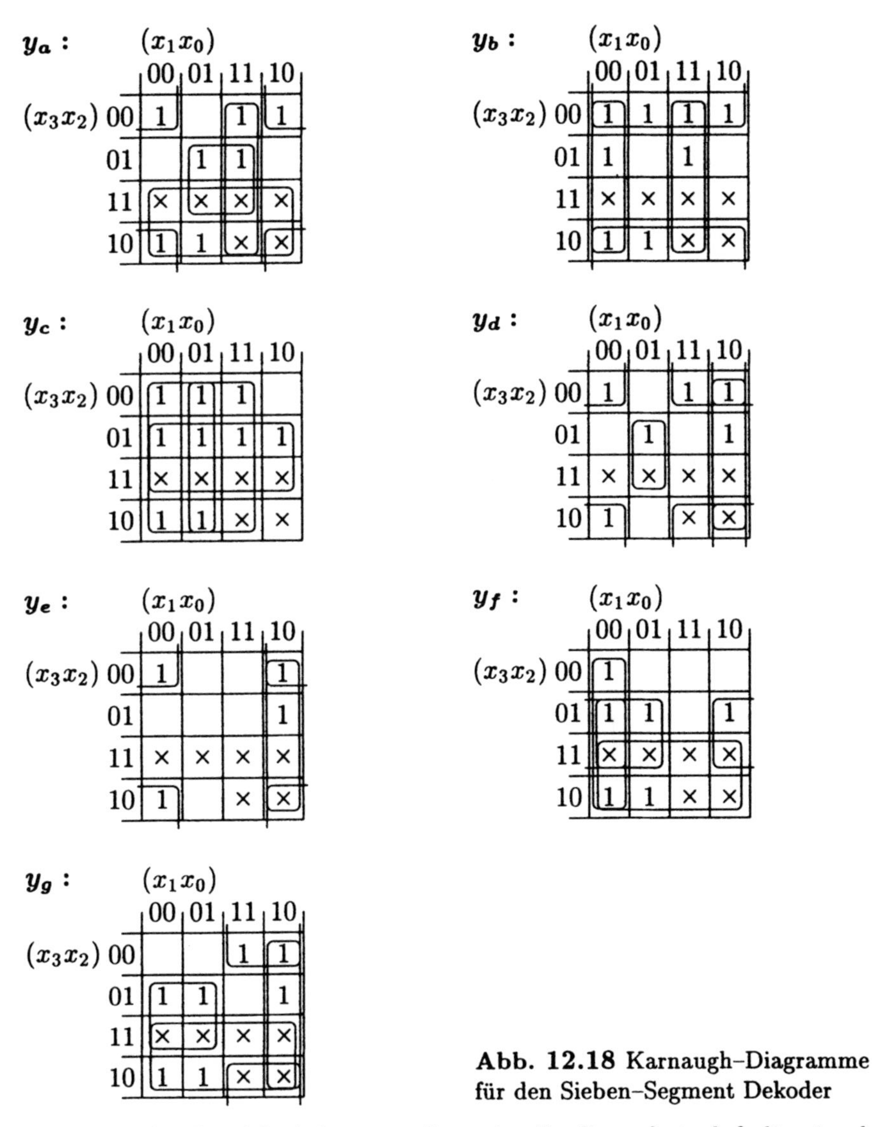

Abb. 12.18 Karnaugh-Diagramme für den Sieben-Segment Dekoder

Betrachtung der Logikfunktionen stellen wir allerdings fest, daß die einzelnen Beziehungen zum Teil gemeinsame Terme enthalten. Durch Realisierung dieser Teilfunktionen können einerseits mehrere Gatter eingespart werden, andererseits läßt sich zusätzlich die benötigte Eingangszahl der verbleibenden Gatter verringern. Die unter Beachtung dieser Maßnahmen aufgebauten Schaltungen besitzen dann jedoch einen mehr als zweistufigen Aufbau.

Auf die systematische Vereinfachung mehrerer Logikfunktionen soll hier nicht näher eingegangen werden. Das untersuchte Beispiel zeigt jedoch deutlich, daß eine entsprechende Betrachtung gegebenenfalls zu einer erheblichen Aufwandsverringerung beitragen kann. Abb. 12.19 zeigt die weiter vereinfachte Schaltung, die nur noch neun *AND*-, acht *OR*- und drei *NOT*-Gatter enthält.

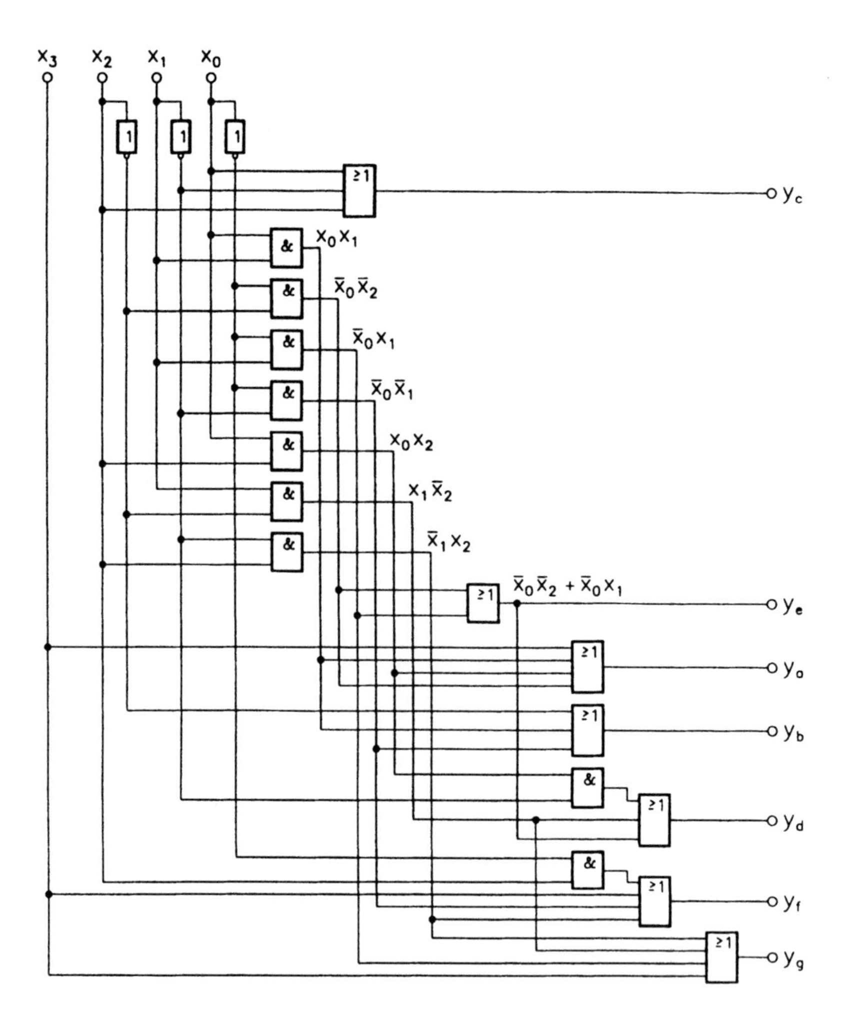

Abb. 12.19 Mehrstufige aufwandsverringerte BCD–zu–Sieben–Segment Dekoderschaltung

Andererseits kann ganz allgemein jede kombinatorische Schaltung mit n Eingängen und m Ausgängen mit Hilfe eines n–zu–2^n–Dekoders und m zusätzlicher *OR*–Gattern realisiert werden. Bei dieser Schaltungsart wird dann das System der Logikfunktionen in disjunktiver Normalform direkt verwirklicht.

Als Beispiel dafür dient hier die Realisierung eines (einstelligen) Volladdierers. Dieser Addierer soll die drei Eingänge x_A, x_B und x_C besitzen sowie die zwei Ausgänge y_D und y_C.

Wegen der drei Eingänge wird bei der Schaltungsrealisierung ein 3–zu–8–Dekoder benötigt, die zwei Ausgänge erfordern zwei zusätzliche *OR*–Gatter. Aus den Wahrheitstabellen von Volladdierer und Dekoder lassen sich dann folgende Beziehungen direkt ablesen:

$$y_D = y_1 + y_2 + y_4 + y_7$$
$$y_C = y_3 + y_5 + y_6 + y_7 \,.$$

Aus diesen Gleichungen folgt sofort die in Abb. 12.20 angegebene Schaltungsrealisierung des 1–*Bit*–Volladdierers.

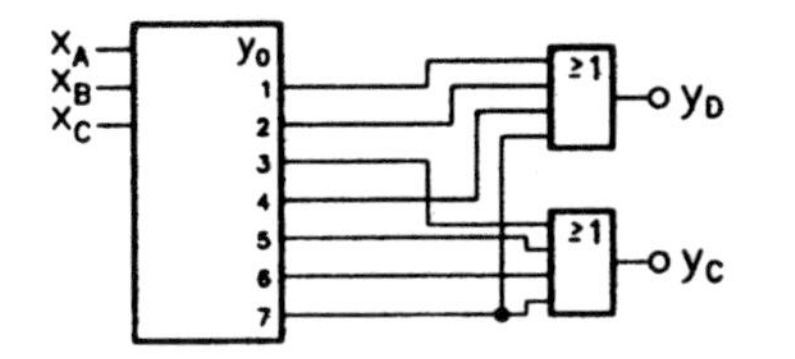

Abb. 12.20 Realisierung eines 1–*Bit*–Volladdierers mit einer Dekoderschaltung und anschließenden *OR*–Gatterstufen

Von wenigen Ausnahmen abgesehen wird die Realisierung einer kombinatorischen Schaltung mit Hilfe von Dekodern einen stark erhöhten Aufwand gegenüber anderen Realisierungsarten zur Folge haben, zumindest für den Fall, daß man die Gesamtzahl der benötigten Logikgatter als Maßstab zur Kennzeichnung des Aufwandes heranzieht. In besonderen Fällen, in denen Dekoder–Schaltungen z. B. technologisch besonders günstig zur Verfügung gestellt werden können oder in Fällen, in denen die allgemeingültige Schaltungsstruktur die Darstellung verschiedenster kombinatorischer Schaltungen mit nur geringfügigen Änderungen an dem Verbindungsnetzwerk flexibel möglich macht, kann die Verwendung dieser Schaltungsvariante eventuell von Vorteil sein.

12.1.3 Multiplexer und Demultiplexer

Als dritte und letzte Gruppe kombinatorischer Schaltungen werden wir nun noch Multiplexer– bzw. Demultiplexer– Schaltungen behandeln. Im allgemeinen versteht man unter "Multiplex" das Übermitteln einer relativ großen Informationsmenge über eine vergleichsweise geringe Zahl von Übertragungskanälen. Demultiplex beschreibt die entgegengesetzte Umsetzung. Beim Zeitmultiplex werden in zeitlich festgelegter Abfolge unterschiedliche Informationskanäle auf einen Übermittlungskanal geschaltet, beim Frequenzmultiplex wird die Bandbreite eines Übertragungskanals auf die verschiedenen Informationskanäle aufgeteilt.

Ein digitaler Multiplexer ist eine kombinatorische Schaltung, mit deren Hilfe die logischen Eingangswerte einer von mehreren Eingangsleitungen auf eine Ausgangsleitung geschaltet werden, wobei die Auswahl der jeweiligen Eingangsleitung über Signale an entsprechenden Steuereingängen geschieht. Im allgemeinen verfügt eine Multiplexer–Schaltung über 2^n Signaleingänge x_i sowie n Steuereingänge s_i, einen Ausgang y und gegebenenfalls auch noch über einen Enable–Eingang E.

Aus dieser Funktionsbeschreibung ergibt sich beispielsweise für einen 4–zu–1–Multiplexer die verkürzte Wahrheitstabelle in Abb. 12.21a. Ausgehend von

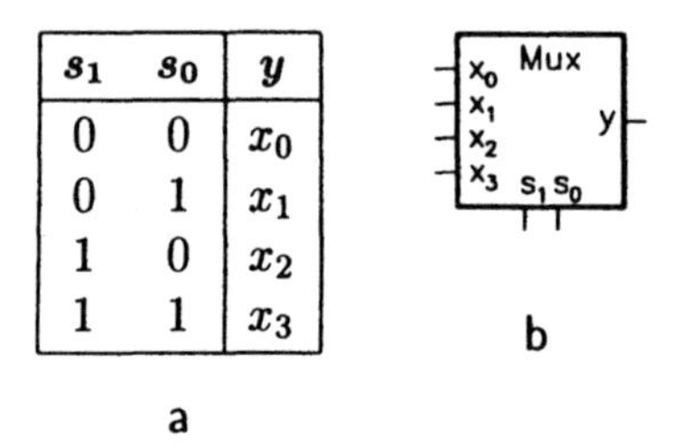

s_1	s_0	y
0	0	x_0
0	1	x_1
1	0	x_2
1	1	x_3

Abb. 12.21 Multiplexer a. Wahrheitstabelle b. Symbol

dieser Wahrheitstabelle können wir dann die Schaltungsrealisierung in Abb. 12.22 ohne Schwirigkeiten angeben.

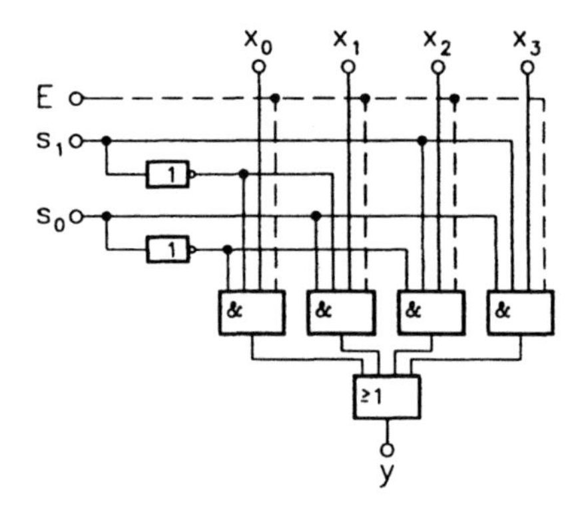

Abb. 12.22 4–zu–1–Multiplexer

Bei genauerer Betrachtung von Schaltung und Wahrheitstabelle wird deutlich, daß der Kern des Multiplexers durch eine Dekoder–Schaltung gebildet wird. Die an den Steuereingängen anliegende Information wird dekodiert, wobei der Wert des selektierten y_i infolge der *AND*–Verknüpfung letztlich vom Wert des entsprechenden Eingangs x_i abhängt. Die Eigenschaft des Dekoders, daß maximal nur ein Ausgang y_i den Wert 1 annehmen kann, erlaubt die Zusammenfassung der Einzelausgänge durch eine abschließende *OR*–Verknüpfung zum Ausgang y.

Ein Demultiplexer erfüllt die umgekehrte Funktion: der an einem Eingang

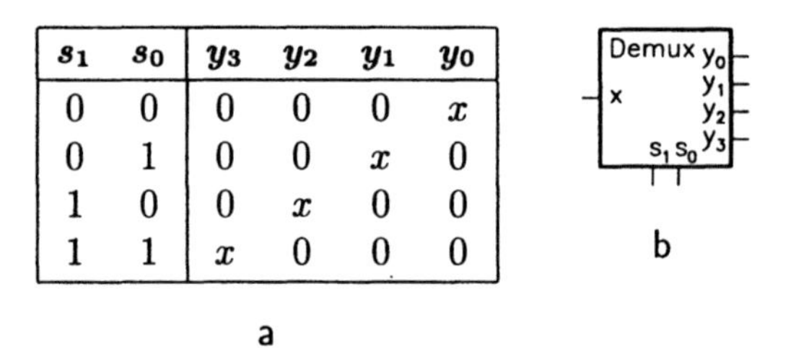

s_1	s_0	y_3	y_2	y_1	y_0
0	0	0	0	0	x
0	1	0	0	x	0
1	0	0	x	0	0
1	1	x	0	0	0

Abb. 12.23 Demultiplexer a. Wahrheitstabelle b. Symbol

anliegende Wert bestimmt den Wert eines von 2^n Ausgängen, der über die an n Steuereingängen anliegenden Werte selektiert wird. Dieses Verhalten wird im Fall eines 1–zu–4–Demultiplexers durch die Wahrheitstabelle in Abb. 12.23 beschrieben.

Eine mögliche Schaltungsrealisierung für einen 1–aus–4–Demultiplexer ist in Abb. 12.24 angegeben.

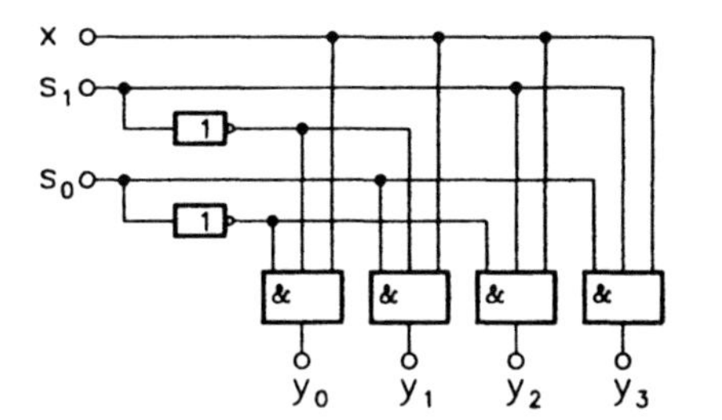

Abb. 12.24 1–aus–4–Demultiplexer

Im Falle des Demultiplexers bildet eine Dekoder–Schaltung nicht nur das Kernstück, sondern Demultiplexer– und Dekoder–Schaltung sind offensichtlich sogar identisch. Die Eingänge des Dekoders entsprechen den Steuereingängen des Multiplexers, der Enable–Eingang gleicht dem Eingang des Multiplexers und die Ausgänge entsprechen einander.

Da also Schaltungen für Enkoder (Dekoder) und Multiplexer (Demultiplexer) sehr große Gemeinsamkeiten besitzen, liegt es natürlich nahe, kombinatorische Schaltungen auf der Grundlage von Multiplexern aufzubauen. Die Realisierung kombinatorischer Logikfunktionen mit Hilfe von Dekoder–Schaltungen beruht darauf, die Ausgänge, welche die gewünschten Minterme repräsentieren, über eine *OR*–Verknüpfung zu einem Ausgang zusammenzufassen. Multiplexer–Schaltungen enthalten diese erforderliche *OR*–Verknüpfung bereits, wobei jedoch alle Ausgänge bzw. alle Minterme zusammengefaßt werden. Eine den Steuereingängen vorgeschaltete zusätzliche Logik muß deshalb dafür sorgen, daß nur die für die jeweilige Funktion benötigten Minterm–Ausgänge angesteuert werden. Der mit dieser Vorgehensweise verbundene Mehraufwand ist jedoch so hoch, daß entsprechende Realisierungen normalerweise nicht vorgenommen werden.

Eine andere Möglichkeit, eine Logikfunktion mit n Argumenten unter Verwendung eines Multiplexers zu realisieren, besteht darin, die Eingangswerte $x_{n-2} \ldots x_0$ auf die Steuereingänge eines 2^{n-1}–zu–1–Multiplexers zu geben und den Eingangswert x_{n-1} wahlweise auf die Dateneingänge.

Für den Fall eines 4–zu–1–Multiplexers, mit dessen Hilfe die Funktion $y = f(x_0, x_1, x_2)$ realisiert werden soll, lassen sich die Wahrheitstabellen von Multiplexer und Funktion gemäß Abb. 12.25 gegenüberstellen.

Als Beispiel behandeln wir die schaltungstechnische Umsetzung eines einstelligen Volladdierers auf der Basis von Multiplexern. In diesem Fall sind für den Datenausgang die Minterme 1, 2, 4, 7 und für den Carry–Ausgang die Minterme 3, 5, 6, 7 maßgeblich. Weisen wir die Dateneingänge (x_1, x_0) den Steuereingängen zu und den Carry–Eingang (x_2) den Multiplexer–Eingängen, so können wir aus der Gegenüberstellung der Wahrheitstabellen die notwendige Multiplexer–Ansteuerung ableiten. Dazu wird Abb. 12.26 herangezogen, in dem D das Ergebnis der Addition und C den Carry bezeichnen.

Für die Schaltungsrealisierung des Volladdierers auf Multiplexerbasis ergibt

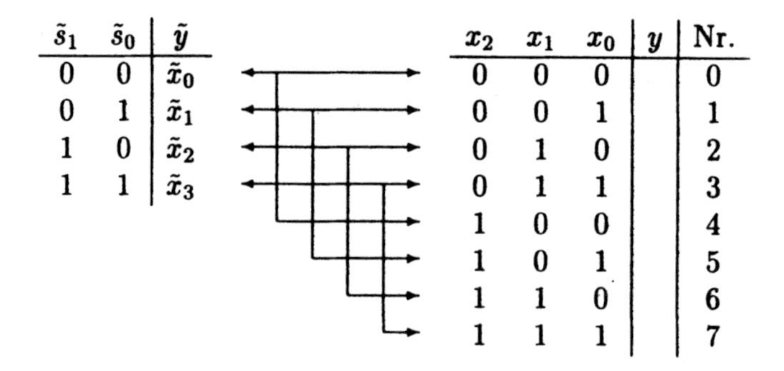

$\tilde{s}_1$	$\tilde{s}_0$	$\tilde{y}$
0	0	$\tilde{x}_0$
0	1	$\tilde{x}_1$
1	0	$\tilde{x}_2$
1	1	$\tilde{x}_3$

x_2	x_1	x_0	y	Nr.
0	0	0		0
0	0	1		1
0	1	0		2
0	1	1		3
1	0	0		4
1	0	1		5
1	1	0		6
1	1	1		7

Abb. 12.25 Zusammenhang zwischen Wahrheitstabelle und Funktion eines Multiplexers

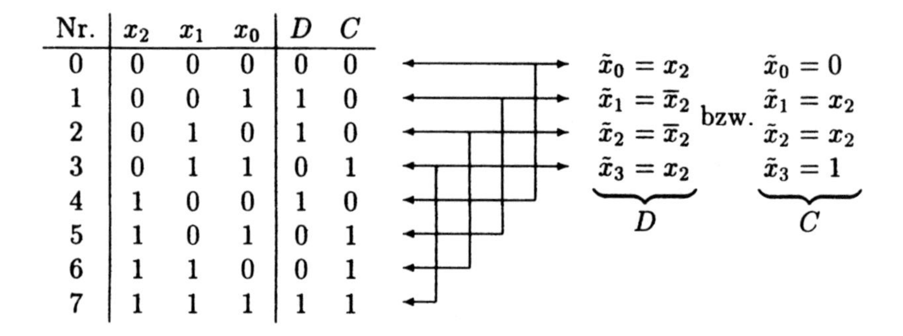

Nr.	x_2	x_1	x_0	D	C
0	0	0	0	0	0
1	0	0	1	1	0
2	0	1	0	1	0
3	0	1	1	0	1
4	1	0	0	1	0
5	1	0	1	0	1
6	1	1	0	0	1
7	1	1	1	1	1

$$\underbrace{\begin{array}{l}\tilde{x}_0 = x_2\\ \tilde{x}_1 = \overline{x}_2\\ \tilde{x}_2 = \overline{x}_2\\ \tilde{x}_3 = x_2\end{array}}_{D} \quad \text{bzw.} \quad \underbrace{\begin{array}{l}\tilde{x}_0 = 0\\ \tilde{x}_1 = x_2\\ \tilde{x}_2 = x_2\\ \tilde{x}_3 = 1\end{array}}_{C}$$

Abb. 12.26 Zusammenhang zwischen Wahrheitstabelle und Funktion bei einem Volladdierer

sich dann die in Abb. 12.27 dargestellte Schaltung.

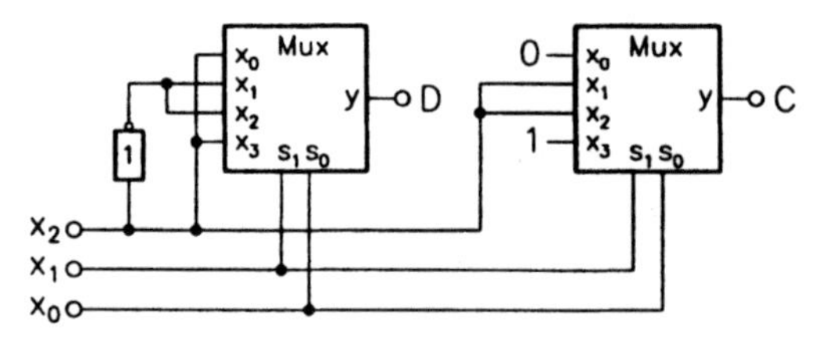

Abb. 12.27 Realisierung eines 1–*Bit*–Volladdierers mit zwei 4–zu–1–Multiplexern

Um eine oder mehrere logische Funktionen von jeweils n Argumenten darzustellen, eignen sich also sowohl Dekoder– als auch Multiplexer–Schaltungen. Wenn einer oder nur wenige Ausgangswerte dargestellt werden müssen, ist der Multiplexer–Ansatz eventuell von Vorteil, da ein 2^{n-1}–zu–1–Multiplexer ausreicht. Werden mehrere Ausgangswerte benötigt, so ist die Dekoder–Schaltung normalerweise günstiger, da ein gemeinsamer n–zu–2^n–Dekoder ausreicht, um bis zu 2^n verschiedenene Ausgangsfunktionen gleicher Argumente darzustellen. Ansonsten gilt für den Einsatz von Multiplexern zur Realisierung kombinatorischer Logikfunktionen das bereits zum Dekoder–Einsatz Gesagte. Der Vorteil beider Ansätze liegt in der Universalität und Flexibilität der

Schaltungsstruktur; diese Eigenschaften werden jedoch mit einem wesentlich erhöhten Aufwand bezahlt, so daß die Anwendung der im vorigen Kapitel und zu Anfang dieses Kapitels vorgestellten Entwurfstechniken in den meisten Fällen vorzuziehen ist, durch die sich zwar speziellere, aber dafür weniger aufwendige Schaltungen ergeben.

12.2 Synchrone sequentielle Schaltkreise

In kombinatorischen Schaltungen werden logische Eingangsvariablen $x_1 \ldots x_n$ in der Weise zu logischen Ausgangsvariablen $y_1 \ldots y_m$ verknüpft, daß die Werte der Ausgangsvariablen ausschließlich von der Kombination der zu einem bestimmten Zeitpunkt vorhandenen Werte der Eingangsvariablen abhängig sind; Verzögerungen oder allgemeine zeitliche Abhängigkeiten werden dabei nicht betrachtet.

Im folgenden werden wir uns nun mit Schaltungen beschäftigen, deren Ausgangswerte $y_1 \ldots y_m$ im allgemeinen nicht nur von den momentanen Eingangswerten, sondern auch (oder nur) von früheren Eingangs- und Ausgangs-

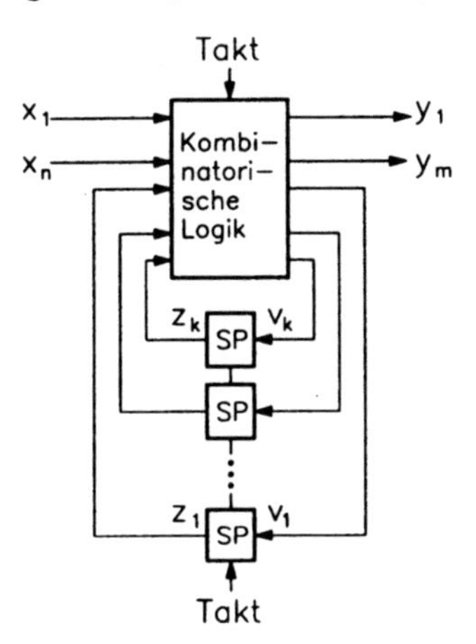

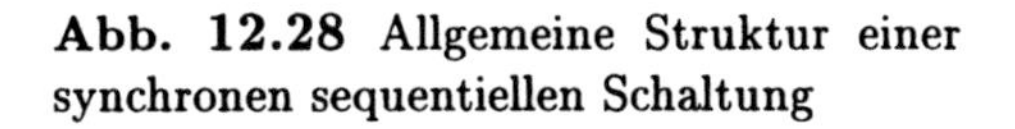
Abb. 12.28 Allgemeine Struktur einer synchronen sequentiellen Schaltung

werten abhängen. Solche Schaltungen werden — wie bereits zu Beginn des vorigen Abschnitts erwähnt — als sequentielle Schaltungen bezeichnet, da die Ausgangswerte von der Abfolge bzw. Sequenz der zurückliegenden Eingangs- und Ausgangswerte abhängen. Sequentielle Schaltungen weisen im allgemeinen eine Rückkopplungsstruktur auf, die in der in Abb. 12.28 dargestellten Weise modelliert werden kann. Den Kern dieser Schaltung bildet ein Block, der die Realisierung kombinatorischer Logikfunktionen symbolisiert. Einige Ergebnisse der logischen Verknüpfungen werden direkt als Ausgangswerte $y_1 \ldots y_m$ ausgegeben, eine andere Teilmenge der Ausgangswerte der kombinatorischen Schaltung — nämlich $v_1 \ldots v_k$ — wird in den mit "SP" bezeichneten Blöcken zwischengespeichert. Die infolge der Zwischenspeicherung verzögerten Werte $z_1 \ldots z_k$ bilden zusammen mit den direkten Eingangssignalen $x_1 \ldots x_n$ die Gesamtheit der Eingangssignale des kombinatorischen Logikblocks.

Die Speicher bewirken eine gewisse Entkopplung zwischen den betreffenden Aus– und Eingängen der kombinatorischen Logik in der Weise, daß die Signale $v_1 \dots v_k$ nur zu festgelegten, durch das Taktsignal bestimmten Zeitpunkten im Abstand T weitergegeben werden. Wir fassen zunächst die einzelnen Signale in Form von Vektoren zusammen:

$$\boldsymbol{v} = \begin{pmatrix} v_1 \\ v_2 \\ \vdots \\ v_k \end{pmatrix} \quad \boldsymbol{x} = \begin{pmatrix} x_1 \\ x_2 \\ \vdots \\ x_n \end{pmatrix} \quad \boldsymbol{y} = \begin{pmatrix} y_1 \\ y_2 \\ \vdots \\ y_m \end{pmatrix} \quad \boldsymbol{z} = \begin{pmatrix} z_1 \\ z_2 \\ \vdots \\ z_k \end{pmatrix} .$$

Unter Verwendung dieser Vektoren gilt dann

$$\begin{pmatrix} \boldsymbol{y}(\mu T) \\ \boldsymbol{v}(\mu T) \end{pmatrix} = \boldsymbol{f}[\boldsymbol{x}(\mu T), \boldsymbol{z}(\mu T)] \qquad \mu \in \mathbb{Z} ,$$

wobei $\boldsymbol{f}(.,.)$ eine (vektorielle) Logikfunktion bezeichnet. Zwischen $\boldsymbol{z}$ und $\boldsymbol{v}$ besteht die Beziehung

$$\boldsymbol{z}(\mu T) = \boldsymbol{v}(\mu T - T) .$$

Hier wurde der übliche Fall angenommen, daß alle Vorgänge innerhalb eines vorgegebenen äquidistanten Zeitrasters ablaufen; man spricht aus diesem Grund von einer synchronen bzw. einer synchronen, sequentiellen Schaltung.

Die Periodendauer T ist mindestens so lang zu wählen, daß alle Übergangsvorgänge in der kombinatorischen Logik abgeklungen sind, bevor der nächste Taktzyklus beginnt. Diese Bedingung ist im allgemeinen auch mit Forderungen an das Zeitverhalten der Eingangssignale $x_1 \dots x_n$ verbunden, deren Erfüllung z. B. mit Hilfe von Registerschaltungen vor den eigentlichen Eingangsklemmen gewährleistet werden kann. Während eine rein kombinatorische Schaltung also auf eine Veränderung ihrer Eingangswerte unmittelbar reagiert, ist eine synchrone sequentielle Schaltung dadurch gekennzeichnet, daß sie eine Vielzahl unterschiedlicher Zustände annehmen kann, die durch die Gesamtheit der Eingangswerte und der Speicher–Zustände bewirkt werden.

Ein Beipiel für mögliche Auswirkungen einer (nicht erlaubten) unverzögerten Rückkopplung soll mit der in Abb. 12.29 dargestellten Schaltung gegeben werden. Für $x_1 = 0$ gilt immer $y_1 = 1$; dieser Zustand ist stabil. Wechselt

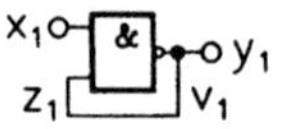

Abb. 12.29 Verzögerungsfreie Rückkopplungsschleife

das Eingangssignal jedoch auf $x_1 = 1$, so folgt $y_1 = 0$ und damit $v_1 = z_1 = 0$. Auf das derart veränderte Eingangssignal reagiert das *NAND*–Gatter mit dem Ausgangswert $y_1 = 1$, was wiederum unmittelbar das Eingangssignal z_1

verändert. Der Ausgangswert y_1 kippt folglich so lange zwischen 0 und 1 hin und her, bis das Eingangssignal x_1 wieder auf $x_1 = 0$ geschaltet wird. Die Periodendauer dieser Kippschwingung wird dabei durch die Gatterlaufzeit des bei der Realisierung eingesetzten *NAND*–Gatters bestimmt. Für $x_1 = 1$ nimmt die Schaltung also keinen stabilen Zustand an.

Fügt man in die Rückkopplungsschleife ein Speicherelement ein, das nur in einem durch den Takt T vorgegebenen Zeitraster die an seinem Eingang liegende Information aufnimmt und, ohne weitere Änderungen des Eingangssignals zu berücksichtigen, für die Restdauer der Taktperiode als Ausgangssignal zur Verfügung stellt, dann bleibt der sich einstellende Wert von y_1 für den Rest der Taktperiode (abzüglich der Gatterlaufzeit des *NAND*–Gatters) erhalten. Durch die entkoppelnde Wirkung des Speicherelementes wird praktisch ein rein kombinatorisches Schaltverhalten erreicht, das durch die Funktion des kombinatorischen Logikblocks bestimmt wird. Als Speicherelemente kommen beispielsweise Flipflops in Frage.

In den folgenden Abschnitten werden wir darlegen, nach welchen Prinzipien synchrone sequentielle Schaltungen entworfen werden können. Gleichzeitig werden einige im Bereich der Digitaltechnik häufiger vorkommende Schaltungen besprochen.

12.2.1 Zählerschaltungen

Als eine wichtige Gruppe synchroner sequentieller Schaltungen sollen zunächst Zählerschaltungen behandelt werden. Sie weisen gegenüber allgemeinen synchronen Schaltungen eine Besonderheit auf. Letztere verfügen über eine bestimmte Anzahl von Eingängen und Ausgängen sowie eine Vorrichtung zum Zwischenspeichern, in der Ausgangswerte der kombinatorischen Schaltung gespeichert werden und im folgenden Taktzyklus als Eingangswerte fungieren.

Zähler zeichnen sich nun dadurch aus, daß sie vom Prinzip her für ihre Funktion keine von außen zugänglichen Eingänge $x_1 \ldots x_n$ benötigen; Zählerschaltungen sind in dem Sinne autonom, daß durch das kombinatorische Logiknetzwerk jedem Zustand relativ starr ein genau definierter Folgezustand zugeordnet wird. In einer Zählerschaltung wird also eine (meistens geschlossene) Kette von Zuständen durchlaufen.

Üblicherweise besitzen Zählerschaltungen jedoch Eingänge, die etwa zum Einstellen von (Anfangs–) Zuständen, zum Starten und Stoppen des Zählvorgangs, zum Umkehren der Zählrichtung, usw. verwendet werden. Die Ausgänge dienen in erster Linie der Ausgabe des momentanen Zählerstandes. Sie können direkt mit den Speicherelementen verbunden sein und deren Zustände anzeigen. Es sind aber auch kombinatorische Teilnetzwerke zwischen Speicher und Ausgängen üblich, die etwa Dekodierungsfunktionen erfüllen, beispielsweise die Kodeumwandlung von einem Binär– in einen Dezimalkode.

12.2.2 Ringzähler

Eine sehr einfache Zählerschaltung erhält man, wenn man den Ausgang des in Kapitel 10 behandelten Schieberegisters mit seinem Eingang verbindet. Auf diese Weise entsteht der Ringzähler gemäß Abb. 12.30.

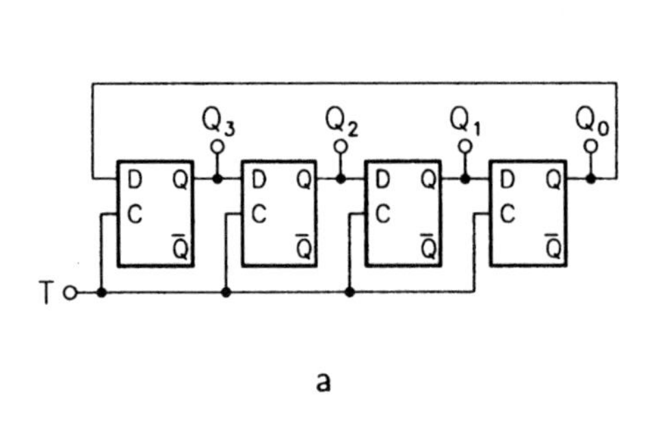

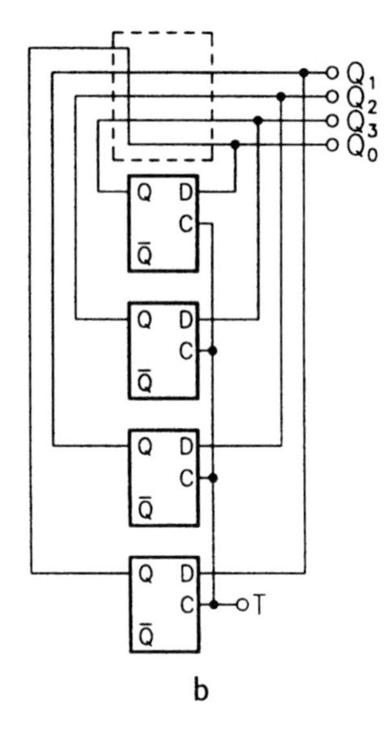

Abb. 12.30 4-*Bit*-Ringzählerschaltung a. Direkte Form eines rückgekoppelten Schieberegisters b. Alternative Darstellung

Für den Zeitpunkt t_0 nehmen wir $(Q_0Q_1Q_2Q_3) = (0001)$ als Anfangszu-

t	Q_0	Q_1	Q_2	Q_3
t_0	0	0	0	1
$t_0 + T$	0	0	1	0
$t_0 + 2T$	0	1	0	0
$t_0 + 3T$	1	0	0	0
$t_0 + 4T$	0	0	0	1
$t_0 + 5T$	0	0	1	0

Tabelle 12.10 Zustandsabfolge des 4-*Bit*-Ringzählers

stand an. Dann ergibt sich bei einer Taktperiode T für die Zählerzustände die Wahrheitstabelle 12.10.

Dieses Beispiel läßt die wesentliche Wirkung der aus n Flipflops aufgebauten Ringzählerschaltung erkennen: der Zähler kann maximal n verschiedene Zustände annehmen. Nach n Takten ist die seriell gespeicherte Wertefolge wieder an die ursprüngliche Position verschoben; danach wird die gleiche Zustandsabfolge periodisch wiederholt. Wird durch die Verschiebung der ursprüngliche Zustand schon vor Ablauf der n Takte auf sich selbst abgebildet, so setzt die periodische Wiederholung entsprechend früher ein.

Eine Digital-Schaltung mit n Speichern kann jedoch im allgemeinen Fall 2^n verschiedene Zustände annehmen. Die hier betrachtete Schaltung besitzt also prinzipiell $2^4 = 16$ unterschiedliche Zustände. Tabelle 12.11 zeigt, daß je nach Anfangswert der Schaltung verschiedene Zustandsfolgen $A, B, \ldots, F$ ablaufen. Bei dem eingangs betrachteten Beispiel handelt es sich also um die Zustandsabfolge B.

Q_0	Q_1	Q_2	Q_3	A	B	C	D	E	F
0	0	0	0	$\circ_0$					
0	0	0	1		$\circ_0$				
0	0	1	0		$\circ_1$				
0	0	1	1			$\circ_0$			
0	1	0	0		$\circ_2$				
0	1	0	1				$\circ_0$		
0	1	1	0			$\circ_1$			
0	1	1	1					$\circ_0$	
1	0	0	0		$\circ_3$				
1	0	0	1			$\circ_2$			
1	0	1	0				$\circ_1$		
1	0	1	1					$\circ_1$	
1	1	0	0			$\circ_3$			
1	1	0	1					$\circ_2$	
1	1	1	0					$\circ_3$	
1	1	1	1						$\circ_0$

Tabelle 12.11 Zustandsfolgen A, B, C, D, E, F der 4-*Bit*-Ringzählerschaltung

An dieser Stelle werden zwei Probleme deutlich. Soll eine Schaltung m verschiedene Zustände annehmen können, dann sind n Flipflops notwendig, so daß $m \leq 2^n$ gilt. Auf das behandelte Beispiel übertragen bedeutet dies, daß eigentlich zwei Flipflops ausreichen müßten, um eine Schaltung zu entwerfen, die die geforderte Ausgangsfolge liefert. Die hier untersuchte Schaltung besitzt dagegen vier Flipflops; folglich ist zumindest bezüglich der Flipflops ein auf das Doppelte erhöhter Aufwand vorhanden. Es wäre natürlich wünschenswert, Verfahren zur Verfügung zu haben, die eine aufwandsgünstigere Schaltung liefern.

Das zweite Problem betrifft die möglichen Zustandsfolgen A, C, D, E, F. Es muß damit gerechnet werden, daß im praktischen Betrieb einer Schaltung durch elektromagnetische Felder, Schwankungen der Versorgungsspannung, Beeinflussung der Bauelemente untereinander, usw. Störungen möglich sind. So könnte beispielsweise anstelle von (1000) auf den Zustand (0100) fälschlicherweise der Zustand (1100) folgen. Ab diesem Ereignis durchliefe der Zähler die Zustandsfolge C anstelle der gewünschten Folge B.

Aus diesen Überlegungen heraus lassen sich zwei Forderungen an systematische Entwurfsverfahren für Zählerschaltungen aufstellen:

- Die resultierende Schaltung sollte mit möglichst geringem Aufwand realisierbar sein; dies bedeutet insbesondere, daß die Zahl der benötigten Flipflops ungefähr $n = \log_2 m$ betragen sollte, wobei m die Zahl der tatsächlich benötigten Zustände ist.

- Eine Schaltung mit n Flipflops besitzt 2^n stabile Zustände. Sollten aufgrund der Aufgabenstellung weniger Zustände benötigt werden, so muß die Schaltung automatisch aus einem unbeabsichtigten Zustand in die gewünschte Zustandsfolge zurückkehren können oder die Fehlfunktionen nach außen anzeigen, so daß der Fehler korrigiert werden kann. Zumindest muß aber beim Zählerentwurf die Möglichkeit der Fehlfunktion entsprechend berücksichtigt werden und mögliche Konsequenzen müssen abschätzbar sein.

Gekreuzter Ringzähler

Eine Verbesserung hinsichtlich des erforderlichen Aufwandes und der erzielbaren Funktionssicherheit bietet der sogenannte gekreuzte Ringzähler in Abb. 12.31.

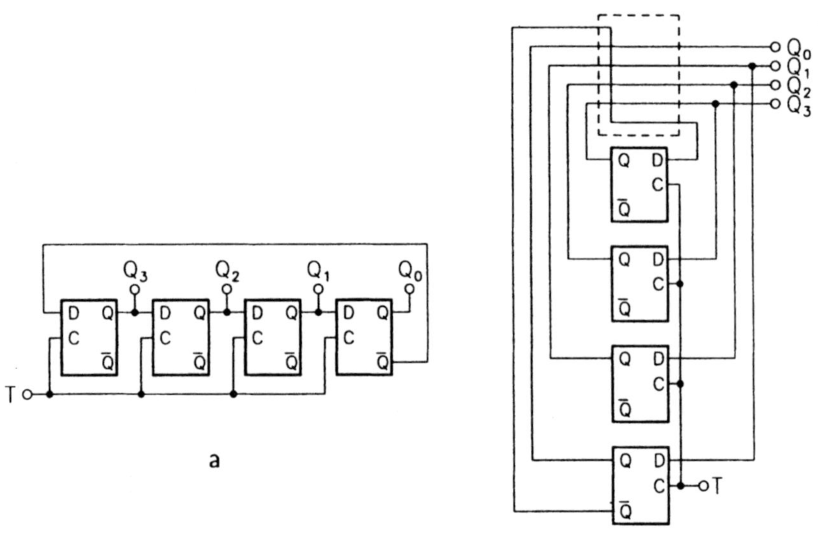

Abb. 12.31 Gekreuzter 4–*Bit*–Ringzähler

Er unterscheidet sich vom gewöhnlichen Ringzähler lediglich dadurch, daß anstelle des nichtinvertierenden der invertierende Ausgang des letzten Flipflops mit dem Eingang des Schieberegisters verbunden wird.

In der Tabelle 12.12 sind die Zustandsabfolgen aufgeführt, die sich für den gekreuzten Ringzähler ergeben. Daraus läßt sich ableiten, daß der gekreuzte Ringzähler zur Realisierung von m Zuständen nur noch $n = m/2$ Flipflops

Q_0	Q_1	Q_2	Q_3	A	B
0	0	0	0	o_0	
0	0	0	1	o_7	
0	0	1	0		o_0
0	0	1	1	o_6	
0	1	0	0		o_2
0	1	0	1		o_7
0	1	1	0		o_5
0	1	1	1	o_5	
1	0	0	0	o_1	
1	0	0	1		o_1
1	0	1	0		o_3
1	0	1	1		o_6
1	1	0	0	o_2	
1	1	0	1		o_4
1	1	1	0	o_3	
1	1	1	1	o_4	

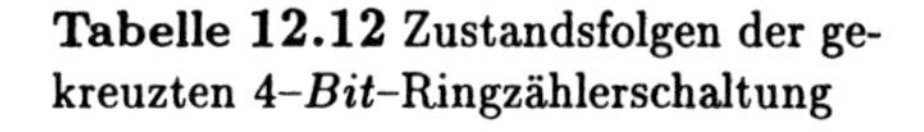

Tabelle 12.12 Zustandsfolgen der gekreuzten 4–*Bit*–Ringzählerschaltung

benötigt; es existieren auch nur noch zwei mögliche Zustandsfolgen. Ist die Zustandsfolge A gewünscht, so ist es mit Hilfe einer zusätzlichen Logik relativ leicht möglich, einen der Zustände von B zu überprüfen. Tritt dieser Zustand auf, so kann der Zähler auf einen Zustand der Folge A gesetzt werden und so wieder in den Normalbetrieb zurückkehren.

Die Halbierung des Aufwands gegenüber dem normalen Ringzähler ist zwar schon ein beträchtlicher Gewinn, der im allgemeinen aber noch nicht ausreicht. Nur für den Spezialfall $m = 4\,, n = 2$ ist die Bedingung

$$n = \frac{m}{2} = \log_2 m$$

erfüllt und damit die Zustandszahl vollständig ausgeschöpft (in diesem Fall tritt natürlich auch keine zweite Zustandsfolge mehr auf). Für größere m–Werte von (z. B. $m = 256$) ist die benötigte Flipflop–Zahl aber immer noch zu groß, nämlich $n = 128$ gegenüber $\log_2 256 = 8$ notwendigen Flipflops. Außerdem sind die beiden Ringzählerschaltungen auch noch sehr unflexibel; die Anzahl der zu durchlaufenden Zustände und deren Darstellung durch Flipflop–Zustände (Zustandskodierung) ist durch die Schaltungsstruktur vollständig festgelegt.

12.2.3 Systematischer Entwurf von Zählerschaltungen

Der systematische Entwurf von Zählerschaltungen beginnt mit der Auswahl eines Prinzips, nach dem der Zähler arbeiten soll. In diesem Zusammenhang gibt es verschiedene Kriterien, nach denen Zählerschaltungen kategorisiert werden können.

- Verwendetes Schaltungsprinzip: Synchrone/Asynchrone Zähler. Von diesen beiden Möglichkeiten werden hier nur synchrone, also taktgesteuerte Schaltungsvarianten betrachtet.

- Art der Zählweise: Vorwärts–/Rückwärts–/Start–Stop–Zähler. Es gibt eine Reihe von Zählerschaltungen, die ununterbrochen ihre Zustandsfolge durchlaufen; sie sind beispielsweise für Anwendungen als Frequenzteiler geeignet. Andere Zähler besitzen die Fähigkeit, ihre Zustandsfolge in beiden Richtungen — also hin und zurück — zu durchlaufen und/oder bei bestimmten Zählerwerten zu stoppen bzw. auf eine Ansteuerung hin zu starten.

- Verwendetes Zahlensystem bzw. Kodierungs–Verfahren. In der Zählerschaltung bedarf es der Zuordnung der Zustände zu einem bestimmten Kode, über den dann insbesondere auch die Zählerzustände "nach außen" interpretierbar sind. Auf diesen Gesichtspunkt wird im folgenden zunächst eingegangen.

In Tabelle 12.13 sind einige häufig verwendete Binärkodes und ihre Dezimal–

Zahl	8–4–2–1–Kode	Gray–Kode	1–aus–10–Kode	2–aus–5–Kode
0	0 0 0 0	0 0 0 0	1 0 0 0 0 0 0 0 0 0	1 1 0 0 0
1	0 0 0 1	0 0 0 1	0 1 0 0 0 0 0 0 0 0	0 0 0 1 1
2	0 0 1 0	0 0 1 1	0 0 1 0 0 0 0 0 0 0	0 0 1 0 1
3	0 0 1 1	0 0 1 0	0 0 0 1 0 0 0 0 0 0	0 0 1 1 0
4	0 1 0 0	0 1 1 0	0 0 0 0 1 0 0 0 0 0	0 1 0 0 1
5	0 1 0 1	0 1 1 1	0 0 0 0 0 1 0 0 0 0	0 1 0 1 0
6	0 1 1 0	0 1 0 1	0 0 0 0 0 0 1 0 0 0	0 1 1 0 0
7	0 1 1 1	0 1 0 0	0 0 0 0 0 0 0 1 0 0	1 0 0 0 1
8	1 0 0 0	1 1 0 0	0 0 0 0 0 0 0 0 1 0	1 0 0 1 0
9	1 0 0 1	1 1 0 1	0 0 0 0 0 0 0 0 0 1	1 0 1 0 0
10	1 0 1 0	1 1 1 1		
11	1 0 1 1	1 1 1 0		
12	1 1 0 0	1 0 1 0		
13	1 1 0 1	1 0 1 1		
14	1 1 1 0	1 0 0 1		
15	1 1 1 1	1 0 0 0		

Tabelle 12.13 Wichtige Binärkodes

Entsprechungen aufgeführt. Abhängig von der Anwendung kann die Wahl unterschiedlicher Kodes sinnvoll sein.

Der 8-4-2-1- bzw. Dual–Kode eignet sich für Berechnungen im Bereich der dualen Zahlen; er entspricht der arithmetischen Binärzahldarstellung und ist der am häufigsten verwendete Kode.

Der BCD–Kode (Binary Coded Digit) entspricht dem Dual–Kode mit dem Unterschied, daß nur die Dezimalziffern 0 bis 9 kodiert sind. Die Binär–Kodes der Zahlen 10 ... 15 werden nicht verwendet.

Der Gray–Kode ist ein sogenannter einschrittiger Kode, d. h. beim Übergang von einer Zahl zur nächsten wird nur eine Binärziffer verändert. Um beispielsweise von der Darstellung der Dezimalzahl 7 auf die der Dezimalzahl 8 zu wechseln, müssen im Dual–Kode alle vier Binärziffern gleichzeitig verändert werden. Diese Gleichzeitigkeit ist in der Realität nicht erreichbar, so daß es für eine mehr oder minder lange Zeitspanne zu einer Folge von (falschen) Zwischenwerten kommt. Bei Benutzung des Gray–Kodes dagegen ist die Umschaltung zwischen zwei benachbarten Dezimalzahlen mit der Umschaltung einer Binärziffer abgeschlossen, ohne daß es zu Zwischenwerten kommen kann. Selbst wenn die Umschaltung dieser Ziffer im Übergangsbereich nicht stabil ist und es zu einem Hin– und Herschalten kommt, variiert das Ergebnis nur zwischen zwei benachbarten Zahlenwerten. Diese Eigenschaft kann beispielsweise bei der Digitalisierung von Meßdaten ausgenutzt werden.

Beim 1–aus–10–Kode sind einfache Fehler sofort erkennbar. Eine Dekodierung der Zustände in das Dezimalsystem ist nicht mehr notwendig (eine geeignete Zählerschaltung könnte der bereits vorgestellte Ringzähler sein). Auch der 2–aus–5–Kode ist sehr leicht auf Fehlerhaftigkeit überprüfbar, dabei jedoch kompakter als der 1–aus–10–Kode.

Insbesondere im Bereich der Datenspeicherung und –übermittlung, wo hohe Anforderungen an die Fehlererkennung und –korrektur gestellt werden, gibt es eine sehr große Zahl weiterer Kodes, auf die jedoch hier nicht näher eingegangen werden soll.

Als Beispiel für eine Zählerschaltung soll nun ein BCD–Zähler entworfen werden, bei dem die Dezimalziffern von 0 bis 9 mit 4 *Bit* dualkodiert werden. Zur Darstellung der notwendigen zehn stabilen Zustände muß die Schaltung über vier Flipflops verfügen, deren Zusammenschaltung insgesamt sechzehn stabile Zustände annehmen kann; sechs der prinzipiell möglichen Zustände sollen also nicht auftreten. Kommen sie trotzdem vor, so zeigt dies das Vorhandensein einer Fehlfunktion an. Die Schaltung soll in einem derartigen Fall so reagieren, daß sie selbsttätig in die gewünschte Zustandsfolge zurückkehrt. Dabei soll bei den fehlerhaft auftretenden Zuständen der Zähler automatisch auf (0000) zurückgesetzt werden.

Aufgrund dieser Aufgabenstellung ergibt sich für die durch die Ausgangswerte der Flipflops charakterisierten Zustände und deren Folgezustände die Wahrheitstabelle 12.14.

Die ersten beiden Spalten der Tabelle geben den Momentan–, die dritte Spalte den Folgezustand an.

Zahl	Q_3	Q_2	Q_1	Q_0	Q_3	Q_2	Q_1	Q_0
0	0	0	0	0	0	0	0	1
1	0	0	0	1	0	0	1	0
2	0	0	1	0	0	0	1	1
3	0	0	1	1	0	1	0	0
4	0	1	0	0	0	1	0	1
5	0	1	0	1	0	1	1	0
6	0	1	1	0	0	1	1	1
7	0	1	1	1	1	0	0	0
8	1	0	0	0	1	0	0	1
9	1	0	0	1	0	0	0	0
10	1	0	1	0	0	0	0	0
11	1	0	1	1	0	0	0	0
12	1	1	0	0	0	0	0	0
13	1	1	0	1	0	0	0	0
14	1	1	1	0	0	0	0	0
15	1	1	1	1	0	0	0	0

Tabelle 12.14 Wahrheitstabelle des BCD–Zählers

Nachdem nun für dieses Beispiel die Zahl der Zustände (und damit auch die Zahl der benötigten Flipflops), Zustandsreihenfolge und Zählerkode festgelegt sind, stellt sich als nächstes die Frage nach dem zu verwendenen Flipflop–Typ. Von ihm hängt nämlich ab, wie die in der Wahrheitstabelle vorgeschriebenen Zustandsänderungen herbeigeführt werden. Zur Erinnerung sind in Abb. 12.32 zunächst noch einmal die verkürzten Wahrheitstabellen der beiden

Q	Q_+	S	R
0	0	0	×
0	1	1	0
1	0	0	1
1	1	×	0

$Q_+ = S + \overline{R}Q \qquad SR = 0$

a

Q	Q_+	J	K
0	0	0	×
0	1	1	×
1	0	×	1
1	1	×	0

$Q_+ = J\overline{Q} + \overline{K}Q$

b

Abb. 12.32 Wahrheitstabellen a. *SR*–Flipflop b. *JK*–Flipflop

wichtigsten Flipflop–Typen (*SR*– bzw. *JK*–Flipflop) angegeben. Zur Demonstration des Vorgehens wird der Entwurf für beide Flipflop–Typen durchgeführt, zuerst auf der Basis von *SR*–Flipflops. Zunächst wird die Wahrheitstabelle 12.14 um die aus den Flipflop–Wahrheitstabellen resultierenden Bedingungen an die Flipflop–Eingangswerte ergänzt (Tabelle 12.15).

Zahl	Q_3	Q_2	Q_1	Q_0	Q_3	Q_2	Q_1	Q_0	S_3	R_3	S_2	R_2	S_1	R_1	S_0	R_0
0	0	0	0	0	0	0	0	1	0	×	0	×	0	×	1	0
1	0	0	0	1	0	0	1	0	0	×	0	×	1	0	0	1
2	0	0	1	0	0	0	1	1	0	×	0	×	×	0	1	0
3	0	0	1	1	0	1	0	0	0	×	1	0	0	1	0	1
4	0	1	0	0	0	1	0	1	0	×	×	0	0	×	1	0
5	0	1	0	1	0	1	1	0	0	×	×	0	1	0	0	1
6	0	1	1	0	0	1	1	1	0	×	×	0	×	0	1	0
7	0	1	1	1	1	0	0	0	1	0	0	1	0	1	0	1
8	1	0	0	0	1	0	0	1	×	0	0	×	0	×	1	0
9	1	0	0	1	0	0	0	0	0	1	0	×	0	×	0	1
10	1	0	1	0	0	0	0	0	0	1	0	×	0	1	0	×
11	1	0	1	1	0	0	0	0	0	1	0	×	0	1	0	1
12	1	1	0	0	0	0	0	0	0	1	0	1	0	×	0	×
13	1	1	0	1	0	0	0	0	0	1	0	1	0	×	0	1
14	1	1	1	0	0	0	0	0	0	1	0	1	0	1	0	×
15	1	1	1	1	0	0	0	0	0	1	0	1	0	1	0	1

Tabelle 12.15 Erweiterte Wahrheitstabelle bei Verwendung von *SR*–Flipflops

Zahl	Q_3	Q_2	Q_1	Q_0	Q_3	Q_2	Q_1	Q_0	J_3	K_3	J_2	K_2	J_1	K_1	J_0	K_0
0	0	0	0	0	0	0	0	1	0	×	0	×	0	×	1	×
1	0	0	0	1	0	0	1	0	0	×	0	×	1	×	×	1
2	0	0	1	0	0	0	1	1	0	×	0	×	×	0	1	×
3	0	0	1	1	0	1	0	0	0	×	1	×	×	1	×	1
4	0	1	0	0	0	1	0	1	0	×	×	0	0	×	1	×
5	0	1	0	1	0	1	1	0	0	×	×	0	1	×	×	1
6	0	1	1	0	0	1	1	1	0	×	×	0	×	0	1	×
7	0	1	1	1	1	0	0	0	1	×	×	1	×	1	×	1
8	1	0	0	0	1	0	0	1	×	0	0	×	0	×	1	×
9	1	0	0	1	0	0	0	0	×	1	0	×	0	×	×	1
10	1	0	1	0	0	0	0	0	×	1	0	×	×	1	0	×
11	1	0	1	1	0	0	0	0	×	1	0	×	×	1	×	1
12	1	1	0	0	0	0	0	0	×	1	×	1	0	×	0	×
13	1	1	0	1	0	0	0	0	×	1	×	1	0	×	×	1
14	1	1	1	0	0	0	0	0	×	1	×	1	×	1	0	×
15	1	1	1	1	0	0	0	0	×	1	×	1	×	1	×	1

Tabelle 12.16 Erweiterte Wahrheitstabelle bei Verwendung von *JK*–Flipflops

Soll eine gleichartige Zählerschaltung unter Verwendung von *JK*–Flipflops realisiert werden, dann gilt die Wahrheitstabelle 12.16. Damit ist für jeden Flipflop–Eingang vorgegeben, welchen Wert

$$S_i = S_i(Q_3, Q_2, Q_1, Q_0) \qquad R_i = R_i(Q_3, Q_2, Q_1, Q_0)$$
$$\text{bzw.} \quad J_i = J_i(Q_3, Q_2, Q_1, Q_0) \qquad K_i = K_i(Q_3, Q_2, Q_1, Q_0)$$

er in Abhängigkeit von den momentanen Zuständen aller im Zähler enthaltenen Flipflops annehmen muß.

Um von der für weitere Überlegungen nicht so günstigen Tabellenform auf

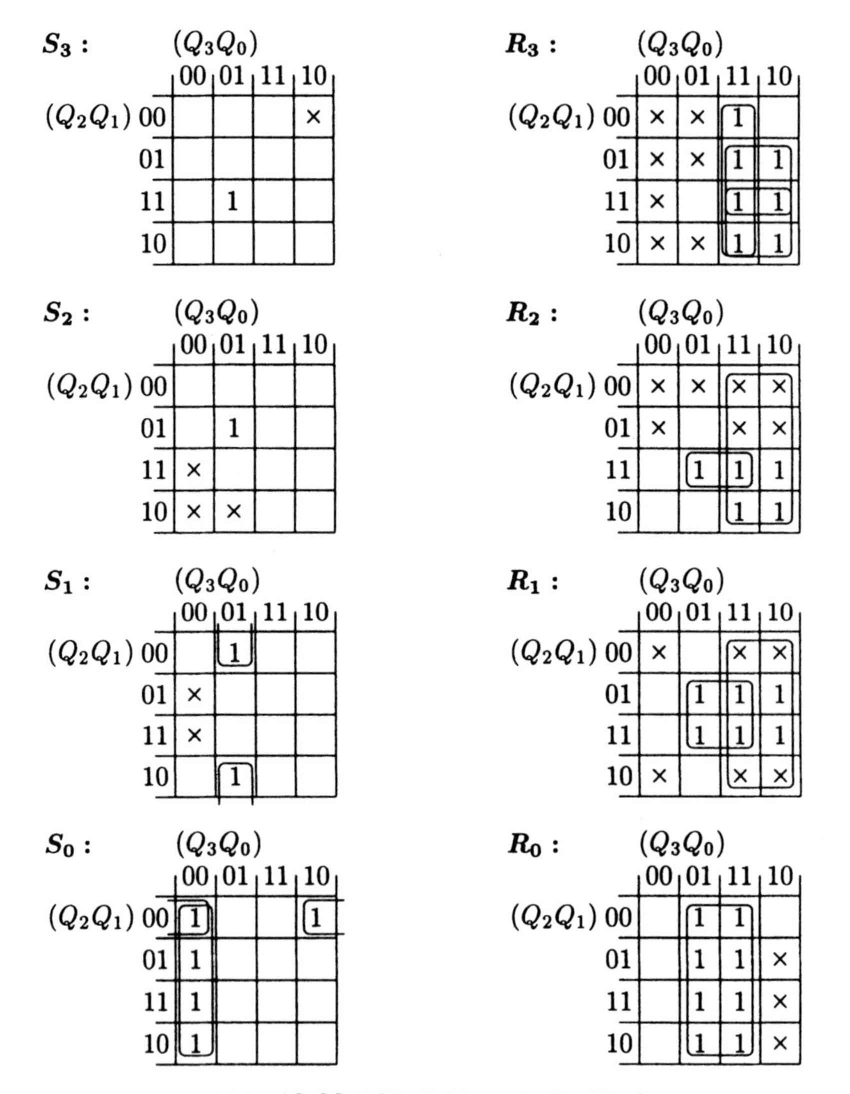

Abb. 12.33 BCD–Zähler mit *SR*–Flipflops

geschlossene Ausdrücke übergehen zu können, bietet sich zunächst die Zusammenfassung der einzelnen funktionalen Zusammenhänge mit Hilfe von entsprechenden Karnaugh–Diagrammen an; sie sind für die Realisierung auf der Basis von SR–Flipflops in Abb. 12.33 dargestellt. Aus diesen Karnaugh–Diagrammen lassen sich die folgenden Beziehungen gewinnen.

$$\begin{aligned} S_3 &= \overline{Q}_3 Q_2 Q_1 Q_0 & R_3 &= Q_3 Q_2 + Q_3 Q_1 + Q_3 Q_0 \\ S_2 &= \overline{Q}_3 \overline{Q}_2 Q_1 Q_0 & R_2 &= Q_3 + Q_2 Q_1 Q_0 \\ S_1 &= \overline{Q}_3 \overline{Q}_1 Q_0 & R_1 &= Q_3 + Q_1 Q_0 \\ S_0 &= \overline{Q}_3 \overline{Q}_0 + \overline{Q}_2 \overline{Q}_1 \overline{Q}_0 & R_0 &= Q_0 \, . \end{aligned}$$

Daraus läßt sich sofort die Schaltung in Abb. 12.34 ableiten.

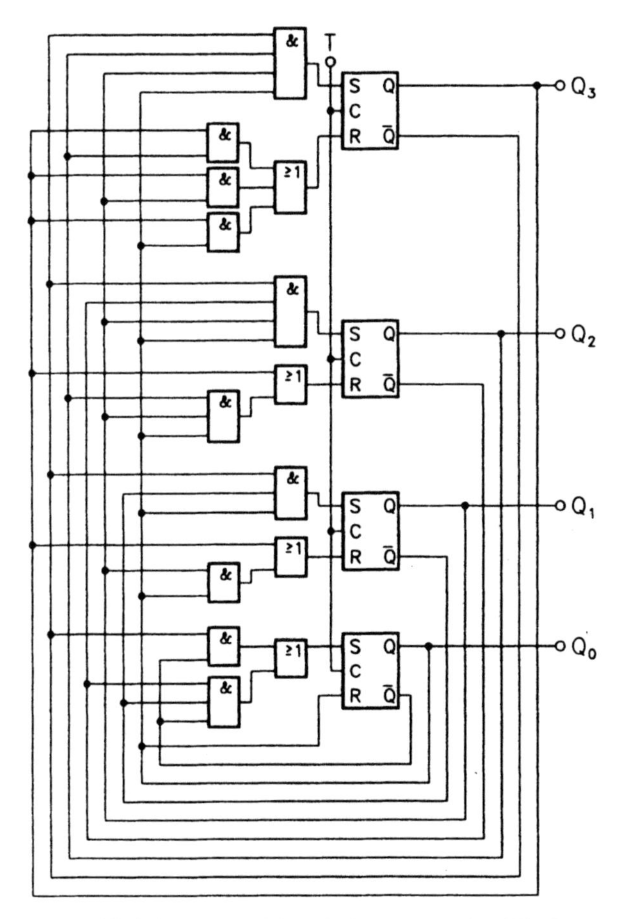

Abb. 12.34 BCD–Zählerschaltung mit SR–Flipflops

Wir erkennen in dieser Schaltung einen kombinatorischen Logikblock. Seine Eingänge sind die Ausgänge eines Flipflop–Blocks, der die Ausgangswerte des Logikblocks eine Taktperiode lang speichert. Die Gesamtschaltung hat keine von außen zugänglichen Eingänge; die Ausgänge, die hier zur besseren Übersicht direkt an den Flipflop–Ausgängen abgegriffen werden, sind auch als Ausgänge des Logikblocks interpretierbar. Der Schaltungsaufbau entspricht also dem Blockschaltbild 12.28.

Der entsprechende Entwurf soll nun auch noch mit *JK*–Flipflops durchgeführt werden. Ausgangspunkt sind in diesem Fall die in Abb. 12.35 wiedergegebenen Karnaugh–Diagramme.

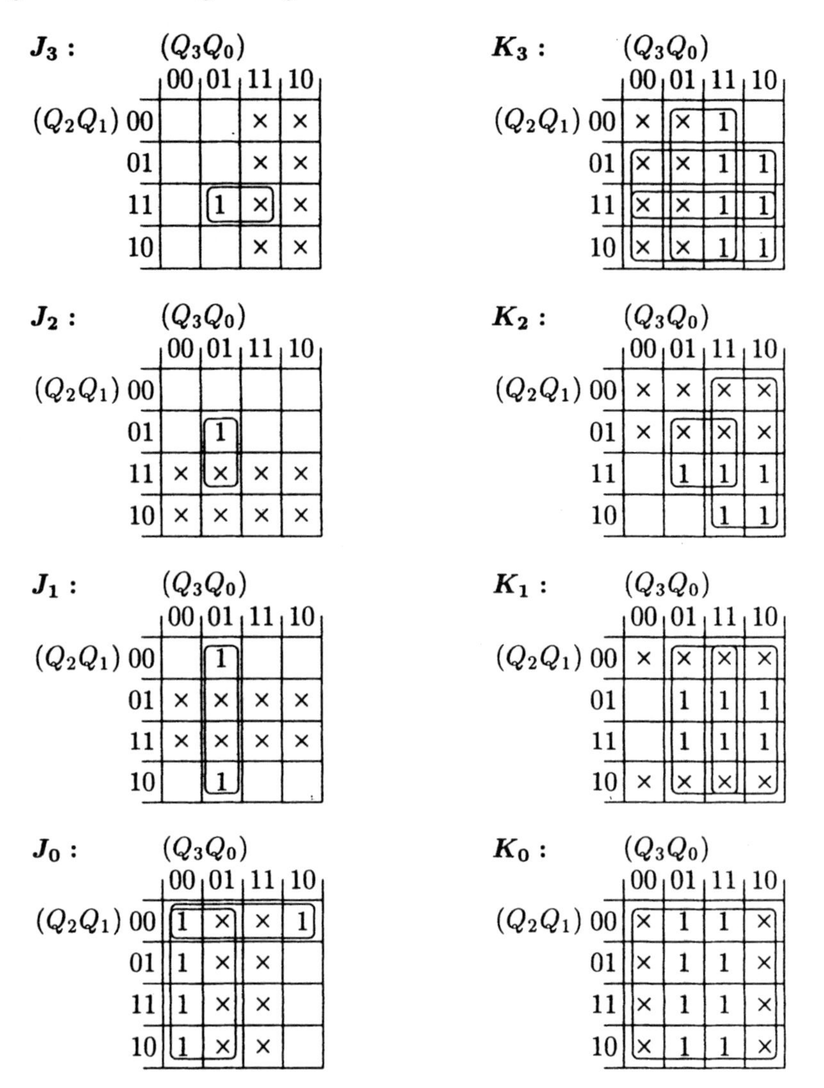

Abb. 12.35 BCD–Zähler mit *JK*–Flipflops

Aus diesen Karnaugh–Diagrammen folgen die in die Schaltungsrealisierung umzusetzenden Beziehungen

$$\begin{aligned} J_3 &= Q_2 Q_1 Q_0 & K_3 &= Q_2 + Q_1 + Q_0 \\ J_2 &= \overline{Q}_3 Q_1 Q_0 & K_2 &= Q_3 + Q_1 Q_0 \\ J_1 &= \overline{Q}_3 Q_0 & K_1 &= Q_3 + Q_0 \\ J_0 &= \overline{Q}_3 + \overline{Q}_2 \overline{Q}_1 & K_0 &= 1 \,. \end{aligned}$$

Unter Verwendung dieser Gleichungen läßt sich nun ohne große Schwierigkeiten die in Abb. 12.36 dargestellte Realisierung der Zählerschaltung ent-

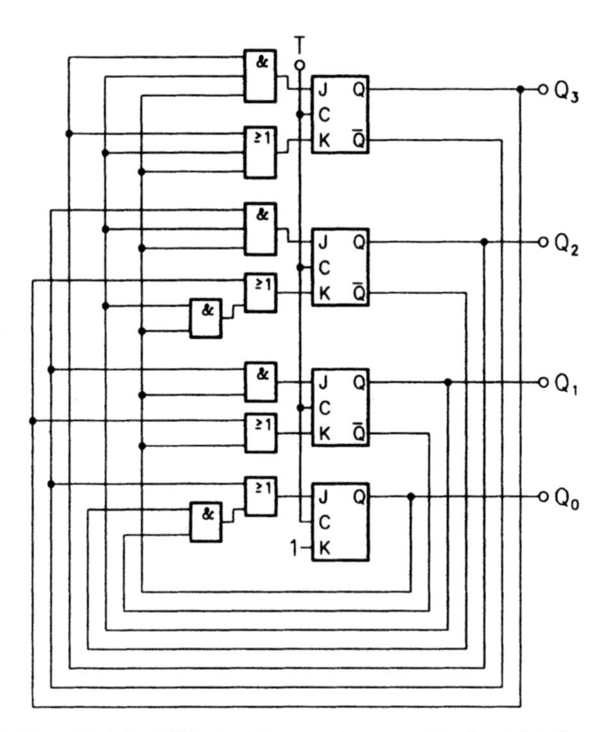

Abb. 12.36 BCD–Zählerschaltung mit *JK*–Flipflops

wickeln; auch bei dieser Schaltung ist die allgemeine Blockstruktur aus kombinatorischer Logik und Speichern gemäß Abb. 12.28 wieder gut zu erkennen.

Offensichtlich erfordert die Realisierung der kombinatorischen Logik bei Verwendung von *JK*–Flipflops einen geringeren Aufwand als diejenige auf der Basis von *SR*–Flipflops. Dieses Resultat war zu erwarten, da der Logikblock der *SR*–Flipflop–Variante implizit die Aufgabe übernimmt, den verbotenen Zustand $R = S = 1$ zu verhindern. Diese Eingangsvariablen–Kombination ist bekanntlich für *JK*–Flipflops zulässig, was sich dann natürlich in einer vergrößerten Anzahl frei wählbarer Eingangswerte niederschlägt.

Diese frei wählbaren Eingangswerte können nun aber wiederum vorteilhaft dazu verwendet werden, die logischen Abhängigkeiten

$$J_i = J_i(Q_3, Q_2, Q_1, Q_0) \qquad \text{und} \qquad K_i = K_i(Q_3, Q_2, Q_1, Q_0)$$

zu vereinfachen. Der erhöhte Realisierungsaufwand für *JK*–Flipflops gegenüber dem für *SR*–Flipflops kann sich dadurch also als Aufwandsverringerung beim Entwurf der kombinatorischen Logik auszahlen.

Zur Abschätzung, welcher schaltungstechnische Aufwand bei der bisher betrachteten Schaltung (implizit) für das automatische Neustarten des Zählers im Fehlerfall getrieben wurde, soll nun ein Zähler mit den gleichen Eigenschaften — allerdings ohne diese spezielle Vorkehrung zum Neustart — entworfen werden. Um für die unerwünschten Zählerwerte 10...15 auch wirklich jede Eingangswerte–Kombination zulassen zu können, soll dieser Entwurf nur unter Verwendung von JK–Flipflops durchgeführt werden. Beim Einsatz von SR–Flipflop müßte die kombinatorische Logik das Unterbinden der verbotenen Eingangsvariablen–Kombination $R = S = 1$ auch für die unerwünschten Zählerwerte gewährleisten.

Für die vorgesehene Schaltungsrealisierung ergibt sich zunächst die Wahrheitstabelle 12.17.

Zahl	Q_3	Q_2	Q_1	Q_0	Q_3	Q_2	Q_1	Q_0	J_3	K_3	J_2	K_2	J_1	K_1	J_0	K_0
0	0	0	0	0	0	0	0	1	0	×	0	×	0	×	1	×
1	0	0	0	1	0	0	1	0	0	×	0	×	1	×	×	1
2	0	0	1	0	0	0	1	1	0	×	0	×	×	0	1	×
3	0	0	1	1	0	1	0	0	0	×	1	×	×	1	×	1
4	0	1	0	0	0	1	0	1	0	×	×	0	0	×	1	×
5	0	1	0	1	0	1	1	0	0	×	×	0	1	×	×	1
6	0	1	1	0	0	1	1	1	0	×	×	0	×	0	1	×
7	0	1	1	1	1	0	0	0	1	×	×	1	×	1	×	1
8	1	0	0	0	1	0	0	1	×	0	0	×	0	×	1	×
9	1	0	0	1	0	0	0	0	×	1	0	×	0	×	×	1
10	1	0	1	0	×	×	×	×	×	×	×	×	×	×	×	×
11	1	0	1	1	×	×	×	×	×	×	×	×	×	×	×	×
12	1	1	0	0	×	×	×	×	×	×	×	×	×	×	×	×
13	1	1	0	1	×	×	×	×	×	×	×	×	×	×	×	×
14	1	1	1	0	×	×	×	×	×	×	×	×	×	×	×	×
15	1	1	1	1	×	×	×	×	×	×	×	×	×	×	×	×

Tabelle 12.17 Wahrheitstabelle des BCD–Zählers ohne Rücksetzeinrichtung für den Fehlerfall

Die zur abschließenden Schaltungsrealisierung erforderlichen Funktions–Ausdrücke für die Eingangswerte $J_3 \dots J_0$ und $K_3 \dots K_0$ werden auch wieder mit Hilfe der zugehörigen Karnaugh–Diagramme gewonnen; sie sind in Abb. 12.37 zusammengestellt. Aus ihnen folgen die Beziehungen

$$\begin{aligned} J_3 &= Q_2Q_1Q_0 & K_3 &= Q_0 \\ J_2 &= Q_1Q_0 & K_2 &= Q_1Q_0 \\ J_1 &= \overline{Q}_3Q_0 & K_1 &= Q_0 \\ J_0 &= 1 & K_0 &= 1 \,. \end{aligned}$$

Die direkte Umsetzung dieser Ergebnisse führt dann auf die in Abb. 12.38 dargestellte Schaltung. Das Schaltungsverhalten bezüglich der sechs Zustände

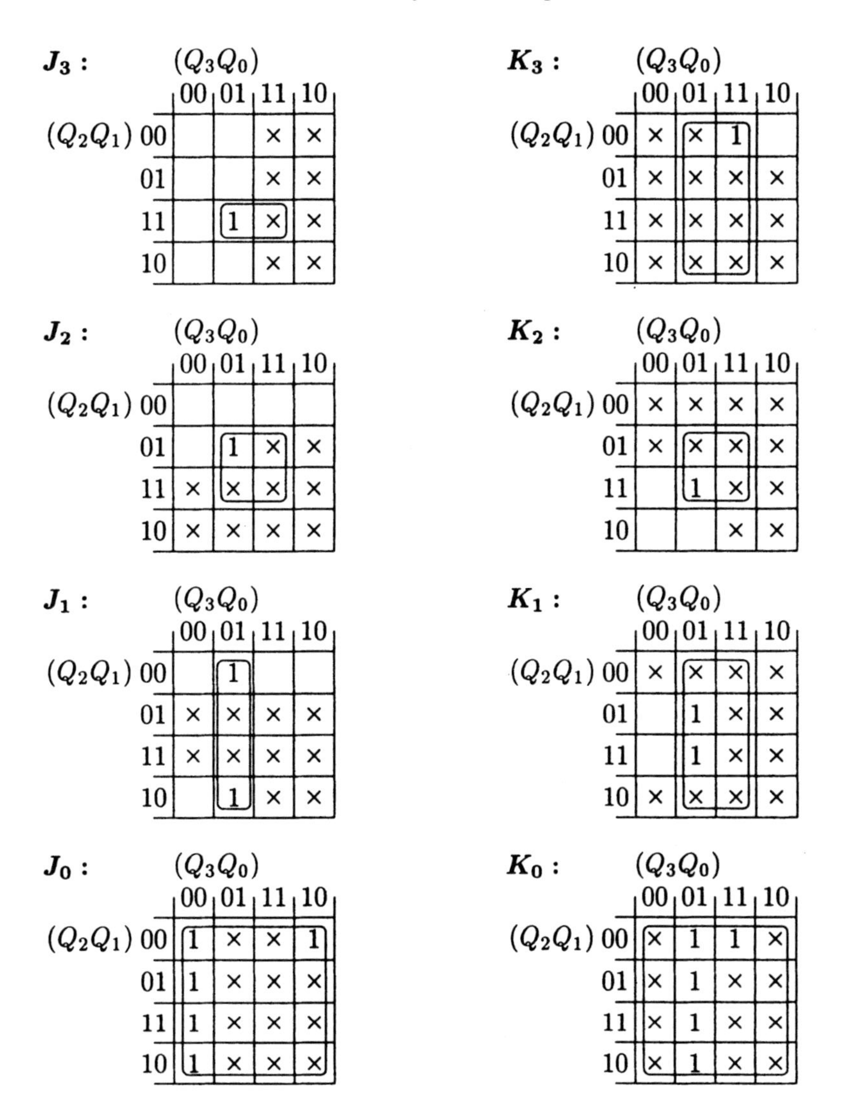

Abb. 12.37 Karnaugh–Diagramme eines BCD–Zählers ohne Korrektur mit *JK*–Flipflops

10...15 war zunächst unbestimmt, durch die Festlegung der frei wählbaren Eingangskombinationen $J_3, K_3 \ldots J_0, K_0$ während der Minimierung unter Verwendung der Karnaugh–Diagramme wurde das Verhalten der Schaltung jedoch anschließend implizit festgelegt. Daher ist es sicherlich sinnvoll, eine Analyse des Schaltungsverhaltens im Fehlerfall vorzunehmen.

Für die unerwünschten Zustände 10...15 gilt die Wahrheitstabelle 12.18. In diesem Fall ergeben sich — im Gegensatz zum einfachen Ringzähler — keine geschlossenen Zustandsfolgen für die unerwünschten Zustände. Spätestens zwei Taktperioden nach dem Eintreten eines derartigen Zustandes

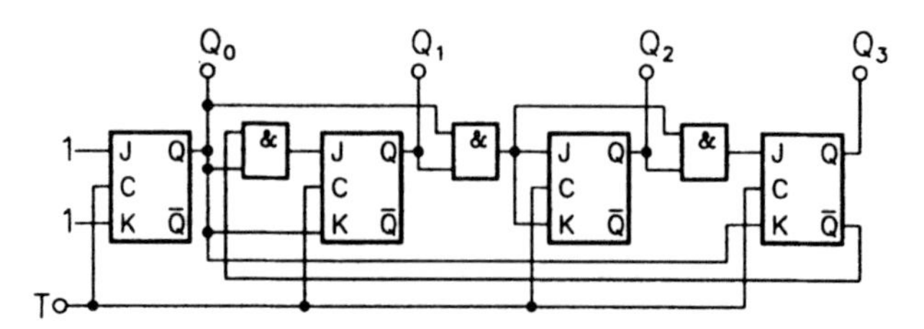

Abb. 12.38 Schaltung des BCD–Zählers ohne Rücksetzeinrichtung

Zahl	Q_3	Q_2	Q_1	Q_0	Q_3	Q_2	Q_1	Q_0	J_3	K_3	J_2	K_2	J_1	K_1	J_0	K_0
10	1	0	1	0	1	0	1	1	0	0	0	0	0	0	1	1
11	1	0	1	1	0	1	0	0	0	1	1	1	0	1	1	1
12	1	1	0	0	1	1	0	1	0	0	0	0	0	0	1	1
13	1	1	0	1	0	1	0	0	0	1	0	0	0	1	1	1
14	1	1	1	0	1	1	1	1	0	0	0	0	0	0	1	1
15	1	1	1	1	0	0	0	0	1	1	1	1	0	1	1	1

Tabelle 12.18 Aus der Schaltungsrealisierung resultierende Wahrheitstabelle der unerwünschten Schaltungszustände

ist in der Schaltung wieder die eigentliche Zählschleife hergestellt. Dieses Zählerverhalten ist in dem Zustandsübergangsgraphen gemäß 12.39 bildlich dargestellt.

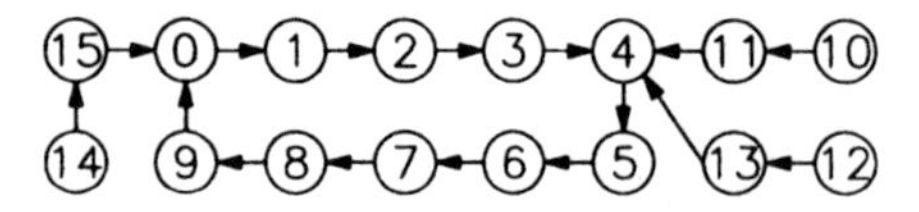

Abb. 12.39 Zustandsübergangsgraf des BCD–Zählers ohne Rücksetzeinrichtung

Wird also im Falle eines Fehlers nicht unbedingt das Rücksetzen des Zählers gefordert, sondern lediglich die Sicherheit, daß die Schaltung in die ursprüngliche Zustandsfolge zurückfindet, so kann der Aufwand erheblich verringert werden.

12.2.4 Zusammenfassung des systematischen Zählerentwurfs

Zu Beginn des Entwurfs ist festzulegen, wieviele verschiedene Zustände die Zählerschaltung einnehmen soll. Daraus ergibt sich die Zahl der Flipflops. Soll in einem bestimmten Zahlensystem gezählt werden, so ist der entsprechende Kode auszuwählen. Danach muß eine Wahrheitstabelle angelegt werden,

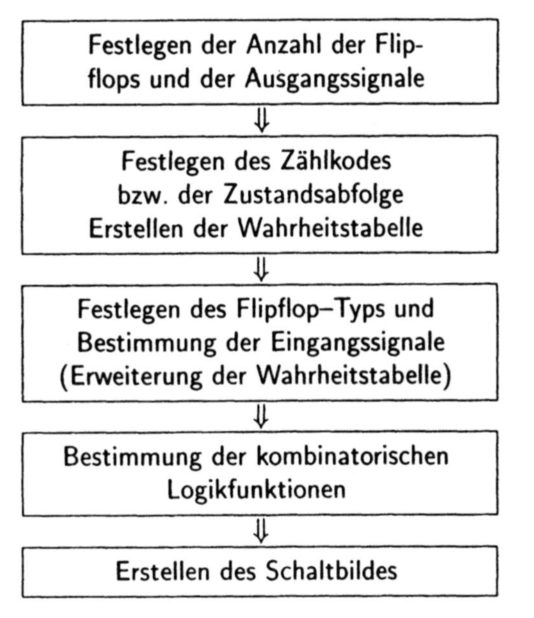

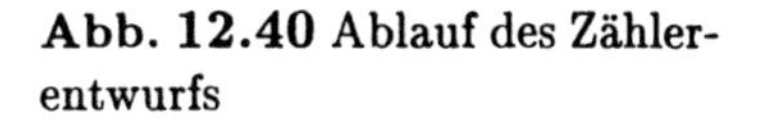
Abb. 12.40 Ablauf des Zählerentwurfs

in die jeder Zustand mit seinem jeweiligen Folgezustand eingetragen wird. Dadurch wird die Zustandsabfolge endgültig festgelegt. Es muß dafür gesorgt werden, daß etwaige nicht benötigte Zustände nicht zur Bildung "toter Schleifen" führen können. Nach dem Aufstellen der alle möglichen Zustände umfassenden Wahrheitstabelle ist ersichtlich, wie sich welche Signale beim Übergang zwischen zwei stabilen Zuständen zu ändern haben. Danach muß der zu verwendende Flipflop–Typ festgelegt werden. Anhand der Wahrheitstabellen der einzelnen Flipflops und der bereits erfaßten Signaländerungen kann dann die Wahrheitstabelle des Zählers um die Eingangssignale der Flipflops erweitert werden. Aus der so vervollständigten Wahrheitstabelle lassen sich die funktionalen Abhängigkeiten der Flipflop–Eingangssignale von den Ausgangssignalen angeben.

Zur Vereinfachung der Logikfunktionen, die zu diesem Zeitpunkt für gewöhnlich noch frei wählbare Ausdrücke enthalten, kann man sich des Karnaugh–Diagramms oder der Quine–McCluskey–Methode bedienen. Für die vereinfachten Logikfunktionen können dann kombinatorische Schaltungen angegeben werden. Wurden bei der Formulierung der Anforderungen Zustände unspezifiziert gelassen, so ist der Entwurf auf sein Verhalten bezüglich dieser Zustände zu analysieren. Damit ist der Entwurf eines synchronen Zählers dann abgeschlossen.

Beispiel 12.1

Es soll ein Binärzähler entworfen werden, der von 0 bis 5 zählt und dann wieder von vorn beginnt. Die Zählerrichtung soll von der Eingangsvariablen V ($V = 0$: vorwärts, $V = 1$: rückwärts) abhängig sein.

1. Schritt. Der Zähler soll 6 Zustände einnehmen können $(0 \dots 5)$, daher sind 3 Speicher notwendig; es ergeben sich $2^3 - 6 = 2$ überzählige Zustände.

2. Schritt. Der Zählerstand ist binärkodiert. Für die Zustandsfolge ergibt sich die folgende Wahrheitstabelle. Wir lassen zu, daß die Zustände 6, 7, 16, 15 beliebige Folgezustände haben können.

Nr.	V	Q_2	Q_1	Q_0	Q_2	Q_1	Q_0
0	0	0	0	0	0	0	1
1	0	0	0	1	0	1	0
2	0	0	1	0	0	1	1
3	0	0	1	1	1	0	0
4	0	1	0	0	1	0	1
5	0	1	0	1	0	0	0
6	0	1	1	0	×	×	×
7	0	1	1	1	×	×	×
8	1	0	0	0	1	0	1
9	1	0	0	1	0	0	0
10	1	0	1	0	0	0	1
11	1	0	1	1	0	1	0
12	1	1	0	0	0	1	1
13	1	1	0	1	1	0	0
14	1	1	1	0	×	×	×
15	1	1	1	1	×	×	×

3. Schritt. Der Zähler soll mit *JK*-Flipflops aufgebaut werden.

Nr.	V	Q_2	Q_1	Q_0	Q_2	Q_1	Q_0	J_2	K_2	J_1	K_1	J_0	K_0
0	0	0	0	0	0	0	1	0	×	0	×	1	×
1	0	0	0	1	0	1	0	0	×	1	×	×	1
2	0	0	1	0	0	1	1	0	×	×	0	1	×
3	0	0	1	1	1	0	0	1	×	×	1	×	1
4	0	1	0	0	1	0	1	×	0	0	×	1	×
5	0	1	0	1	0	0	0	×	1	0	×	×	1
6	0	1	1	0	×	×	×	×	×	×	×	×	×
7	0	1	1	1	×	×	×	×	×	×	×	×	×
8	1	0	0	0	1	0	1	1	×	0	×	1	×
9	1	0	0	1	0	0	0	0	×	0	×	×	1
10	1	0	1	0	0	0	1	0	×	×	1	1	×
11	1	0	1	1	0	1	0	0	×	×	0	×	1
12	1	1	0	0	0	1	1	×	1	1	×	1	×
13	1	1	0	1	1	0	0	×	0	0	×	×	1
14	1	1	1	0	×	×	×	×	×	×	×	×	×
15	1	1	1	1	×	×	×	×	×	×	×	×	×

4. Schritt. Minimierung.

$$J_2 = V\overline{Q}_1\overline{Q}_0 + \overline{V}Q_1Q_0 \qquad K_2 = V\overline{Q}_0 + \overline{V}Q_0$$
$$J_1 = VQ_2\overline{Q}_0 + \overline{V}\,\overline{Q}_2Q_0 \qquad K_1 = V\overline{Q}_0 + \overline{V}Q_0$$
$$J_0 = 1 \qquad K_0 = 1\ .$$

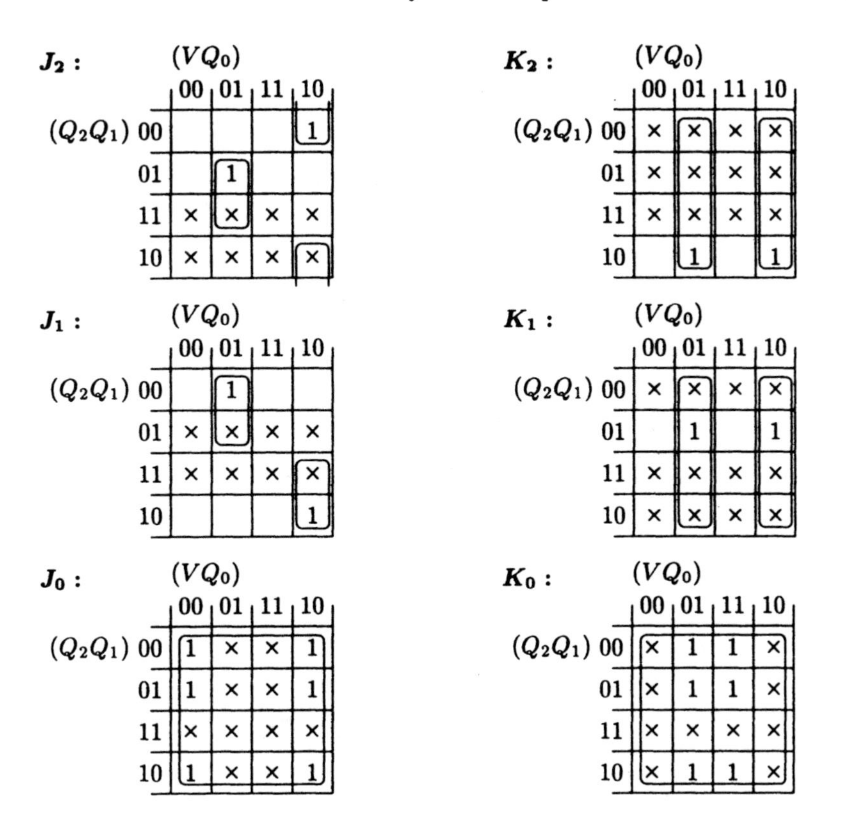

Die Eingangswerte für die Zustände 6, 7, 14, 15 werden erst während der Minimierung in der Weise festgelegt, daß die Logikfunktionen möglichst stark vereinfacht werden können. Zur Kontrolle werden diese Werte in die Wahrheitstabelle aufgenommen und die tatsächlich auftretenden Folgezustände bestimmt. Wie die folgende Tabelle und die Übergangsgraphen zeigen, treten keine "toten Schleifen" auf.

Zahl	V	Q_2	Q_1	Q_0	Q_2	Q_1	Q_0	J_2	K_2	J_1	K_1	J_0	K_0
6	0	1	1	0	1	1	1	0	0	0	0	1	1
7	0	1	1	1	0	0	0	1	1	0	1	1	1
14	1	1	1	0	0	0	1	0	1	1	1	1	1
15	1	1	1	1	1	1	0	0	0	0	0	1	1

5. Schritt: Schaltung

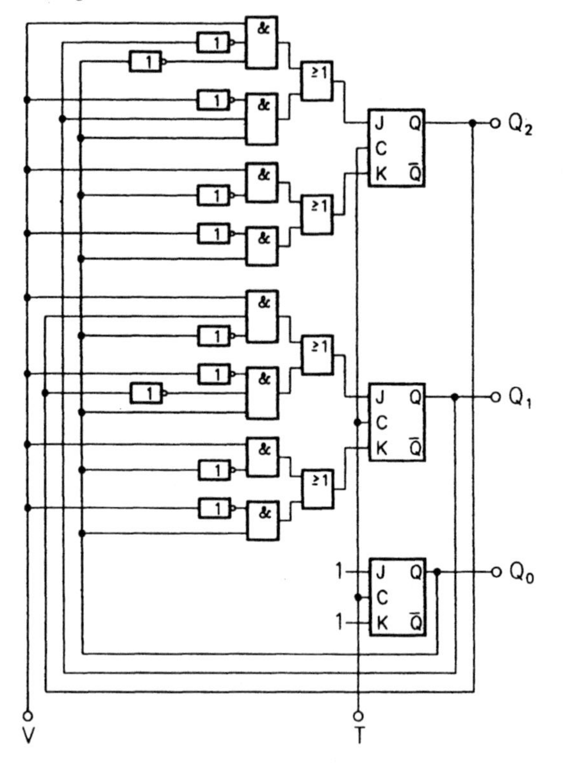

Damit ist der eigentliche Entwurf der Schaltung abgeschlossen. Natürlich läßt sich das nach einem relativ starren Schema entworfene Schaltbild dadurch stark vereinfachen, daß von den Logikfunktionen Teilfunktionen abgespalten werden. Diesen Aspekt werden wir nun noch berücksichtigen.

$$\begin{array}{lllllll} J_2 & = & V\overline{Q}_1\overline{Q}_0 + \overline{V}Q_1Q_0 & K_2 & = & V\overline{Q}_0 + \overline{V}Q_0 \\ J_1 & = & VQ_2\overline{Q}_0 + \overline{V}\,\overline{Q}_2Q_0 & K_1 & = & V\overline{Q}_0 + \overline{V}Q_0 \\ J_0 & = & 1 & K_0 & = & 1 \end{array}$$

$$\Longrightarrow \begin{array}{llllllllll} J_2 & = & A\overline{Q}_1 + BQ_1 & K_2 & = & A+B & A & = & V\overline{Q}_0 \\ J_1 & = & AQ_2 + B\overline{Q}_2 & K_1 & = & A+B & B & = & \overline{V}Q_0 \\ J_0 & = & 1 & K_0 & = & 1\,. & & & \end{array}$$

Aus diesen Beziehungen resultiert dann die in der nächsten Abbildung dargestellte deutlich vereinfachte Schaltung.

Abschließend soll noch eine Bemerkung angefügt werden. Bei einer Vereinfachung der Schaltungsstrukturen müssen zusätzliche Randbedingungen berücksichtigt werden, die nicht in den Ansatz des Entwurfsverfahrens einbezogen sind. So ist es natürlich von Bedeutung, welche Bauteile bei der Realisierung zur Verfügung stehen bzw. wie die Bauteilauswahl durch technische oder wirtschaftliche Anforderungen eingeschränkt wird, ob eine Leiterplatte oder ein Chip gefertigt werden soll usw. Die *Optimierung* der Schaltung kann daher in der Praxis noch nicht mit der *Minimierung* der Logikfunktionen beendet werden.

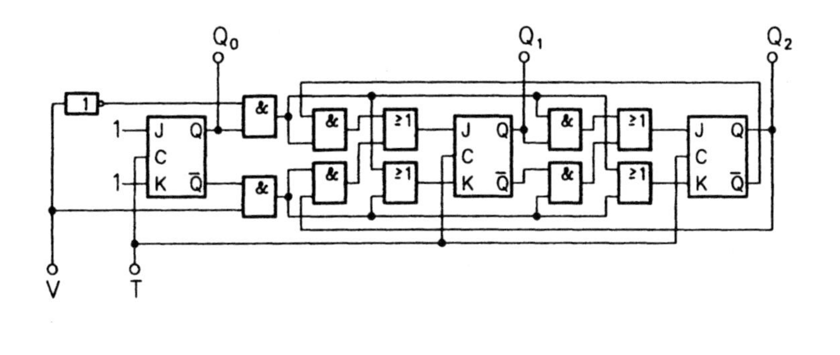

12.2.5 Allgemeine synchrone Schaltungen

Am Anfang unserer Betrachtungen stand die Definition eines allgemeinen sequentiellen und synchronen Systems. Ausgehend von dieser Definition haben wir zunächst gezeigt, wie einfache und übersichtliche Systeme auf rein intuitivem Weg entworfen werden können. Anschließend haben wir dann den Entwurf von Zählerschaltungen behandelt, der aufgrund der größeren Komplexität der Schaltungen bereits eines systematischen Entwurfsverfahrens bedarf. Ein intuitiver Ansatz würde hier kaum noch zu Resultaten führen und wenn es im Einzelfall doch gelänge, so wäre es schwierig, am Ende die Güte des Entwurfsergebnisses zu beurteilen.

In diesem Abschnitt soll nun der Entwurf allgemeiner synchroner sequentieller Schaltungen erläutert werden. Die wesentlichen Entwurfstechniken dafür haben wir bereits beim Zählerentwurf kennengelernt, so daß in diesem Abschnitt nur noch einige verallgemeinernde Aspekte und Begriffe hinzugefügt werden müssen.

Synchrone, sequentielle Schaltungen zeichnen sich dadurch aus, daß sie eine möglicherweise große — aber endliche — Zahl von verschiedenen Zuständen annehmen können. Die Änderung der Zustände erfolgt zu genau definierten Zeitpunkten, die durch den Systemtakt festgelegt werden. Welcher Zustand dann im jeweils folgenden Takt angenommen wird, hängt von den Eingaben und vom momentanen Zustand (Rückkopplung) ab. Die Schaltung durchläuft nacheinander (sequentiell) im allgemeinen unterschiedliche Zustände.

Die Ausgangswerte des Systems sind also abhängig von den Eingangswerten *und* vom jeweiligen Schaltungszustand. Die bisher betrachteten Zählerschaltungen zeichnen sich dadurch aus, daß sie, abgesehen von Steuereingängen, über keine weiteren Eingänge verfügen. In diesem Fall haben die Steuereingänge nur geringen Einfluß auf die eigentliche Zustandsabfolge, sie bewirken höchstens eine Laufrichtungsumkehr, ein Stoppen oder Starten des Laufs, usw. Demgemäß hängt hier der Folgezustand einer Schaltung in erster Linie vom Momentanzustand ab. Die sich damit ausbildende Zustandskette ist meistens geschlossen, so daß sie wiederholt durchlaufen wird. Die Ausgabe des Zählers ist nur vom Momentanzustand abhängig.

Bei der Behandlung allgemeiner sequentieller synchroner Systeme braucht also gegenüber der Untersuchung von Zählern im wesentlichen nur noch der zusätzliche Einfluß möglicher Eingaben auf die Zustandsabfolge und die Ausgaben berücksichtigt zu werden.

Die Beschreibung des Systemverhaltens kann nach wie vor mit Zustandstabellen oder –diagrammen erfolgen, die allerdings um die Eingaben und Ausgaben erweitert werden müssen. Man spricht bei dieser Art der allgemeinen Systemform auch von dem sogenannten Mealy–Modell. Schränkt man die Allgemeinheit insofern ein, daß die Ausgaben nur vom Momentanzustand, nicht jedoch von den Eingaben abhängen, so bezeichnet man diese spezielle Systemform als Moore–Modell. Beim Entwurf von Systemen nach dem Moore–Modell brauchen die Ausgaben nicht in eine Zustandstabelle bzw. ein Zustandsdiagramm aufgenommen zu werden, da sie durch den jeweiligen Zustand eindeutig festgelegt sind. Die bislang betrachteten Schaltungen entsprechen demnach dem Moore–Modell.

Bei unseren bisherigen Untersuchungen von Zählerschaltungen stand die Festlegung der Zustandskodierung ganz am Anfang des Entwurfsprozesses, da die Flipflop–Ausgänge gleichzeitig auch als Schaltungsausgänge fungierten. Damit geht jedoch eine nicht notwendige Einschränkung der Allgemeinheit einher. Im folgenden setzt der Entwurf daher ganz allgemein bei prinzi-

Eingabe	**Momentan-zustand**	**Ausgabe**	**Folge-zustand**
0	1	1	4
0	2	1	2
0	3	0	5
0	4	1	1
0	5	0	3
1	1	0	2
1	2	0	4
1	3	0	1
1	4	0	2
1	5	0	4

Tabelle 12.19 Zustandstabelle des Mealy–Systems mit einem Eingang und einem Ausgang

piell beliebig symbolisierten Zuständen an. So werden die Zustände zunächst allgemein mit $1, 2, 3, \ldots$ oder als $A, B, C, \ldots$ usw. bezeichnet. Die binäre Kodierung der Zustände wird erst einmal unterlassen. Eine Zustandstabelle eines Systems mit einer Eingabe, einer Ausgabe und fünf Zuständen könnte infolgedessen beispielsweise ein Aussehen gemäß Tabelle 12.19 haben.

Dieser Zustandstabelle entspricht das Zustandsdiagramm in Abb. 12.41.

Darin sind die Zustände als Kreise mit dem jeweiligen Zustandssymbol dar-

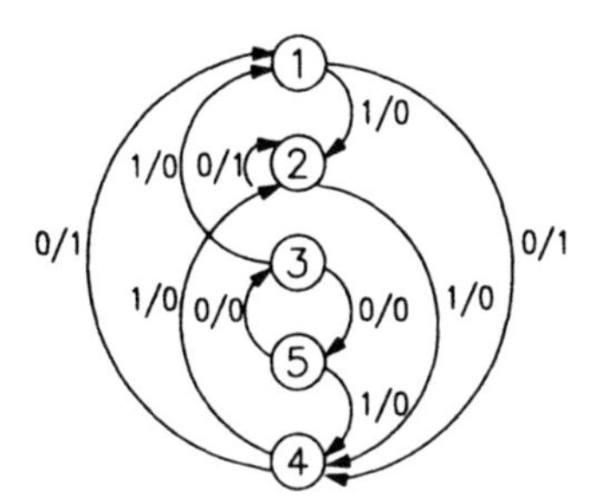

Abb. 12.41 Zustandsdiagramm des Mealy–Systems

gestellt. Die Übergänge zwischen den Zuständen werden durch Pfeile beschrieben, deren Beschriftung anzeigt, bei welcher Eingabe dieser spezielle Übergang stattfindet und zu welcher Ausgabe die Eingabe in Verbindung mit dem momentan noch vorhandenen Zustand führt. Herrscht beispielsweise Zustand 1, so zeigt das System bei der Eingabe 0 die Ausgabe 1 und geht (beim nächsten Takt) in den Folgezustand 4 über. Bei der Eingabe 1 kommt es jedoch zur Ausgabe 0 und der Zustand 2 wird als nächster angenommen.

In Anlehnung an das Zustandsdiagramm wird die Zustandstabelle meistens

Momentan-zustand	Folgezustand/Ausgabe	
	Eingabe 0	Eingabe 1
1	4/1	2/0
2	2/1	4/0
3	5/0	1/0
4	1/1	2/0
5	3/0	4/0

Tabelle 12.20 Komprimierte Zustandstabelle eines Mealy–Systems

in einer komprimierten Form dargestellt, wie sie in Tabelle 12.20 verwendet wird. Je nach der Eingabe kann ein und derselbe Zustand zu unterschiedlichen Ausgaben führen, die Schaltung ist folglich ein Mealy–System.

Ist die Ausgabe nur mit dem Momentanzustand verknüpft, so handelt es sich um ein Moore–System und die Zustandstabelle bzw. das Zustandsdiagramm kann entsprechend vereinfacht werden. In Tabelle 12.21 ist die komprimierte Zustandstabelle eines Moore–Systems angegeben.

Die Ausgabe kann in die Zustandstabelle zusammen mit dem Momentanzustand eingetragen werden und muß nicht getrennt aufgeführt werden. Auch im Zustandsdiagramm können Momentanzustand und Ausgabe direkt verknüpft werden (Abb. 12.42).

Wir kehren nun noch einmal zu dem Beispiel des Mealy–Modells zurück. Es soll ein System mit fünf stabilen Zuständen entworfen werden. Zu diesem Zweck ist der Einsatz von 3 binären Speicherelementen erforderlich, die ein

Momentanzustand/Ausgabe	Folgezustand	
	Eingabe 0	Eingabe 1
1/1	4	2
2/1	2	4
3/0	5	1
4/1	1	2
5/0	3	4

Tabelle 12.21 Komprimierte Zustandstabelle eines Moore–Systems

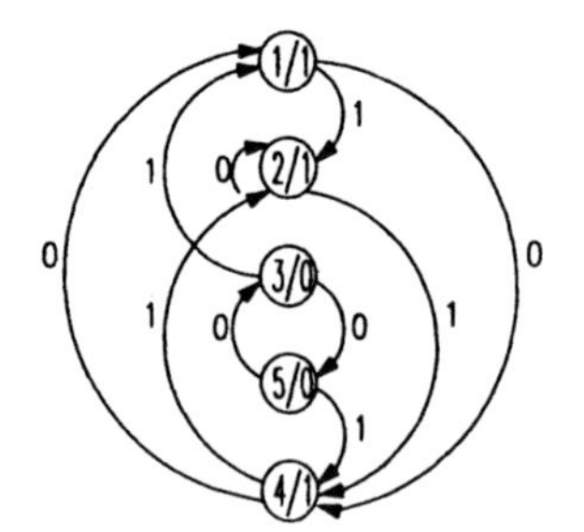

Abb. 12.42 Zustandsdiagramm des Moore–Systems

System mit insgesamt acht stabilen Zuständen ermöglichen. Im Gegensatz zu den Zählerschaltungen, bei denen die Ausgaben der Speicherelemente in der Regel auch als Ausgaben des Gesamtsystems dienen, wodurch die Binärkodierung der Zustände bereits festgelegt ist, existiert in diesem Beispiel nur eine Ausgabe.

Die Kodierung der Zustände, die bislang am Anfang des systematischen Entwurfs stand, ist hier und im allgemeinen willkürlich; will man die Ausgänge der Binärspeicher von Zählerschaltungen nicht unbedingt direkt als Systemausgänge nutzen, so ist man auch hier frei in der Kodierung der Zustände, man muß jedoch zusätzlichen Aufwand für eine gegebenenfalls notwendige Kode–Konvertierung treiben. Die Zustandskodierung hat direkten Einfluß auf die spätere Schaltungsstruktur und die Komplexität der Schaltung. Es gibt daher Verfahren zur Festlegung einer günstigen Kodierung, auf die wir aber hier nicht eingehen. Die Zustände können beispielsweise gemäß Tabelle 12.22 kodiert werden. Unter Berücksichtigung dieser Bedingungen ergibt

Zustand	Q_2	Q_1	Q_0
1	0	0	0
2	0	0	1
3	0	1	1
4	1	1	0
5	1	0	0

Tabelle 12.22 Zustandskodierung des Mealy–Systems

sich dann die zugehörige Wahrheitstabelle 12.23, in der die Momentan– und die Folgezustände der Schaltung einander gegenübergestellt sind. Die Tabelle

Eingabe	Momentan–Zustand			Ausgabe	Folge–Zustand		
	Q_2	Q_1	Q_0		Q_2	Q_1	Q_0
0	0	0	0	1	1	1	0
0	0	0	1	1	0	0	1
0	0	1	1	0	1	0	0
0	1	1	0	1	0	0	0
0	1	0	0	0	0	1	1
1	0	0	0	0	0	0	1
1	0	0	1	0	1	1	0
1	0	1	1	0	0	0	0
1	1	1	0	0	0	0	1
1	1	0	0	0	1	1	0

Tabelle 12.23 Wahrheitstabelle des Mealy–Systems nach der Zustandskodierung

12.23 bildet nun in der gewohnten Weise die Grundlage für die anschließende Schaltungssynthese.

Als erstes muß die Entscheidung getroffen werden, welche Art von Speicherschaltungen eingesetzt werden soll; wir legen in diesem Fall fest, daß der Entwurf unter Verwendung von *JK*–Flipflops durchgeführt wird. Wir ergänzen aus diesem Grunde die Wahrheitstabelle um die Spalten $J_2, K_2 ... J_0, K_0$, und die sich aus den Übergängen vom Momentan– zum Folgezustand ergebenden jeweiligen Flipflop–Eingangswerte werden eingetragen. Auf diese Weise entsteht dann die Tabelle 12.24.

Eingabe	Momentan-Zustand			Ausgabe	Folge-Zustand								
	Q_2	Q_1	Q_0		Q_2	Q_1	Q_0	J_2	K_2	J_1	K_1	J_0	K_0
0	0	0	0	1	1	1	0	1	×	1	×	0	×
0	0	0	1	1	0	0	1	0	×	0	×	×	0
0	0	1	1	0	1	0	0	1	×	×	1	×	1
0	1	1	0	1	0	0	0	×	1	×	1	0	×
0	1	0	0	0	0	1	1	×	1	1	×	1	×
1	0	0	0	0	0	0	1	0	×	0	×	1	×
1	0	0	1	0	1	1	0	1	×	1	×	×	1
1	0	1	1	0	0	0	0	0	×	×	1	×	1
1	1	1	0	0	0	0	1	×	1	×	1	1	×
1	1	0	0	0	1	1	0	×	0	1	×	0	×

Tabelle 12.24 Erweiterte Wahrheitstabelle

Im nächsten Schritt werden die Logikfunktionen der Flipflop–Eingangssignale mit Hilfe von Karnaugh–Diagrammen (Abb. 12.43) aus dieser Tabelle abgeleitet.

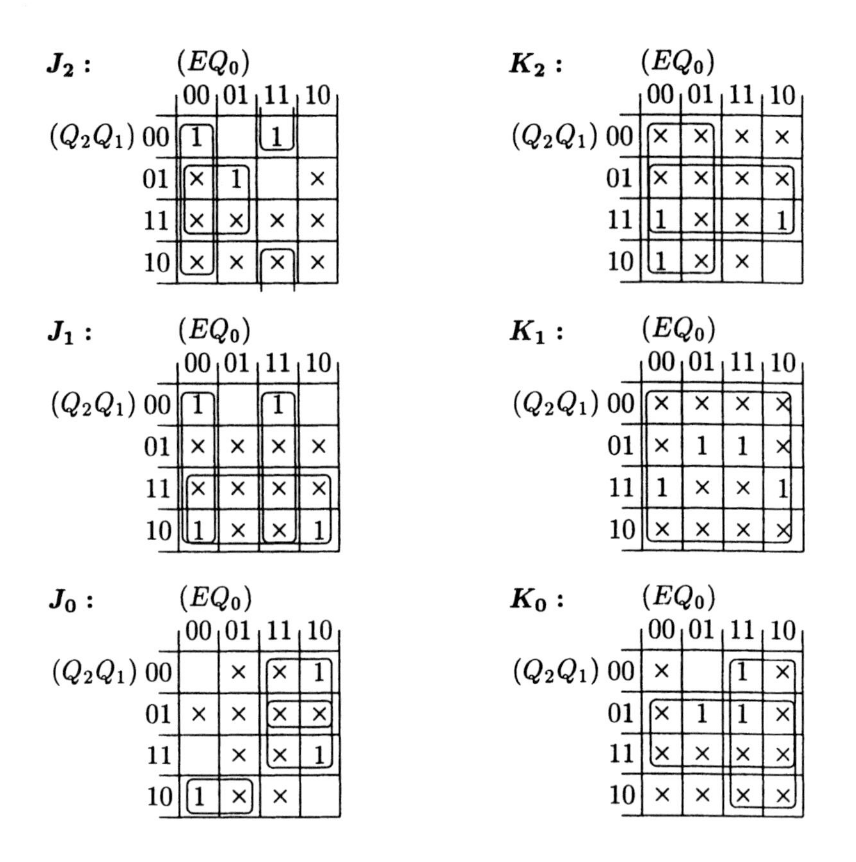

Abb. 12.43 Karnaugh–Diagramme zu Tabelle 12.24

Aus diesen Karnaugh–Diagrammen folgen die Beziehungen

$$
\begin{aligned}
J_2 &= \overline{E}\,\overline{Q}_0 + \overline{E}Q_1 + E\overline{Q}_1Q_0 \qquad & K_2 &= \overline{E} + Q_1 \\
J_1 &= Q_2 + EQ_0 + \overline{E}\,\overline{Q}_0 & K_1 &= 1 \\
J_0 &= EQ_1 + E\overline{Q}_2 + \overline{E}Q_2\overline{Q}_1 & K_0 &= E + Q_1 \ .
\end{aligned}
$$

Dabei werden die restlichen 2×3 stabilen Zustände, die durch die Kombination der drei Flipflops gegeben sind, nicht berücksichtigt. Die entsprechenden Kombinationen kommen nicht vor und sind in den Karnaugh–Diagrammen durch "×" gekennzeichnet.

Wird die Verwendung von *XOR*–Funktionen zugelassen, so ergibt sich die Möglichkeit, Zusammenfassungen durchzuführen:

$$
\begin{aligned}
J_2 &= \overline{E}(Q_1 + \overline{Q}_0) + E\overline{Q}_1 Q_0 & K_2 &= \overline{E} + Q_1 \\
&= \overline{E}\,\overline{\overline{Q}_1 Q_0} + E\overline{Q}_1 Q_0 \\
&= \overline{E} \oplus (\overline{Q}_1 Q_0) \\
J_1 &= Q_2 + EQ_0 + \overline{E}\,\overline{Q}_0 & K_1 &= 1 \\
&= Q_2 + \overline{E} \oplus Q_0 \\
J_0 &= E(\overline{Q}_2 + Q_1) + \overline{E}Q_2\overline{Q}_1 & K_0 &= E + Q_1 \,. \\
&= E\overline{Q_2\overline{Q}_1} + \overline{E}Q_2\overline{Q}_1 \\
&= E \oplus (Q_2\overline{Q}_1) \\
A &= \overline{E}(\overline{Q}_2\overline{Q}_1 + Q_2 Q_1) \\
&= \overline{E}(Q_2 \oplus \overline{Q}_1)
\end{aligned}
$$

Mit der Angabe der Schaltung in Abb. 12.44 ist der Entwurf des Mealy-Systems mit fünf stabilen Zuständen abgeschlossen.

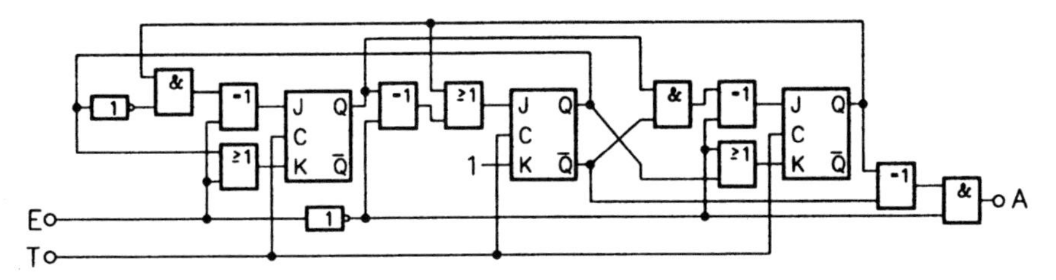

Abb. 12.44 Schaltung des Mealy-Systems mit einem Eingang und einem Ausgang sowie fünf Zuständen

12.2.6 Zustandsreduzierung

Im letzten Abschnitt haben wir anhand eines Beispiels untersucht, wie eine allgemeine sequentielle synchrone Schaltung — ausgehend von einer gegebenen (oder anhand einer vorliegenden Problemstellung zu entwickelnden) Zustandstabelle — entworfen werden kann. Dabei hatten wir eine Verfahrensweise entwickelt, die von der Aufgabenstellung direkt zu einer Lösung führt. Diese Lösung ist jedoch, trotz der Minimierung der Logikfunktionen, nicht immer die günstigste, insbesondere unter dem Aufwandsaspekt. Die Problematik der sinnvollen Zustandskodierung haben wir in diesem Zusammenhang bereits angesprochen.

An dieser Stelle wollen wir noch einen Sachverhalt erläutern, der ebenfalls direkten Einfluß auf die Komplexität der resultierenden Schaltung hat und der allgemeingültig behandelt werden kann. Dazu betrachten wir noch einmal die verkürzte Zustandstabelle des vorigen Beispiels (vgl. Tabelle 12.20); zur besseren Übersicht ist sie hier als Tabelle 12.25 wiederholt.

Momentan-zustand	Folgezustand/Ausgabe	
	$E = 0$	$E = 1$
1	4/1	2/0
2	2/1	4/0
3	5/0	1/0
4	1/1	2/0
5	3/0	4/0

Tabelle 12.25 Verkürzte Zustandstabelle

Wir sind davon ausgegangen, daß zur Lösung der Aufgabenstellung eine Schaltung mit fünf stabilen Zuständen benötigt wird. Die Übergänge zwischen den Zuständen sowie die Ausgangswerte sind in der Zustandstabelle aufgeführt. Bei genauerer Betrachtung zeigt sich jedoch, daß eigentlich nur zwei verschiedene Ausgangswerte–Muster auftreten, nämlich $A = \overline{E}$ bei den Momentanzuständen 1, 2, 4 und $A = 0$ bei den Momentanzuständen 3, 5. Außerdem fällt noch auf, daß sich die Momentanzustände anhand der Zustandsübergänge in zwei Gruppen einteilen lassen, und zwar in die Zustandsgruppe (1,2,4) und die Zustandsgruppe (3,5); Zustände der Gruppe (3,5) gehen entweder über in Zustände der Gruppe (3,5) oder in Zustände der Gruppe (1,2,4). Momentanzustände der Gruppe (1,2,4) besitzen nur Folgezustände innerhalb der Gruppe (1,2,4). Diese Eigenschaften lassen vermuten, daß einige der Zustände 1...5 einander in dem Sinn äquivalent sind, daß sie bei gleicher Eingabe die gleiche Ausgabe und gleiche Folgezustände produzieren. Man definiert daher als Äquivalenzbedingung:

Zwei Zustände Z_1 und Z_2 sind genau dann äquivalent, wenn das System für beliebige Eingabewertfolgen die gleichen Ausgabewertfolgen liefert, unabhängig davon, ob mit Zustand Z_1 oder Zustand Z_2 begonnen wird.

Gilt beispielsweise für ein System die Zustandstabelle 12.26, so sind die Zu-

Zustand	$E = 1$	$E = 0$
Z_1	$Z_1/1$	$Z_1/0$
Z_2	$Z_2/1$	$Z_2/0$

Tabelle 12.26 Zustandstabelle

stände Z_1 und Z_2 offensichtlich äquivalent. Das System liefert unabhängig vom Anfangszustand die gleichen Ausgaben, vorausgesetzt, die Eingabewertfolgen sind gleich. Es können auch mehr als jeweils zwei Zustände einander äquivalent sein. Sind etwa die Zustände Z_1 und Z_2 äquivalent ($Z_1 = Z_2$) und ebenso die beiden Zustände Z_1 und Z_3 ($Z_1 = Z_3$), so sind auch Z_2 und Z_3 äquivalent ($Z_2 = Z_3$). Die Äquivalenz verschiedener Zustände läßt sich systematisch anhand der Zustandstabelle eines Systems aufzeigen. Im folgenden wird ein Verfahren zur Reduzierung äquivalenter Zustände genauer beschrieben.

1. Schritt. Die Menge der Zustände wird anhand der sich ergebenden Ausgaben in Zustandsgruppen unterteilt, so daß die einer Gruppe angehörenden Zustände die gleichen Ausgaben für jeweils gleiche Eingaben liefern. Nur Zustände, die derselben Gruppe angehören, können einander eventuell äquivalent sein.

2. Schritt. Die gefundenen Gruppen werden nacheinander genau auf die Folgezustände hin untersucht. Eine Gruppe wird derart in Teilgruppen aufgespalten, daß die Folgezustände der in einer Teilgruppe zusammengefaßten Zustände je nach Eingangswert in genau eine Gruppe fallen. Die Folgezustände einer Gruppe können also in einer anderen aber auch in derselben Gruppe liegen.

3. Schritt. Der 2. Schritt wird so lange wiederholt, bis sich die Gruppenaufteilung nicht mehr ändert. Die schließlich gefundenen Gruppen beinhalten die einander äquivalenten Zustände. Die Zustände einer Gruppe können in einem einzigen Zustand zusammengefaßt werden, wodurch die Zustandszahl eines Systems reduziert bzw. auf die notwendige Zustandszahl minimiert wird. Ist das betrachtete System von vornherein nicht überbestimmt, findet sich zum Abschluß des Verfahrens genau ein Zustand in jeder Gruppe und die Zustandszahl kann dann nicht weiter verringert werden.

Das beschriebene Verfahren zur Zustandsreduzierung wird nun auf das oben behandelte Beispiel angewendet; wir gehen schrittweise vor und beginnen mit Tabelle 12.25.

1. Schritt. In bezug auf die Ausgabewerte ergeben sich zwei Teilgruppen, in die sich die gesamte Zustandsmenge teilen läßt.

$$\begin{array}{llllll}
(1,2,4) & : & A=1 & \text{für} & E=0 & \\
 & & A=0 & \text{für} & E=1 & \\
(3,5) & : & A=0 & \text{für} & E=0 & \text{bzw.} \quad E=1\,.
\end{array}$$

2. Schritt. Folgezustände der Gruppen:

$$\begin{array}{llll}
E=0: & (1,2,4) \text{ geht über in } (1,2,4) & \rightarrow & \text{keine weitere Unterteilung} \\
E=1: & (1,2,4) \text{ geht über in } (1,2,4) & \rightarrow & \text{keine weitere Unterteilung} \\
E=0: & (3,5) \text{ geht über in } (3,5) & \rightarrow & \text{keine weitere Unterteilung} \\
E=1: & (3,5) \text{ geht über in } (1,2,4) & \rightarrow & \text{keine weitere Unterteilung}\,.
\end{array}$$

3. Schritt. Da sich keine weitere Unterteilung der ersten Gruppeneinteilung ergeben hat, bleibt sie ungeändert; Schritt 2 braucht aus diesem Grunde nicht wiederholt zu werden. Das System war also stark überbestimmt: die ursprünglichen fünf Zustände konnten auf nur zwei verringert werden.

Momentan-Zustand	Folge-Zustand	
	$E = 0$	$E = 1$
(1,2,4)	(1,2,4)/1	(1,2,4)/0
(3,5)	(3,5)/0	(1,2,4)/0

Tabelle 12.27 Zustandstabelle

Aus der Zustandstabelle 12.27 kann entnommen werden, daß sich das System nun mit einem Flipflop (anstelle der ursprünglichen drei Flip–Flops) aufbauen läßt.

Für die Zustandskodierung gelte im folgenden die Tabelle 12.28. Dann er-

Zustand	Q_0
(1, 2, 4)	0
(3, 5)	1

Tabelle 12.28 Zustandskodierung (Beispiel)

gibt sich die Wahrheitstabelle 12.29, die bereits für die Schaltungsrealisierung

Eingabe	Momentan-Zustand	Ausgabe	Folge-Zustand		
	Q_0		Q_0	J_0	K_0
0	0	1	0	0	×
0	1	0	1	×	0
1	0	0	0	0	×
1	1	0	0	×	1

Tabelle 12.29 Wahrheitstabelle, erweitert auf die Verwendung von *JK*–Flipflops

mit Hilfe eines *JK*–Flipflops erweitert wurde.

Mit den beiden Karnaugh–Diagrammen in Abb. 12.45 können nun die funk-

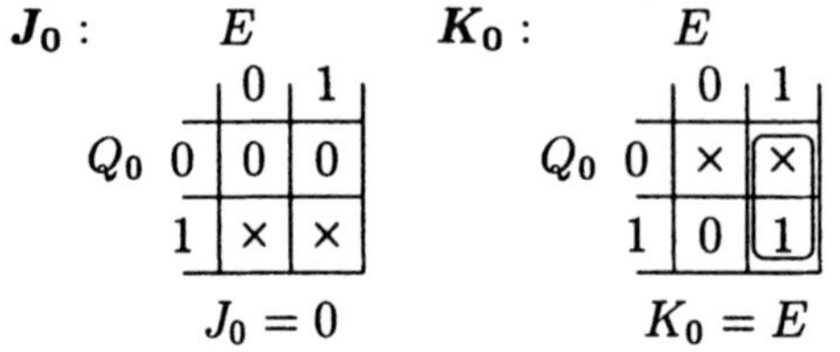

J_0 :

Q_0 \ E	0	1
0	0	0
1	×	×

$J_0 = 0$

K_0 :

Q_0 \ E	0	1
0	×	×
1	0	1

$K_0 = E$

Abb. 12.45 Karnaugh–Diagramme

tionalen Abhängigkeiten der Eingangswerte des Flipflops bestimmt werden. Bei der Zustandskodierung wird implizit die (hier einfach ablesbare) Beziehung $A = \overline{E}\,\overline{Q}_0$ festgelegt. Damit ergibt sich die in Abb. 12.46 dargestellte Schaltungsrealisierung. Offensichtlich läßt sich über die Zustandsreduzierung

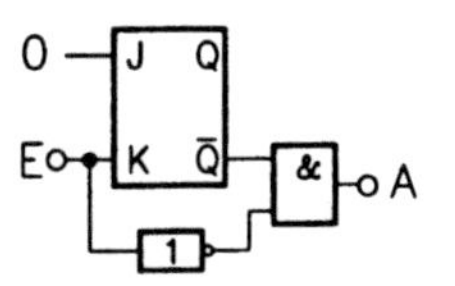

Abb. 12.46 Schaltung des Mealy–Systems nach der Zustandsreduzierung

in vielen Fällen eine erhebliche Aufwandsverminderung erzielen. In jedem Fall kann aber eine Aussage darüber getroffen werden, ob das zu realisierende System überbestimmt ist und damit für seine Realisierung eines erhöhten Aufwands bedarf oder ob die Systembeschreibung mit der Minimalzahl der benötigten Zustände auskommt.

Eingabe	Ursprüngliches System		Minimiertes System	
	Zustand	Ausgabe	Zustand	Ausgabe
↓ 0	3	0	(3, 5)	0
0	5	0	(3, 5)	0
0	3	0	(3, 5)	0
1	5	0	(3, 5)	0
0	4	1	(1, 2, 4)	1
1	1	0	(1, 2, 4)	0
1	2	0	(1, 2, 4)	0
0	4	1	(1, 2, 4)	1
1	1	0	(1, 2, 4)	0
0	2	1	(1, 2, 4)	1
1	2	0	(1, 2, 4)	0
1	4	0	(1, 2, 4)	0
	2		(1, 2, 4)	

Tabelle 12.30 Vergleich des ursprünglichen mit dem zustandsreduzierten System (Beispiel)

Um zu zeigen, daß das ursprüngliche und das minimierte System einander gleichwertig sind, bestimmen wir exemplarisch für eine Eingangswertefolge die resultierende Ausgangswertefolge. Dabei gehen wir davon aus, daß sich die Systeme zu Beginn im Zustand 3 bzw. (3,5) befinden. Die Ergebnisse dieses Vergleichs sind in Tabelle 12.30 festgehalten. Es ist offensichtlich, daß beide Systeme bezüglich ihrer Ein– und Ausgabewertfolgen gleichwertig arbeiten.

Ergänzend soll noch bemerkt werden, daß das beschriebene Verfahren zur Zustandsminimierung — ähnlich wie das Verfahren zum Entwurf sequentieller Schaltungen — nicht auf jeweils nur eine Ausgabe– oder Eingabevariable beschränkt ist.

Beispiel 12.2

Zur Demonstration wird abschließend ein Mealy–System entworfen, das acht Zustände, vier Eingaben und drei Ausgaben besitzt. In der Zustandstabelle sind die Zustände mit z, die Eingaben mit x und die Ausgaben mit y bezeichnet.

Momentan-Zustand	**Folge–Zustand / Ausgabe**			
	$E = x_1$	$E = x_2$	$E = x_3$	$E = x_4$
z_1	z_2/y_1	z_4/y_3	z_1/y_2	z_3/y_1
z_2	z_1/y_3	z_5/y_2	z_7/y_1	z_3/y_3
z_3	z_5/y_3	z_1/y_2	z_7/y_1	z_3/y_3
z_4	z_2/y_2	z_4/y_1	z_1/y_3	z_3/y_2
z_5	z_3/y_1	z_4/y_3	z_5/y_2	z_2/y_1
z_6	z_2/y_1	z_4/y_3	z_7/y_2	z_8/y_1
z_7	z_3/y_1	z_7/y_3	z_5/y_2	z_8/y_1
z_8	z_1/y_3	z_4/y_2	z_1/y_1	z_3/y_3

1. Aufgrund der Ausgaben lassen sich folgende Gruppen bilden:

(z_1, z_5, z_6, z_7) : Ausgabe (y_1, y_3, y_2, y_1) für $(x_1 \ldots x_4)$
(z_2, z_3, z_8) : Ausgabe (y_3, y_2, y_1, y_3) für $(x_1 \ldots x_4)$
(z_4) : Ausgabe (y_2, y_1, y_3, y_2) für $(x_1 \ldots x_4)$.

2. und 3. Anhand der Folgezustände werden die Gruppen weiter aufgeteilt:

a.

$(z_1, z_5, z_6, z_7) \rightarrow (z_2, z_3, z_8)$ für x_1
$\rightarrow (z_4), (z_1, z_5, z_6, z_7)$ für x_2 $\rightarrow$ Teilung
$\Rightarrow (z_1, z_5, z_6), (z_7)$
$(z_2, z_3, z_8) \rightarrow (z_1, z_5, z_6, z_7)$ für x_1
$\rightarrow (z_1, z_5, z_6, z_7), (z_4)$, für x_2 $\rightarrow$ Teilung
$\Rightarrow (z_2, z_3), (z_8)$
(z_4) $\rightarrow$ kann nicht weiter geteilt werden

Damit existieren die Gruppen (z_1, z_5, z_6), (z_2, z_3), (z_4), (z_7) und (z_8).

b.

$(z_1, z_5, z_6) \rightarrow (z_2, z_3)$ für x_1
$\rightarrow (z_4)$ für x_2
$\rightarrow (z_1, z_5, z_6), (z_7)$ für x_3 $\rightarrow$ Teilung
$\Rightarrow (z_1, z_5), (z_6)$
(z_7) $\rightarrow$ kann nicht weiter geteilt werden
$(z_2, z_3) \rightarrow (z_1, z_5, z_6)$ für x_1
$\rightarrow (z_1, z_5, z_6)$ für x_2
$\rightarrow (z_7)$ für x_3
$\rightarrow (z_2, z_3)$ für x_4
$\Rightarrow$ keine weitere Teilung
(z_8) $\rightarrow$ kann nicht weiter geteilt werden
(z_4) $\rightarrow$ kann nicht weiter geteilt werden

Es existieren nun die Gruppen (z_1, z_5), (z_2, z_3), (z_4), (z_6), (z_7) und (z_8).

$$
\begin{array}{lll}
(z_1, z_5) & \rightarrow & (z_2, z_3) \text{ für } x_1 \\
& \rightarrow & (z_4) \quad\;\; \text{ für } x_2 \\
& \rightarrow & (z_1, z_5) \text{ für } x_3 \\
& \rightarrow & (z_2, z_3) \text{ für } x_4 \\
\multicolumn{3}{l}{\Rightarrow \text{keine weitere Teilung}} \\
(z_6) & \rightarrow & \text{kann nicht weiter geteilt werden} \\
(z_7) & \rightarrow & \text{kann nicht weiter geteilt werden} \\
(z_2, z_3) & \rightarrow & (z_1, z_5) \text{ für } x_1 \\
& \rightarrow & (z_1, z_5) \text{ für } x_2 \\
& \rightarrow & (z_7) \quad\;\; \text{ für } x_3 \\
& \rightarrow & (z_2, z_3) \text{ für } x_4 \\
\multicolumn{3}{l}{\Rightarrow \text{keine weitere Teilung}} \\
(z_8) & \rightarrow & \text{kann nicht weiter geteilt werden} \\
(z_4) & \rightarrow & \text{kann nicht weiter geteilt werden} \quad .
\end{array}
$$

3. Im letzten Durchlauf von Schritt 2 sind keine Veränderungen mehr aufgetreten. Es ergeben sich also folgende Zustandsgruppen:

$$(z_1, z_5) \quad (z_6) \quad (z_7) \quad (z_2, z_3) \quad (z_8) \quad (z_4) \; .$$

Die Zahl der Zustände verringert sich in diesem Beispiel von 8 auf 6. Damit ist es nicht möglich, ein Flip–Flop einzusparen. Die $2^3 - 6 = 2$ überzähligen Zustände erhöhen jedoch die Anzahl der frei wählbaren Eingangskombinationen bei der Ansteuerung der Flipflops und können so im Rahmen der Minimierung der Logikfunktionen zu einer Aufwandsreduzierung führen. Auf die weitere Durchführung des Schaltungsentwurfs soll hier verzichtet werden.

Das systematische Verfahren zur Zustandsreduzierung ermöglicht offensichtlich auch die Behandlung komplexerer Probleme, deren Gehalt an überbestimmten Zuständen auch ein erfahrener Betrachter nicht mehr nach bloßem Augenschein abzuschätzen vermag.

12.3 Zusammenfassung

Unter Verwendung der in den vorhergehenden Kapiteln zusammengestellten Grundlagen haben wir in diesem Kapitel exemplarisch den Entwurf einer Reihe wichtiger kombinatorischer und sequentieller Schaltungen behandelt. Bei Addierern, Enkodern und Dekodern sowie Multiplexern und Demultiplexern als Beispielen für kombinatorische Schaltungen sind wir auf spezielle Probleme eingegangen und haben Möglichkeiten zu alternativen Schaltungsrealisierungen untersucht. Als Vertreter synchroner sequentieller Schaltungen haben wir zunächst Zähler besprochen und haben dann die Untersuchung des prinzipiellen Vorgehens bei synchronen Schaltungen auf allgemeine Mealy– und Moore–Automaten ausgedehnt. In diesem Zusammenhang haben wir das

Problem überzähliger Zustände eingehender behandelt und ein Verfahren angegeben, das die Reduzierung der Zahl der Zustände auf das mögliche Minimum gestattet.

12.4 Aufgaben

Aufgabe 12.1 Entwickeln Sie einen Vorwärts–Rückwärts–Zähler, bei dem in Abhängigkeit vom Steuereingang D die Zahlenfolgen

$0, 2, 4, 6, 0, 2, \ldots$ für $D = 0$ $\qquad$ $6, 4, 2, 0, 6, 4, \ldots$ für $D = 1$

an den Ausgängen (q_2, q_1, q_0) abgenommen werden können.

Aufgabe 12.2 Die Bildung des sogenannten 2er–Komplements einer Binärzahl geschieht in der Weise, daß sämtliche Ziffern durch ihre Komplemente ersetzt werden und anschließend noch ein LSB addiert wird.

Liest man das Signalwort seriell aus einem Schieberegister aus, so kann die 2er–Komplementbildung praktisch so erfolgen, daß ausgehend vom LSB die ersten Nullen und die erste Eins unverändert an den Ausgang des 2er–Komplementbilders weitergegeben werden; von da ab werden dann alle Ziffern durch ihre Komplemente ersetzt und an den Ausgang weitergeleitet.

a. Wieviele Zustände weist der 2er–Komplementbilder auf? Zeichnen Sie den Zustandsübergangs–Graphen.

b. Entspricht das System einem Mealy– oder einem Moore–Modell?

c. Geben Sie eine Wahrheitstabelle an.

d. Entwickeln Sie eine Schaltung unter Verwendung eines JK–Flipflops.

Aufgabe 12.3 Gegeben ist das folgende Zustandsdiagramm:

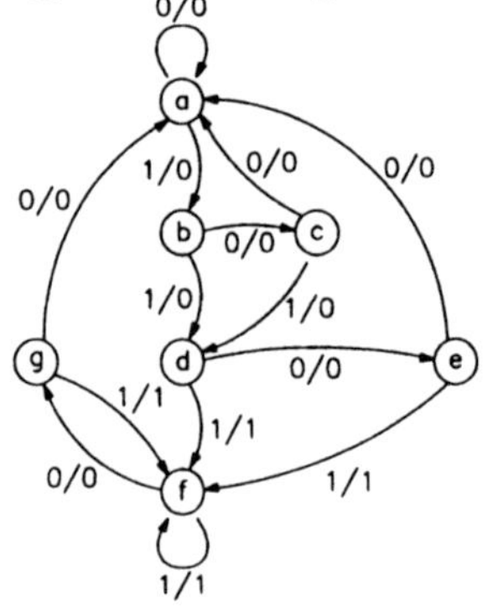

a. Welchem Systemmodell (Mealy/Moore) entspricht die Schaltung?

b. Überprüfen Sie die Notwendigkeit der Zustände und reduzieren Sie gegebenenfalls ihre Anzahl.

c. Zeichnen Sie das Zustandsdiagramm der reduzierten Schaltung.

13 Verbindungsleitungen

13.1 Einleitende Bemerkungen

Das erste Kapitel haben wir mit dem Satz "Elektronische Schaltungen bestehen aus miteinander verbundenen Bauelementen" eingeleitet. Den Verbindungen als solchen haben wir dann in der Folge keine Aufmerksamkeit mehr geschenkt, insbesondere haben wir den Verbindungen keinen eigenständigen Einfluß auf das Schaltungsverhalten beigemessen (daher konnten wir das dynamische Schaltungsverhalten auf der Basis gewöhnlicher Differentialgleichungen beschreiben). Vielmehr haben wir bislang die Verbindungen als ideal angesehen: wir haben unendlich gut leitendes Material und verschwindende räumliche Ausdehnung unterstellt.

Diese Idealvorstellungen werden wir nun verlassen und uns mit der Frage beschäftigen, welchen Einfluß reale Verbindungen zwischen den Bauelementen bzw. Schaltungsgruppen auf das Verhalten von Schaltungen ausüben können.

Die endliche Leitfähigkeit des Materials, aus dem die Verbindungen hergestellt werden, wirft keine prinzipiell neuen Probleme auf; jedes Leitungsstück kann durch einen entsprechenden ohmschen Widerstand repräsentiert werden.

Ganz anders sieht es dagegen bei der Berücksichtigung der räumlichen Ausdehnung der Verbindungsleitungen aus. Hier sind zwei Fälle zu unterscheiden.

> **Fall 1.** Die Länge einer Verbindungsleitung ist klein gegenüber der Wellenlänge der Signale.
>
> **Fall 2.** Die Länge einer Verbindungsleitung kann nicht als klein gegenüber der Wellenlänge der Signale angesehen werden, die über sie transportiert werden.

Im ersten Fall muß die räumliche Ausdehnung einer Verbindungsleitung nicht gesondert in die Analyse einbezogen werden; diesen Fall haben wir (implizit) bei unseren bisherigen Betrachtungen unterstellt. Der zweite Fall hingegen führt auf Phänomene, die wir bislang nicht in unsere Überlegungen einbezogen haben.

Es stellt sich zunächst die Frage, wann eine Leitungslänge als kurz gegen die Signal–Wellenlänge angesehen werden kann und wann nicht. An dieser Stelle soll es dabei um eine überschlägige Abschätzung gehen, auf Einzelheiten werden wir später noch eingehen.

Wir betrachten ein sinusförmiges Signal mit der Frequenz f_0 im Vakuum. Seine Wellenlänge λ_0 ist durch

$$\lambda_0 = \frac{c_0}{f_0} \qquad c_0 = \text{Lichtgeschwindigkeit}$$

festgelegt. Erfolgt die Ausbreitung des Signals innerhalb eines Materials mit der relativen Dielektrizitätskonstante ε_r, so ist die Wellenlänge etwa um den Faktor $\sqrt{\varepsilon_r}$ kürzer. Für unser Abschätzung unterstellen wir $\varepsilon_r = 4$, so daß die Wellenlänge

$$\lambda = \frac{c_0}{2f_0}$$

beträgt. Bei vorgegebener Frequenz f_0 ist damit ein Anhaltspunkt für die anzusetzende Wellenlänge gegeben.

Für eine Abschätzung der zu berücksichtigenden Längen von Verbindungsleitungen nehmen wir eine grobe Dreiteilung vor:

- Verbindungen von Funktionseinheiten miteinander: Länge einige $10\,cm$ bis einige m.
- Verbindungen auf Platinen: Länge $< 20\,cm$.
- Verbindungen auf einem Chip: Längen im μm– bis mm–Bereich.

Bei der Frequenz $f_0 = 1\,GHz$ ergibt sich unter der genannten Bedingung die Wellenlänge $\lambda = 15\,cm$. In diesem Fall könnten also beispielsweise die Leitungslängen auf einer Platine nicht mehr unbedingt als kurz gegen die Wellenlänge angesehen werden.

Nun mag eine Frequenz im GHz–Bereich auf den ersten Blick sehr hoch erscheinen; im Bereich der digitalen Schaltungstechnik wird dieser Frequenzbereich jedoch relativ schnell erreicht.

Wir betrachten als Beispiel ein symmetrisches rechteckförmiges Signal mit der Amplitude U_0 und der Periodendauer $T = 15\,ns$; dieser Periodendauer entspricht die Grundfrequenz $f_1 = 66\,MHz$. Die Fourier–Reihenentwicklung dieser Rechteckspannung lautet

$$u(t) = \frac{4U_0}{\pi} \sum_{\substack{n=1 \\ n \text{ ungerade}}}^{\infty} \frac{\sin n\omega_0 t}{n} \qquad \omega_0 T = 2\pi \; .$$

Die Amplituden nehmen also mit $1/n$ ab. In dem betrachteten Beispiel hat die 11. Harmonische ($726\,MHz$) gegenüber der Grundschwingung eine nur um ca. $10\,dB$ verringerte Amplitude und besitzt daher durchaus noch einen Einfluß auf die Kurvenform des Rechtecksignals.

Das Beispiel macht deutlich, daß besonders im Bereich der Digitalschaltungen der Länge einer Verbindungsleitung sehr schnell eine Bedeutung im Hinblick auf das Schaltungsverhalten zukommt. In den folgenden Abschnitten werden wir uns daher mit dem Verhalten elektrischer Leitungen beschäftigen, allerdings nur unter dem Aspekt der Verbindung elektronischer Bauelemente bzw. Baugruppen; eine allgemeine Behandlung der Leitungstheorie ist hier nicht beabsichtigt.

13.2 Modellbildung

Verbindungsleitungen können von unterschiedlicher geometrischer Form sein. Eine Grundform ist die Leitung, die aus einem Paar paralleler Leiter besteht. Legt man eine Spannung U an diese Leiter, so werden Ladungen auf den Leiteroberflächen influenziert und ein elektrisches Feld $\vec{E}$ zwischen den Leitern aufgebaut. Durch die Verschiebung der Ladungen kommt es zum Fließen eines elektrischen Stroms durch die Leiter, was den Aufbau eines Magnetfeldes $\vec{B}$ um die Leiter zur Folge hat. Abb. 13.1 veranschaulicht diese Situation für

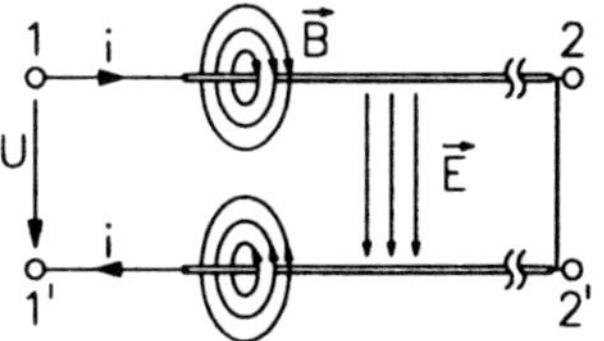
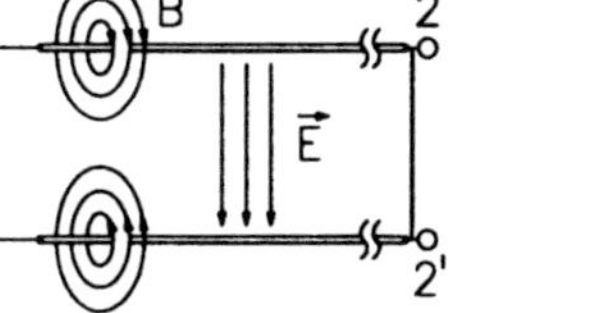

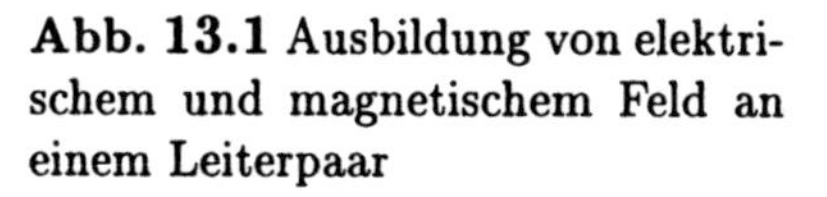

Abb. 13.1 Ausbildung von elektrischem und magnetischem Feld an einem Leiterpaar

zwei Leiter mit unendlich hoher Leitfähigkeit in einem Medium mit idealer Isolation.

Die Wechselwirkung zwischen elektrischem Feld und Influenzladungen kann in erster Näherung durch eine Querkapazität modelliert werden, die Wirkung von Stromfluß und Magnetfeld entsprechend durch eine Längsinduktivität. Daraus entsteht dann als einfachstes Leitungsmodell die Γ–Schaltung aus einer Induktivität und einer Kapazität gemäß Abb. 13.2. Dieses Modell kann

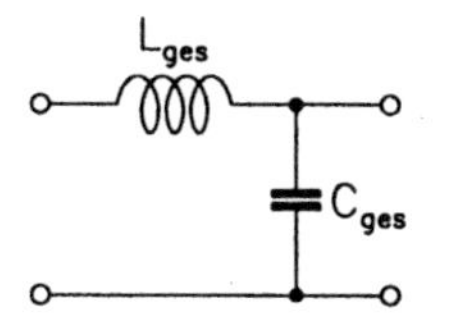

Abb. 13.2 Γ–Modell einer elektrischen Leitung

wirklich nur als ein sehr grober Ansatz angesehen werden, da es nicht einmal die bei einem homogenen Leitungsstück vorhandene Symmetrie widerspiegelt.

Das elektrische und das magnetische Feld treten zeitlich und örtlich gemeinsam auf. Die Gesamtkapazität und -induktivität entstehen als über die Leitung verteilte Größen. Um das Leitungsverhalten unabhängig von einer konkreten Leitungslänge charakterisieren zu können, betrachtet man die auf die Leitungslänge l_{ges} bezogenen Werte, die sogenannten Leitungsbeläge

$$\begin{aligned} \text{Induktivitätsbelag:} \quad L' &= \frac{L_{ges}}{l_{ges}} \\ \text{Kapazitätsbelag:} \quad C' &= \frac{C_{ges}}{l_{ges}} \ . \end{aligned}$$

Aufgrund der Feldverteilung besitzt jedes Leitungsstück in bezug auf die Modellierung sowohl kapazitiven als auch induktiven Charakter. Dieses Verhalten findet sich in dem Modell aus konzentrierten Bauelementen (s. Abb. 13.2) nicht wieder. Die Modellierung der Leitung mit Hilfe von konzentrierten Elementen ist eben nur eine Näherung. Werden — wie in Abb. 13.2 — nur die beiden Elemente L_{ges} und C_{ges} für die Modellierung verwendet, so fällt diese Näherung extrem grob aus.

Eine Verbesserung läßt sich dadurch erreichen, daß man die gesamte Leitung in gleiche Leitungsstücke der Länge Δl unterteilt (Abb. 13.3) und diese

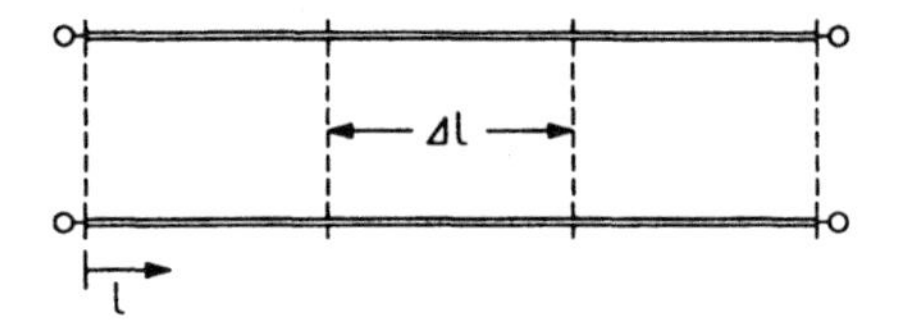

Abb. 13.3 Aufteilung einer Leitung in Leitungsstücke der Länge Δl

dann jeweils gemäß Abb. 13.2 modelliert. Auf diese Weise entsteht Abb. 13.4. Die jeweiligen konzentrierten Elemente besitzen dann die Werte $L' \cdot \Delta l$ bzw.

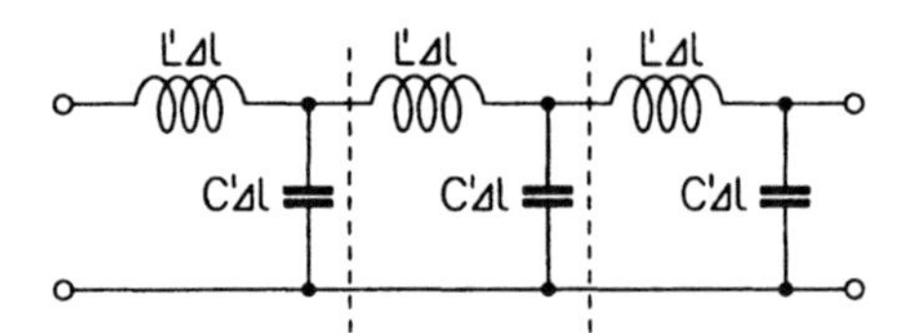

Abb. 13.4 Modellierung einer verlustfreien Leitung auf der Basis von drei Segmenten gleicher Länge

$C' \cdot \Delta l$. Je feiner diese Unterteilung der Leitung ist, desto besser beschreibt das Modell natürlich das Feldverhalten der realen Leitung.

Die in Abb. 13.3 angegebenen Zuordnungen hinsichtlich der als positiv angenommenen Richtung für die Länge l und die Ebene $l = 0$ werden wir auch bei allen weiteren Untersuchungen beibehalten.

Bislang sind wir für die Modellentwicklung von einer verlustfreien Leitung ausgegangen. Bei der Modellierung einer realen Leitung müssen im allgemeinen Fall aber auch die auftretenden Leitungsverluste berücksichtigt werden. In erster Linie handelt es sich dabei um ohmsche Verluste in den Leitern und um Verluste im Dielektrikum zwischen den Leitern. Zur Berücksichtigung dieser Verluste führen wir den Widerstandsbelag R' und den Leitwertsbelag G' ein; die Bezeichnungen R' und G' werden zur Vermeidung einer schwerfälligen Notation gewählt, es gilt aber $R' \neq 1/G'$.

Die Verluste können nun durch Widerstände $R'\Delta l$ in Reihe zu den Induktivitäten $L'\Delta l$ und durch Leitwerte $G'\Delta l$ parallel zu den Kapazitäten $C'\Delta l$ modelliert werden. Damit ergibt sich dann das in Abb. 13.5 dargestellte Mo-

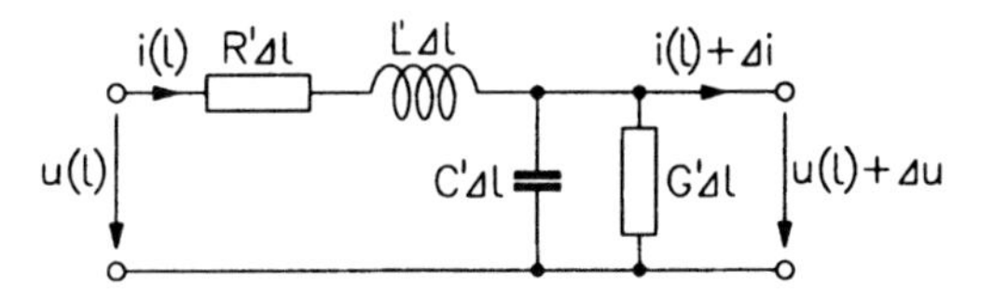

Abb. 13.5 Modellierung eines Leitungssegments der Länge Δl unter Berücksichtigung von Verlusten

dell eines Leitungsstücks der Länge Δl. Dieses Modell wird nun zur Herleitung der Leitungsgleichungen verwendet. Die Anwendung der Kirchhoffschen Gleichungen liefert

$$
\begin{aligned}
-\Delta u(l,t) &= R'\Delta l \cdot i(l,t) + L'\Delta l \cdot \frac{\partial i(l,t)}{\partial t} \\
-\Delta i(l,t) &= G'\Delta l \cdot [u(l,t) + \Delta u(l,t)] + C'\Delta l \cdot \frac{\partial [u(l,t) + \Delta u(l,t)]}{\partial t} \ .
\end{aligned}
\tag{13.1}
$$

Im nächsten Schritt teilen wir diese Gleichungen durch Δl und lassen dann $\Delta l \longrightarrow 0$ gehen, was auch $\Delta u(l,t) \longrightarrow 0$ zur Folge hat; der Differenzenquotient $\Delta u(l,t)/\Delta l$ geht dann über in $\partial u(l,t)/\partial l$. Dadurch ergibt sich aus (13.1)

$$
\begin{aligned}
-\frac{\partial u(l,t)}{\partial l} &= R' \cdot i(l,t) + L' \cdot \frac{\partial i(l,t)}{\partial t} \\
-\frac{\partial i(l,t)}{\partial l} &= G' \cdot u(l,t) + C' \cdot \frac{\partial u(l,t)}{\partial t} \ .
\end{aligned}
\tag{13.2}
$$

Setzen wir beide Gleichungen des Differential–Gleichungssystems (13.2) ineinander ein, so erhalten wir zwei zueinander duale Differentialgleichungen für die Spannung und den Strom; dual bedeutet hier, daß beide Gleichungen dieselbe Struktur haben und für die einzelnen Elemente die Entsprechungen $u \Longleftrightarrow i$, $R' \Longleftrightarrow G'$ und $L' \Longleftrightarrow C'$ gelten.

Auf diese Weise entstehen die Differentialgleichungen

$$
\frac{\partial^2 u(l,t)}{\partial l^2} = R'G'u(l,t) + (R'C' + L'G') \cdot \frac{\partial u(l,t)}{\partial t} + L'C' \cdot \frac{\partial^2 u(l,t)}{\partial t^2}
$$

$$\frac{\partial^2 i(l,t)}{\partial l^2} = R'G'i(l,t) + (R'C' + L'G') \cdot \frac{\partial i(l,t)}{\partial t} + L'C' \cdot \frac{\partial^2 i(l,t)}{\partial t^2} \ . \tag{13.3}$$

Diese Gleichungen wurden bereits von Maxwell aufgestellt; sie tragen die Bezeichnung "Telegrafengleichungen".

13.3 Lösung der Differentialgleichungssysteme

Eine allgemeine Lösung der Differentialgleichungen (13.3) läßt sich nicht angeben, Lösungen für Sonderfälle sind jedoch möglich. Im folgenden werden wir zwei verschiedene Fälle behandeln, die auf geschlossene Lösungen führen und auch von praktischer Bedeutung sind.

13.3.1 Verlustlose Leitung

Bei der Behandlung des ersten Sonderfalls gehen wir von der Annahme einer verlustlosen Leitung aus, also von $R' = 0$, $G' = 0$. Unter dieser Bedingung ergeben sich aus (13.3) für $u(l,t)$ und $i(l,t)$ zwei Differentialgleichungen, die als Wellengleichungen bezeichnet werden; sie lauten

$$\begin{aligned} \frac{\partial^2 u(l,t)}{\partial l^2} &= L'C' \cdot \frac{\partial^2 u(l,t)}{\partial t^2} \\ \frac{\partial^2 i(l,t)}{\partial l^2} &= L'C' \cdot \frac{\partial^2 i(l,t)}{\partial t^2} \ . \end{aligned} \tag{13.4}$$

Die allgemeine Lösung der Wellengleichungen erfolgt mit Hilfe eines Ansatzes, der auf d'Alembert zurückgeht; er lautet

$$\begin{aligned} u(l,t) &= u_v(t - l/v) + u_r(t + l/v) + U_0 \\ i(l,t) &= i_v(t - l/v) + i_r(t + l/v) + I_0 \ . \end{aligned} \tag{13.5}$$

Wie wir durch Einsetzen leicht feststellen, erfüllt dieser Ansatz die Wellengleichungen, wenn

$$v = \frac{1}{\sqrt{L'C'}} \tag{13.6}$$

gesetzt wird. In dieser Beziehung ist v die Ausbreitungsgeschwindigkeit der Spannungskomponenten u_v und u_r bzw. der Stromkomponenten i_v und i_r entlang der Leitung.

Die allgemeine Lösung besagt, daß es je zwei Spannungs- und Stromkomponenten gibt, die in Vorwärts- bzw. Rückwärtsrichtung entlang der Leitung laufen. Dabei entstehen keine Verzerrungen der Kurvenform, sondern lediglich zeitliche Verzögerungen.

Als Beispiel betrachten wir die Komponente u_v; für sie können wir

$$u_v\left(t-\frac{l}{v}\right)=u_v\left(t+\Delta t-\frac{l+\Delta l}{v}\right) \qquad \Delta l = v\cdot\Delta t$$

schreiben. Dies bedeutet, daß der Spannungswert, der zur Zeit t an der Stelle l vorhanden ist, um die Zeitspanne Δt später ($\Delta t>0$) am Ort $l+\Delta l$ vorliegt. Abb. 13.6 veranschaulicht diese Verhalten.

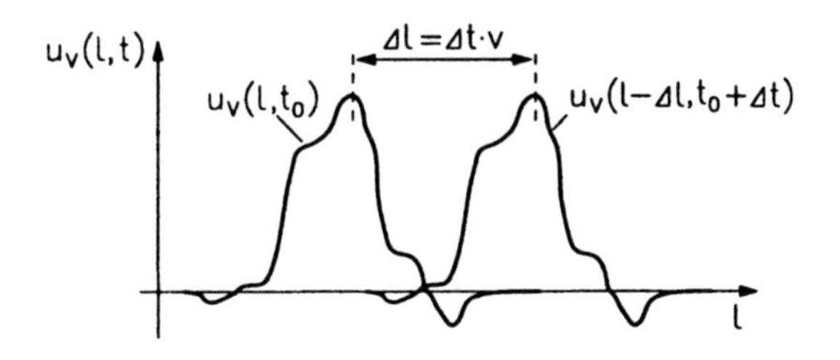

Abb. 13.6 Beispiel für zwei um Δl verschobene Spannungsverläufe entlang einer verlustlosen Leitung

13.3.2 Leitungsverhalten im stationärer Zustand bei sinusförmigen Spannungen und Strömen

Wir betrachten nun den zweiten Sonderfall für die Lösung der Telegrafengleichungen. Dabei gehen wir von sinusförmigen Spannungen und Strömen im stationären Zustand aus. Unter diesen Voraussetzungen kann für die zeit- und ortsabhängigen Spannungen und Ströme auf der Leitung

$$\begin{aligned} u(l,t) &= \operatorname{Re} U(l)\,\mathrm{e}^{j\omega t} \\ i(l,t) &= \operatorname{Re} I(l)\,\mathrm{e}^{j\omega t} \qquad U(l), I(l)\in\mathbb{C} \end{aligned}$$

angesetzt werden. Mit diesem Ansatz ergibt sich aus dem System partieller Differentialgleichungen (13.2)

$$\begin{aligned} \frac{\partial U}{\partial l} &= -(R'+j\omega L')\cdot I \\ \frac{\partial I}{\partial l} &= -(G'+j\omega C')\cdot U\,. \end{aligned}$$

Setzt man — nach Bildung der entsprechenden Ableitungen — beide Gleichungen ineinander ein, so ergibt sich für die Telegrafengleichungen (13.3)

$$\frac{\partial^2 U}{\partial l^2} = (R'+j\omega L')(G'+j\omega C')U \tag{13.7}$$

$$\frac{\partial^2 I}{\partial l^2} = (R'+j\omega L')(G'+j\omega C')I\,. \tag{13.8}$$

Eine Zeitabhängigkeit tritt in diesen Gleichungen nicht mehr auf, die komplexen Amplituden U und I sind nur noch von der Ortskoordinate l abhängig. Zur Vereinfachung der Schreibweise wird die Ausbreitungskonstante γ durch

$$\gamma^2 = (R' + j\omega L')(G' + j\omega C') \tag{13.9}$$

eingeführt. Aus (13.7) ergibt sich unter Berücksichtigung von (13.9) die Lösung

$$U(l) = U_a \,\mathrm{e}^{-\gamma l} + U_b \,\mathrm{e}^{\gamma l} \ , \tag{13.10}$$

in der U_a und U_b zunächst noch unbestimmte komplexe Konstanten sind.

Unter Verwendung von

$$\frac{\partial U}{\partial l} = -(R' + j\omega L') \cdot I$$

folgt dann für den Strom

$$\begin{aligned} I(l) &= \frac{\gamma}{R' + j\omega L'} \cdot \left(U_a \,\mathrm{e}^{-\gamma l} - U_b \,\mathrm{e}^{\gamma l}\right) \\ &= \frac{1}{Z_0} \cdot \left(U_a \,\mathrm{e}^{-\gamma l} - U_b \,\mathrm{e}^{\gamma l}\right) \ . \end{aligned} \tag{13.11}$$

Die Gleichungen (13.10,13.11) zeigen, daß Spannung und Strom auf der Leitung über die sogenannte Wellenimpedanz

$$Z_0 = \sqrt{\frac{R' + j\omega L'}{G' + j\omega C'}} \tag{13.12}$$

miteinander verknüpft sind. Für $R' = 0$, $G' = 0$ — also den Fall der verlustlosen Leitung — ist Z_0 reell und wird Wellenwiderstand

$$Z_0 = \sqrt{\frac{L'}{C'}} \tag{13.13}$$

genannt. Die Lösung für den stationären Zustand ermöglicht also unter anderem eine einfache Berücksichtigung von Leitungsverlusten.

Wellencharakter der Signalfortpflanzung

Wir wenden uns noch einmal der Lösung der Telegraphengleichungen für den Fall der verlustlosen Leitung zu. Ohne Berücksichtigung eines möglichen Gleichanteils U_0 ergibt sich aufgrund von (13.5) der Spannungsverlauf

$$u(l,t) = u_v(t - l/v) + u_r(t + l/v) \ .$$

Die Spannung u setzt sich also aus einer vorlaufenden Welle u_v und einer rücklaufenden Welle u_r zusammen.

Wir untersuchen nun, ob in der Lösung für die verlustbehaftete Leitung im stationären Zustand auch eine vorlaufende und eine rücklaufende Welle enthalten sind.

Die Ausbreitungkonstante γ gemäß (13.9) ist im allgemeinen Fall eine komplexe Größe, die wir durch

$$\gamma = \alpha + j\beta \qquad \alpha, \beta \in \mathbb{R} \tag{13.14}$$

kennzeichnen. Ausgehend von (13.10) ergibt sich dann unter Verwendung dieser Beziehung für die komplexe Amplitude der Spannung entlang der Leitung

$$\begin{aligned} U(l) &= U_a \, \mathrm{e}^{-\gamma l} + U_b \, \mathrm{e}^{\gamma l} \\ &= \underbrace{U_a \, \mathrm{e}^{-\alpha l}}_{U_v(l)} \mathrm{e}^{-j\beta l} + \underbrace{U_b \, \mathrm{e}^{\alpha l}}_{U_r(l)} \mathrm{e}^{j\beta l} \ . \end{aligned} \tag{13.15}$$

Mit den Abkürzungen U_v und U_r ergibt sich damit für die komplexe Amplitude der Spannung an einer Stelle l der Leitung

$$U(l) = U_v \, \mathrm{e}^{-j\beta l} + U_r \, \mathrm{e}^{j\beta l} \ . \tag{13.16}$$

Es können also auch in der Lösung für den stationären Zustand zwei Teilwellen ausgemacht werden, die in entgegengesetzten Richtungen entlang der Leitung laufen. Der durch U_v gekennzeichnete Anteil pflanzt sich in positver l–Richtung, der durch U_r gekennzeichnete in negativer l–Richtung fort.

Wegen

$$u(l,t) = \mathrm{Re}\ U(l) \, \mathrm{e}^{j\omega t}$$

können wir mit (13.16) für den Spannungsverlauf längs der Leitung

$$\begin{aligned} u(l,t) &= \mathrm{Re}\ U_v \, \mathrm{e}^{j(\omega t - \beta l)} + \mathrm{Re}\ U_r \, \mathrm{e}^{j(\omega t + \beta l)} \\ &= \mathrm{Re}\ U_v \, \mathrm{e}^{j[t-(\beta l/\omega)]\omega} + \mathrm{Re}\ U_r \, \mathrm{e}^{j[t+(\beta l/\omega)]\omega} \end{aligned} \tag{13.17}$$

schreiben. Aus dem Vergleich mit (13.5) ergibt sich daraus für die Ausbreitungsgeschwindigkeit v und die Wellenlänge auf der Leitung

$$v = \frac{\omega}{\beta} \tag{13.18}$$

$$\lambda = \frac{v}{f} = \frac{2\pi}{\beta} \ . \tag{13.19}$$

13.4 Leitungskonstanten

Wie wir gesehen haben, resultieren aus der Behandlung der Sonderfälle "Verlustlose Leitung" und "Leitung im stationären Zustand" geschlossene Lösungen. In diese Lösungen gehen natürlich die Konstanten ein, mit deren Hilfe das elektrische Verhalten der Leitung modelliert wird. Mit diesen Leitungskonstanten werden wir uns nun noch etwas eingehender beschäftigen. Man unterscheidet zwischen

- den primären Leitungskonstanten R', L', G', C' und
- den sekundären Leitungskonstanten γ, α, β, Z_0 .

Die primären Leitungskonstanten sind physikalische Größen, die sich für eine bestimmte Leitung aus den geometrischen und elektrischen Daten bzw. meßtechnisch ermitteln lassen. Aus ihnen sind die sekundären Leitungskonstanten abgeleitet; sie sind für die Beschreibung des Leitungsverhaltens meistens günstiger als die primären Leitungskonstanten.

13.4.1 Primäre Leitungskonstanten

Wir werden uns hier nicht mit den theoretischen Grundlagen auf der Basis der Maxwellschen Gleichungen beschäftigen, sondern nur einige Ergebnisse für zwei wichtige Leitungstypen angeben.

Die Koaxialleitung

Wir beschäftigen uns zuerst mit einer Koaxialleitung , deren Abmessungen in Abb. 13.7 festgelegt sind. Die Querschnittsfläche des Innenleiters ist A_i, die des Außenleiters ist A_a. Die spezifischen Widerstände von Innen- und Außenleiter sind ρ_i bzw. ρ_a.

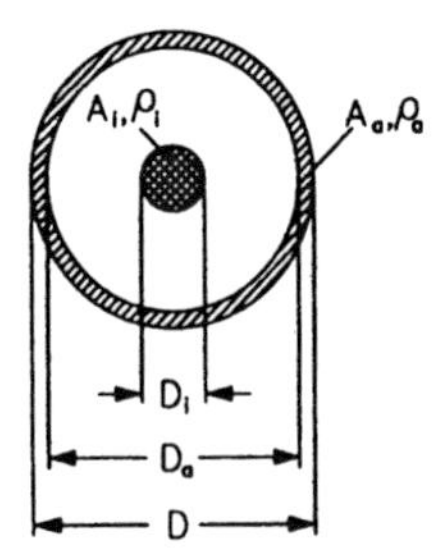

Abb. 13.7 Schnitt durch eine Koaxialleitung

Widerstandsbelag R'. Bei Gleichstrom und bei niedrigen Frequenzen wird der Widerstandsbelag R' allein durch den spezifischen Widerstand des Leitermaterials und die Querschnitte bestimmt. Letztere sind durch

$$\begin{aligned} A_i &= \frac{\pi D_i^2}{4} \\ A_a &= \frac{\pi(D^2 - D_a^2)}{4} \\ &\approx \pi D_a d \qquad\qquad d = (D - D_a)/2 \end{aligned} \tag{13.20}$$

gegeben. Damit läßt sich der Widerstandsbelag berechnen; in guter Näherung gilt

$$\begin{aligned} R' &= \frac{\rho_i}{A_i} + \frac{\rho_a}{A_a} \\ &= \frac{4\rho_i}{\pi D_i^2} + \frac{\rho_a}{\pi D_a d} \,. \end{aligned} \tag{13.21}$$

Bei höheren Frequenzen muß der "Skin–Effekt" zusätzlich berücksichtigt werden. Er bewirkt, daß das Innere eines Leiters mit wachsender Frequenz immer weniger an der Leitung des Stroms beteiligt ist, da sich der Stromfluß immer stärker auf die Leiteroberfläche konzentriert. Der wirksame Leiterquerschnitt verringert sich entsprechend, wodurch der Widerstandsbelag anwächst. Die für die Stromleitung wirksamen Querschnittsflächen sind dann durch

$$\begin{aligned} \tilde{A}_i &= \pi D_i \vartheta \\ \tilde{A}_a &= \pi D_a \vartheta \\ \vartheta &= \sqrt{\frac{2\rho}{\mu\omega}} \qquad\qquad \vartheta \ll D \end{aligned} \tag{13.22}$$

gegeben. Darin ist ϑ die äquivalente Eindringtiefe des elektromagnetischen Feldes in den Leiter; das ist diejenige Tiefe, bei der die Stromdichte auf den e–ten Teil gegenüber derjenigen an der Oberfläche abgeklungen ist. Damit gilt für den Widerstandsbelag der Koaxialleitung unter Berücksichtigung des Skin–Effekts

$$R' = \frac{\rho_i}{\pi \vartheta_i D_i} + \frac{\rho_a}{\pi \vartheta_a D_a} \,. \tag{13.23}$$

In Abb. 13.8 ist der Verlauf des Widerstandsbelages bei Berücksichtigung des Skin–Effekts über der Frequenz dargestellt.

Um die durch den Skin–Effekt erhöhten Verluste abzumildern, sind die Oberflächen von hochwertigen Leitungen beispielsweise mit einer Silberauflage versehen, deren Leitfähigkeit höher ist als die von Kupfer. Oft werden für Hochfrequenzanwendungen auch Litzen (Bündel feiner isolierter Drähte) verwendet, da sie bei gleichem Gesamtquerschnitt eine größere Oberfläche aufweisen als ein massiver Leiter gleichen Querschnitts. Die äquivalenten

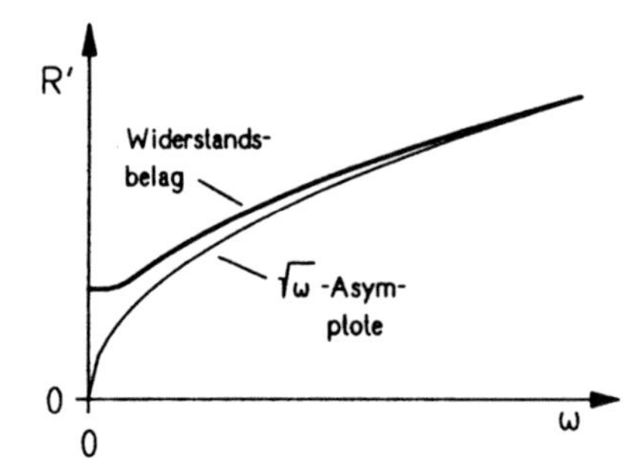

Abb. 13.8 Verlauf des Widerstandsbelages $R'(\omega)$

Eindringtiefen bewegen sich in der praktischen Anwendung im Bereich von Mikrometern. Beispielsweise hat Kupfer den spezifischen Widerstand $\rho = 17 \cdot 10^{-9}\,\Omega/m$; mit $\mu_0 = 0.4\pi \cdot 10^{-6}\,Vs/Am$ ergibt sich bei $\omega = 2\pi \cdot 1 \cdot 10^6\,s^{-1}$ also die äquivalente Eindringtiefe $\vartheta = 65\,\mu m$.

Induktivitätsbelag. Der Induktivitätsbelag L' setzt sich aus zwei Komponenten L_1' und L_2' zusammen; die erste wird durch das Magnetfeld innerhalb eines Leiters bewirkt, die zweite durch das Magnetfeld außerhalb des Leiters. Insgesamt gilt $L' = L_1' + L_2'$.

Bei der Koaxialleitung liefert hauptsächlich das Magnetfeld im Innenleiter einen Beitrag zum Induktivitätsbelag L_1'; der Anteil des Außenleiters ist dagegen im allgemeinen vernachlässigbar. Für den Anteil L_1' des runden Innenleiters gilt in guter Näherung

$$L_1' = \begin{cases} \dfrac{\mu_i}{8\pi} & \text{bei niedrigen Frequenzen} \\[2ex] \dfrac{1}{\pi D_i}\sqrt{\dfrac{\mu_i \rho}{2\omega}} & \text{bei höheren Frequenzen.} \end{cases} \tag{13.24}$$

Der auf das Leiterinnere entfallende Induktivitätsbelag ist für tiefe Frequenzen also zunächst konstant und unabhängig vom Querschnitt. Mit steigender Frequenz kommt der Skin–Effekt zum Tragen und der Induktivitätsbelag sinkt proportional zu $1/\sqrt{\omega}$. Der Schnittpunkt der beiden asymptotischen Näherungen gemäß (13.24) wird für $\vartheta = D_i/4$ erreicht. Der tatsächliche Verlauf des Induktivitätsbelages schmiegt sich dabei an die beiden Asymptoten an. Für sehr hohe Frequenzen nähert sich der Induktivitätsbelag L_1' dem Wert null.

Der durch das Magnetfeld außerhalb der Leiter bewirkte Induktivitätsbelag ist — abgesehen vom Wert der Permeabilität — nur von der Leitergeometrie, nicht jedoch von der Frequenz abhängig. Für ihn gilt

$$L_2' = \frac{\mu_a}{2\pi} \cdot \ln \frac{D_a}{D_i}\;. \tag{13.25}$$

Da der Anteil L_2' konstant ist, ist die Frequenzabhängigkeit des Induktivitätsbelages L' der Leitung sehr viel geringer als diejenige des Widerstandsbelages

R'. Der Skin–Effekt hat nur einen relativ geringen Einfluß auf den Induktivitätsbelag; dies wird durch Abb. 13.9 verdeutlicht. Typische Werte für den

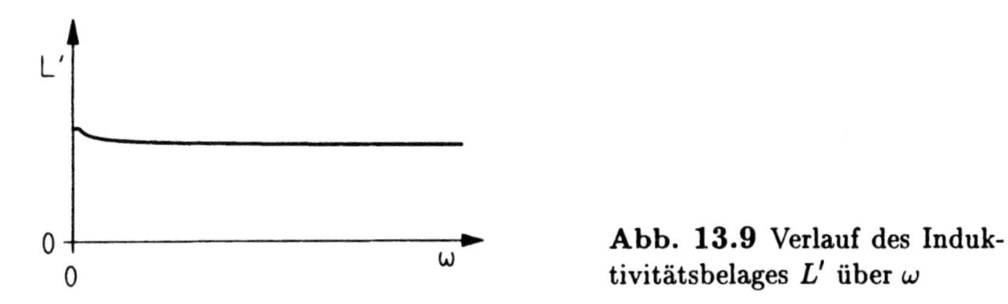

Abb. 13.9 Verlauf des Induktivitätsbelages L' über ω

Induktivitätsbelag liegen im Bereich einiger Zehntel $\mu H/m$.

Kapazitätsbelag. Der Kapazitätsbelag C' einer Leitung ist von der Dielektrizitätskonstanten ε des Isolationsmaterials und der Leitergeometrie abhängig. Solange ε als konstant angesehen werden kann, ist der Kapazitätsbelag nicht frequenzabhängig. Er hat den Wert

$$C' = \frac{2\pi\varepsilon}{\ln \dfrac{D_a}{D_i}} \,. \tag{13.26}$$

Typische Zahlenwerte liegen bei einigen zehn pF/m.

Leitwertsbelag. Der Leitwertsbelag G' wird im wesentlichen durch die dielektrischen Verluste des Isolationsmaterials bewirkt. Messungen der Kabeladmittanz $Y' = G' + j\omega C'$ ergeben einen über weite Bereiche konstanten Phasen– bzw. Verlustwinkel der Parallelschaltung aus Leitwerts– und Kapazitätsbelag:

$$\varphi = \arctan \frac{\omega C'}{G'} \qquad \text{bzw.} \qquad \delta = \arctan \frac{G'}{\omega C'} \,.$$

Dies bedeutet, daß der Leitwertsbelag G' eine lineare Frequenzabhängigkeit besitzt, die in erster Linie auf die mit der Frequenz zunehmenden Verluste im Dielektrikum zurückzuführen ist; es gilt also

$$G' = G'(\omega) = \omega \cdot G'_0 = \omega \cdot \frac{2\pi\varepsilon \tan\delta}{\ln \dfrac{D_a}{D_i}} \,. \tag{13.27}$$

Zusammenfassend können wir also feststellen, daß Induktivitätsbelag L' und Kapazitätsbelag C' weitgehend frequenzunabhängig sind. Widerstands– und Leitwertsbelag weisen dagegen eine — je nach Frequenzbereich — mehr oder weniger stark ausgeprägte Frequenzabhängigkeiten auf, nämlich $R' \sim \sqrt{\omega}$ bzw. $G' \sim \omega$.

Die Zweidrahtleitung

Neben der Koaxialleitung ist die parallele Zweidrahtleitung ein besonders wichtiger Leitungstyp. Abb. 13.10 zeigt den Schnitt durch eine Zweidrahtleitung.

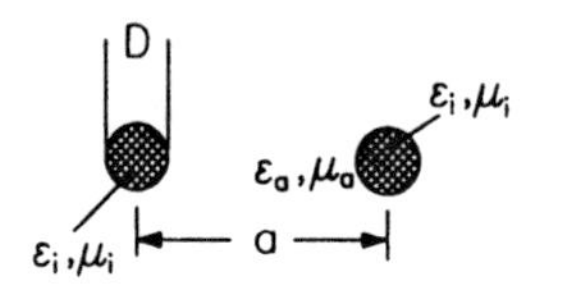

Abb. 13.10 Schnitt durch eine parallele Zweidrahtleitung

Widerstandsbelag. Der Widerstandsbelag R' wird durch den spezifischen Widerstand des Leitermaterials und durch die Leiterquerschnittsfläche bestimmt. Wir gehen von einem symmetrischen Aufbau aus und erhalten im Bereich tiefer Frequenzen nach einfacher Rechnung

$$R' = 2 \cdot \frac{\rho}{A} = \frac{8\rho}{\pi D^2} . \tag{13.28}$$

Bei höheren Frequenzen ist der Skin–Effekt zu berücksichtigen. Ist die Eindringtiefe ϑ klein gegen den Leiterdurchmesser D, so geht die wirksame Querschnittsfläche A gegen $\pi D\vartheta$ und es folgt für den Widerstandsbelag

$$R' = 2 \cdot \frac{\rho}{A} = \frac{2\rho}{\pi D\vartheta} . \tag{13.29}$$

Induktivitätsbelag. Für den frequenzunabhängigen Anteil des Induktivitätsbelages infolge des Magnetfeldes außerhalb der Leiter gilt unter der Voraussetzung $a \gg D$ in guter Näherung

$$L'_2 = \frac{\mu_a}{\pi} \ln \frac{2a}{D} . \tag{13.30}$$

Die Komponente L'_1 von Hin– bzw. Rückleiter läßt sich aus der entsprechenden Beziehung für die Innenleiterkomponente eines Koaxialkabels gewinnen, so daß sich für den Induktivitätsbelag $L' = 2 \cdot L'_1 + L'_2$ die Beziehungen

$$L' \approx \begin{cases} \dfrac{\mu_i}{4\pi} + \dfrac{\mu_a}{\pi} \ln \dfrac{2a}{D} & \text{bei niedrigen Frequenzen} \\[2ex] \dfrac{2}{\pi D}\sqrt{\dfrac{\mu_i \rho}{2\omega}} + \dfrac{\mu_a}{\pi} \ln \dfrac{2a}{D} & \text{bei höheren Frequenzen} \end{cases} \tag{13.31}$$

ergeben.

Kapazitätsbelag. Der Kapazitätsbelag C' ist nur von der Geometrie der Leiteranordnung und den Materialkonstanten abhängig. Unter der Voraussetzung $a \gg D$ gilt näherungsweise

$$C' = \frac{\pi\varepsilon}{\ln \frac{2a}{D}} . \tag{13.32}$$

Leitwertsbelag. Unter Verwendung des in weiten Bereichen konstanten Verlustfaktors $\tan\delta$ und des Kapazitätsbelages C' kann der Leitwertsbelag einer Zweidrahtleitung berechnet werden:

$$G' = \omega \cdot \frac{\pi\varepsilon \tan\delta}{\ln \frac{2a}{D}} . \tag{13.33}$$

13.4.2 Sekundäre Leitungskonstanten

Wie wir bereits weiter oben erwähnt haben, sind die sekundären Leitungskonstanten besonders für die Analyse des Verhaltens von Signalen auf Leitungen geeignet.

Wir beginnen mit der Behandlung der Ausbreitungskonstanten γ, genauer, mit dem Dämpfungsbelag α und dem Phasenbelag β. Aus (13.9,13.14) lassen sich nach kurzer Rechnung die Beziehungen

$$\alpha = \sqrt{\frac{\omega^2 L'C'}{2}\left\{\frac{R'}{\omega L'}\cdot\frac{G'}{\omega C'} - 1 + \sqrt{\left[1+\left(\frac{R'}{\omega L'}\right)^2\right]\left[1+\left(\frac{G'}{\omega C'}\right)^2\right]}\right\}} \tag{13.34}$$

$$\beta = \sqrt{\frac{\omega^2 L'C'}{2}\left\{1 - \frac{R'}{\omega L'}\cdot\frac{G'}{\omega C'} + \sqrt{\left[1+\left(\frac{R'}{\omega L'}\right)^2\right]\left[1+\left(\frac{G'}{\omega C'}\right)^2\right]}\right\}} \tag{13.35}$$

gewinnen. Für die verlustlose Leitung, gekennzeichnet durch $R' = G' = 0$, ergibt sich

$$\alpha = 0 \tag{13.36}$$

$$\beta = \omega\sqrt{L'C'} . \tag{13.37}$$

Dämpfungsbelag und Ausbreitungsgeschwindigkeit $v = \omega/\beta = 1/(L'C')$ einer verlustfreien Leitung können also in erster Näherung als unabhängig von der Frequenz angesehen werden.

Bei einer verlustbehafteten Leitung sind α und β jedoch frequenzabhängig, so daß Signalanteile mit unterschiedlicher Frequenz auch unterschiedlich stark gedämpft werden, sich mit unterschiedlichen Geschwindigkeiten ausbreiten und ihre Phasenbeziehungen zueinander ändern. Es sind also Signalverzerrungen zu erwarten.

Die zweite sekundäre Leitungskonstante ist die durch (13.12) definierte Wellenimpedanz

$$Z_0 = \sqrt{\frac{R' + j\omega L'}{G' + j\omega C'}} \, .$$

Bei der Untersuchung realer Leitungen bilden sich, abhängig von Leitungseigenschaften und Frequenzbereich im wesentlichen zwei typische Verhaltensmuster heraus, die als kabeltypisches bzw. freileitungstypisches Verhalten bezeichnet werden.

Leitungen vom Kabeltyp

Dieser Leitungstyp ist durch

$$R' \gg \omega L' \qquad G' \ll \omega C' \tag{13.38}$$

gekennzeichnet. Werden diese Bedingungen berücksichtigt, so ergibt sich, ausgehend von (13.9), für die Ausbreitungskonstante

$$\begin{aligned}
\gamma &= \sqrt{(R'+j\omega L')(G'+j\omega C')} \\
&= \sqrt{j\omega R'C'}\sqrt{\left(1+\frac{\omega L'}{R'}\cdot\frac{G'}{\omega C'}\right)+j\left(\frac{\omega L'}{R'}-\frac{G'}{\omega C'}\right)} \qquad \frac{\omega L'}{R'}\cdot\frac{G'}{\omega C'} \ll 1 \\
&\approx \sqrt{j\omega R'C'}\sqrt{1+j\left(\frac{\omega L'}{R'}-\frac{G'}{\omega C'}\right)} \\
&\approx (1+j)\sqrt{\frac{\omega R'C'}{2}}\left[1+\frac{j}{2}\left(\frac{\omega L'}{R'}-\frac{G'}{\omega C'}\right)\right] \, .
\end{aligned} \tag{13.39}$$

Für den Dämpfungs– bzw. Phasenbelag erhalten wir die Beziehungen

$$\begin{aligned}
\alpha &\approx \sqrt{\frac{\omega R'C'}{2}}\left[1-\frac{1}{2}\left(\frac{\omega L'}{R'}-\frac{G'}{\omega C'}\right)\right] \\
&\approx \sqrt{\frac{\omega R'C'}{2}}
\end{aligned} \tag{13.40}$$

$$\begin{aligned}
\beta &\approx \sqrt{\frac{\omega R'C'}{2}}\left[1+\frac{1}{2}\left(\frac{\omega L'}{R'}-\frac{G'}{\omega C'}\right)\right] \\
&\approx \sqrt{\frac{\omega R'C'}{2}} \, .
\end{aligned} \tag{13.41}$$

Der Dämpfungsbelag α steigt also gemäß (13.40) mit der Wurzel aus der Frequenz an, dieser Leitungstyp hat also Tiefpaßcharakter. Unter Verwendung von (13.18) und (13.41) erhalten wir für die Ausbreitungsgeschwindigkeit

$$v = \frac{\omega}{\beta} = \sqrt{\frac{2\omega}{R'C'}} \; ; \tag{13.42}$$

sie nimmt also mit der Wurzel aus der Frequenz zu.

Ausgehend von (13.12) erhalten wir unter Verwendung von (13.41) und unter Berücksichtigung von (13.38) zunächst die folgende Beziehung für die Wellenimpedanz

$$\begin{aligned} Z_0 &= \sqrt{\frac{R' + j\omega L'}{G' + j\omega C'}} = \sqrt{\frac{R'}{j\omega C'}} \sqrt{\frac{1 + j\dfrac{\omega L'}{R'}}{1 - j\dfrac{G'}{\omega C'}}} \\ &\approx \sqrt{\frac{R'}{j\omega C'} \cdot \frac{1 + \dfrac{j\omega L'}{2R'}}{1 - \dfrac{jG'}{2\omega C'}}} \; . \end{aligned}$$

Zur weiteren Vereinfachung schreiben wir

$$\sqrt{\frac{R'}{j\omega C'} \cdot \frac{1 + \dfrac{j\omega L'}{2R'}}{1 - \dfrac{jG'}{2\omega C'}}} = \sqrt{\frac{R'}{\omega C'}} \cdot \underbrace{\sqrt{\frac{1 + (\omega L'/2R')^2}{1 + (G'/2\omega C')^2}}}_{\approx 1} \cdot \mathrm{e}^{-j\varphi}$$

mit

$$\varphi = \frac{\pi}{4} - \arctan\frac{\omega L'}{2R'} - \arctan\frac{G'}{2\omega C'} \; .$$

Wegen

$$\arctan x = x - \frac{x^3}{3} + \frac{x^5}{5} - \ldots \qquad |x| < 1$$

erhalten wir daraus unter Berücksichtigung von (13.38) die Näherung $\varphi \approx \pi/4$. Somit finden wir schließlich

$$Z_0 \approx \sqrt{\frac{R'}{\omega C'}} \cdot \mathrm{e}^{-j\pi/4} \; . \tag{13.43}$$

Die Wellenimpedanz Z_0 ist somit eine komplexe Zahl, deren Betrag in guter Näherung mit der Wurzel aus der Frequenz sinkt und deren Phase näherungsweise den konstanten Wert $-\pi/4$ hat.

Leitungen vom Freileitungstyp

Der Freileitungstyp hat im Vergleich zum Kabeltyp höhere Werte für $\omega L'$, so daß er durch

$$R' \ll \omega L' \qquad G' \ll \omega C' \tag{13.44}$$

gekennzeichnet ist. Unter Verwendung dieser Bedingungen ergibt sich aus (13.9) für die Ausbreitungskonstante

$$\begin{aligned}\gamma &= \sqrt{(R' + j\omega L')(G' + j\omega C')} \\ &= j\omega\sqrt{L'C'}\sqrt{1 - \frac{R'}{\omega L'} \cdot \frac{G'}{\omega C'} - j\left(\frac{R'}{\omega L'} + \frac{G'}{\omega C'}\right)} \qquad \frac{R'}{\omega L'} \cdot \frac{G'}{\omega C'} \ll 1 \\ &\approx j\omega\sqrt{L'C'}\left[1 - \frac{j}{2}\left(\frac{R'}{\omega L'} + \frac{G'}{\omega C'}\right)\right] .\end{aligned} \tag{13.45}$$

Daraus folgt unter Berücksichtigung von (13.14)

$$\alpha \approx \frac{R'}{2}\sqrt{\frac{C'}{L'}} + \frac{G'}{2}\sqrt{\frac{L'}{C'}} \tag{13.46}$$

$$\beta \approx \omega\sqrt{L'C'} . \tag{13.47}$$

Der Dämpfungsbelag ist also frequenzunabhängig, die Ausbreitungsgeschwindigkeit

$$v = \frac{\omega}{\beta} = \frac{1}{\sqrt{L'C'}} \tag{13.48}$$

ist eine Konstante. Zur Berechnung der Wellenimpedanz gehen wir von (13.12) aus:

$$\begin{aligned}Z_0 &= \sqrt{\frac{R' + j\omega L'}{G' + j\omega C'}} \\ Z_0 &= \sqrt{\frac{\omega^2 L'C' + R'G' + j\omega(L'G' - C'R')}{G'^2 + (\omega C')^2}} \\ &= \sqrt{\frac{L'}{C'}} \cdot \sqrt{\frac{1 + \frac{R'}{\omega L'} \cdot \frac{G'}{\omega C'} + \frac{j}{\omega} \cdot \left(\frac{G'}{C'} - \frac{R'}{L'}\right)}{1 + (G'/\omega C')^2}} .\end{aligned}$$

Berücksichtigen wir nun (13.44), so erhalten wir

$$Z_0 \approx \sqrt{\frac{L'}{C'}}\left[1 + j\left(\frac{G'}{2\omega C'} - \frac{R'}{2\omega L'}\right)\right] . \tag{13.49}$$

Wegen (13.44) ist die Wellenimpedanz Z_0 nahezu reell; der reaktive Anteil ist umso geringer, je besser die Bedingungen $(R'/\omega L') \ll 1$ und $(G'/\omega C') \ll 1$ erfüllt sind. Eine Leitung vom Freileitungtyp verursacht nahezu keine Signalverzerrungen.

Die Bezeichnungen "Kabeltyp" und "Freileitungstyp" werden unabhängig von der konkreten Bauform einer Leitung verwendet, um das prinzipielle Verhalten einer Leitung (im jeweiligen Frequenzbereich) zu charakterisieren. Die Bezeichnungen rühren daher, daß z. B. eine Koaxialleitung einen umso höheren Induktivitätsbelag aufweist, je größer der Abstand zwischen den Leitern ist. Je "kabelförmiger" die Leitung ist, d. h. je dichter die Leiter zusammenstehen, desto geringer ist der Induktivitätsbelag.

In den folgenden Abbildungen sind die für die sekundären Leitungskonstanten gefundenen Ergebnisse noch einmal anschaulich dargestellt. Abb. 13.11

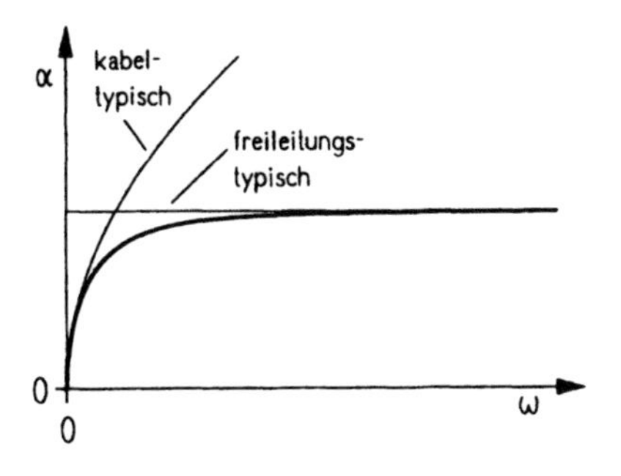

Abb. 13.11 Verlauf des Dämpfungsbelages α mit den Asymptotennäherungen für kabel- und freileitungstypisches Verhalten

zeigt den Verlauf des Dämpfungsbelages einer Leitung und die für den Kabel- bzw. Freileitungstyp gültigen Näherungen, denen sich der Verlauf asymptotisch annähert.

Für die gleiche Leitung ist in Abb. 13.12 der entsprechende Phasenverlauf

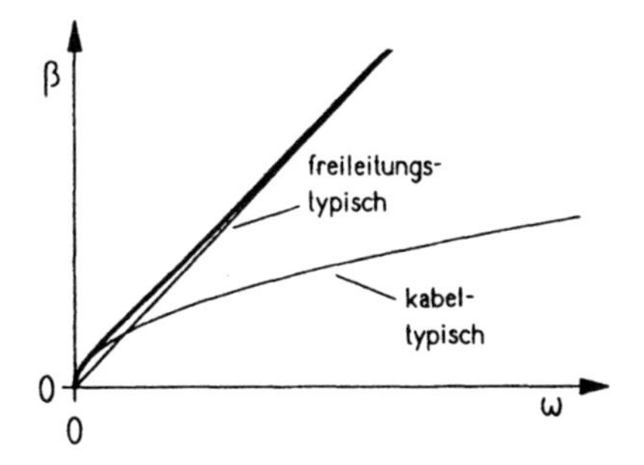

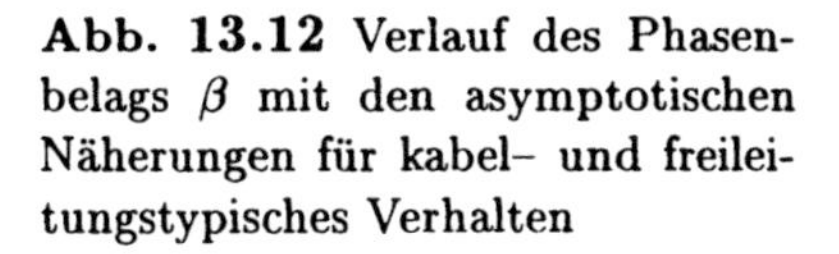

Abb. 13.12 Verlauf des Phasenbelags β mit den asymptotischen Näherungen für kabel- und freileitungstypisches Verhalten

zusammen mit seinen Näherungslösungen wiedergegeben.

In Abb. 13.13 ist der Verlauf der Wellenimpedanz dieser Leitung nach Betrag und Phase über einen großen Frequenzbereich aufgetragen. Hierbei treten die Bereiche des kabel- und des freileitungstypischen Verhaltens deutlich in Erscheinung.

Die Abb. 13.14 und 13.15 zeigen den Verlauf der Ausbreitungsgeschwindigkeit und den Dämpfungsverlauf für den gleichen Frequenzbereich. Im ka-

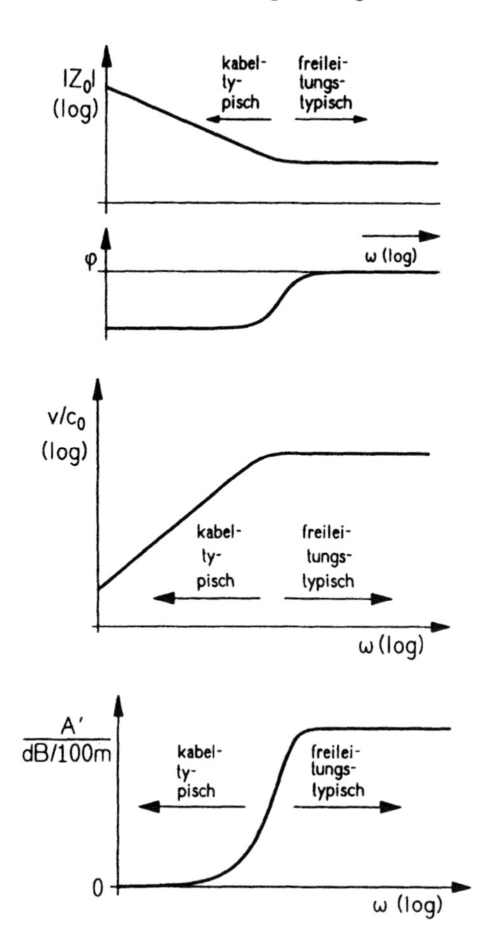

Abb. 13.13 Betrags– und Phasenverlauf der Wellenimpedanz einer Leitung im kabel– und freileitungstypischen Bereich

Abb. 13.14 Verlauf der Ausbreitungsgeschwindigkeit auf einer Leitung im kabel– und freileitungstypischen Bereich

Abb. 13.15 Verlauf der Dämpfung auf einer Leitung im kabel– und freileitungstypischen Bereich

beltypischen Verhaltensbereich ist die Variation von Dämpfung und Ausbreitungsgeschwindigkeit auffällig, während im freileitungstypischen Bereich die entsprechenden Werte konstant verlaufen.

Beispiel 13.1

Ein Koaxialkabel habe die folgende Daten:

$$\begin{aligned} D_i &= 0.48\,mm & D_a &= 1.5\,mm \\ \rho &= 0.03\,\mu\Omega/m & \tan\delta &= 1.5\cdot 10^{-4} \\ \varepsilon_r &= 2.07 & \mu_r &= 1.108\,. \end{aligned}$$

Die Leitung soll sich freileitungstypisch verhalten mit der zusätzlichen Maßgabe, daß der Skin–Effekt bei der Berechnung berücksichtigt wird (anhand der Ergebnisse stellt sich diese Voraussetzung als realistisch heraus). Mit

$$\varepsilon_0 = 8.8542\,pF/m \qquad \mu_0 = 0.4\pi\,\mu H/m$$

erhalten wir dann für die primären Leitungskonstanten

$$\begin{aligned} C' &= \frac{2\pi\varepsilon}{\ln\frac{D_a}{D_i}} = 101\,pF/m \\ L' &= \frac{\mu}{2\pi}\cdot\ln\frac{D_a}{D_i} = 0.2525\,\mu H/m\;. \end{aligned}$$

Bei $f = 100\,MHz$ gilt weiter

$$\begin{aligned} \vartheta &= \sqrt{\frac{2\rho}{\mu\omega}} = 8.28\,\mu m \\ R' &= \frac{\rho}{\pi\theta}\left(\frac{1}{D_i}+\frac{1}{D_a}\right) = 3.2\,\Omega/m \\ G' &= \omega C'\cdot\tan\delta = 9.52\,\mu/\Omega m\;. \end{aligned}$$

Damit folgt für die sekundären Leitungskonstanten

$$\begin{aligned} Z_0 &= \sqrt{\frac{L'}{C'}} = 50\,\Omega \\ \alpha &= \frac{R'}{2}\sqrt{\frac{C'}{L'}}+\frac{G'}{2}\sqrt{\frac{L'}{C'}} = 0.0322\,\frac{1}{m} \\ \beta &= \omega\sqrt{L'C'} = 3.17\,\frac{1}{m}\;. \end{aligned}$$

Für die Ausbreitungsgeschwindigkeit gilt damit

$$v = \frac{\omega}{\beta} = \frac{1}{\sqrt{L'C'}} = 1.98\cdot 10^8\,m/s = 0.66\cdot c_0\;.$$

Der Dämpfungsbelag beträgt in der für die praktische Anwendung gebräuchlichen Einheit

$$a = 20\cdot\log \mathrm{e}^{\alpha\cdot 100\,m} = 28\,dB/100m\;.$$

Pupin-Spulen

Eine kabeltypische Leitung ist gekennzeichnet durch eine komplexe Wellenimpedanz und frequenzabhängige Dämpfungs– und Phasenbeläge. Dagegen zeichnet sich der Freileitungstyp durch einen im wesentlichen konstanten und reellen Wellenwiderstand, durch einen konstanten Dämpfungsbelag und einen linear mit der Frequenz anwachsenden Phasenbelag aus, der zu einer frequenzunabhängigen Ausbreitungsgeschwindigkeit führt. Offensichtlich weist der Freileitungs- gegenüber dem Kabeltyp Vorteile in der praktischen Anwendung auf. Verhält sich eine Leitung im interessierenden Frequenzbereich kabeltypisch ($R' \gg \omega L'$), so kann man durch künstliche Erhöhung des Induktivitätsbelags (in einem begrenzten Frequenzbereich) ein stärker freileitungstypisches Verhalten erreichen ($R' \ll \omega L'$). Zu diesem Zweck wurden beispielsweise in Telefonleitungen, die aufgrund ihrer Bauweise zunächst ein kabeltypisches Verhalten aufwiesen, in gewissen Abständen Induktivitäten — sogenannte Pupin–Spulen — eingefügt.

13.5 Verhalten von Leitungen im stationären Zustand

In den vorangegangenen Abschnitten haben wir uns in erster Linie mit der Charakterisierung elektrischer Leitungen beschäftigt. Im folgenden werden wir uns nun primär der Ausbreitung von Wellen auf Leitungen zuwenden. Dabei werden wir uns auf die Behandlung des stationären Zustandes bei sinusförmiger Erregung beschränken.

Wir beginnen mit einer Leitung, die gemäß Abb. 13.16 aus einer Quelle mit

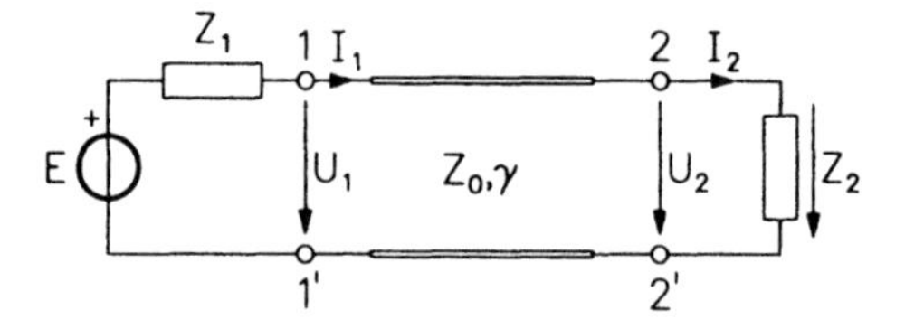

Abb. 13.16 Leitung mit Quelle und Abschlußimpedanz

der Innenimpedanz Z_1 gespeist wird und an ihrem Ende mit einer Impedanz Z_2 abgeschlossen ist. Die Leitung ist durch ihre Ausbreitungskonstante γ und ihre Wellenimpedanz Z_0 gekennzeichnet.

Wir wiederholen hier die durch (13.10,13.11) gegebene Lösung der Leitungsgleichungen für den stationären Zustand:

$$U(l) = U_a \, e^{-\gamma l} + U_b \, e^{\gamma l} \tag{13.50}$$

$$I(l) = \frac{1}{Z_0}\left(U_a \, e^{-\gamma l} - U_b \, e^{\gamma l}\right) . \tag{13.51}$$

Für Spannung und Strom am Anfang der Leitung ($l = 0$) ergibt sich daraus

$$\begin{pmatrix} U_1 \\ I_1 \end{pmatrix} = \begin{pmatrix} 1 & 1 \\ \frac{1}{Z_0} & -\frac{1}{Z_0} \end{pmatrix} \begin{pmatrix} U_a \\ U_b \end{pmatrix} .$$

Aus diesen Gleichungen können die komplexen Konstanten U_a und U_b in Abhängigkeit von den Größen am Leitungsanfang leicht bestimmt werden:

$$\begin{pmatrix} U_a \\ U_b \end{pmatrix} = \frac{1}{2} \begin{pmatrix} 1 & Z_0 \\ 1 & -Z_0 \end{pmatrix} \begin{pmatrix} U_1 \\ I_1 \end{pmatrix} . \tag{13.52}$$

Am Leitungsende ($l = l_{ges}$) ergibt sich entsprechend

$$\begin{pmatrix} U_2 \\ I_2 \end{pmatrix} = \begin{pmatrix} e^{-\gamma l_{ges}} & e^{\gamma l_{ges}} \\ \frac{1}{Z_0} e^{-\gamma l_{ges}} & -\frac{1}{Z_0} e^{\gamma l_{ges}} \end{pmatrix} \begin{pmatrix} U_a \\ U_b \end{pmatrix} .$$

Daraus können U_a und U_b in Abhängigkeit von Spannung und Strom am Ende der Leitung berechnet werden:

$$\begin{pmatrix} U_a \\ U_b \end{pmatrix} = \frac{1}{2} \begin{pmatrix} e^{\gamma l_{ges}} & Z_0 e^{\gamma l_{ges}} \\ e^{-\gamma l_{ges}} & -Z_0 e^{-\gamma l_{ges}} \end{pmatrix} \begin{pmatrix} U_2 \\ I_2 \end{pmatrix} . \tag{13.53}$$

Um die Spannungs- und Stromverteilung auf einer Leitung zu berechnen, sind die Gleichungen (13.52,13.53) sowie die Randbedingungen, die sich durch die Beschaltung der Leitung ergeben, miteinander zu verknüpfen. Im folgenden werden wir hierzu einige Sonderfälle behandeln.

13.5.1 Lange Leitung

Die sogenannte "lange" Leitung ist dadurch gekennzeichnet, daß die Verhältnisse am Ende der Leitung keinen Einfluß auf das Verhalten am Leitungseingang haben. Ausgangspunkt für unsere Untersuchungen ist Abb. 13.17. Aus

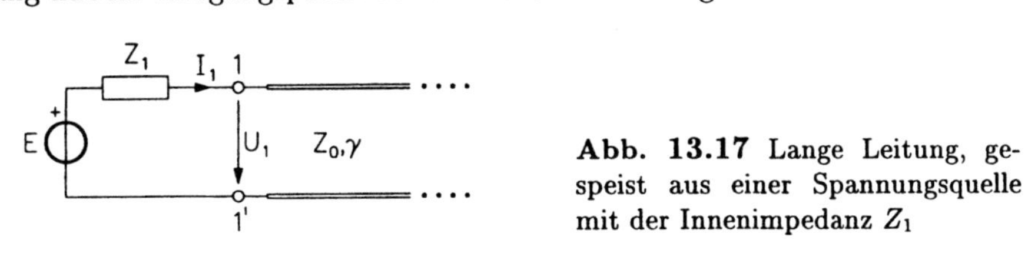

Abb. 13.17 Lange Leitung, gespeist aus einer Spannungsquelle mit der Innenimpedanz Z_1

Gleichung (13.53) folgt für $\alpha > 0$ und $l_{ges} \to \infty$ formal, daß U_b — also die vom Leitungsende auf den Anfang zulaufende Komponente — verschwindet:

$$\lim_{l_{ges}\to\infty} U_b = \lim_{l_{ges}\to\infty} \frac{1}{2}(U_2 - Z_0 I_2)\, e^{-\gamma l_{ges}} = 0 .$$

Aus 13.52 erhalten wir unter derselben Annahme

$$U_a = \frac{1}{2}(U_1 + Z_0 I_1) .$$

Damit und unter Berücksichtigung von $U_b = 0$ ergibt sich aus (13.50,13.51) für den Spannungs- und Stromverlauf längs der Leitung

$$U(l) = \frac{1}{2}(U_1 + Z_0 I_1)\,\mathrm{e}^{-\gamma l}$$
$$I(l) = \frac{1}{2Z_0}(U_1 + Z_0 I_1)\,\mathrm{e}^{-\gamma l} \ .$$

Die Bildung des Quotienten liefert

$$\frac{U(l)}{I(l)} = Z_0 \ . \tag{13.54}$$

Spannungs- und Stromverlauf entlang der Leitung stehen also in einem konstanten Verhältnis zueinander. Abb. 13.18 veranschaulicht das Verhalten der langen Leitung.

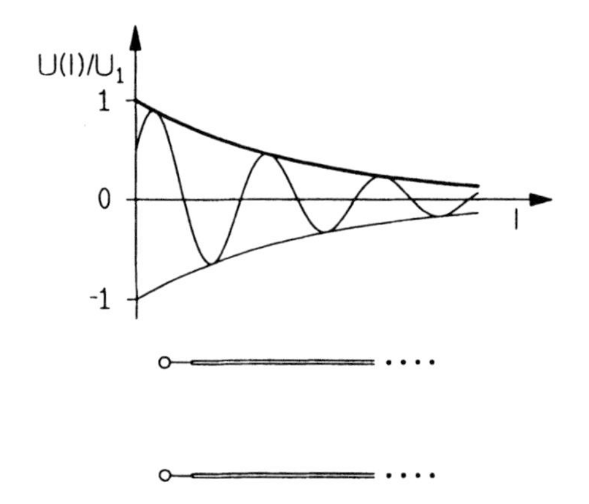

Abb. 13.18 Spannungsverlauf entlang einer langen Leitung, bezogen auf die Spannung am Leitungsanfang

Aus (13.54) folgt insbesondere, daß der Eingangswiderstand der langen Leitung — unabhängig von ihrem Abschluß am Ende — gleich ihrer Wellenimpedanz ist:

$$\frac{U_1}{I_1} = \frac{U(l=0)}{I(l=0)} = Z_0 \ .$$

13.5.2 Leitung endlicher Länge

Wir untersuchen als nächste eine Leitung, deren Länge endlich ist, so daß insbesondere auch Spannungen und Ströme am Leitungsende Einfluß auf die Strom–Spannungs–Verteilung entlang der Leitung haben. Die Leitung ist mit der Impedanz Z_2 abgeschlossen (s. Abb. 13.16). Am Leitungsende gilt dann

$$\frac{U_2}{I_2} = \frac{U(l=l_{ges})}{I(l=l_{ges})} = Z_2 \ .$$

Wir wiederholen zunächst das Gleichungssystem (13.50,13.51):

$$\begin{pmatrix} U(l) \\ I(l) \end{pmatrix} = \begin{pmatrix} e^{-\gamma l} & e^{\gamma l} \\ \frac{1}{Z_0} e^{-\gamma l} & -\frac{1}{Z_0} e^{\gamma l} \end{pmatrix} \begin{pmatrix} U_a \\ U_b \end{pmatrix} . \tag{13.55}$$

Das Ersetzen von U_a, U_b gemäß (13.53) führt dann auf

$$\begin{pmatrix} U(l) \\ I(l) \end{pmatrix} = \frac{1}{2} \begin{pmatrix} e^{-\gamma l} & e^{\gamma l} \\ \frac{1}{Z_0} e^{-\gamma l} & -\frac{1}{Z_0} e^{\gamma l} \end{pmatrix} \begin{pmatrix} e^{\gamma l_{ges}} & Z_0 e^{\gamma l_{ges}} \\ e^{-\gamma l_{ges}} & -Z_0 e^{-\gamma l_{ges}} \end{pmatrix} \begin{pmatrix} U_2 \\ I_2 \end{pmatrix} .$$

Ausmultiplizieren der Matrizen und einfache Umformungen ergeben

$$\begin{pmatrix} U(l) \\ I(l) \end{pmatrix} = \frac{1}{2} \times$$

$$\begin{pmatrix} e^{\gamma(l_{ges}-l)} + e^{-\gamma(l_{ges}-l)} & Z_0 \left[e^{\gamma(l_{ges}-l)} - e^{-\gamma(l_{ges}-l)} \right] \\ \frac{1}{Z_0} \left[e^{\gamma(l_{ges}-l)} - e^{-\gamma(l_{ges}-l)} \right] & e^{\gamma(l_{ges}-l)} + e^{-\gamma(l_{ges}-l)} \end{pmatrix} \begin{pmatrix} U_2 \\ I_2 \end{pmatrix}$$

$$= \begin{pmatrix} \cosh \gamma(l_{ges} - l) & Z_0 \sinh \gamma(l_{ges} - l) \\ \frac{1}{Z_0} \sinh \gamma(l_{ges} - l) & \cosh \gamma(l_{ges} - l) \end{pmatrix} \begin{pmatrix} U_2 \\ I_2 \end{pmatrix} . \tag{13.56}$$

Damit können Spannung und Strom entlang der Leitung berechnet werden, wenn diese Größen am Ende der Leitung bekannt sind.

Abschluß einer Leitung mit ihrer Wellenimpedanz

Wir schließen die Leitung mit einer Impedanz Z_2 ab, die gleich der Wellenimpedanz Z_0 ist. Wegen $Z_2 = Z_0$ ist dann $I_2 = U_2/Z_0$. Damit folgt aus Gleichung (13.56) für Spannungs– und Stromverlauf längs der Leitung sofort

$$U(l) = U_2 e^{\gamma(l_{ges}-l)} \tag{13.57}$$

$$I(l) = \frac{U_2}{Z_0} e^{\gamma(l_{ges}-l)} \tag{13.58}$$

und für den Quotienten aus Spannung und Strom erhalten wir

$$\frac{U(l)}{I(l)} = Z_0 . \tag{13.59}$$

Aus (13.57,13.58) folgt, daß nur Komponenten in positiver l–Richtung vorhanden sind, es existieren keine Wellen vom Leitungsende in Richtung Leitungsanfang. Damit verhält sich die mit ihrer Wellenimpedanz abgeschlossene Leitung beliebiger Länge wie die lange Leitung.

Wird eine Leitung am Ende mit ihrer Wellenimpedanz Z_0 abgeschlossen, so wird diese Maßnahme als Wellenanpassung bezeichnet; Abb. 13.19 zeigt den prinzipiellen Spannungsverlauf auf einer derartigen Leitung.

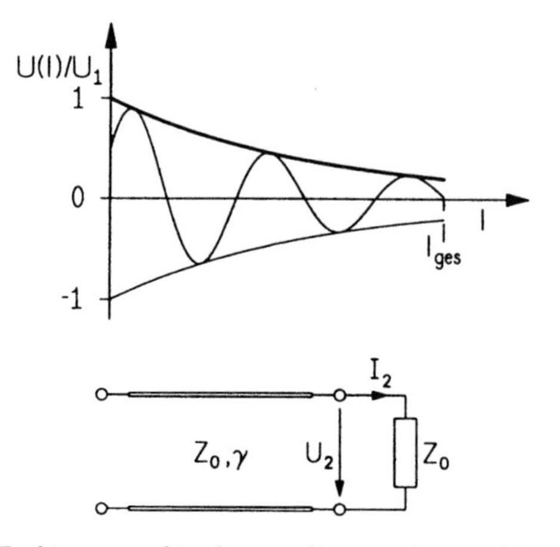

Abb. 13.19 Spannungsverlauf entlang einer wellenangepaßten Leitung beliebiger Länge, bezogen auf die Spannung am Leitungsanfang

Leitung mit einer allgemeinen Abschlußimpedanz

Bei dem zuletzt behandelten Fall ergab sich nur eine in Ausbreitungsrichtung fortschreitende Welle. Wenn die Abschlußimpedanz der Leitung ungleich ihrer Wellenimpedanz ist und die Leitung im oben beschriebenen Sinne nicht "lang" ist, dann müssen auch Wellen berücksichtigt werden, die sich vom Ende zum Anfang der Leitung hin fortpflanzen. Ist die Leitung mit der Impedanz Z_2 abgeschlossen, so gilt am Leitungsende

$$U_2 = Z_2 I_2 \ .$$

Damit ergibt sich unter Verwendung von Gleichung (13.56) für den Spannungs- und Stromverlauf entlang der Leitung

$$U(l) = \frac{1}{2}\left[\left(1+\frac{Z_0}{Z_2}\right)\mathrm{e}^{\gamma(l_{ges}-l)}+\left(1-\frac{Z_0}{Z_2}\right)\mathrm{e}^{-\gamma(l_{ges}-l)}\right]U_2 \qquad (13.60)$$

$$I(l) = \frac{Z_2}{2Z_0}\left[\left(1+\frac{Z_0}{Z_2}\right)\mathrm{e}^{\gamma(l_{ges}-l)}-\left(1-\frac{Z_0}{Z_2}\right)\mathrm{e}^{-\gamma(l_{ges}-l)}\right]I_2 \ . \qquad (13.61)$$

In diesem Fall treten also Komponenten in positiver und in negativer l-Richtung auf. Da am Ende der Leitung keine Quelle vorhanden ist, müssen die Komponenten in negativer l-Richtung durch Reflexion am Leitungsende entstanden sein. Aus dieser Überlegung heraus definiert man einen Reflexionsfaktor, der das Verhältnis von reflektierter zu hinlaufender Welle angibt:

$$r(l) = \frac{U_r}{U_v} = -\frac{I_r}{I_v} = \frac{Z_2 - Z_0}{Z_2 + Z_0}\cdot\mathrm{e}^{-2\gamma(l_{ges}-l)} \ . \qquad (13.62)$$

Das Leitungsende ist durch $l = l_{ges}$ gekennzeichnet. Spannung und Strom an dieser Stelle bezeichnen wir mit U_2 bzw. I_2; entsprechend kennzeichnen wir den Reflexionsfaktor an dieser Stelle mit r_2 und erhalten aus (13.62)

$$r_2 = r(l = l_{ges}) = \frac{Z_2 - Z_0}{Z_2 + Z_0} \,. \tag{13.63}$$

Aus (13.62) und (13.63) folgt dann

$$r(l) = r_2 \, \mathrm{e}^{2\gamma(l - l_{ges})} \,. \tag{13.64}$$

Wir berechnen nun den Verlauf von Spannung und Strom entlang der Leitung in Abhängigkeit von Quellenspannung und -strom. Unter Verwendung von (13.52) erhalten wir zunächst aus (13.50,13.51)

$$\begin{aligned}
\begin{pmatrix} U(l) \\ I(l) \end{pmatrix} &= \frac{1}{2} \begin{pmatrix} \mathrm{e}^{-\gamma l} & \mathrm{e}^{\gamma l} \\ \frac{1}{Z_0}\mathrm{e}^{-\gamma l} & -\frac{1}{Z_0}\mathrm{e}^{\gamma l} \end{pmatrix} \begin{pmatrix} 1 & Z_0 \\ 1 & -Z_0 \end{pmatrix} \begin{pmatrix} U_1 \\ I_1 \end{pmatrix} \\
&= \frac{1}{2} \begin{pmatrix} \mathrm{e}^{-\gamma l} + \mathrm{e}^{\gamma l} & Z_0\left(\mathrm{e}^{-\gamma l} - \mathrm{e}^{\gamma l}\right) \\ \frac{1}{Z_0}\left(\mathrm{e}^{-\gamma l} - \mathrm{e}^{\gamma l}\right) & \mathrm{e}^{-\gamma l} + \mathrm{e}^{\gamma l} \end{pmatrix} \begin{pmatrix} U_1 \\ I_1 \end{pmatrix} \\
&= \begin{pmatrix} \cosh(\gamma l) & -Z_0 \sinh(\gamma l) \\ -\frac{1}{Z_0}\sinh(\gamma l) & \cosh(\gamma l) \end{pmatrix} \begin{pmatrix} U_1 \\ I_1 \end{pmatrix} \,.
\end{aligned} \tag{13.65}$$

Die Spannung U_1 läßt sich durch

$$U_1 = E - Z_1 I_1$$

ersetzen; damit erhalten wir dann

$$\begin{pmatrix} U(l) \\ I(l) \end{pmatrix} = \begin{pmatrix} \cosh(\gamma l) & -[Z_1 \cosh(\gamma l) + Z_0 \sinh(\gamma l)] \\ -\frac{1}{Z_0}\sinh(\gamma l) & \left[\cosh(\gamma l) + \frac{Z_1}{Z_0}\sinh(\gamma l)\right] \end{pmatrix} \begin{pmatrix} E \\ I_1 \end{pmatrix} \,. \tag{13.66}$$

Mit Hilfe dieser Gleichungen lassen sich Spannung und Strom entlang der Leitung bestimmen, wenn diese Größen am Leitungsende bzw. -anfang gegeben sind.

Von besonderem Interesse ist die Eingangsimpedanz einer Leitung, die an ihrem Ende mit Z_2 abgeschlossen ist (vgl. Abb. 13.16). Ausgehend von den Gleichungen (13.60,13.61) finden wir direkt

$$Z(l) = \frac{U(l)}{I(l)} = \frac{Z_0}{Z_2} \cdot \frac{(Z_2 + Z_0)\,\mathrm{e}^{\gamma(lges - l)} + (Z_2 - Z_0)\,\mathrm{e}^{-\gamma(lges - l)}}{(Z_2 + Z_0)\,\mathrm{e}^{\gamma(lges - l)} - (Z_2 - Z_0)\,\mathrm{e}^{-\gamma(lges - l)}} \cdot \frac{U_2}{I_2} \,.$$

Aus Abb. 13.16 lesen wir

$$U_2 = Z_2 I_2$$

ab; unter Verwendung dieses Ergebnisses und unter Berücksichtigung von (13.63) erhalten wir schließlich

$$Z(l) = \frac{1 + r_2\, \mathrm{e}^{-2\gamma(lges-l)}}{1 - r_2\, \mathrm{e}^{-2\gamma(lges-l)}} \cdot Z_0 \,. \tag{13.67}$$

Insbesondere folgt daraus für $l = 0$ die Eingangsimpedanz einer mit Z_2 abgeschlossenen Leitung:

$$Z_e = \frac{U_1}{I_1} = \frac{1 + r_2\, \mathrm{e}^{-2\gamma lges}}{1 - r_2\, \mathrm{e}^{-2\gamma lges}} \cdot Z_0 \,. \tag{13.68}$$

Transformationsleitungen

Ausgehend von der letzten Gleichung betrachten wir den Fall der verlustlosen Leitung, setzen also $\alpha = 0$, so daß jetzt

$$\gamma = j\beta = j2\pi/\lambda \qquad \alpha = 0 \tag{13.69}$$

gilt. Gleichung (13.68) geht dann über in

$$Z_e = \frac{1 + r_2\, \mathrm{e}^{-j4\pi lges/\lambda}}{1 - r_2\, \mathrm{e}^{-j4\pi lges/\lambda}} \cdot Z_0 \,. \tag{13.70}$$

Nachfolgend untersuchen wir zwei Sonderfälle.

1. Fall: $l_{ges} = \lambda/4$. Wir erhalten

$$Z_e = \frac{1 - r_2}{1 + r_2} \cdot Z_0$$

und unter Berücksichtigung von (13.63)

$$Z_e = \frac{Z_0^2}{Z_2} \,. \tag{13.71}$$

Insbesondere gilt damit

$$\begin{aligned} Z_2 &= \infty \quad \text{(Leerlauf am Ende)} &&\Longrightarrow \quad Z_e = 0 \\ Z_2 &= 0 \quad \text{(Kurzschluß am Ende)} &&\Longrightarrow \quad Z_e = \infty \,. \end{aligned}$$

2. Fall: $l_{ges} = \lambda/2$. In diesem Fall ergibt sich

$$Z_e = \frac{1 + r_2}{1 - r_2} \cdot Z_0 \,,$$

woraus mit (13.63)

$$Z_e = Z_2 \tag{13.72}$$

folgt.

13.6 Zusammenfassung

Werden Signale über Leitungen transportiert, deren Länge nicht als kurz gegen die Signal–Wellenlängen angesehen werden kann, so müssen bei einer genaueren Modellierung die Leitungseffekte in die Schaltungsanalyse einbezogen werden. Zu diesem Zweck haben wir in diesem Kapitel einige wichtige Aspekte bezüglich der elektrischen Charakterisierung von Leitungen zusammengestellt und wir sind auf die Strom–Spannungs–Beziehungen bei Leitungen eingegangen. Als spezielle Fälle haben wir die lange Leitung und die mit ihrer Wellenimpedanz abgeschlossene Leitung behandelt. Den Reflexionsfaktor haben wir dabei als eine nützliche Beschreibungsgröße kennengelernt.

13.7 Aufgaben

Aufgabe 13.1 Zwei Emitterstufen werden gemäß der folgenden Abbildung durch eine Leitung (Länge l_{ges}, Wellenimpedanz Z_0, Ausbreitungskonstante γ) verbunden. Die Transistoren sind durch das angegebene Modell charakterisiert; beide Transistoren haben denselben Stromverstärkungsfaktor α.

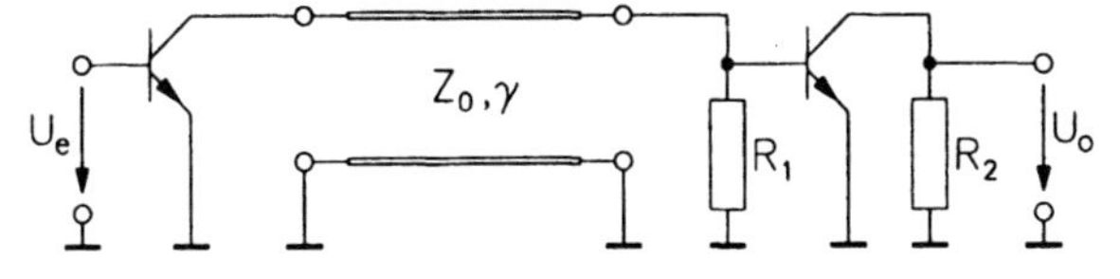

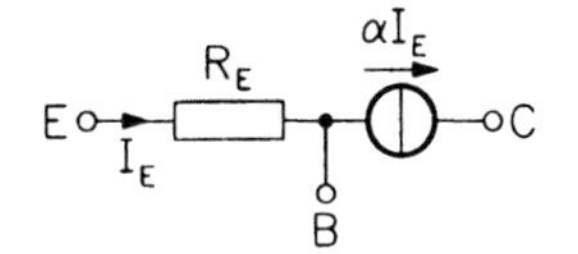

a. Wie lautet das Verhältnis U_o/U_e?

b. Welchen Wert hat die Spannung am Anfang der Leitung?

Aufgabe 13.2 Eine Basisstufe wird über zwei in Kaskade geschaltete Leitungsstücke aus einer Spannungsquelle mit dem Innenwiderstand R_i gespeist. Für den Transistor soll das Modell in Aufgabe 13.1 gelten.

Die erste Leitung hat die Länge l_1 und für ihre Wellenimpedanz gilt $Z_{01} = R_i$; die entsprechenden Parameter der zweiten Leitung lauten l_2 bzw. $Z_{02} = R_E$.

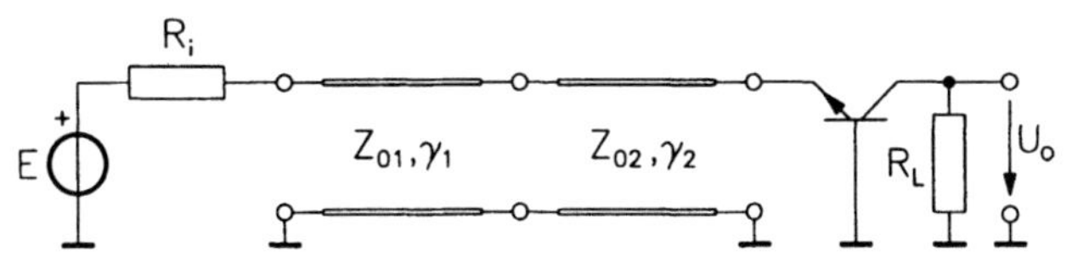

a. Berechnen Sie das Spannungsverhältnis U_o/E.

b. Wie lautet das Spannungsverhältnis U_o/E im Falle verlustfreier Leitungen bei Gleichstrom?

Literatur

[1] Wupper, H., Professionelle Schaltungstechnik mit Operationsverstärkern, Franzis Verlag, Poing 1994.

[2] Sallen, P. R., Key, E. L., A Practical Method of Designing RC–Active Filters, IRE Trans. Circuit Theory, Vol. CT–2 (1955), pp. 74–85

[3] Karnaugh, M., The Map Method for Synthesis of Combinational Logic Circuits, AIEE Comm. Electronics, November 1953, pp. 593-599.

[4] Veitch, E. W., A Chart Method for Simplifying Truth Functions, Proc. Computing Machinery Conf., May 2-3, 1952, pp. 127-133.

[5] Quine, W. V., The Problem of Simplifying Truth Functions, Am. Math. Monthly, Vol. 59, 1952, pp. 521-531

[6] McCluskey, E.J., Minimization of Boolean Functions, Bell Sys. Tech. J., November 1956, pp. 1417-1444.

Ergänzende Literatur

Almaini, A. E. A., Kombinatorische und sequentielle Schaltsysteme, VCH Verlagsgesellschaft, Weinheim 1989.

Balanis, Constantine A., Advanced Engineering Electromagnetics, John Wiley & Sons, New York 1989.

Mano, M. Morris, Digital Design, Prentice-Hall, Englewood Cliffs 1991.

Schiffmann, Wolfram, Schmitz, Robert, Technische Informatik (2 Bände), Springer–Verlag, Berlin/Heidelberg 1992.

Tietze, Ulrich, Schenk, Christoph, Halbleiter–Schaltungstechnik, Springer-Verlag, Berlin/Heidelberg 1993.

Tocci, Ronald J., Digital Systems Prentice Hall, Englewood Cliffs 1991.

Unger, Hans–Georg, Elektromagnetische Wellen auf Leitungen, Hüthig Verlag, Heidelberg 1986.

Sachverzeichnis

Lösungsvorschläge zu den Aufgaben

Kapitel 7

Lösung 7.1

a.1.

$$\begin{aligned} A(s) &= A_1A_2 \cdot \frac{s_0}{s+s_0} \qquad\qquad s_0 = \frac{1}{RC} \\ &= -\frac{A_{10}A_{20}s_0s_1s_2}{(s+s_0)(s+s_1)(s+s_2)} \,. \end{aligned}$$

2. Für einen Pol bei f_0 muß

$$2\pi f_0 = \frac{1}{CR}$$

gelten. Daraus ergibt sich mit $R = 500\,k\Omega$ und $f_0 = 10Hz$: $C = 31.8\,nF$.

b. 1.

$$\left(A_1U_e - \frac{U_o}{A_2}\right)G + \left(U_o - \frac{U_o}{A_2}\right)sC = 0$$

$$\begin{aligned} A(s) &= \frac{U_o}{U_e} = \frac{A_1A_2}{(1-A_2)sCR+1} \\ &= -\frac{A_{10}A_{20}s_1s_2}{s+s_1} \cdot \frac{1}{s^2CR + [1+(A_{20}+1)CRs_2]\cdot s + s_2} \\ A_{20} &\gg 1 \\ A(s) &= -\frac{A_{10}A_{20}s_1s_2}{s+s_1} \cdot \frac{1}{s^2CR + (1+A_{20}CRs_2)\cdot s + s_2} \,. \end{aligned}$$

2. Die Verstärkung hat einen Pol bei $s = -s_1$; die beiden anderen Pole folgen aus

$$s^2 + \left(A_{20}s_2 + \frac{1}{CR}\right) \cdot s + \frac{s_2}{CR} = 0 \, .$$

Daraus ergibt sich

$$s_{\infty 1,2} = -\frac{A_{20}s_2 + \dfrac{1}{CR}}{2} \pm \sqrt{\frac{\left(A_{20}s_2 + \dfrac{1}{CR}\right)^2}{4} - \frac{s_2}{CR}} \, .$$

Der dominante Pol bei $s_0 = 2\pi \cdot 10Hz$ wird — in einer zunächst noch nicht bekannten Weise — durch das Produkt CR mitbestimmt. Wegen $A_{20}s_2 = 2\pi \cdot 2500 \cdot 10\,kHz$ gehen wir von der Annahme $A_{20}s_2 \gg 1/(CR)$ aus, die wir später nachprüfen müssen; damit ergibt sich dann

$$\begin{aligned} s_{\infty 1,2} &\approx -\frac{A_{20}s_2}{2} \pm \frac{A_{20}s_2}{2}\sqrt{1 - \underbrace{\frac{4}{CRA_{20}^2 s_2}}_{\ll 1}} \\ &\approx -\frac{A_{20}s_2}{2} \pm \frac{A_{20}s_2}{2}\left(1 - \frac{2}{CRA_{20}^2 s_2}\right) \end{aligned}$$

$$s_{\infty 1} = -\frac{1}{A_{20}CR} \qquad s_{\infty 2} = -A_{20}s_2 \, .$$

3.

$$2\pi f_0 = \frac{1}{A_{20}CR} \qquad \Longrightarrow \qquad C = \frac{1}{2\pi f_0 R A_{20}} = 12.7\,pF \, .$$

Nachprüfung der Bedingung $A_{20}s_2 \gg \dfrac{1}{CR}$

$$A_{20}s_2 = 15.7 \cdot 10^9 \cdot \frac{1}{s} \qquad \frac{1}{CR} = 15.8 \cdot 10^5 \cdot \frac{1}{s} \, .$$

c. 1.

$$\begin{aligned} A(s) &= A_1A_2 \cdot \frac{R_2 + 1/(sC)}{R_1 + R_2 + 1/(sC)} \\ &= \frac{A_1A_2R_2}{R_1 + R_2} \cdot \frac{s + \dfrac{1}{CR_2}}{s + \dfrac{1}{C(R_1 + R_2)}} \end{aligned}$$

$$A(s) = -\frac{R_2}{R_1 + R_2} \cdot \frac{A_{01} A_{02} s_1 s_2 (s + s_3)}{(s + s_1)(s + s_2)(s + s_4)}$$

$$s_3 = \frac{1}{CR_2} \qquad s_4 = \frac{1}{C(R_1 + R_2)} \; .$$

2. $s_3 = s_1 \implies CR_2 = \frac{1}{s_1}$

$$\begin{aligned} 2\pi f_0 &= \frac{1}{CR_1 + \frac{1}{s_1}} \\ C &= \frac{1}{R_1}\left(\frac{1}{2\pi f_0} - \frac{1}{s_1}\right) = 31.8\, nF \\ R_2 &= \frac{1}{s_1 C} = 2.5\,\Omega \; . \end{aligned}$$

Lösung 7.2

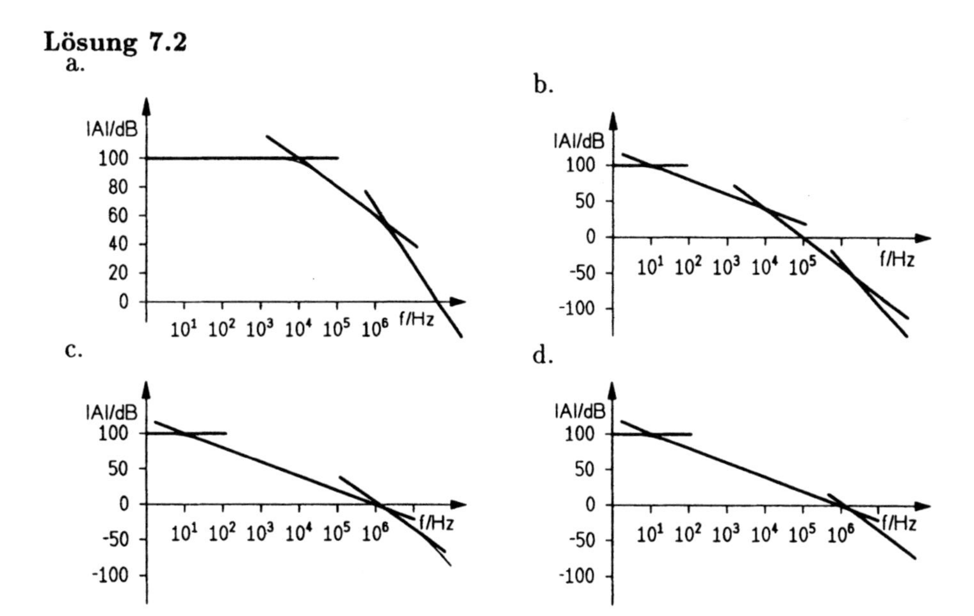

Lösung 7.3 a. Aus

$$\left(U_e + \frac{U_o}{A}\right) G_1 + \frac{U_o}{A} \cdot sC + U_o \left(1 + \frac{1}{A}\right) G_2 = 0$$

folgt nach einiger Rechnung

$$\frac{U_o}{U_e} = -\frac{A_0 s_1}{s^2 CR + (s_1 CR + 2) \cdot s + (A_0 + 2) \cdot s_1}$$

$A_0 \gg 2$:

$$\frac{U_o}{U_e} \approx -\frac{A_0 s_1}{s^2 CR + (s_1 CR + 2) \cdot s + A_0 s_1} \ .$$

b.

$$s^2 + \left(s_1 + \frac{2}{CR}\right) \cdot s + \frac{A_0 s_1}{CR} = 0$$

$$s_{\infty 1,2} = -\left(\frac{s_1}{2} + \frac{1}{CR}\right) \pm \sqrt{\frac{s_1^2}{4} + \frac{s_1}{CR} + \frac{1}{C^2 R^2} - \frac{A_0 s_1}{CR}}$$

$A_0 \gg 1$:

$$s_{\infty 1,2} \approx -\left(\frac{s_1}{2} + \frac{1}{CR}\right) \pm \sqrt{\frac{s_1^2}{4} + \frac{1}{C^2 R^2} - \frac{A_0 s_1}{CR}} \ .$$

c.

$$A_0 = 10^5 \qquad s_1 = 2\pi 10 \frac{1}{s} \qquad R = 1\, M\Omega :$$

$$s_{\infty 1} \approx \frac{10^6}{C}\left(-1 + \sqrt{1 - 2\pi C}\right)\frac{1}{s}$$

$$s_{\infty 2} \approx \frac{10^6}{C}\left(-1 - \sqrt{1 - 2\pi C}\right)\frac{1}{s} \qquad [C \text{ in } pF]$$

C	$s_{\infty 1}$	$s_{\infty 2}$
$0.15\, pF$	$-5.1 \cdot 10^6/s$	$-8.3 \cdot 10^6/s$
$[1/(2\pi)]\, pF$	$-2\pi \cdot 10^6/s$	$-2\pi \cdot 10^6/s$
$(1/\pi)\, pF$	$-\pi \cdot 10^6(1+j)/s$	$-\pi \cdot 10^6(1-j)/s$
$1.5\, pF$	$(-0.7 + j1.9) \cdot 10^6/s$	$(-0.7 - j1.9) \cdot 10^6/s$

Ausgezeichnete Kapazitätswerte:

- Doppelter Pol für $C = [1/(2\pi)]\, pF$
- Extremwerte für $C = (1/\pi)\, pF$.

d.

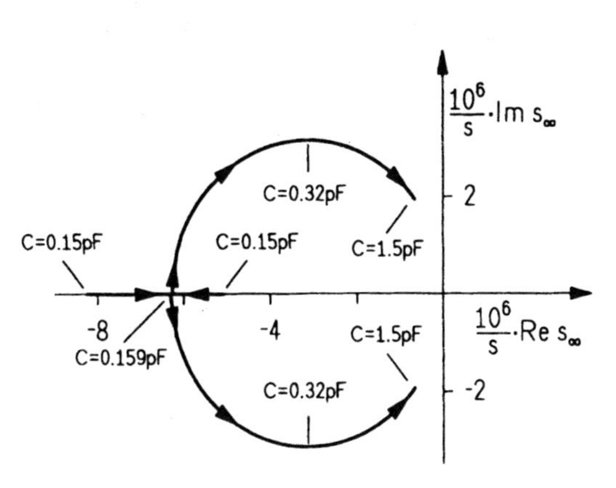

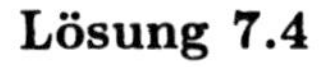

Lösung 7.4

a.

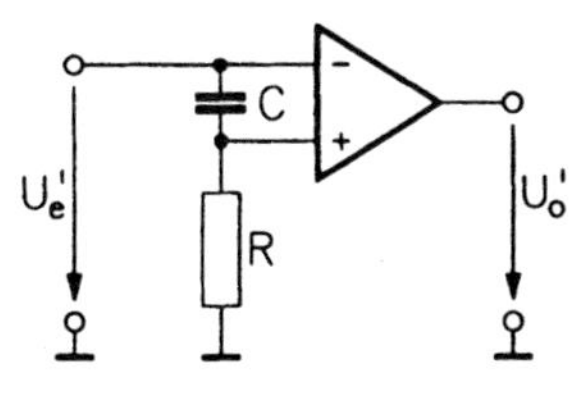

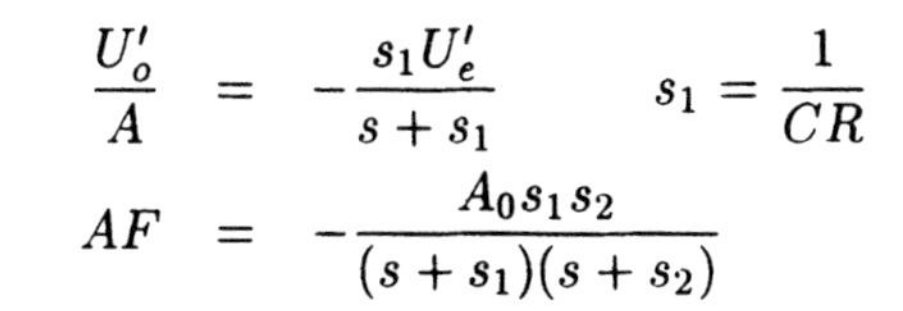

$$\frac{U_o'}{A} = -\frac{s_1 U_e'}{s+s_1} \qquad s_1 = \frac{1}{CR}$$

$$AF = -\frac{A_0 s_1 s_2}{(s+s_1)(s+s_2)}$$

1. $C = 0.15\,pF$

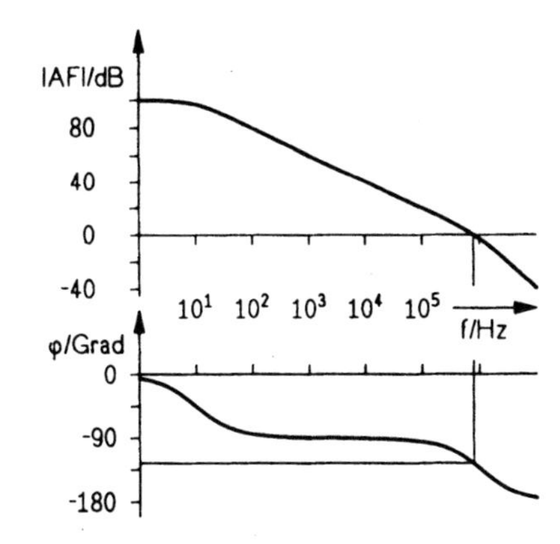

2. $C = 1.5\,pF$

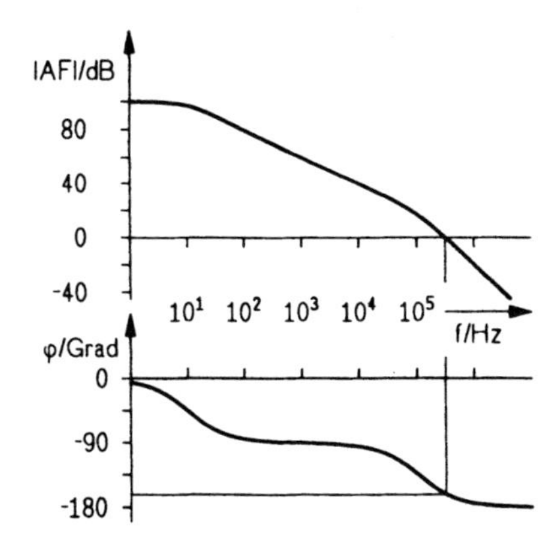

b.

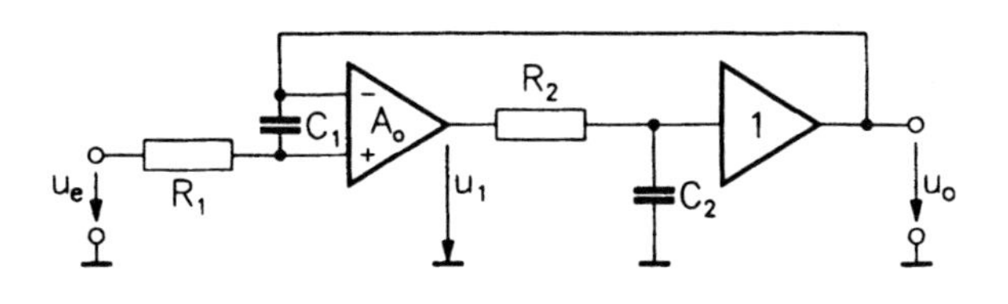

Aus der Schaltung liest man ab:

$$\begin{aligned}\left[u_e - \left(u_o + \frac{u_1}{A_0}\right)\right] G_1 - \frac{C_1}{A_0}\cdot \dot{u}_1 &= 0\\ (u_1 - u_o)G_2 - C_2\dot{u}_0 &= 0\,.\end{aligned}$$

Ordnen der Terme führt zunächst auf

$$\begin{pmatrix} C_1R_1 & 0\\ 0 & C_2R_2\end{pmatrix}\begin{pmatrix}\dot{u}_1\\ \dot{u}_o\end{pmatrix} = \begin{pmatrix} -1 & -A_0\\ 1 & -1\end{pmatrix}\begin{pmatrix}u_1\\ u_o\end{pmatrix} + \begin{pmatrix}A_0\\ 0\end{pmatrix}\cdot u_e$$

$$s_1 = \frac{1}{C_1R_1} \qquad s_2 = \frac{1}{C_2R_2}:$$

$$\begin{pmatrix}\dot{u}_1\\ \dot{u}_o\end{pmatrix} = \begin{pmatrix} -s_1 & -A_0s_1\\ s_2 & -s_2\end{pmatrix}\begin{pmatrix}u_1\\ u_o\end{pmatrix} + \begin{pmatrix}A_0s_1\\ 0\end{pmatrix}\cdot u_e\,.$$

Eigenwerte der Systemmatrix:

$$\begin{vmatrix} -s_1-\lambda & -A_0s_1\\ s_2 & -s_2-\lambda\end{vmatrix} = 0$$

$$\lambda^2 + (s_1+s_2)\lambda + A_0s_1s_2 = 0$$

$$s_1 = \frac{10^6}{1.5s} \qquad s_2 = 2\pi 10\cdot\frac{1}{s} \qquad \Longrightarrow \quad s_1 \gg s_2$$

$$\begin{aligned}\lambda_{1,2} &= -\frac{s_1}{2} \pm \sqrt{\frac{s_1^2}{4} - A_0s_1s_2}\\ &= \frac{10^6}{3s}(-1\pm j6)\end{aligned}$$

$t_0 = 0:\ u_1(0) = u_o(0) = 0 \qquad t \geq 0:\ u_e = E_0 = \text{const.}$
Unter Verwendung des Ergebnisses von Beispiel 3.12:

$$\boldsymbol{u} = \left(\mathrm{e}^{\boldsymbol{A}t} - \boldsymbol{1}\right)\boldsymbol{A}^{-1}\boldsymbol{b}E_0$$

$$\boldsymbol{u} = \begin{pmatrix}u_1\\ u_o\end{pmatrix} \qquad \boldsymbol{A} = \begin{pmatrix} -s_1 & -A_0s_1\\ s_2 & -s_2\end{pmatrix} \qquad \boldsymbol{b} = \begin{pmatrix}A_0s_1\\ 0\end{pmatrix}$$

$$\begin{aligned}\mathrm{e}^{\boldsymbol{A}t} &= \alpha_0\boldsymbol{1} + \alpha_1\boldsymbol{A}t\\ \alpha_0 &= \frac{\lambda_2\,\mathrm{e}^{\lambda_1t} - \lambda_1\,\mathrm{e}^{\lambda_2t}}{\lambda_2-\lambda_1} \qquad \alpha_1 = \frac{\mathrm{e}^{\lambda_2t} - \mathrm{e}^{\lambda_1t}}{(\lambda_2-\lambda_1)t}\end{aligned}$$

$$
\begin{aligned}
\boldsymbol{u} &= (\alpha_0 - 1)\boldsymbol{A}^{-1}\boldsymbol{b}E_0 + \alpha_1 t\boldsymbol{b}E_0 \\
\boldsymbol{A}^{-1}\boldsymbol{b} &= \begin{pmatrix} -1 \\ -1 \end{pmatrix} \\
u_o &= (1-\alpha_0)E_0 \\
&= \left(1 - \frac{\lambda_2\,\mathrm{e}^{\lambda_1 t} - \lambda_1\,\mathrm{e}^{\lambda_2 t}}{\lambda_2 - \lambda_1}\right) E_0 \\
\lambda_1 &= \sigma_1 + j\omega_1 = \frac{10^6}{3s}(-1+j6) \\
\lambda_2 &= \lambda_1^* \\
&= \sigma_1 - j\omega_1 = \frac{10^6}{3s}(-1-j6)\ .
\end{aligned}
$$

Einsetzen und Ausrechnen liefert:

$$
u_o = E_0\left[1 - \mathrm{e}^{-t/3}\left(\cos 2t + \frac{1}{6}\cdot\sin 2t\right)\right] \qquad t \text{ in } \mu s\ .
$$

c. Das linke Bild zeigt die Sprungantwort ($E_0 = 1V$).

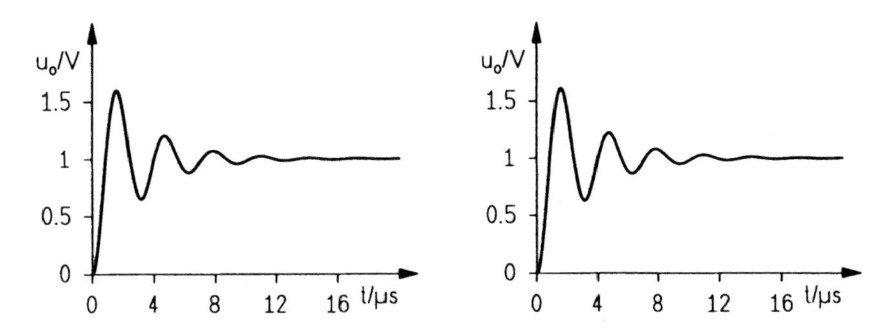

Das rechte Bild gibt das Ergebnis einer Schaltungssimulation wieder; Unterschiede sind kaum zu erkennen.

Lösung 7.5

a.

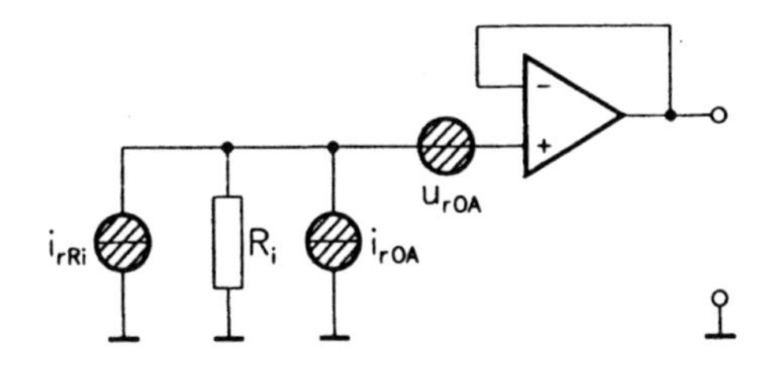

$$\overline{u^2_{rOA}} = \int_{f_1}^{f_1+\Delta f} S_u(f)df = S_{0u}\Delta f$$

$$\overline{i^2_{rOA}} = \int_{f_1}^{f_1+\Delta f} S_i(f)df = S_{0i}\Delta f$$

$$\overline{i^2_{rR_i}} = 4kTG_i\Delta f$$

b. Die Rauschquellen werden zuerst durch sinusförmige ersetzt.

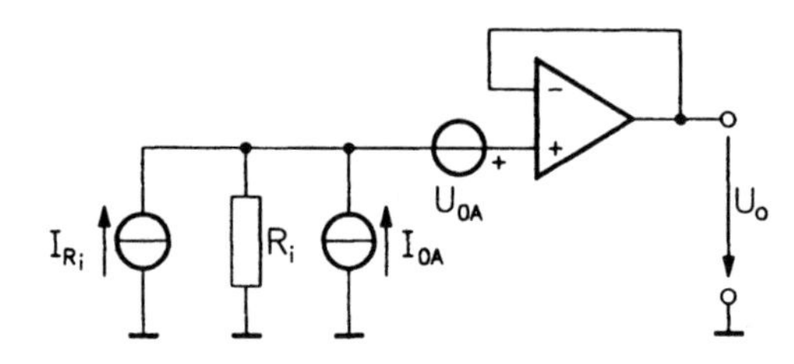

Alle Quellen werden nun zu einer einzigen zusammengefaßt.

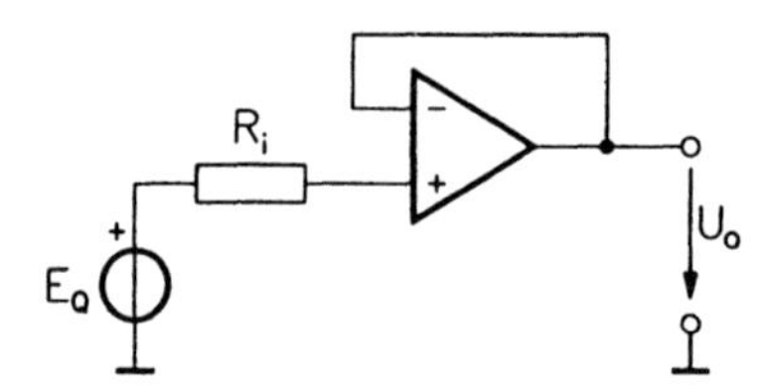

$$E_Q = U_{OA} + R_i(I_{OA} + I_{R_i})$$

Berechnung der Ausgangsspannung. Aus

$$E_Q - U_o\left(1 + \frac{1}{A}\right) = 0$$

folgt

$$H(j\omega) = \frac{U_o}{E_Q} = \frac{1}{1 + \frac{1}{A}} \qquad A = \frac{A_0}{1 + j\omega/\omega_g}$$

$$H(j\omega) = \frac{1}{1 + \underbrace{\frac{1}{A_0}}_{\ll 1} + \frac{j\omega}{A_0\omega_g}} \approx \frac{1}{1 + \frac{j\omega}{A_0\omega_g}} .$$

Übergang zu Rauschquellen:

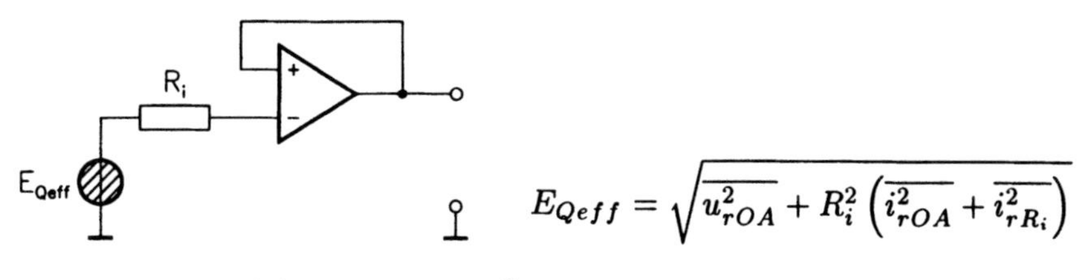

$$E_{Qeff} = \sqrt{\overline{u_{rOA}^2} + R_i^2 \left(\overline{i_{rOA}^2} + \overline{i_{rR_i}^2}\right)}$$

Mit

$$\begin{aligned} S_Q(f) &= S_{0u} + R_i^2(S_{0i} + 4kTG_i) \\ S_o(f) &\mathrel{\widehat{=}} \text{Ausgangs-Rauschleistungsdichte} \end{aligned}$$

ergibt sich

$$S_o(f) = |H(j\omega)|^2 \; S_Q(f) \qquad |H(j\omega)|^2 = \frac{1}{1 + [\omega/(A_0\omega_g)]^2}$$

c.

$$\begin{aligned} U_{oeff}^2 &= \int_{f_1}^{f_1+\Delta f} S_o(f)df = \int_{f_1}^{f_1+\Delta f} \frac{S_Q(f)df}{1 + [f/(A_0 f_g)]^2} \\ &= [S_{0u} + R_i^2(S_{0i} + 4kTG_i)] \int_{f_1}^{f_1+\Delta f} \frac{df}{1 + [f/(A_0 f_g)]^2} \\ &= [S_{0u} + R_i^2(S_{0i} + 4kTG_i)] A_0 f_g \cdot \arctan\left(\frac{f}{A_0 f_g}\right)\Bigg|_{f_1}^{f_1+\Delta f} \\ &= [S_{0u} + R_i^2(S_{0i} + 4kTG_i)] A_0 f_g \cdot \arctan\left(\frac{\Delta f/(A_0 f_g)}{1 + \dfrac{f_1(f_1+\Delta f)}{(A_0 f_g)^2}}\right). \end{aligned}$$

Kapitel 8

Lösung 8.1

a.

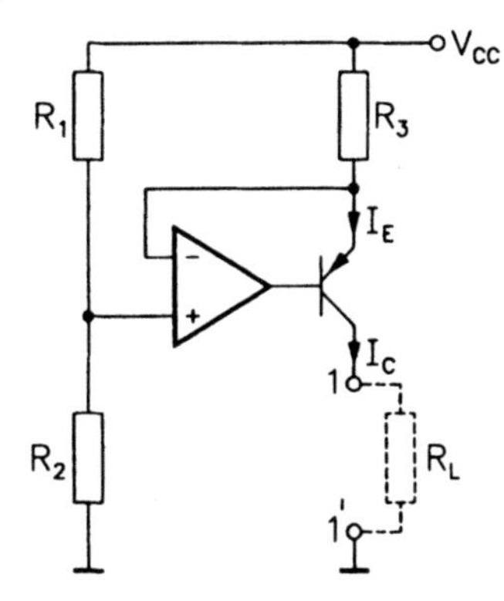

$$\begin{aligned} I_C &= \alpha I_E \\ I_E &= \frac{R_1 V_{CC}}{(R_1 + R_2)R_3} \\ I_C &= \frac{\alpha R_1 V_{CC}}{(R_1 + R_2)R_3} \end{aligned}$$

Ersatzquelle:

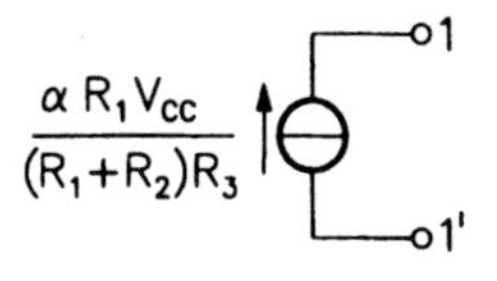

Lösung 8.2 Die Operationsverstärker werden als ideal vorausgesetzt.

1. Positive Halbwelle von u_e. Die Diode ist nicht leitend, also gilt für die Ausgangsspannung
$$u_o = 2u_e - u_e = u_e \ .$$

2. Negative Halbwelle von u_e. Die Diode ist leitend, folglich arbeitet die Schaltung als invertierender Verstärker:
$$u_o = -u_e \ .$$

Die Schaltung ist ein Zweiweg–Gleichrichter.

Lösung 8.3

$$u_e = \begin{cases} 0 & t < 0 \\ E_0 & t \geq 0 \end{cases}$$

R₃ R₄=R₃ C₁ R₁ u_e u₁

$$t < 0: \quad u_1 = 0$$
$$t \geq 0: \quad u_1 = 2E_0\, \mathrm{e}^{-t/\tau_1} \qquad \tau_1 = C_1 R_1 \ .$$

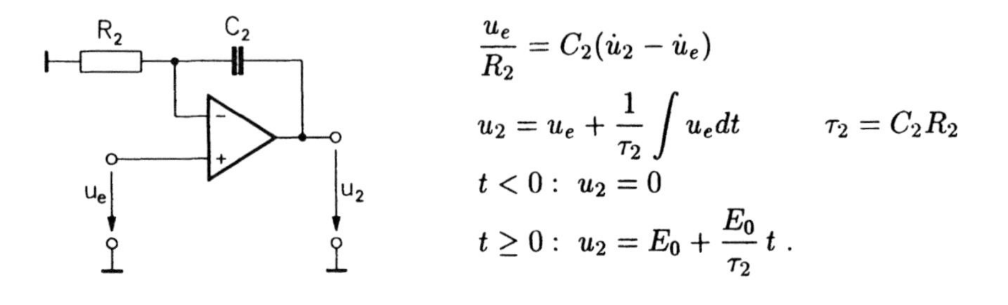

$$\frac{u_e}{R_2} = C_2(\dot{u}_2 - \dot{u}_e)$$
$$u_2 = u_e + \frac{1}{\tau_2}\int u_e dt \qquad \tau_2 = C_2 R_2$$
$$t < 0: \ u_2 = 0$$
$$t \geq 0: \ u_2 = E_0 + \frac{E_0}{\tau_2} t \ .$$

$$u_o = -\frac{R_7}{R_5}(u_1 + u_2)$$
$$t \geq 0: \quad u_o = -\frac{R_7}{R_5} \cdot E_0 \cdot \left(1 + \frac{t}{\tau_2} + 2\,\mathrm{e}^{-t/\tau_1}\right) \ .$$

Lösung 8.4 a. Stabilität (Gleichspannung!) $\Longrightarrow$ $K < 0$.

b.

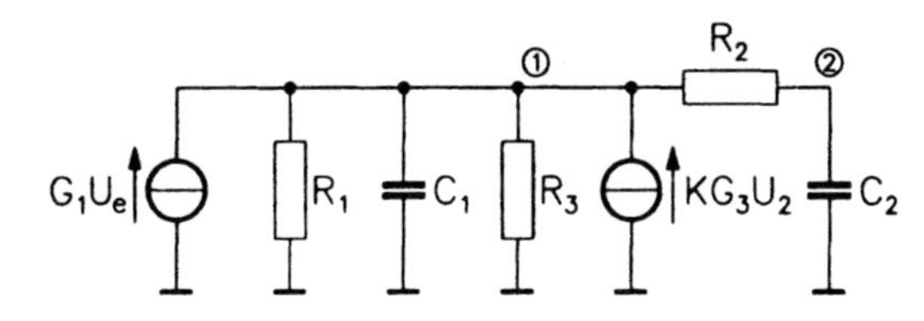

$$\begin{pmatrix} G_1+G_2+G_3+sC_1 & -G_2 \\ -G_2 & G_2+sC_2 \end{pmatrix}\begin{pmatrix} U_1 \\ U_2 \end{pmatrix} = \begin{pmatrix} G_1U_e+KG_3U_2 \\ 0 \end{pmatrix}$$

$$\begin{pmatrix} G_1+G_2+G_3+sC_1 & -G_2-KG_3 \\ -G_2 & G_2+sC_2 \end{pmatrix}\begin{pmatrix} U_1 \\ U_2 \end{pmatrix} = \begin{pmatrix} G_1U_e \\ 0 \end{pmatrix}$$

$$\begin{aligned} U_2 &= \frac{G_1G_2U_e}{\begin{vmatrix} G_1+G_2+G_3+sC_1 & sC_2-KG_3 \\ -G_2 & G_2+sC_2 \end{vmatrix}} \\ U_2 &= \frac{G_1G_2U_e}{s^2C_1C_2+s[C_1G_2+C_2(G_1+G_2+G_3)]+G_2[G_1+G_3(1-K)]} \\ U_o &= KU_2 \qquad K<0 \\ H(s) &= \frac{KG_1G_2}{s^2C_1C_2+s[C_1G_2+C_2(G_1+G_2+G_3)]+G_2[G_1+G_3(1+|K|)]} . \end{aligned}$$

c. Die Schaltung stellt einen Tiefpaß 2. Ordnung dar.

d.

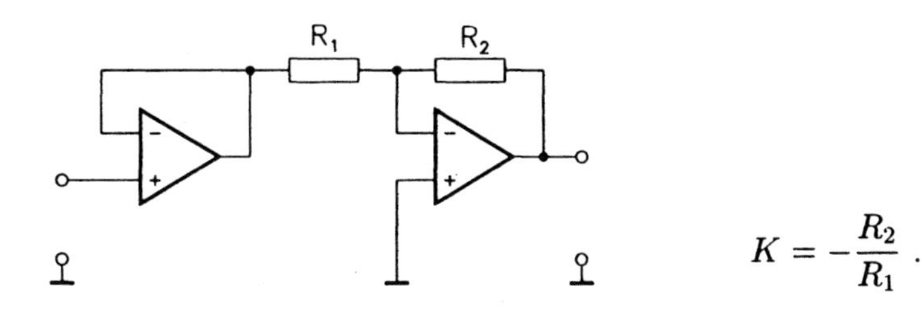

$$K = -\frac{R_2}{R_1} .$$

Kapitel 11

Lösung 11.1

a./b.

Zahl	x_2	x_1	x_0	y_4	y_3	y_2	y_1	y_0
0	0	0	0	0	0	0	0	0
1	0	0	1	0	0	1	0	1
2	0	1	0	0	1	0	1	0
3	0	1	1	0	1	1	1	1
4	1	0	0	1	0	1	0	0
5	1	0	1	×	×	×	×	×
6	1	1	0	×	×	×	×	×
7	1	1	1	×	×	×	×	×

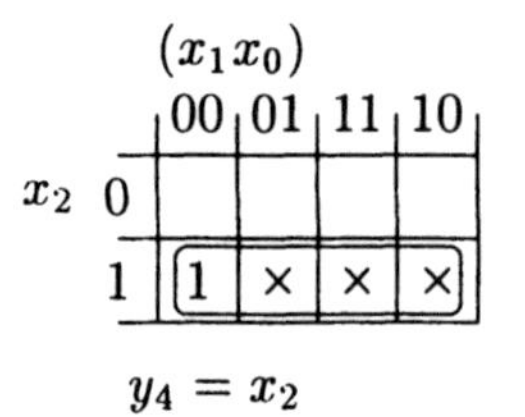

$y_4 = x_2$

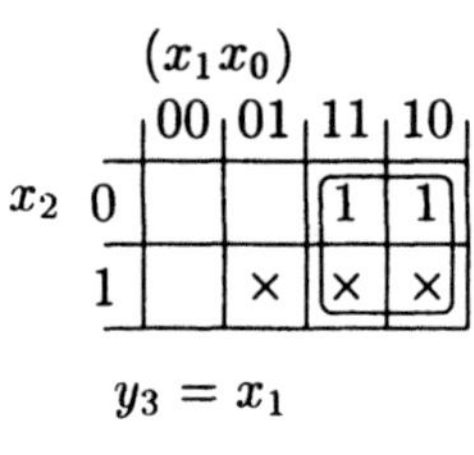

$y_3 = x_1$

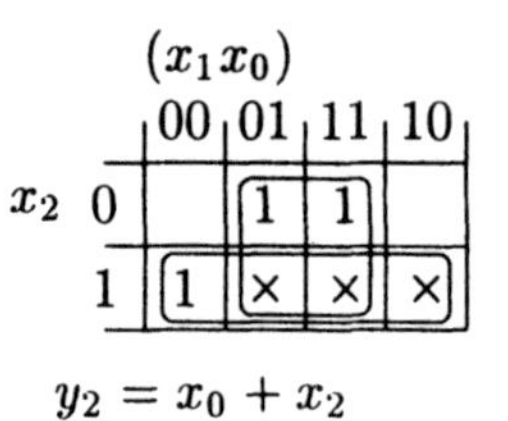

$y_2 = x_0 + x_2$

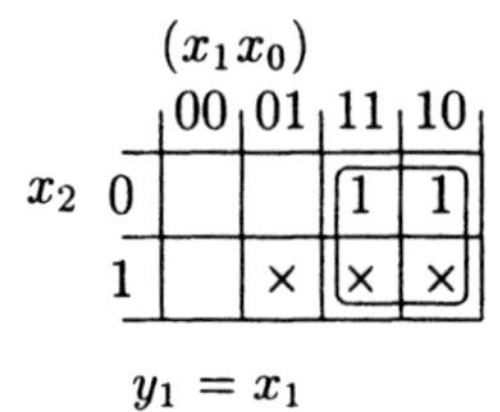

$y_1 = x_1$

$y_0 = x_0$

c.

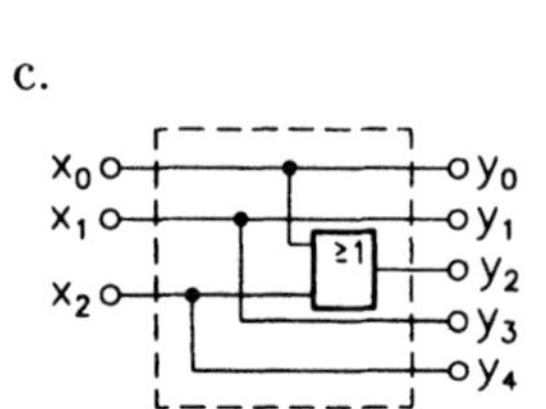

Lösung 11.2

a./b.

Nr.	x_4	x_3	x_2	x_1	x_0	f	Nr.	x_4	x_3	x_2	x_1	x_0	f
0	0	0	0	0	0	0	16	1	0	0	0	0	1
1	0	0	0	0	1	1	17	1	0	0	0	1	0
2	0	0	0	1	0	1	18	1	0	0	1	0	0
3	0	0	0	1	1	0	19	1	0	0	1	1	1
4	0	0	1	0	0	1	20	1	0	1	0	0	0
5	0	0	1	0	1	0	21	1	0	1	0	1	1
6	0	0	1	1	0	0	22	1	0	1	1	0	1
7	0	0	1	1	1	1	23	1	0	1	1	1	0
8	0	1	0	0	0	1	24	1	1	0	0	0	0
9	0	1	0	0	1	0	25	1	1	0	0	1	1
10	0	1	0	1	0	0	26	1	1	0	1	0	1
11	0	1	0	1	1	1	27	1	1	0	1	1	0
12	0	1	1	0	0	0	28	1	1	1	0	0	1
13	0	1	1	0	1	1	29	1	1	1	0	1	0
14	0	1	1	1	0	1	30	1	1	1	1	0	0
15	0	1	1	1	1	1	31	1	1	1	1	1	1

$x_4 = \mathbf{0}$:

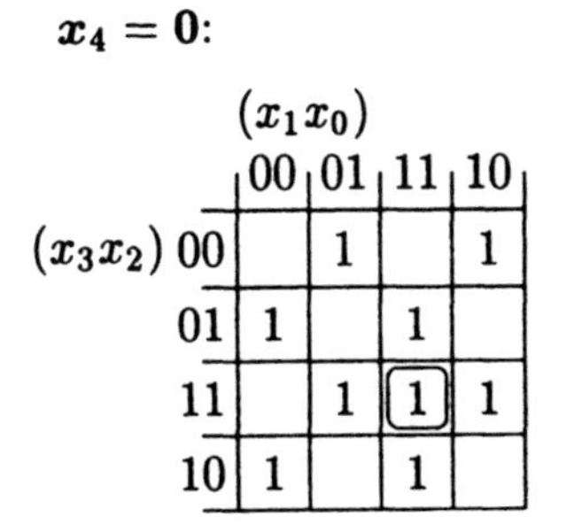

$x_4 = \mathbf{1}$:

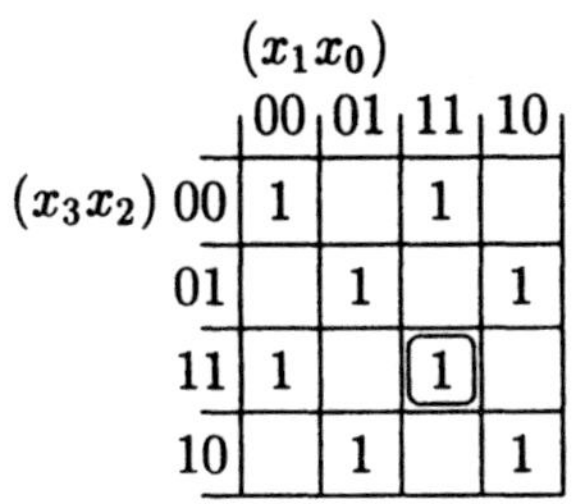

$$f = x_0 \oplus x_1 \oplus x_2 \oplus x_3 \oplus x_4 + x_0 x_1 x_2 x_3$$

c.

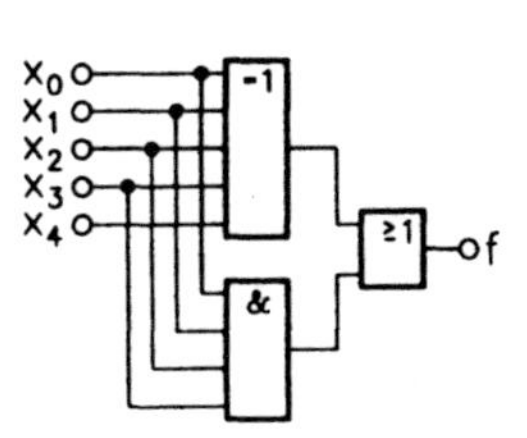

Lösung 11.3

a.

Nr.	x_3	x_2	x_1	x_0	f
0	0	0	0	0	0
1	0	0	0	1	1
2	0	0	1	0	0
3	0	0	1	1	0
4	0	1	0	0	1
5	0	1	0	1	0
6	0	1	1	0	1
7	0	1	1	1	1
8	1	0	0	0	1
9	1	0	0	1	1
10	1	0	1	0	1
11	1	0	1	1	1
12	1	1	0	0	0
13	1	1	0	1	0
14	1	1	1	0	0
15	1	1	1	1	1

Nr.	x_3	x_2	x_1	x_0	
1	0	0	0	1	⋆
4	0	1	0	0	⋆
8	1	0	0	0	⋆
6	0	1	1	0	⋆
9	1	0	0	1	⋆
10	1	0	1	0	⋆
7	0	1	1	1	⋆
11	1	0	1	1	⋆
15	1	1	1	1	⋆

Nr.	x_3	x_2	x_1	x_0	
1,9	–	0	0	1	
4,6	0	1	–	0	
8,9	1	0	0	–	⋆
8,10	1	0	–	0	⋆
6,7	0	1	1	–	
9,11	1	0	–	1	⋆
10,11	1	0	1	–	⋆
7,15	–	1	1	1	
11,15	1	–	1	1	

Nr.	x_3	x_2	x_1	x_0
8,9,10,11	1	0	–	–

Die Primterme lauten (1,9), (4,6), (6,7), (7,15), (11,15), (8,9,10,11).

b.

Nr.	1	4	6	7	8	9	10	11	15
1, 9	⋆					⋆			
4, 6		⋆	⋆						
6, 7			⋆	⋆					
7, 15				⋆					⋆
11, 15								⋆	⋆
8, 9, 10, 11					⋆	⋆	⋆	⋆	

Nr.	7	15
6, 7	⋆	
7, 15	⋆	⋆
11, 15		⋆

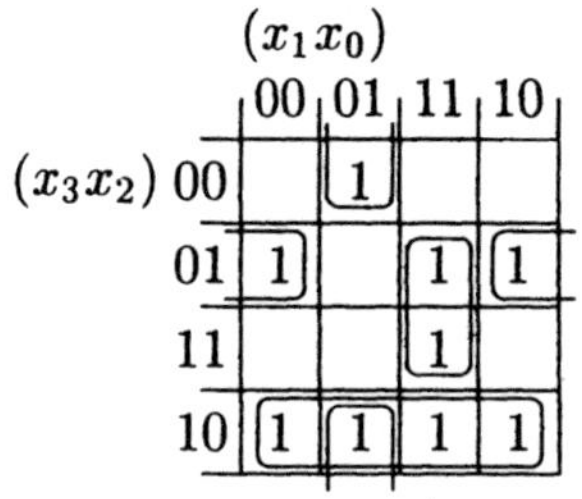

(x_3x_2) \ (x_1x_0)	00	01	11	10
00		1		
01	1		1	1
11			1	
10	1	1	1	1

$$f = x_3\overline{x}_2 + \overline{x}_2\overline{x}_1x_0 + \overline{x}_3x_2\overline{x}_0 + x_2x_1x_0$$

Kapitel 12

Lösung 12.1 Wir nehmen an, daß die unspezifizierten Zustände $1, 3, 5, \ldots$ auf den Zustand 0 führen sollen; dann ergibt sich die folgende Wahrheitstabelle:

Nr.	D	q_2	q_1	q_0	q_2	q_1	q_0	J_2	K_2	J_1	K_1	J_0	K_0
0	0	0	0	0	0	1	0	0	×	1	×	0	×
1	0	0	0	1	0	0	0	0	×	0	×	×	1
2	0	0	1	0	1	0	0	1	×	×	1	0	×
3	0	0	1	1	0	0	0	0	×	×	1	×	1
4	0	1	0	0	1	1	0	×	0	1	×	0	×
5	0	1	0	1	0	0	0	×	1	0	×	×	1
6	0	1	1	0	0	0	0	×	1	×	1	0	×
7	0	1	1	1	0	0	0	×	1	×	1	×	1
8	1	0	0	0	1	1	0	1	×	1	×	0	×
9	1	0	0	1	0	0	0	0	×	0	×	×	1
10	1	0	1	0	0	0	0	0	×	×	1	0	×
11	1	0	1	1	0	0	0	0	×	×	1	×	1
12	1	1	0	0	0	1	0	×	1	1	×	0	×
13	1	1	0	1	0	0	0	×	1	0	×	×	1
14	1	1	1	0	1	0	0	×	0	×	1	0	×
15	1	1	1	1	0	0	0	×	1	×	1	×	1

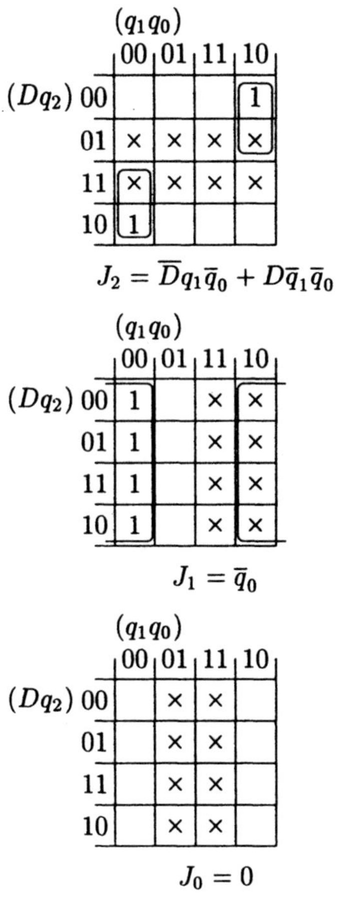

$J_2 = \overline{D}q_1\overline{q}_0 + D\overline{q}_1\overline{q}_0$

$J_1 = \overline{q}_0$

$J_0 = 0$

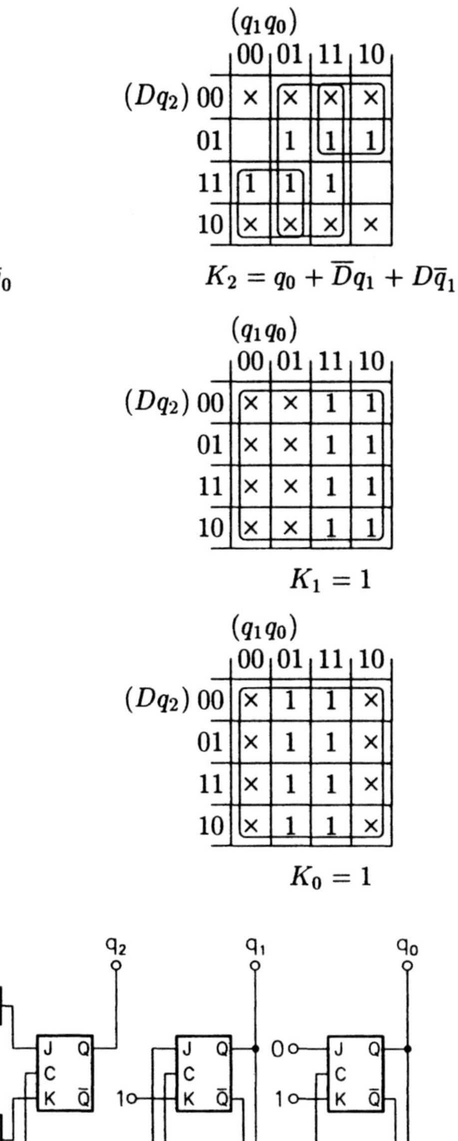

$K_2 = q_0 + \overline{D}q_1 + D\overline{q}_1$

$K_1 = 1$

$K_0 = 1$

Lösung 12.2

a. Die Schaltung hat zwei Zustände.

b. Es entspricht einem Mealy–Modell, da die Ausgabe vom Eingabewert abhängig ist.

c.

Momentan-Zustand	Folge-Zustand	
	$x = 0$	$x = 1$
1	1/0	2/1
2	2/1	2/0

d.

Zustand	q
1	0
2	1

Momentan-Zustand	Ein-gabe	Aus-gabe	Folge-Zustand	
q	x	y	q	J K
0	0	0	0	0 ×
0	1	1	1	1 ×
1	0	1	1	× 0
1	1	0	1	× 0

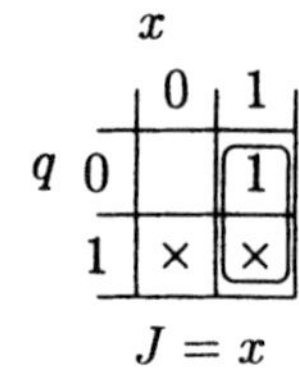

$J = x$

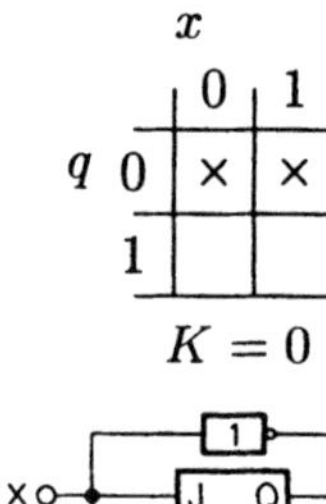

$K = 0$

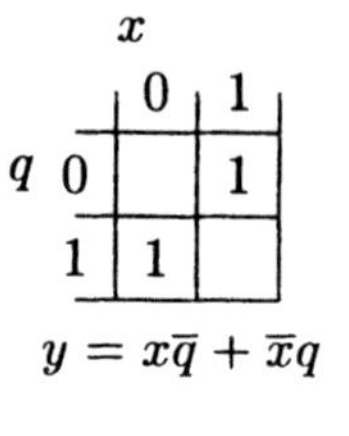

$y = x\overline{q} + \overline{x}q$

Lösung 12.3

a. Das System entspricht dem Mealy–Modell, da der Ausgang direkt vom Eingang abhängig ist.

b.

Momentan-Zustand	Folge-Zustand	
	$x = 0$	$x = 1$
a	$a/0$	$b/0$
b	$c/0$	$d/0$
c	$a/0$	$d/0$
d	$e/0$	$f/1$
e	$a/0$	$f/1$
f	$g/0$	$f/1$
g	$a/0$	$f/1$

$$
\begin{array}{ll}
(a,b,c) & q=0 \\
(d,e,f,g) & q=x
\end{array}
$$

$$
\begin{array}{lllll}
(a,b,c) & \longrightarrow (a,b,c) & x=0 & & \\
 & \longrightarrow (a,b,c),(d,e,f,g) & x=1 & \longrightarrow & (a),(b,c) \\
(d,e,f,g) & \longrightarrow (a),(d,e,f,g) & x=0 & \longrightarrow & (d,f),(e,g) \\
(d,f) & \longrightarrow (d,f) & x=1 & & \\
(e,g) & \longrightarrow (d,f) & x=1 & & \\
 & & & & \\
(b,c) & \longrightarrow (b,c),(a) & x=0 & \longrightarrow & (b),(c) \\
(d,f) & \longrightarrow (e,g) & x=0 & & \\
 & \longrightarrow (d,f) & x=1 & & \\
(e,g) & \longrightarrow (a) & x=0 & & \\
 & \longrightarrow (d,f) & x=1 & &
\end{array}
$$

Momentan-Zustand	Folge-Zustand	
	$x=0$	$x=1$
$A(a)$	$A/0$	$B/0$
$B(b)$	$C/0$	$D/0$
$C(c)$	$A/0$	$D/0$
$D(d,f)$	$E/0$	$D/1$
$E(e,g)$	$A/0$	$D/1$

c.

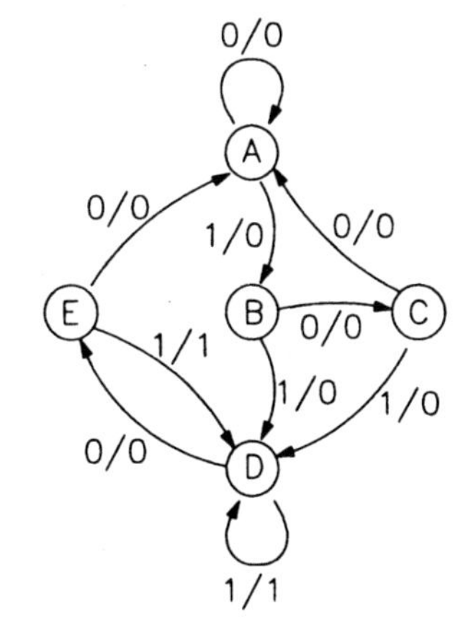

Kapitel 13

Lösung 13.1

a. Bezüglich des Leitungsausgangs ergibt sich die folgende Modellierung:

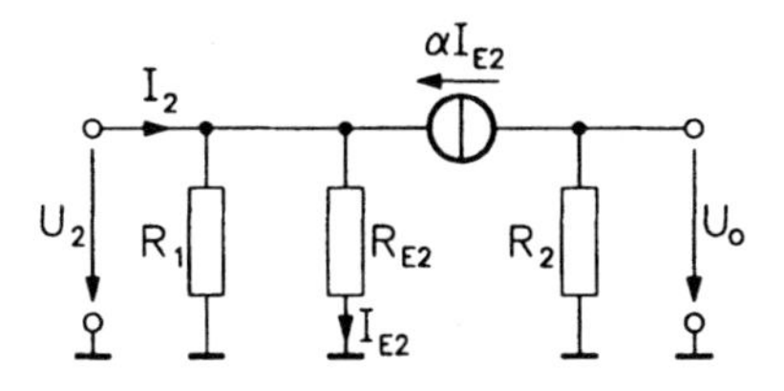

Aus den direkt ablesbaren Gleichungen

$$
\begin{aligned}
G_2 U_o + \alpha I_{E2} &= 0 \\
G_{E2} U_2 - I_{E2} &= 0 \\
\left[G_1 + G_{E2}(1-\alpha)\right] U_2 - I_2 &= 0
\end{aligned}
$$

ergibt sich mit $\beta = \alpha/(1-\alpha)$

$$\begin{aligned} U_2 &= -\frac{R_{E2}G_2}{\alpha} \cdot U_o \\ I_2 &= -\left(\frac{R_{E2}G_2G_1}{\alpha} + \frac{G_2}{\beta}\right) U_o \end{aligned}$$

Für die Transistorstufe am Leitungseingang gilt das nächste Modell:

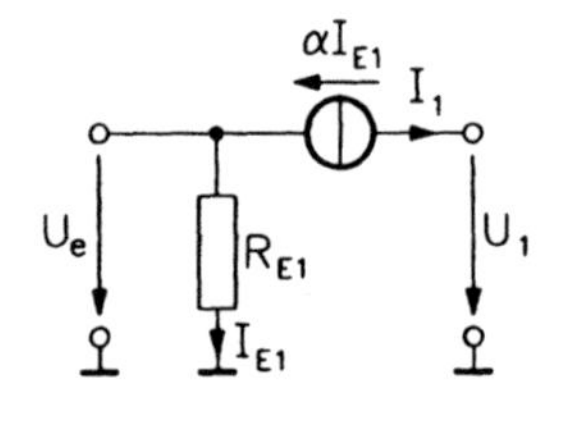

$$I_1 = -\alpha G_{E1} U_e$$

Unter Verwendung von (13.56) erhalten wir

$$\begin{aligned} -\alpha G_{E1} U_e &= \frac{U_2}{Z_0} \cdot \sinh \gamma l_{ges} + I_2 \cdot \cosh \gamma l_{ges} \\ &= -\left[\frac{R_{E2}G_2}{\alpha Z_0} \cdot \sinh \gamma l_{ges} + \left(\frac{R_{E2}G_1G_2}{\alpha} + \frac{G_2}{\beta}\right) \cdot \cosh \gamma l_{ges}\right] U_o \end{aligned}$$

$$\frac{U_o}{U_e} = \frac{\alpha G_{E1}}{\frac{R_{E2}G_2}{\alpha Z_0} \cdot \sinh \gamma l_{ges} + \left(\frac{R_{E2}G_1G_2}{\alpha} + \frac{G_2}{\beta}\right) \cdot \cosh \gamma l_{ges}} .$$

b.

$$\begin{aligned} U_1 &= U_2 \cdot \cosh \gamma l_{ges} + Z_0 I_2 \cdot \sinh \gamma l_{ges} \\ &= -\left[\frac{R_{E2}G_2}{\alpha} \cdot \cosh \gamma l_{ges} + Z_0 \left(\frac{R_{E2}G_1G_2}{\alpha} + \frac{G_2}{\beta}\right) \cdot \sinh \gamma l_{ges}\right] U_o . \end{aligned}$$

Lösung 13.2

a. Bestimmung der Ersatzquelle für die Spannungsquelle und die Leitung 1.

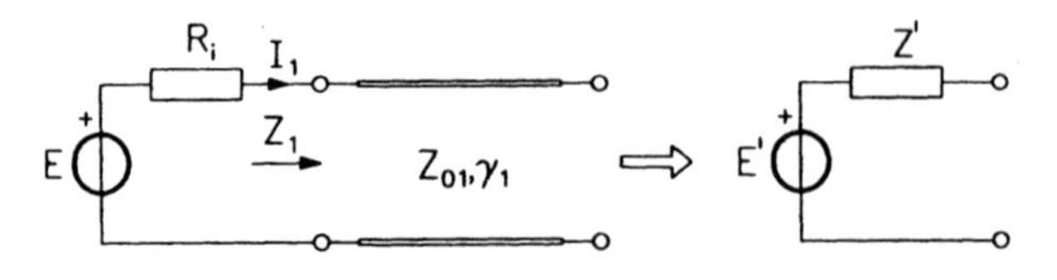

Wegen $Z_{01} = R_i$ ergibt sich sofort $Z' = R_i$. Aus (13.66) folgt

$$\begin{aligned} E' &= E \cdot \cosh(\gamma_1 l_1) - R_i[\cosh(\gamma_1 l_1) + \sinh(\gamma_1 l_1)]I_1 \\ &= E \cdot \cosh(\gamma_1 l_1) - R_i I_1 \, \mathrm{e}^{\gamma_1 l_1} \end{aligned}$$

$$I_1 = \frac{E}{R_i + Z_1} \qquad Z_1 = \frac{1 + \mathrm{e}^{-2\gamma_1 l_1}}{1 - \mathrm{e}^{-2\gamma_1 l_1}} \cdot R_i$$

$$\begin{aligned} E' &= E \cdot \cosh(\gamma_1 l_1) - \frac{R_i E \, \mathrm{e}^{\gamma_1 l_1}}{R_i + \dfrac{1 + \mathrm{e}^{-2\gamma_1 l_1}}{1 - \mathrm{e}^{-2\gamma_1 l_1}} \cdot R_i} \\ &= E \left[\cosh(\gamma_1 l_1) - \frac{1 - \mathrm{e}^{-2\gamma_1 l_1}}{2} \cdot \mathrm{e}^{\gamma_1 l_1} \right] \\ &= \frac{E}{2} \left[\mathrm{e}^{\gamma_1 l_1} + \mathrm{e}^{-\gamma_1 l_1} - \mathrm{e}^{\gamma_1 l_1} + \mathrm{e}^{-\gamma_1 l_1} \right] \\ &= E \, \mathrm{e}^{-\gamma_1 l_1} \ . \end{aligned}$$

Ersatzquelle für E', Z' und Leitung 2.

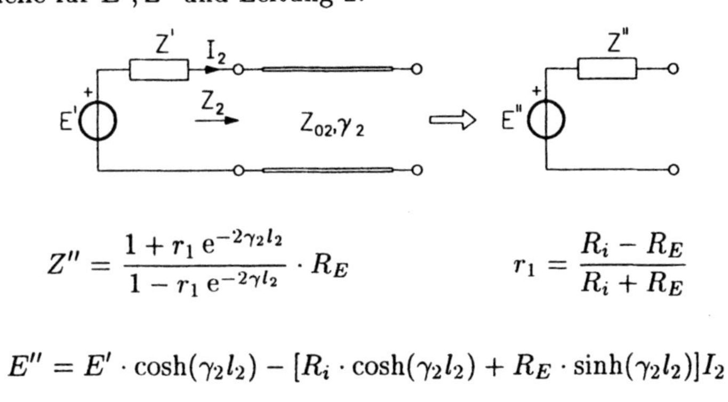

$$Z'' = \frac{1 + r_1 \, \mathrm{e}^{-2\gamma_2 l_2}}{1 - r_1 \, \mathrm{e}^{-2\gamma l_2}} \cdot R_E \qquad r_1 = \frac{R_i - R_E}{R_i + R_E}$$

$$E'' = E' \cdot \cosh(\gamma_2 l_2) - [R_i \cdot \cosh(\gamma_2 l_2) + R_E \cdot \sinh(\gamma_2 l_2)] I_2$$

$$I_2 = \frac{E'}{R_i + Z_2} \qquad Z_2 = \frac{1 + \mathrm{e}^{-2\gamma_2 l_2}}{1 - \mathrm{e}^{-2\gamma_2 l_2}} \cdot R_E$$

$$\begin{aligned} E'' &= E' \cdot \cosh(\gamma_2 l_2) - \\ &\quad [R_i \cosh(\gamma_2 l_2) + R_E \sinh(\gamma_2 l_2)] \cdot \frac{E'}{R_i + \dfrac{1 + \mathrm{e}^{-2\gamma_2 l_2}}{1 - \mathrm{e}^{-2\gamma_2 l_2}} R_E} \\ &= E' \cdot \cosh(\gamma_2 l_2) - \\ &\quad E'[R_i \cosh(\gamma_2 l_2) + R_E \sinh(\gamma_2 l_2)] \cdot \frac{1 - \mathrm{e}^{-2\gamma_2 l_2}}{R_E + R_i + (R_E - R_i) \, \mathrm{e}^{-2\gamma_2 l_2}} \end{aligned}$$

Ausgangsspannung:

$$
\begin{aligned}
U_o &= \frac{\alpha R_L}{R_E + Z''} \cdot E'' \\
&= \frac{\alpha R_L E \, \mathrm{e}^{-\gamma_1 l_1}}{R_E \left(1 + \frac{1 + r_1 \, \mathrm{e}^{-2\gamma_2 l_2}}{1 - r_1 \, \mathrm{e}^{-2\gamma_2 l_2}}\right)} \cdot \Bigg\{ \cosh(\gamma_2 l_2) - \\
&\quad \frac{1}{R_E + R_i} \cdot \frac{1 - \mathrm{e}^{-2\gamma_2 l_2}}{1 - r_1 \, \mathrm{e}^{-2\gamma_2 l_2}} \cdot [R_i \cosh(\gamma_2 l_2) + R_E \sinh(\gamma_2 l_2)] \Bigg\} \\
\frac{U_o}{E} &= \frac{\alpha R_L}{2R_E} \cdot (1 - r_1 \, \mathrm{e}^{-2\gamma_2 l_2}) \, \mathrm{e}^{-\gamma_1 l_1} \Bigg\{ \cosh(\gamma_2 l_2) - \\
&\quad \frac{1}{R_E + R_i} \cdot \frac{1 - \mathrm{e}^{-2\gamma_2 l_2}}{1 - r_1 \, \mathrm{e}^{-2\gamma_2 l_2}} [R_i \cosh(\gamma_2 l_2) + R_E \sinh(\gamma_2 l_2)] \Bigg\} .
\end{aligned}
$$

b. $G' = R' = 0 \qquad \omega = 0:$

$$
\frac{U_o}{E} = \frac{\alpha R_L}{R_i + R_E} \qquad \Longrightarrow \qquad \gamma_1 = \gamma_2 = 0 .
$$

Springer-Verlag und Umwelt

Als internationaler wissenschaftlicher Verlag sind wir uns unserer besonderen Verpflichtung der Umwelt gegenüber bewußt und beziehen umweltorientierte Grundsätze in Unternehmensentscheidungen mit ein.

Von unseren Geschäftspartnern (Druckereien, Papierfabriken, Verpackungsherstellern usw.) verlangen wir, daß sie sowohl beim Herstellungsprozeß selbst als auch beim Einsatz der zur Verwendung kommenden Materialien ökologische Gesichtspunkte berücksichtigen.

Das für dieses Buch verwendete Papier ist aus chlorfrei bzw. chlorarm hergestelltem Zellstoff gefertigt und im pH-Wert neutral.

Druck: Mercedesdruck, Berlin
Verarbeitung: Buchbinderei Lüderitz & Bauer, Berlin

Breinigsville, PA USA
04 August 2010
243001BV00004B/15/P